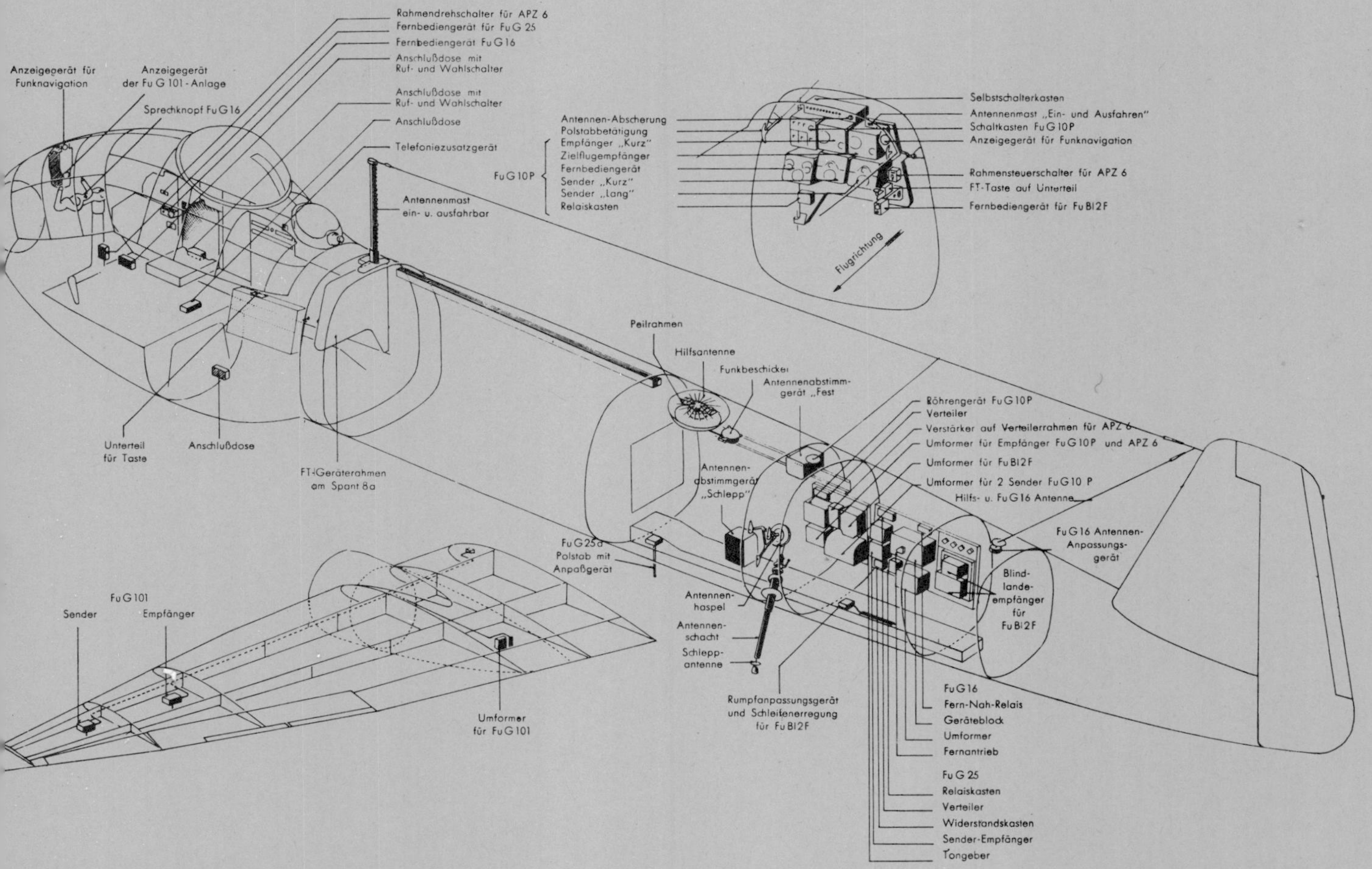

Lageplan von Funkgeräten und Antennen an einer Junkers Ju 188 E 1 von 1943

Fritz Trenkle · Bordfunkgeräte – Vom Funkensender zum Bordradar

Die deutsche Luftfahrt

Buchreihe über die Entwicklungsgeschichte der deutschen Luftfahrttechnik

Herausgegeben von Dr. Theodor Benecke in Zusammenarbeit mit dem Deutschen Museum (München), dem Bundesverband der Deutschen Luftfahrt-, Raumfahrt- und Ausrüstungsindustrie e.V. (Bonn–Bad Godesberg) und der Deutschen Gesellschaft für Luft- und Raumfahrt e.V. (Bonn)

Fritz Trenkle

Bordfunkgeräte – Vom Funkensender zum Bordradar

Bernard & Graefe Verlag Koblenz

Die Abbildung auf dem Schutzumschlag (Titelseite) zeigt eine Ansicht der Funkkabine des Flugbootes Do 26 mit 170 W-Langwellenstation LS 170 = VP 257 und 20 W-Kurzwellen-(Transozean-)Station VP 245 (beide von Lorenz) sowie die Bediengeräte für den Langwellenpeiler 128 N (von Telefunken).

Das vordere Vorsatz zeigt die Antennen an einer Do 217 K-2 (1942) und an einem modernen Geschäftsreisejet Dassault »Fan Jet Falcon« (1983), ferner den Lageplan von Funkgeräten und Antennen an einer Ju 188 E-1 (1943) mit der kombinierten Nachrichten- und Peilanlage FuG 10 P, dem UKW-Sprechgerät FuG 16, dem Kenngerät FuG 25 a, dem Funklandegerät FuBl 2 und dem Funkhöhenmesser FuG 101 a.

Das hintere Vorsatz bringt ein Blockschema der Avionic der F 104 »Starfighter« sowie eine Zeichnung der Instrumente und Bediengeräte vom vorderen Platz (des Piloten) im Kampfflugzeug »Tornado«.

Bildnachweis: AEG-Telefunken 50, Avionic Dittel 5, Dr. T. Benecke 4, britisch-amerikanische Berichte 9, Becker-Flugfunk 21, Bosch-Fernseh-GmbH 2, Dassault 1, P. Dabrowski 6, Deutsches Museum (Sondersammlung) 11, DVG/FFO/DFVLR 8, Dornier 6, Global Systems 2, G. Hütter 1, Huth 3, LITEF 3, MBB 1, F. Müller 13, A. Price 12, RACAL 1, F. v. Rautenfeld 2, H. Rehder 1, Rohde & Schwarz 10, Rockwell-Collins 17, G. Ruppelt 2, H. Schliephake 4, F. Selinger 1, Siemens 24, SEL/Lorenz 48, VDO/Thomson 5, TRT 2, Verfasser 153, Prof. H. Wichert 1.

Zeichnungen: Ulf Balke 3, Dr. T. Mohr 1.

Umfang: 263 Seiten, 430 Bilder (Farbtafel)

Lithos: Repro GmbH, Ergolding
Satz und Druck: Sulzberg-Druck GmbH, Sulzberg im Allgäu
Bindung: Großbuchbinderei Röck, Weinsberg
Herstellung und Layout: Walter Amann, München
Printed in Germany

ISBN 3-7637-5289-7

Inhalt

Einleitung

Das Flugzeug hat sich im Laufe seiner Entwicklung vom stoffbespannten und motorisierten »Drahtesel« zu einem höchst *komplexen System* gewandelt. Von den drei Hauptgruppen Zelle, Triebwerk und Ausrüstung gewinnt letztere immer mehr an Umfang, wobei die ursprünglich rein mechanischen Geräte immer mehr durch elektronische ersetzt werden. Bei größeren zivilen Flugzeugtypen erreicht heute schon der Anteil der Elektronik an den Gesamtkosten 30 Prozent und mehr, bei militärischen Typen werden 40 Prozent überschritten.
In der Buchreihe »Die deutsche Luftfahrt« werden daher auch Darstellungen der Entwicklung der Ausrüstung folgen, beginnend mit den Flugzeugbordfunkgeräten, die wegen der gestellten Anforderungen im Rahmen aller Funkgeräte stets eine Spitzenstellung einnahmen.
Bei der Aufzeichnung der Entwicklung der Funktechnik mag die Technologie der damals verwendeten Schaltungen nur noch auf historisches Interesse stoßen. Es ergibt sich aber auch, daß u.a. wegen übertriebener Geheimhaltungsvorschriften, zwar viele Ideen bereits früher einmal verwirklicht waren, später aber infolge fehlender Kenntnis davon nochmals mühevoll (unter Begehung der gleichen Fehler) neu erfunden werden mußten.
Der Wert historischer Darstellungen beruht also besonders in der Aufzeichnung der Verfahren, d.h. der Gedanken, Wege und Ideen zur Lösung gestellter Aufgaben; so könnten neue Technologien in Kombination mit »alten« Gedanken weniger komplizierte Lösungswege für bestimmte Aufgaben ergeben.

Der Autor bemühte sich im eng gesteckten Rahmen möglichst viel Information zu bieten, die einen möglichst großen Leserkreis, vom Besucher des Deutschen Museums über den damaligen Entwickler oder Benutzer über den historisch Interessierten bis zum heutigen Bordgeräteentwickler umfaßt.
Zur Auswertung historischer Unterlagen ist noch zu sagen, daß die verbreitete Praxis zu allgemeiner Bildunterschriften (ohne Typ-Angabe, wie »unser neues Bordgerät in einem Verkehrsflugzeug«) eine spätere Zuordnung von Unterlagen, Listen, Erprobungsberichten etc. ungemein erschwert. Die z.T. sehr langen Zeiten zwischen der Pflichtenheftererstellung und dem Einbau von Seriengeräten machen die Angabe von Daten, Geräteentwicklern und Lieferzahlen oft problematisch. Die gezeigten Bilder sind wegen eventuell notwendiger Retuschen weniger als Dokumente (»Gerät A am Tage B«) zu verstehen, sondern vielmehr als technische Illustrationen.

Dem Beispiel der anderen Bände folgend, wird auch hier die Nachkriegszeit relativ kurz behandelt, weil u.a. die Zahl der Entwicklungen der deutschen Ausrüstungsindustrie zu ihrer Blütezeit unvergleichlich höher war als danach und weil moderne militärische Entwicklungen aus naheliegenden Gründen Veröffentlichungsbeschränkungen unterliegen.
Die sich über einen Zeitraum von mehr als 30 Jahren erstreckende Ergänzung einer ersten Behandlung dieses Themas für die Deutsche Gesellschaft für Ortung und Navigation DGON (1958/60) konnte nur durch die unermüdlichen Bemühungen, die Bereitstellung von Unterlagen und Bildern und die Überprüfung des entstandenen Textes seitens vieler Herren in Firmen und Institutionen gelingen, denen allen hiermit der herzlichste Dank ausgesprochen wird. Neben Herrn Oberpostdirektor a.D. Dr.-Ing. Eugen Meinel, der freundlicherweise die Schlußlesung vorgenommen hat, können hier nur stellvertretend die nachfolgenden genannt werden:

AEG-Telefunken: Dr. A. Engelmann, R. Hahn, Frau Rangnik, Herr Wiles / Avionik-Dittel: Herr W. Dittel / Bekker-Flugfunk: Obering. D. Weber / Deutsches Museum: K. v. Gersdorff, Dr. W. Rathjen, L. Schletzbaum / DFVLR: Dr. H. Mattes, Dr. M. Vogel, Dr. B. Roede, Dr. H. J. Zetzmann/DFVLR-Hist. Archiv: K. Dietrich / Deutsche Ges. für Ortung und Navigation DGON: A. Dahl (†), Prof. Dr. H. Diehl / Dornier GmbH/Archiv: Frau Burgmaier / LITEF Techn. Werke: O. Ehlert / Luftfahrt-Bundesamt: Dir. K. Kössler, E. Kleinhammer / Rohde & Schwarz: Dr. W. Pöhlmann, J. Gerhold, U. Reissberg / Rockwell-Collins GmbH: M. Jahnel/Siemens: F. Selinger, P. Honold, Swoboda/Siemens-Museum: Dr. S. von Weiher, G. Klein, Frl. Poppe / Standard-Elektrik-Lorenz GmbH: Prof. Dr. E. Kramar (†), W. Kersten (†), Obering. A. Augustin, Dr. W. Bosse, Dr. W. Kloepfer, Herr Heikhaus, Dr. G. Müller, Herr D. Sattler, Dr. T. von Hauteville / Universität-GH-Paderborn FB 14: Prof. H. W. Wichert / VDO Luftfahrtgerätewerk: Dr. H. W. Fischer

Für die vielen privaten Helfer stellvertretend: W. Beck, H. P. Dabrowsky, Dir. G. Hahn, G. Heise, G. Hütter, Dr. R. Leso, F. Müller, H. J. Nowarra, A. Price, G. Ruppelt, H. Schliephake

Berichtigungen und Ergänzungen erwünscht und erbeten an den Autor:

Fritz Trenkle
Albert-Schweitzer-Ring 7
D-8080 Fürstenfeldbruck
Telefon 08141/92043

Grundbegriffe

Dieses Kapitel soll und kann kein Lehrbuch ersetzen. Es soll hauptsächlich dazu dienen, die wichtigsten Begriffe der Flugfunktechnik zu definieren, um so allzuviele Wiederholungen und Erklärungen in den nachfolgenden Kapiteln zu vermeiden und um auch dem Nichtfachmann den Text verständlich zu machen. Dies bedeutet aber, daß viele Dinge stark vereinfacht dargestellt werden müssen. Genauere Details findet der Fachmann in den Literaturangaben. Während des großen Zeitraumes, den das Buch behandelt, haben sich viele Begriffe gewandelt oder existieren gar nur in Englisch. Um den Einstieg in ältere Literatur zu erleichtern, wird also bei der Besprechung der Geräte bis 1945 möglichst die alte Terminologie, für die Zeit danach die neue angewendet (mit entsprechenden Hinweisen).

Gerät, Funkanlage

Funkverbindungen dienen zur Erzeugung und Übertragung von Informationen, wobei mindestens ein »aktives Gerät« = Funksender und ein »passives Gerät« = Funkempfänger beteiligt sein müssen. Die Informationen werden meist der Senderwelle = »Hochfrequenz« durch »Modulation« aufgedrückt und stehen dann im Empfänger nach »Demodulation« (Gleichrichtung) als »Niederfrequenz« wieder zur Verfügung. (Es gibt aber auch Fälle, wo eine unmodulierte Senderwelle »unterwegs« moduliert wird, vergl. das Doppler-Radar). »Halbaktive« Geräte sind Empfangsgeräte für Sonderzwecke, die vorwiegend nicht die direkte, sondern die an einem Objekt reflektierte Strahlung eines abgesetzt aufgestellten Senders aufnehmen.
Ein »Bordfunkgerät« (Abkürzung FuG ...) bestand aus einem fest im Flugzeug installierten »Einbausatz« (Rahmen, Kabel mit Steckern, Antennen usf.) und aus einem leicht herausnehmbaren »Gerätesatz«, bestehend aus »Einzelgeräten« (Sender, Empfänger, Umformer, Anzeigegerät etc.). Die »Bordfunkanlage« bestand je nach Größe und Aufgabe des Flugzeugs aus bis zu sieben zusammengeschalteten Bordfunkgeräten.

Frequenzbereiche und ihre Ausbreitungseigenschaften

Die Einteilung der Wellen- bzw. Frequenzbereiche ist aus Tabelle 1 zu ersehen*.
Die Ausbreitungseigenschaften dieser Bereiche sind sehr unterschiedlich und teilweise erst seit einigen Jahrzehnten bekannt. Im Längstwellen- und auch im Langwellenbereich ist die Reichweite direkt von der benutzten Wellenlänge abhängig. Beide Bereiche werden daher für Verfahren großer Reichweite verwendet, wobei aber atmosphärische Störungen (Gewitter) den Empfang stark beeinträchtigen

* Der Zusammenhang zwischen der Wellenlänge λ (m), der Lichtgeschwindigkeit c (= 300 000 000 m/s) und der Frequenz f (= Schwingungen/s) ist gegeben durch: $f = c/\lambda$ bzw. $\lambda = c/f$.

Tab. 1: Einteilung der Frequenzbereiche

Bezeichnung		Abkürzung deutsch	englisch	Wellenlänge	Frequenz
Längstwellen		(LLW)	VLF	20 – 5 km	15 – 60 kHz
Langwellen		LW	LF	5000 – 500 m	60 – 600 kHz
Mittelwellen		MW	MF	500 – 180 m	600 – 1600 kHz
Grenzwellen		GW	MF	180 – 100 m	1,6 – 3,0 MHz
Kurzwellen	Nahverkehr	KW	HF	100 – 50 m	3,0 – 6,0 MHz
Kurzwellen	Fernverkehr	FKW	HF	50 – 10 m	6,0 – 30,0 MHz
Ultrakurzwellen		UKW	VHF	10 – 1 m	30 – 300 MHz
Dezimeterwellen		DMW	UHF	10 – 1 dm	300 – 3000 MHz
Zentimeterwellen		CMW	SHF	10 – 1 cm	3 – 30 GHz

können. Da außer der sich längs des Erdbodens ausbreitenden »Bodenwelle« in den Dämmerungs- und Nachtstunden auch eine an der Jonosphäre reflektierte »Raumwelle« auftritt, können bei deren gleichzeitigen Eintreffen am Empfangsort Schwunderscheinungen auftreten bzw. Ortungen durch schräg seitlich einfallende Raumwellen unbrauchbar werden. Weiterschreitend zum Mittel- und Grenzwellenbereich nimmt mit kürzer werdender Wellenlänge die Dämpfung der Bodenwelle zu. In Abhängigkeit von Tages- und Jahreszeit können sehr große Reichweiten der Raumwelle auftreten. Kurzwellen erlauben bei Berücksichtigung von Jahres- und Tageszeit und geografischer Lage der Gegenstation extreme Reichweiten mit geringster Sendeleistung, bestenfalls nur für einige Stunden. Außerdem wird die empfangslose »tote Zone« zwischen dem von der Bodenwelle und dem von der Raumwelle erreichten Gebiet mit kürzer werdender Welle immer breiter. Da im UKW- und DMW-Bereich die Ausbreitung nur als Bodenwelle erfolgt (mit gelegentlichen Überreichweiten bei Frequenzen unter etwa 60 MHz), entspricht die Reichweite etwa der Sichtweite (ist also abhängig von der Aufstellungshöhe der Bodenantenne und der Flughöhe des Flugzeugs). Dafür sind hohe Ortungsgenauigkeiten möglich, weil hier schon mit handlichen Antennen gute Bündelungen der Strahlung erreichbar sind. Noch mehr gilt dies für den Zentimeter- und Millimeterbereich, in denen die Mehrzahl der Radargeräte arbeiten.
Über die Anwendung dieser Bereiche ist noch anzumerken, daß Heinrich Hertz seine ersten Versuche (1888) mit Dezimeterwellen ausführte. Die daraufhin einsetzende Entwicklung brachte den Übergang zu Langwellen, da sich mit den damaligen Funken- und Maschinensendern nur in diesem Bereich brauchbare Leistungen und Reichweiten erzielen ließen. Flugzeug- (und auch tragbare Boden-) Stationen des Ersten Weltkriegs drangen weiter in den Mittel- und Grenzwellenbereich vor, da für diese Geräte nur sehr kurze Antennen verwendbar waren. Die Radioamateure entdeckten in den 20er Jahren die Kurzwellen, die innerhalb eines Jahrzehnts so mit Sendern besetzt wurden, daß man bereits in den 30er Jahren in das Ultrakurzwellengebiet (mit Rundfunk- und Fernsehversuchen!) vorstieß. Die Entwicklung des Radars drang schließlich in das DMW- und CMW-Gebiet vor, womit der Kreis wieder geschlossen war.

Modulations-, Sende- und Betriebsarten

Je nach Anwendungszweck weisen die Funkgeräte unterschiedliche Sende- bzw. Betriebsarten auf. Die ältesten Geräte, die Funkensender, strahlten »gedämpfte Wellen« aus. Bei Tastendruck sprangen zwischen 2 Elektroden mehrere 100 Funken pro Sekunde über, die jeweils die Schwingkreise und Antennen zu schnell abklingenden Schwingungen anregten. Im Kopfhörer des Detektorempfängers waren dann die Morsezeichen moduliert mit der Funkenfrequenz (ähnlich der späteren Telegrafie tönend) hörbar. Die ab Mitte des Ersten Weltkrieges entwickelten Röhrensender gaben bei Tastendruck Wellen konstanter Amplitude = »ungedämpfte Wellen« ab. Wird dieser »Dauerstrich« (Kurzzeichen: A 0) im Rhythmus von Morsezeichen getastet, so entsteht »Telegrafie tonlos« (A 1). Diese ist im einfachen Empfänger schwer wahrnehmbar und muß daher durch Zumischen einer benachbarten Frequenz eines Telegrafieüberlagerers oder im schwingenden Rückkopplungsaudion als Schwebung (= Differenzfrequenz) im tonfrequenten Bereich (um 1000 Hz) hörbar gemacht werden. Ist

Tab. 2: Ausbreitungseigenschaften

Wellenbereich	Bodenwelle	Raumwelle	Reichweite
LLW, LW	sehr weit	u. U. nachts	große Leistung gibt große Reichweite
MW	bis 400 km	nur nachts	nachts größer, aber mit Schwund
GW	bis 200 km	Sommer nur schwach	Winternacht bis 2000 km Sommer schlecht
KW	bis 100 km	schmale tote Zone	abh. von Frequenz, Tages-, Jahreszeit
FKW	bis 50 km	große Entf., große tote Z.	dto.
UKW, DMW, CMW	etwa opt. Sicht	(gegf. < 60 MHz)	abhängig von Leistung u. Aufstellungshöhe

Tab. 3: Übersicht über die wichtigsten Sendearten

Telegrafie m. gedämpften Wellen	(B 1), heute ---	Amplituden-Modulation (AM)
Dauerstrich tonlos	(A 0), heute (NON)	
Telegrafie tönend	(A 2), heute (A2A)	
Telefonie	(A 3), heute (A3E)	
Einseitenband-Telefonie*)	(A 3J), heute (J3E)	
Bildfunk	(A 4), heute (A3C)	
Fernsehen	(A 5), heute (A3F)	
Fernwirken, Fernlenkung	(A 9), heute (J2D)	
Telefonie	(F 3), heute (F3E)	Frequenz-M. (FM)
Frequenzwobbelung (FM-Radar)	(F 9), heute (FXX)	
Pulse ohne Modulation (Radar)	(P 0), heute (PON)	Puls-Modul. (PM)
Pulse mit Morsetastung	(P 1), heute (K1A)	

*) mit unterdrücktem Träger

Prinzipdarstellung der wichtigsten Sendearten

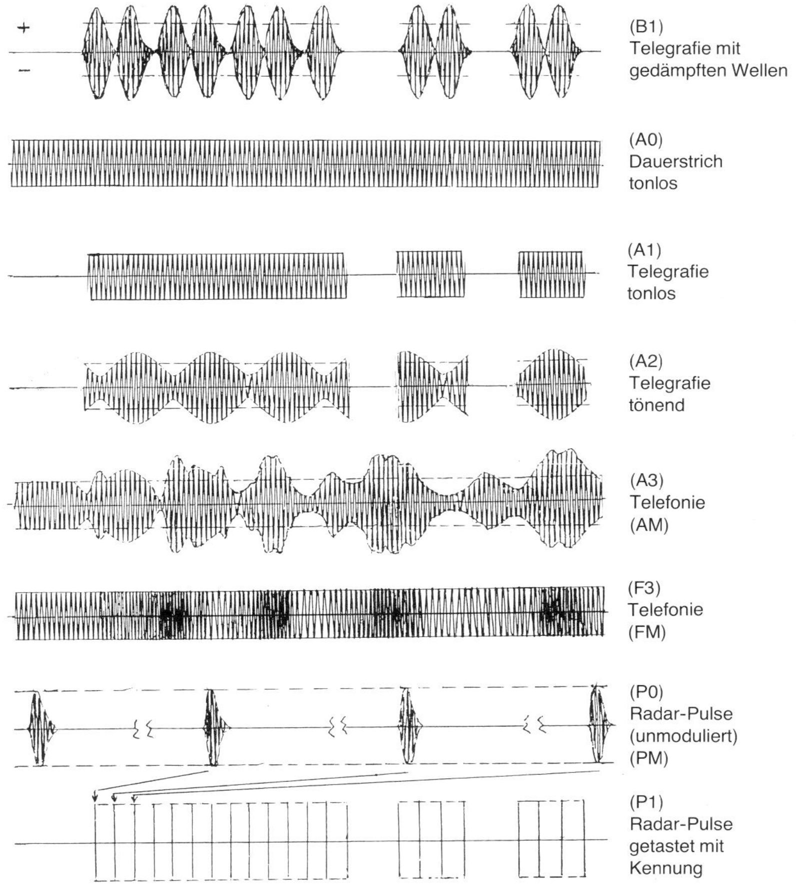

Anmerkung: Aus Darstellungsgründen wurde keine Rücksicht auf den Zeitmaßstab (waagrecht) genommen, d. h. die Zahl der gezeichneten HF-Schwingungen ist viel zu klein usf.

die Sendewelle gleichzeitig in ihrer Amplitude mit einem festen Ton moduliert, so wird dies als »Telegrafie tönend« (A 2) bezeichnet. Bei Modulation des Senders mit Sprache oder Musik entsteht »Telefonie« (A 3), bei Modulation durch Bildsignale »Bildfunk« (A 4) bzw. »Fernsehfunk« (A 5). Seit der Mitte der 30er Jahre wird bei einigen Geräten anstelle der geschilderten »Amplitudenmodulation« (AM) bei konstant gehaltener Amplitude nun die Sendefrequenz beeinflußt = »Frequenzmodulation« (FM), wobei man die verschiedenen Sendearten durch entsprechende Kurzzeichen (F 1 bis F 5), also Telefonie mit (F 3), bezeichnet. Die Mehrzahl der Radargeräte hingegen arbeitet mit »Pulsmodulation« (PM), d.h. mit einer periodischen Amplitudentastung des Senders mit extrem kurzen »Morsepunkten« von nur 0,1–3 Mikrosekunden Dauer.

Funkverfahren, Eigen- und Fremdortung, Standlinien

Sehr wichtig ist für manche Anwendungszwecke auch die Charakteristik der verwendeten Antennen. Ein Großteil der Funkgeräte arbeitet mit ungerichteten Antennen, d.h. mit »Rundstrahlung« bzw. »Rundempfang«. Andere verwenden Richtantennen beim Sender = »Richtsendung« und/oder beim Empfänger = »Richtempfang«. Dies ermöglicht in Kombination mit einer geeigneten Modulations- bzw. Betriebsart auch die Erzeugung oder Gewinnung bestimmter Informationen. Die Art und Weise, wie das geschieht, nennt man ein »Verfahren«.

Die Abwicklung eines Funkverkehrs kann einseitig sein (wie z.B. Rundfunk und reiner Wetterfunk) oder mehrseitig (wie z.B. der Flugsicherungsverkehr zwischen der Bodenstelle und den verschiedenen Flugzeugen). Wird der Funkverkehr nur auf einer Frequenz abgewickelt, so kann abwechselnd nur jeweils eine Stelle sprechen, während die anderen zuhören = »Wechselverkehr«. Werden aber für Sendung und Empfang unterschiedliche Frequenzen benutzt, so kann Sendung und Empfang gleichzeitig erfolgen und ein Teilnehmer kann den anderen (wie beim Haustelefon) bei Bedarf unterbrechen = »Gegenverkehr«.

Die erste Gruppe der Flugfunkverfahren bilden die »Funknachrichtenverfahren«. Diese bestehen einerseits aus den »Funkverkehrsverfahren« mit taktischem Funkverkehr, internem Fluggesellschafts-Funkverkehr, (Jäger-)Bord zu Bord-Verkehr, Wetterfunk usf., andererseits aus den »Funkkommandoverfahren«, wie sie (zusammen mit Ortungsverfahren) bei den Funkführungs- und Funklenkverfahren benötigt werden. Die Verkehrsabwicklung kann von Bord-zu-Bord (BzB) oder vom Boden-zu-Bord (EzB) und umgekehrt (BzE) erfolgen.

Die zweite Gruppe der Flugfunkverfahren bilden die »Funkortungsverfahren«. Wenn an Bord eines (Luft-) Fahrzeuges der eigene Standort ermittelt wird, so spricht man von »Eigenortung«. Wird dagegen an Bord (oder am Boden) der Standort eines Flugkörpers oder (anderen) Flugzeugs relativ zur eigenen Position ermittelt, so bezeichnet man das als »Fremdortung«.

Die »Funknavigation« ist die Führung eines Fahrzeugs vom derzeitigen (Ist-)Standort zum gewünschten (Soll-)Standort mit Funkmitteln, d.h. mit Hilfe von Eigen- und/oder Fremdortungen. Die jeweilige Position ergibt sich aus dem Kreuzungspunkt zweier »Funkstandlinien«. Beim dreidimensionalen Flugzeugstandort wird während des Fluges oft noch eine dritte (vertikale) Standlinie = nämlich die Flughöhe benötigt.

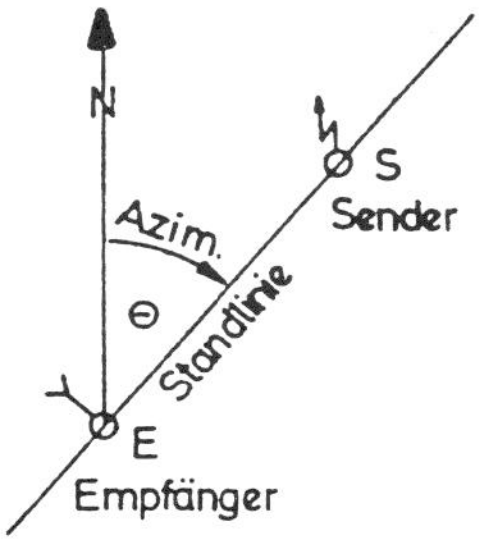

Gerade Standlinien = Verbindungslinien zwischen dem Sender S und dem Empfänger E ergeben sich beim **Peilverfahren**; bei diesem ermittelt der Empfänger mit drehbarer Richtantenne die Richtung zum Sender.

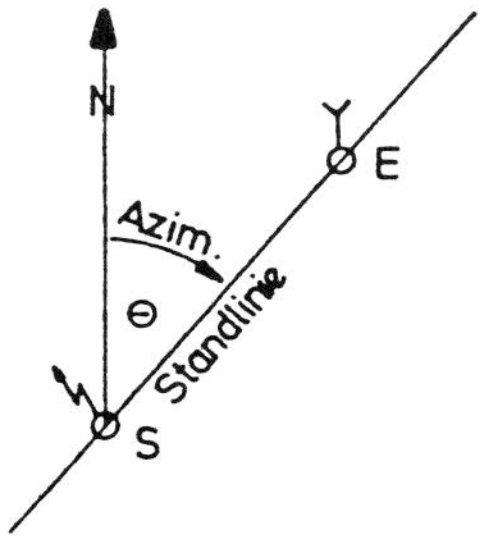

Außerdem ergeben sich gerade Standlinien bei dem **Leitstrahlverfahren**, bei dem die feststehende Richtantenne eines Senders S umgetastet wird und beim **Drehfunkfeuerverfahren**, bei dem die Richtantenne des Senders umgetastet und außerdem noch in Rotation versetzt wird.

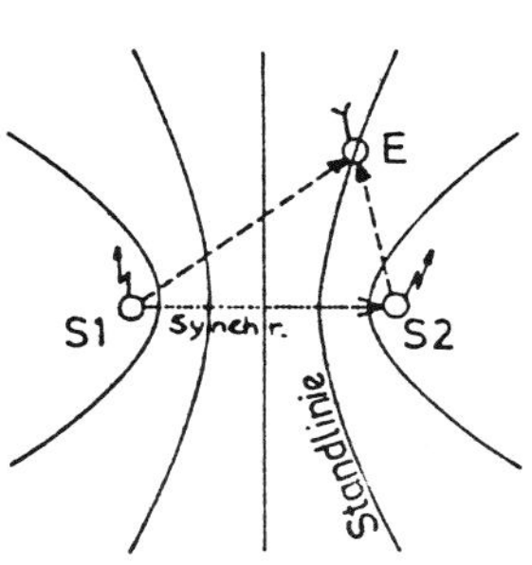

Hyperbel-Standlinien entstehen bei dem Hyperbelnavigationsverfahren durch gleichzeitige (synchronisierte) Tastung zweier Sender S 1 und S 2 als Verbindungslinie aller Empfangsorte E 1 .. En, die eine konstante Differenz der Entfernungen (bzw. Modulationsphasen) zu S 1 und S 2 aufweisen.

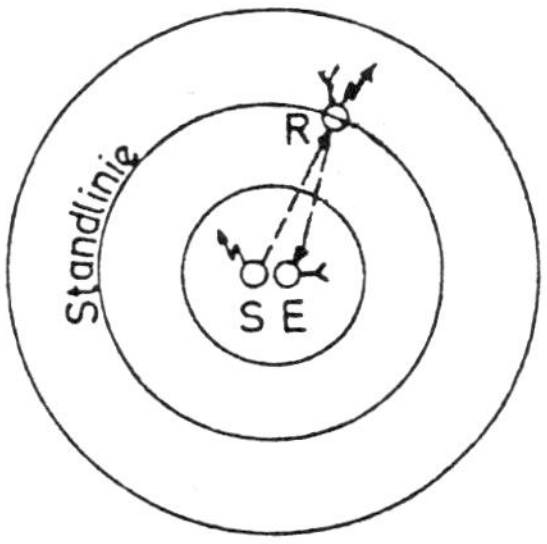

Kreis-Standlinien entstehen bei den **Entfernungsmeßverfahren** als Verbindungslinien gleicher Entfernung um den Sender S herum, und zwar bei dem **Radar-(Rückstrahl-) Verfahren** mit Reflexion auf der Oberfläche eines angestrahlten Objekts und bei dem **Transponderverfahren** mit Empfang und Rückstrahlung an Bord des Ortungsobjektes R.

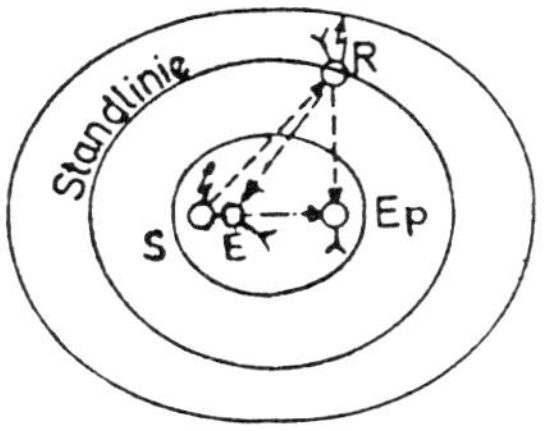

Ellipsen-Standlinien ergeben sich, wenn eine dritte Stelle als »Parasit« an einem Radarverfahren teilnimmt und mit einem Empfänger Ep die Signale von S und die Reflexion oder Rücksendung am Ortungsobjekt R empfängt und auswertet.

Im Bild nicht dargestellt ist das »Doppler-Verfahren«, das als Geschwindigkeitsmeßverfahren erst zusammen mit einem Kurskreisel die Flugrichtung über Grund (und den Driftwinkel = Windeinfluß) angibt, desgleichen kombinierte Verfahren wie z. B. das »Rho-Theta-Verfahren«, das eine Kombination aus Entfernungsmeß- und Drehfunkfeuerverfahren darstellt.

»Die Eigenortungsanlagen« lassen sich, wie im Schema dargestellt danach einteilen, ob sie »bodengestützt« mit Navigationssendern, oder »bordautonom« ohne äußere Funkhilfen arbeiten. Hier noch nicht genannt sind »satellitengestützte« Eigenortungsverfahren, die mit Navigationssatelliten zusammenarbeiten. Für das derzeit zur Diskussion stehende GPS-NAVSTAR-System der US Airforce gibt es zur Zeit der Manuskriptabfassung noch keine serienmäßigen Bordgeräte ziviler Art, so daß vorerst auf eine Behandlung verzichtet wird.

Ein Teil der »Fremdortungsverfahren« ist bordautonom, der bodengestützte Teil hingegen dient zur Ortung des Flugzeugs vom Boden aus und ist dann stets kombiniert mit Funknachrichtenverfahren. Bei den Flugsicherungs- und den Funkführungsverfahren werden die Bodenanweisungen bzw. Korrekturkommandos von der Besatzung ausgeführt, bei den Funklenkverfahren hingegen werden die Korrekturkommandos (= Lenksignale) direkt auf den Flugregler aufgeschaltet. Ein Beispiel dafür ist die Lenkung von Flugabwehrraketen. Es gibt jedoch auch Zwischenformen, wenn z. B. ein Leitstrahlempfänger auf den Autopilot aufgeschaltet wird und das Flugzeug so ohne Zutun der Besatzung entlang eines Leitstrahls fliegt. Man kann dies als automatische Feinkorrektur eines von der Besatzung vorher eingestellten Kurses betrachten, wobei dieser Zustand nicht (wie bei einem Lenkkörper) die ganze Flugzeit über andauert.

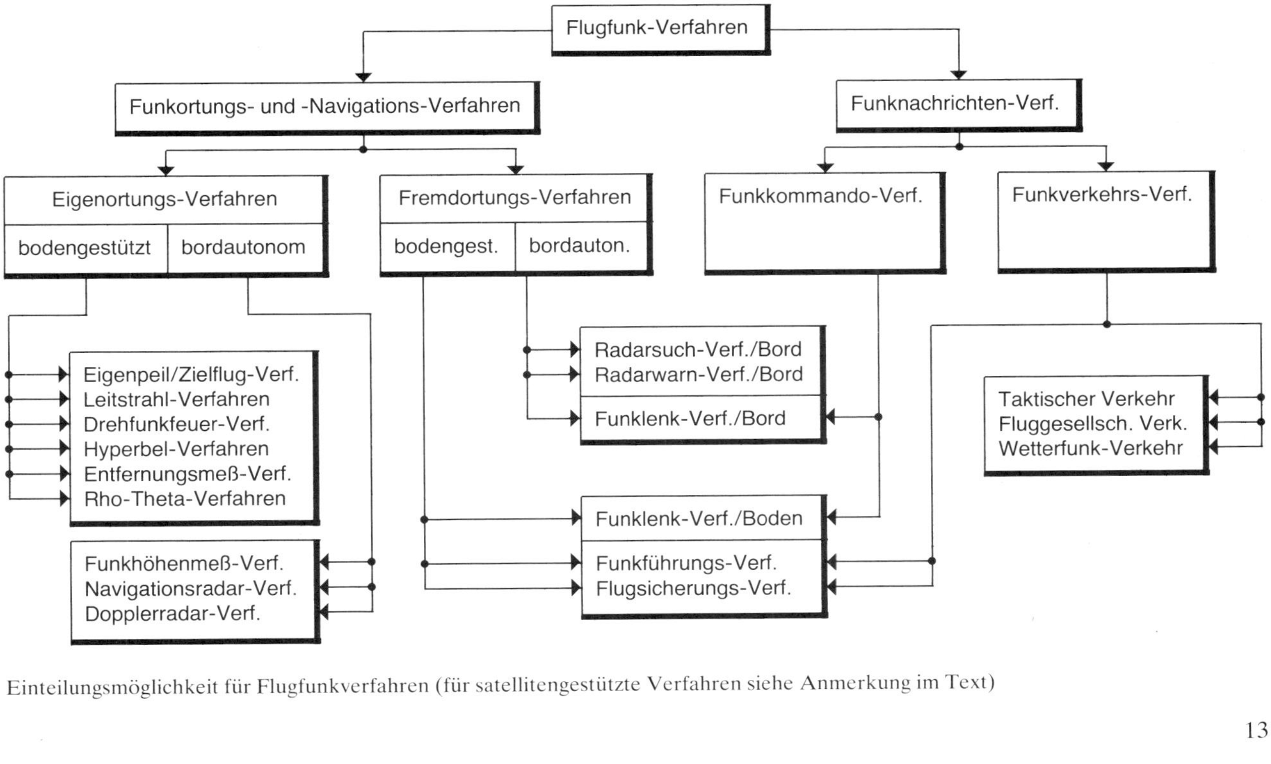

Einteilungsmöglichkeit für Flugfunkverfahren (für satellitengestützte Verfahren siehe Anmerkung im Text)

Die »bordautonomen Fremdortungsverfahren« lassen sich einteilen in »Radarsuchverfahren« zur Ortung fremder Flugzeuge, Flugkörper etc. mit Hilfe eines (aktiven) Bordradars, in »Radarwarnverfahren« mit (passiver) Entdekkung, Peilung und Analyse gegnerischer Radarverfahren im Konfliktfalle und in »Bord-Funklenkverfahren« für Luft-Luft-(bzw. Luft-Boden-)Raketen.

Es wäre auch möglich die Flugfunkverfahren nach den Gesichtspunkten der Reichweite, der erreichbaren Ortungsgenauigkeit, der Art der verwendeten Antennen (Richtstrahl-, Rundstrahlantenne) oder auch nach Art der Anwendung (Platzanflug, Nahbereich, Streckenflug etc.) einzuteilen. Hier wurde die im Schema gezeigte Form bevorzugt, da sich so die Kombination verschiedener Verfahren besser zeigen läßt und weil auch der Übergang zum gestellten Thema »Bordfunkgeräte« erleichtert wird. Platzgründe zwingen allerdings dazu, von den Bodenanlagen und von den hauptsächlich vom Boden aus getätigten Fremdortungs- bzw. Flugsicherungs- und Führungsverfahren nur das zu bringen, was für das Verständnis der Funktion der Bordgeräte unbedingt benötigt wird.

Anmerkung:

Sämtliche Definitionen wie »Gerät/Anlage« oder »Steuerung/Lenkung« etc. lassen sich meist theoretisch schön begründen. Die Schwierigkeiten beginnen aber mindestens dann, wenn Definitionen aus einer anderen Sprache übersetzt werden sollen wie z. B. »Guidance/Control«, die sich jeweils nur teilweise mit »Lenkung« und »Steuerung« überdecken. Für andere Begriffe wie »Eigenortung/Fremdortung« gibt es keine (gebräuchlichen) unterschiedlichen Übersetzungen in das Englische. Je moderner die Technik eines Gerätes ist, desto weniger deutsche Übersetzungen finden sich für die verwendeten Bauteile (wie »PROM, RAM, μP«, usf.). Dies liegt einerseits am schnellen Fortschritt und der Bildung neuer Kunstwörter nebst ihrer Abkürzungen; andererseits werden speziell in der Luft- und Raumfahrt Gerätehandbücher (die in einem großangelegten Service für 10 oder mehr Jahre durch Nachträge auf dem Stand gehalten werden müssen) aus Prinzip nur in Englisch erstellt, ganz gleich um welchen Abnehmer es sich handelt, da sonst die Herstellungskosten untragbar würden. Außerdem braucht auch eine »schnelle« Normungskommission Jahre, bis alle »Wenn« und »Aber« ausgeräumt sind und eine Norm steht; solange könnten aber Übersetzungen nicht warten. Da die ältere Generation z. B. nur von »Empfängeroszillator« sprach, die jüngste aber in der Literatur nur »Local Oscillator« liest und das mit »Lokaloszillator« übersetzt (wenn überhaupt übersetzt wird), entstehen bei der Normung Kunstworte (wie z. B. »bistatisches Radar« statt »halbaktives Radar«), über die man streiten könnte. Es wird daher um Nachsicht gebeten, wenn bei den allerneuesten Entwicklungen mit Digitaltechnik vieles nur mit seiner englischen Bezeichnung benannt wird, bei Abkürzungen soll das entsprechende Verzeichnis im Anhang helfen. Rein der Zweckmäßigkeit dienend sind auch die Kapitelüberschriften (Nachrichten*geräte*, aber Peil- und Zielflug-*Verfahren*, usf.), da bei letzteren auch größere Abschnitte über verschiedene Verfahren enthalten sind.

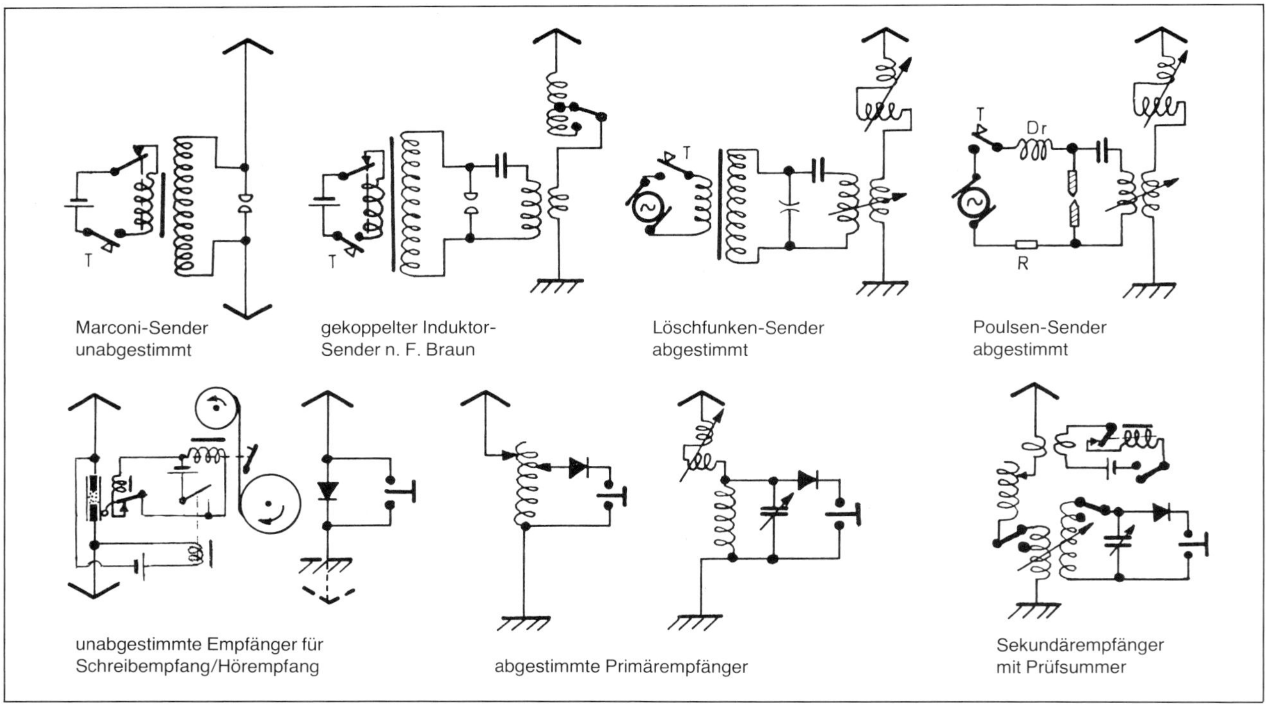

Sender- und Empfängerschaltungen aus der Zeit vor 1914.

Die ersten Nachrichtengeräte für Flugzeuge

Vorgeschichte

Der Sender von *Heinrich Hertz,* mit dem er 1888 erstmals elektromagnetische Wellen erzeugte, bestand aus Batterie, Funkeninduktor (den den Strom zerhackte und auf eine hohe Spannung transformierte) und einer Funkenstrecke. Diese war im Brennpunkt eines Zylinderparabolspiegels angebracht. Die beiden Halterungen der Funkenstrecke dienten dabei als Dipolhälften (Antennenstäbe von $^1/_4$ Wellenlänge). Während jedes Funkenüberschlages entstanden hochfrequente Schwingungen (mit ca. 454 MHz entspr. 66 cm Wellenlänge), die danach schnell abklangen, d.h. es wurden »gedämpfte Wellen« abgestrahlt. An der gleichartig aufgebauten Empfangsfunkenstrecke traten zum Nachweis des Empfangs ebenfalls Funken auf. Der Empfangsspiegel konnte bis zu 20 m vom Sendespiegel entfernt werden. Hertz konnte mit dieser Anordnung bereits die Erscheinungen der Resonanz, Beugung, Brechung und Interferenz (Überlagerung zweier Wellen) demonstrieren.
1890 erfand *E. Branly* in Paris den »Kohärer« (auch »Fritter« bzw. »Radioconducteur« genannt); dies war ein Glasröhrchen mit zwei Elektroden, zwischen denen sich Metallpulver befand, das bei Eintreffen von el. magn. Wellen leitend wurde. 1894 verbesserte *A. S. Popow* in Kronstadt den Kohärer durch Nachschaltung eines empfindlichen Relais, das seinerseits eine elektrische Klingel einschaltete. Ihr Klöppel beklopfte auch den Kohärer, so daß ein Morsepunkt als eine Folge von wenigen, ein Morsestrich aber (nach zwischengeschalteter Pause) als eine Folge von vielen Klingelschlägen zu hören war. Mit einem derartigen Hörempfang erreichte Popow 1896 Reichweiten bis 250 m. Im gleichen Jahre verbesserte *G. Marconi* in Bologna Empfänger und Sender durch Verwendung eines aufgehängten Blechs bzw. eines »Luftdrahts« als Antenne und der Erde als Gegengewicht, desgl. führte er durch Nachschalten eines (verzögerten) Relais und eines Morseschreibers an den Empfänger (nach Popow) den Schreibempfang ein.
Es entstanden dann aus den Arbeiten von Prof. *A. Slaby, Graf v. Arco,* Prof. *F. Braun* und *J. Zenneck* in Zusammenarbeit mit Elektrofirmen für das Heer Stationen nach dem System »Braun-Siemens« und für die Marine nach System »Slaby-Arco-AEG«, die schon Reichweiten von 50 km und mehr aufwiesen. Kaiser Wilhelm II. veranlaßte die Konkurrenten Siemens und AEG im März 1903 zur Gründung einer gemeinsamen Tochter »Gesellschaft für drahtlose Telegraphie mbH« bzw. der »Telefunken«-GmbH, wie sie nach ihrem Markenzeichen genannt wurde.
Die Erfindung der »elektrolytischen Zelle« 1904 durch *Schloemilch* (Telefunken) als »Demodulator« war ein erster Schritt zum Hörempfang, der dann 1906 nach der Erfindung des Kristalldetektors (mit Pyrit-, Silizium- oder Carborund-Kristall, auf dem eine feine Kontaktspitze eine geeignete Stelle suchen mußte), durch *Braun* (Telefunken) allgemein eingeführt wurde. Dies und die Verbesserung der Funkensender durch mehrfache Funkenstrecken (Löschfunkensender) bildeten die Grundlage zur Einführung der Funkentelegrafie bei der Luftfahrt, zuerst bei Zeppelin- und Parseval-Luftschiffen durch *M. Dieckmann* (Drahtlos-Telegraphische und Luftelektrische Versuchsanstalt Gräfelfing = DVG) in den Jahren 1910 bis 1913.
In der Zwischenzeit waren auch die Firmen C. Lorenz AG. und Dr. *Huth* unter die Hersteller von Funkgeräten gegangen. M. Dieckmann und E. Braun untersuchten ab 1908 Antennen mit Richtcharakteristik für Sendung bzw. Empfang (Peilrahmen). Die von *Lee de Forest* und *R. v. Lieben* 1907/1910 gebauten Dreipolröhren ermöglichten den Bau von Niederfrequenz-(NF-)Verstärkern, 1911 erhielt *O. v. Bronk* (Telefunken) ein Patent für Hochfrequenz-(HF-) Verstärker. 1912 erwarb ein Firmenkonsortium, bestehend aus AEG, Siemens & Halske, Felten & Guilleaume und Telefunken die Lieben-Patente für die Herstellung von Röhren. 1913 erhielten *A. Meißner* (Telefunken) und fünf weitere Forscher Patente für die Schwingungserzeugung mit einem Röhrensender (»Oszillator«). Es dauerte jedoch noch bis 1916, bis die ersten Röhrengeräte fertigungsreif waren.

Funkgeräte für Flugzeuge im Ersten Weltkrieg

An einen Einsatz von Funkgeräten im Flugzeug konnte erst gedacht werden, als die Funktechnik in den Jahren 1909/1910 nach Einführung des Hörempfanges mit dem Kristall-Detektor von Braun (d.h. nach Ersatz des Schreibempfangs mit »Kohärer« = »Fritter«) ihrer Kinderschuhe entwachsen war.
Im Jahre 1911 führten die Firmen Telefunken und Dr. Huth Versuche mit »Freiballonstationen« durch, wobei Reichweiten bis zu 56 km erreicht wurden. Eine solche Station wurde Anfang 1912 in einen Albatros-Doppeldecker eingebaut. Auf der Fliegerstation Döberitz erfolgte dann

Kleine 40 W-Flugzeug-Bordstation »0,04 TAeK« von Telefunken aus dem Jahre 1912. Links der Detektorempfänger mit Schiebespule, rechts der Funkensender mit Induktor (Holzgehäuse abgenommen).

die Untersuchung des Einflusses der Schleppantenne auf die Flugeigenschaften des Flugzeuges. Am 13. Juni 1912 (nach Absturz des Versuchsflugzeuges) wurden die Versuche eingestellt, da Funk-Telegrafie-(FT-)Geräte für Armeeflugzeuge »noch nicht geeignet« seien.
Privat wurden die Versuche jedoch von der Fa. Telefunken mit einer kleineren batteriebetriebenen 40 W-Station (Funkeninduktorsender und Detektorempfänger) = »Artilleriebeobachtungsstation« *Typ 0,04 TAeK* und einer stärkeren 100 W-Ausführung = »Erkundungsstation« *Typ 0,1 TAeK* (mit Wechselstromdynamo für den Sender) fortgesetzt. Auch die Fa. Dr. Huth führte mit zwei ähnlichen Stationstypen privat u.a. mit einem Wright-Doppeldecker Erprobungen durch. Eine dritte Station *Typ L = S 6/E 11* arbeitete mit tönenden Löschfunken und Senderspeisung durch einen Wechselstromgenerator. Auch die Fa. Lorenz machte eigene Versuche mit einem Sender französischen Fabrikats (Rouzet) mit rotierender Funkenstrecke. An den Detektor-Empfänger war jedoch kein Kopfhörer, sondern ein Saiten-Galvanometer mit Projektionsscheibe angeschlossen, d.h. man versuchte den durch das laute Motorengeräusch beeinträchtigten Hörempfang durch einen Sichtempfang zu ersetzen. Mit diesem 42 kg schweren Gerät wurden in einem Albatros-Doppeldecker im Jahre 1913 nach verschiedenen Verbesserungen Reichweiten bis zu 65 km erreicht. Trotzdem konnte sich der Sichtempfang nicht durchsetzen. Alle bisher genannten Sender mußten wegen der Kürze der Antennnen mit relativ hohen Frequenzen (zwischen 120 und 2000 kHz) arbeiten, wodurch die Erzeugung einer ausreichenden Leistung schwierig wurde. Die Empfänger überstrichen einen größeren Bereich (120 bis 2000 kHz), waren aber bestenfalls am Boden zu gebrauchen, da der Kirstalldetektor bei laufendem Flugmotor wegen der Vibrationen meist nicht funktionierte. Eine Lösung brachte erst später der Karborunddetektor mit Vorspannungsquelle.
Wie bei den Luftschiffen ging die Marine (Torpedeo-Inspektion/Kiel, *Dr. Harwig*) auch bei der Entwicklung von FT-Anlagen für Wasserflugzeuge getrennte Wege, da sie u.a. die Sendefähigkeit von gewasserten Flugzeugen verlangte. Versuche der Signalgesellschaft Kiel *(Dr. Hannemann)* im Jahre 1913 bei den Flugwerken Deutschland in München und anschließende Reichweitenversuche in Kiel gegen S.M.S. »Friedrich Carl« verliefen unbefriedigend. Im Fluge war keine Verbindung zustande gekommen, bei gewassertem Flugzeug wurden jedoch Reichweiten von 75 km erreicht. Da der Fliegeroffizier weitere Flüge mit dem veralteten Marine-Doppeldecker D 5 mit dem 6 m hohen (!) verspannten Antennenmast ablehnte, wurden die Flüge am 4. Oktober 1913 abgebrochen, später jedoch privat von der Signalgesellschaft weitergeführt. Dabei wurden für den Weg Flugzeug–Schiff 50 km, umgekehrt trotz Drosselung der Motoren nur 5 km erreicht. Das Flugzeug stürzte am 4. 5. 1914 bei Reichweitenversuchen gegen den Kreuzer S.M.S. »Magdeburg« ab.
Ein mit FT-Anlage ausgerüsteter Albatros-Doppeldecker bewährte sich bei den Flottenübungen 1914 gut. Da der Antennenmast die Flugeigenschaften wesentlich beeinträchtigte, wurde die Anlage wieder ausgebaut. In der Mobilmachungszeit erfolgten dann Versuche mit Schleppantennen.
Obwohl von verschiedenen weitblickenden Persönlichkeiten die Bedeutung der Funktelegrafie für Flugzeuge erkannt war, war bei Kriegsbeginn noch kein Flugzeug von Heer oder Marine mit einem frontreifen FT-Gerät ausgerüstet. Für die langsame technische Entwicklung in den Jah-

Doppeldecker mit FT-Station der Signalgesellschaft/Kiel. Mit diesem schwankenden Mast zu fliegen, war sicherlich kein Vergnügen.

ren 1912 bis 1914, die meist nur von privater Initiative getragen wurde, war vor allem die ablehnende Haltung von Flugzeugführern und Beobachtern verantwortlich. Dies änderte sich jedoch nach Kriegsbeginn, da sich bald eine bessere Verständigung zwischen dem Aufklärer und den Bodenstellen als notwendig erwies. Der von der Telegraphentruppe zu den Fliegern übergetretene Leutnant *E. Niemann* besorgte sich von der Fa. Huth/Berlin den neuesten Bordsender und bei der Fa. Telefunken einige Bodenempfänger. Im Februar 1915 begannen dann die ersten Versuche mit einem Doppeldecker eine Artillerieeinheit mit Hilfe eines einseitigen Bord-Boden-Telegrafieverkehrs einzuschießen.

Um den Artilleriebeobachter an Bord des Flugzeuges Morsekenntnisse zu ersparen, wurden von Telefunken 2 automatische Zeichengeber entwickelt; diese wurden jedoch später nach Einführung eines Bordempfängers wieder überflüssig, da dann doch Morsekenntnisse gefordert werden mußten. Der eine Geber enthielt ein Federwerk mit Kontakten, die durch einen Schalter wählbare Morsezeichen erzeugten; der andere enthielt für jeden Buchstaben eine Kontaktrille, wobei beim gleichmäßigen Darüberstreichen mit einem »Griffel« die entsprechenden Morsezeichen gegeben wurden. Bemerkenswert war hier eine zusätzliche Verschlüsselungsmöglichkeit durch eine verschiebbare Buchstabenleiste. Da bei einseitigem Sendebetrieb im Flugzeug die Funksprüche blind abgesetzt wurden, mußte der Aufklärer zur Batteriestellung zurückkehren, dort die Sichtzeichen »verstanden« oder »nicht verstanden« sichten und anschließend zu weiterer Beobachtung wieder feindwärts fliegen. Ein Wechselverkehr hätte eine bedeutende Verbesserung bedeutet.

Niemann versuchte daher zusammen mit *Dr. Rottgardt* (Direktor der Fa. Huth) eine Lösung für das Empfangsproblem an Bord zu finden, u.a. mit ausgeklügelten elektromechanischen und elektropneumatischen Lautverstärkern, die jedoch im rauhen Betrieb nicht befriedigen konnten. Erschwert wurde das Problem dadurch, daß die Flugzeuge nur relativ kurze Antennen verwenden konnten, also auf höheren Frequenzen arbeiten mußten, für die noch kein Bodensender vorhanden war. Bord- und Bodensender arbeiteten damals mit gedämpften Wellen nach dem Prinzip des tönenden Löschfunkens. Im Juli 1915 konnten mit einem Karborund-Detektor-Empfänger (von Huth) mit 2-Röhrenverstärker (von Telefunken) der erste gute Empfang einer Bodenstelle bis zu 30 km Entfernung erzielt werden. Am 5. August wurde der erste Bord-zu-Bord-Telegrafie-Wechselverkehr durchgeführt. Bereits am 15. Au-

Morsezeichengeber von Telefunken mit verschiebbarer Skala (als Verschlüsselungsmöglichkeit). Die Zeichen entstanden beim Entlanggleiten des Kontaktstiftes an den in den Rillen angebrachten Kontakten.

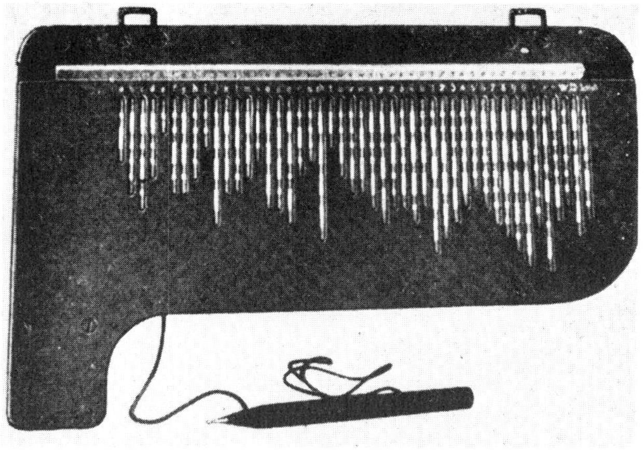

Aufklärer Albatros C I mit Schleppantenne.

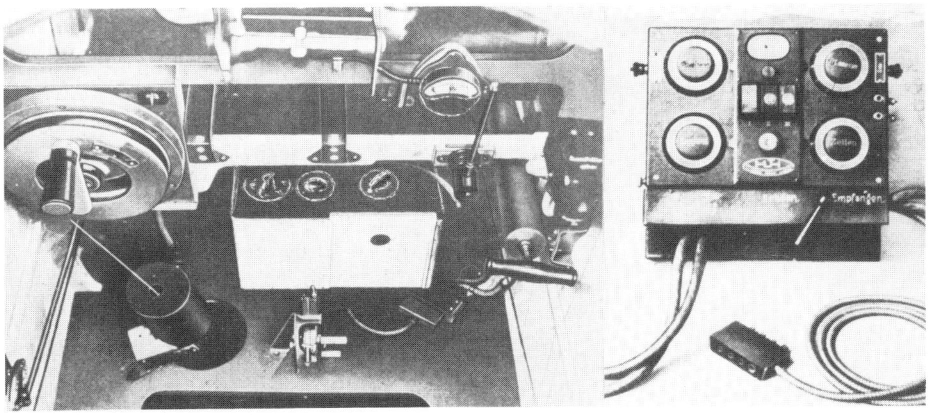

Bordstation mit »Einheitssender« (Ausführung von Dr. Huth) mit Antennenhaspel; rechts der erste brauchbare Bordempfänger mit Sende-Empfangsschalter.

gust 1915 konnte dann an der Ostfront mit Hilfe einer Sende-Empfangsstation in einem Albatros-B-Doppeldecker (Pilot Hptm. *Mühlig-Hofmann*/Beobachter Lt. *Niemann*) die Batterie »Kaiser« auf eine russische Batteriestellung an der Bzura eingeschossen werden. Dieser erste echte Funkverkehr Boden-Bord-Boden wurde von einem zweiten gleichartig ausgerüsteten Flugzeug mitgehört. Daraus entstanden dann von Telefunken und Huth in Serie (1600 Stck.) gefertigte 125 W-Tonfunksender Typ *AFS 35* und »*Einheitsmodell 1915*«. Die von beiden Firmen gefertigten Empfängertypen (*E 103* und »Flugzeugempfänger«) konnten in der kurzen Zeit nicht mehr zur Serienreife gebracht werden.

125-W-MW-Sender/Empfänger »Typ D« (hier mit fünf Festfrequenzen). Zum Detektorempfänger gehörte ein Dreiröhren-NF-Verstärker EV 192, eine 90 V-Anodenbatterie und ein 6 V-Heizsammler, zum Löschfunkensender ein Windschraubengenerator (Baujahr 1916).

Nicht zu vergessen ist auch die Tätigkeit des Direktors *Bredow* der Fa. Telefunken, der sich als Kriegsfreiwilliger meldete und als Unteroffizier im Dezember 1914 zu den Versuchen mit Flugzeugstationen beim Flugzeugpark der 2. Armee, ab Januar 1915 zur Feldfliegerabteilung 27 nach Roye, kommandiert war. Er betreute dort die Flugzeugsender und Bodenempfänger, baute eine Flughafenstation und auch eine Gefechtstation bei einer Haubitzenbatterie auf. Trotz großer Anerkennung seiner unermüdlichen Arbeit durch seine Vorgesetzten, verübelte es ihm die Heeres-Nachrichtentruppe, daß er den Fliegern Einblick in seine bereits mit Röhren bestückten Versuchsgeräte gab; es wurde ihm sogar zeitweise verboten, Versuche mit von ihm entwickelten Röhrenstationen für Flugzeuge durchzuführen. Niemann wurde im Herbst 1915 zur neugegründeten »Funken-Telegraphie-Versuchsabteilung« (FTVA) nach Döberitz kommandiert; die Entwicklung und Beschaffung von Flugzeug-Funkgeräten wurde etwa zur gleichen Zeit der »Inspektion der Fliegertruppen« (IdFlieg) übertragen. Der Inspekteur der Flieger, Major *Siegert*, mußte trotz der inzwischen bekanntgewordenen Erfolge noch feststellen, daß viele Flieger dem FT-Gerät gegenüber noch weiter ablehnend blieben: »Man wollte zu den Gefahren des Fliegens nicht noch die weitere eines elektrischen Hinrichtungsstuhles hinzunehmen.«
Die Arbeiten in Döberitz wirkten sich bald aus. Schon im Juni 1916 konnte im Westen eine mit FT-Wechselverkehr ausgerüstete Artillerieflieger-Abteilung eingesetzt werden. Es wurde einheitiches FT-Gerät »Sende-Empfänger

I.d.Flieg. D 1...4« = *D-Station* geschaffen und für verschiedene Flugzeugtypen Spezialausführungen der Einbausätze (Generatoren, Antennen etc.) serienweise herausgebracht. Für Großflugzeuge entstanden bei Telefunken Sende-Empfänger *G-Station* mit 250 W Antennenleistung im Bereich 250–1000 kHz, desgl. für Riesenflugzeuge solche mit 500 W Leistung = *R-Station* im Bereich 188–1000 kHz.

Im Jahre 1916 kam auch die Forderung auf, in Kampfeinsitzer (später Jagdeinsitzer genannt) mit ihren beschränkten Platzverhältnissen geeignete kleine Funkgeräte einzubauen. Dafür entwickelten die Firmen Telefunken und Huth einen kleinen Sender-Empfänger = *A-Station* für Verbandsführer-Flugzeuge und für die anderen einen Detektorempfänger = *E-Empfänger* mit abgesetztem (später mit eingebautem) Röhrenverstärker, die bald durch Audion-Empfänger mit Verstärker = *EL-Empfänger* ersetzt wurden. Sie konnten ergänzt werden durch einen sog. *B-Sender* mit 70 W-Leistung. Alle diese Geräte wurden jeweils am Boden auf eine Frequenz fest abgestimmt.

Zur Beschleunigung des manchmal unter Beschuß abzuwickelnden Funkverkehrs wurde an Bord anstelle des von Hand zu betätigenden Umschalters »Sendung/Empfang«, der die Antenne an Sender oder Empfänger legte und in letzterem Falle auch die Tastung blockierte, eine Zwischenhöreinrichtung geschaffen in Form eines abfallverzögerten Antennenumschaltrelais; dieses zog bei Tastung sofort an, legte aber schon bei kleinen Tastpausen (zwischen den Buchstaben) die Antenne an den Empfänger. Der Bordfunker konnte so sofort bemerken, wenn die Bodenstelle nicht mitgekommen war und das Unterbrechungszeichen »bk« sendete.
Neben der Veranlassung der Entwicklung und der Einsatzprobung dieser Geräte arbeitete die J.d.Flieg. mit bei der Entwicklung des entsprechenden Sende-Empfangsgerätes für Bodenstationen; für den Flughafen wurde die motorisierte Hafenstation = *H-Station,* für die fechtende Truppe zwei bespannte Gefechtstationen = *G-Stationen,* entwikkelt.
Die damalige Wellen- bzw. Frequenzverteilung war wie folgt:

Flugzeuge:	
Kampfeinsitzer	1000 bis 2000 kHz
C-Flugzeuge (gepanzerte Aufklärer)	600 bis 2000 kHz
G-Flugzeuge (Großflugzeuge)	250 bis 1000 kHz
R-Flugzeuge (Riesenflugzeuge)	188 bis 1000 kHz

Bei der Lösung der genannten Aufgaben zeigten die Firmen Huth (Direktor *Rottgardt*) und Telefunken (Direktor *Bredow*) besonderes Verständnis für die hier auftretenden Probleme bei der Schaffung kleiner, gewichts- und raumsparender und dabei auch einfach zu bedienender Geräte.

»R-Station« für Riesenflugzeuge: Sendeleistung bis 500 W, Frequenzbereich 188–1000 kHz (Ausführung Telefunken), mit Dreiröhrenverstärker EV 192.

(Die Firmen Siemens und Lorenz waren voll mit Aufträgen für Heer bzw. Marine ausgelastet).
Ein Bericht über geheimgehaltene Versuche Niemanns zur Verbesserung der Betriebsverfahren löste einen Vortrag mit praktischem Versuch vor Hindenburg, Ludendorff u.a. aus, aufgrund dessen am 11. Juni 1916 die Schaffung einer eigenen »Fliegerfunkertruppe« (Vorläufer der späteren Luftnachrichtentruppe) befohlen wurde. Um diese Zeit hatte allgemein die Verwendung von Funkgeräten stark zugenommen. So waren z.B. in einem Armeebereich bei der Telegrafentruppe 320 Bodenstationen, 36 Flieger-Gefechtsstationen und 43 Flieger-Hafenstationen, bei der Fliegertruppe 518 Flugzeugstationen eingesetzt. Da diese 917 Stationen nur auf wenigen Frequenzen arbeiteten, kam es am 16. Dezember bei einem Gegenstoß der Franzosen in der Schlacht um Verdun zum ersten großen »Wellensalat«: Die starken Flieger-, Hafen- und Gefechtsstationen übertönten die anderen, besonders die sog. Kleinfunkenstatio-

70 W-»B-Sender« (Ausführung Telefunken 1917) mit einer voreingestellten Frequenz im Bereich 855–2000 kHz.

»E-Empfänger« mit Audion und zwei NF-Stufen (Ausführung Telefunken 1917).

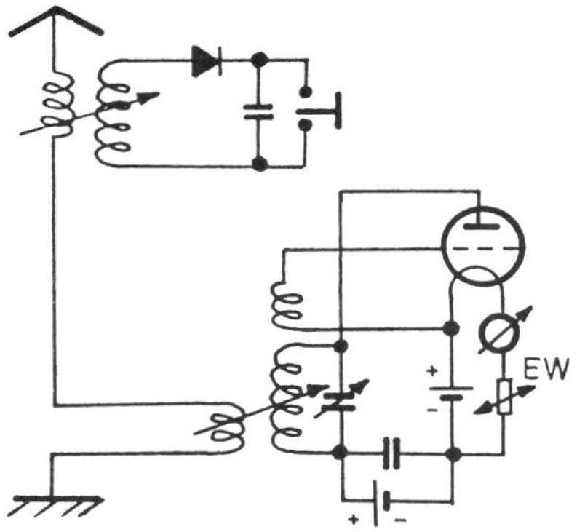

Detektor-Empfänger mit Überlagerer (1915)

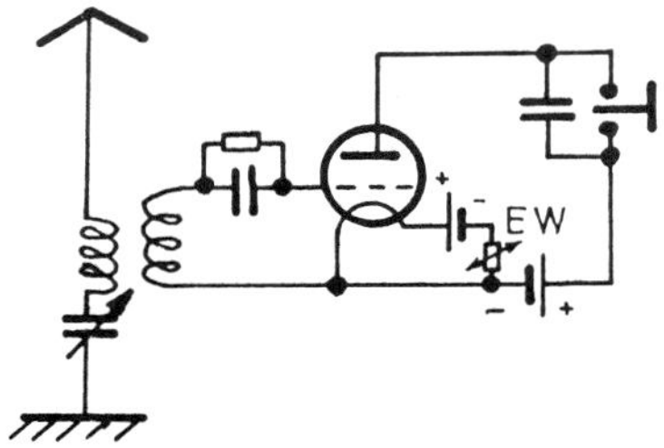

Empfänger mit Röhrengleichrichter (1915)

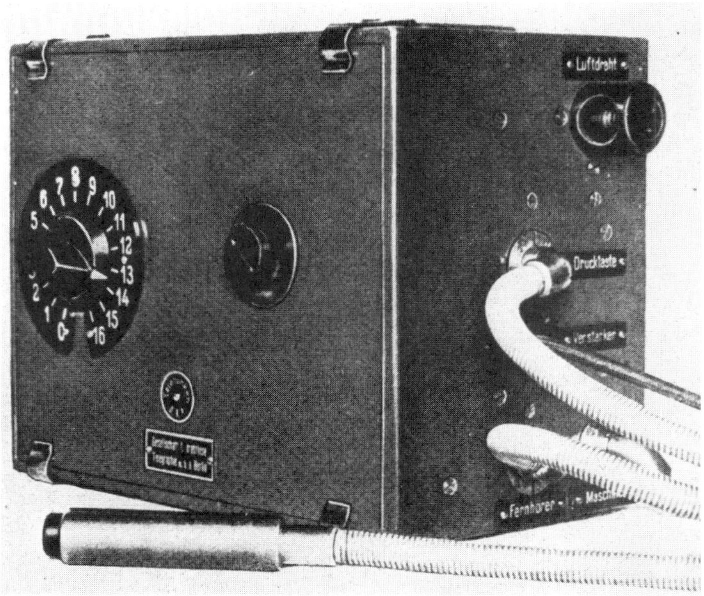

Sender-Empfänger »Typ A« für Kampfeinsitzer mit Zwischenhöreinrichtung. Dazu gehörte noch ein mehrstufiger NF-Verstärker (Ausführung Telefunken).

◄ Zwei Empfängerschaltungen aus dem Jahre 1915. Zwischen den Ausgangsbuchsen und dem Kopfhörer war meist noch ein Dreiröhrenverstärker geschaltet.

Flieger-»O-Station« (125 W/750–2000 kHz) mit Funkensender und Dreiröhren-Einkreisempfänger aus dem Jahre 1917/18 (Bauart Telefunken).

Ein seltenes Bild von Kampfeinsitzern (Jagdflugzeugen) mit Mastantennen. Später wurden die Antennendrähte in den (Holz-) Flügeln verlegt.

nen des Heeres. Bei der darauf folgenden Regelung des Einsatzes der Funkgeräte durch die Kommandobehörden wurde zwar Besserung erzielt, die alten Kompetenzstreitigkeiten begannen sich jedoch wieder neu zu entfachen. Telefunken entwickelte 1917 als Ersatz für die inzwischen bereits in vier Varianten produzierte D-Stationen noch die Sender-Empfänger *N-Station* (70 W) und *O-Station* (125 W). Diese wurden jedoch nur in Mustern erstellt, da inzwischen die Senderöhrenentwicklung soweit fortgeschritten war, daß die Fertigung von ungedämpften Röhrensendern begonnen werden konnte. Bei der Fa. Huth war dies eine Entwicklungsreihe von 10- bis 15 W-Sender-Empfängern Typ »*Rues*», »*Rude I* ... *IV*«, deren Endtyp

15 W-Sender-Empfänger »ARS 80a = USE 1« in einem Flugzeug (Schweiz 1919/20). Das Gerät war jeweils auf eine Frequenz im Bereich 500–700 kHz eingestellt. Links die Antennenhaspel mit Schacht für die Schleppantenne, unten die Batterien und ein Meßgerät, rechts die Taste. Gleiches Aussehen Typ ARS 112 mit geändertem Bereich (Telefunken 1918–20).

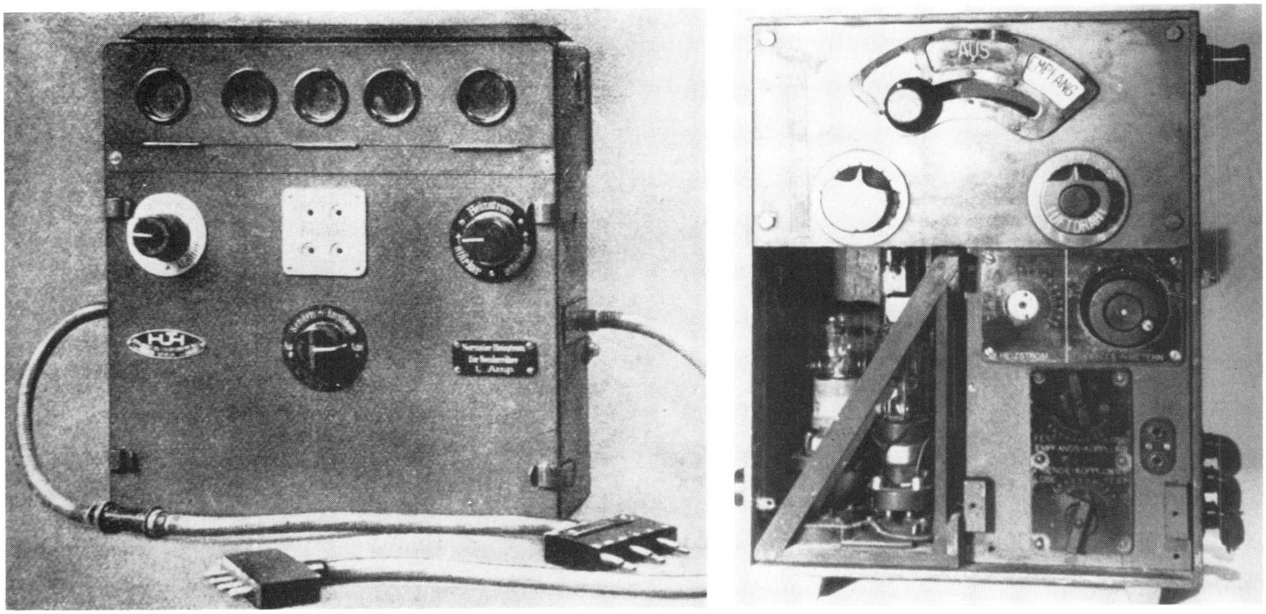

Röhrensender-Empfänger »FRD 125« von Dr. Huth (links), rechts ein entsprechendes Gerät von Lorenz.

die 20 W-Station *FRD 125* darstellte. Bei Telefunken wurde aus einem Versuchsgerät Typ »*Beetz*« eine Vorserie Typ *ARS 75* und schließlich das Großseriengerät *USE I* (= *u*ngedämpfter *S*ender-*E*mpfänger I), Telefunken-Bezeichnung *ARS 80* entwickelt. Dieses hatte eine Größe von 330 mm × 320 mm × 175 mm, eine Masse (ohne Generator) von 10,9 kg bei einer Sendeleistung von bis zu 30 W. Die Schaltung bestand aus einer anodengetasteten Sendestufe, einem Audion (zwei Röhren parallel und einem dreistufigen Niederfrequenzverstärker (in der Endstufe zwei Röhren parallel); die Schaltung des FRD war ähnlich, es wurden lediglich keine Parallelschaltungen von Röhren durchgeführt und zur Umgehung des Meißnerschen Rückkopplungspatentes die Huth-Kühn-Schaltung verwendet. Beide Gerätetypen wurden ab Frühjahr 1918 noch in großer Stückzahl gebaut und haben sich gut bewährt. Als Entwickler der Röhrengeräte sind zu nennen: *Dr. Bredow, Dr. Meißner, Dr. Schapira, Prof. Dr. Wagner, Ing. Beetz* (Telefunken) und *Dr. Rottgardt, Dr. Roosenbaum* und *Ing. Menge* (Firma Dr. Huth).

Im Januar 1918 hatten sich die Kompetenzstreitigkeiten bei der Truppe so zugespitzt, daß das Personal und das Gerät der Fliegerfunkerei der Nachrichtentruppe des Heeres eingegliedert wurde. Nachdem infolge dieser Maßnahme die bisher jeweils auf ihre Flugzeugbesatzung eingespielten Bodenfunker der Artillerie durch unerfahrene Telegrafisten ersetzt waren, zeigte es sich u.a. bei der Märzoffensive 1918, daß die oft unter Lebensgefahr erzielten Aufklärungsergebnisse der Artillerieflieger von den Batterien nicht ausgenutzt werden konnten. Ähnlich waren die Verhältnisse bei den Infanteriefliegern. Dies besserte sich jedoch im Laufe des Jahres durch intensive Schulung der Funker und Funktechniker.

Inzwischen arbeitete man weiter an der Verbesserung der Verfahren und der Geräte. So wurde von den Piloten immer wieder ein Ersatz der Funktelegrafie durch Funktelefonie gefordert. Telefunken hatte zwar bereits am 21. Juni 1913 mit damals sehr kurzlebigen Senderöhren zwischen Berlin und Nauen, desgl. im Juni 1915 mit den ersten Hochvakuum-Senderöhren zwischen Fürstenbrunn und Segefeld bei Berlin eine Funktelefonieverbindung am Boden einrichten können. Funktelefonieversuche im Flugzeug erwiesen sich jedoch im Jahre 1918 noch als unbefriedigend. Eine Reihe von Fragen (z.B. die Modulation des Senders durch ein Mikrofon im Antennenkreis) konnte bis Kriegsende nicht mehr befriedigend gelöst werden. Dagegen gelang die drahtlose Übertragung gezeichneter Bilder mit einem Kopiertelegrafen nach Angaben von *Prof. Dr. Dieckmann.* Bei diesem Verfahren, für das im Spätsommer 1918 frontreife Geräte vorlagen, wickelte der Beobachter seine geschriebene Meldung um eine Rolle und setzte sie in den Kopiertelegrafen ein. Die Meldung wurde dann im Abtastverfahren innerhalb von fünf Minuten vom Sender automatisch zum Boden übertragen. Außerdem gab es z.B., für den Einbau in Riesenflugzeuge schon ein »Radiographon« der Firma Schuchart und auch ein »Lichtzeichengeber« von Telefunken, die als Vorläufer von Kommando-Übertragungsgeräten zu betrachten sind.

Vereinfachte Schaltbilder von Röhren-Sender-Empfängern aus dem Jahre 1918: Oben ARS 80 = USW 1 von Telefunken, das Audion und die NF-Endstufe (hier nicht gezeichnet) waren jeweils mit zwei parallelgeschalteten Röhren bestückt. Unten: Huth FRD 125. Man beachte die Schaltung zur Umgehung der Telefunken-Patente (auch hier ist der NF Verstärker nicht gezeichnet).

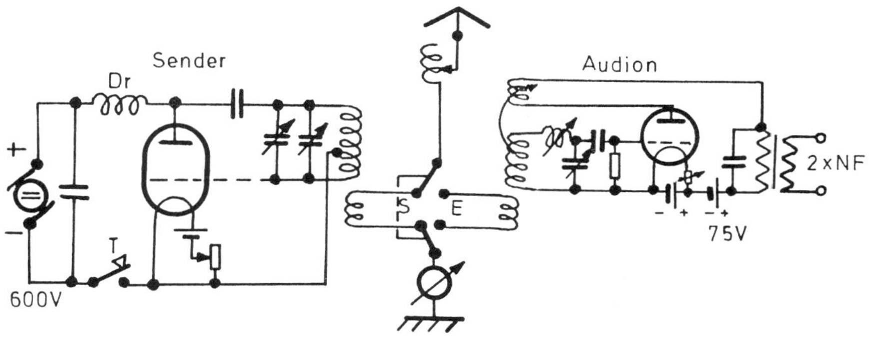

Flugzeug-Sende-Empfänger Telefunken USE 1 (1918)

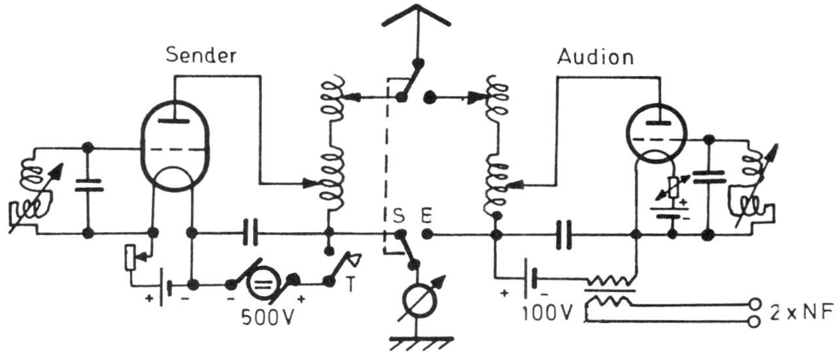

Flugzeug-Sende-Empfänger Huth FRD 125 (1918)

Flugzeug-Nachrichtengeräte 1919–1938

Viele Piloten hatten während des Ersten Weltkrieges Gelegenheit, den Wert einer Funkverbindung zum Boden kennenzulernen; es ist daher nicht verwunderlich, wenn sie nun bei den ersten Anfängen der Verkehrsfliegerei das Funkgerät nicht mehr missen mochten. So wurden auf den Flugzeugen der Luftreederei AG, einer AEG-Tochter, auf der Strecke Weimar–Berlin ab 1919 Röhren-Sende-Empfänger *Typ ARS 80* der Firma Telefunken erprobt; andere Luftfahrtunternehmen benutzten das entsprechende Gerät der Firma Huth *Typ FRD 125*. Daneben wurden jedoch auch ältere Stationen mit Löschfunksender verwendet. Die Röhrenstationen in den Flugzeugen wurden nach und nach für die Durchführung von Telefonieverkehr (A 3) erweitert, der allmählich den Telegrafieverkehr tonlos oder tönend (A 1 bzw. A 2) ersetzte. Die mit gedämpften Wellen (B 1) arbeitenden Löschfunkensender wurden bis 1925 aus dem Verkehr gezogen.

Als Bodenstellen dienten zunächst die von der Fliegertruppe an den Flugplätzen hinterlassenen Hafenstationen, deren Löschfunkensender jedoch bereits ab 1919 durch Röhrensender ersetzt wurden. Dazu kamen Bodenpeilstellen, die mit einem neu entwickelten Telefunken-Drehrahmenpeiler ausgerüstet wurden.

Die ersten Langwellenstationen

Im Jahre 1925 erprobte die Firma Lorenz eine speziell für Verkehrsflugzeuge entwickelte 80 W-Langwellenstation *SERF 008 V 25*, bestehend aus einem einstufigen selbsterregten Zwischenkreissender (SRF 008 V 25) und einem Zweikreis-Vierröhrenempfänger (ERF 08 V 25), welche beide einen Frequenzbereich von 222 bis 545 kHz überstrichen. Zur Stromversorgung des Senders diente wie üblich ein Luftschraubengenerator, welcher im Falle einer Notlandung ausgebaut und mittels eines Handdrehgestells betrieben werden konnte. Der Empfänger wurde von besonderen Batterien gespeist. Erwähnenswert ist die elektrisch fernbedienbare Antennenhaspel des Gerätes.

80 W-LW-Station »SRF 008 V 25« (222–545 kHz) in Junkers G 24. Links der Sender mit der elektrischen Schleppantennenhaspel im Gepäckraum, rechts der Empfänger am Funkerplatz (Lorenz 1925/26).

100 W-LW-Station »SERF 01 V 28« (Lorenz 1928).

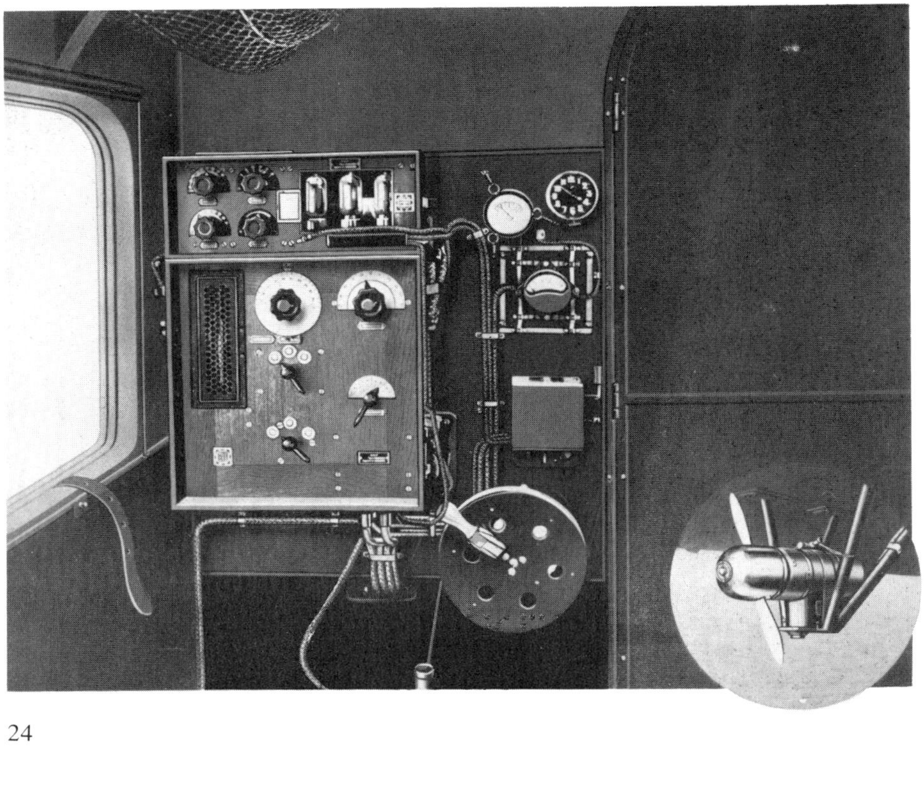

70 W-LW-Station »Spez. 205 F« (230–1000 kHz) in Dornier »Merkur«, im Ausschnitt der Windschraubengenerator für den Sender (Telefunken 1927).

Im gleichen Jahre wurde auch in den Seeflugzeugen, welche die Strecke Danzig–Stockholm beflogen, Bordstationen der schwedischen Firma SATT (Svenska Aktiebolaget Tradlös Telegrafi), einer AEG-Tochter, eingesetzt, welche mit einer Sendeleistung von 30 W eine Reichweite von 300 bis 400 km über See erzielten. Dieser Stationstyp hatte jedoch für Landflugzeuge ein zu hohes Gewicht (70 kg) und auch zu große Abmessungen.
Im Sommer 1926 wurde die Deutsche Luft Hansa DLH (damalige Schreibweise) gegründet, welche eine Nachtstrecke von Berlin nach Königsberg eröffnete. In ihrem Auftrag entwickelte Telefunken (aus einem im Ausland bereits vorentwickelten Gerät) die 70 W-Großstation *Spez. 205 F* bzw. *Stat. 257 F* mit einem Frequenzbereich von 230 bis 1000 kHz. Sie war für Telegrafie tonlos (A 1), Telegrafie tönend (A 2) und Telefonie (A 3) eingerichtet, wobei über Land normalerweise die Betriebsarten A 1 und A 3, über See jedoch nur A 2 angewendet wurde.
Kurz darauf brachte auch die Firma Lorenz eine Weiterentwicklung ihrer ersten Station, den Typ *SERF 01 V 28* mit einer Sendeleistung von 100 bis 120 W im Bereich 222–546 kHz heraus. Anstelle der bei dem Telefunken-Sender verwendeten zweistufigen Anordnung mit Fremdsteuerung wurde bei dem Lorenzsender noch eine selbsterregte Zwischenkreisschaltung verwendet. Der Empfänger war in beiden Fällen ein Zweikreiser mit HF-Stufe, Rückkopplungsaudion und 2 NF-Stufen. Beide Stationen wurden in größerer Stückzahl eingeführt und hauptsächlich in größeren Flugzeugen wie G 24, Rohrbach »Roland«, Albatros L 73, zum Teil auch in Dornier »Merkur« und Dornier »Wal« eingebaut und haben sich sehr bewährt. Für kleinere Flugzeuge war ihre Masse (ca. 54 kg) noch zu hoch.
In dieser Zeit wurden auch die Bodenfunkstellen weiter ausgebaut. Im Jahre 1927 wurde eine »Zentralstelle für Flugsicherung (ZFF)« gegründet; es gab auch bereits 15 Stellen, die den Streckenfernmeldedienst (Verkehr zwischen Flughäfen) auf 125 kHz und den Flugzeugfunkdienst (Boden-Bordverkehr, desgl. auch den Peilverkehr) auf 333 und 322 kHz abwickelten. Als Betriebsart wurde im innerdeutschen Verkehr meist die Telefonie (A 3), auf grenz-

Funkanlage in Rohrbach »Romar« 1928/29: Links 70 W-Station »Stat. 257 F« (~ Stat. 262 F/ 230–1000 kHz), rechts der Peilempfänger »Spez. 47 N« (166–750 kHz), beide von Telefunken.

überschreitenden Linien jedoch wegen der Sprachschwierigkeiten (es war ja noch keine internationale Fliegersprache vorhanden) und wegen der erzielbaren größeren Reichweiten die tonlose Telegrafie (A 1) angewendet. Die im Weltfunkverkehr des genannten Jahres festgelegte Peilwelle 345 kHz wurde nicht verwendet, da der Frequenzwechsel (besonders am Sender) trotz Rastung zu lange dauerte. Der Seefunkverkehr (einschließlich Peilung und Notruf) wurde auf 500 kHz mit der Betriebsart Telegrafie tönend (A 2) durchgeführt, die Wettermeldungen auf 178 und 181 kHz (in A 1) abgestrahlt. Die Bodenfunkbetriebsstellen waren räumlich mit den Peilstellen vereinigt und daher in der Anfluggrundlinie der Flughäfen aufgestellt.
In der Zwischenzeit hatte auch die Zahl der Strecken, welche mit kleineren Flugzeugen beflogen wurden, so zugenommen, daß die Frage eines kleineren, vom Copiloten fernbedienbaren, Funkgerätes immer dringlicher wurde. Die großen Stationen waren dafür nicht einsetzbar, da sie von einem Funker bedient werden mußten und mit diesem den Platz für zwei Passagiere weggenommen hätten. Die DLH machte daher eine Ausschreibung für ein kleines fernbedienbares Gerät mit 20 W Leistung, entsprechend einer A 1-Reichweite von 200–300 km. Das Gerät sollte die wichtigsten Funkfrequenzen erfassen und über einen Umformer von der Bordbatterie gespeist werden, so daß ein Betrieb und die Abstimmung des Senders bereits am Boden vorgenommen werden konnten. Die bisher üblichen Windschraubengeneratoren hatten auch im Fluge trotz veränderlicher Steigung der Luftschraube nicht sonderlich befriedigt.

Versuchsgeräte für den KW- und UKW-Bereich

Alle bisher genannten Geräte arbeiteten im Langwellen-(LW-)Bereich (230–600 kHz) bzw. Mittelwellen-(MW-)-Bereich (600–1500 kHz). Seit Amateure im Jahre 1920 die Brauchbarkeit des Kurzwellen(KW-)Bereiches (3–30 MHz) zur Überbrückung großer Entfernungen mit kleiner Leistung entdeckt hatten, waren kommerzielle KW-Sender und -Empfänger entwickelt worden, die allerdings nur für stationäre Verwendung geeignet waren. Für Flugzeugbord-Verwendung war nämlich die Frequenzstabilität von Sendern und Empfängern noch nicht ausreichend, desgl. die Erschütterungsempfindlichkeit der Geräte noch zu groß. Diese Probleme wurden im Jahr 1928 von der DVL zusammen mit der Firma Telefunken, desgl. von der Firma Lorenz und der DVG auf dem Gebiet der Kurzwellen-Bordgeräte angegangen, da vordringlich KW-Funkverbindung für die Langstreckenflüge des Luftschiffes »Graf Zeppelin« und der Dornier-Flugboote »Wal«, »Super-Wal« und »Do X« erwünscht waren.
Versuchsweise wurden daher in einige »Wale« zum 70 W-LW-Gerät eine 1,5 W-KW-Station *SERKT II 282* der Firma Lorenz eingebaut, welche ursprünglich als Tornistergerät entworfen war. Sie bestanden aus einem quarzgesteuerten zweistufigen Sender und einem Vierröhren-Einkreiser, welche beide einen Bereich von 2,9–7,5 MHz überstrichen.
Diese KW-Geräte bewährten sich trotz der geringen Senderleistung so gut, daß im folgenden Jahre bei Telefunken ein Sender *Spez. 327F* (Leistung 2 W, Bereich 4,6–10 MHz) und ein neu entwickelter Dreiröhren-Einkreis-Empfänger *Spez. 366F* (Frequenzbereich 5,8–11,5 MHz) in einige Dornier-»Wale« der DLH eingebaut wurden.
Eine neue 5 W-KW-Sende-Empfangsstation Typ *SERK F 229* (3,0–8,35 MHz) wurde von der Firma Lorenz u. a. in einer Ju 46 erprobt.
Das 1929 in Bau befindliche Großflugboot Do X erhielt einen Peiler von Telefunken *Spez. 146 N* (wie das Luftschiff LZ 126), desgl. eine Funkanlage von Lorenz, bestehend aus einem 100 W-LW-Sender, Typ *SRF 01 V 30* (?) (Frequenzbereich 222 bis 546 kHz, abgeleitet aus SRF 01 V 28 s. w. oben), einen LW-/KW-Empfänger *EKL 229* (100 kHz bis 10 MHz in 5 Teilbereichen, umschaltbar Einkreiser/Super) und einen KW-Sender *SRKT II 282* mit 1,5 W Leistung und einem Frequenzbereich von 2,9 bis 7,5 MHz (s. w. oben).
Inzwischen war aber vor allem die Röhrentechnik so weit fortgeschritten, daß auch der Ultrakurzwellen-(UKW-)Bereich langsam erschlossen werden konnte. Da hier die Antennnenabmessungen relativ klein sind und die Reichweite offenbar von der Sichtweite bzw. Aufstellungshöhe der Antennen abhing, unternahmen die Firmen Lorenz und Telefunken in den Jahren 1928 und 1929 unabhängig voneinander Ausbreitungsversuche mit einer kleinen UKW-Gegensprechstation auf 100 MHz bzw. mit einem kleinen (durch einen Tonsummer modulierten) Sender auf 81 MHz. Die Erprobung ergaben die prinzipielle Brauchbarkeit dieses Wellenbereiches; sogar eine Bildfunkübertragung Bord-Boden wurde erfolgreich durchgeführt (Fa. Lorenz). Sie zeigte jedoch auch, daß zuerst noch die gleichen Probleme wie im KW-Bereich (Instabilitäten, Röhrenklingeln etc.) zu lösen waren.

DLH-Kleinstationen

1929 wurde von Lorenz auch seine aufgrund der obenerwähnten DLH-Ausschreibung entwickelte 10 W-LW-Kleinstation *SER FL 129* erprobt. Der fernbedienbare, mit 4 Röhren bestückte zweistufige Sender war nur für Telegrafiebetrieb (A 1) auf den Frequenzen 322, 333 und 345 kHz eingerichtet. Der Empfänger war ein Vierröhren-Zweikreiser mit einem Frequenzbereich von 316 bis 325 kHz. Da inzwischen nun auch für Sender und Empfänger die Seenotwelle 500 kHz gefordert wurde, mußte diese Station entsprechend erweitert werden. Es entstand so eine 15 W-Kleinstation *SER FL 130* als Zwischenform. Ein Jahr

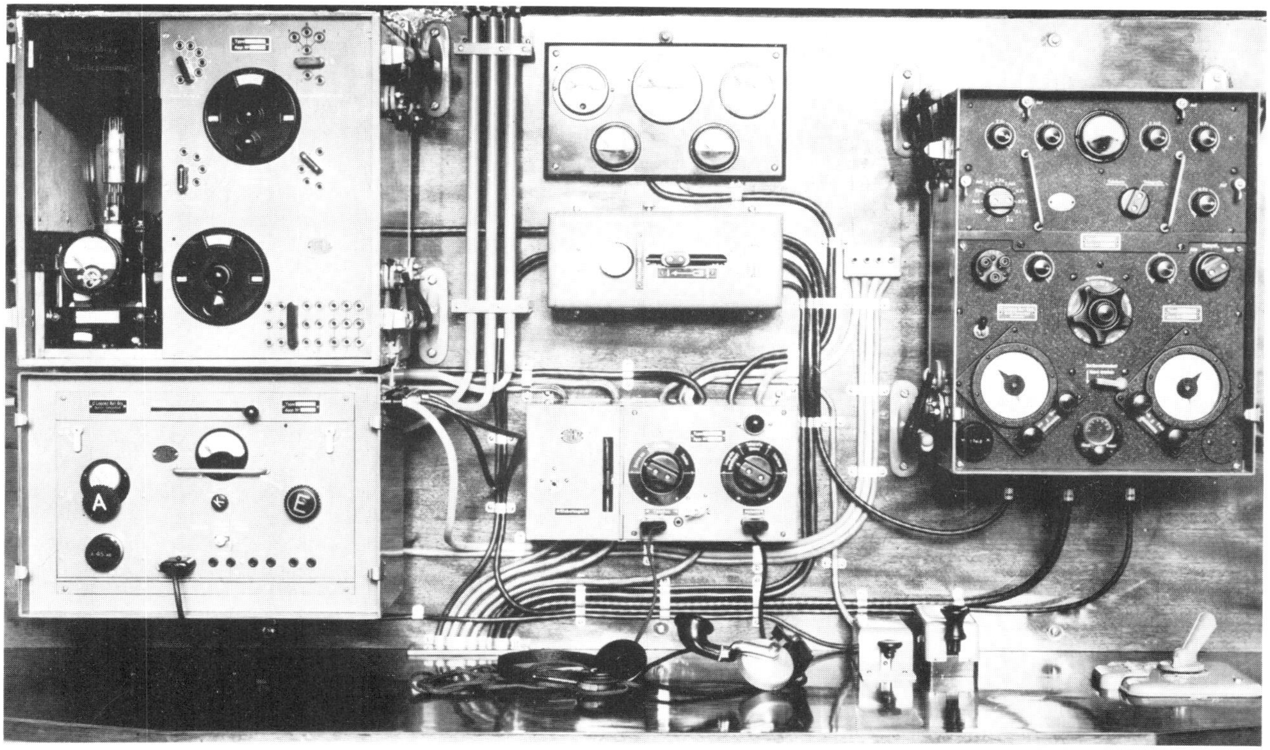

Bordfunkanlage des Flugbootes Do X: Links oben 100 W-LW-Sender »SRF 01 V 30 (?)«, rechts LW-/KW-Empfänger »EKL 229« (100 kHz–10 MHz), dazwischen Bediengeräte und Schalttafeln. Links unten 1,5 W-KW-Sender »SRKT II/282« (2,9–7,5 MHz), alle von Lorenz.

LW-Peilanlage »Spez. 146 N« in der Do X (mit Empfänger Spez. 144 N, 75–1000 kHz) von Telefunken. Davor Peilrahmenantrieb und Kompaßanzeige (1929/30).

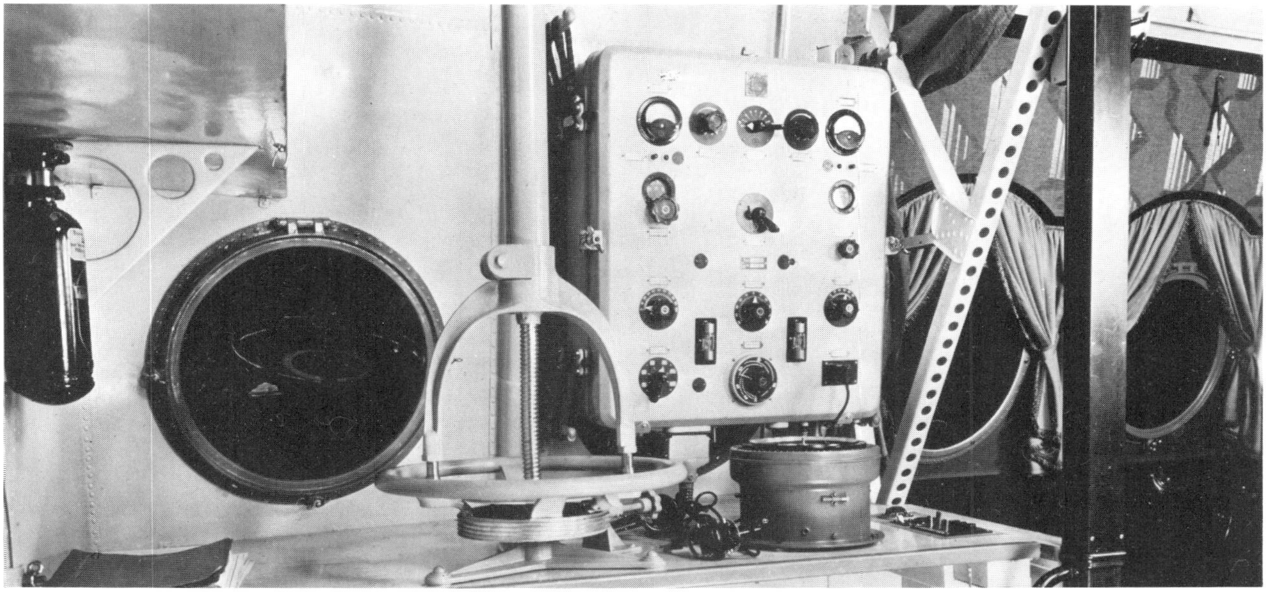

später (1930) waren bei Telefunken die 20 W-Kleinstation *Spez. 378 F* und bei Lorenz die (erweiterte) 20 W-Kleinstation *SER FL 230* soweit erprobt, daß sie in Serie gefertigt werden konnten. Beide besaßen je einen zweistufigen Sender, an deren Abstimmung die Frequenzen 323/333/345 und 500 kHz für einen schnellen Frequenzwechsel durch Rasten festgelegt waren. Die Betätigung erfolgt über Seilzüge durch den Copiloten. Der Empfänger (Dreiröhren-Einkreiser) war so klein, daß er unmittelbar unter dem rechten Instrumentenbrett im Führerraum angebracht werden konnte. Die Stromversorgung des Senders erfolgte über einen Umformer, die des Empfängers aus einem Batteriekasten mit 4 V-Sammler und Anodenbatterie. Die Masse der Station lag bei 25 kg. Sie wurden in allen Flugzeugen der DLH eingebaut, welche auf europäischen Strecken eingesetzt waren. Der Funkverkehr wurde mit diesen Stationen im Interesse einer größeren Reichweite nur im Tastverkehr (Betriebsart A 1, über See A 2) abgewickelt, so daß der im rechten Pilotensitz untergebrachte Maschinist nun auch eine Funkerausbildung erhalten mußte; hierdurch entstand die Berufsbezeichnung »Funkermaschinist«. Im Jahre 1930 hatten sich alle der CINA (= Commission Internationale de Navigation Aérienne) angehörigen Länder verpflichtet, Funkgeräte in allen Flugzeugen zu installieren, welche mindestens zehn Personen befördern konnten. Die Betriebsart war dabei nicht festgelegt worden. In Europa entstand daher die Streitfrage, ob der Funkverkehr im Sprechfunk (A 3) vom Flugzeugführer oder als Tastverkehr vom Funker durchgeführt werden sollte. In Deutschland wurde letztere Lösung (aus Reichweitengründen) vorgezogen, zumal ja die damaligen und nur in den größeren Flugzeugen installierten Peilempfänger sowieso nicht vom Cockpit aus bedient werden konnten, sondern die Bedienung durch einen Funker erforderten.

Da bei den größeren Flugzeugen für außereuropäische Strecken die Funkausrüstung ein recht ansehnliches Gewicht erreichte, versuchte man Geräte einzusparen; so wurde bei der 70 W-Station »Spez. 205 F« der Empfänger fortgelassen und seine Funktion mit vom neuen Peilempfänger *Spez. 173 N* übernommen. Dieser mußte wegen des Funkverkehrs nun meist im Rundempfang betrieben wer-

20 W-LW-DLH-Kleinstation »SEZ 26 248« (300–510 kHz) von Lorenz. (Rechts unten der Empfänger der sonst gleichen Vorläuferstation »SER FL 230« aus dem Jahre 1930.)

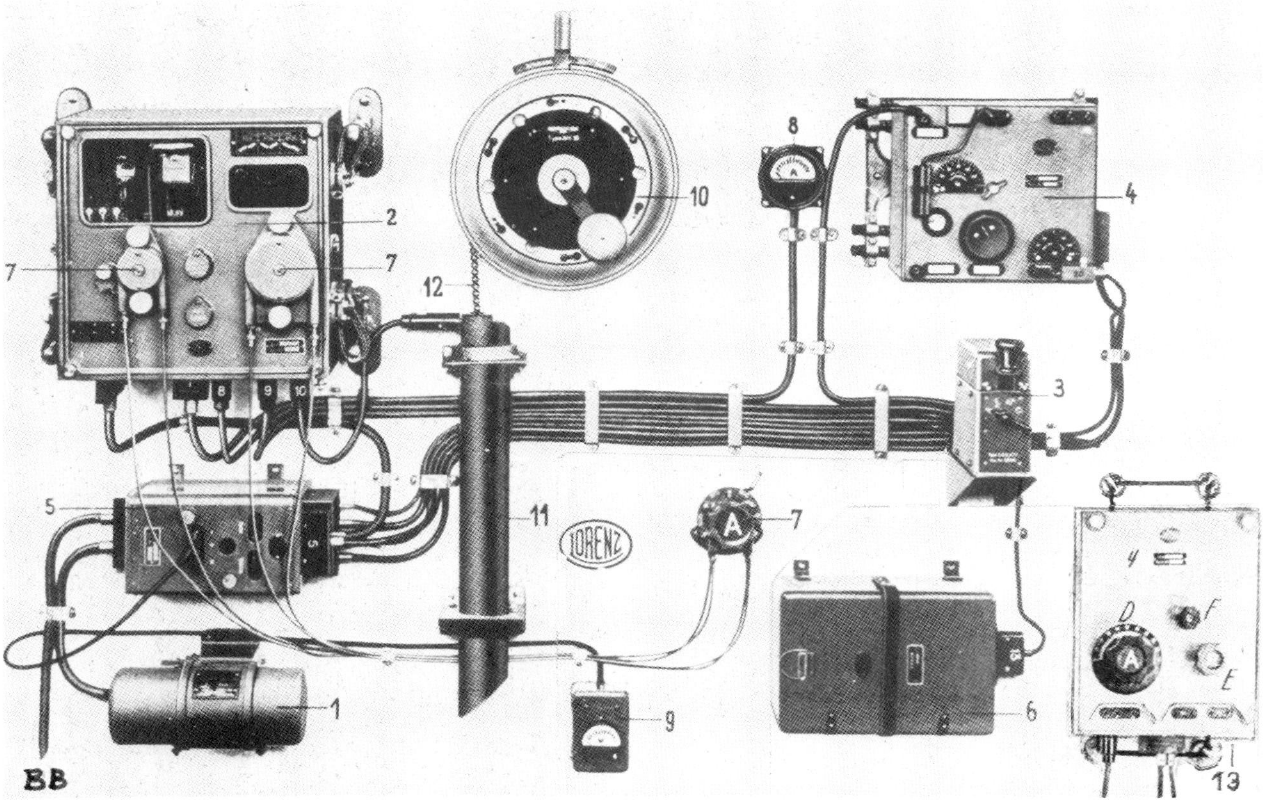

Junkers W 34 mit 20 W-LW-DLH-Kleinstation »Spez. 378 F« (323–564 kHz) von Telefunken. Links der Empfänger im Instrumentenbrett, rechts der Sender (mit Umformer und Batteriekasten), untergebracht in der Kabine.

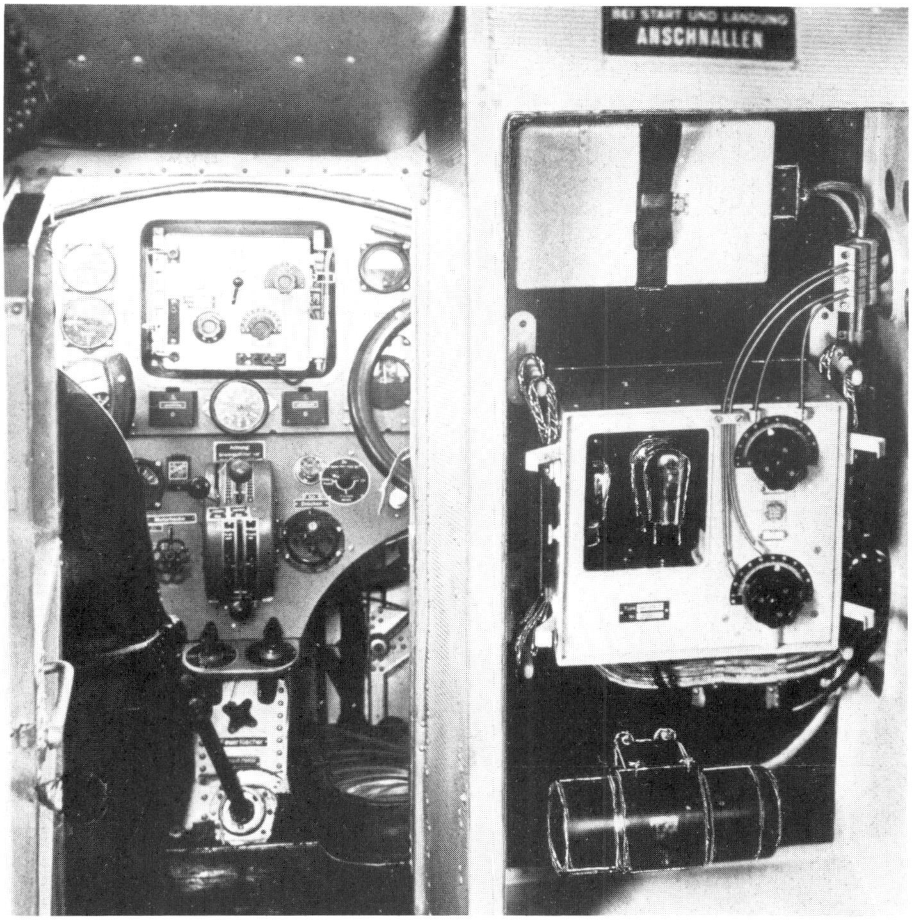

den, der nur kurzzeitig durch Kontrollpeilung unterbrochen werden durfte. Dies bedeutete aber eine Einschränkung der Navigationstätigkeit des Piloten, der früher (nach Voreinstellung des Peilers durch den Funker) mit dem Kopfhörer einen Zielflug nach Minimum durchgeführt hatte.
Ebenfalls aus Gewichtseinsparungsgründen entwickelte die DVL einen Kurzwellenempfangsvorsatz, bestehend aus Mischstufe und quarzgesteuertem Oszillator, so daß durch Nachschaltung des Langwellen- oder Peilempfängers ein Überlagerungsempfänger (»Super«) entstand. Ein derartiger Vorsetzer wurde dann von Telefunken mit der Bezeichnung *Spez. 434 F* gefertigt und zusammen mit einem neu entwickelten 30 W-Sender *Spez. 435 F* als KW-Station (Frequenzbereich 4–12 MHz) in Dornier »Wal«-Flugboote eingebaut. Da diese Sparmaßnahmen bei Ausfall eines Empfängers zum Ausfall von zwei Anlagen führten und

Funkkabine eines Dornier »Wal« mit der ersten 20 W-»Transozeanstation« von Lorenz (1929).

außerdem die Navigationstätigkeit der Piloten erheblich beeinträchtigt wurde, wurden sie bald wieder aufgegeben.

Die Firma Lorenz entwickelte daher eine »*Transozean*«-*KW-Station* (Typ nicht bekannt) mit quarzgesteuertem 20 W-Sender und einem KW-Empfänger. Diese Anlage wurde mit verschiedenen Frequenzbereichen (4–11,5 MHz bzw. 6,2–16,5 MHz etc.) geliefert und in »Wal«-Flugboote eingebaut. Sie ist als Vorläufer der späteren »Transozean«-(To-)Station anzusehen.

Technischer Stand Anfang der 30er Jahre

Eine Zwischenbilanz (1919–1932) zeigt, daß nach dem Ersten Weltkrieg eine allmählich immer stürmischer verlaufende Entwicklung einsetzte, die erst in den Krisenjahren 1931/1932 wieder verlangsamt wurde. Die ursprünglich noch mit Frontplatten aus Mahagoniholz und mit Preßspan- bzw. Pertinax-Zwischenböden versehenen Geräte waren etwa ab 1929 mit Silumin-Spritzgußgehäusen ausgestattet worden, wodurch sowohl die mechanische Stabilität erhöht, als auch eine einwandfreie Abschirmung der einzelnen Stufen gegeneinander ermöglicht wurden. Das Kurzwellengebiet wurde für den Flugfunk erschlossen und auch im UKW-Bereich wurden erste Versuche durchgeführt. Der fremdgesteuerte Sender hatte sich durchgesetzt, wobei aber auf dem KW-Bereich noch teilweise die Quarzsteuerung bevorzugt wurde. Die Empfänger wurden zum Schluß meist als Zweikreiser ausgeführt, wobei die Fortschritte der Röhrenentwicklung eine Verringerung der benötigten Röhren (vier statt acht) erlaubten. Die ersten Überlagerungsempfänger im heutigen Sinne (Super) wurden erprobt. Als bevorzugte Verkehrsart im Flugfunk wurde 1918 bis 1925 in steigendem Maße die Telefonie anstelle der Telegrafie verwendet, ab 1928 war wieder die umgekehrte Entwicklung festzustellen. Ab 1930 wurde Telefonie nur noch in Einzelfällen im KW-Bereich benutzt. Eine wesentliche Abkürzung und Vereinheitlichung des Telegrafieverkehrs wurde 1931 durch die allgemeine Einführung der »Q-Gruppen« erreicht, bei welchen drei Buchstaben jeweils international festgelegte Sätze ersetzten und sprachliche Mißverständnisse somit ausgemerzt werden konnten.

Militärische Geräte

Planung

Die bisher genannten Entwicklungen der Bordfunkgeräte waren alle für die DLH durchgeführt worden. Obwohl Deutschland eine Luftwaffe verboten war, so hatte doch im Reichswehrministerium ein »Fliegerstab« Planungen für Militärflugzeuge durchgeführt, wobei im Jahre 1927 als Jäger die Arado SD 1, als Nahaufklärer Albatros L 76/77/78, als Fernaufklärer BFW B 22 und als Mehrzweckflugzeug die Ju 41 ausgewählt waren. Die Planung der Marine umfaßte die Typen He 22 und 24 als Schulflugzeuge, He 5 und He 9 als Aufklärer und He 38 als Seejäger. Diese Muster bzw. ihre Vorläufer waren bereits seit 1924 aufgrund eines Abkommens mit Rußland in Lipezk erprobt worden. Außerdem war dort eine systematische Ausbildung von Flugzeugführern und auch Bordfunkern mit Flugzeugen durchgeführt worden, welche mit den bereits erwähnten 70 W-LW-Stationen Spez. 205 F bzw. 257 und später auch mit den Peilern ausgerüstet waren. Für die Auswahl und Beschaffung des Bordfunkgerätes war beim Heereswaffenamt das »Büro Schwarz«, bei der Marine das technische Referat der »Gruppe BSx« zuständig. Beide Stellen setzten etwa 1932 die taktischen und technischen Forderungen an das Funkgerät der kommenden Jahre fest. Die bei den ersten getarnten Verbänden in Deutschland (»Reklamestaffel«, »Verkehrsfliegerschulen« etc.) verwendeten kleineren Flugzeuge waren normalerweise noch nicht mit Funkgeräten ausgerüstet; lediglich die größeren Typen (Junkers W 33 etc.) hatten eine 20 W-DLH-Kleinstation von Telefunken oder Lorenz. Die Entwicklung spezieller Bordfunkgeräte aufgrund der genannten taktischen technischen Forderungen lief bereits 1932 an. So begann die Firma Lorenz A.G. mit der Entwicklung von drei Funkgeräten für Militärflugzeuge:

Muster A: 100 W-Mittelwellen-Sende-Empfangsstation für Nahaufklärer, Frequenzbereich 600–1667 kHz, Betrieb nur mit Festantenne;
Muster B: Kurzwellenstation (nur Empfänger ?) für Jäger, Frequenzbereich 2500–3750 kHz;
Muster C: 100 W-Langwellen-Sende-Empfangsstation ursprünglich für Bomber, später für Fernaufklärer, Frequenzbereich 310–600 kHz, Betrieb nur an ausfahrbarer Schleppantenne.

Davon ist anscheinend bis Jahresende 1932 nur die Anlage Muster A mit Sender SA 1 (später S 1 genannt) und Empfänger EAC 1 (später E 1) zur Erprobung gelangt, wobei der Empfänger wahlweise mit Steckspulen den MW-Bereich »A« oder den LW-Bereich »C« überstreichen konnte. Der zugehörige LW-Sender (SC 1 oder SC 2, später S 2), welcher sich vom SA 1 nur durch geänderte Spulen unterschied, war vermutlich erst im Frühjahr 1933 fertig. Auch die 40/70 W-Kurz/Langwellen-Sende-Empfangsanlage *Spez. 636 F* von Telefunken *(Dr. Runge)*, welche auf eine Forderung der Marineleitung für eine kombinierte kleine Anlage für kleine Einheiten (Räum- und Schnellboote) und Seeflugzeuge aus dem Jahre 1930 zurückging, konnte von der Nachrichtenmittel-Versuchs-Abteilung NVA im Jahre 1932 auf Booten und in Flugzeugen erprobt werden. Dem am 27. April 1933 gegründeten Reichsluftfahrtministerium (RLM) wurde erst ab 12. Juli 1933 Major *Martini* zum Aufbau einer Abteilung für das Nachrichten-Verbindungswesen zugeteilt. Dieser erfahrene Offizier (später »Chef NVW.«) hatte aus den Erfahrungen des I. Weltkrieges (Einflußnahme des Heeres auf die Fliegerfunkerei) gelernt und begann umsichtig mit dem Aufbau des Luftnachrichten-Verbindungswesens in Anlehnung an die Heeresnachrichtentruppe. Die weitere Planung für alle Funkgeräte der Luftwaffe erfolgte nun im RLM.

Die Geräte FuG I–VI, XX und XXI

Etwa im Sommer 1933 wurde das »Muster A« (Bereich 600–1667 kHz) für Nahaufklärer umgetauft in *FuG I* (*Fu*nk-*G*erät I) und Einbauten nur mit Festantenne auf den Tragflächen (= quer zum Rumpf) u.a. in He 46 und später bei den ersten Hs 126 durchgeführt. Das »Muster C« (310–600 kHz) erhielt die Bezeichnung *FuG II* und wurde hauptsächlich in He 45 eingebaut (ohne Festantenne, nur mit Schleppantenne). Die Sender waren mit Variometerabstimmung versehen und in der Steuerstufe mit 1 × RS 31, in der Leistungsstufe mit 2 × RS 31 (in Parallelschaltung) bestückt. Der für beide Anlagen verwendete Empfänger E 1 war ein Zweikreiser mit 3 × RE 074 und 1 × RE 134 (in der Endstufe) und Steckspulensätzen für die Bereiche 310–600 kHz/570–1100 kHz und 1020–1664 kHz.
Da die Entwicklung des »Musters B« damals in ihrem Ende noch nicht absehbar war, wurde die Bezeichnung *FuG III* einem Funkgerät für Transporter zugeteilt, das mit Lang- und mit Kurzwellen arbeiten konnte. Eine derartige Anlage konnte nicht in Eile entwickelt werden, daher half die Kriegsmarine mit ihrer 40/70 W-KW/LW-Station *Spez. 636 F* von Telefunken *(Dr. Runge)* aus, von der es auch eine Variante für die Zivilluftfahrt, die *Stat. 268 F* gab. Sie wurde meist mit Umformer geliefert. Aus diesen Stationen entstand das FuG III (Werksbezeichnung *Stat. 274 F*), das ebenfalls die Bereiche 300–600 kHz und 3,0–6,0 MHz umfaßte, wobei die Sendeleistung bei LW 70 W, bei KW 40 W betrug. Es war nur ein Betrieb mit Windschraubengenerator vorgesehen, der aber nicht (wie bei der Marineversion) im Notfall nach Abnehmen der Luftschraube als Umformer mit Speisung aus der Bordbatterie verwendbar war. Im übrigen war die Schaltung von Sender und Empfänger unverändert (Röhrenbestückung: im Sender 3 × REN 904, 1 × RS 291 und 2 × RGN 1064, außerdem als aperiodische HF-Vorstufe für den Empfänger 1 × RES 094, im Empfänger selbst: 1 × RES 094 und 3 × RE 074). Sender und Empfänger mußte jeweils auf der gleichen Frequenz betrieben werden, sonst war die Empfindlichkeit zu klein.

Im November 1933 konnte dem »Muster B« (2,5–3,75 MHz) für Jäger die Bezeichnung *FuG IV* zugeteilt werden. Es bestand aus dem Empfänger E 3 (Lorenz-Bezeichnung

Nahaufklärer Heinkel He 46 mit 100 W-MW-Station »FuG I« (600–1667 kHz). Auf den Flügeln die Festantenne, unter dem Rumpf der Windschraubengenerator für den Sender (Lorenz 1932).

Station »FuG II« (310–600 kHz) für den Betrieb mit Schleppantenne. Oben der Empfänger, unten der 100 W-Sender. Äußerlich gleich dem FuG I.

Windschraubengenerator für »FuG III« und Peilrahmen für »PeilG I« an Ju 52.

◀ 70/40 W-LW/KW-Station »Stat. 268 F« (300–600 kHz/ 3000–6000 kHz) von Telefunken in Werksflugzeug W 34 der Fa. Siemens. Diese Station war ein Vorläufer und auch die Exportversion von FuG III und V (1933/34).

70/40 W-LW/KW-Station »FuG III« (rechts) mit Peilanlage »PeilG I« (mitte und links) in einem »Hörsaalflugzeug« Ju 52. Beide Anlagen von Telefunken.

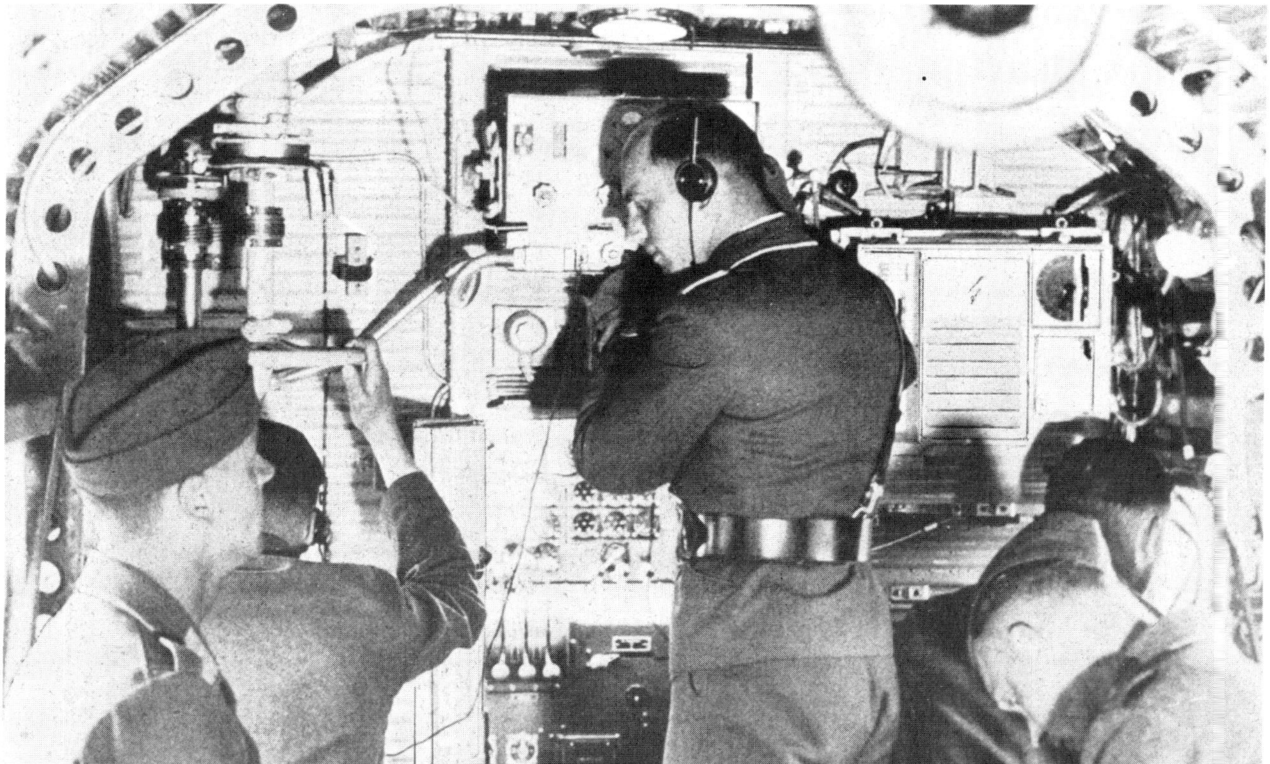

E 27574/II), einem Dreikreisempfänger (mit je 1 × RENS 1294 in den HF-Stufen und 3 × REN 904 in Audion-, NF- und Amplitudenregelstufe) und einem Batteriekasten. Das Gerät war für den Einbau in »Heimatschutz«-Jäger Fw 56, Ar 65 und Ar 76 vorgesehen und enthielt keinen Sender.
Nachdem die ursprünglich von der Marine mit Funkgeräten ausgerüsteten Seeflugzeuge ebenfalls der Luftwaffe unterstellt worden waren, wurden die dort in He 59, He 60 und Do-Wal eingebauten 40/70 W-KW/LW-Stationen Spez. 636 von Telefunken *(Dr. Runge)* in nur gering geänderter Form als *FuG V* (mit Sender S 4 und Empfänger E 4) übernommen. Wie das bei der Luftwaffe vorher eingeführte Schwestergerät Stat. 274 = FuG III (mit S 3 und E 2) wies es die Frequenzbereiche 300–600 kHz/3,0–6,0 MHz auf; es besaß jedoch eine Notbetriebsmöglichkeit des Windschraubengenerators als Umformer und verwendete beim Empfänger einen geänderten Skalenantrieb. Aus beiden Versionen entstanden bald in der Antennenkopplung und der Tastung verbesserte Geräte *FuG IIIa* bzw. *FuG Va*. Erst ab Mitte 1936 kamen die Ausführungen *FuG IIIaU*

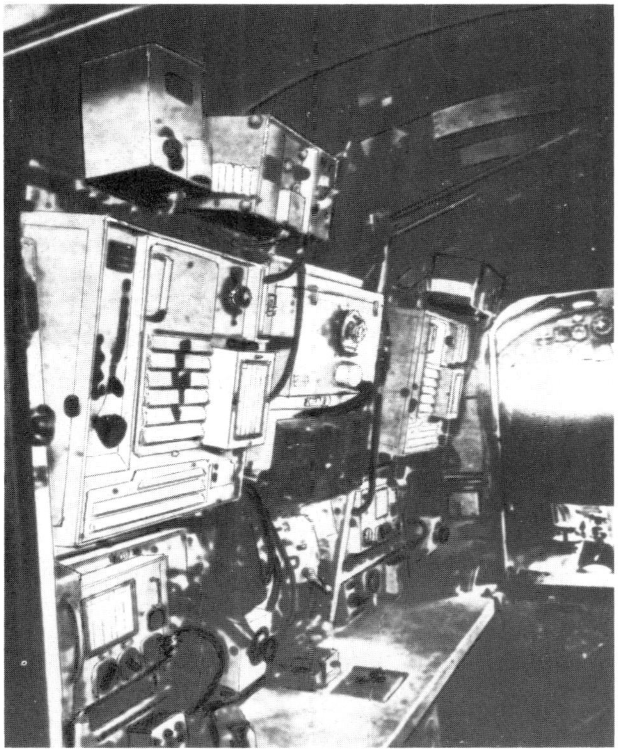

Zwei Anlagen »FuG IIIaU«, 1 × »PeilG V« und 1 × »FuBl 1« in Führungs-He 111 (1939).

Anlage »FuG VaU« und »PeilG V« (beide Telefunken) im Flugboot Do 24 V.

KW-Empfangsgerät »FuG IV« (2,5–3,75 MHz) für »Heimatschutzjäger« Fw 56, Ar 76 und Ar 65 (Lorenz 1936).

bzw. *FuG VaU* mit Umformer in Do 17, Fw 58, He 60, Ju 86 und He 111 zum Einbau.

Etwa ab März 1934 war auch von der Fa. Lorenz *(Dr. Rochow)* der zum Empfänger E 3 des FuG IV passende KW-Sender S 5 fertig entwickelt, der 7 W Leistung bei A 3-Betrieb (20 W im A 1-Betrieb) lieferte, aber noch mit Quarzsteuerung arbeitete und über biegsame Wellen fernbedient werden konnte. (Er war in der Modulationsstufe und der Steuerstufe jeweils mit einer RS 242, in der Gegentaktverstärkerstufe mit 2 × RS 242 bestückt.) Das so entstandene KW-Sprechgerät *FuG VI* (2,5–3,75 MHz) wurde in die ersten Jäger des Typs He 51 eingebaut, wobei erstmalig für die Luftwaffe von vornherein ein Umformerbetrieb vorgesehen war (wie bei der Lufthansa bereits seit 1928 üblich). Es entstand bald eine schaltungsmäßig verbesserte Version, das *FuG VIa,* mit dem einige Baureihen der Ar 68, der He 50 und auch Muster der Ha 137 ausgerüstet wurden. Insgesamt war die gefertigte Stückzahl nicht sehr hoch.

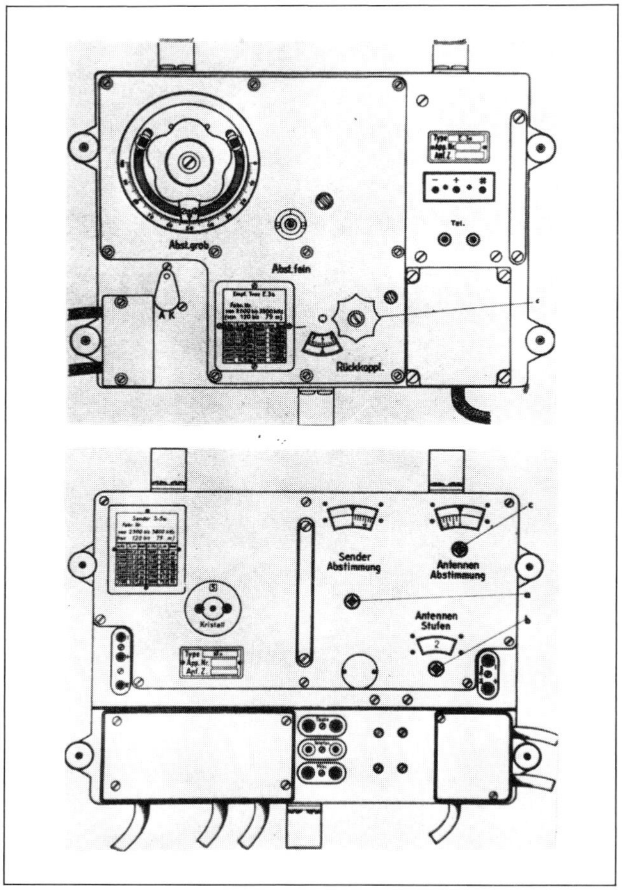

7 W-KW-Sprechgerät »FuG VIa« (2,5–3,75 MHz) für He 50, He 51, Ar 68, Al 84 und Ha 137 (Lorenz 1936).

He 51 A-0-Prototyp (Mai 1936) mit »FuG VIa« und Y-förmig verspannter Festantenne.

Der plötzlich ansteigende Bedarf aller Wehrmachtsteile an den Funkgeräten konnte seitens der Industrie nur schleppend und erst nach entsprechendem Ausbau der Fertigungskapazitäten gedeckt werden. Daher wurden die 20 W-LW-Kleinstationen, welche die DLH in die an die (noch geheime) Luftwaffe übergebenen Schulflugzeuge W 33 und W 34 eingebaut hatte, übernommen. Die Firma Lorenz hatte eine weitere verbesserte Version mit neuem Empfänger, die 25 W-Kleinstation *SEZ 26248* (Sender: vier Rastfrequenzen in den Bereichen 316–353/ 468–546 kHz / Empfänger: 261–500 kHz) herausgebracht, welche nun als *FuG XX* bezeichnet wurde. Die entsprechende Kleinstation *Spez. 378 mF* bzw. *Stat. 285 mF* (mit S 362 F und E 421 F) von Telefunken bekam die Bezeichnung *FuG XXI*. Bemerkenswert ist, daß die Empfänger (E 20 bzw. E 21) erstmalig an der Frontplatte spezielle Steckanschlüsse für Prüfgerät erhielten.

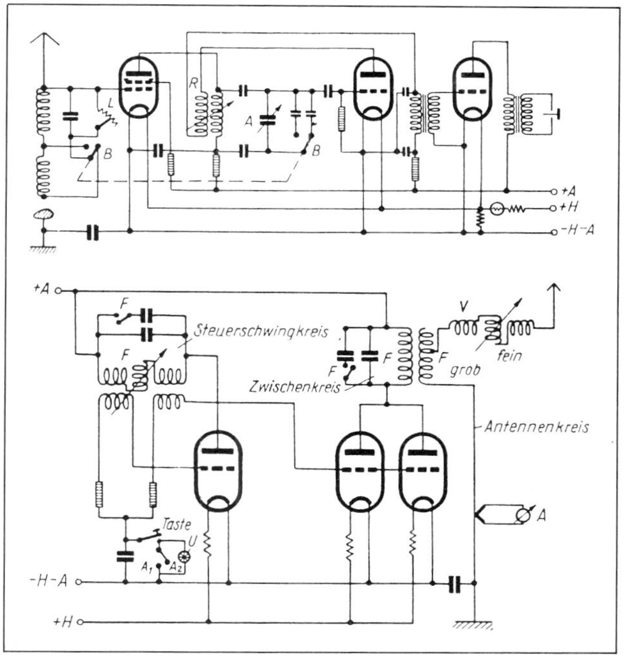

Schaltung von Empfänger und Sender des FuG XXI.

20 W-DLH-Kleinstation »Spez. 378 F/Stat. 285 F = FuG XXI« (320–500 kHz) von Telefunken in Aufklärer/Polizeiflugzeug Junkers A 35 (1932–34).

FuG VII bis FuG IX

Die bei der Entwicklung des Jägersprechgerätes aufgetretenen Verzögerungen veranlaßten das RLM 1934 ein entsprechendes Gerät der Fa. Telefunken in Betracht zu ziehen. Es lag bereits eine ähnliche Entwicklung *(Dr. Runge)* in Form einer 7 W-KW-Sprechstation *Stat. 273 F* mit einem Bereich 3,5–5,0 MHz vor (die nach Umschaltung auch im Telegrafiebetrieb mit 20 W betrieben werden konnte). Nach Umstellung auf den geforderten Bereich 2,5–3,75 MHz wurde sie als *Stat. 275 F* ab Mitte 1935 in Flugzeugen der Typen He 51, Ar 68, Hs 123 und FW 159 (V-Muster) erprobt. Sie bestand aus einem zweistufigen Sender (1 × REN 904, 2 × RES 664 d) mit eingebautem Modulationsverstärker (1 × REN 904), einem Fünfröhren-Superhet (mit 3 × RENS 1264 und 2 × REN 904) mit selbstschwingender Mischstufe, einem Umformer, Verteilerkasten usf. Ab 1936 ging sie mit geringfügigen Änderungen als *FuG VII* (Werksbezeichnung *Stat. 1007 F*) in Serie und wurde in alle neu gelieferten Jagdeinsitzer eingebaut. 1937 wurde in den Sender u.a. eine Umschaltmöglichkeit zur Anpassung einer Schleppantenne eingebaut, womit sich eine größere Reichweite erzielen ließ. Somit konnten auch die neuen Sturzkampfflugzeuge Ju 87 mit dieser Variante *FuG VIIa (= Stat. 1007aF)* ausgerüstet werden. In späteren Serien der Stukas wurde das Sprechgerät ergänzt durch ein LW-Zielfluggerät *PeilG IV,* auf das weiter unten nochmals eingegangen wird. Es wurde auch eine Version *FuG VIIc (Stat. 1007bF)* mit dem Frequenzbereich 3,5–5,0 MHz, vermutlich für den Export, geliefert.
Während des Krieges erhielt übrigens das FuG VII bei einsitzigen Jägern noch eine elektrische Frequenz-Fernwahl FA 7 mit zwei Rastfrequenzen, desgleichen Zusatzgeräte zur automatischen Peilzeichengabe (A 2-Betrieb) für den ab Spätsommer 1940 an der Kanalküste eingeführten »Jagdflieger-Peildienst«. Zwischen Brest und Fécamp waren die ersten beweglichen KW-Adcock-Peilanlagen FuPeil

7 W-KW-Sprechfunkgerät »FuG VIIa« (2,5–3,75 MHz) von Telefunken im Rumpf einer Me 109, zugänglich durch eine Wartungsöffnung auf der Backbordseite.

A 70d »Hütte I« von Telefunken aufgestellt worden, welche auf Anforderung die Jägerstandorte ermittelten, in Notfällen aber das (einen Dauerton sendende) Flugzeug

Jagdeinsitzer Me 109 E-1 mit T-Antenne für »FuG VIIa«.

Stuka Ju 87 B-1 mit Festantenne (oben) und Schleppantennenschacht (unten) für »FuG VIIa«.

laufend von zwei oder drei Stellen aus peilten und die Standortangaben an den bereits alarmierten Rettungsdienst meldeten.
In die Zeit 1934–39 fällt die Verwendung der von der DVL *(H. Plendl, T. von Hauteville)* entwickelte Impulspeilung von LW-Bordsendern. Die Sender der Geräte FuG III, V, XX und XXI, desgleichen die DLH-Stationen, wurden mit *Impulszusätzen* ausgerüstet, welche auf Anforderung der Bodenstellen den Bordsender mit kurzen Morsepunkten = Impulsen tasteten, so daß auch bei Dämmerung und in der Nacht einwandfreie Peilungen mit entsprechend ausgerüsteten Impulspeilanlagen ermöglicht wurden, vergleiche hierzu Kapitel über Peil- und Zielfluggeräte.
Da das FuG III bzw. FuG V für kleinere Flugzeuge wie die He 70 (Schnellverkehrsflugzeug bzw. Fernaufklärer) zu groß war, entwickelte die Fa. Lorenz *(Dr. Rochow, Fischer)* ab 1934 das wesentlich kleinere 40/25 W-LW/KW-Gerät *B VIII*, bei der Luftwaffe dann *FuG VIII* benannt, das für die Bereiche 300–600 kHz (mit der Betriebsart A 1) und 3,0–6,0 MHz (Betriebsarten A 1 oder A 3) je einen Doppelsender (S 7 KL) bzw. Doppelempfänger (E 6 KL) mit je zwei getrennt abstimmbaren HF-Teilen (mit 2 × 2 mechanischen Frequenzrasten) enthielt. So war nach Voreinstellung ein schneller Bereichs- und Frequenzwechsel ohne Abstimm-Maßnahmen möglich. Der LW-Sendeteil (mit Variometerabstimmung) war zweistufig (und mit 1 × RS 242 in der Steuerstufe und mit 3 × RS 242 parallel in der Endstufe ausgerüstet). Der KW-Sendeteil (mit Kondensatorabstimmung) war dreistufig und mit je 1 × RS 242 in Steuer- und Zwischenstufe und mit 2 × RS 242 in der Gegentaktendstufe bestückt). Der zwischen beiden Bausteinen befindliche Schaltteil enthielt eine Modulationsverstärker- bzw. Eigenverständigungsverstärkerstufe (mit 1 × RS 242). Der LW-HF-Teil des Empfängers enthielt einen Bandfiltereingang mit (1 × NF 3 als) HF-Verstärker und (1 × NF 2 im) Audion, der ebenfalls dreikreisig aufgebaute KW-Teil enthielt jedoch zwei HF-Stufen (mit 1 × NF 3 und 1 × NF 2) und ein Audion (mit NF 2). Im gemeinsamen Niederfrequenzteil befand sich ein einstufiger NF-Verstärker (1 × NF 2) und eine Regelspannungserzeugung (mit 1 × NF 3) für die erste HF-Stufe des KW-Teiles, wenn dieser alleine betrieben wurde. Ein gleichzeitiger Empfang auf je einer KW- und LW-Frequenz war möglich. Für Sender und Empfänger war je ein Umformer vorgesehen, desgl. eine Fest- und eine Schleppantenne, die beliebig an die HF-Teile gelegt werden konnte. Die aus Elektronguß gefertigten Bausteine waren bereits steckbar ausgeführt. Es wurden etwa 100 Gerätesätze gefertigt. Sie wurden in den Fernaufklärern He 70 F mit dem vom FFO *(F. Berndorfer)* als C 107 entwickelten LW-Zielfluggerät *Peil G III* (140–420 kHz) eingebaut.
Es entstand auch eine Version *B VIIIa*, bei welcher die direkt geheizten Röhren des Senders durch indirekt geheizte RL 12 T 15 ersetzt wurden, wodurch sich die Sendeleistung

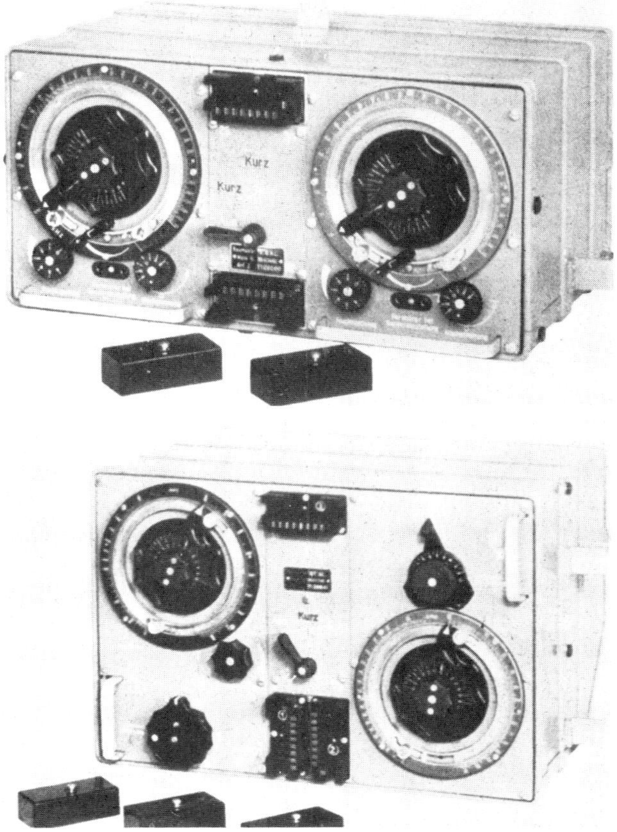

Geräte des »FuG VIII« von Lorenz (40/25 W, 300–600 kHz und 3000–6000 kHz), oben der Doppelempfänger mit getrennten HF-Teilen für LW und KW, darunter der entsprechend aufgebaute Doppelsender.

bei Langwelle auf 55 W, bei Kurzwelle auf 35 W erhöhte. Die Reichweite betrug auf Kurzwelle etwa 100 km (A 1) bzw. 60 km (A 3), auf Langwelle etwa 200 km (A 1). Ein Sender wurde auch versuchsweise umgebaut auf Röhren des Typs RL 12 P 35, wobei zur Platzeinsparung auch HF-Eisenkern-Variometer verwendet wurden. Dieser Prototyp für das geplante *FuG IX* ging aber nicht in Serie, da die Arbeiten für das FuG X (s. weiter unten) bereits weit forgeschritten waren.
Anfang 1935 hatte das RLM bei Lorenz und Telefunken die Entwicklung eines *5 W-UKW*-Sprechgerätes *FuG U IV* (Arbeitsbezeichnung) im Frequenzbereich 38–42 MHz veranlaßt. Die bereits im Herbst erprobten Muster (je zehn Stück) waren beide ähnlich dem FuG VII (mit getrenntem Sender und Empfänger und mit Kabelschwänzen) aufgebaut. Ihre Weiterentwicklung wurde jedoch bald durch Aufstellung eines vollkommen neuen Pflichtenheftes für UKW-Sprechgeräte (vergl. weiter unten) gestoppt.

UKW-Sprechgerät »FuG UIV« (42–48 MHz) von Telefunken 1937, Parallelentwicklung zu FuG 17.

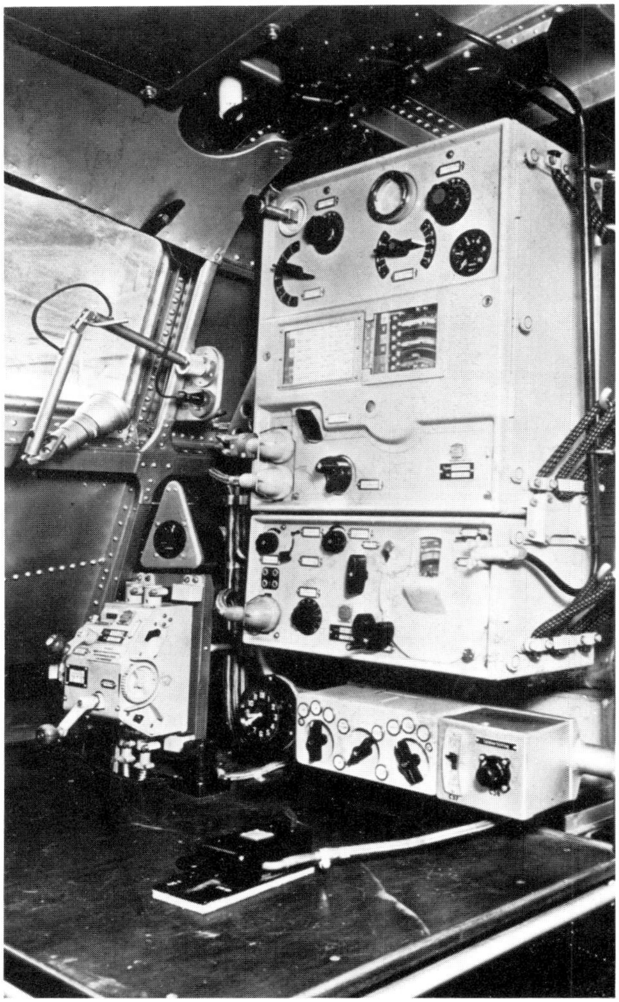

70/50 W-LW/KW-Station »Stat. 1001 bF« (300–600 kHz und 3,0–10,0 MHz) von Telefunken in Flugboot Do 24 für den Export nach den Niederlanden.

Exportgeräte

Alle nachfolgend genannten Geräte wurden nun allgemein mit Spezialröhren (wie NF 2 etc.) bzw. ab 1937 mit sog. »Wehrmachtsröhren« ausgerüstet (RV 12 P 2000, RL 12 P 35 usw.). Bei den Empfängern wurde fast ausschließlich die Überlagerungsschaltung (Superhet) angewendet.

Ursprünglich nur für den Export (u. a. nach Rumänien) bestimmt waren die von Telefunken entwickelten und bei der AEG gefertigten 20 W-Kleinstationen *Stat. 901 aF* (0,5–1,5 MHz) und *Stat. 901 bF* (300–1000 kHz), welche aus der 20 W-DLH-Station abgeleitet waren und den Umformer des FuG VII verwendeten. Im Kriege kamen etliche davon u. a. in Flugzeugen (Fieseler »Storch«) der Polizei zum Einsatz.

Eine von Telefunken (Dr. Runge) ursprünglich als Nachfolger für das FuG III/V aU entwickelte 70/50 W-LW/KW-Station *Stat. 1001 aF* (375–750 kHz/3,0–10,0 MHz) aus den Jahren 1936/37 wurde mit geändertem Bereich als *Stat. 1001 bF* (300–600 kHz/3,0–10,0 MHz) in die nach Holland exportierten Aufklärungsflugboote Do 24 eingebaut. Der Sender war zweistufig, wurde mit Variometern abgestimmt und war mit 1 × RS 287 in der Steuerstufe und 2 × RS 287/parallel in der Endstufe bestückt. Der

60/25 W KW-Station »Stat. 1005 aF« (A1/A2/A3, 3,0–6,0 MHz) von Telefunken mit Aufsätzen für die elektrische Fernbedienung. Oben Sender und Empfänger, links unten das Antennenanpassungsgerät.

7 W-KW-Telefoniestation »BJ 1« von Lorenz 1937 (2,5–3,75 MHz) für Jagdflugzeuge, mit mechanischer Fernbedienung.

Modulationsteil enthielt 3 × NF 4. Der Empfänger E 502 war ein Überlagerungsgerät, wies aber recht mäßige Daten auf (und war bestückt mit 7 × NF 4 = RV 12 P 4000). Die genannten beiden Stationen wurden im Ausland (z.B. in der Schweiz) als Bodenstation verwendet.

Als eine Weiterentwicklung des FuG VII kann die von Telefunken 1935/36 neu herausgebrachte 60/25 W-KW Station *Stat. 283 U,* fehlerhafterweise auch mit *Spez. 283 U* bezeichnet (Doppelbelegung!), mit einem Frequenzbereich 3,0–6,0 MHz, einer Telegrafieleistung von 60 W und Telefonieleistung von 25 W betrachtet werden. Sie wurde ebenso wie ihre späteren Varianten *Stat. 1005 aF* (mit eingebauten Prüf-Schaltern und Instrumenten) und *Stat. 1005 bF* (Abmessungen noch weiter verkleinert, Frequenzbereich 6,0–12 MHz) nur im Ausland (schweizerische bzw. holländische Luftwaffe) in größeren Stückzahlen eingesetzt und teilweise auch im Ausland gefertigt. Obwohl die Röhrenbestückung praktisch die gleiche war wie bei der Stat. 1001, konnte dadurch, daß der Sender mit Variometer ausgerüstet wurde und Sender und Empfänger jeweils nur einen Frequenzbereich erfassen mußten, ganz wesentliche Platz- und Gewichtseinsparungen erzielt werden. Für die Stat. 1005 bF, die in ihrer konstruktiven Ausführung schon

dem weiter unten besprochenen FuG 10 KK nahe kam, wurde in der Schweiz zusätzlich eine elektrische Fünfrasten-Fernabstimmung entwickelt (»Telaccord« der Fa. Autophon A.G./Solothurn).
Im August 1937 entstand bei der Firma Lorenz ein 7 W-KW-Sprechgerät *BJ 1* (2,5–3,7 MHz) für Jagdflugzeuge. Der zweistufige Sender war mit drei Röhren RS 389 und einer RV 12 P 2000 (in der Modulationsstufe), der Überlagerungsempfänger mit 9 × RV 12 P 2000 bestückt. Beide Geräte waren mechanisch auf zwei Rastfrequenzen einstellbar und konnten bei Bedarf (an der Grenze der Telefonreichweite) auf Telegrafie tonlos mit 20 W Sendeleistung umgeschaltet werden; der nur 23 cm × 20 cm × 23 cm große Empfänger erhielt daher auch einen Telegrafieüberlagerer. Im Hinblick auf das in seiner Entwicklung bereits angelaufene FuG X, dessen KW-Geräte auch ohne die LW-Geräte verwendbar sein sollten, und da anscheinend eine Präsentation auf der Luftfahrtschau in Mailand ohne Echo blieb, ging das Gerät nicht in Serie. Auch ein kleiner Versuch, das Gerät als Motorradstation zu verwenden, verlief im Sande.

Die Flugsicherung von 1933–1945

Die zivile »Zentralstelle für Flugsicherung« (ZFF), im Jahre 1933 umbenannt in »Reichsamt für Flugsicherung« und ab 1934 als »Reichsflugsicherung« bezeichnet, unterstand ab 1933 dem neu gebildeten Reichs-Luftfahrt-Ministerium (RLM). Etwa bis Sommer 1936 gab es für die neu gebildete Luftwaffe eine militärische Flugsicherung (der Ln-Truppe) nur für die Nahbereiche der Fliegerhorste. Die zwölf zivilen Flugsicherungshauptstellen waren auch für Überlandflüge militärischer Flugzeuge zuständig. Wegen der raschen Zunahme der blindflugtauglichen Militärflugzeuge wurde die zivile Flugsicherung bald überfordert, so daß vom genannten Zeitpunkt an (1936) auch militärische Hauptstellen eingerichtet werden mußten, die räumlich mit den zivilen Haupt- bzw. Peilstellen vereinigt waren (und als Teil der Ln-Truppe ebenfalls dem RLM unterstanden). Der gleiche Flugplatz wurde dann von zivilen bzw. militärischen Flugzeugen auf unterschiedlichen Frequenzen (z.B. 327 kHz bzw. 356 kHz) und mit unterschiedlichen Rufzeichen (z.B. »DDV« bzw. »DNV«) gerufen, wobei dann jeweils ein ziviler oder ein Ln-Funker auf den nebeneinanderliegenden Arbeitsplätzen das rufende Flugzeug übernahm. Die gesamte Bewegungskontrolle im deutschen Luftraum unterstand nach wie vor bis Kriegsende der zivilen Flugsicherung, lediglich Flugzeuge mit Kampfauftrag wurden direkt von der Luftwaffe betreut.

Entwicklungen für die DLH

Die Firma Lorenz (Dr. Rochow) arbeitete auch an einer Weiterentwicklung der KW-Anlagen für Langstrecken-Flugzeuge. In mehreren Zwischenstufen entstand 1935 die LW/KW-Station *SEZ 07535a,* später auch Transozean-*(TO-)*Station genannt, bestehend aus dem 20 W-LW-Sender S 19924c (= S 20) der DLH-Kleinstation (meist ohne den zugehörigen Empfänger), einem dreistufigen 25 W-KW-Sender S 22664/IIa (5,0–15,0 MHz, quarzgesteuert), dem Fünfröhren-Dreikreis-KW-Empfänger E 24694/Ic (4,0–12,0 MHz mit Steckspulen, auch mit LW-Spulensatz lieferbar) und einem Senderumformer. Als Langwellenempfänger wurde der gleichzeitig eingebaute LW/MW-Peil- und Zielflugempfänger der Anlage 128 N benutzt. Der KW-Sender war mit vier Röhren RS 241, der KW-Empfänger mit 2 × H 406 D, 2 × RE 074 und 1 × 134 bestückt.
In jener Zeit (um 1936) entstanden bei dem Flugforschungsinstitut Oberpfaffenhofen FFO (Tochterinstitut der DVG) spezielle 8 W-KW-Sender (C 116/117) und KW-Empfänger (C 125) für Flugzeuge, bei denen die Tragflächen des Flugzeugs über eine Schleifenanregung als Antennen benutzt wurden.
Die Lufthansa hatte etwa 1936 für ihre Langstreckenflugzeuge die Entwicklung einer 150 W-LW-Sendestation veranlaßt, welche aus Sender, abgesetzten Antennenanpaßgeräten (für Fest- und Schleppantenne), Bediengerät und Umformer bestehen sollte. Ein zugehörier LW-Empfänger war nicht vorgesehen, da – aus Sparsamkeits- und Platzgründen – der Empfänger der eingebauten LW-Peil- und Zielfluganlage 128 N diese Funktion mit übernehmen sollte. (Als Notempfänger war außerdem vielfach noch der LW-Empfänger einer 20 W-Kleinstation eingebaut.) Die Firma Telefunken brachte Anfang 1937 ihre 150 W-LW-Sendestation *Stat. 1006 aF* (mit Sender S 427 F, Frequenzbereich 300–600 kHz) heraus, die u.a. bei den Ostasienflügen der Fw 200 »Condor« (D-ACON) mit Erfolg eingesetzt wurde. Der Sender war zweistufig mit 1 × RS 287 oder RL 12 P 35 in der Steuerstufe und 2 × RS 291 in der Leistungsstufe bestückt. Die Abstimmung erfolgte durch Drehkondensatoren. Es gab zwei getrennte Abstimmgeräte für die Antennen, sie mußten jedoch nach Abstimmung des Senders einzeln vom Funker von Hand abgestimmt werden, was eine gute Zugänglichkeit während des Fluges voraussetzte. Die Geräteaufhängung erfolgte noch durch Gummischnüre, die Steckanschlüsse für die Stromversorgung befanden sich auf der Frontplatte.
Etwa ein halbes Jahr später folgte die Firma Lorenz (*Dr. Rochow, Fischer* u.a.) mit einer 170 W-LW-Station *LS 170* (ursprünglich auch als »*Gerät 246*« bzw. *VP 257* bezeichnet). Sie überstrich ebenfalls den Bereich 300–600 kHz. Der Sender hatte Variometerabstimmung und war zweistufig aufgebaut (und mit 1 × RS 391 in der Steuerstufe und mit 2 × RS 391/ parallel in der Endstufe bestückt). Die abgesetzten Antennenanpaßgeräte waren über mechanische Wellen vom Funkerplatz aus fernbedienbar, so daß sie jeweils an (hochfrequenztechnisch) günstiger Stelle ange-

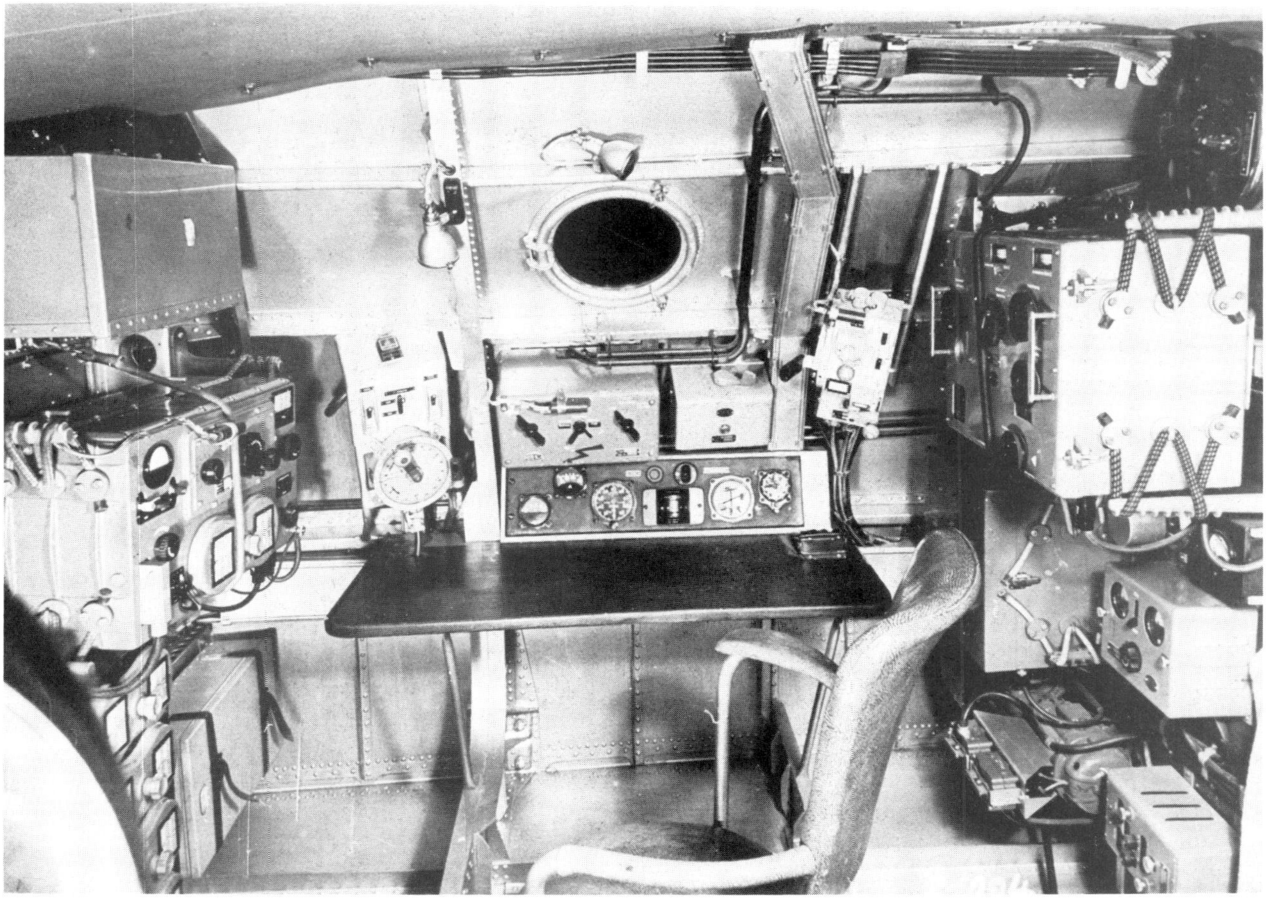

Funkerplatz in einem Flugboot Do 18E der DLH mit Transozeanstation »SEZ 07 535a« von Lorenz mit 20 W-KW-Sender (rechts oben), 20 W-LW-Sender (darunter) und KW/LW-Empfänger mit auswechselbaren Steckspulen (links). In der Mitte Peilrahmenantrieb und Bediengerät für LW-Peil- und Zielfluganlage P 63uN von Telefunken (ca. 1937).

bracht werden konnten. Für Flüge über See konnte der Sender auch mit 100 W Leistung mit Telegrafie tönend (A 2) betrieben werden, wobei die 1000 Hz-Modulationsspannung vom Umformer geliefert wurde. Auch diese Station wurde in verschiedene an die DLH gelieferte Ju 90, Fw 200 und Do 26 eingebaut und bewährte sich sehr gut. Die etwa 1935 entstandene To-Station erhielt nun einen Überlagerungsempfänger (Prototyp) und wurde u.a. 1937 mit Erfolg bei den Südamerikaflügen der Do 18 (D-ANHR) eingesetzt. Noch im gleichen Jahre wurde bei Lorenz *(Dr. Rochow, Fischer, Vieweger)* der quarzgesteuerte dreistufige Sender auf Wehrmachtsröhren (RL 12 T 15) umgestellt bei gleichbleibendem Frequenzbereich 3,0–25,0 MHz. Zu diesem Sender S 22664/IV kam ein neuer Überlagerungsempfänger E 49644 mit einem Bereich 2,9–25,3 MHz in vier Teilbereichen auf einem Spulenrevolver. Das Gerät war bestückt mit 8 × RV 12 P 2000. Größe und Aufbau (in steckbaren Bausteinen) entsprachen etwa demjenigen der (Einbereichs-)Empfänger des weiter unten besprochenen FuG X. Der Empfänger war auch bereits direkt geeicht, was beim Sender noch nicht der Fall war. Diese To-Station trug die Bezeichnung *VP 245* und wurde in alle neuen Langstrekkenflugzeuge der DLH eingebaut. Es wurde eine neue Geräteaufhängung entwickelt: der Sender war seitlich mit je einer U-Schiene versehen, die in gefederte T-förmige Tragarme geschoben wurde. Der Empfänger besaß rückseitig einen gefederten flachen Rahmen, in den er mit zwei rückwärtigen Haken eingehängt und unten mit zwei langen Schrauben gesichert wurde. Als Federelemente wurden nun zylinder- bzw. zick-zackförmige Schwinggummis verwendet, wie sie heute noch hergestellt werden. Die steckba-

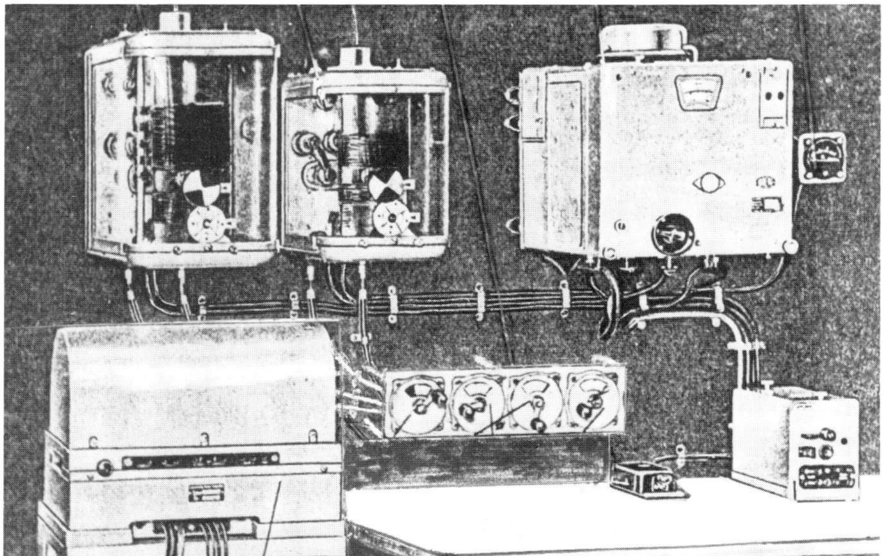

Funkausrüstung einer Fw 200. Links unten der Sender der 150 W-LW-Station »Stat. 1006 aF«, links oben eines der beiden zugehörigen Antennenanpaßgeräte, in der Mitte die UKW-Landeanlage Stat. 278 F (33,3 + 38,0 MHz), rechts oben der LW-Empfänger E 21 (316–520 kHz), darunter LW-Peil- und Zielfluganlage Stat. 118 N (165–1000 kHz) mit Bediengeräten (Telefunken 1936).

◀
170 W-LW-Station »LS 170 = VP 257« (300–600 kHz) mit Fest- und Schleppantennenanpaßgeräten und ihrer mechanischen Fernbedienung, links Senderumformer und Sender, rechts Taste und Bediengerät (Lorenz 1936).

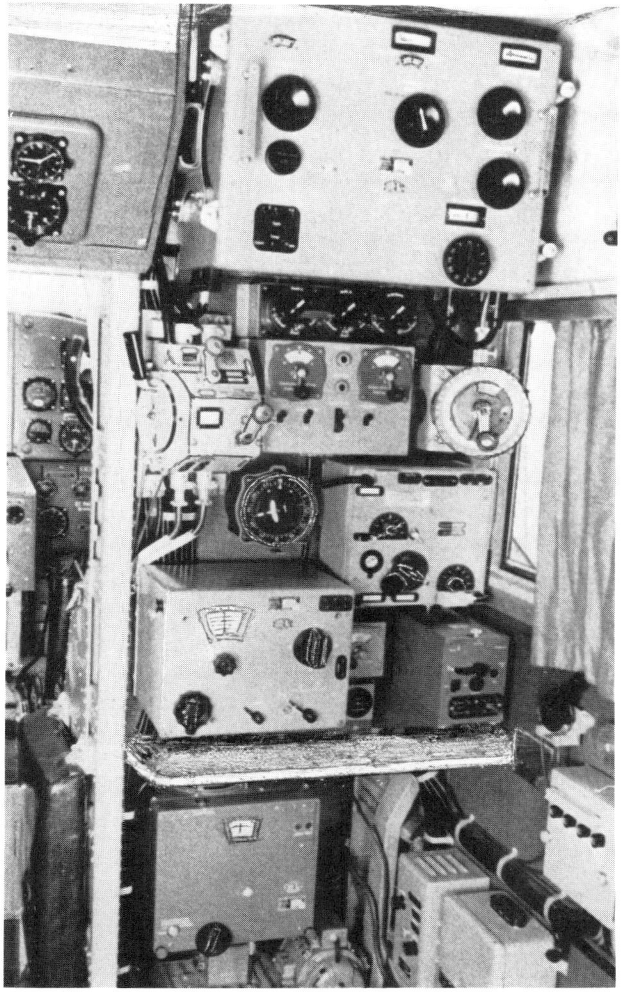

Funkerplatz einer Ju 52 für Ostasienverkehr mit Transozeanstation »VP 245« und großer LW-Station LS 170 = VP 257 von Lorenz. Oben der 20 W-KW-Sender, darunter Bediengeräte für Peiler 128 N, darunter Kompaßanzeige, KW-Empfänger, LW-Empfänger und Tastgerät. Unter dem Tisch 170 W-LW-Sender, Umformer und Batteriekasten.

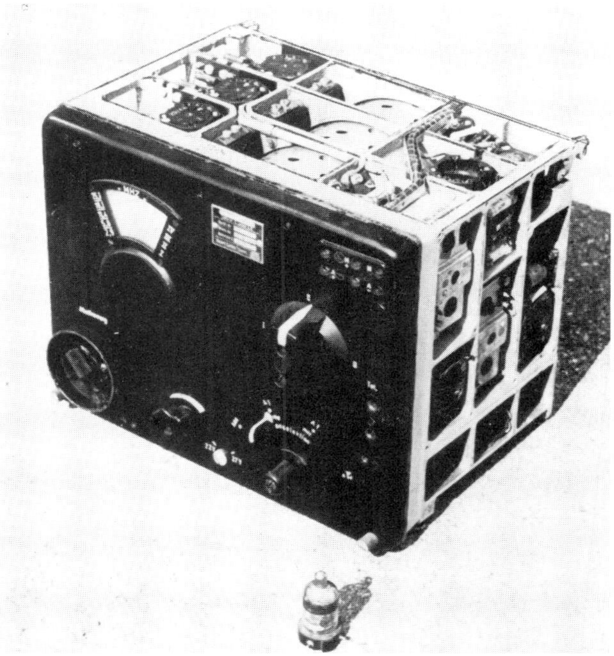

Sender S22 664/IV und Empfänger E49644 der To-Station (3–25 MHz), geöffnet (Lorenz 1938). ▶

ren Anschlüsse für Antennen und Stromversorgung durch Empfänger- und Senderumformer waren gemäß der DLH-Norm auf der Geräteunterseite. Im Jahre 1939 sollen auch Vormuster für einen 70 W-Sender für die To-Station mit einem Bereich von 3,0–23,5 MHz existiert haben, deren Produktion durch den Kriegsausbruch verhindert wurde.

An dieser Stelle müssen noch einige Angaben zur Konstruktion der deutschen Geräte gemacht werden. Die Gehäuse der in den vorhergehenden Jahren entwickelten Bordgeräte waren – soweit sie für zivile Verbraucher bestimmt waren – durch Gummischnüre federnd an (im Flugzeug fest eingebauten) Tragarmen aufgehängt. Die elektri-

schen Anschlüsse befanden sich auf der Unter- (oder Front-) seite der Geräte. Defekte Geräte mußten mit ihren Gummischlaufen aus den Tragarmen ausgehakt werden; die abgezogenen Stecker an den beweglichen Kabelenden der Bordverdrahtung wurden dann auf besonders angebrachte Blindbuchsen gesteckt, um eine Beschädigung der Kabel zu vermeiden.
Bei den entsprechenden Geräten für die Luftwaffe wurden zwar besondere, an den Gummischnüren aufgehängte Schwingrahmen verwendet, in welche Geräte eingesetzt und verriegelt wurden. Bei dieser Bauart waren aber als Verbindung zur festen Bordverkabelung bewegliche Kabelschwänze, und zwar am Gerät vorgeschrieben, die an ihrem bordseitigen Ende Kabelkupplungen trugen. Bei Ausbau und Tranport der Geräte blieb man nun mit den Kupplungen der Kabelschwänze hängen, was zu Beschädigungen führte. Beigestellte Transportkisten konnten wegen ihrer Unhandlichkeit und ihres Gewichts kaum benutzt werden, da der Funkwart nur selten eine Transportgelegenheit (außer dem Fahrrad) zur Verfügung hatte. Auch die für fernbediente Geräte entwickelten mechanischen Fernantriebe in Form von biegsamen Wellen und Seilzügen waren gegen mechanische Beanspruchung und die harten Einsatzbedingungen (Feuchtigkeit, salzwasserhaltige Seeluft und große Temperaturunterschiede) sehr empfindlich und fielen oft aus.
Schaltungstechnische Fortschritte, besonders auf dem Gebiet der Temperaturkompensation von Schwingkreisen hatten erst bei den zuletzt genannten Geräten eine direkte Eichung ermöglicht. Bei allen älteren Geräten war dagegen, ebenso wie bei der Mehrzahl aller ausländischen Entwicklungen bis 1945, eine recht zeitraubende Abstimmung nach Eichkurven oder Tabellen (im Ausland auch unter Zuhilfenahme von Wellenmessern) nötig. Diese Tätigkeit störte den übrigen Funkverkehr und gab in einem Konfliktfalle dem etwaigen Gegner wertvolle Anhaltspunkte für einen bevorstehenden Start, für die verwendeten Frequenzen u.a. mehr. Um auch auf KW-Fernverkehrsfrequenzen zu direkt eichbaren Geräten ohne Steckquarze zu kommen, welche obendrein leichter auszuwechseln und zu warten sein sollten, mußte also noch etliche Entwicklungsarbeit geleistet werden.

Sender und Empfänger des FuG VaU mit ihren beweglichen Kabelschwänzen am Gerät und mit direkter Aufhängung an Gummischnüren (hier ohne Schwingrahmen).

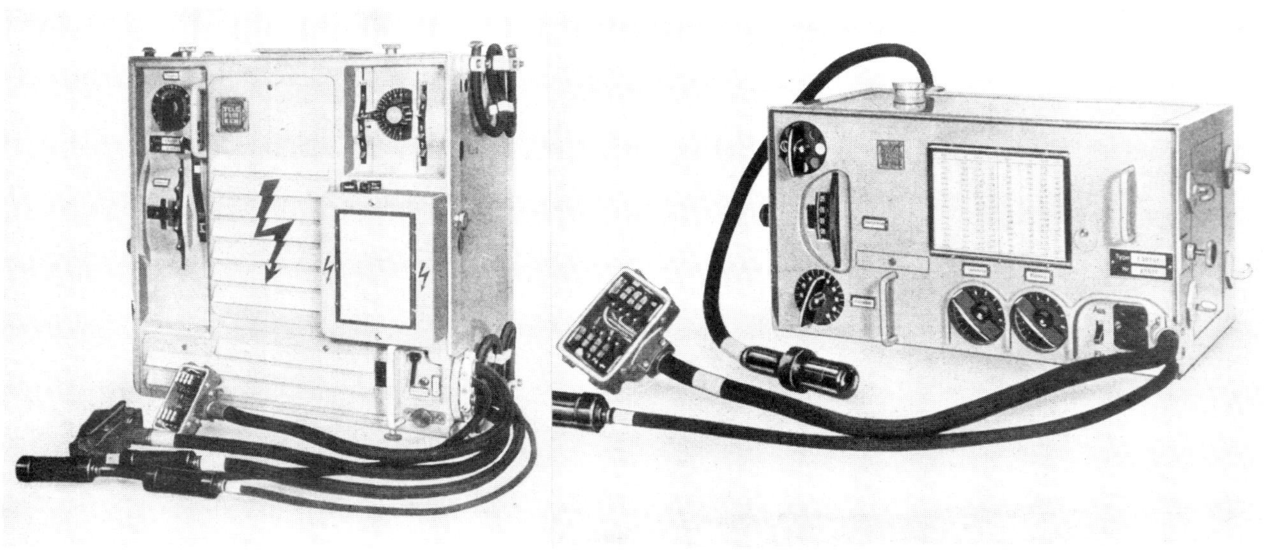

Flugzeug-Nachrichtengeräte 1938–1945

Angaben zur Konstruktion der Geräte

Auf dem Wege zu kleineren, robusteren und wartungsfreundlicheren Anlagen hatten die Firmen Telefunken und Lorenz mit ihren Geräten Stat. 1005 aF bzw. dem FuG VIII, der 170 W-LW- und der TO-KW-Station gute Vorarbeit geleistet. Der entscheidende Schritt unter gleichzeitiger Anwendung aller in der Zwischenzeit gewonnenen Erkenntnisse und Entwicklungen gelang jedoch erst in den Jahren 1938/39 mit den Geräten FuG X und FuG XVII, die bei der Firma Lorenz unter Leitung von *Dr. H. Rochow*, in ihrer schaltungstechnischen Auslegung im Kleinfunkgerätelabor von *H. R. Fischer* und *H. Wangerin* bzw. im UKW-Gerätelabor von *Dr. Kloepfer*, in ihrer Konstruktion aber von *K. L. Vrany* bearbeitet waren. Zur (bereits 1929/30 erfolgten) Umstellung des mechanischen Grundaufbaues von Blech- und Pertinaxplatten auf Leichtmetallspritzguß, bei dem sich die erforderliche Maßhaltigkeit ohne Nacharbeit von selbst ergab, kam der platzsparende Aufbau der Geräte, der durch die Verwendung neuer Röhren ermöglicht wurde, und auch die innere Aufteilung der Geräte in steckbare Baugruppen, die einzeln gefertigt und geprüft werden konnten. So ergaben sich bei hohen Stückzahlen trotz hoher Werkzeugkosten erhebliche Einsparungen bei Fertigung und Reparatur.

Die in den Vorjahren erzielten Ergebnisse bei der Temperaturkompensation von Schwingkreisen ermöglichten eine Neufassung der »Technischen Bedingungen für Funksende- und -Empfangsanlagen«, so daß z. B. die Frequenzabweichung (unter Einschluß aller Einstell- und Ablesefehler, Alterungseffekte und Schwankungen der Temperatur zwischen −50 und + 50° und der Bordnetzspannung zwischen 22 und 29 V) vom eingestellten Skalenwert maximal nur ± 0,032 % betragen durfte. Dies entsprach einer Toleranz von ± 1,3 kHz bei einer Frequenz von 4 MHz:

Bei Empfängern genügte eine sog. »statische« Temperaturkompensation, bei der der positive Temperaturkoeffizient des Schwingkreises durch Parallelschaltung neu entwickelter Keramikkondensatoren mit negativem Temperaturkoeffizienten kompensiert wurde. Bei Sendern war teilweise noch eine sog. »dynamische« Temperaturkompensation nötig, wenn während der Tastung eine zusätzliche Frequenzabweichung durch die Wärmeentwicklung in Röhre und Schwingkreis auftrat. Hier wurde dann die Strombelastung und die Erwärmungszeitkonstante der Kondensatoren so gestaltet, daß die in der Tastzeit entstehende Verlustwärme einen entsprechenden Verlauf des negativen Temperaturkoeffizienten bewirkte.

Die Qualität der Tast-(Morse-)Zeichen entsprach dadurch derjenigen eines quarzgesteuerten Senders. Hervorzuheben sind auch die in der Welt wohl einmaligen Präzisionsantriebe der direkt geeichten Skalen, die auch mit vier frei wählbaren Frequenzrasten und Feineinstellmöglichkeit (Frequenzangleich) ausgerüstet waren. (Ihre Technik war nach dem Kriege auch für hochwertige Empfänger gänzlich in Vergessenheit geraten und beim Aufkommen der Frequenzsynthese mit digitaler Anzeige wohl auch »uninteressant« geworden.)

Ein weiteres Kennzeichen war die vorgeschriebene Verwendung von nur 2 Röhrentypen (RV 12 P 2000 und RL 12 P 35) für Sender und Empfänger:

Man glaubte um 1937 (wieder einmal) an die Realisierbarkeit sog. »Universalröhren«, mußte aber dann bald viele spezielle Typen der »Wehrmachtsröhren« und dann sogar eine neue Serie von »Luftfahrtröhren« für Dezimeterwellen entwickeln, so daß die Gesamttypenzahl etwa 100 erreichte. Ab 1943 gab man dann wieder die Stahlröhren (der 11er-Serie) für militärische Geräte frei, wodurch in einigen Fällen sehr gemischte Röhrenbestückungen zustande kamen (vergl. Nachtjagd-Funkmeßgerät »Berlin« u. a.).

Die erstgenannte Röhre erlaubte beim Empfängerbau eine sehr platzsparende Bauweise bzw. die Realisierung eines kleinen Gerätevolumens mit extrem hoher »Packungsdichte«. Die Drehknöpfe waren in Vertiefungen angebracht, so daß das Gerät bei Transport oder Reparatur auch auf die Frontplatte gelegt werden und daß man mit der Kleidung kaum hängenbleiben konnte, da alle Kanten gerundet waren. Neuentwickelte Stecker auf der Rückseite der Geräte dienten zur selbsttätigen Herstellung aller Anschlüsse beim Einhängen der Geräte in besondere Schwingrahmen. Diese waren über Gummipuffer an der (meist hölzernen) Montageplatte befestigt, die Steckbuchsen am Rahmen waren (über heute wieder moderne) flexible Flachbandkabel mit Steckern in einer Verteilerdose verbunden, in denen die feste Bordverkabelung an Klemmen auflief. Alle mit Röhren bestückten Geräte trugen an ihrer Frontplatte einheitliche Prüfbuchsen, die bei Verwendung eines Prüfvoltmeters (PV 10 bzw. PV 62) bei allen Stellungen des Prüfschalters einen gleichen Sollausschlag erzeugten. Der gleiche Anschluß diente u. a. auch zur Stromversorgung eines »Prüfquarzkontrollers« (PQK 10 etc.), der über den gleichen Stecker auch seine Ausgangsspannung zur Eichkontrolle einspeiste.

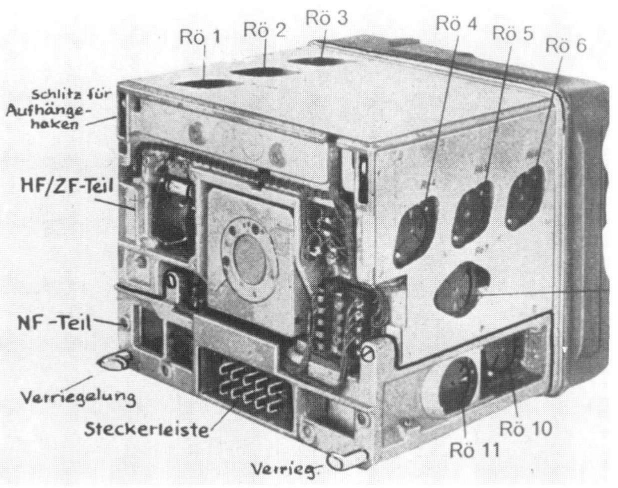

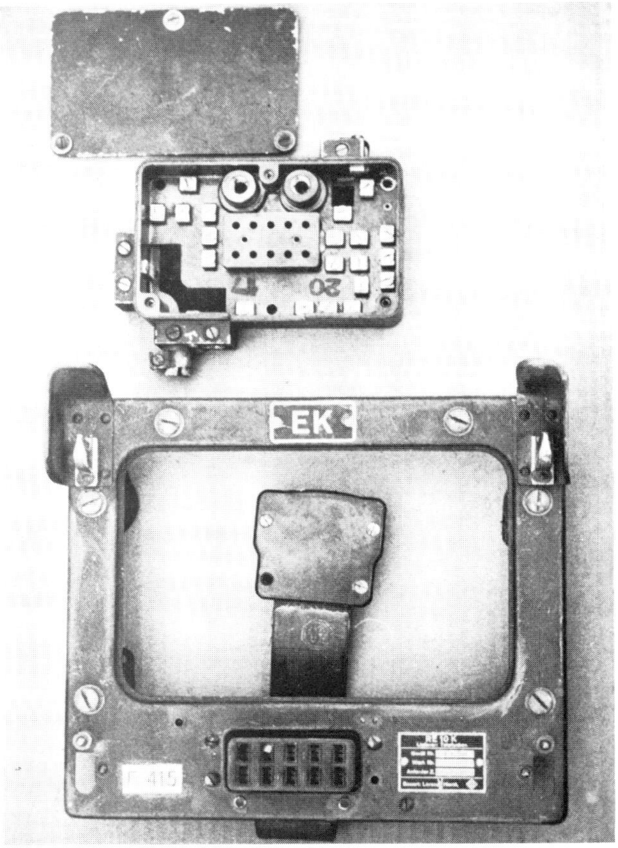

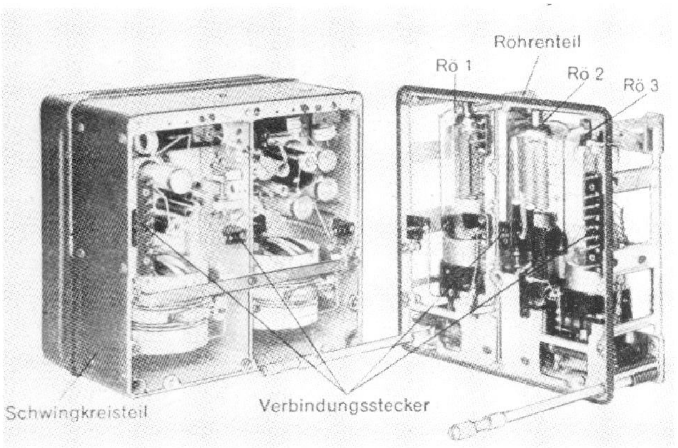

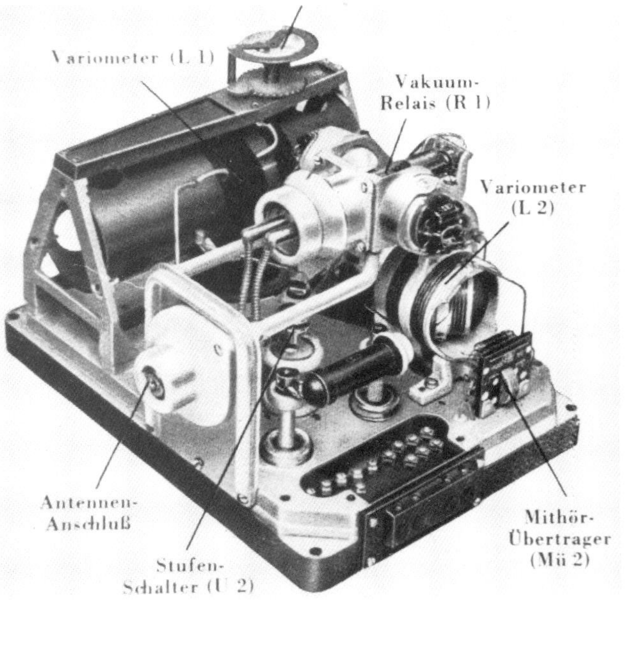

Konstruktionseinzelheiten des »FuG 10«: Links oben KW-Empfänger (mit abgezogener Haube), rechts daneben Aufhängerahmen und Verteilerdose, darunter KW-Sender (zerlegt), mit keramischen Variometern und temperaturkompensierten Kondensatoren, rechts ein Antennenabstimmgerät LW/KW (Lorenz 1938).

Die Antennen wurden nicht mehr direkt zum Gerät geführt, sondern unter Zwischenschaltung von Abstimmgeräten und HF-Kabeln an günstiger Stelle am Flugzeug angebracht; somit wurden auch vagabundierende Hochfrequenzen innerhalb der Zelle vermieden. Die elektrischen Fernbedienungen wiesen (unter Verwendung von Dreiphasen-Drehfeld-[Synchro-]gebern und -Nehmern, Schrittschaltwerken und Motorschaltern bzw. Motorantrieben) bald eine sehr hohe Betriebssicherheit und Unempfindlichkeit gegen Kälte auf. Die Gleichspannungsumformer enthielten zusätzliche Wechselspannungswicklungen, die zum Betrieb der Synchrosysteme (und ev. späterer Erweiterungen) gedacht waren. So konnten beliebige Spannungen in

kleinen Netzteilen dort erzeugt werden, wo sie gerade benötigt wurden, ohne allzuviele Typen von Gleichstromumformern zu benötigen. Bei den etwas später entwickelten Geräten zeigte sich dann eine wachsende Tendenz zur Stromversorgung der Einzelgeräte aus einem 500 Hz-Wechselstrombordnetz, da sonst die Zahl der Gleichstromumformer doch zu hoch geworden wäre. Aus Fertigungs- und Bevorratungsgründen ging man in den letzten Kriegsjahren von mehradrigen zu einadrigen Leitungen über, wobei aber Platzbedarf und Gewicht der Verkabelung stiegen.
Eine Besonderheit deutscher Flugzeuge war die zweipolige Bordnetzverlegung (isoliert von der Flugzeugmasse) zur Herabsetzung von Kurzschlußgefahr durch Feuchtigkeit (Kondenswasser) oder bei Beschuß. Der Versuch einer einpoligen Verkabelung einer Do 217, wobei ein Batteriepol an Masse lag, ergab überraschenderweise nur 15 Prozent Gewichtseinsparung.
Die Festigkeit der deutschen Geräte war allerdings sehr weit getrieben, was angesichts der vielen kleinen Schräubchen für die Abdeckhauben etc. auch hohen Aufwand bei der Fertigung bedeutete. So blieben manchmal Geräte bei 100%igem Bruch des Flugzeugs, abgesehen von Röhrenschäden, voll verwendungsfähig! 1944 wurden daher Entfeinerungsaktionen gestartet. So verzichtete man sogar auf Anzeigeinstrumente.
Die im Kriege von der Gegenseite erbeuteten neuen deutschen Geräte erweckten dort ungeteilte Bewunderung, obwohl dort mehr Wert auf einfachste und schnellste Fertigung neuer Typen mit geänderten Eigenschaften gelegt wurde. (Devise: »Gib ihnen das drittbeste Gerät, das beste wird nie fertig und das zweitbeste dauert zu lange«). Die britische Industrie blieb bei ihrer schweren und raumverschwendenden Blechbauweise mit Steckern an allen Seiten der Geräte, allerdings unter Einführung von Steckbausteinen; die Amerikaner gingen später teilweise zu kleinen leichten Gerätewürfeln über und begannen mit der Verwendung rückwärtiger Steckanschlüsse. Trotzdem wies z.B. der allgemein eingesetzte Peil- und Zielflugempfänger etwa das Sechsfache an Raum und Masse auf wie sein Gegenstück PeilG 6, von der Größe der benötigten Antennen ganz zu schweigen. Fast alle ausländischen Sendegeräte waren um diese Zeit noch auf Quarzsteuerung angewiesen bzw. mußten nach Tabellen mit Wellenmessern auf umständliche Weise in betriebswarmem Zustand abgestimmt werden!

Das FuG 10 und seine Varianten

Das erste Gerät in der neuen Bauweise war das 70 W-LW/KW-Nachrichtengerät *FuG 10 KL* (zeitweise FuG X (K_1L) geschrieben). Es war aus dem FuG VIII abgeleitet. Das Pflichtenheft entstand 1936, die ersten zwei Muster (in

Funkerplatz des Seenotflugbootes Do 24 T mit FuG 10 und PeilG V.

Blechausführung) wurden im Februar 1937 in einer Ju 52 erprobt, im August 1937 fiel die Entscheidung für dieses Gerät. Die Serienfertigung lief im Januar 1938 an, die Serien der Ju 88 wurden damit ausgerüstet, bald wurde auch in den neuen Baureihen anderer mehrmotoriger Flugzeuge das FuG III bzw. V durch das FuG 10 ersetzt.
Es besaß jeweils einen zweistufigen Sender für Langwelle (300–600 kHz) und einen für Kurzwelle (3,0–6,0 MHz) mit Abstimmung durch HF-Eisenkernvariometer und mit je 70 W Leistung im A 1-Betrieb (Röhren 3 × RL 12 P 35). Der KW-Sender konnte mit einem Telefoniezusatz TZG 10 auch im A 3-Betrieb mit 40 W-Leistung betrieben werden für den Bord-zu-Bord-Verkehr (vor Einführung des FuG 16, s. Seite 55). Es war auch jeweils ein Achtröhren-Überlagerungsempfänger für die beiden Bereiche vorgesehen. Später gab es u.a. auch KW-Ausführungen (E 10aK etc.) mit elf bzw. neun Röhren (RV 12 P 2000) und automatischer Regelung. Die Empfindlichkeit der Geräte (4 μV am Eingang ergaben bei A 1-Betrieb 10 V an 4000 Ohm), und auch die Trennschärfe (60 db für 3 bzw. 18 kHz Verstimmung) war im Vergleich zu älteren Geradeausempfängern nicht übertrieben hoch, jedoch auch unter ungünstigen Bedingungen ohne große Abstimmkünste erzielbar.
Es waren eine Fest- und eine Schleppantenne mit elektrisch fernbedienter Antennenhaspel vorgesehen. An den Anten-

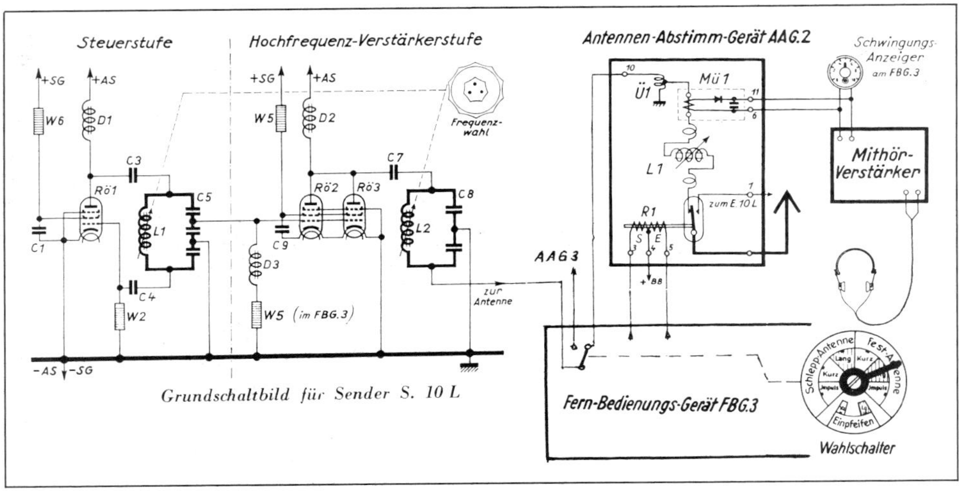

Prinzipschaltung für das Zusammenwirken von LW-Sender, Antennenabstimmgerät und Fernbediengerät bei Betrieb an der Festantenne.

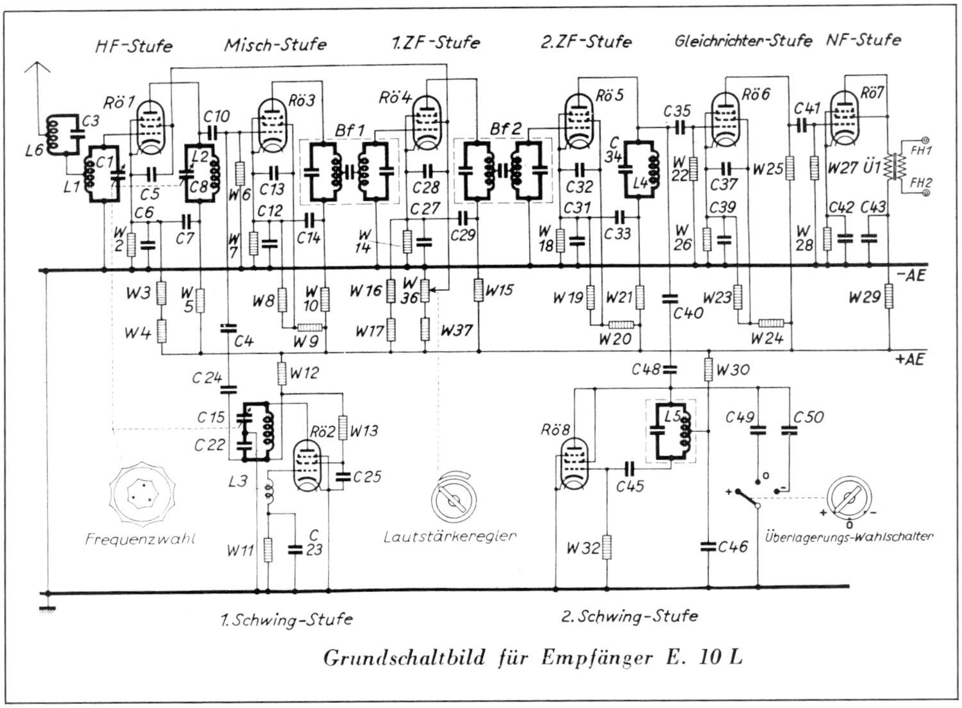

Prinzipschaltung des LW-Empfängers. Spätere KW-Empfänger erhielten zusätzliche Regelspannungsgleichrichter und eine Endstufe mit zwei parallelgeschalteten Röhren.

nendurchführungen saßen Abstimmgeräte, die über HF-Kabel mit Sendern und Empfängern über das Fernbediengerät verbunden waren. Das letztgenannte FBG 3 diente zur Umschaltung der Antennen auf die LW- bzw. KW-Geräte, desgl. zur Abstimmung der Anpaßgeräte mittels der Synchros und zur Fernbedienung der Schleppantenne auf 70 m bzw. 12 m Länge im LW- bzw. KW-Bereich. Zur Umschaltung zwischen Sender und Empfänger im Wechselverkehr dienten Vakuumrelais in den Antennenabstimmgeräten. Eine Überkreuzschaltung sorgte dafür, daß z. B. beim LW-Funkverkehr mit der Schleppantenne der KW-Empfänger an der Festantenne lag. So konnten beide Empfänger gleichzeitig betrieben werden, desgl. war ein schneller Übergang vom LW-Flugsicherungsverkehr an der Schleppantenne zum taktischen Funksendeverkehr mit der Festantenne und umgekehrt allein durch Umlegen des Betriebsar-

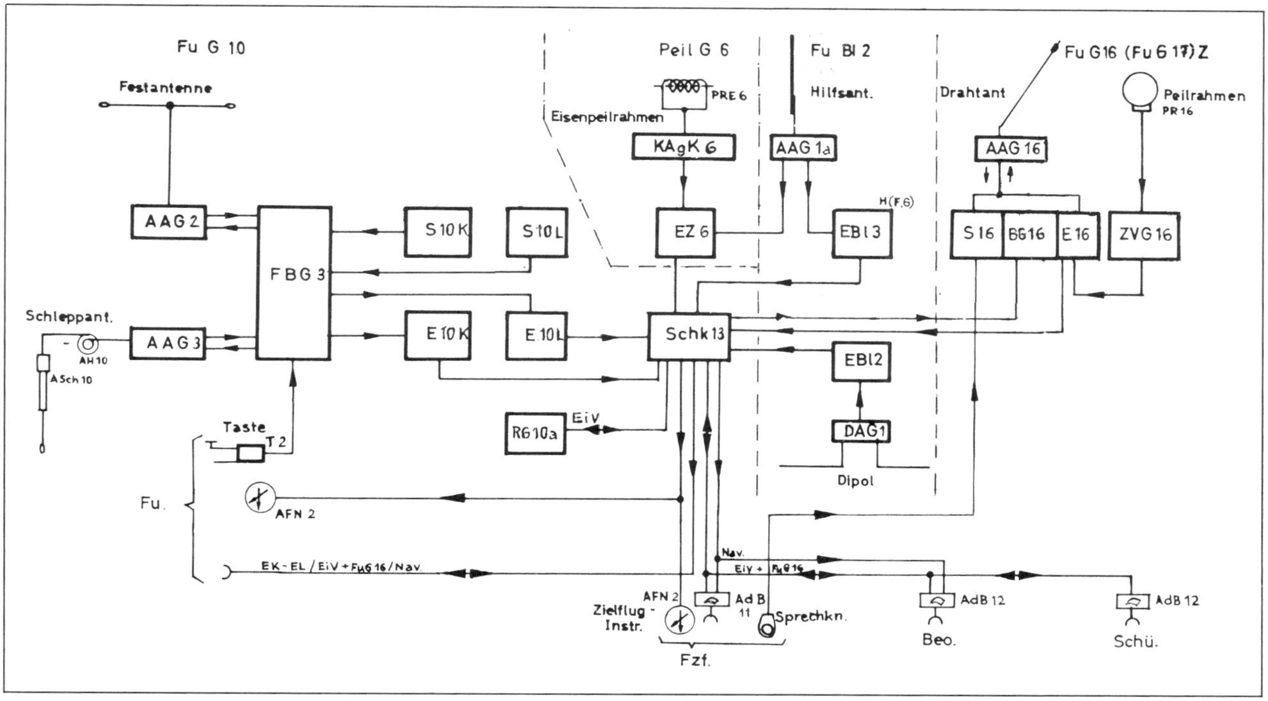

Blockschaltbild des »FuG 10« in Zusammenschaltung mit Peilgerät PeilG 6, Funklandegerät FuBl 2 und UKW-Sprech- und Zielfluggerät FuG 16Z bzw. 17Z. Beim FuG 10P entfiel der LW-Empfänger E 10L.

tenschalters möglich, wenn die Abstimmgeräte bereits vorher eingestellt worden waren.
Ein sog. »Röhrengerät« (RG 10) enthielt eine Mithöreinrichtung, den Eigenverständigungs-(EiV-)Verstärker und einen Impulsverstärker zur Impulstastung des Langwellensenders für Impulspeilung. Da diese Betriebsart zur Ausschaltung des Dämmerungseffektes (verursacht durch verschiedene Laufzeiten und Laufwege der Boden- und der Raumwelle) bereits 1939 nicht mehr angewendet wurde, entfiel der Impulsteil bei neueren Geräten. Der Mithörteil bestand aus einem 800 Hz-Generator mit Verstärkerstufe, die (nur bei A 1-Betrieb) parallel zu Schwingungsanzeiger angesteuert wurde. Damit war auch ein Abstimmen nach der Lautstärke des Mithörtones möglich. Der EiV-Verstärker diente einerseits zur Verständigung der Besatzungsmitglieder untereinander, andererseits auch zur Modulation des KW-Senders bei A 3-Betrieb. Zur EiV-Anlage gehörten auch die Anschlußdosen (ADb 11–13) mit Brechkupplungen für die Kopfhauben.
Der recht groß geratene Funkerschaltkasten SchK 13 diente zur Zusammenschaltung mit weiteren Funkgeräten und enthielt Schalter für die Anschaltung von KW- und LW-Empfänger bzw. LW-Peil-Zielflugerät (»ZFF«) oder Funklandegerät (»LFF«) und der EiV (mit dreistufigem Lautstärkeregler) und ferner einen Rufknopf zum Rufen eines (ev. wegen des Schußgeräusches abgeschalteten) Bordschützen. Pilot und Beobachter konnten an ihren Anschlußdosen ebenfalls in der Stellung »NFF« den vom Funker eingeschalteten Peiler oder Landeempfänger abhören. Sender und Empfänger konnten in Sekundenschnelle entriegelt und ausgehängt werden zur Überprüfung der Sicherungen in den Verteilerdosen. Später wurden diese meist überbrückt, um auch in kritischen Situationen z.B. Notmeldungen absetzen zu können.
Die Wahl eines Frequenzbereiches von 3–6 MHz auf Kurzwelle war zwar für Flüge innerhalb Deutschlands ausreichend. Für Flüge an die Grenze der Reichweite der Flugzeuge lagen diese Frequenzen jedoch viel zu niedrig. Deshalb gab man den Fernaufklärern Fw 200 »Condor« zusätzlich zum FuG 10 die (auch in der DLH-Version des Flugzeugs vorgesehene) 20 W-TO-Station VP 245 (3,0–25 MHz) an Bord. Auch andere Langstreckenflugzeuge wie BV 222 und auch etliche Ju 290 verwendeten diese Anlage (besprochen Seite 43).

Ab 1941 wurden jedoch neue Versionen des FuG 10, d.h. *FuG 10 K1* und *FuG 10 K2* der Firma Lorenz verfügbar, bei denen die KW-Sender und Empfänger nebst Antennenabstimmgeräten die Bereiche 5,3–10,0 MHz bzw. 6,0–12,0 MHz überstrichen. Daraufhin mußten die TO-

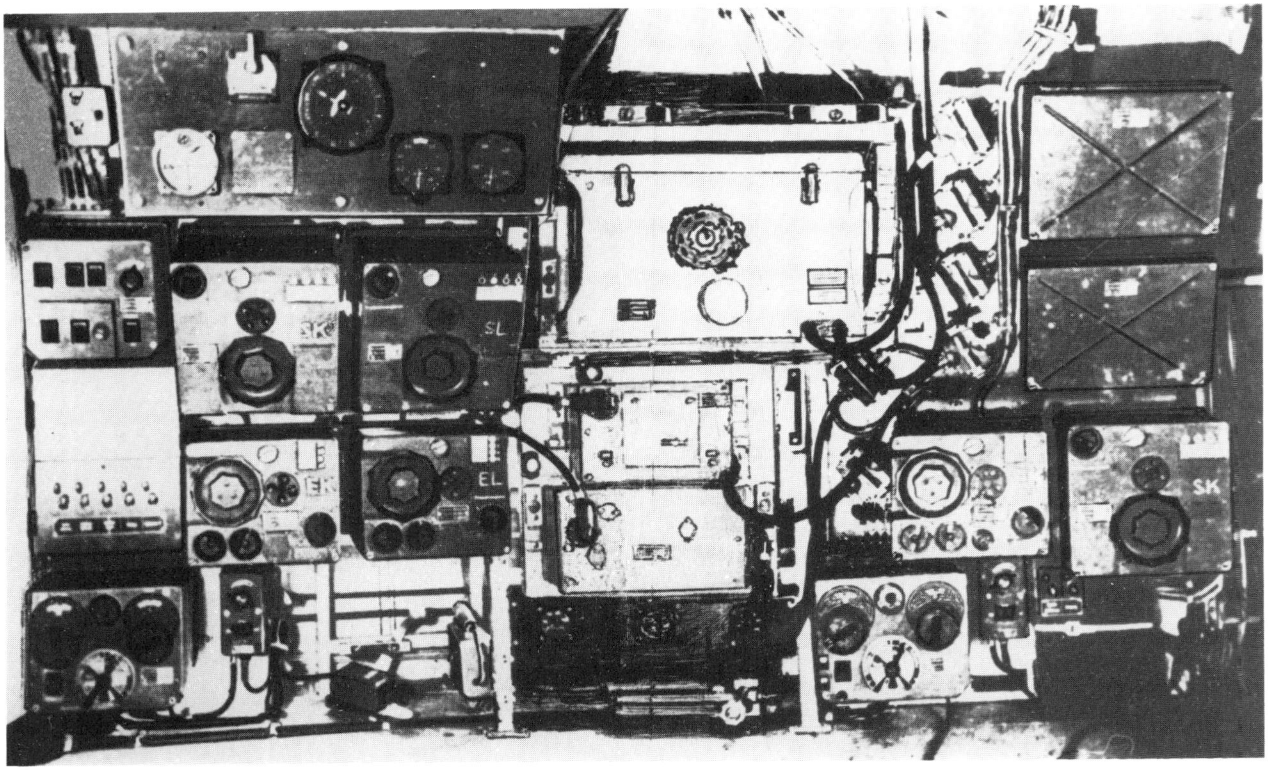

Führungsflugzeug He 111: An der linken Wand des Bombenraumes befindet sich zusätzlich zum FuG 10 KL (mit PeilG V und FuBl 1) ein zusätzlicher KW-Gerätesatz des FuG 10 für den Bord-zu-Bord-Verkehr (Aufnahme ca. 1939/40).

Stationen ausgebaut werden. (Die Sender wurden u. a. für den Bau automatischer Wetterfunkgeräte »Kröte/Land« benötigt.) Es konnte dann vorkommen, daß für die Überbrückung kürzerer Entfernungen niedrigere Frequenzen benötigt wurden, so daß die Truppe von sich aus normale KW-Geräte auf zusätzlichen Schwingrahmen zum Auswechseln mitnahm und dabei ev. Schwierigkeiten mit der Antennenabstimmung bekam.

Im Jahre 1942 entstand dann in Zusammenarbeit zwischen dem Lizenznehmer Telefunken und der Firma Hescho eine Variante *FuG 10 K3* mit erweitertem Frequenzbereich 6,0–18,0 MHz, mit Kegelschleifvariometern im Sender und mit Spiralskala bei Sender und Empfänger. Es war außerdem ein automatisches Abstimmgerät für die Festantenne entwickelt worden. Ein Motor drehte das Antennenvariometer bei verminderter Antennenleistung langsam durch, bis das Antennenstrommaximum erreicht war. Die Abschaltung des Motors und Abtrennung der Magnetkupplung wurde durch elektrische Differentiation des Antennenstroms (über einen Kondensator) erreicht.

Die gleichen Eigenschaften, aber einen KW-Bereich von 3,0–9,0 MHz hatte die Variante *FuG 10 K4*, die aber nur in Mustern hergestellt wurde. (Der Verfasser sah übrigens auch einen mit E 10 K4 bezeichneten Empfänger mit einem Bereich von 12–24 MHz.)

Einige sogenannte »Führungsflugzeuge« waren 1939 mit dem FuG 10 KL und zusätzlich für den taktischen bzw. den BzB-Sprechverkehr mit einem zweiten KW-Gerätesatz (Sender, Empfänger, Antennenanpaßgerät, Fernbediengerät, Umformer etc.) ausgerüstet, der an eine zweite Festantenne angeschlossen war. Diese vergrößerte Anlage mußte durch zwei nebeneinandersitzende Funker bedient werden und war deshalb bei Flugzeugen des Typs He 111 an der Backbordwand des Bombenraumes (zusammen mit dem Peil- und Funklandegerät) untergebracht. Bei dem bedauerlichen deutschen Bombenangriff auf Rotterdam, bei dem die Nachricht von der Kapitulation der Stadt den Kampfverband nicht mehr erreichte, könnte ein solches Flugzeug eigentlich nicht eingesetzt gewesen sein, gegf. waren aber die Flugzeuge gerade in der »toten Zone« (?).

Man beabsichtigte auch Stukas Ju 87 statt mit dem FuG-VIIa mit einem KW-Gerätesatz des FuG 10 auszurüsten. Das für solche Zwecke im Jahre 1942 entwickelte 70 W-KW-Gerät *FuG 10 KK* von Lorenz enthielt neben Sender

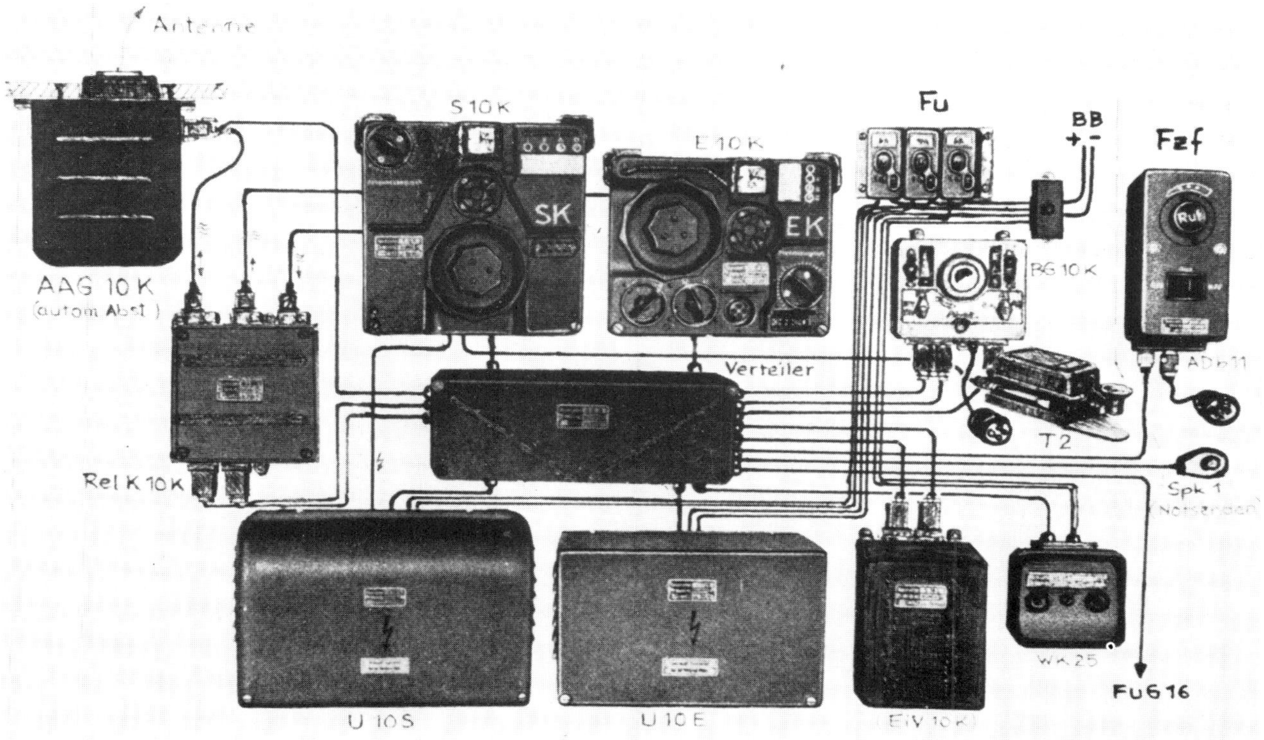

KW-Gerätesatz »FuG 10KK« mit automatischer Antennenabstimmung. Bei Vorhandensein einer zweiten Antenne für den Empfänger entfiel der Relaiskasten für die Antennenumschaltung (Lorenz 1942).

und Empfänger und einem automatischen Antennenabstimmgerät AAG 10 K (vergl. Seite 50) einen Relaiskasten für die Antennenumschaltung, einen EiV-Verstärker und ein kleines Bediengerät BG 10 K, das die großen Geräte FBG 3 und SchK 13 ersetzte. Dazu kamen noch die beiden Umformer und Anschlußdosen. Die E.-Stelle Rechlin erarbeitete alle Einbauunterlagen in Flugzeuge, eine Serienfertigung wurde jedoch infolge Änderung der »taktisch-technischen Forderungen« nicht aufgenommen. Es war wohl zeitweilig überlegt worden, mindestens die Schleppantenne nebst Anpaßgerät, ev. auch den LW-Sender und -Empfänger entfallen zu lassen, weil der Flugsicherungsfunkverkehr ab 1943 auf den UKW-Sprechfunk verlagert wurde und für große Entfernungen sowieso die Kurzwelle benutzt werden mußte.
Für beengte Platzverhältnisse wie in der He 219 wurde ein kleinerer Schaltkasten SchK 17a eingeführt als Ersatz für den großen SchK 13. Ein KW-Zielflugvorsatz ZVG 10 »Engel« für das FuG 10 wird auf Seite 90/91 behandelt.

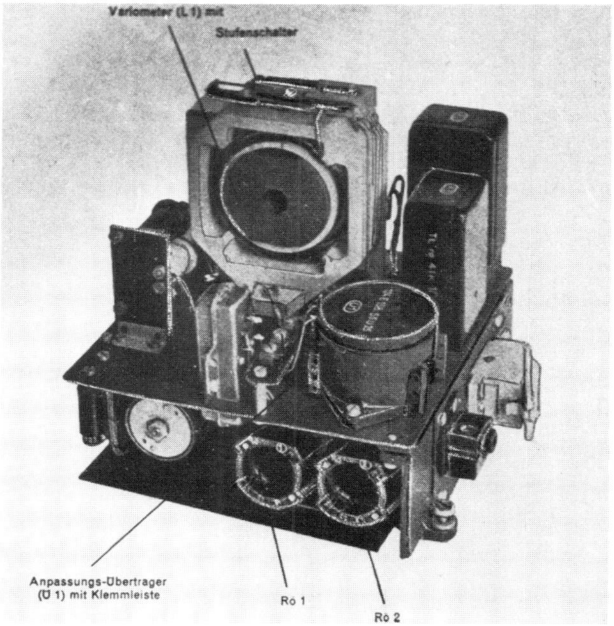

Automatisches Antennenabstimmgerät für FuG 10KK, geöffnet.

Bordfunkanlage einer Ju 188 E-1 bzw. F-1 mit »FuG 10P«, FuBl 2F, FuG 16 und FuG 25a (die drei letztgenannten elektrisch fernbedient). Vergleiche hierzu Schrägansichtszeichnung der Gesamtanlage auf dem vorderen Vorsatz.

Die Version *FuG 10 P*, bei der der LW-Empfänger E 10 L durch den Peil- und Zielflugempfänger EZ 6 ersetzt war, wird bei den Peilgeräten (weiter unten besprochen).

Weitere Nachrichtengeräte

FuG 11 – FuG 14

Die Entwicklung des als Nachfolgegerät für das FuG 10 K...K3 gedachten 50 W-KW-Bordfunkgerätes *FuG 11* war 1944 noch bei der Firma Lorenz *(Dr. Kloepfer)* in Entwicklung. Es überstrich einen Bereich von 3,0–24,0 MHz in drei Teilbereichen (3–6–12–24 MHz). Als Betriebsarten waren Telegrafie (A 1), Telefonie (A 3), Frequenzumtastung (F 1) und Telefonie (F 3) vorgesehen. Der Sender und der Empfänger besaßen keine Bedienungsknöpfe, da sie synchron mit einem automatischen Antennenabstimmgerät von einem Fernbediengerät aus elektrisch betätigt wurden, wobei sechs Frequenzen vorgewählt werden konnten. Als Antenne sollte der Flugzeugrumpf mit Schleifenanregung dienen (8 m-Schleife mit zwei Magnetschaltern zur Verkürzung). Dazu kam eine EiV-Anlage mit bis zu zehn Anschlüssen. Bei dieser hochmodernen Anlage sollten also alle Erkenntnisse, die u.a. mit dem FuG 10 KK und den Geräten FuG 15 und 18 gewonnen worden waren, verwendet werden. Die Arbeiten wurden im Herbst 1944 (bei einem Entwicklungsstand von 50 Prozent) gestoppt.

Die Nummer 12 wurde anscheinend nicht besetzt. Im Jahre 1944 lief aber dann bei der Fa. Lorenz die Entwicklung eines UKW-Sprechgerätes *FuG 13* (?) an, das mit Impulszeitmodulation im Bereich 75–116 MHz mit einer Impulsspitzenleistung von 1 kW und einer Impulsbreite von [illegible] µs arbeiten sollte (also teilweise im Bereich der alliierten Jäger). Die gewählte Modulationsart sollte hohe Störsicherheit ergeben und außerdem noch sechs Kennsignale ermöglichen, welche aus je drei Folgeimpulsen bestanden und in einer Laufzeitkette mit schaltbaren Abgriffen erzeugt bzw. demoduliert wurden. Da Versuche mit der aufgebauten Brettschaltung ergaben, daß die Sendung mit jedem normalen Empfänger abhörbar war, wurde die Entwicklung beim Stand von 10 Prozent abgebrochen.

1 W-KW-Kleinstation »FuG 14«, hergestellt aus einem Radione-Kofferradiogerät. Der Senderteil mit Steckquarz war am Platz des Lautsprechers angebracht. Sender: 6,0–6,8 MHz, Empfänger 2,5–27,0 MHz (Lieferer Th. Reh & Co., 1942).

Im Jahre 1941 entwickelte die Fa. Radione/Th. Reh & Co. aus ihrem mit Stahlröhren bestückten Wehrmachts-Rundfunkkofferempfänger R 2 eine kleine tragbare 1 W-KW-Kleinstation *FuG 14*, bei welcher der Empfänger die Bereiche 150–450 kHz und 2,4–25,0 MHz (letzterer aufgeteilt in zwei Teilbereiche) überstrich. An den Platz des Lautsprechers wurde ein quarzgesteuerter Sendeteil mit einer Festfrequenz von 3,645 MHz gesetzt. Das Gerät war für einen Betrieb mit Zerhacker an 12 V- und 28 V-Bordnetzen eingerichtet. Von einer Version FuG 14a wurde nichts bekannt, *FuG 14b* war mit einer mechanischen Fernbedienung und einem geänderten Frequenzbereich (Sender Quarz 6,0–6,8 MHz, Empfänger 160–400 kHz und 2,5–27,0 MHz) ausgerüstet. Die Version *FuG 14c* war gegenüber 14b im Frequenzbereich des Senders geändert (nun 3,5–4,3 MHz). Diese Geräte wurden sowohl als Bodenstation und auch als schnell installierbare Behelfsstation in Flugzeugen wie Fieseler-»Storch«, ev. auch in Schulflugzeugen, vorgesehen, aber anscheinend insgesamt nur in bescheidenen Stückzahlen gefertigt.

FuG 15 – FuG 19

Die folgenden Nummern ab FuG 15 wurden von den UKW-Sprechgeräten in etwas durcheinandergewürfelter Reihenfolge eingenommen. Da der KW-Bereich bereits 1935 dicht besetzt war (und wegen seiner Ausbreitungseigenschaften im Konfliktfalle aus großen Entfernungen abgehört werden konnte), war der UKW-Bereich mit seiner nahezu optischen Ausbreitung immer interessanter geworden, (vergl. auch die UKW-Fernseh- und auch die UKW-Rundfunkversuche aus jener Zeit!).

Nach der Entscheidung des RLM für das FuG 10 wurden die Arbeiten am FuG U IV (s. Seite 37) gestoppt, und die Firma Lorenz bekam auch den Auftrag für ein UKW-Nachrichtengerät in der neuen Technik. Das im Jahre 1938 entstandene Gerät *FuG XVII* (später *FuG 17* geschrieben) besaß eine Leistung von 8–10 W im Frequenzbereich 42,1–47,7 MHz und war zunächst für die Nahaufklärer Hs 126 und Fw 189 bestimmt. Dementsprechend konnte es in den Betriebsarten Telefonie (A 1) und Telegrafie tönend (A 2) arbeiten und enthielt auch einen EiV-Verstärker für die Eigenverständigung zwischen Flugzeugführer und Beobachter, bei dem auch der Geräteblock und die Telegrafietaste angeordnet waren. Die erzielbare Reichweite hing wie bei allen UKW-Geräten von der Flughöhe ab und lag bei 40 km für 100 m Flughöhe, bei 100 km für 1 000 m und bei 300 km für 10 000 m Flughöhe im Verkehr Boden-Bord. Von Flugzeug zu Flugzeug lagen die Werte noch günstiger. In den Jahren 1943/44 traten übrigens abnormale Ausbreitungsbedingungen auf, so daß der sonst »leer« erscheinende UKW-Bereich voll mit sich gegenseitig übertönenden Nachrichten- und Navigationssendern erschien.

Beim FuG 17 waren Sender, Empfänger und Bediengerät zu einem Geräteblock vereinigt, der jedoch zu Reparaturzwecken in fünf Steckbausteine zu zerlegen war. Der Sender war zweistufig aufgebaut und mit 2 × RL 12 P 35 bestückt. Die Abstimmung erfolgte durch einen Drehkondensator in Steuer- und Endstufe. Der Neunröhren-Überlagerungsempfänger besaß einen Bandfiltereingang vor der

Nahaufklärer Fw 189 mit Stabantenne für FuG 17 und HF-Eisenpeilrahmen (mit aufgespritzter Hilfsantenne) für das PeilG 4 unter dem Rumpf.

HF-Verstärkerstufe. Die Röhrenbestückung war 9 × RV 12 P 2000. Die direkt geeichten Skalen von Sender und Empfänger waren (wie beim FuG 10) mit vier mechanischen Frequenzrasten ausgerüstet. Der Empfängeroszillator besaß einen zusätzlichen kleinen Drehkondensator zum Frequenzangleich an die Gegenstation. Sender und Empfänger besaßen wieder Prüfbuchsen zum Anschluß von Prüfvoltmetern, Quarzwellenkontrollern etc. Der Bedienungsteil enthielt einen Tongenerator (1000 Hz), einen zweistufigen Modulations- und EiV-Verstärker und einen Mithörverstärker zur Kontrolle der eigenen Sendung. Auch diese Stufen waren mit RV 12 P 2000 bestückt. Da das FuG 17 (Deckname »Fritz«) bei Aufklärern zusammen mit einem LW-Zielfluggerät PeilG 4 (s. weiter unten) zum Einbau kam, war am Bediengerät noch ein Schalter mit den Stellungen »EiV« für den EiV-Verkehr Pilot-Beobachter, »FT« für den Funkverkehr Bord-Boden bzw. Bord-Bord und »Nav« für den Navigationsempfang mit dem PeilG 4, wobei dann beide Empfängerausgänge parallelgeschaltet waren. Zum Gerät gehörten auch Anschlußdosen für die Fliegerkopfhauben. Als Antenne wurde ein vertikaler Stab verwendet, der zusammen mit einem kleinen Antennenanpaßgerät in einem Antennenmast aus Pertinax eingebaut war. Später entstand noch eine zielflugfähige Version FuG 17 Z (vergl. weiter unten). Von beiden Versionen wurden etwa 1800 Geräte gefertigt.

Um den KW-Teil des FuG 10 nicht durch den Telefonie-Bord-Bordverkehr für den taktischen Verkehr zum Boden zu blockieren (und auch aus Gründen der Reichweite), wurden ab 1941 alle mit FuG 10 ausgerüsteten Flugzeuge mit einem UKW-Sprechgerät *FuG 16* ergänzt. Dieses Gerät entstand aus dem FuG 17 durch Parallelschaltung von

Die Baugruppen Empfänger, Bediengerät und Sender des UKW-Sprechgerätes »FuG 17« (42–48 MHz, Fa. Lorenz 1938/39).

Einbau des 10 W-UKW-Sprechgerätes »FuG 16Z« liegend rechts vom Pilotensitz in einer Do 335. Auf dem schrägen Hilfsgerätebrett Anschlußdose AD 18 und Bediengerät BG 25a für das Kenngerät FuG 25a.

Kondensatoren zu den HF-Kreisen in Sender und Empfänger, so daß es einen Bereich von 38,5–42,3 MHz erfaßte. Da es nur für Sprechfunk Bord-Bord bzw. Flugsicherungssprechfunk Boden-Bord vorgesehen war, entfiel hier der Tongenerator, desgleichen der Mithörverstärker und der Betriebsartenschalter am Bediengerät. Bei neueren Flugzeugen konnte das FuG 16 oft beim Funker (an dem Platz für Sender- und Empfängerumformer des FuG 10, die in den Rumpf verlegt wurden) angeordnet werden. Um auch dem Flugzeugführer eine Nachstimmung des Empfängers zu erlauben, wurde auf den »Frequenzangleich« ein elektrischer Fernantrieb FA 16 aufgesetzt, der durch einen Drehknopf an einem kleinen Bediengerät FBG 16 nach links bzw. rechts gesteuert werden konnte. Bei Nachrüstungen wurde das FuG 16 oft im Flugzeugheck angeordnet. Dafür wurden auf die Sender- und Empfängerabstimmung Fernantriebe mit zwei Rastfrequenzen, später mit vier Rasten aufgesetzt, wobei die am Boden voreingestellten Frequenzen dann mittels eines Frequenzwahlschalters angewählt wurden. (Die Bezeichnung FuG 16 K auf derartigen Rechliner Unterlagen bedeutete keine Variante, sondern die Verkabelung für Kampfflugzeuge.)
Von den beiden Grundgeräten FuG 16 und 17 entstanden im Laufe der Zeit 12 verschiedene Versionen. Dies war bedingt durch die auftretenden Erfordernisse für den Zielflug, als auch für die Funktion als Relaissendegerät (Transponder) für Entfernungsmeßverfahren, die in den entsprechenden Kapiteln weiter unten besprochen werden:

Tab. 4: Varianten des FuG 16 und 17

Bezeichnung	Frequenzbereich	Betriebsarten	Bemerkung
FuG 17		A 3, A 2	für Nahaufklärer
FuG 17 E	42,2–47,8 MHz	A 3, A 2, EM	für Y-Kampf-Verfahren
FuG 17 Z		A 3, A 2, A 1, ZF	für Fernaufklärer
FuG 17 ZY		A 3, A 2, EM, ZF	projekt. Ersatz FuG 17 E
FuG 16/17 ZY	S wie FuG 16 E wie FuG 17	A 3, EM, ZF	projekt. Ersatz FuG 16 ZY + 17 ZY
FuG 16		A 3, (A 2)	für Kampfflugzeuge mit FuG 10
FuG 16 Z	38,5–42,3 MHz	A 3, (A 2), ZF	für Jagdeinsitzer
FuG 16 ZE		A 3, EM	für Jagdeinsitzer/Y-Verf.
FuG 16 ZY		A 3, ZF, EM	dto, Serie für Tag- u. Nachtjäger
FuG 16a		A 3	Eichung in Frequenzkanälen, nur Muster (Marine-Flugz.?)
FuG 16 ZT		A 3, ZF?	Zweck nicht bekannt, Projekt
FuG 16 ZS	40,4–42,3 MHz	A 3, (A 2), ZF	Schlachtflugzeuge (Stukas?)

Betriebsarten: A 3 = Telefonie, A 2 = Telegrafie tönend, (A 2) = dto, mit Modelungszusatz, EM = Entfernungsmessung, ZF = Zielflug

Gesamtfertigung: FuG 17 Versionen insges. 1800 Stück, FuG 16-Versionen insges. ca. 150000 Stück.

Die im Flugzeug beschränkten Platzverhältnisse und das Nebeneinander verschiedener Frequenzbereiche (FuG 16 für Jäger und Kampfflugzeuge, FuG 17 für Nah- und Fernaufklärer und FuG 16 ZS für Schlachtflugzeuge) führte über Notlösungen (FuG 16/17) zur Forderung nach vollkommen fernbedienbaren Geräten, die den Gesamtbereich 38–48 MHz umfassen sollten. Die Firma Lorenz *(Dr. Christ, Dr. Kloepfer)* entwickelte daraufhin das UKW-Sprech- und Zielfluggerät *FuG 15 Z »Christa«*. Es war ein Sendeempfänger, bei dem die HF- und Oszillatorstufe abwechselnd für Sendung bzw. Empfang verwendet wurden (Wechselverkehr) und somit nur eine Abstimmskala vorhanden war. Sein Frequenzbereich war 37,8–47,8 MHz, am Fernbediengerät waren 200 Frequenzen einstellbar. Dies erfolgte durch Impulsgeber im Fernbediengerät und Drehschlagmagnete (Funktion ähnlich Schrittmotoren) im Geräteblock. Ein Kanaleinstellgerät ermöglichte außerdem die Vorwahl von fünf Frequenzen. Bei Telefonie A 3 betrug die Trägerleistung 1,5 W, bei Telefonie F 3 aber 6 W. Ein Vorsatzgerät mit festem Peilrahmen ermöglichte den Zielflug. Das Gerät war sowohl für den Einbau in einsitzige Jäger, als auch zur Zusammenschaltung mit dem FuG 10 größerer Flugzeuge geeignet.

Das FuG 15 war bereits im Herbst 1942 einführungsreif. Die geplante Serienfertigung wurde jedoch gestoppt, da das RLM im Hinblick auf die gerade in Einführung begriffene Y-Jägerführung nun plötzlich die »Y-Fähigkeit« verlangte, d.h. Sender und Empfänger sollten gleichzeitig und auf verschiedenen Frequenzen als Relaissendegerät arbeiten können. Dies bedeutete bei diesem Gerät, daß ein gesonderter Empfänger vorgesehen werden mußte, so daß alle Gewichts- und Platzbedarfsvorteile gegenüber dem FuG 16 zunichte gemacht wurden. Diese Bauform *FuG 15 ZY* ging daher nicht in den Serienbau. Im Frühjahr 1943, als neben dem Y-Verfahren auch bereits das EGON-Verfahren für Jäger erprobt wurde, gab man beim RLM nun die Fertigung von 40 handbedienten und 100 fernbedienten FuG 15 Z in der ursprünglichen Form frei für den Einbau in Do 335, Ar 234, Fw 190 und Me 109. Bis Kriegsende konnten jedoch nur noch wenige Mustereinbauten vorgenommen werden. Andererseits war im Frühjahr 1945 vorgesehen, daß der Sendeteil des FuG 15 als Bodensender BS 15 in einem sogenannten »Rübezahl«-Reportageverfahren eingesetzt werden solle.

Die Nummer *FuG XVIII* war Vorarbeiten des FFO für ein UKW-Seenotzielfluggerät im Bereich 58–64 MHz zugeteilt. Die Weiterentwicklung bei Loewe-Opta bekam jedoch dann die Bezeichnung FuG 141 (s. Kapitel Eigenpeil- und Zielflug-Verfahren).

Damit wurde die Nummer 18 wieder frei für ein als endgültige Lösung betrachtetes 15 W-UKW-Sprech- und Zielfluggerät *FuG 18* mit 1020 Frequenzkanälen im Bereich 24–75 MHz. Die Entwicklung bei der Firma Lorenz *(Dr. Kloepfer)* begann etwa um die Wende 1942/43. Es besaß eine Abstimmung mit Kegelschleifvariometern und eine

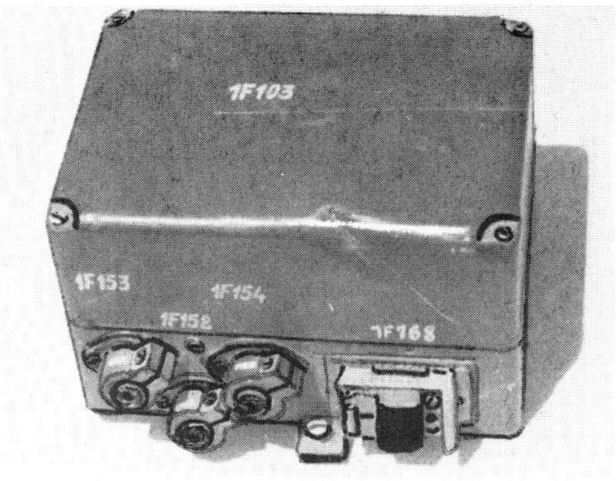

UKW-Sprechgerät FuG 15 von Lorenz 1942: Oben Geräteblock geschlossen bzw. ohne Haube, darunter Fernbediengerät mit Fernwahl Kanal 1–200, fernbedientes Antennenanpaßgerät und Zielflugvorsatzgerät.

1,2 m lange (aufgewickelte) Filmskala zur Anzeige der eingestellten Frequenz. Die Frontplatte hatte keine Drehknöpfe, die sechs voreinstellbaren Kanäle wurden elektrisch, d.h. über einen Elektromotor mit selbsttätig umschaltendem Grob/Feingetriebe eingestellt. Die Größe des Gerätes betrug etwa $^{2}/_{3}$ des FuG 16-Geräteblocks, die Stromversorgung erfolgte aus dem 500 Hz-Wechselstrom-Bordnetz. Das automatische Antennenabstimmgerät war mit einer Schleifenantenne für Leitwerkserregung verbunden. Als Betriebsarten waren Sprechverkehr (A 3/F 3 umschaltbar), Zielflug auf rundstrahlende Sender und auf Landefunkfeuer, desgl. der Empfang von Drehfunkfeuern vorgesehen. Anfänglich war auch Y-Betrieb (gleichzeitiger Sende- und Empfangsbetrieb auf verschiedenen Frequenzen) mit 510 Doppelkanälen beabsichtigt, wurde aber dann aufgegeben, da dann getrennte Oszillatoren für Sender und Empfänger benötigt worden wären. Da Ende 1944 die veranschlagte Entwicklungszeit als zu lange erachtet wurde, wurde die Weiterarbeit zugunsten des FuG 24 eingestellt.

Das 2 W-UKW-Sprechgerät *FuG 19* der Fa. Loewe-Opta war als ausgesprochenes Kleingerät für die Verwendung im Tragschrauber FA 330 vorgesehen, der als erhöhter Ausguck von U-Booten nachgeschleppt werden sollte. Das Gerät wies vier Kanäle im Bereich 42,35–42,65 MHz (später 41,55–41,85 MHz) auf als Gegenstation der Marineausführung des FuG 17 = Lo 10 UK 39. Die Stromversorgung

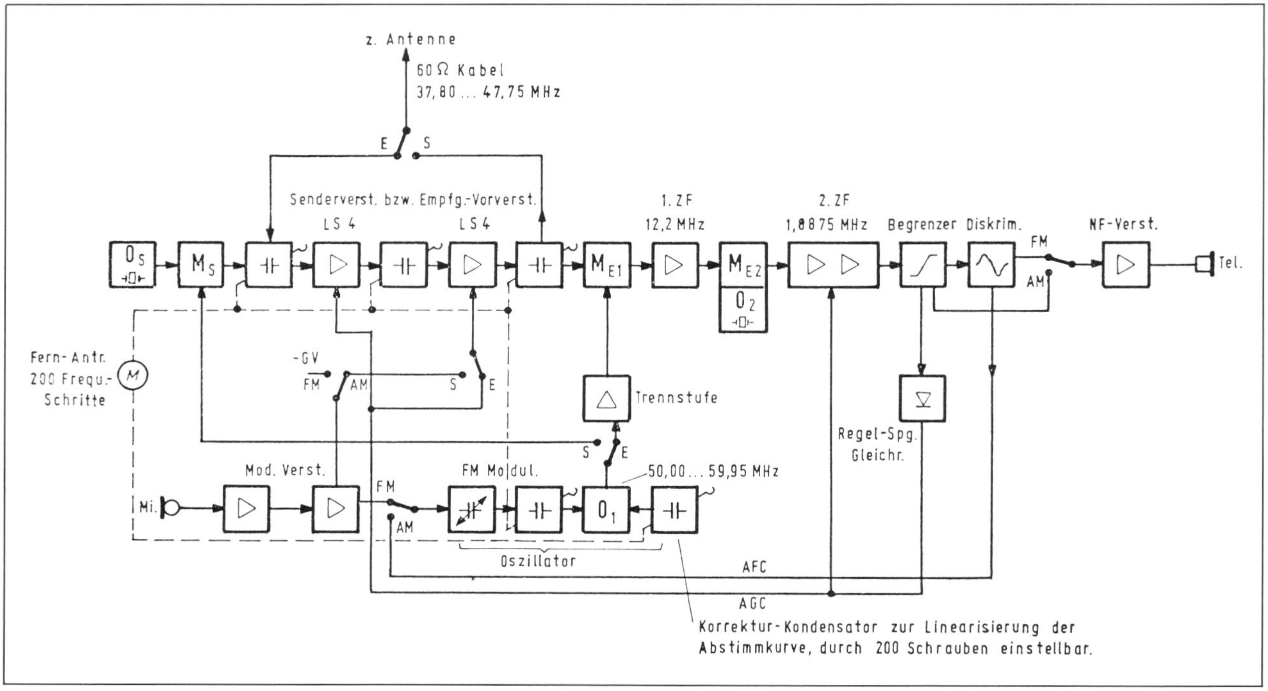

Blockschaltbild des Sendeempfängers »FuG 15«.

Blockschaltbild des Sendeempfängers »FuG 18«.

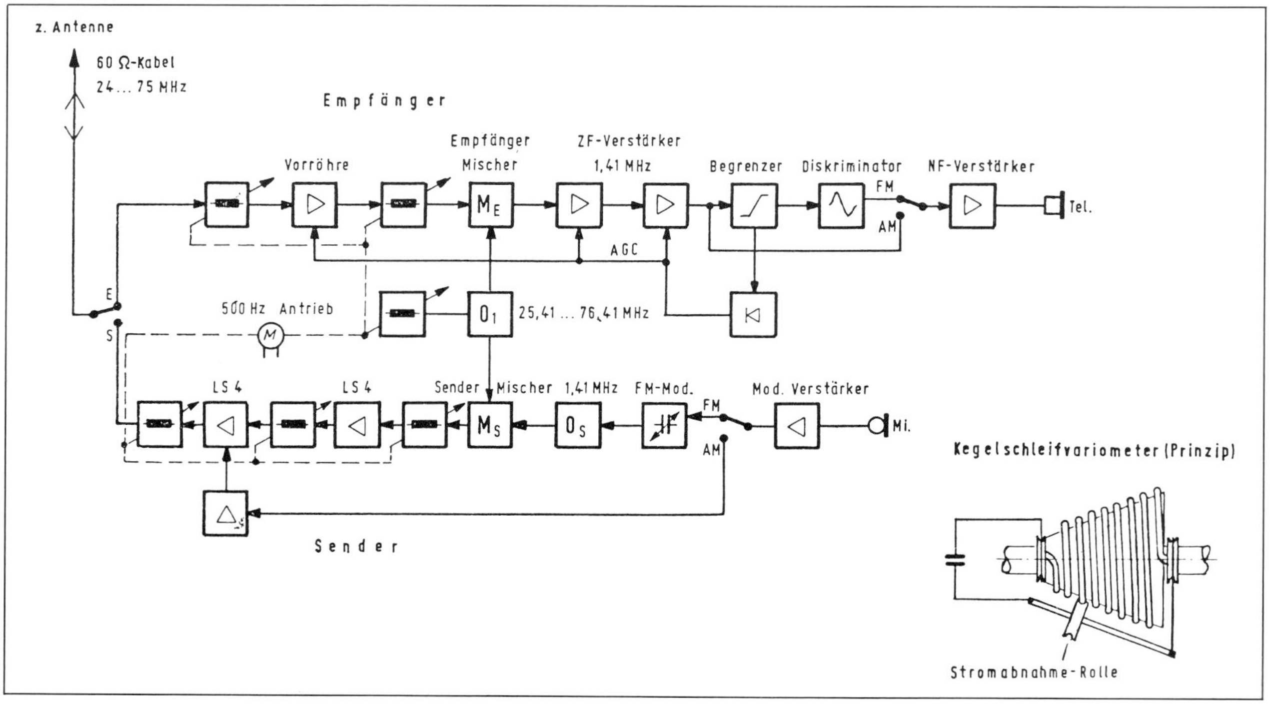

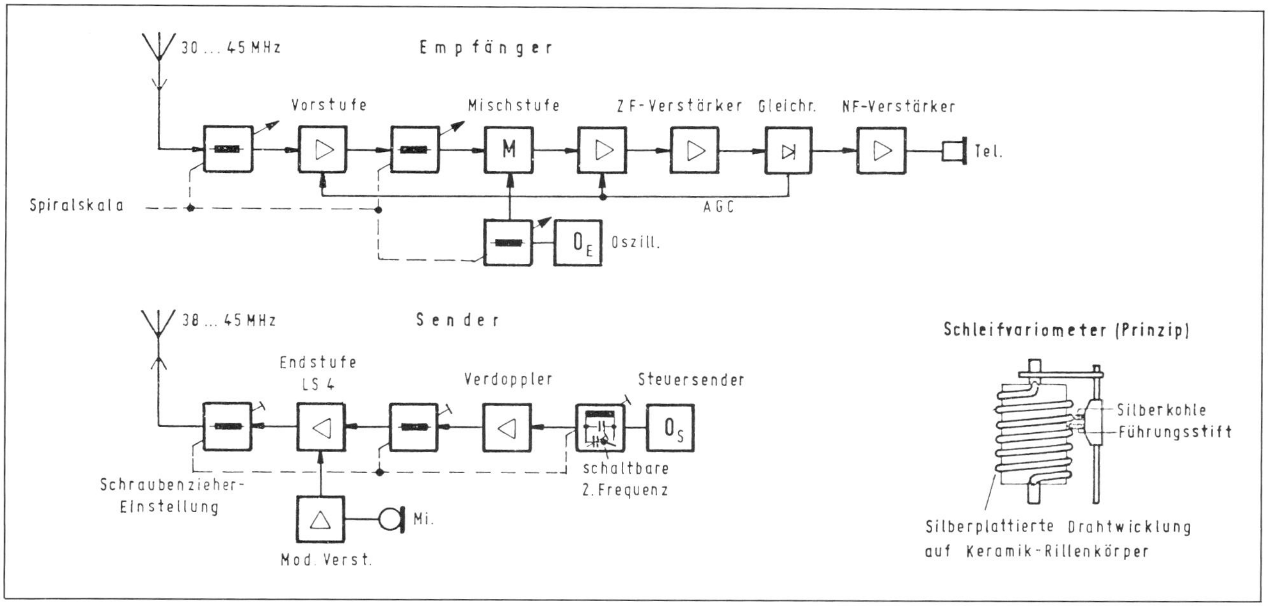

Blockschaltbild von Sender und Empfänger »FuG 24«.

erfolgte aus einer 14 V-Bordbatterie über einen kleinen Umformer. Es war auch eine drahtgebundene EiV-Anlage im Gespräch. Mehr ist nicht bekannt.

FuG 20 – FuG 30

Die 20 W-DLH-Kleinstationen aus den Jahren 1933/34, die dann die Nummern *FuG 20* bzw. *21* (alte Schreibweise FuG XX bzw. XXI) bekommen hatten, wurden bereits besprochen. Sie waren bis 1939 schon großenteils ausgemustert. *FuG 22* könnte die amtliche Bezeichnung für das »X-Gerät« zum Flug auf Leitstrahlen gewesen sein, von dem keinerlei deutsche Unterlagen erhalten sind. *FuG 23 a ... e* waren Peilsender für den Einbau in die Flügelbombe Fi 103 (Propagandabezeichnung »V 1«) zur Ermittlung ihrer Flugbahn durch Kreuzpeilung.
Als im Herbst 1944 nach Einstellung der Fertigung des UKW-Sprechgerätes FuG 15 die Forderung nach einem möglichst einfachen Funksprech- und Zielfluggerät für den »Volksjäger« He 162 erhoben wurde, entwickelte die Firma Lorenz *(Dr. Kloepfer)* innerhalb von nur zwölf Wochen als Sofortlösung ein einfaches 5 W-UKW-Sprech- und Zielfluggerät *FuG 24 Z.* Die einzigen erhaltengebliebenen Exemplare von Sender und Empfänger überstrichen einen Bereich 37,8 ... 47,75 MHz. Als Betriebsarten waren Sprechfunk (A 3) und Zielflug vorgesehen. Der handbediente und mit sechs Stahlröhren (4 × EF 12, 1 × ECH 11 und 1 × EBF 11) bestückte Empfänger besaß nur eine einfache Skalenscheibe, auf der die zwei benutzten Frequenzkanäle durch Bleistiftstriche gekennzeichnet wurden. Der mit zwei Röhren LS 4 und einer Modulatorröhre EF 12 bestückte Sender wurde am Boden nach Quarzwellenkontroller auf Frequenz I eingestellt, die Frequenz II war durch Zuschalten einer festen Kapazität über ein Relais durch einen Kippschalter am Empfänger einschaltbar. Zielflugvorsatz, feststehender Zielflugrahmen und der Umformer wurden vom FuG 15 übernommen. Obwohl die Serienfertigung nach der Erprobung im Dezember 1944 sofort anlief, kam das Gerät nicht mehr zum Einsatz. Die noch vorhandenen Bausteine wurden nach dem Kriege für die Fertigung des UKW-Polizeifunkgerätes »München« verwendet. Bemerkenswert war die Verwendung von Zylinder-Schleifvariometern für Sender und Empfänger.
Die Kenngeräte *FuG 25* und *FuG 25 a* werden bei den Radar-Verfahren besprochen. *FuG 26* war vermutlich ein Peilsender-Projekt im KW-Bereich, *FuG 27* war ein akustischer Feinhöhenmesser der Fa. Atlas AG für Minensuchflugzeuge. Das *FuG 28 a* als Nachfolger des »X-Gerätes« wird bei den Leitstrahlverfahren besprochen, es bildete zusammen mit dem FuG 17 E das sog. »Y-Gerät«.
Anfang 1943 wurde ein ebenfalls mit Stahlröhren bestücktes LW-/KW-Reportageempfangsgerät *FuG 29* (Frequenzbereich 0,15 ... 6 MHz in Teilbereichen, sechs Rastfrequenzen) zum Empfang der auf Lang-, Mittel- und Kurzwelle parallel abgestrahlten Luftlagemeldungen für Tag- und Nachtjäger entwickelt. Man wollte hier wohl auf

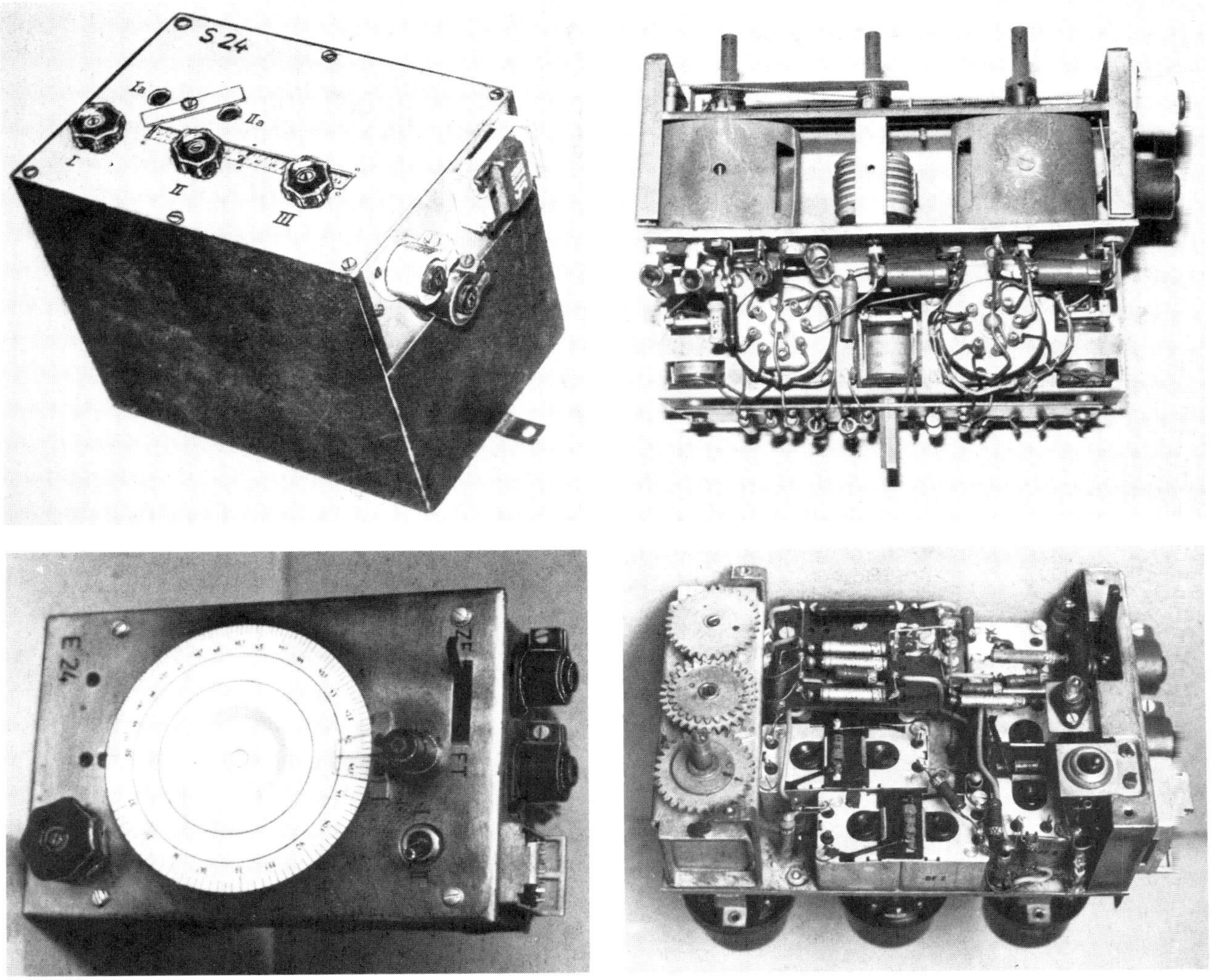

UKW-Sprechgerät »FuG 24«: Oben der fernbediente Sender, unten der Empfänger mit Variometerabstimmung und Stahlröhren (Lorenz 1945).

die große Leistung der Rundfunksender vertrauen, gegen die auch die stärksten Bord-Störsender wenig ausrichten konnten. Es ist nicht bekannt, ob die erwogene Serienfertigung noch anlief, die Nachrüstung mit diesem Gerät sollte in den »Luftschleusen« Werl und Gütersloh für alle Tag- und Nachtjäger erfolgen. Auch der Entwickler bzw. Hersteller wurde nicht bekannt. Als Vorversuch dazu hatten aber angeblich einige Me 109 im engen Führersitz einen Kofferempfänger R 2 (Abmessungen wie FuG 14) mit dabei (?), wenn die UKW-Nachrichtenverbindung zu stark gestört wurde.

Die Nummer *FuG 30* war noch etwa 1940 besetzt von der Vorserie des Funklenk-Empfangsgerätes FuG 230, wurde dann aber wieder frei.

Um dem Störsendereinsatz des Gegners zu begegnen, wurde versucht, durch Einsatz neuer Frequenzen und durch die Verwendung von Richtantennen davon frei zu kommen.

Dafür bot sich der Einsatz des bei Jägerführungsverfahren sowieso beteiligten Bodenfunkmeßgerätes »Würzburg-Riese« FuSE 65 an. Unter dem Decknamen »*Sprechstange*« versuchte Telefunken eine Amplitudenmodulation des Impulssenders des Funkmeßgerätes, die an Bord mit dem Empfänger des ursprünglich vorgesehenen Kenngerätes

FuG 25 »*Zwilling*« abgehört werden sollte. Da die Impulsfolgefrequenz (1875 Hz) für die zusätzliche Amplitudenmodulation mit Sprache (Mindestbereich ca. 30 ... 3000 Hz) wesentlich zu niedrig war, ergab sich keine ausreichende Verständlichkeit. Da andererseits eine entsprechende Erhöhung der Impulsfrequenz tiefgreifende Folgen (Verkleinerung des Meßbereiches etc.) nach sich gezogen hätte, wurden diese Versuche Mitte 1943 eingestellt.
Als nächstes versuchte die E.-Stelle Rechlin zusammen mit Telefunken eine DMW-Richtfunkverbindung Boden-Bord mit einem *DMG 4aG* »*Michael*« am Boden und einem »Michael«-Empfänger (600 ... 652 MHz) an Bord. Der im August 1943 durchgeführte und nur provisorisch aufgebaute Versuch ergab zu geringe Reichweite. Etwas später wurde der Versuch mit einem anderen Gerät (DMG 3aG oder DMG 7 K, Bereich 600 ...652 bzw. 447 ... 500 MHz) wiederholt, dessen Antenne im »Würzburg-Riese«-Spiegel eingebaut war. An Bord war ein DMW-Sendeempfangsgerät »*Würze (I)*« eingebaut. Es wurde eine Reichweite über 100 km erzielt. Im Oktober 1943 wurde ein Auftrag an Loewe-Opta für ein DMW-Richtfunkgerät *FuG 30* zurückgezogen, die Versuche mit »Würze (I)« liefen dann weiter. Aus einem Bericht von Mitte 1944 geht hervor, daß Telefunken ein 2 W-DMW-Sendeempfangsgerät »*Würze II*« (320 ...360 MHz) entwickelt hat, dessen Einführung erwogen wurde. Es erscheint jedoch in den Planungen von Ende 1944 nicht mehr, wurde also gestrichen.
Unabhängig davon versuchte die Fa. Lorenz beim FuG 16 ZY die Eliminierung der gegnerischen Störsignale, die in ihrer Frequenz gewobbelt und in ihrer Amplitude abwechselnd mit verschiedenen Tonfrequenzen moduliert waren. Bei der sogenannt. »Kawan-Störaustastung« wurden die im zweiten ZF-Filter entstehenden Störimpulse an eine parallel zum letzten ZF-Kreis liegende vorgespannte Diode geleitet und dort kurzgeschlossen. Es ist nicht bekannt, ob diese sehr wirksame Schaltung noch zum Einbau kam.

Kommando-Übertragungszusätze

Die Entwicklung dieser Geräte erfolgte, um vorhandene Nachrichtengeräte störfester und abhörsicherer zu machen. Erste Schritte dazu waren ja bereits Ende des Ersten Weltkrieges von Telefunken unternommen worden. Ein ähnliches Gerät zur Fernübertragung von fünf mal 13 verschiedenen Kommandozeichen wurde 1935 von der DVG entwickelt. Die Kommandos wurden auf der Geberseite durch Drücken der entsprechenden Taste ausgelöst und auf der Empfangsseite vier Sekunden später durch das Aufleuchten eines Lämpchens auf einem Lampenfeld angezeigt. Die Kodierung geschah durch eine zeitlich verschobene Übertragung der Frequenzen 45, 60 und 75 Hz. Die Dekodierung erfolgte in Resonanzverstärkern mit Relais verschiedener Verzögerung. Eine Anwendung des Gerätes wurde nicht bekannt.
Beim FFO wurde in den Jahren 1941/42 *(Richter)* ein »Bildübertragungszusatz« entwickelt, der zur Übertragung von Zahlen (z.B. Peilwerten), einfachen Zeichnungen oder kurzen Kommandos dienen sollte. Es arbeitete mit Bildabtastung mittels Nipkowscheibe und auf der Empfängerseite mit einer Braunschen Röhre. Bildgeber und Anzeige waren zusammengebaut und wurden beim Boden- und beim Bordgerät (jeweils FuG VII) sowohl für Sendung, als auch für Empfang verwendet. Mit 20 W Senderleistung wurden Reichweiten von 210 km erreicht. Daraus entstand ein einfacheres Gerät, bei dem die Anzeigeröhre mit Zeilen- und Bildfrequenzkippteil auch zur Abtastung transparenter Bilder verwendet wurde, wobei dann eine Fotozelle mit Verstärker die Bildspannung lieferte. In Zusammenschaltung mit dem FuG 17 betrug die Reichweite bei 8 W Sendeleistung über 50 km. Trotz der Kleinheit und des geringen Stromverbrauches (50 mA/ 210 V) und obwohl es eine sehr geringe Anfälligkeit gegen Fremdstörungen aufwies, kam es nicht zur Einführung. Ähnlich erging es Vorschlägen der DFS aus dem Jahre 1941, die allerdings mit großem Aufwand (trägheitslose Schalter in Form von Sondenröhren = Braunschen Röhren mit eingeschmolzenen Kontaktfeldern) eine gute Störsicherheit und Überprüfbarkeit der Empfangszeichen ermöglicht hätten.
Ein vermutlich unter dem Decknamen »*ZUELU*« (Zeichen*ü*bertragung *Lu*ftwaffe) der Fa. Zeiss sollte mit zwei gleichzeitig gesendeten Tönen variabler Frequenz arbeiten, wobei jedem der beiden Frequenzwerte bestimmte Winkelwerte der senkrechten bzw. waagrechten Ablenkung des Elektronenstrahls einer Bildröhre zugeteilt waren. Der Leuchtpunkt stand dann im gewünschten, auf einem Deckglas aufgezeichneten Kommandofeld. Weiteres ist nicht bekannt.
Über den Kommandozusatz »*Sägezahn*« von Lorenz ist nur bekannt, daß er mit Fernschreib- oder Hellschreibimpulsen (Doppelton-Verfahren) arbeitete und im Februar 1944 nach der Erprobung gestrichen wurde.
Auch der Navigationszusatz »*Berhardine*« *FuG 120a* (Hellschreibzusatz zum Funkladegerät FuBl 2, s. Kapitel UKW-Drehfunkfeueranlagen) konnte als Kommandoübertragungszusatz verwendet werden, wobei dann zusätzlich zu den Navigationssignalen kurze Zeichen mit übertragen und auf dem Schreibstreifen gedruckt wurden.
Der Kommandoübertragungszusatz »*Uhu II*« *FuG 135* von Siemens, abgeleitet aus einem Versuchsgerät »Fuchs« FuG 134, (Siemens/Friesecke & Höpfner) ermöglichte die Übermittlung dreier Werte, z.B. vorgeschriebener Kurs, Flughöhe und Entfernung zum Gegner, von der Jägerleitstelle zum Flugzeug. Der Sender am Boden wurde durch drei Zeichengeber und einen Umsetzer erweitert, so daß er (zusätzlich zur Sprachmodulation und zu Entfernungsmeß-

Kommandoübertragungszusätze »FuG 135 = Uhu II« (von Siemens & Halske 1944) zu FuG 16ZY. Oben die Bordanlage FuG 16ZY mit Auswertegerät und Anzeigegeräten für Gegnerabstand, -Höhe und Verfolgungskurs. Unten Bodenstation S 16 mit den drei Gebern.

signalen) drei Werte von je einer Sekunde Dauer in Form bestimmter Kombinationen tonfrequenter Impulse (4260 Hz und 5340 Hz) übermitteln konnte. Der Empfänger des Bordgerätes FuG 16ZY wurde durch ein Auswertegerät und drei beim Flugzeugführer angebrachte Anzeigeinstrumente für die drei Kommandowerte ergänzt. Jedes Zeichen wurde auf richtige Zusammensetzung überprüft und bei Fehlern unterdrückt. Das Kurskommando konnte auch auf die Kurssteuerung aufgeschaltet werden. Ein besonderer Sprechzusatz »Papagei« ermöglichte die Ent- bzw. Verschlüsselung der gleichzeitig übermittelten Sprache. Bei Einsatz im Herbst 1942 erwies sich der Aufwand in Form einer immensen Zahl von Telegrafenrelais als zu hoch.

Die E.-Stelle Rechlin *(T. von Hauteville)* entwickelte zusammen mit der Firma Fitze im Juli 1943 den Kommando-Übertragungszusatz *»Nachtfee« FuG 136* zum Kenngerät »Erstling« FuG 25a; das in fünf Mustern erstellt und beim K.G. 66 im Frühjahr 1944 zusammen mit dem EGON-Kampfverfahren bei Angriffen auf London und beim Minenlegen in der Scheldemündung erprobt wurde. Als Anzeige diente eine Braunsche Röhre mit Kreisablenkung und stationärer Auslenkung nach außen in der 0°-Position. Bei Kommandogabe löste sich aus der ersten Auslenkung eine zweite und wanderte innerhalb von zwei Sekunden auf der Kreislinie durch die dort mit eingezeichneten Kommandos versehenen Felder bis zum gültigen Kommando, wobei der Kreis bis zu zweimal (durch acht äußere und ebensoviele innere Felder) durchlaufen werden konnte. Die Anzeigeimpulse wurden offensichtlich durch in ihrer Phasenlage verschiebbare Zusatzimpulse des Senders des Funkmeß-(= Radar-)Gerätes am Boden erzeugt. Da das Anzeigegerät dauernd beobachtet werden mußte und das Verfahren verhältnismäßig leicht zu stören war, kam es nicht zur Einführung.

Über den im Februar bzw. September 1943 erprobten Übertragungszusatz *»Kurzzeit-Bord«* bzw. ein Gerät *»Zeitkompression« FuG 137* (ev. identisch miteinander?) liegen sonst keine Angaben vor.

Die primitivste Art der Kommandoübertragung stellte das Verfahren *»Nachtlicht«* dar, bei dem die am Bediengerät des FuG 25a angebrachte Glimmlampe ausgenutzt wurde. Diese zeigte an, daß das Kenngerät angestrahlt (abgefragt) wurde und Kennung aussendete. Zur Übertragung von Morsezeichen wurde der Sender des Funkmeßgerätes »Freya« (bzw. EGON) zusätzlich getastet. Das Verfahren wurde im Frühjahr 1944 erfolgreich an der Kanalküste angewendet.

Sehr einfach aufgebaut war auch der Übertragungszusatz *»Barbara« FuG 138.* Für die Kommandogabe wurden die »Freya«-Impulse statt mit 500 Hz nun mit 800 Hz gesendet und im Rhythmus von Morsezeichen getastet. Das FuG 25a, d.h. sein Empfängerausgang, war über ein 800 Hz-Filter direkt mit der Eigenverständigungsanlage verbunden, so daß die Kommandos direkt abgehört werden konnten. Die Zeichen waren natürlich auch vom Gegner aus abhörbar und eine Nachrichtenübermittlung war nicht mehr möglich, wenn z.B. das »Freya«-Gerät das zu führende Flugzeug z.B. durch Störsendereinwirkung aus seiner Suchrichtung verloren hatte.

Ebenfalls von der E-Stelle Rechlin *(von Hauteville)* entwickelt war der Kommandoübertragungszusatz *»Barbarossa« FuG 139* für das FuG 25a bzw. dessen Nachfolger FuG 226 »Neuling«. Es ließ nur Impulse bestimmter Breite durch, prüfte den Abstand der Einzelimpulse jeder Dreiergruppe und entschlüsselte mittels Laufzeitkette mit veränderbaren Abgriffen und Koinzidenzsieb. Die so gewonnenen Kommandoimpulse wurden verbreitert und zur Tastung eines Hellschreibers verwendet. Das gleiche Grät konnte auch verschlüsseln, so daß eine Boden-Bord-Verbindung und umgekehrt möglich war. Der Einsatz sollte beim EGON-Jagd-Verfahren erfolgen (s. Kapitel Kenngeräte) und versprach eine hohe Abhör- und Störsicherheit. Teile des FuG 139 sollten auch zusammen mit dem später besprochenen Hyperbelnavigationsgerät »Truhe« FuG 123 zur zusätzlichen Kommandoübertragung verwendet werden.

Auch der für die Führung von Kampfflugzeugen und Jägern von Telefunken entwickelte Kommandoübertragungszusatz *»Luftkurier« FuG 140* sollte mit dem FuG 25a zusammengeschaltet werden. Der Geber am Boden hatte einen Wahlschalter für zwölf Stellungen (Befehle). Die Aussendung erfolgte selbsttätig nur einmal in Form zweier Impulse von je 20 Mikrosekunden Länge mit veränderlichem Abstand (Impulszeitmodulation). Die nicht mit Nachrichten belegte Zeit wurde mit Tarnmodulation »aufgefüllt«. Die Anzeigeeinrichtung an Bord hatte die Form einer Uhr mit zwölf Feldern. Jeder neu eintreffende Befehl löste in der EiV-Anlage einen Heulton von einer Sekunde Dauer aus. Die Löschung der Anzeige erfolgte je nach Wahl nach drei oder 30 Sekunden selbständig. Im November 1943 wurde für dieses Gerät ein Auftrag für 50 Stück erteilt. Es wurde kurzzeitig beim K.G. 66 erprobt, aber bald wegen hoher Störanfälligkeit verschrottet.

Ende 1944 nahm noch ein Gerät zur Übermittlung von Kartenskizzen mit Hilfe eines einfachen Fernsehverfahrens (Nachfolge des Gerätes vom FFO?) zusammen mit dem FuG 140, einem Kommandoübertragungszusatz mit Doppelton-Telegrafieverfahren und einem solchen mit Impulsmodulation (Impulsbreitenmodulation?) an einem Vergleich teil. Weitere Angaben fehlen.

Ein Vergleich mit der Nachkriegszeit zeigt, daß dieses Thema (heute »Data Link« genannt) zur Entlastung der UKW-Flugsicherungsfrequenzen immer wieder aufgegriffen wurde.

Bord-Peilsender, Seenotsender etc.

Für die Fremdpeilung vom Boden aus bzw. für den Zielflug eines Flugzeuges auf ein anderes (z.B. einen Fühlungshalter) wurden als Peilsender an Bord normalerweise die Sender der eingebauten LW-, KW- oder UKW-Nachrichtenanlage verwendet, die teilweise auch mit zusätzlichen Zeichengebern versehen waren (für Zwecke der Jägerführung). Das UKW-Sprechgerät FuG 17 Z hatte eine eigene Schalterstellung (AO) für die Abstrahlung eines unmodu-

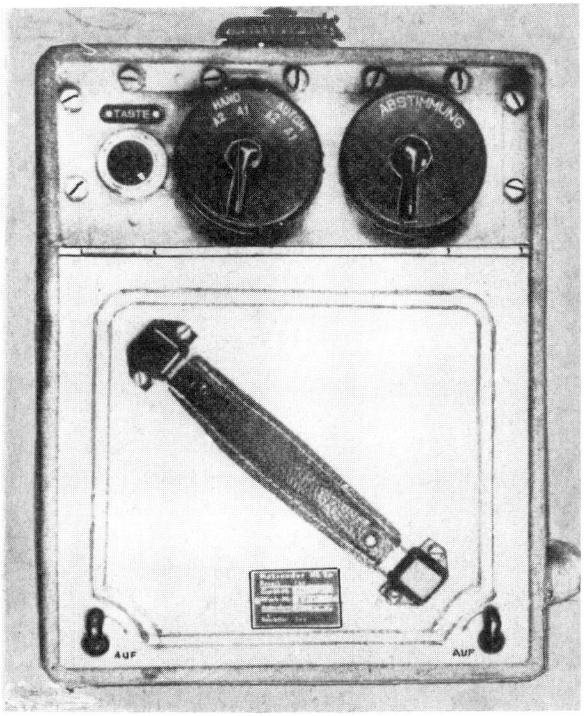

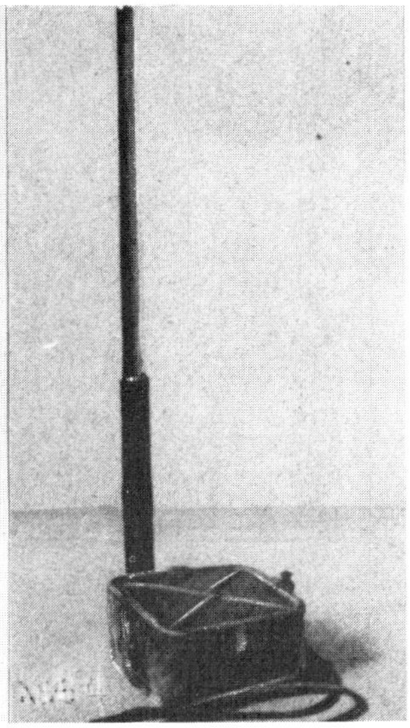

Die wichtigsten Seenotsender: Oben links »NS 2« (8 W/500 kHz) von Friesecke & Höpfner, oben rechts »NS 2a« (gleiche Daten) von Philips, darunter zwei Bilder des »NS 4« (0,3 W/um 58,6 MHz) von Loewe-Opta. Äußerlich gleich NS 4c,d (um 42,25 MHz).

lierten Dauerstriches, damit nachfolgende Fernaufklärer einen Fühlungshalter am Geleitzug anfliegen konnten.
Besondere Peil- bzw. Ortungssender wurden als festeingebaute Geräte hauptsächlich nur in Flugkörpern verwendet, so z.B. das als Verlustgerät aufgebaute *FuG 23 a..E* (340–500 kHz bzw. 3,0–3,5 MHz) für die Flügelbombe Fi 103 (= »V 1«) und der Sender *E 1 000 »Rüse«* (Rücksender) in Flugabwehrraketen. Auch das *FuG 26* (mit einem Sender im Bereich 2,5–2,75 MHz) dürfte ein Peilsender gewesen sein.
Lose mitgeführte Peilsender in Form von Seenotsendern wurden von über See fliegenden Flugzeugen mitgeführt und im Seenotfall von der Besatzung im Schlauchboot in Betrieb gesetzt. Das erste Gerät dieser Art (Typ nicht bekannt) war 1920 von Telefunken für Postflugzeuge entwikkelt worden. In dem etwa 25 cm × 35 cm × 15 cm großen Holzgehäuse war ein als Empfänger umschaltbarer Telegrafiesender mit Batterien untergebracht. 20 Jahre später wurde behelfsmäßig der Sender des FuG XXI mit Batterien in einem unförmigen schwimmfähigen Gehäuse untergebracht. Die auf einer Haspel verstaute Antenne wurde im Seenotfall, je nach Wetter, von einem kleinen Ballon oder einem zerlegbaren Drachen hochgezogen. Dieses fest auf die internationale Seenotwelle 500 kHz abgestimmte 6 W-LW-Seenotsendegerät *NSG 1* (mit Sender NS 1) ermöglichte allen Schiffen eine Zielfahrt und allen mit Peilern ausgerüsteten Flugzeugen einen Zielflug zum Schlauchboot.
Im Jahre 1941 wurde das LW-Seenotsendegerät *NSG 2* (Friesecke & Höpfner) eingeführt, das nur etwa 30 cm × 25 cm × 25 cm groß war. Es enthielt keine Batterien, sondern einen Generator mit Handkurbelantrieb und konnte wahlweise von Hand oder automatisch getastet werden, in Telegrafie tonlos (Leistung 8 W) oder Telegrafie tönend (Leistung 6 W). Die Senderöhre AL 5 war quarzgesteuert mit Rückkoppelung über das Schirmgitter (so daß die Schaltung als zweistufig bezeichnet wurde), als Tongenerator und Modulator für A 2-Betrieb war eine RE 134 vorgesehen. Für die Antenne wurde wieder ein Ballon mit Füllflasche und ein Drachen mitgegeben. Dieser Sender wies eine Peilreichweite über 400 km auf und wurde von den Alliierten fast unverändert als SCR 578 nachgebaut. Die Ausführung *NS 2 a* (Philips) war mechanisch etwas vereinfacht. Aus einer Variante *NS 2 c* mit 6 W Leistung auf einer Frequenz von 4,863 MHz für einsame Gegenden entstand bei Loewe-Opta ein KW-Notsendegerät *NS 3*, das vermutlich nur in Kleinserie gefertigt wurde.
Ab 1941 wurde für Jäger auch ein Kleinstsendegerät entwickelt, das vom Piloten am Anzug getragen werden konnte. Das UKW-Notsendegerät *NSG 4 »Jäger«* von Loewe-Opta bestand aus einem Kästchen mit eingebautem Sammler und Zerhacker. Beim Abwickeln der 1,04 m langen Stahlbandantenne sendete der (mit einer LS 1 in der Steuerstufe und einer LS 2 in der Gegentaktendstufe bestückte)

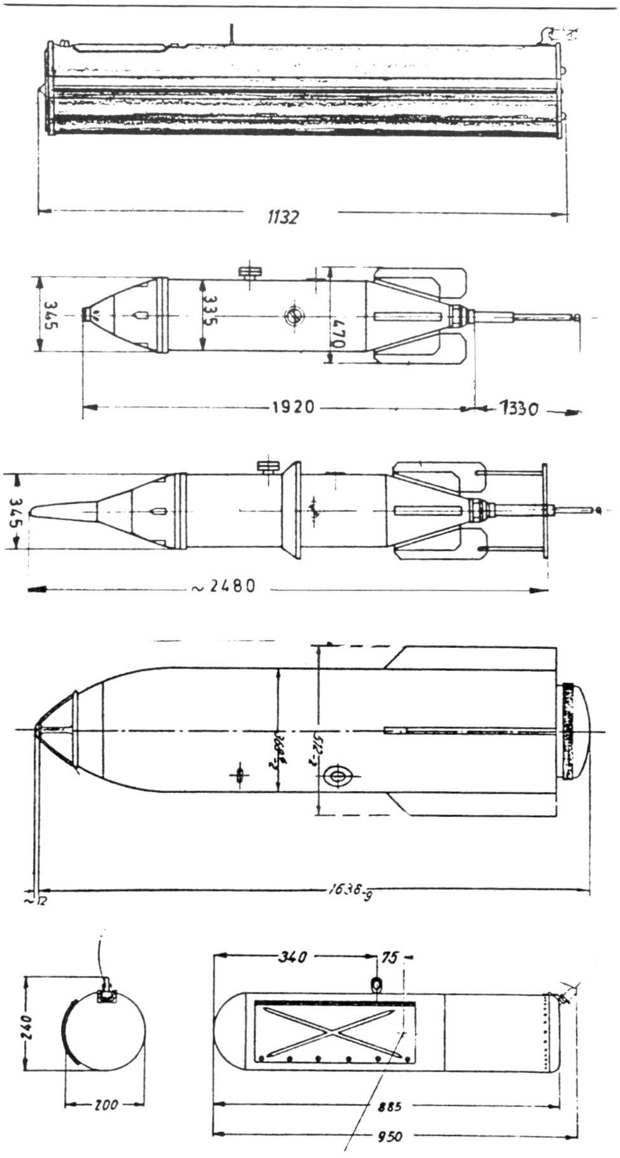

Abwerfbare Sendegeräte: Von oben nach unten: Meteorologische Sonden FuG 300 und 300a, »Frosch I, Ia«/Funksendeboje FuG 302c = »Schwan-See«/Funksendeboje FuG 303 = »Schwan-Land«/Abwurfseenotboje FuG 304/Abwurfsender mit Fallschirm FuG 307 = »Schwan-Luft«.

Sender mit 0,3 W einen tonmodulierten Dauerstrich im Bereich 58,4–58,8 MHz. Mit dem Seenotzielfluggerät FuG 141 konnten in 1 000 m Flughöhe Reichweiten von 60 km erzielt werden. Später wurden die FuG 141 umgerüstet in FuG 141 c und arbeiteten dann wie die *NSG 4 c* und

4d mit 42,0–42,5 MHz im (Überlappungs-)Bereich der Geräteversionen von FuG 16 und 17.

Die Nummerngruppe *FuG 300–308* enthielt (mit Ausnahme der FuG's 301 und 306) abwerfbare Sender, die deshalb in bombenförmigen Gehäusen untergebracht waren. Sie waren meist für Fernaufklärer und Fühlungshalter bestimmt, z.B. zur Markierung von Geleitzugwegen, Seenotfällen, Zugstraßen gegnerischen Bomber oder eigenen eingeschlossenen Truppenteilen. Es gab Ausführungen für den Abwurf über Land oder über See = *»Schwan-See« FuG 302 C* bzw. *»Schwan-Land« FuG 303,* die beide nach dem Aufschlag selbsttätig die Antenne ausfuhren und nach einer voreingestellten Zeit zu senden begannen, damit andere deutsche Flugzeuge darauf einen Zielflug durchführen konnten. Das beim FFO *(Dr. Daser)* entwickelte und bei der Firma Getewent gebaute FuG 307 »Schwan-Luft« sollte aus großer Höhe abgeworfen werden. Nach Öffnen des Fallschirms sollte sich ein Brandsatz entzünden, der durch aufsteigende Warmluft aus dem Fallschirm einen »Heißluftballon« mit bis zu $1^1/_2$ Stunden Schwebezeit machen sollte. Die Arbeiten wurden Mai 1944 zugunsten eines in gleicher Weise arbeitenden Störsenders eingestellt. Die Seenotsendeboje FuG 304 (DeTeWe) wurde mit 50 Stück gefertigt, ihre Frequenz 4,863 MHz war nur mit dem KW-Zielflugvorsatz ZVG 10 im Zielflug anzufliegen. Die Abwurfgeräte FuG 300, 300a, 305 und 308 dienten zur automatischen Übertragung meteorologischer Daten (mehrmals am Tage). Das FuG 301 »Frosch III« war ein Windgeschwindigkeitsmesser für Ballonsperren, das FuG 306 »Regenpfeiler I« war eine, an einem kleinen Ballon aufgehängte, Wolkendichte-Radiosonde mit Sendung im Aufstieg und im Abstieg am Fallschirm (nach Platzen des Ballons).

Moderne Nachrichtengeräte

Bauvorschriften und Zulassungsverfahren

Nach Kriegsende (8. Mai 1945) waren deutsche Funkgeräte nur noch in vorher bereits an das Ausland (z. B. Spanien) verkauften Flugzeugen, desgleichen in erbeuteten oder im Ausland (z. B. Frankreich, Tschechoslowakei) weitergebauten deutschen Flugzeugen betrieben worden; in Frankreich wurden sogar noch Nachbauserien des Peil G 6 und des Höhenmessers FuG 101 gefertigt, wenn auch unter anderem Namen. Letztere waren u. a. auch in den ersten Transportern »Noratlas« der Luftwaffe eingebaut.

Lufttüchtigkeitsforderungen

Alles Gerät, das nach Wiederherstellung der deutschen Lufthoheit (am 5. Mai 1955) in Flugzeugen mit deutschen Kennzeichen verwendet werden sollte, mußte den aus den USA übernommenen Bauvorschriften entsprechen.

Es waren dies die »Lufttüchtigkeitsforderungen« (Minimum Performance Standards = MPS), die direkt in den »TSOs« (Technical Standard Orders) oder darin als Hinweis auf entsprechende »RTCA-Dokumente« (der Radio Technical Commission for Aeronautics) enthalten sind. (Die sog. »MIL-Standards« waren nur für militärische Geräte bestimmt.) Ab 1962 wurden zunächst eine »Verordnung über die elektronische Ausrüstung von Luftfahrzeugen« mit Durchführungsverordnungen erlassen; aus Zeit- und Personalmangel wurden später jedoch die amerikanischen Lufttüchtigkeitsforderungen direkt angewendet. Es gibt auch europäische Mindestanforderungen in Form der »EUROCAE-Dokumente«, die z. B. in Frankreich voll angewendet werden, bei uns aber kaum Bedeutung besitzen, da Besonderheiten europäischer Bodenanlagen auch in den neueren RTCA-Documenten als »EUM-Abweichungen« mit enthalten sind. Für den Einbau in Flugzeugen fanden die entsprechenden Paragraphen der jeweils für das Luftfahrzeug gültigen Bauvorschrift bzw. die »Verordnung über die elektronische Ausrüstung der Luftfahrzeuge« Anwendung.

ARINC-Spezifikationen

Die (vorwiegend amerikanischen) Luftfahrtgesellschaften, die in der »Aeronatical Radio Inc.« = ARINC zusammengeschlossen sind, haben von sich aus eine möglichst weitgehende Standardisierung der mechanischen und der elektrischen Merkmale der Geräte, der Bordverkabelung und der Steckerart und -Belegung erreicht durch Erarbeitung der sogenannten »ARINC-Spezifikationen«. Obwohl dies keine behördlich anerkannten Bauvorschriften sind, richten sich alle größeren Geräteehersteller danach, denn nur so können sie ihre Geräte auch verkaufen. Schon allein Wirtschaftlichkeitsgründe zwingen die Luftfahrtgesellschaften auf volle Austauschbarkeit gleichartiger Geräte verschiedener Hersteller zu achten und eine volle Nachrüstfähigkeit auf neuere Gerätegenerationen möglichst ohne Verkabelungsänderungen zu erhalten. So werden z. B. Linienflugzeuge (wie der »Airbus«) nicht mit den Geräten bestimmter Hersteller, sondern mit der Verkabelung nach bestimmten ARINC-Spezifikationen angeboten, in die dann Geräte nach Auswahl des Käufers eingesetzt werden.

Die ARINC-Spec. 404 für ATR-Gerätegehäuse für den Einbau in Funkgestelle (Air Traffic Racks) sind eingeteilt nach Breite, Tiefe und Höhe:

Größe	1 1/2 ATR	1 ATR	3/4 ATR	1/2 ATR	3/8 ATR	1/4 ATR
Frontplatte Breite mm	390	255	191	124	81	57
ATR Long Tiefe mm	500					
ATR Short Tiefe mm	323					
ATR High Höhe mm	195					
ATR Low Höhe mm	97					

Die Geräte können auf Einzelschwingrahmen gesetzt werden, wobei aber zwischen den Geräten ein Schwingraum von 35 mm vorzusehen ist. Wenn jedoch die Rahmen auf (im Gestell gefederte) Grundbretter fest aufgeschraubt werden, genügt ein Belüftungszwischenraum von je 7 mm, weshalb diese Art bevorzugt wird. Die Gerätestecker sind mit Ausnahmen von reinen Prüfanschlüssen (und bei der Prüfung umzusteckenden HF-Leitungen) stets rückseitig angeordnet, wobei der Kontakt beim Einschieben und Verriegeln der Geräte selbsttätig hergestellt wird. Neue kleinere Geräte können bei Bedarf durch Verwendung von Adaptern auf dem Platz der größeren Vorgänger eingesetzt werden.
In analoger Weise sind die Abmessungen der Bediengeräte bzw. der direkt bedienten Geräte im ARINC-Report 306 »Radio Control Panels« (ATC-Format) festgelegt. Diese Geräte werden in den Seiten- und Mittelkonsolen des Cockpits in dort angebrachten Lochschienen durch sog. »Dzus-Fastener« verriegelt. Die hier meist beweglichen Kabelstecker werden vor dem Eisnetzen auf die Geräterückseite aufgesteckt. Die Normbreite der Frontplatte beträgt hier 146 mm, die Höhe ist stets ein Vielfaches von 9,54 mm, beginnend bei 28,4 mm. Für Instrumente (ATI-Format) und neuerdings auch direkt bediente Geräte mit eingebauten Anzeigen (Flächennavigationsrechner, DME-Geräte etc.) werden für den

Einbau im Instrumentenbrett neben dem quadratischen ATI-Format von ursprünglich drei Zoll Kantenlänge (ARINC-Spec. 408/ATI-Cases) auch solche mit vier, fünf, sechs und sogar sieben Zoll verwendet.
Die elektrischen Spezifikationen werden jeweils dem neuesten Stand der Technik in Abstimmung mit den Geräteherstellern angeglichen, wobei natürlich der Übergang von der Analog- zur Digitaltechnik im Hinblick auf die Verbindung der Geräte untereinander viel Kopfzerbrechen bereitete.

Leistungsklassen und Kategorien

Die verschiedenen Luftfahrzeuge (Hubschrauber, Sportflugzeug, Airliner etc.) weisen gemäß ihrer Einsatzart und den zur Verfügung stehenden Einbauorten an die Luftfahrtgeräte unterschiedliche Umgebungsbedingungen auf hinsichtlich der Bereiche der Umgebungstemperatur, des Luftdruckes, der Vibration, der Versorgungsspannung, der elektromagnetischen Verträglichkeit usw. Um hier dem Luftfahrzeughersteller oder -Käufer die Auswahl geeigneter Geräte zu ermöglichen, werden diese Bordgeräte von ihrem Hersteller entsprechend der absolvierten Prüfungen nach Leistungsklassen bzw. Kategorien gekennzeichnet. Die Bedeutung der Buchstaben/Zahlenfolge ist dem auf dem Typenschild ebenfalls genannten RTCA-Document zu entnehmen, das auch die Testverfahren angibt. So bedeutet z.B. eine mit »A 1« beginnende Bezeichnung der Folge nach RTCA-DO 160 A, daß das Gerät für den Einbau in einer temperaturgeregelten Druckkabine geeignet ist, wobei der geringste Luftdruck einer Höhe von 15000 Fuß entspricht, daß das Gerät zwischen –15° und +55° einwandfrei arbeitet und bei Extremen bis zu –55° bzw. +85° seine Funktionsfähigkeit nicht einbüßt.

Zulassungsverfahren

Dem Luftfahrtbundesamt LBA wurde durch Gesetz vom 30. Nov. 1954 die Zulassung des zivilen Luftfahrtgerätes übertragen, wobei in der Anfangszeit die Prüfung der Geräte deutscher Hersteller von der »Prüfstelle für Luftfahrtgerät« PFL bei DVL bzw. DFL erfolgte. Für amerikanische Geräte wurde die dortige Zulassung anerkannt. Sobald die PFL die Lufttüchtigkeit, die »Bundesanstalt für Flugsicherung« BFS die Verträglichkeit mit den Bodenanlagen und das »Fernmeldetechnische Zentralamt« FTZ die Einhaltung ihrer (Störstrahl-)Vorschriften festgestellt hatte, wurde das Gerät vom LBA mit Musterzulassungsschein und Gerätekennblatt als Muster zugelassen. Gemäß der neuen »Prüfordnung für Luftfahrtgerät« wurden 1967/68 die Prüfstellen aufgelöst und ihre Aufgaben der Muster- (Stück- und Nach-)Prüfung deutscher Geräte vom LBA anerkannten »Luftfahrttechnischen Betrieben« übertragen, während ausländische (im Herstellungsland geprüfte) Geräte einer (vereinfachten) Musterprüfung beim LBA unterliegen. In beiden Fällen werden die Einhaltung der in der »1. Durchführungsverordnung ... über die Flugsicherungsausrüstung der Luftfahrzeuge« genannten Forderungen der BFS überprüft, für die Störstrahlungsprüfung hat seit 1981/82 das neu gegründete Zentralamt für Zulassungen im Fernmeldewesen die Aufgaben des FTZ auf dem Luftfahrtsektor übernommen. Die Richtlinien, Verordnungen etc. des BFS werden jeweils in den »Nachrichten für Luftfahrer« = NFL veröffentlicht.
Die Richtlinien (Standards) und Empfehlungen (Recommendations) der »International Civil Aviation Organisation« = ICAO enthalten in den Anhängen (Annexes) zum ICAO-Abkommen, bilden die Grundlage zu den nationalen Vorschriften für Errichtung, Betrieb und Wartung der (Boden-)Anlagen für die Flugsicherung und Flugnavigation. Im Annex 10 »Flugfernmeldeverkehr«, Band I, werden z.B. Ausrüstung und Systeme, desgleichen die den verschiedenen Anlagenarten zugeteilten Frequenzbereiche und Frequenzkanäle aufgeführt.

Entwicklung der Technik

Entsprechend der Zunahme des Flugverkehrs in den Nachkriegsjahren und der daraus entstehenden Überlastung der ursprünglich 35 VHF-Flugsicherungsfrequenzen mit 200 kHz Abstand im Bereich 118,0–125,8 MHz, wurde letzterer 1960 erweitert auf 118,0–135,9 MHz, entsprechend 180 Frequenzkanälen in 100 kHz Abstand. Da mit den hochfliegenden Jet-Flugzeugen wesentlich größere VHF-Reichweiten erzielt wurden und so die gleiche Frequenz erst wieder in größerer Entfernung angewendet werden konnte, mußten von der ICAO weitere Vervielfachungen der ursprünglichen Kanäle erreicht werden durch Verordnung von 360 Kanälen in 50 kHz-Schritten (1970) und dann von 720 Kanälen in 25 kHz-Schritten (1978). Dies bedeutete einen dreimaligen Austausch aller VHF-Sprechgeräte, sofern sie nicht nachrüstbar waren. An die Gerätetechnik wurden hierdurch sehr hohe Forderungen gestellt, einerseits für die aufwandmäßig tragbare Darstellung so vieler Frequenzkanäle mit hoher Genauigkeit in Sender und Empfänger und andererseits für die Erzielung der benötigten Trennschärfe des Empfängers. Für kleine Flugzeuge genügte anfänglich noch ein Gerät mit durchstimmbarem Empfänger und einigen mit Steckquarzen versehenen Sendekanälen. Für 50 kHz Kanalabstand mußte auch der Empfänger mit Steckquarzen (und auch mit verbesserten Bandfiltern) ausgerüstet werden. Bei 25 kHz Kanalabstand waren derartige Geräte mit je einem Quarz pro Frequenz in Sender und Empfänger eigentlich nur für Segelflugzeuge (und Bodenstellen) verwendbar, während die Geräte für Motorflugzeuge praktisch (so wie die Geräte für die Verkehrsluftfahrt) für die volle Kanalzahl ausgelegt werden mußten. Zur Reduzierung der Zahl der Quarze mußten Schaltungen entwickelt werden, die nur für jeden rastbaren MHz- und 100 kHz-Schritt je einen Quarz benötigen. Mit Tricks war es so möglich, mit nur 40 Quarzen 360 rastbare Kanäle darzustellen. In jenen Jahren begannen in der Elektronik neue Bauteile Fuß zu fassen: So wurde die Röhre bald durch den Silizium-Transistor (1954) ersetzt, die ersten integrierten Schaltkreise (IC) wurden 1958 gefertigt und Anfang der 70er Jahre wurden die ersten Mikroprozessoren (μP) verfügbar.
Bei den 720-Kanal-Geräten mit Abstimmung in 25 kHz-Schritten mußte statt der Mischung von jeweils zwei Quarzfrequenzen zu neuen Techniken übergegangen werden. Es wurden für solche Zwecke zwei Wege beschritten: Bei der (echten) Frequenzsynthese werden von einem einzigen

Blockschaltbild der digitalen Frequenzaufbereitung eines Empfängers. Durch eine weitere Mischung mit der Frequenz 10,725 MHz (= ZF) eines weiteren Oszillators könnte die Sendefrequenz gewonnen werden.

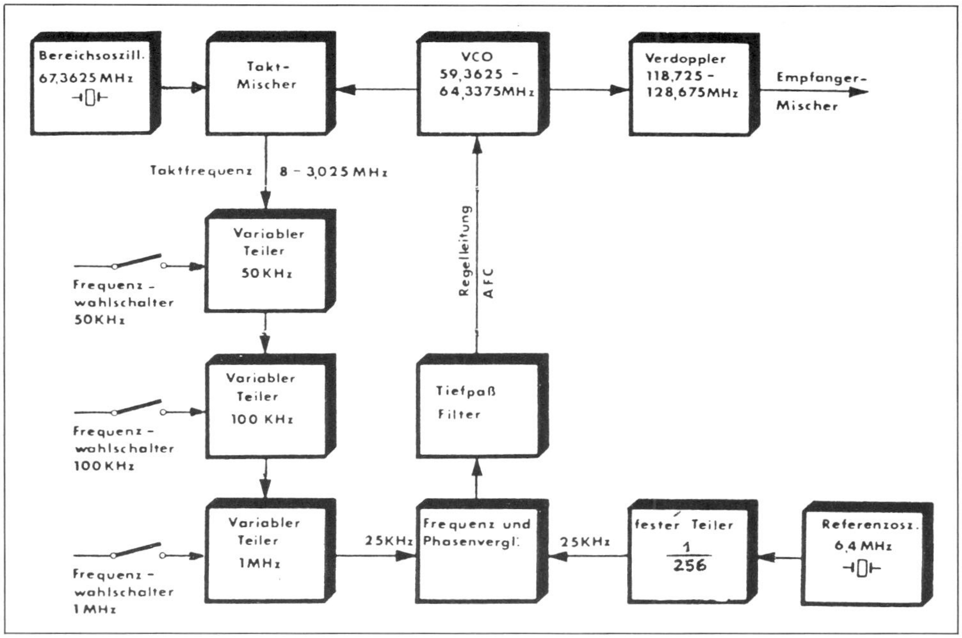

Quarz in Verzerrer- und Frequenzteilerstufen z.B. 10 MHz-, 1 MHz- und 100 kHz-Frequenzspektren erzeugt. Drei dekadische (d.h. in 10 Schritten »0...9« schaltbare) Oszillatoren sieben jeweils durch doppelte Mischung die gewünschten Frequenzen (z.B. 100 MHz + 21 MHz + 300 kHz) aus dem Spektrum aus und mischen sie mit der Ausgangsspannung eines in 25 kHz-Schritten schaltbaren vierten Oszillators, wodurch die gewünschte Endfrequenz (121,325 MHz) entsteht. In der digitalen Frequenzaufbereitung, allgemein als »Synthesizer« bezeichnet, wird aber meist eine Frequenzanalyse angewendet, wie hier am Beispiel der Aufbereitung für einen NAV-Empfänger mit einem Frequenzbereich von 108,00–117,95 MHz gezeigt werden soll: Die benötigten Frequenzen für die Mischstufe liegen (um die ZF = 10,725 MHz höher) bei 118,725–128,675 MHz, sie werden durch Verdopplung der Frequenzen eines gleichspannungsgesteuerten Oszillators (Voltage Controlled Oscillator VCO) gewonnen. Damit der VCO Quarzgenauigkeit erreicht, wird seine Frequenz mit derjenigen eines quarzgesteuerten Referenzoszillators verglichen, der auf 6,4 MHz schwingt. Ein fester Teiler teilt diese Frequenz auf 25 kHz herunter. Die Ausgangsfrequenz des VCO wird vorher mit Hilfe einer Festfrequenz = 67,3625 MHz des Bereichsoszillators in einem sogenannten Taktmischer auf eine Frequenz zwischen 3,025 MHz und 8,000 MHz heruntergemischt. Danach wird sie in drei durch die Frequenzwahlschalter einstellbaren Teilern (50 kHz/100 kHz/1 MHz) auf 25 kHz heruntergeteilt und an eine Frequenz- und Phasenvergleichsschaltung geführt, in die auch die aus dem Referenzoszillator gewonnene 25 kHz-Frequenz eingespeist wird. Die so gewonnene Gleichspannung wird über einen Tiefpaß dem VCO zur Frequenzregelung zugeführt.

Da die abzustimmenden Schwingkreise keine Drehkondensatoren, sondern Kapazitätsdioden verwenden (die ihre Kapazität mit einer angelegten Gleichspannung ändern), enthalten derartige Empfänger (und auch Sender) keine mechanisch bewegten Teile außer Frequenzschaltern und den Potentiometern für Lautstärke und Rauschsperre (= »Squelch«, die das Empfängerrauschen unterdrückt, solange die Gegenstation nicht sendet). Mit der Einführung von Mikroprozessoren erfolgt die Frequenzwahl über Drucktasten; ein eingebauter Speicher (Gedächtnis = memory) erlaubt die Vorwahl und Speicherung von z.B. vier oder zehn Frequenzen, die während des Fluges gebraucht werden. Eine kleine eingebaute Batterie (gepuffert mit dem Bordnetz) sorgt dafür, daß die gespeicherten Werte auch nach Abschaltung des Gerätes nicht gelöscht werden.

Auch die Anzeige der Frequenz hat sich gewandelt von einfachen gravierten Ziffern auf Kodierschalter über Leuchtdiodenanzeige (Light-emitting Diodes = LED), Leuchtfadenanzeige (Incandescent Display), Gasentladungsanzeige (Gas Discharge Displays) zu einer (nun auch kälte- und sonneneinstrahlungs-unempfindlichen) Flüssig-Kristallanzeige (Liquid Cristal Display = LCD).

Es muß hier noch kurz auf den Begriff »Avionik« (Abkürzung von Aviation Electronic) eingegangen werden. Dazu werden üblicherweise alle (elektrischen) Geräte gerechnet, die Verstärker oder Regelkreise etc. enthalten, d.h., neben allen Arten der Funkgeräte zählen dazu Flugregler, alle Arten von Computern (z.B. Luftdatenrechner = Air Data Computer) usf., nicht aber einfache elektrische Geräte wie z.B. eine Beleuchtung oder eine Drehzahlanzeige.

Nachrichtengeräte der Nachkriegszeit

Geräte für Sport- und Segelflugzeuge

Die Firma Rohde & Schwarz, München, gegründet im Jahre 1933 als Physikalisch-technisches Entwicklungslabor Dr. Rohde & Dr. Schwarz (PTE), und bekannt geworden durch seine HF- und NF-Präzisionsmeßgeräte (und auch durch die UKW- und DMW-Meßempfänger »Samos« und »Fanö«), begann nach dem Kriege mit der Erweiterung ihres Arbeitsgebietes auf die kommerzielle Sende- und Empfangstechnik in Form der Lieferung des ersten UKW-FM-Rundfunksenders in Europa (1949). Bald folgten die entsprechenden Geräte für das VHF- und UHF-Fernsehnetz, sowie Sende-, Empfangs- und Peilanlagen für die Flugsicherung und die Bundeswehr.

Das erste Gerät für die Verwendung an Bord von Segelflugzeugen (und auch als Bodenstation) entstand bei R & S im Jahre 1955/56. Es war dies der Senderempfänger *S/EU 190.* Der dreistufige quarzgesteuerte 0,4 W-Sender konnte auf drei Kanäle im Bereich 118–128 MHz eingestellt werden, die dann durch einen Schalter wählbar waren. Der Doppelüberlagerungsempfänger war ebenfalls quarzgesteuert und auf drei Frequenzen einstellbar. Die Röhrenbestückung war gemischt (90er Batterieröhren, 4 × 1 AD 4 und eine DM 71 für die Senderkontrolle). Zur Stromversorgung dienten Bleiakkumulatoren mit einem elektronischen Zerhacker. Dank der hohen Empfängerempfindlichkeit wurden in 1 km Höhe Reichweiten bis 100 km erreicht.

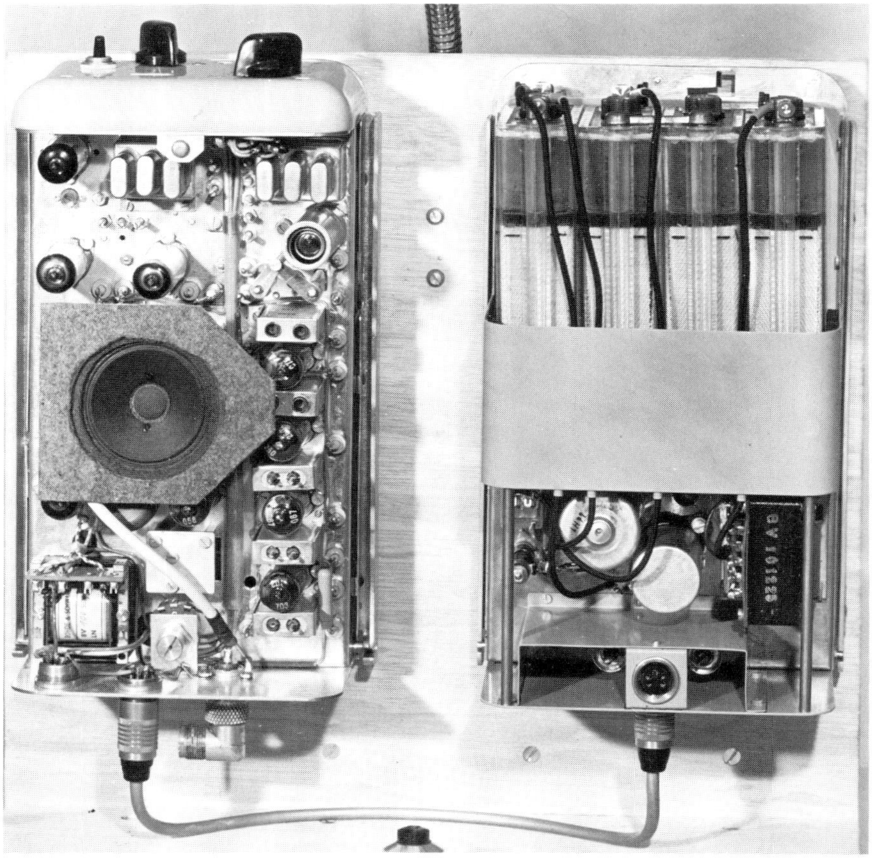

Erster UKW-Sendeempfänger deutscher Fertigung nach 1945, das UKW-Sprechgerät »S/EU 190« (0,4 W/3 Kanäle mit Quarzen im Bereich 118–128 MHz) von Rohde & Schwarz 1955/56. Rechts Einkanal-Segelflugempfänger »EU 091« der gleichen Firma von 1957.

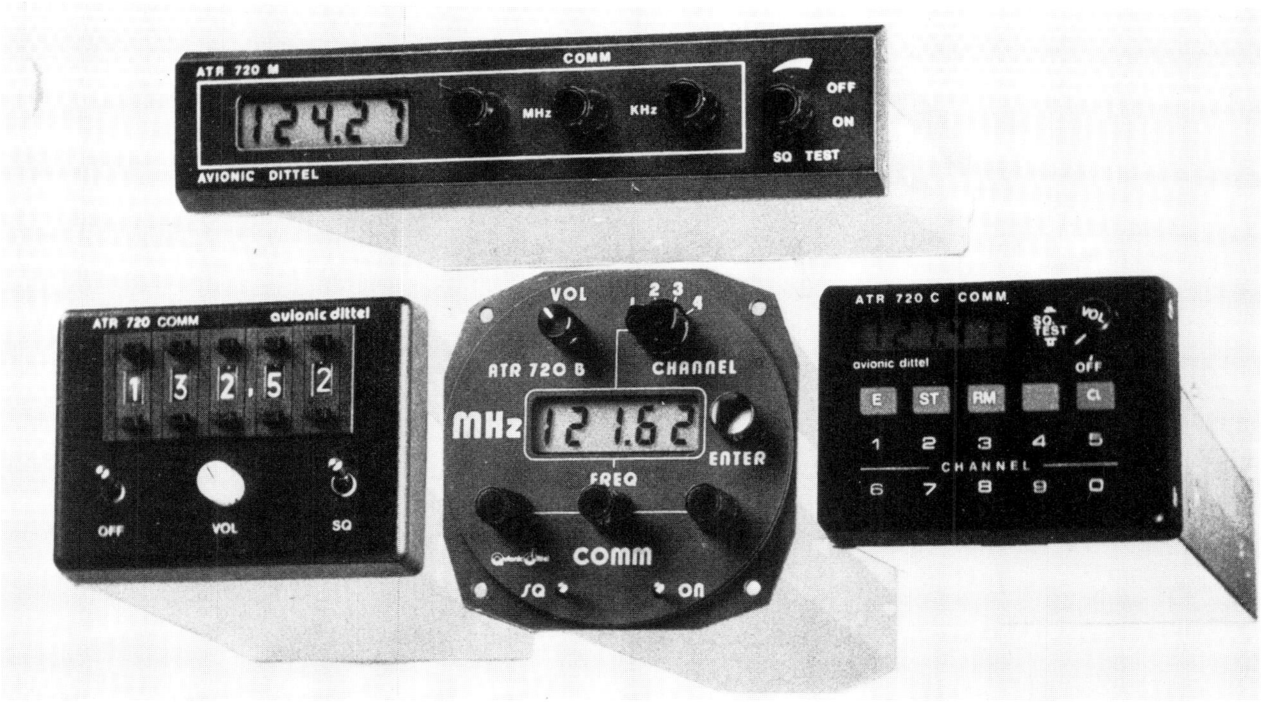

VHF-Flugfunkgeräte von Avionic Dittel der Baureihe »ATR 720« (5 W/720 (760) Kanäle), darunter Versionen mit vier bzw. zehn vorwählbaren Kanälen.

Im Jahre 1957 entstand eine verbesserte Version *BU 290/0,4* als echter Sendeempfänger mit fünf Kanälen im Bereich 118–128 MHz. Der quarzgesteuerte Oszillator steuerte sowohl die Empfängermischstufe, als auch eine Sendermischstufe mit zusätzlichem 19,2 MHz-Quarzoszillator an, auf die noch eine Vervielfacher- und eine Verstärkerstufe folgten. Auf die HF- und die Mischstufe des Empfängers folgte eine ZF-Stufe auf 19,2 MHz, eine zweite Mischstufe, zwei ZF-Stufen auf 1,1 MHz, Diodengleichrichter und ein dreistufiger NF-Verstärker. Die Röhrentypen entsprachen denjenigen des Vorläufers. Es gab auch eine Version *BU 290/5* mit einer zusätzlichen 5 W-Verstärkerstufe (QQE 03/12) im Stromversorgungsteil. Die Frequenzstabilität des Gerätes lag bei ± 12 kHz. Die Empfindlichkeit des Empfängers lag bei 10 kTo, die statische Selektion bei 6 db in ± 30 kHz (bzw. 60 db in ± 100 kHz) Abstand.

Im gleichen Jahre (1957) entstand auch ein UKW-Einkanalempfänger *EU 091* für Schulsegler für eine Festfrequenz im Bereich 118–130 MHz. Er war ein Überlagerungsempfänger mit quarzgesteuertem Oszillator und Reflex-Pendlerschaltung in der ZF. Er war mit drei Röhren 1AD4 und auch mit fünf Transistoren bestückt und stellt somit ein Gerät in »Hybrid-Technik« dar. Samt eingebauter Batterie wog er nur 2 kg und konnte mit seiner Größe von nur 130 mm × 80 mm × 120 mm (mit eingebautem Lautsprecher) im Instrumentenbrett untergebracht werden.

Anfang des Jahres 1959 gründete Herr Walter Dittel sen. die Firma Walter Dittel GmbH, Luftfahrtgerätebau, Landsberg. Begonnen wurde mit der Lizenzfertigung eines bei der Siemens-Gruppe entwickelten VHF-Funksprechgerätes, das die Bezeichnung *FSG 5/59* erhielt. Mangels geeigneter HF-Transistoren war dieses Gerät noch mit Batterieröhren und NF-Transistoren gemischt bestückt. Es war als Einkanalgerät im Bereich 118–136 MHz ausgelegt und für den Gebrauch in Segeflugzeugen (bzw. auch als tragbare Bodenstation) bestimmt.

Anfang 1963 wurde dann das FSG 6/63 als erstes volltransistorisiertes Sende-Empfangsgerät für den Flugfunk in der Bundesrepublik zugelassen. Die sechs Sende- und die Empfangskanäle waren jeweils mit Quarzen bestückt, das Gerät war schon für 50 kHz Kanalabstand im Bereich 118–136 MHz ausgelegt. Die damals erhältlichen Transistoren erlaubten nur eine Sendeleistung von ca. 1,6 W. Um eine hohe Trennschärfe zu erreichen, wurde im Empfänger ein mechanisches Achtpol-Filter verwendet.

Anfang 1964 folgten auf zwei Zwischentypen *FSG 15* und *FSG 16* mit 720 Kanälen zwei weitere Sende-Empfangsge-

räte *FSG 18* und *FSG 19* mit zwölf schaltbaren Kanälen im 25 kHz-Raster und einer Ausgangsleistung von 2 W bzw. 6 W. Die Geräte waren ebenfalls volltransistorisiert, erstmalig wurde ein Achtpol-Quarzfilter verwendet. Die Frequenz wurde bei all diesen Geräten noch mechanisch angezeigt.
Im Jahre 1978 schied der Seniorchef aus der Firma aus und gründete eine neue Firma Avionic Dittel, Landsberg. Als erstes Gerät entstand das Sende-Empfangsgerät *ATR 720 (A)*. Es war weitgehend mit integrierten Schaltkreisen modernster Art ausgerüstet. Für das Flugfunkband wurde eine eigene digitale Frequenzsynthese entwickelt, um die 720 Sende- und Empfangskanäle mit Quarzgenauigkeit darstellen zu können. Die Frequenzwahl und die Frequenzanzeige erfolgte mittels digitaler Kodierschalter. Durch diese mußten die unerwünschten Kanäle, die außerhalb des Flugfunkbandes liegen, elektronisch gesperrt werden. Diese neue Technik wurde zum Patent angemeldet.
Der rasche Fortschritt in der Elektronik führte zur Weiterentwicklung des Gerätes mit LCD-Anzeige (*L*iquid *C*ristal *D*isplay), sowie zur elektronischen Speicherung von vier vorgewählten Kanälen. Eine eingebaute Lithium-Batterie verhindert eine Löschung der Programmierung bei Abschaltung des Bordnetzes. Das Gerät enthält auch einen eingebauten Eigenverständigungsverstärker. Dieses Gerät trägt bei Verwendung eines 80 mm-Instrumentengehäuses die Bezeichnung *ATR 720 B*, bei Einbau in ein Flachgehäuse (32 mm × 160 mm × 255 mm) wird es mit *ATR 720 M* bezeichnet.
Im Herbst 1981 entschloß sich die Firma zur Entwicklung eines Gerätes mit CMOS-Mikroprozessor. Es erhielt an der Frontplatte 15 Drucktasten für die Frequenzwahl mit der Möglichkeit der Speicherung von zehn Kanälen. Die Version *ATR 720 C* hat die Abmessungen 77 mm × 56 mm × 200 mm, ein Gerät in Flachbauweise ist in Vorbereitung.
Die gemeinsamen Daten der Geräte der 720er-Familie sind: Frequenzbereich 118–135,975 MHz, erweiterbar auf 136,975 MHz, Kanalabstand 25 kHz, Sendeleistung 5 W, Frequenzstabilität ± 1,5 × 10^5, Empfängerempfindlichkeit 1,5 µV/ > 9 dB (gekürzte Schreibweise für 1,5 µV für Signal + Rauschen zu Rauschen entsprechend > 9 dB), Trennschärfe ± 25 kHz > 70 dB und NF-Ausgangsleistung 4 W. Der Stromverbrauch bei 10–16 V : 0,1–1,5 A, Masse ca. 0,8 kg.
Als Neuentwicklung soll ein entsprechendes 760-Kanalgerät herausgebracht werden, desgleichen eine Ausführung als Handfunkgerät mit sekundenschnellem Batteriewechsel. Im Fertigungsprogramm sind u.a. auch elektronische Variometer und Anflugrechner für Segelflugzeuge. In der Musterprüfung befand sich zur Zeit der Drucklegung ein Notsender, der später beschrieben wird.
Bei der nach der Trennung der Avionic Dittel weiterbestehenden Firma Walter Dittel entstanden aus einem bereits 1975 gefertigten 720-Kanal-VHF-Sprechgerät *FSG 40 S* mit 2 W-Leistung zwei weitere Varianten *FSG 40 M* mit 6 W und *FSG 40 A* mit 16 W Sendeleistung. Die drei Geräte verwenden eine digitale Frequenzaufbereitung und integrierte Schaltkreise, einen Einfach-Superhet mit etwa 1,5 µV/6 dB Empfindlichkeit und weisen bei den Abmessungen (B × H × T) 79 mm × 56 mm × 217 (258) mm eine Masse von ca. 1,1 kg auf. Die nächste Gerätegeneration mit 720 Kanälen ist bereits mit LCD-Anzeige der Frequenz ausgerüstet. Auf den Typ *FSG 50* mit 5 W-Leistung folgte der Typ *FSG 60 M* mit vier vorwählbaren Frequenzen und einer Sendeleistung von 6 ...8 W. Alle genannten Geräte sind auch als Bodengeräte lieferbar. Für die UL-Fliegerei interessant sind die Handfunkgeräte *FSG 4* mit sechs Kanälen und *FSG 5* mit 720 Kanälen und jeweils 1 W Sendeleistung.
Aus einer von Max Egon Becker »zur Stunde Null« (1945) gegründeten Werkstatt ging schon drei Jahre später ein Fabrikationsbetrieb für Autoradios hervor; der Firmenchef wurde begeisterter Pilot einer Piper PA 18. Um 1956 waren in der Bundesrepublik bereits etwa 300 Sportflugzeuge zugelassen, aber meist mit amerikanischen Funkgeräten mit 0,1 bis 1 W-Leistung im Bereich 118–128 MHz (mit 200 kHz Kanalabstand) ausgerüstet. Die ICAO hatte aber bereits die Forderung nach 100 kHz Kanalabstand gestellt. Dies gab 1957 den Anlaß zur Entwicklung eines VHF-Sprechfunkgerätes *AR 24* mit 100 kHz Kanalabstand im erweiterten Bereich 118–132 MHz. Der Empfänger war in zwei Teilbereichen durchstimmbar als Neunröhren-Doppelüberlagerungsempfänger mit 4 µV/20 dB Empfindlichkeit ausgelegt. Der dreistufige Sender mit 2,5 W Leistung konnte mit bis zu 24 Quarzen im angegebenen Bereich bestückt werden. Sein Stromverbrauch bei 12 V Bordnetzspannung betrug noch 3,8 A beim Empfang und 6,5 A beim Sendebetrieb. Das Gerät bestand aus Sender-Empfänger, Fünfröhren-Verstärker (auch für die Eigenverständigung) und einem Stromversorgungsteil zur Erzeugung der Anodenspannungen; die gesamte Masse lag bei 9,6 kg.
Im Jahre 1961 wurde das zweite Gerät, das *AR 12 M* mit zwölf Kanälen und einer Ausgangsleistung von 5 W zugelassen. Der Empfänger war bereits volltransistorisiert, nur der vierstufige Sender wies noch drei Röhren auf. Beide waren für den Bereich 118–136 MHz mit je zwölf frei wählbaren Quarzen bestückt. Die Stromaufnahme des Gerätes ging auf 1 A (Empfang) bzw. 4 A (Sendung) zurück, seine Masse auf 4,7 kg. Im Jahre 1963 gab es dann eine bereits auf einen Kanalabstand von 50 kHz umgerüstete Version *AR 12 M/50,* wobei die Empfindlichkeit auf 2 µV/20 dB verbessert wurde. Eine Version für Segelflugzeuge *AR 12 S (/50)* wies 1 W Ausgangsleistung auf.

Geräte für größere Flugzeuge

Das erste deutsche Vielkanalgerät nach den technischen Bauvorschriften (TSO's) und gemäß den ARINC-Empfeh-

Die ersten VHF-Sprechgeräte der Firma Becker-Flugfunk: Links oben Typ »AR 24« (2,5 W/24 Quarze, Empfänger durchstimmbar), rechts oben Typ »AR 12 M« (5 W/12 Kanäle mit Quarzen, Empfänger transistorisiert, 100 kHz-Raster. Rechts Gerät »AR 380« im ARINC-Format (10 W, 380 Kanäle im 50 kHz-Raster), 1957–1964.

lungen (ATR-Bediengeräteformat) war das im Jahre 1963 zugelassene *AR 380* von Becker-Flugfunk. Es wies im Bereich 117,0–135,95 MHz 380 Kanäle im 50 KHz-Raster auf und war bis auf drei Senderöhren mit 27 Transistoren bestückt (denn für 10 W Sendeleistung gab es damals noch keine Transistoren). Der Sender-Modulator bzw. der Interphonverstärker und die Stromversorgung waren in einem zweiten (abgesetzt montierten) Gehäuse untergebracht. Die Frequenzaufbereitung steuerte Sender und Empfänger an. Um mit 40 Quarzen auszukommen, wurde

VHF-Sprechfunkgerät »AR 10 S« von Becker im Instrumentenformat für Segelflugzeuge (1,5 W/10 Kanäle mit Quarzen im 50 kHz-Raster, volltransistorisiert), 1966.

vom Sende-Empfangsrelais beim Empfang in der MHz-Dekade eine um 0,5 MHz versetzte Reihenfolge von 20 Quarzen geschaltet. Die zweite Dekade umfaßte 20 Schritte zu je 50 kHz, war also ebenfalls mit 20 Quarzen bestückt. Beide Oszillatorfrequenzen wurden in einer Mischstufe im Sender so gemischt, daß direkt die Sendefrequenz entstand. Für den Empfangsfall steuerte die (nun versetzt arbeitende) MHz-Dekade die erste Empfängermischstufe an, wodurch eine variable 1. ZF entstand; die 50 kHz-Dekade steuerte die 2. Mischstufe an, an deren Ausgang die 2. (feste) ZF zur Verfügung stand. Die Empfängerempfindlichkeit lag bei 1 µV/6 dB, die Masse bei insgesamt 4,5 kg. Die Stromversorgung war für 13 und für 27 V augelegt. Mit diesem Gerät zielte die Firma bereits auf einen über Sport- und Segelflugzeuge hinausgehenden Einsatz in der allgemeinen und auch in der Linien-Luftfahrt.

Als nächstes Gerät folgte 1966 ein 1,5 W-VHF-Sprechfunkgerät *AR 10 S* mit zehn durch (2 × 10) Quarze wählbaren Kanälen in 50 kHz-Raster. Es enthält 34 Transistoren. Sein Einsatz war in Segelflugzeugen mit Batteriekasten und in größeren Flugzeugen als 3. (netzunabhängiges) VHF-Sprechgerät vorgesehen, wo es zusammen mit einer Notstromversorgung EPU 10 eingebaut wurde, deren Nikkel-Cadmium-Sammler vom Bordnetz geladen wurde. Seine Stromaufnahme betrug bei Betriebsspannungen 10–15 V bei Empfang 40 mA, beim Senden 350–600 mA, seine Masse lag bei 1,5 kg (ohne Notstromversorgung).

Im Jahre 1968 wurde eine wesentlich kleinere Version des 380-Kanalgerätes, das *AR 400*, zugelassen, das ebenfalls eine Leistung von 8 W aufwies. Der Empfänger umfaßte zusätzlich zum Bereich 118,00–135,95 MHz weitere 40 Kanäle im 50 kHz-Raster im Bereich 116,00–117,95 MHz. Das Gerät ist volltransistorisiert (38 Transistoren) und als Einblockgerät ausgelegt, enthält also auch Modulations- und Interphon-Verstärker. Die Frequenzaufbereitung arbeitet ähnlich derjenigen im AR 380 mit 2 × 20 Quarzen, aber mit fester Zwischenfrequenz (10 MHz) im als Einfachsuper arbeitenden Empfänger. Die Empfängerempfindlichkeit lag bei 1 µV/6 dB, die Trennschärfe bei 60 dB für ± 50 kHz Abweichung. Die Stromaufnahme bei 13 V beträgt 150 mA (Empfang) bzw. 3 A (beim Senden). Seine Masse ist 1,9 kg. Bei Verwendung als Notsendegerät mit Stromversorgung EPU 400 (mit gasdichter Bleibatterie) kommen noch 2,5 kg dazu.

Das im Jahre 1971 zugelassene 1,5 W-VHF-Sprechgerät *AR 7* mit sieben wählbaren Frequenzen im 50 kHz-Raster, später auch im 25 kHz-Raster, war speziell für die Verwen-

◀ Instrumentenbrett mit Becker-Geräten (von oben: Aufschaltanlage AL 3, darunter zwei 10 W-VHF-Sprechgeräte AR 2010/25 (mit 720 Kanälen im 25 kHz-Raster), zwei NAV-Empfänger NR 2020/40 und LW-Peilempfänger ADF 2000. Daneben Peilzeiger- und Kreuzzeigerinstrument) aus dem Jahre 1973/74.

dung im Segelflugzeug ausgelegt, wobei das Gerät und der Batteriekasten an beliebiger Stelle untergebracht werden konnten. Das kleine Fernbediengerät war für die Montage in einem Instrumentenloch mit 60 mm Durchmesser ausgelegt, konnte aber auch direkt in eine entsprechende Aussparung im Sende-Empfänger eingesetzt werden. Die spätere Ausführung mit 25 kHz-Raster trägt die Bezeichnung *AR 7/25*. Die Stromaufnahme an 12 V liegt zwischen 0,045 und 1,2 A, die Geräteteile (Bediengerät + Sender-Empfänger + Batteriekasten) wiegen (0,1 kg + 1,2 kg + 1,9 kg =) 3,2 kg insgesamt.

Im Jahre 1973 kamen die Sprechgeräte der Familie COMM 2000 (zusammen mit den an anderer Stelle besprochenen Geräten NAV 2000 und ADF 2000) zur Zulassung. Die Zahl 2000 bedeutet Aufbau in Modultechnik aus weitgehend gleichen Baugruppen, die in den Leistungsdaten und dem Umweltverhalten dem jeweiligen Flugverwendungszweck angepaßt sind. Das Becker-Flugfunk-Gerät *AR 2008/25* überstreicht wie auch die nachfolgend aufgezählten Varianten den Bereich 118,00–135,975 MHz mit digitaler Frequenzaufbereitung für 720 Kanäle im 25 kHz-Raster. Das AR 2008/25 weist 2–3 W Sendeleistung auf (Kategorie III) und ist ausgelegt für einen Temperaturbereich –15 ... +55°C. Durch die extrem geringe Stromaufnahme ist es auch für Leichtflugzeuge ohne Bordnetz geeignet, wie z.B. Motorsegler, Segelflugzeuge und Freiballone. Die Version *AR 2009/25* weist 6–8 W Sendeleistung und einen eingebauten Eigenverständigungsverstärker auf. Als Gerät der Kategorie II mit Temperaturbereich –15 ... +45°C ist es geeignet für alle Motorflugzeuge nach VFR und IFR bis Flugfläche 200 (= Druckhöhe 20000 Fuß). Es arbeitet direkt an 14 V-Bordnetzen und auch mit Spannungsregler VR 14/4 an 28 V-Netzen. Die Version *AR 2010/25*, ebenfalls Kategorie II mit 6–8 W Leistung, ist ausgelegt für einen Temperaturbereich von –40 ... +55°C, ist also besonders für Geschäftsreiseflugzeuge und Hubschrauber geeignet. Das Gerät *AR 2011/25* der Kategorie I weist 10 W Sendeleistung und einen Temperaturbereich von –46 ... +55°C auf und ist daher ohne Einschränkung für alle IFR-gewerblich genutzten Luftfahrzeuge zugelassen. Die beiden letztgenannten Versionen sind mit Selftest ausgerüstet, enthalten natürlich auch den Eigenverständigungsverstärker und sind für 14 V- und 28 V-Bordnetze geeignet. Seit 1981 gibt es auch vom erstgenannten Gerät für Segelflugzeuge die Variante *AR 2008/25 A* mit LCD-Anzeige, Speicherung und Vorwahl von vier Kanälen und Umschaltmöglichkeit der Anzeige auf Batteriespannungs- bzw. Außentemperaturanzeige. Die Stromaufnahme für Empfang liegt bei 370 mA, für Sendebetrieb bei 3,5 A für ca. 8 W Sendeleistung; die Masse liegt bei 1,3 kg (dazu kommen ggf. 0,9 kg für den Spannungsregler).

Aus einer Bauform *AR 2008/25 B* im Instrumentenformat (60 mm Durchmesser des Instrumentenbrett-Durchbruchs)

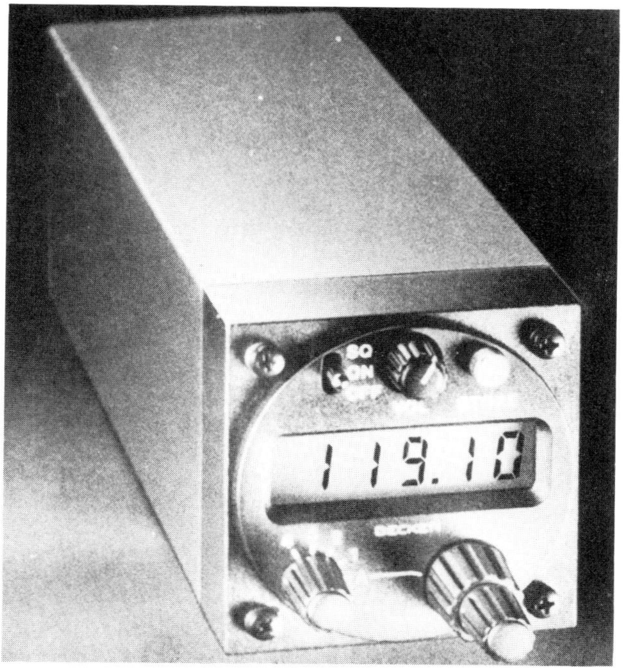

Becker 6 W-VHF-Sprechgerät »AR 3201« mit 760 Kanälen im 25 kHz-Raster, mit LC-Anzeige und vier vorwählbaren Kanälen (1983).

und mit LCD-Anzeige entstand 1983 ein VHF-Sprechfunkgerät der Kategorie II, das *AR 3201*, mit 760 Kanälen im 25 kHz-Raster im erweiterten Bereich 118,00–136,975 MHz und mit 5–7 W Sendeleistung. Es ist für den Betrieb in VFR- wie IFR-ausgerüsteten Luftfahrzeugen bis Flugfläche 200 zugelassen. Als Standby- bzw. 3. COMM-Gerät mit Notstromversorgung EPU 400 kann es auch in größeren zweimotorigen Flugzeugen auch oberhalb der genannten Flugfläche betrieben werden. Durch die angewendete Mikroprozessortechnik sind 4 Kanäle nach Wahl speicherbar, zusätzlich ist die Notfrequenz 121,5 MHz ständig abrufbereit. Serienmäßig integriert sind Eigenverständigung (Intercomm), Paneelbeleuchtung und NF-Fremdeingang, sowie ein automatischer Selftest der LC-Anzeige. Die Empfängerempfindlichkeit liegt bei 1,5 μV/6 dB, die Stromaufnahme bei 0,2 A (Empfang) bzw. 1,4 A (für Sendung); die Masse beträgt 0,9 kg bei den Abmessungen (B × H × T) 61 × 61 × 213 mm.

Geräte für besondere Anforderungen

Nach der Neugründung der Luftwaffe trat auch ein Bedarf an speziellen militärischen Geräten auf. Die Firma AEG-Telefunken fertigte dafür ab 1958 in Lizenz von Bendix/USA den UHF-Funkgerätesatz *RTA-45* mit dem Fre-

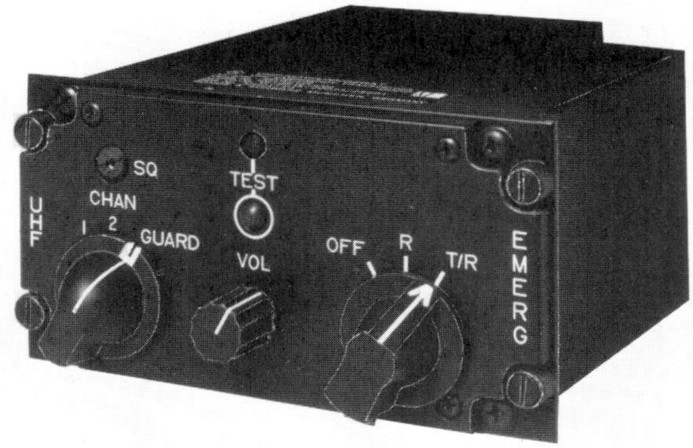

3 W-UHF-Notsender-Empfänger »XT 2000« für 243 MHz und zwei weitere Kanäle. Rohde & Schwarz, 1970.

quenzbereich 225,0–299,9 MHz. Er bestand aus zwei gleichen Fernbediengeräten im ATC-Format, fernbedientem 1,5 W-(AM-)Sender-Empfänger und einem Umformer. Durch Einsetzen der passenden Quarze waren 12 Kanäle im 100 kHz-Raster voreinstellbar, die Abstimmung erfolgte durch Elektromotor und mechanische Getriebe. Die Empfängerempfindlichkeit lag bei 10 μV/10 dB. Gleichzeitig fertigte Telefunken in Bendix-Lizenz den VHF-Funkgerätesatz *AN/ARC-44* im Frequenzbereich 24,0–51,9 MHz für Bord-Bodenverbindungen, kombiniert mit einer Eigenverständigungsanlage. Der Gerätesatz bestand aus 8 W-(FM-)Sender-Empfänger, Umformer, zwei Fernbediengeräten und zwei Interphone-Schaltkästen. Im genannten Bereich waren 280 Kanäle im 100 kHz-Raster wählbar, die Abstimmung erfolgte wieder elektromechanisch. Es wurde eine 2,5 m lange Peitschenantenne verwendet. Ein Zielflugvorsatz mit zwei (links und rechts des Rumpfes angebrachten) Dipolen ermöglichte den Zielflug nach Gehör (Morsezeichen D/U, die sich zu einem Dauerstrich ergänzten). Die Empfängerempfindlichkeit lag bei 1 μV/10 dB.
Die Firma Rohde & Schwarz entwickelte Ende der 60er Jahre ein systemfähiges Konzept mit austauschbaren Modulen (Bausteinen). Sie stützte sich darauf, daß auch heute noch der Flugsicherungssprechfunk und auch der taktische Verkehr Bord-Bord und Bord-Boden im VHF-Bereich 100–156 MHz und im UHF-Bereich 225–400 MHz die wichtigste Verständigungsmöglichkeit zwischen den Flugzeugen und festen Bodenstellen, Schiffen, vorgeschobenen Beobachtern usf. darstellt. Durch die Verwendung gleicher Module in verschiedenen Gerätekonfigurationen (direkt bedient für Cockpiteinbau, fernbedient bei der Nachrü-

10 W-VHF/UHF-Sender-Empfänger »XT 3000« mit VHF/UHF-Sende-Empfangsgerät (hinten Mitte) und getrennten VHF- und UHF-Sendeverstärkern, vorne die Bediengeräte und ein Kanalanzeiger, eingebaut im »Tornado«. Rohde & Schwarz 1976.

stung älterer Flugzeuge, Ausführungen für Boden-, für Fahrzeug- und für Schiffsstationen) wird die benötigte Stückzahl groß und gleichzeitig der zur Gerätebeschaffung zusätzliche Aufwand für Ersatzteilhaltung, Ausbildung, Dokumentation, Prüfgeräte und Reparatur äußerst gering. Die verschiedenen Module haben genau definierte Schnittstellen, so daß ihr Austausch ohne Nachjustierung möglich ist; bei Änderung der Anforderungen können sie gegen Module mit entsprechenden Eigenschaften (Modulationsart etc.), für Steuerung von Zentralbedieneinheiten (Bus-System nach MIL 1553 G), mit erweiterter Selbstprüfeinrichtung (Built-in-Test-Equipment = BITE) u. a. m. ausgetauscht werden.
Das in den Jahren 1970/71 entwickelte 3 W-UHF-Notsende-Empfangsgerät *XT 2000* ist für den Einbau ins Cockpit bestimmt und erlaubt Sendung und Empfang auf der internationalen Notfrequenz 243 MHz und auf zwei weiteren Kanälen im Bereich 242–244 MHz, die durch Quarzwechsel frei wählbar sind. Die Modulationsart ist A 3, die Empfängerempfindlichkeit liegt bei 3 µV/ > 10 dB, die Frequenzkonstanz ist besser als 5×10^{-5}, die Stromaufnahme am 28 V-Notnetz beträgt 0,25 A (Empfang) bzw. 1,25 A (Sendung), die Masse ist 2,3 kg. Das Gerät besitzt eine hohe Zuverlässigkeit, keine mechanisch bewegten Teile (außer Schaltern etc.) und eine eingebaute Prüfeinrichtung (BITE). Die einzelnen Module können ohne Nachabgleich ausgetauscht werden, somit ergeben sich geringe Reparaturzeiten und eine hohe Verfügbarkeit. Das Gerät ist u. a. im »Alpha-Jet« und im »Tornado« eingebaut.
Als kombinierte 10 W-VHF-UHF-Sende-Empfangsgeräte wurden in den Jahren 1970 bis 1976 im Auftrag des Verteidiungsministeriums die Geräte der 3000er-Familie entwickelt, von denen die Version *XT 3000* im »Tornado« eingebaut ist. Sie ist für Fernbedienung ausgelegt und besteht aus folgenden Einzelgeräten: Ein VHF-UHF-Sende-Empfänger (Format $^1/_2$ ATR short), ein VHF-Verstärker und ein UHF-Verstärker (jeweils $^1/_4$ ATR short), zwei Bediengeräten mit Drucktasten und digitaler Frequenzanzeige und ein kleiner Kanal- bzw. Frequenzanzeiger. Auch hier gelten wieder die Angaben über den modularen Aufbau. Neben der eingebauten Prüfeinrichtung (BITE) sind noch Teststecker für den Anschluß spezieller und automatischer Prüfgeräte vorgesehen. Die Frequenzbereiche sind 100–162 MHz und 225–400 MHz, die Modulationsarten wahlweise AM/FM (Sprache und Datenübertragung), der Kanalabstand ist wählbar 25/50/100 kHz. Die Empfängerempfindlichkeit beträgt 3–4 µV/ > 10 dB, die HF-Trägerleistung jeweils 10 W, die Frequenzkonstanz ist $< 5 \times 10^{-6}$. Neben den Notfrequenzen 121,5 MHz und 243,0 MHz sind noch weitere 28 Kanäle vorwählbar. Die

UHF-Sender-Empfangsanlage R & S XT 3011/04 mit Fernbediengerät.

UHF-Sender-Empfänger R & S XT 3010 für Cockpiteinbau.

Stromversorgung ist für 115 V/400 Hz/3 ∅ ausgelegt, die Leistungsaufnahme beträgt 120 bzw. 350 W, die gesamte Masse 30 kg.
Davon abgeleitet sind die reinen UHF-Geräte *XT 3010/01* für direkten Cockpiteinbau als Einblockgeräte im Panzerabwehr- bzw. Verbindungshubschrauber PAH bzw. VBH, desgleichen die fernbedienten UHF- und VHF-Geräte *XT 3011/04* und *XT 3013* (= XU 111) im »Alpha-Jet«.

Die aus diesen Gerätefamilien gewonnenen Erfahrungen führten dann 1979 zur Eigenentwicklung der Gerätefamilie 610 für Exportzwecke mit derzeit folgenden sieben Versionen für wahlweisen Cockpit- oder fernbedienten Einbau mit 10 oder 30 W Leistung:

Typ	Bereich	Leist. in W	Gewicht in kg	Bemerkungen
XU 610	VHF	10 W	4,6	Cockpiteinbau
XD 610	UHF	10 W	4,6	Cockpiteinbau
XU 611	VHF	10 W	3,7 + 1,9	fernbediente Versionen mit Bediengerät GB 600
XD 611	UHF	10 W	3,7 + 1,9	
XU 614	VHF	30 W	6,6 + 1,9	
XD 614	UHF	30 W	6,6 + 1,9	
GB 600	VHF + UHF		1,9	

Das nur bei den fernbedienten Versionen benötigte Bediengerät ist für die VHF- und die UHF-Version mechanisch und elektrisch gleich und gestattet auch die parallele Bedienung eines VHF- und eines UHF-Gerätes von einem Bediengerät aus und/oder auch die Bedienung eines Gerätes durch zwei Bediengeräte (bei Pilot und Beobachter etc.) und ist mit einem netzausfallsicheren Speicher für 30 vorwählbare Kanäle ausgestattet. Die Geräte ermöglichen auch einen Notbetrieb bis zu 16 V Bordnetzspannung hinab (mit verminderter Leistung).
Die VHF-Geräte weisen einen Bereich von 100–156 MHz, die UHF-Geräte einen von 225–400 MHz auf, die Trägerleistung beträgt 10 bzw. 30 W, für die Betriebsart A 3 beträgt die Bandbreite 300–3 500 Hz, für Datenübertragung A 9 ist die Bandbreite 30–10 000 Hz (z.B. 16 kBit Baseband). Die Empfängerempfindlichkeit liegt bei 4 μV für 10 dB (S + N)/N, die Bandbreite ist 23 kHz für 6 dB bzw. 50 kHz für 60 dB Abfall. Neben dem Hauptempfänger weisen die Geräte noch einen Wachempfänger auf der Notfrequenz 121,5 MHz bzw. 243,0 MHz auf. Außerdem ist auch ein Ruftongenerator 1 020 Hz eingebaut. Hervorzuheben ist noch das besonders gute Groß-/Kleinsignalverhalten, das besonders wichtig im Verbandsflug (oder auf dem Flugplatzvorfeld) ist.
Die Arbeitsweise der Geräte ist (nach »Neues von R & S«/Heft 95) folgende: Bei Empfangsbetrieb gelangt die VHF oder UHF über den Sende/Empfangsumschalter im Sendeteil und den Wachempfänger an den Hauptempfänger. Entsprechend der eingestellten Frequenz wird einer der festabgestimmten Bandpässe im Hauptempfänger eingeschaltet. Nach zweifacher Umsetzung und Demodulation gelangt das gewonnene NF-Signal (0,3–3,4 kHz) in den Datenumsetzer und wird dort auf den Endpegel verstärkt. Datensignale (30 Hz–10 kHz) werden direkt an den Ausgang des Gerätes geführt. Der Wachempfänger arbeitet auf der Notfrequenz (121,5 bzw. 243,0 MHz). Sein Eingang ist lose an den des Hauptempfängers angekoppelt. Die empfangene Notfrequenz wird mit der (im Wachempfänger erzeugten) Oszillatorfrequenz umgesetzt, über einen geregelten ZF-Verstärker geführt, demoduliert, dem Datenumsetzer zugeführt und dort auf den Ausgangspegel verstärkt.
Bei Sendebetrieb liefert der Synthesizer die Sendefrequenz an den Sendeteil. Dort wird die Sendefrequenz mit dem NF-Signal moduliert, auf eine Leistung von 10 bzw. 30 W verstärkt und über den Sende/Empfangsschalter an die Antenne abgegeben. Der am Meßrichtkoppler anstehende Teil der Vorlaufleistung wird nach Gleichrichtung im Modulator mit dem Trägersollwert verglichen. Die entstehende Differenzspannung dient zum Regeln der Senderausgangsleistung. Die Rücklaufleistung, die bei schlechter Antennenanpassung entstehen kann, wird zum Schutz des Senders zur Reduzierung der Ausgangsleistung verwendet. Noch eine Anmerkung zur Konstruktion: Es werden fünf Module (Rahmen mit Steckkarten) verwendet: Datenumsetzer, Synthesizer, Hauptempfänger, Wachempfänger und Sender mit Netzteil. Die Verbindung der einzelnen Scheiben untereinander wird durch eine flexible gedruckte Schaltung hergestellt, zu der auch die Ausgangs- und Teststecker gehören. Dies erlaubt gegenüber den üblichen

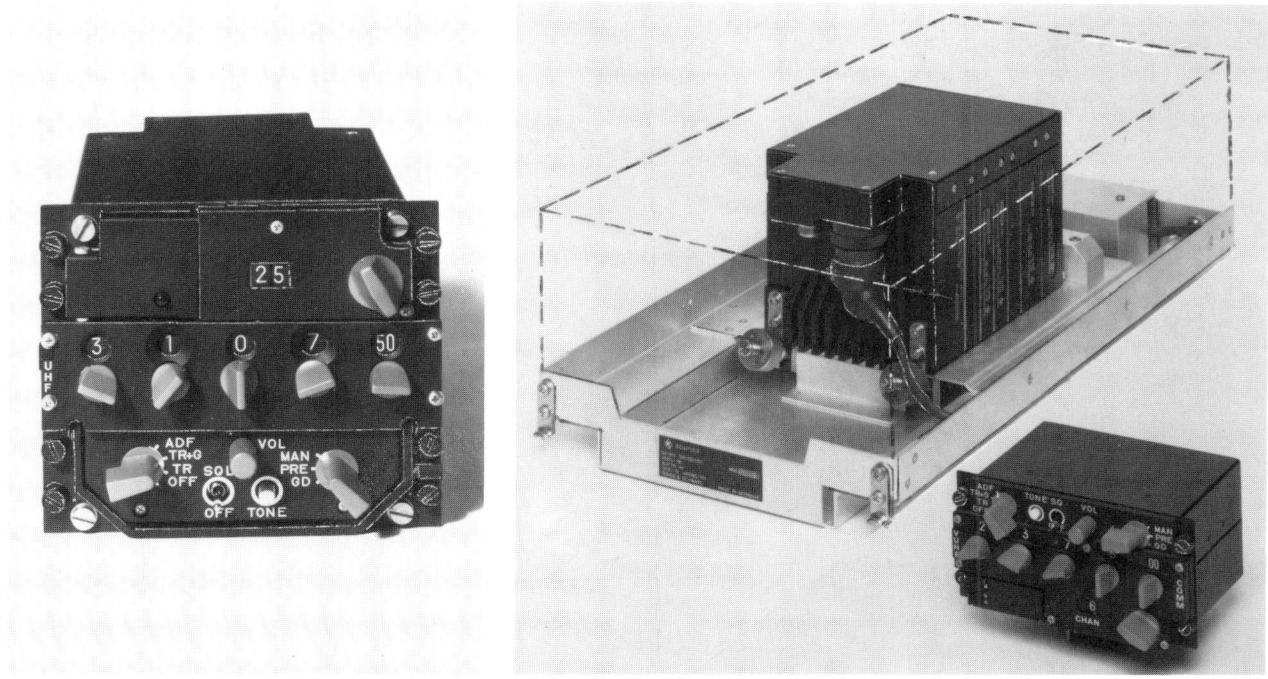

10 W-UHF-Sendeempfänger »XD 610« im ATR-Geräteformat für direkten Cockpiteinbau (links), rechts fernbediente Version »XD 611« mit Fernbediengerät vorne und Sendeempfangsgerät, hier auf Zwischenadapter für Ersatz des AN/ARC-34 (gestrichelt), Rohde & Schwarz 1979.

Steckern mit Drähten eine Kosteneinsparung, desgleichen einen Ausgleich bei Toleranzen der Modulhöhe.
Interessant ist ein Vergleich der direkt bedienten Versionen der 10 W-UKW-Sprechgeräte FuG 16 (1941) und XT 3012/01 (1976). Das Volumen und das Gewicht gingen auf $^1/_3$, der Stromverbrauch auf $^1/_{12}$ (beim Empfang) bzw. auf $^1/_3$ (beim Senden) zurück.
Für den Kurzwellenbereich wurde (ebenfalls im Auftrag des Verteidigungsministeriums) zusammen mit der Firma Siemens in der XK 400-Familie das 400 W-KW-Sende-Empfangsgerät *XK 401* entwickelt. Es ist im »Tornado« eingebaut und arbeitet im Bereich 2,0–29,999 kHz mit 280 000 Frequenzkanälen in Schritten von 100 Hz. Elf Kanäle sind frei vorwählbar. Im Cockpit ist das Bediengerät angeordnet für die Wahl und Vorwahl der Kanäle, Einstellung der Lautstärke und Betätigung der Selbstprüfeinrichtung (BITE). Der im Rumpf seitlich untergebrachte Empfänger-Steuersender (im Format $^1/_2$ ATR short) enthält auch die Frequenzaufbereitung (Syntesizer) für beide Bauteile. Der zugehörige Sender-Leistungsverstärker (Format 1 ATR short) ist ebenfalls volltransistorisiert und auf besonders hohe Ausfallsicherheit ausgelegt. Seine Ausgangsleistung beträgt bei Einseitenbandtelefonie (A3J) 400 W

UHF-Gerätefamilie »610« mit modularem Aufbau (von vorne: Datenumsetzer, Synthesizer, Hauptempfänger, Wachempfänger, 10 W-Sendeteil mit Netzteil. Seitlich aufgesteckt die Zwischen- und Ausgangsverdrahtung.

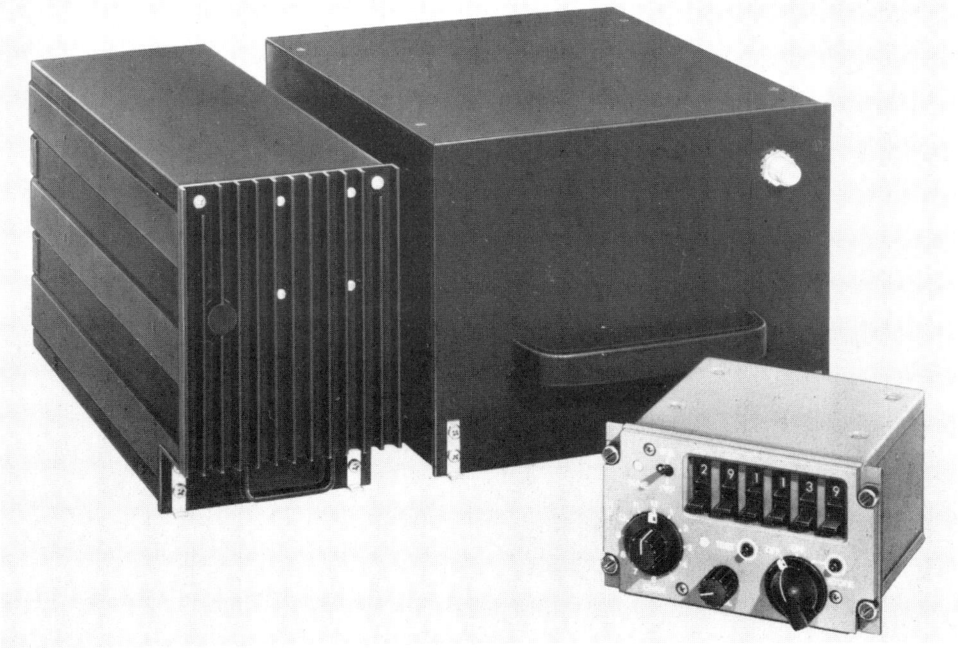

400 W-KW-Einseitenband-empfänger »XK 401« mit Empfänger-Steuersender, Sender-Leistungs-Verstärker und Bediengerät. Rohde & Schwarz 1980.

Spitze-Spitze (PEP). Zum Ausgleich für die Verwendung des deutschen Gerätes auch im britischen »Tornado« wird als Antennenanpassungsgerät ein von der Firma British Aerospace BA entwickelter Typ samt einer digitalen Abstimmsteuerung verwendet, wobei die Abstimmzeit unter einer Sekunde liegen dürfte.
Hier sei noch auf eine weitere Entwicklung von R & S für moderne Bordfunkanlagen hingewiesen, die zentrale Bedieneinheit *GB 606*. Diese erlaubt den Ersatz vieler unterschiedlicher Bediengeräte, eine Platz- und Gewichtseinsparung im Cockpit, eine Erweiterung der Avionik ohne zusätzlichen Platzbedarf im Cockpit und eine einheitliche Bedienung aller Geräte für Kommunikation, Navigation und Identifikation, einschließlich der Selbstprüfung. Die hohe Speicherkapazität (48 kByte) erlaubt die Abspeicherung und Eingabe der Prüfliste, die laufende Berechnung des Treibstoffvorrates, die Anzeige von Wartungsplänen usf. Die Einheit enthält 18 Drucktasten und ein sechszeiliges Anzeigefeld (mit je 24 Zeichen), dessen Helligkeit automatisch geregelt wird und das in roter oder grüner Farbe geliefert werden kann.
Für den taktischen Verkehr zwischen Hubschraubern und Bodentruppen bzw. Panzern werden VHF-Sprechgeräte benötigt, die im Band 30,0–75,95 MHz (920 Kanäle im 50 kHz-Raster) mit Frequenzmodulation arbeiten. Die Firma Becker Flugfunk fertigte dafür im Jahre 1984 in Lizenz der Firma Silvania/USA das Einblockgerät *AN/ARC-114(G)* mit 10 W Sendeleistung für FM-Sprechfunk (F3), digitaler Datenübertragung, Zielflugmöglichkeit und mit zusätzlich eingebautem Wachempfänger (fest abgestimmt auf 40,5 MHz). Die Empfängerempfindlichkeit beträgt 0,6 μV/20 dB. In Verbindung mit einem zweiten eingebauten Funksprechgerät kann das Luftfahrzeug auch

10 W-VHF-FM-Sprechgerät Becker/Silvania AN/ARC-114 (6) für taktischen Bord-Bodenverkehr (30,0–75,95 MHz).

als Funkwiederholer auf einer anderen Frequenz dienen, wobei je nach Flughöhe eine erhebliche Reichweitensteigerung der Bodenfunkstellen verbunden ist.

Seenotsender-Empfänger

Als Nachfolger des in der Nachkriegszeit weit verbreiteten amerikanischen Seenotsender-Empfängers RT-159/URC-4, der aus Sender-Empfänger mit acht Röhren und Batterieteil bestand und wahlweise auf der VHF- oder der UHF-Notfrequenz (121,5 bzw. 243,0 MHz) empfangen und (mit Telegrafie tönend oder Telefonie) senden konnte, entwickelte die Firma Becker-Flugfunk im Jahre 1969 den volltransistorisierten Notsender-Empfänger *MR 506*. Das auf Wunsch für 121,5, üblicherweise aber für die Notfrequenz 243,0 oder 243,5 MHz ausgelegte Gerät hat (einschließlich der Batterie) die Abmessungen 154 mm × 88 mm × 40 mm, wiegt 0,81 kg und weist eine Sendeleistung von 150 mW für etwa 20 Stunden Betriebszeit auf. Die Empfängerempfindlichkeit liegt bei 1 μV, die Trennschärfe beträgt –40 dB für ±50 kHz Ablage. Das Gerät wird beim Fallschirmabsprung bzw. bei Auslösung des Schleudersitzes automatisch eingeschaltet, was die Reichweite ganz wesentlich erhöht. Es wird ein mit 2–3 Hz zwischen 300 und 1 000 Hz gewobbelter Ton abgestrahlt. Bei Annäherung eines Rettungshubschraubers etc. kann zu Wechelsprechverkehr übergegangen werden.

Eigenverständigungs-(Intercomm-)Anlagen

Die frühere Eigenverständigungsanlage (EiV), die nur eine Parallelschaltung verschiedener Empfängerausgänge oder die Mikrofonumschaltung auf EiV- oder Sprechgerät ermöglichte, wurde nun ersetzt durch das »Intercommunication (Intercomm) Set« bzw. das »Interphone«, bei uns auch »Aufschaltanlage« (oder auch »Bordtelefon«) genannt. Diese neueren Anlagen enthalten pro Empfängerausgang einen Trennverstärker, (so daß Parallelschaltung von Empfänger A und B für den Pilot nicht mehr bedeutet, daß der Copilot auch A und B gleichzeitig hört, wenn er nur einen von beiden einschaltet). In größeren Flugzeugen gibt es dann eine »Public Address-Anlage«, über welche der Flug-

Seenotsprechgerät »MR 506« von Becker-Flugfunk für 243 MHz (1969).

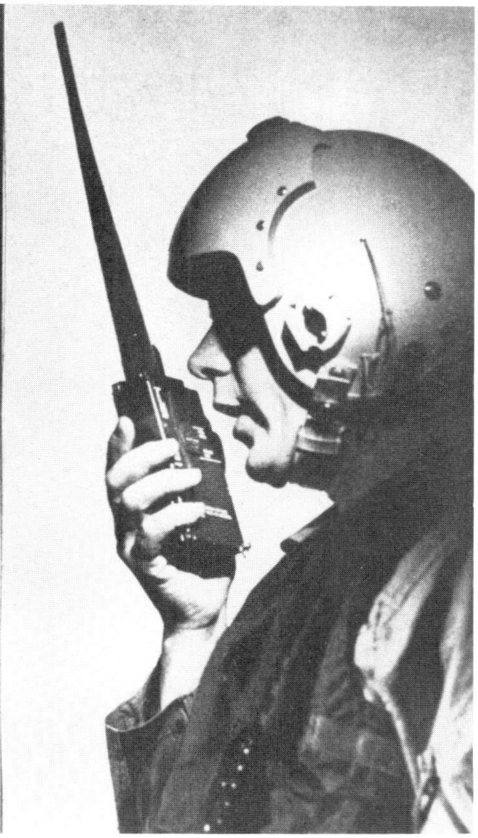

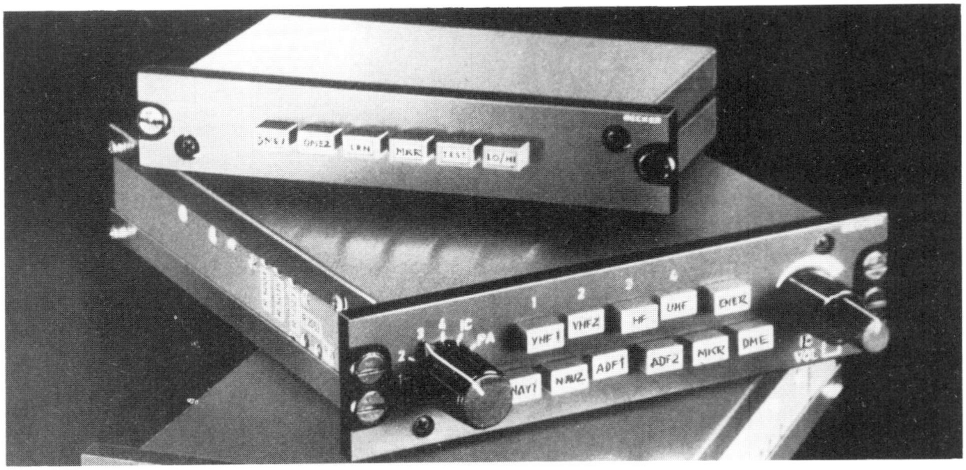

Eigenverständigungsanlage bzw. Aufschaltgerät »AS 3100« von Becker-Flugfunk mit Mikrofonwahlschalter und zehn Empfängertasten, darüber Zusatzgerät AU 3100 für weitere Empfängerausgänge.

VHF/UHF-Notsendebake ELT 2 von Avionic Dittel für Flüge in einsamen Gegenden. Sie strahlt nach einem Unfall automatisch für mehr als 48 Stunden Notsignale ab.

kapitän seine Fluggäste begrüßt. Beim Militär hingegen werden alle niederfrequenten Anlagen mit »Voice Communication System VCS« bezeichnet. Neuere Geräte arbeiten mit »Hot Mike«, d.h. mit Trägersperre in den Sprechpausen (es muß dann keine Sprechtaste mehr gedrückt werden). Einziger deutscher Hersteller von Aufschaltanlagen ist die Firma Becker-Flugfunk mit den Aufschaltgeräten *AL 3 B, AL 3 C* und dem 1983 entwickelten Aufschaltgerät *AS 3100,* das in verschiedenen Ausführungsformen u.a. für den Einbau in Do 228, Bo 105 und BK 117, desgl. für Flugzeuge der Pilatus-Werke/Schweiz, gefertigt wird. Dazu kommen die militärischen Versionen *VCS 221-1, VCS 221 A* und *222 A,* von denen der zuerst genannte z.B. im »Alpha-Jet« eingebaut ist.

Notmarkierungsbaken

Von den seit einigen Jahren für Flüge über einsamen Wüsten- bzw. Seegebieten vorgeschriebenen Notmarkierungsbaken = Emergency Locator Transmitter = ELT wird derzeit in Deutschland nur der Typ *ELT 2* von Avionic Dittel hergestellt. Diese Geräte sind z.B. hinter einer Klappe im Leitwerk eingebaut, wo sie bei stärkeren Beschleunigungen wie Notwasserung oder Aufschlag am Boden freigegeben werden, auf dem Wasser aufschwimmen und selbsttätig für mindestens 48 Stunden auf den Notfrequenzen 121,5 und 243,0 MHz mit etwa 0,5 W Leistung zu senden beginnen.

Eigenpeil- und Zielflug-Verfahren

LW-MW- Peil- und Zielfluggeräte bis 1945

Erste Peilgeräte

Die ersten Versuche durch besondere Antennenformen eine Richtwirkung zu erzielen, fanden bereits vor der Jahrhundertwende statt, so erhielt *Ferdinand Braun* sein erstes Patent (Brit. Patent Nr. 12420) im Jahre 1899. In den Jahren 1913 und 1916 erprobte *M. Dieckmann* in Zeppelin-Luftschiffen kreuzförmig verspannte Drähte bzw. kreuzförmig verlegte Empfangsschleifen und Kreuzrahmen-Schleppantennen mit Goniometer. Hierbei waren die Rahmenwindungen an die zwei ebenfalls rechtwinklig zueinander stehenden Festspulen, der Empfänger hingegen an die drehbare Suchspule des Goniometers angeschlossen und damit die Richtung eines Senders bestimmt. Diese Geräteart konnte sich jedoch für längere Zeit noch nicht gegen den ebenfalls 1916 erfolgreich erprobten einfachen Rahmenpeiler durchsetzen. *Dieckmann* sah hier einen (für die Landung umklappbaren) Drehrahmen vor, einen Detektor-Einkreisempfänger und einen der ersten serienmäßigen Niederfrequenz-Röhrenvestärker.
Auch Riesen-(R-)Flugzeuge sollen in den Jahren 1917/18 teilweise mit Eigenpeilanlagen (bestehend aus drehbarem (?) oder fest verspanntem Empfangsrahmen, HF-Verstärker, Detektor mit Abstimmkreis und NF-Verstärker) versehen gewesen sein. 1922 wurde im Telefunken-Museum ein »Bordpeiler«, bestehend aus drehbarem Peilrahmen mit Abstimmkondensator, einem Audion-Empfänger *E 225 a* (150–1000 kHz) und einem Dreiröhren-NF-Verstärker EV 176d, gezeigt.
Erst 1927 erprobte die DVL erfolgreich einen (Boden-) Peilempfänger Telefunken *E 358 N* in einem Flugzeug des Typs F 13. Bereits im folgenden Jahre wurde dann eine (mechanisch leichtere) Ausführung = LW-Peilempfänger *Spez. 47 N* (231–522 kHz) in verschiedene Seeflugzeuge eingebaut. Eine etwas größere Version war der Empfänger *Spez. 144 N* (75–1000 kHz) der Peilanlage Spez. 146 N aus den Jahren 1927/28, die im Groß-Flugboot Do X und im Luftschiff LZ 127 verwendet wurden. Alle drei genannten Geräte konnten als normale LW-Empfänger in der Betriebsart »Rundempfang« betrieben werden, wobei nur die Hilfsantenne (parallel zum Rumpf verspannter Draht) angeschlossen war. In der Stellung »Peilen« war nur der Peilrahmen angeschaltet, der eine achtförmige Empfangscharakteristik aufweist (siehe Zeichnung). Er war nun so zu drehen, daß der zu peilende Sender in einem der beiden Minima lag. Hierbei konnten durch zusätzliche lose Einkopplung der Hilfsantenne unerwünschte Spannungskomponenten des Rahmens kompensiert werden = »Minimum-Enttrübung«. In der Betriebsart »Seitenbestimmung« wurde die Hilfsantenne fest eingekoppelt, so daß sich ein herzförmiges Diagramm (»Kardioide«) mit nur einem Minimum ergab, das nun um 90° verdreht war. Da das Kardioiden-Minimum weniger scharf ausgeprägt war, wurde die genaue Richtung in Stellung »Peilen« ermittelt und die Unbestimmtheit »voraus/rückwärts« bei der »Seitenbestimmung« aus der Drehrichtung zum Minimum geklärt. Wurde der Rahmen bei Stellung »Peilen« quer zur Flugrichtung gestellt, so konnte eine Art »Zielflug« durchgeführt werden, wenn das Flugzeug genau auf Kompaßkurs zum Sender gebracht wurde. Der Sender lag dann genau im Empfangsminimum, jede Abweichung davon machte sich im Kopfhörer durch ein Ansteigen der Lautstärke bemerkbar.
Im Jahre 1930 entwickelte die DVL einen LW-Peilempfänger (ohne Typenbezeichnung. Neun-Röhren-Zweikreisempfänger, Bereich 175–750 kHz), der nach konstruktiven Änderungen von Telefunken dann ab 1931 als LW-Peilempfänger *Spez. 173 N* für die DLH in Serie gefertigt wurde. Die Peilanlage mit direkt angetriebenem Rahmen erhielt 1933 bei der Luftwaffe die Bezeichnugn *PeilG I*, Anlagen mit Seilantrieb des Rahmens erhielten die (ursprünglich für die Anlagen P 53 N/P 63 N, s. weiter unten, vorgesehene) Bezeichnung *PeilG II*. Etwa ab 1934 erhielt der Peilempfänger EP 1 einen Heizregler, wonach er mit EP 1 a, bzw. die Anlagen mit *PeilG IA* bzw. *IIA* bezeichnet wurden. Da sehr früh schon eine Zielflug-Instrumentenanzeige für den Piloten gefordert wurde, entwikkelte die DVG *(Prof. Dieckmann)* ab dem Jahre 1929 verschiedene Zielfahrt-Vorsätze und Zielfahrt-Empfänger, für die ursprünglich eine große zu den Flügelenden verspannte Drahtschleife als Peilrahmen und eine Schleppantenne als Hilfsantenne verwendet werden mußten. Bei diesen Geräten wurden nach einem Patent von *Dieckmann* und *Hell* die Enden der Rahmenantenne an die Steuergitter einer Gegentakt-Röhrenschaltung gelegt. Eine in Serie dazu angelegte Wechselspannung von 80 Hz sperrte nun abwechselnd jeweils eine der Gegentaktröhren, so daß die Anordnung wie ein »elektronischer Schalter« arbeitete. Die an einem Ausgangstransformator auftretenden gegenphasigen »Wellenpakete« wurden nun mit der Spannung der Hilfsantenne

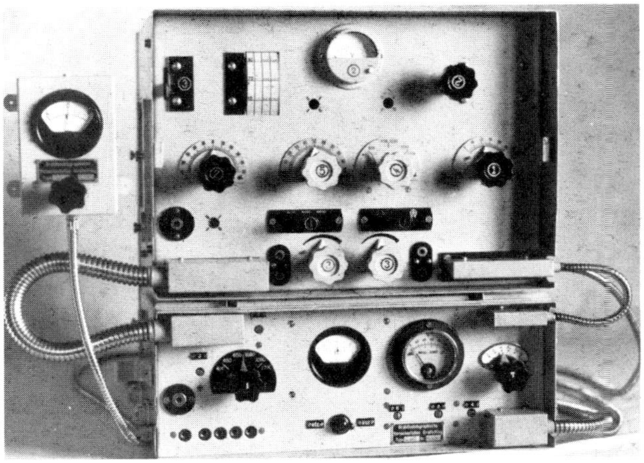

Peilempfänger »Spez. 173 N = EP 1« der Peilanlagen PeilG I und II (175–750 kHz) von Telefunken, hier mit Zielflugvorsatz C 97 der DVG (1934).

◀ Bordpeilanlage von Telefunken aus dem Jahre 1918 für R-Flugzeuge und Luftschiffe, bestehend aus Batterien, Rahmenabstimmung, Empfänger E 225 a mit Verstärker EV 176 d und dem drehbaren Peilrahmen.

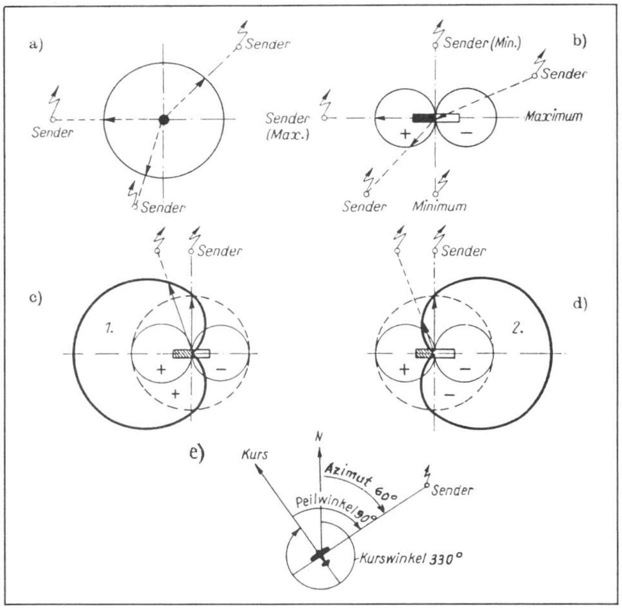

Prinzip der Peilung: a) Die Hilfsantenne ermöglicht Rundempfang, b) das 8förmige Richtdiagramm des Peilrahmens weist zwei Maxima und zwei Minima auf; c) und d) durch Addition von Hilfsantennen- und Rahmenspannung ergibt sich je nach Phasenlage ein herzförmiges Diagramm (Kardioide) 1 oder 2 = Betriebsart »Seitenbestimmung«. e) Beispiel einer Peilung (bei einem Kurs von 330°): Peilwinkel zur Flugzeuglängsachse = 90° = relative Peilung/mißweisende Peilung (auf magnetisch Nord bezogen) = 60°.

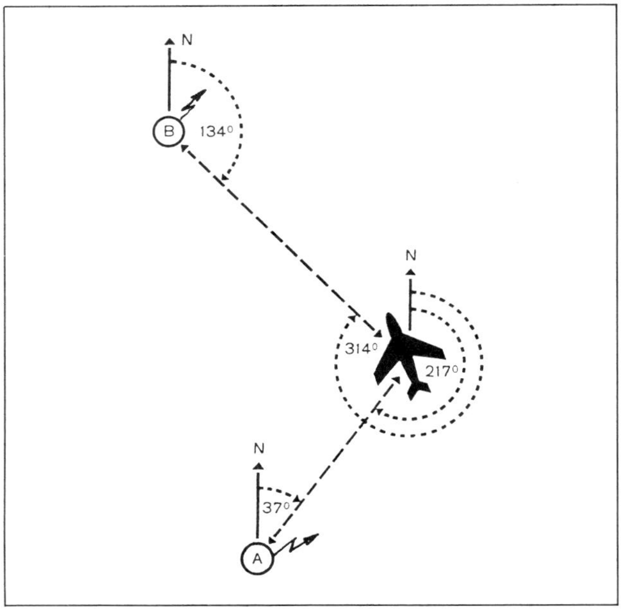

Prinzip der Standortbestimmung durch Kreuzpeilung: Mit Hilfe der Peilantenne lassen sich vom Flugzeug aus die Standlinien zu den Funkfeuern A und B bestimmen, der Schnittpunkt der Standlinien gibt den Standort an. Gezeichnete Situation: Azimutwinkel des Funkfeuers A vom Flugzeug aus = 217°, Azimut von B = 314°, somit Azimutwinkel des Flugzeugs bei A = 37°, B = 134° (aus 217°–180° bzw. 314°–180°).

Schaltungen für den Zielflug nach Instrumentenanzeige, oben nach Dieckmann-Hell-Patent (verwendet bei PeilG III und FuG 15–18, 24), unten mit Motorschalter (Beispiele PeilG 4, 5 und 6). Erfolgt die Umpolung der Rahmen- (oder der Hilfsantennen-)spannung gleichzeitig mit derjenigen der Empfängerausgangsspannung, so entstehen an einer Gleichrichterbrücke Stromstöße. Diese erzeugen an einem angeschlossenen Instrument (mit Nullpunkt in der Mitte) bei Links-(Rechts-)drehung des Rahmens aus dem richtigen Minimum einen entsprechend großen Zeigerausschlag nach links (rechts).

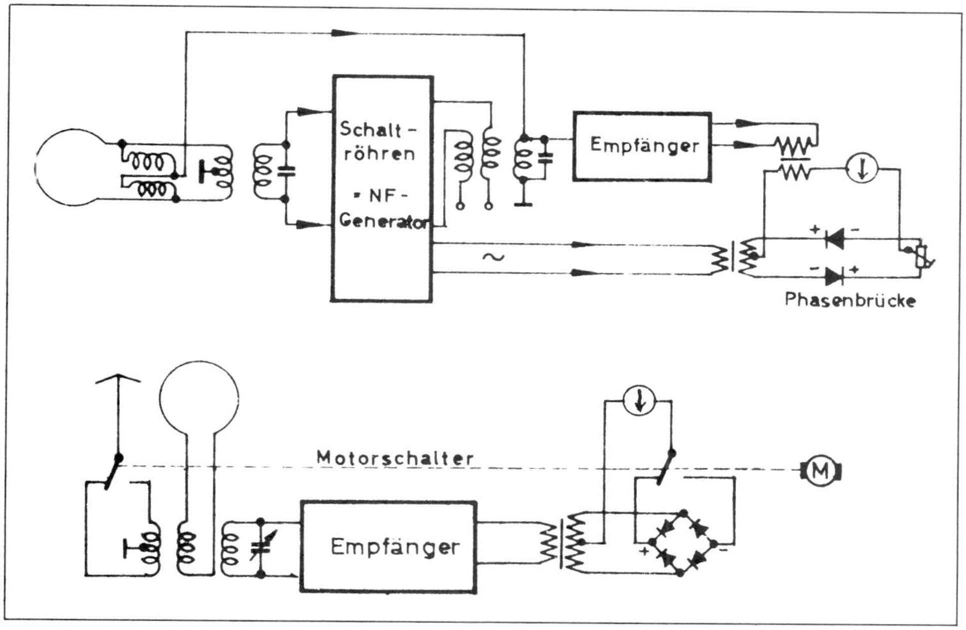

verglichen, so daß in jeder Halbperiode je nach Phasenlage eine Summierung bzw. Subtraktion der Spannungen erfolgte. Die so modulierte Hochfrequenz wurde im Empfänger gleichgerichtet, verstärkt und an eine der beiden Spulen eines Dynamometers gelegt, dessen zweite Spule an der 80 Hz-Frequenz lag. Die so entstandene Phasenanzeige konnte direkt als Zielflug-Anzeige verwendet werden, da Kursabweichungen entsprechende Instrumentenausschläge (links/rechts) verursachten. Das Dynamometer wurde später durch eine Gleichrichterbrücke mit Drehspulinstrument (mit ebenfalls in der Mitte liegendem Nullpunkt) ersetzt und die 80 Hz-Frequenz selbst in der Gegentaktschaltung mit erzeugt.
Die DVG untersuchte so im offiziellen Auftrag über 20 Peilerschaltungen und entwickelte dabei auch den ersten automatischen Peiler mit selbsttätigem Rahmeneinlauf in eine eindeutige Minimumstellung. Der Aufwand (16 Trioden) war bei diesem Versuchsgerät = *Peilkompaß C 72* noch erheblich.

Peil- und Zielfluggeräte 1934–1945

Die Fa. Telefunken lieferte 1934 eine von A. Leib konstruierte neue Bordpeilanlage *P 53 N*, die dann nach Verbesserung *P 63 N* und nach Umstellung auf indirekt geheizte Röhren (des Typs NF 2 = CF 7) bei der DLH ab 1936/37 als LW/MW-Peil- und Zielfluganlagen *118 N* bzw. *128 N* eingeführt wurden. Sie unterscheiden sich nur durch den Durchmesser der verwendeten Peilrahmen. Da der zugehörige Sechs-Röhren-Dreikreis-Empfänger E 397 N (mit 6 × NF 2), der einen Frequenzbereich von 65–1 000 kHz überstrich, sehr groß ausgefallen war (Breite 46 cm, Gewicht 13 kg), mußte er meist vom Funkerplatz abgesetzt (oder unter dem Funkertisch) durch störanfällige Drahtzüge und biegsame Wellen fernbedient werden. Seine Empfindlichkeit war aber recht gut. Er besaß die Betriebsarten »Rundempfang/Peilen/Zielflug nach Anzeige/Zielflug nach Gehör«. Bei Zielflug nach Instrumentenanzeige mußte der Peilrahmen auf 0° (quer zur Flugrichtung) gestellt werden. Ein Motorschalter polte dann periodisch die Phasenlage der Hilfsantenne um, so daß die Empfangsspannungen nur gleich groß blieben, wenn der angeflogene Sender genau voraus lag. An den Ausgangstransformator des Empfängers und eine daran angeschlossene Gleichrichterbrücke war eine weitere Ebene des Motorschalters und ein Gleichstrom-Anzeigeinstrument angeschlossen, dessen Ausschlagrichtung und Amplitude Richtung und Betrag der Ablage des Senders von der Flugzeug-Längsachse angab.
In der Betriebsart »Zielflug nach Gehör« wurde die Antenne über zwei komplementäre Nockenscheiben an den Eingang des Empfängers gelegt. Dabei ergaben sich dann bei Kursabweichungen die Morsebuchstaben A (.–) bzw. N (–.) im Kopfhörer am Ausgang des Empfängers. Mit Ausnahme des Rundempfanges von Rundfunksendern mußte bei allen Betriebsarten der Telegrafieüberlagerer eingeschaltet werden.
Die Luftwaffe erhielt ab 1937 für Ihre mit FuG III bzw. FuG V (später auch mit FuG 10) ausgerüsteten Flugzeuge

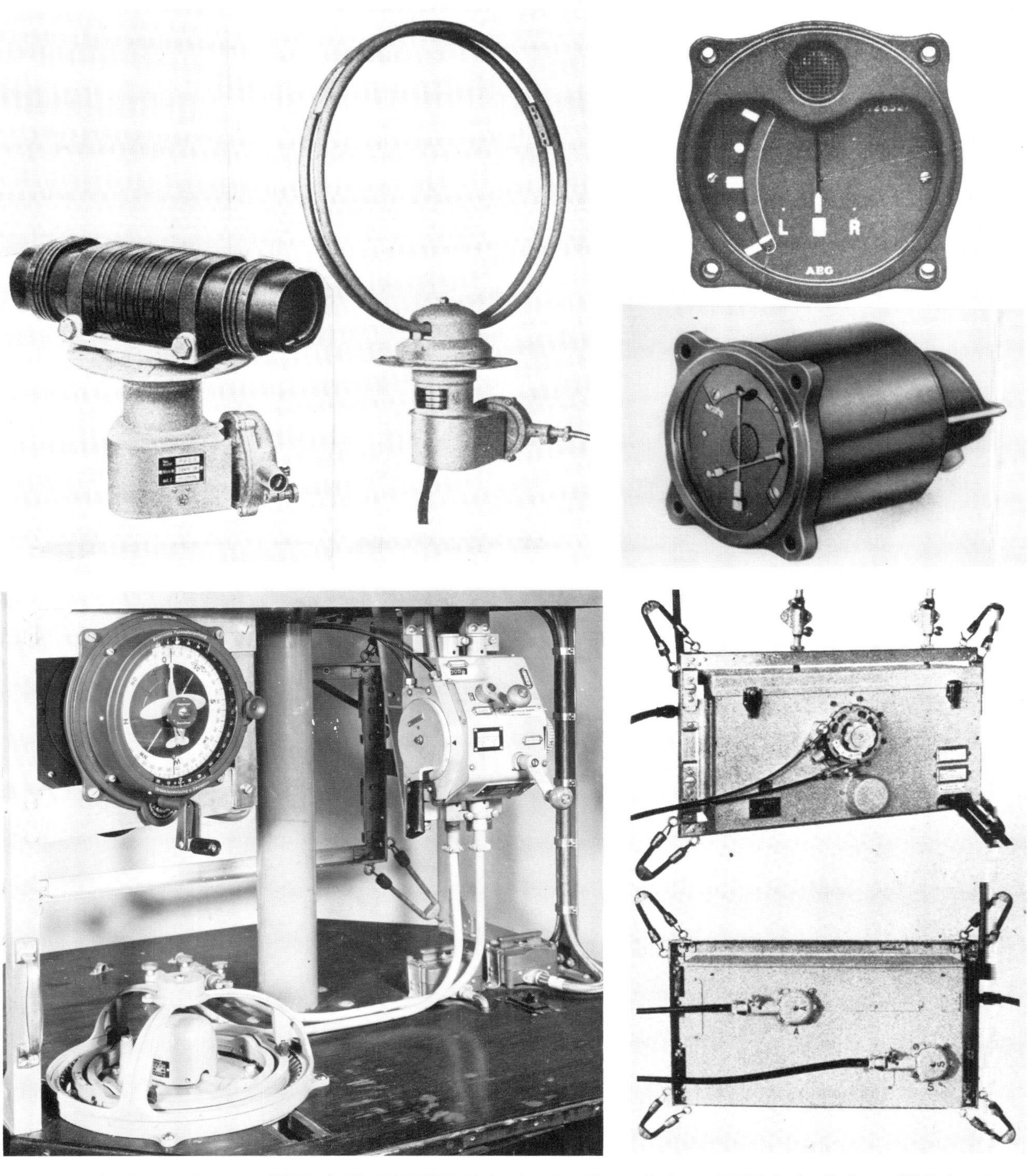

LW/MW-Peilanlagen »121 N = PeilG V« (165–1000 kHz). Links oben HF-Eisenpeilrahmen PRE 3, Luftpeilrahmen PR 3, Anzeigegeräte AFN 1 und AFN 2. Unten Funkpeiltochter und Fernbediengerät, rechts Vorder- und Rückansicht des fernbedienten Empfängers EZ 2.

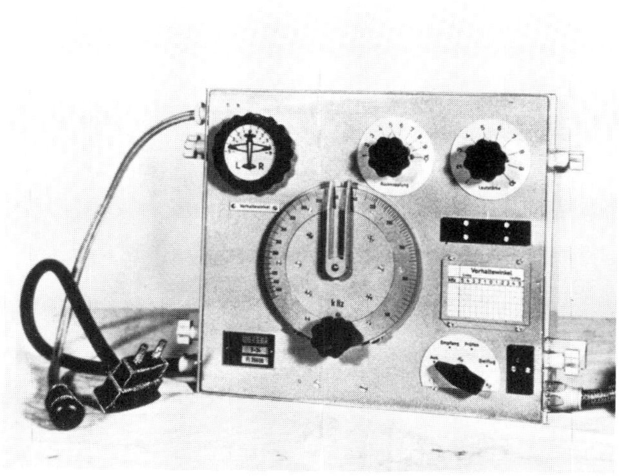

LW-Zielfluggerät »C 107 = EZ 3« des PeilG III, 140–470 kHz), das zusammen mit dem FuG VIII u.a. in Aufklärern He 70F eingesetzt war. Vor dem (nicht drehbaren) Peilrahmen der Antennenmast als Hilfsantenne. Entwicklung DVG 1935.

die Version *121 N = PeilG V* (ursprünglich war die Nr. II vorgesehen gewesen) mit dem Empfänger E 414 N = EZ 2. Sie unterschied sich von den DLH-Ausführungen durch einen Schwingrahmen und zwei Kabelschwänze am Gerät. Der große Peilrahmen RP 3 wurde Anfang des Krieges durch einen (bei der Fa. Siemens entwickelten) und wesentlich kleineren Rahmen mit HF-Eisenkern ersetzt, der unter einer kleinen Plexiglashaube Platz hatte und so bei kleinerem Luftwiderstand das Schußfeld nicht mehr beeinträchtigte.

Bei der DVG waren inzwischen eine Reihe sehr kleiner und kompakter Zielflug-Empfänger (und auch Peilempfänger verschiedener Art) entstanden, so im Jahre 1935 der LW-Zielflugempfänger *C 107/35* (140–420 MHz), der unter der Bezeichnung EZ 3 bzw. Anlage *PeilG III* für die Luftwaffe in Serie gefertigt wurde. Hier wurde die Hilfsantennenspannung mittels der bekannten Gegentakt-Schaltröhren umgepolt und mit der Rahmenspannung an den eigentlichen Empfänger (Dreikreiser, insges. sieben Röhren RV 12 P 4000) mit nachgeschalteter Phasenbrücke, geleitet. Das Gerät benötigte nur einen kleinen fest eingebauten Rahmen mit kleiner Stabhilfsantenne und wurde zusammen mit dem Nachrichtengerät FuG VIII in den Aufklärer He 70 F eingebaut (Stückzahl etwa 100). Als Betriebsarten waren nur »Rundempfang« und »Zielflug« vorgesehen. Es war auch eine Variante EZ 3a bzw. *PeilG IIIa* mit Aufschaltvorsatz für die Kurssteuerung entwickelt worden, die aber vermutlich ihrer Zeit voraus war.

Eine weitere Variante waren die MW-Zielflugempfänger *C 111/35* (157–415 kHz), von denen zwei Stück zusammen mit einer Peilanlage 128 N (s. S. 85) im Luftschiff LZ 129 eingebaut waren und gemeinsam ein Instrument mit drei Zeigern steuerten. Mit dieser Kombination konnte zusammen mit drei an den Ecken eines Dreiecks aufgestellten Bodensendern Nebellandungen auf 10–20 m genau (!) ausgeführt werden: Der Landemast war dann erreicht, wenn bei einem Zielflug auf der Grundlinie Sender A → Sender B nach Überflug von Sender A letzterer in 180°, Sender B in 0° und Sender C in 90° gepeilt wurde.

In einer etwa 1938 herausgegebenen und dann erneuerten Ausschreibung für ein LW-Zielfluggerät für kleine Flugzeuge kam die Firma Telefunken mit ihrem Entwurf *(R. Feld)* zum Zuge. Der Empfänger EZ 4 des LW-Zielfluggerätes *PeilG 4* war ein Überlagerungsgerät (mit 8 × RV 12 P 2000) und überstrich einen Frequenzbereich von 250–400 kHz. Das Gerät war bereits in der neuen FuG 10-Bauweise konstruiert und verwendete einen festeingebauten HF-Eisenpeilrahmen mit tropfenförmiger Plexiglashaube, auf die die Hilfsantenne kammförmig mit leitendem Silberlack aufgespritzt war. Es besaß eine eingebaute Fernfrequenzwahl für zwei Rastfrequenzen, deren Umschaltung (durch Motorantrieb) ebenso wie die Lautstärkeregelung von einem kleinen Bediengerät aus erfolgte. Das PeilG 4 wurde zusammen mit dem FuG 17 in Aufklärern Fw 189 verwendet, es war auch in Stukas Ju 87 zusammen mit dem FuG VIIa zu finden. Zu der aufgespritzten Hilfsantenne des PeilG 4 (und des PeilG 6) ist zu bemerken, daß alle ausländischen Geräte bis zum Jahre 1966 mehrere Meter lange Hilfsantennen benötigten.

Parallel zum Telefunkengerät war auch eines von Lorenz (Typ V 220?) und eines von TeKaDe angeboten worden, die aber noch feststehende Luftpeilrahmen aufwiesen.

LW-Zielfluggerät »PeilG 4« (250–400 kHz). Links der HF-Eisenpeilrahmen mit Plexiglasverkleidung und Hilfsantenne (aufgespritzt), rechts der Empfänger EZ 4 mit abgenommener Schutzhaube. Diese Anlage von Telefunken (1939) war in Fw 189 und Ju 87 eingebaut.

Auch die modernsten LW-Peilanlagen weisen einen sog. »Dämmerungseffekt« auf, wobei eine Peilung bei Dämmerung und Nacht infolge der Beeinflussung der Bodenwellen durch die an der sog. Heavisideschicht reflektierte Raumwelle undurchführbar werden, oder falsche Werte ergeben kann. Nach verschiedenen Versuchen der DVL mit Adcock-Antennen (= vertikalen Stabantennen) bzw. Doppelrahmenanordnungen an den Flügeln, die keine allzu befriedigende Erfolge brachten, stellte Lorenz nach dem schon erwähnten Impulspeilverfahren von *Plendl* ein Impulspeilgerät *VPN 212 b/A* (260–520 kHz) für Boden- und auch Bord-Einsatz her, das auf einem Oszillografen das aufeinanderfolgende Eintreffen von Boden- und Raumwelle darstellte und daher eine Minimumpeilung nach Anzeige zuließ, wenn der zu peilende Sender mit kurzen Punkten (Impulsen) getastet war. Da die Impulse sehr breite Frequenzbänder benötigten und bei Entfernungen über 250 km die Laufzeitunterschiede kaum mehr unterscheidbar waren, wurde dieses Verfahren ab 1939 nicht mehr weiterverfolgt.

Da das PeilG V eine hohe Störanfälligkeit seiner mechanischen Fernantriebe zeigte, wurde als Übergangslösung eine elektrische Fernbedienung EFB 2 eingeführt. Das Gerät erhielt die Bezeichnung *PeilG Va* (mit Empfänger EZ 2a).
Um mit den Geräten PeilG V/Va auch vollautomatische Peilungen mit selbsttätigem Einlaufen des Peilrahmens in das richtige Minimum (und auch Peilungen von Hand über einen elektrischen Rahmenantrieb) durchführen zu können, wurden von den Firmen Friesecke und Höpfner und von Patin entsprechende Zusätze entwickelt. Der automatische Peilzusatz *APZ 5* der Fa. F. & H. sah einen zusätzlichen Umformer U 11, einen Verstärker V1, einen elektrischen Rahmenantrieb APR 3 und einen Funkbeschicker vor, der mit der Funkpeiltochter verbunden war. Bei dieser Anlage wurde der Strom des Anzeigeinstrumentes nach Verstärkung zum Steuern des im Umformer enthaltenen Leonard-Teiles benutzt, der den Rahmenmotor je nach Amplitude und Polarität des Instrumentenstromes langsam oder schnell nach links oder rechts laufen ließ. Der Peilrahmen blieb übrigens nie im falschen Minimum stehen, sondern lief sofort (bei der allerkleinsten Bewegung des Flugzeugs) in das richtige Minimum. Für schwierige Fälle war auch eine elektrische Betätigung des Rahmens für eine Peilung von Hand möglich. In der Do 217 J war der APZ 5 aufschaltbar auf die Kurssteuerung = automatische Peilzusatz-Aufschaltung *APeilZA 5*.
Vereinzelt wurde auch der Automatpeilzusatz *PPA 2* von Patin zusammen mit dem PeilG Va verwendet, so in einigen Baureihen der He 177. Diese Anlage war einfacher aufgebaut, d.g. der Rahmen wurde direkt durch einen einfachen Gleichstrommotor angetrieben; die Verstärkung der Instrumentenspannung erfolgte in empfindlichen polarisierten Relais (im Peilrelaiskasten PRK 25), die jedoch oft ausfielen. Das PeilG V mit Automatpeilzusatz arbeitete also bereits so wie die heutigen (irreführend) als »Radio-Kompasse« bezeichneten Geräte.

Etwa ab dem Jahre 1938 begann man bei Telefunken *(E. Ziganke)* mit der Entwicklung eines handbedienten Peil- und Zielflugempfängers *E 490* in FuG 10-Bauweise. Er machte mehrere Entwicklungsschritte durch und wurde 1940 in drei Exemplaren (mit Steckanschlüssen auf der Unterseite nach DLH-Norm) an die DLH geliefert. Er war der zivile Vorläufer der nachfolgend beschriebenen Anlage und sollte später mit manuellem Rahmenantrieb und dem Eisenpeilrahmen seines Nachfolgers in DLH-Flugzeuge (z.B. BV 144) eingebaut werden, wozu es aber nicht mehr kam.

LW/MW-Peil- und Zielfluganlage »PeilG 6« von Telefunken 1942 (150–1200 kHz) mit Empfänger EZ 6 (zwei Ansichten) und HF-Eisenpeilrahmen mit Motorantrieb, untergebracht in einer Wanne mit Plexiglasdeckel und aufgespritzter Hilfsantenne.

Der Empfänger *EZ 6* des LW/MW-Peil- und Zielfluggerätes *PeilG 6* war ein Überlagerungsempfänger (mit 7 Röhren RV 12 P 2000) und überstrich einen Bereich von 200–1200 kHz. Das PeilG 6 wurde ab 1942/43 anstelle des PeilG V geliefert und eingebaut. In größeren Flugzeugen wie Do 217, Ju 290 etc. konnte der EZ 6 direkt beim Funker mit angeordnet werden. In den restlichen Flugzeugen (so auch z.B. in der He 177) ließ man den LW-Empfänger des FuG 10 weg und montierte den EZ 6 an dessen Stelle. Diese Form der Kombination wurde *FuG 10 P* genannt. Der HF-Eisenpeilrahmen des PeilG 6 war besonders flach ausgeführt, er wurde in einer nur 10 cm tiefen Wanne versenkt eingebaut, die durch eine Plexiglasplatte mit aufgespritztem Hilfsantennenstern abgeschlossen und so von der Seite des Flugzeugs aus nicht zu sehen war. Beim EZ 6 entfiel (gegenüber dem EZ 2) die Betriebsart »Zielflug nach Gehör«, dafür war die Bandbreite (Trennschärfe) regelbar, eine Komforte, die den deutschen Bordfunkern anfänglich Schwierigkeiten bereitete.

Zum PeilG 6 wurden ebenfalls zwei unterschiedliche automatische Peilzustände, der *APZ 6* von F. & H. und der *PPA 3* von Patin, geliefert, die gegenüber den schon besprochenen Zusätzen zum PeilG V nur kleinere Unterschiede aufwiesen. Auch diese Geräte waren in einem Teil der Flugzeuge auf die Kurssteuerung aufschaltbar. Da für

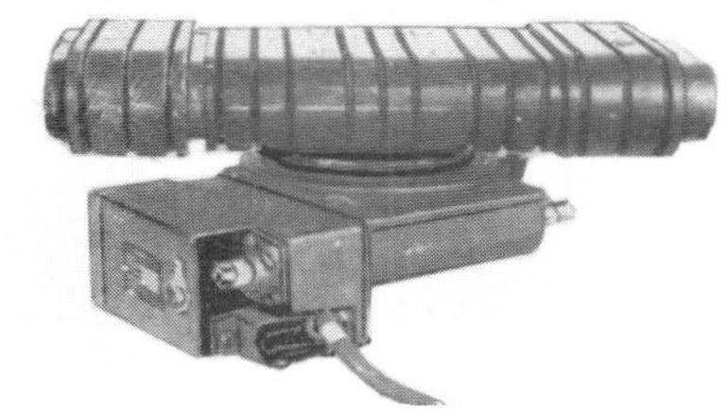

die automatische Peilung die benötigte Senderfeldstärke etwas höher lag als bei manueller Peilung nach Gehör, konnten die Automatpeilzusätze gerade bei Langstreckeneinsätzen nur z.T. für Zielflüge von einem Funkfeuersen-

Feststehender quadratischer HF-Eisenkreuzpeilrahmen in Wanne mit Motorgoniometer (Siemens 1943).

der weg oder auf ihn zu ausgenutzt werden, wo sie von größtem Nutzen gewesen wären. Man behalf sich dann so, daß die Richtung zum Sender mit Gehörpeilung ermittelt wurde, das Flugzeug unter grober Berücksichtigung des Windeinflusses auf den entsprechenden Kompaßkurs gesetzt wurde und dann der Kompaß auf den Regler aufgeschaltet wurde. Auch dies bedeutete bereits eine Entlastung der Besatzung, wenn auch von Zeit zu Zeit zu prüfen war, ob die Peilung noch stimmte. In westlichen Gebieten war diese Methode wegen der vielen auf englischem Boden stehenden »Meacons« zu empfehlen, die auf der Frequenz und mit dem Kennzeichen von deutschen Funkfeuern sendeten und bestenfalls mit Gehörpeilung aus der Situation heraus (letzter Standort) von den richtigen Funkfeuern unterschieden werden konnten. Über englischem Boden war eine Eigenpeilung kaum möglich, da die Meacons zu stark waren und die Rundfunksender bei Freund und Feind im Gleichwellenbetrieb arbeiteten.

Alle bisher besprochenen Peilanlagen (außer den allerältesten) zeigten im ungünstigsten Fall = querab zur Flugrichtung einen maximalen Fehler von etwa ± 2°. Da bei den besprochenen automatischen Peilern der schwere Eisen-

Neue Funkpeiltochter von Patin für PeilG 6 mit PPA 2 bzw. APZ 6.

Prinzipschema des Kurzwellen-Zielflugvorsatzes »ZVG 10« mit Sichtanzeige für das FuG 10, entwickelt von der DVL 1943. ▼

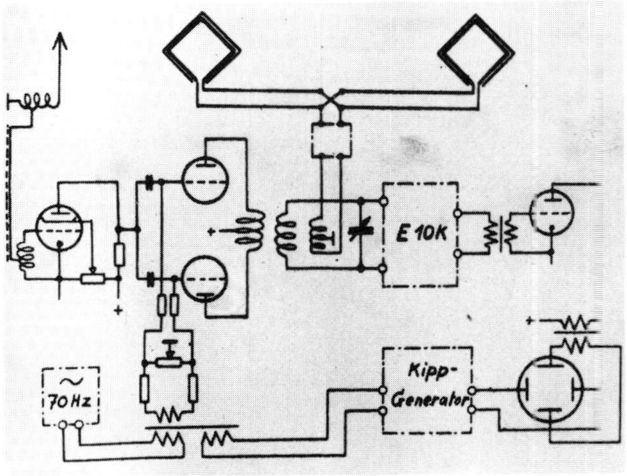

peilrahmen gedreht wurde, konnte die Drehgeschwindigkeit nicht höher als 10°/Sekunde gewählt werden. Die Fa. Siemens untersuchte daher einen fest eingebauten HF-Eisenkreuzrahmen mit angebautem Goniometer = »Goniometer-Peiler«. Da hier die zu drehende Suchspule nur eine kleine Masse aufwies, waren hier Nachlaufgeschwindigkeiten von ca. 200°/Sekunden erreichbar. Wegen Überlastung der Industrie konnte keine Fertigung mehr erfolgen.

Im August 1943 wurde ein Notpeilempfänger *FuG 142* »zur Verwendung in Schlauchbooten in einsamen Gegenden« erprobt. Im Frequenzbereich 150–1200 kHz erreichte das bei F. & H. nach Art eines Kofferempfängers mit 6 D-Röhren (11er Serie) hergestellte Gerät nur eine Peilgenauigkeit von 10–12° mit einem in der Hand zu haltenden Rahmen. Da man vergessen hatte, eine Hilfsantenne mit Seitenbestimmungsschaltung vorzusehen, wurde das Gerät, soweit es schon gefertigt war, im Oktober 1944 zur Verschrottung freigegeben. Es soll gegen Kriegsende noch eine einfache (fernbedienbare?) LW-Peilanlage *FuG 143* entwickelt und in Mustern für Küstenaufklärer Do 335 und einsitzige Jäger geliefert worden sein. Es sollte ggf. das PeilG 6 ablösen, bei dem damals Lieferschwierigkeiten bestanden. Die Röhrenbestückung bestand aus Stahlröhren, weiteres wurde nicht bekannt. In Rechlin lief auch eine Entwicklung eines einfachen LW-Peilers für Jagdflugzeuge, dessen Rahmen in der Fliegerkopfhaube eingebaut war und durch Kopfwenden des Piloten eine einfache Minimumpeilung nach Gehör für den An- oder Abflug von Funkfeuersendern ermöglichte. Die Versuche mußten trotz guter Ergebnisse abgebrochen werden.

KW- und UKW-Zielfluggeräte bis 1945

Peilung und Zielflug sind im Kurzwellenbereich mit kleinen Antennengebilden auf den Bereich der Bodenwelle beschränkt. Für spezielle Zwecke, z.B. für den Anflug auf Agentensender, entwickelte die DVL *(Engel)* zusammen mit der Fa. Loewe-Opta einen KW-Zielflugvorsatz *»Engel« ZVG 10* im Bereich 4,5–10 MHz für die KW-Empfänger der FuG 10-Varianten. Es wurden zwei auf den Tragflächen fest montierte Rahmen und eine Drahthilfsantenne benötigt; es war sowohl eine Anzeige an einem Zielfluginstrument, als auch auf einer Braunschen Röhre vorgesehen, um Fehldeutungen der Instrumentenanzeige vorbeugen zu können. Die Überfluggenauigkeit lag bei ± 50 … 100 m (auch bei Horizontalantennen, bei welchen Rahmenpeiler versagen). Die Reichweite betrug in 500 m Flughöhe gegen einen 40 W-Sender 35 km, in 4 km Flughöhe gegen 200 W-Sender 170 km über Land. Fernpeilungen gegen starke Sender ergaben unerwarteter Weise bei

Funkerplatz in He 177 mit »FuG 10K2P« (KW-Bereich 6–12 MHz und E 10L, ersetzt durch EZ 6), unten der Geräteblock des »FuG 17Z«, rechts oben der Schaltkasten SchK 17Z zur Zusammenschaltung mit den übrigen Geräten.

Zielflugrahmen und Vorsatz »ZVG 17« für FuG 17Z (Prüftafelaufbau).

Entfernungen zwischen 1500 und 3500 km nur Fehler um 2°. Die Schaltung entsprach derjenigen der DVG-Zielfluggeräte, erweitert um die Oszillografenanzeige und die Ausnützung des Effekts der Parallelschaltung zweier in einem gewissen Abstand aufgestellter Rahmen = »Doppelrahmenpeiler«.

Im Flugfunkforschungsinstitut Oberpfaffenhofen FFO (einem Tochterinstitut der DVG, ebenfalls unter Leitung von Prof. *M. Dieckmann*) entwickelten *Hautzendörfer, Ehrenspeck* und *Mattes* Anfang 1940 einen UKW-Zielflugempfänger *C 227* und einen UKW-Zielflugvorsatz, beide nach dem Dieckmann-Hell Patent und im Bereich 42–48 MHz des FuG 17. Das durch den Vorsatz nun zum UKW-Sprech- und Zielfluggerät *FuG 17 Z* (eine Vorserie lief unter dem Decknamen »*Möve*«) erweiterte Gerät wurde ab Ende 1942 in alle Langstrecken-Aufklärer (Fw 200, He 177, BV 222 u.a.) anstelle des FuG 16 eingebaut. Mit diesem Gerät konnte erforderlichenfalls statt des Sprechverkehrs (A 3) ein Tastverkehr Telegrafie tönend (A 2) durchgeführt werden, der bei ungünstigen Bedingungen eine größere Reichweite aufwies. Mit Hilfe des fest eingebauten Peilrahmens (der übrigens über einen besonderen kleinen Transformator gleichzeitig als Hilfsantenne diente) und des Vorsatzgerätes ZVG 17 Z konnte auch Zielflug auf eine entsprechende Bodenstelle, auf ein anderes (Dauerstrich unmoduliert (AO) sendendes) Fühlungshalter-Flugzeug bei einem Geleitzug oder auch auf eine der abwerfbaren Funkbojen FuG 302 »Schwan« durchgeführt werden. Ein besonderer Schaltkasten SchK 17 Z diente zur Querverbindung mit den übrigen Geräten. Von den FuG 17-Varianten wurden ca. 1800 Geräte gefertigt.

Die Firma Lorenz *(Dr. Kloepfer)* entwickelte einen gleichartigen Vorsatz zum FuG 16, woraus das UKW-Sprech- und Zielfluggeärt *FuG 16 Z* entstand. Dieses Gerät wurde ab Sommer 1942 anstelle des FuG VIIa in alle neu ausgelieferten einmotorigen Jäger eingebaut. Da der Geräteblock außerhalb der Kabine untergebracht war, mußte eine elektrische Frequenzfernwahl vorgesehen werden (Bezeichnung der Gesamtanlage dann FuG 16 ZF 3).

Zur Anwendung der Entfernungsmessung beim Y-Jagd-Verfahren (s. Kapitel Entfernungsmeß-Verfahren) entstanden bei der E-Stelle Rechlin *(Dr. Schaeder)* aus dem FuG 16 Z behelfsmäßig umgebaute UKW-Relaissendegeräte *FuG 16 ZE,* die zwar auf unterschiedlichen Frequenzen gleichzeitig empfangen und senden konnten, jedoch nicht mehr zielflugfähig waren. Bereits nach etwa einem halben Jahr, d.h. ab Sommer 1943 stand dann eine bei Lorenz *(Dr. Kloepfer)* nachentwickelte und wieder zielflugfähige Ausführung, das UKW-Relaissende- und Zielfluggerät *FuG 16 ZY* zur Verfügung. Es wurde sowohl in alle Tagjäger, bei Schlechtwetter-Jägern zusammen mit dem FuG 125 »Hermine«, als auch in Nachtjäger eingebaut, dort in Verbindung mit FuG 10 P und FuBl 2. Mit Hilfe der nun allgemein eingeführten Vier-Rasten-Frequenzfern-

Funkgeräteeinbau in Me 262 A: Von oben: Zielflugpeilrahmen (fest), Umformer, Zielflugvorsatz und Geräteblock (Sender-Empfänger) des »FuG 16 ZY«. Dazu gehört noch eine Drahtantenne (T-förmig) über dem Rumpf für den Empfang und eine Schwertantenne unter dem Rumpf für den Sender. Daneben war noch das FuG 25 a (Kenngerät) eingebaut (gestrichelt eingezeichnet), rechts unten ist die zugehörige Stabantenne zu sehen.

wahl konnte der Flugzeugführer vier voreingestellte Frequenzpaare wählen, z.B.: I = Y-Führungsfrequenz, II = Gruppenfrequenz, III = Nahflugsicherungsfrequenz und IV = Reichsjägerfrequenz. Von Ende 1943 an wurden monatlich ca. 7000 Geräte, bis Kriegsende insgesamt ca. 120000 Geräte gefertigt.

Eine gleichartige Ausführung des FuG 17, das *FuG 17 ZY* wurde anscheinend nur in Kleinserie gefertigt und soll teilweise zusammen mit einem Kommandoübertragungszusatz

Antennen an einem Jagdflugzeug Fw 190 A-8: Über dem Rumpf Draht-Empfangsantenne, unter dem Rumpf Schwertantenne für den Sender, dahinter der Zielflugpeilrahmen für das FuG 16 ZY. Hinter dem Rahmen die Stabantenne für das FuG 25 a.

UKW-Zielfluggerät FuG 141 für Seenotflugzeuge: Zielflugrahmen mit Hilfs-(Stab-)Antenne und Empfänger E 141 (mit Prüfvoltmeter PV 141). ▼

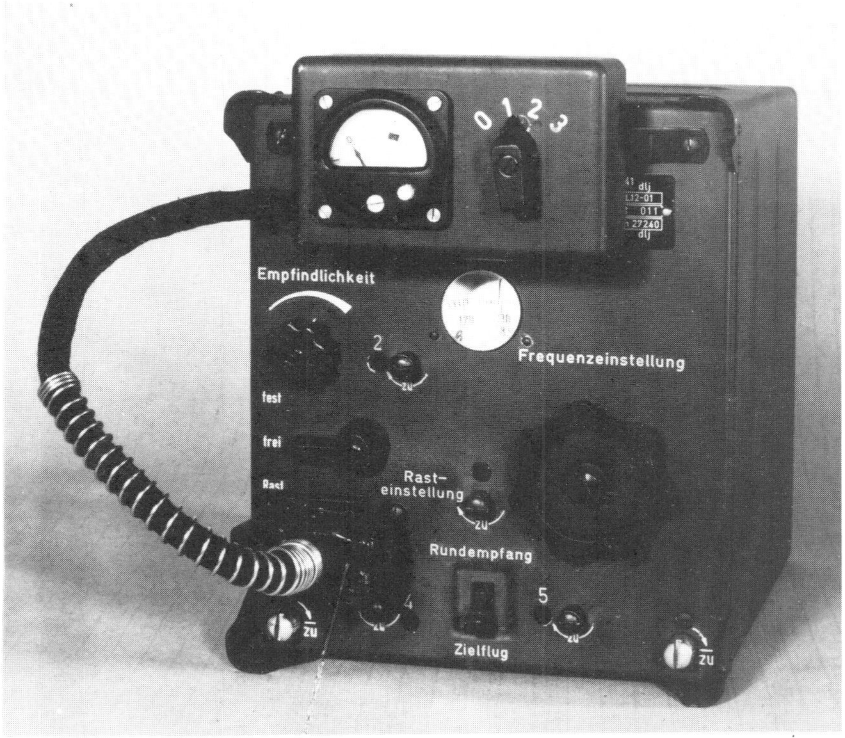

FuG 140 »Luftkurier« (vergl. S. 63) bei Spezialeinsätzen von Kampfflugzeugen verwendet worden sein. Zur Entlastung der Frequenzen des FuG 16 ZY wurden auch Muster eines Gerätes *FuG 16/17 ZY* gebaut, die aus dem Sender des FuG 16 ZY und dem Empfänger des FuG 17 ZY bestanden. Die beabsichtigte Serienfertigung unterblieb aber im Hinblick auf den Einsatz des EGON-Verfahrens (s. S. 198).

Das UKW-Sprech- und Zielfluggerät *FuG 16 ZS* wies einen geänderten Frequenzbereich 40,3–44,7 MHz auf und wurde als Ersatz für das FuG VIIa in Schlachtflugzeuge (Hs 129, Fw 190, Ta 152) und in Stukas (Ju 87?) eingebaut. Es wäre aber auch verwendbar gewesen anstelle des Seenot-Zielfluggerätes FuG 141c. Über die Varianten *FuG 16a* (in Kanälen geeicht) und *FuG 16 ZT* wurde nichts weiter bekannt. Zu ergänzen ist noch, daß auch die Geräte *FuG 15 Z* und *FuG 24 Z* Zielflug durchführen konnten.

Nach dem Vormuster C 227 des FFO entstand 1942 als Neukonstruktion bei der Fa. Loewe-Opta ein UKW-Seenot-Zielfluggerät *FuG 141* (Empfangsbereich 58,0–59,2 MHz)*, das speziell für den Zielflug auf das bei einmotorigen Jägern eingesetzte Seenotsendegerät NS 4 (s. S. 64) diente. Bei 0,3 W Sendeleistung ergaben sich in 1000 m (bzw. 4000 m) Flughöhe Reichweiten bis zu 60 km (150 km). Das FuG 141 war hauptsächlich in Seenot-Flugbooten Do 24 T eingebaut. Nach der später erfolgten Verlegung der UKW-Seenotfrequenzen in den Überlappungsbereich von FuG 16 und FuG 17 wurde das Zielfluggerät *FuG 141 c* mit dem Frequenzbereich 42,075–42,430 MHz gefertigt. Auch die Versionen des FuG 141 arbeiteten nach dem Dieckmann-Hell-Verfahren, da die Röhrenumschaltung wesentlich weniger störanfällig war als der Motorumschalter der LW-Zielfluggeräte EZ 2, 4 und 6. In der Betriebsart »Rundempfang« (nur mit Stabantenne) war die Reichweite etwas größer als bei »Zielflug«, eine etwaige Ton- oder Sprachmodulation des angeflogenen Senders war jedoch auch hier abzuhören. Die Zielfluggenauigkeit lag wie bei den FuG 16/17-Geräten bei ± 2°.

Peil- und Zielfluggeräte nach 1945

ADF-Geräte

Die ältesten in großem Maße eingesetzten Funknavigationssender sind die ungerichteten Funkfeuer (jetzt »Non-Directional Beacon« = NDB genannt). Nach Einführung der digitalen Frequenzaufbereitung und der Frequenzeinstellung in 1 kHz-Schritten bei den zugehörigen Bordpeilempfängern (jetzt als »Automatic Direction Finder« = ADF oder auch »Radiocompass« bezeichnet) nimmt die vorher rückläufige Zahl der NDB's wieder zu. Auf Bohrinseln und außerhalb Europas, besonders in dünn besiedelten Gebieten, kann man sie aber wegen ihrer geringen Wartungsansprüche kaum auf preisgünstige Weise ersetzen. Obwohl die NDB-Stationen nur im Bereich zwischen 200 und 490 MHz arbeiten, sind die meisten ADF-Geräte für einen Bereich von 200–1800 kHz ausgelegt, um in außereuropäischen Gebieten auch Mittelwellen-Rundfunksender peilen zu können. (Dort stehen diese nicht so dicht beieinander bzw. arbeiten nicht im Gleichwellenbetrieb, der jegliche Peilung unmöglich macht.) Die neuesten Vorschriften verlangen einen nach unten bis 190 kHz erweiterten Bereich.

Die ersten Nachkriegs-ADF-Geräte waren mit Röhren bestückt und benötigten (mit Ausnahme des in Frankreich noch bis 1968 gefertigten PeilG 6) große Hilfsantennen, die bei Jet-Flugzeugen als stabile, aber viel Luftwiderstand verursachende, geländerartige Stäbe parallel zum Rumpf ausgeführt waren und obendrein doppelt vorgesehen werden mußten, da man für bestimmte An-/Abflugverfahren zwei Peilgeräte benötigte.

Das erste automatische Peilgerät deutscher Fertigung war das bei Becker Flugfunk/Rastatt im Jahre 1974 zugelassene *ADF 2000*-System, das in den Versionen *ADF 2050* und *2060* ebenfalls noch mit Drahthilfsantenne arbeitete. Die neueren Ausführungen *ADF 2079* und *2080* weisen bereits eine kombinierte Kreuzrahmenpeilantenne (mit Ferritkernen, mit einer auf das Gehäuse aufgespritzten Hilfsantenne und mit eingebautem Verstärker) auf. Das früher benötigte (und durch einen Motor gedrehte) Goniometer ist durch eine digitale Schaltung ersetzt, die die Komponenten des Kreuzrahmens mit 40 Hz bzw. 80 Hz moduliert und der Hilfsantennenspannung aufaddiert. Der Überlagerungsempfänger benutzt keine mechanisch bewegten Abstimmteile, sondern elektrisch durch den Frequenzwahlschalter beeinflußte Filter bzw. Kreise. Die Frequenzaufbereitung benötigt nur einen Quarz. Der Telegrafie- (BFO-)überlagerer ist (zur Einhaltung einer konstanten Tonhöhe) ersetzt durch eine Trägerüberwachung, die einen 1 kHz-Ton an den Kopfhörer abgibt, solange der Hf-Träger vorhanden ist und z. B. durch die Morsetastung des Trägers ebenfalls mitgetastet wird. Es ist jedoch auch ein A 2- bzw. A 3-Empfang ohne BFO möglich.

Für Sportflugzeuge genügt als Anzeige ein sog. (Peil-)Azimutanzeiger, dessen Zeiger vor einer 360°-Einteilung die relative Peilung (»Relative Bearing« = den Peilwinkel bezogen auf die Flugzeuglängsachse) anzeigt. Wenn die 360°-Skala so verdreht wird, daß nicht mehr 0° auf die

* In der Planung von 1940 noch als Seenotzielfluggerät FuG XVIII (58–64 MHz) geführt.

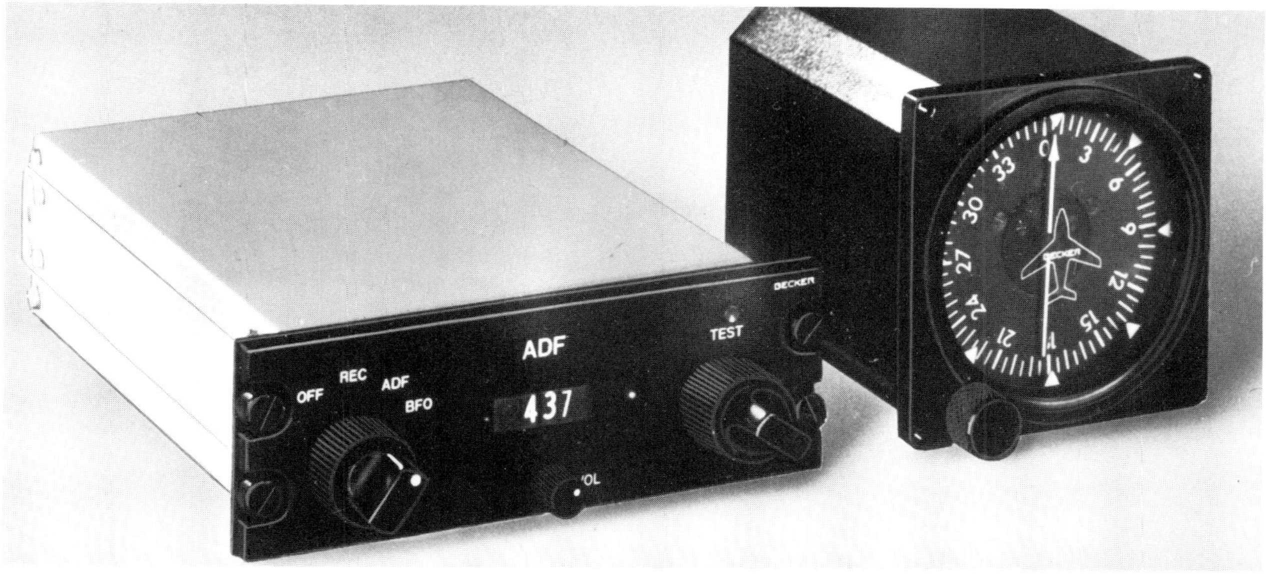

Becker Radiokompaß »ADF 2050 bzw. 2079« (200–1799 kHz im 1 kHz-Raster), links der Empfänger, rechts der Peilwinkelanzeiger. Die Versionen ADF 2060 und 2080 erlauben den Anschluß eines RMI-Anzeigers (über ein Auswertegerät). Die kombinierte Peil- und Hilfsantenne mit integriertem Verstärker weist etwa die Abmessungen dieses Buches auf.

obere Marke zeigt, sondern der auf dem Magnetkompaß angezeigte Kurs, so läßt sich direkt die mißweisende Peilung (Magnetic Bearing) ablesen. (Hier ist zu beachten, daß in Deutschland vor 1945 meist die magnetische Mißweisung korrigiert wurde und somit die Funknavigation auf geographisch Nord bezogen wurde; nach dieser Zeit bezog sich die Funknavigation stets auf magnetisch Nord. Erst mit Einführung der Trägheitsnavigationsanlagen wird auch mit der geographischen Nordrichtung gearbeitet). Die für Sportflugzeuge bestimmten Versionen *ADF 2050* und *2079* benötigen zu Antenne und Empfänger einen Azimutanzeiger, dessen Elektronik aus den mit 40 Hz und 80 Hz modulierten Komponenten zwei Gleichströme für die Feldwicklungen des Zeigerantriebsmotors gewinnt.

Die Versionen ADF 2060 und 2080 für größere Flugzeuge enthalten ein kleines Auswertegerät, welches wie das Anzeigegerät zwei Gleichströme erzeugt, diese jedoch weiter in 400 Hz-Synchronsignale (dreiphasig) für den (schmalen) Zeiger (1) in einem RMI (*R*adio-*M*agnetic-*I*ndicator) umwandelt. Dieses in allen Reise- und Geschäftsflugzeugen wie in Hubschraubern verwendete Instrument zeigt direkt die mißweisende Peilung an; es wird bei den Drehfunkfeuergeräten näher besprochen.

VHF/UHF-Zielfluggeräte

Seit dem Jahre 1962 fertigt die Firma Becker-Flugfunk für VHF-Sprechgeräte moderne Zielflugvorsatzgeräte nach dem Dieckmann-Hell-Verfahren. Die beiden Ausführungen *ZVG 2* für VHF (100–150 MHz) und *ZVG 3* für UHF (225–400 MHz) sind bis auf die hochfrequenten Teile gleich aufgebaut. Statt eines Peilrahmens werden zwei vertikale Stabantennen in $^1/_4$ Wellenlänge Abstand quer zur Flugrichtung benutzt, die über zwei (elektrisch und mechanisch) gleiche Antennenkabel mit dem Eingang des Vorsatzgerätes und dort über eine »Umwegleitung« von $^1/_4$ Wellenlänge miteinander verbunden sind. Ein Umschalter legt in Betriebsart »Funkverkehr« (COMM) das Funkgerät an eine Mittelanzapfung der Umwegleitung, so daß beide Antennen gleichphasig gespeist werden und sich ein angenähertes Runddiagramm (mit Abflachungen nach vorwärts und rückwärts) ergibt. In Stellung »Zielflug« (Homing) legt der Umschalter den Empfängereingang an die linke bzw. rechte Antenne über je einen Kondensator und eine Diode, die abwechselnd durch eine von einem Multivibrator gelieferte Rechteckspannung gesperrt werden. Somit wird der Empfänger periodisch an die linke bzw. rechte Antenne gelegt, die ja beide durch die Umwegleitung von einer halben Wellenlänge verbunden sind. Dadurch entstehen als Diagramme Kardioiden, deren Minima abwechselnd nach rechts bzw. nach links zeigen (wie bei der gewohnten Kombination Peilrahmen plus umgepolte Hilfsantenne). Die

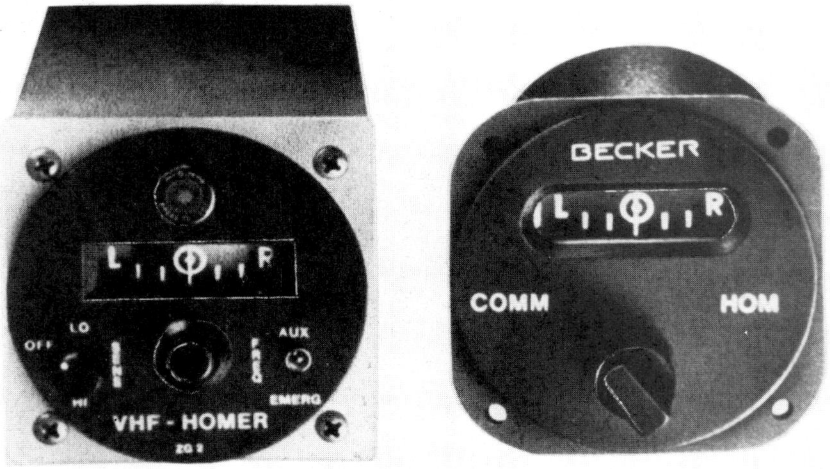

Links: Becker VHF-Zielflugempfänger »ZG 2« mit Anzeige und Wahlmöglichkeit für zwei Frequenzen.

Rechts: Becker VHF-Zielflugvorsatzgerät »ZVG 2« zu VHF-Sende-Empfänger (118–136 MHz).

Empfängerausgangsspannung wird im Vorsatz an eine Phasenbrücke mit Anzeigeinstrument links/rechts (Nullpunkt in der Mitte) geleitet, die von den Bezugs-Rechteckimpulsen des Multivibrators gespeist wird. Wenn sich der Sender der Gegenstation in Flugrichtung befindet, entsprechen die Empfangs-Rechteckimpulse den Bezugsimpulsen, und der Zeiger bleibt in Ruhelage. Bei Abweichung des Senders von der Flugzeuglängsachse ergibt sich durch den Amplitudenunterschied der miteinander verglichenen Impulse eine Brückenverstimmung mit entsprechendem Zeigerausschlag. Liegt der Sender links voraus, so muß sich ein Zeigerausschlag nach links ergeben, beim Abflug vom Sender ergibt eine Ablage links hinten einen Zeigerausschlag nach rechts. Die Empfindlichkeit für den Vollausschlag des Instrumentes ist umschaltbar zwischen etwa ± 5° und ± 20° Ablage. Der Aufwand für die Zielflugfähigkeit ist also sehr klein, da nur eine zusätzliche Stabantenne, das Zielfluginstrument mit eingebautem Vorsatz und einige Kabel benötigt werden.

Daraus entstanden kurze Zeit später vom Nachrichtengerät unabhängige Zielflugempfänger *ZG 2* für die VHF-Notfrequenz 121,5 MHz und *ZG 3* für die UHF-Notfrequenz 243,0 MHz (und jeweils eine Ausweichfrequenz), die mit eingebautem Zielfluginstrument nur die Größe eines normalen Bordinstruments (82 mm × 82 mm × 280 mm) aufweisen und für Seenot-(SAR-)Hubschrauber und Rettungsschiffe vorgesehen sind. Sie erlauben die Signale der weiter oben beschriebenen VHF- oder UHF-Notfunkgeräte MR 506, ebenfalls von Becker-Flugfunk, zu empfangen und Zielflug bzw. Zielfahrt darauf durchzuführen.

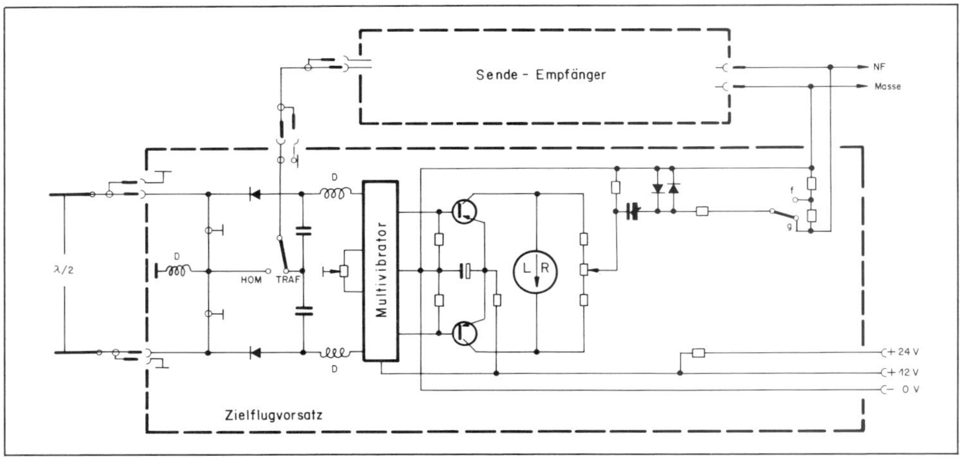

Prinzipschema für VHF-(UHF-)Zielflugvorsatz »ZVG 2 (ZVG 3)«.

Leitstrahl-Verfahren

Erste Versuche

Vierkurs-Funkfeuer

Im Gegensatz zu den Funkfeuersendern, die einen Zielflug von allen Seiten erlauben und den Drehfunkfeuern (s. S. 119), die ihre Information nach allen Richtungen senden, dienen die Leitstrahlsender zur Kennzeichnung ganz bestimmter Marschwege (Luftstraßen) auf Strecke bzw. für den Anflug auf den Flughafen in der genauen Richtung der Landebahn.

Ein »Leitstrahl« (genauer: eine Leitebene) kann erzeugt werden durch zwei versetzte Antennendiagramme, die im Punkt-Strich-Rhythmus abwechselnd abgestrahlt werden; in der Zone gleicher Feldstärke ergänzen sich die Signale zu einem Dauerton = Leitstrahl. Links und rechts davon sind (vorwiegend) Punkte oder Striche zu hören. Neben dieser sehr einfachen Punkt/Strich-E/T-Tastung wurden auch solche mit komplementären Morsezeichen (A/N = ·–/–·) oder mit unterschiedlichen Modulationstönen usf. angewendet. Der Leitstrahl kann, falls erforderlich, (nahezu) einseitig abgestrahlt werden, was eine spürbare Erhöhung der Reichweite ergibt, oder zweiseitig für den Platzanflug von der einen oder anderen Seite, je nach Windverhältnissen. Durch Anordnung gekreuzter Antennensysteme können auch vier Richtungen (d.h. eine Kreuzung von gegf. geknickten Luftstraßen) gekennzeichnet werden = Vierkurs-Funkfeuer.

O. Scheller (C. Lorenz A. G.) erhielt bereits im Jahre 1907 ein Patent für ein Funkfeuer mit zwei gekreuzten Leitstrahlen. Es sah auf sich rechtwinklig kreuzenden Grundlinien je ein vertikales, gegenphasig gespeistes Strahlerpaar vor (wie es *Adcock* im Jahre 1919 für Peilzwecke vorschlug). Bei abwechselnder Tastung mit den komplementären Buchstaben A/N ergaben sich zwei Zonen, in denen der Buchstabe A und zwei weitere Zonen, in denen der Buchstabe N gehört wurde. In den Überlappungsbereichen ergänzten sich die Buchstaben zu Dauerstrichzonen = Leitstrahlen. Scheller gab in einem weiteren Patent außerdem eine drehbare Spulenanordnung (= Sendegoniometer) an, mit deren Hilfe die Leitstrahlen in jede beliebige Richtung gedreht werden konnten. Die Kaiserliche Marine unternahm vor 1914 Versuche für Vierkurs-Funkfeuer nach Scheller, verwendete jedoch anscheinend gekreuzte Rahmen als Antennen. Ebenfalls um diese Zeit unternahm auch *Prof. Kiebitz* (zunächst noch ohne Kenntnis der Schellerschen Patente) Versuche mit zwei gekreuzten Horizontaldipolen. Die sich ergebenden Diagramme erwiesen sich jedoch schon bei geringeren Erhebungswinkeln als praktisch nicht brauchbar. Erst 1928 wurden die Schellerschen Ideen wieder aufgegriffen.

Funklande-Versuchsanlage

Funklandegeräte sollen dem Flugzeugführer bei schlechtem Wetter einen eindeutigen und hindernisfreien Weg zur Landebahn zeigen. Dazu werden mindestens folgende Informationen benötigt:

- ☐ Abweichungen (links/rechts) von der Sollrichtung durch einen Leitstrahl,
- ☐ Abweichungen (hoch/tief) vom vertikalen Sollgleitwinkel durch einen sog. »Gleitweg«,
- ☐ zwei (oder mehr) festgelegte Entfernungsangaben zum Aufsetzpunkt durch Vor- und Haupt-Einflugzeichen.

Die DVL *(Gloeckner)* baute 1931, angeregt durch entsprechende amerikanische Versuche, in Berlin einen *Gleitwegsender* mit Richtantenne auf 64 MHz auf. An Bord des Versuchsflugzeuges Fw »Bussard« war ein Gleitwegempfangsgerät installiert, bestehend aus horizontalem Empfangsdipol mit Detektor, Verstärker und Anzeigegerät für die Feldstärke. Bei Erreichen eines bestimmten Feldstärkewertes, der einer festgelegten Entfernung zum Aufsetzpunkt entsprach, sollte das Flugzeug unter Einhaltung dieses Feldstärkewertes absteigen und sich so in einer Abfangkurve dem Boden nähern. Wegen zu großen Einflusses der wetterabhängigen Bodenleitfähigkeit auf die gemessene Feldstärke wurden die Versuche abgebrochen.

Funklandeanlagen vor 1945

Die Bodenanlage

Die Firma C. Lorenz AG *(Dr. E. Kramar)* begann in den Jahren 1932/33 mit der Entwicklung einer UKW-Landeleitstrahlanlage. Am Ende der Landebahn stand der Leitstrahlsender, damals Ansteuerungsfunkfeuer (AFF) genannt. Sein 500 W-Sender war einstellbar für Frequenzen zwischen 30,0 und 33,3 MHz und war mit einem Dauerton

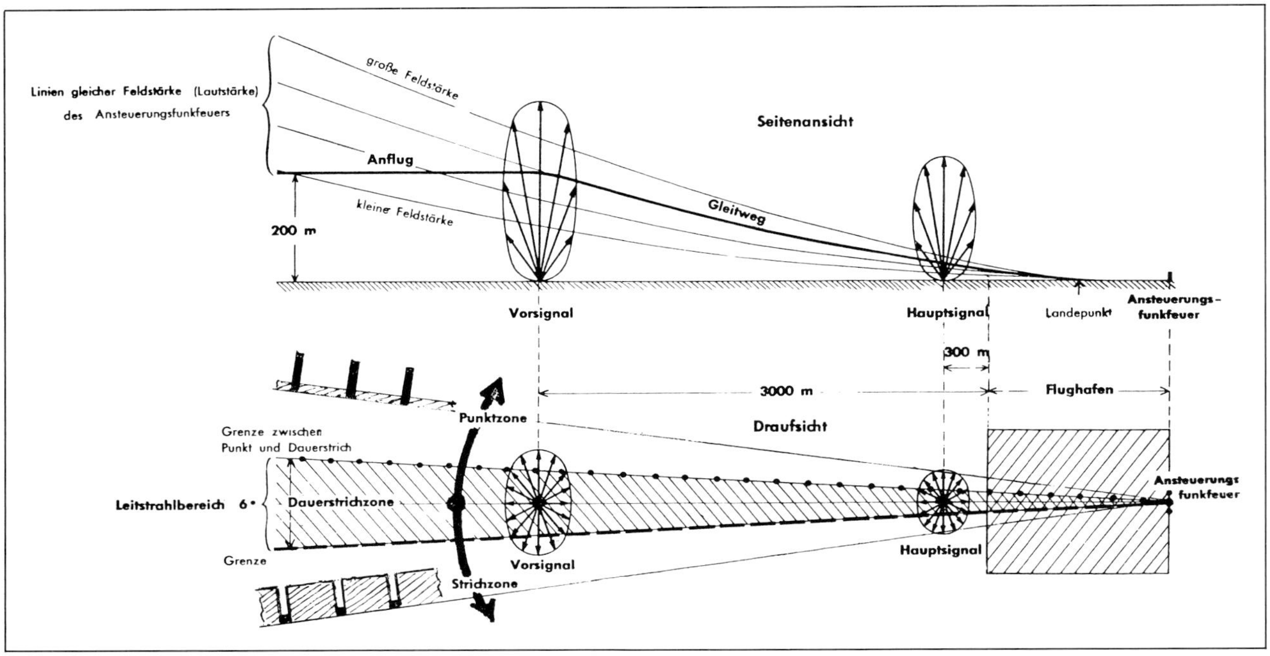

Seitenansicht und Draufsicht auf die Sender einer Funklandeanlage und ihre Diagramme. System Lorenz 1933.

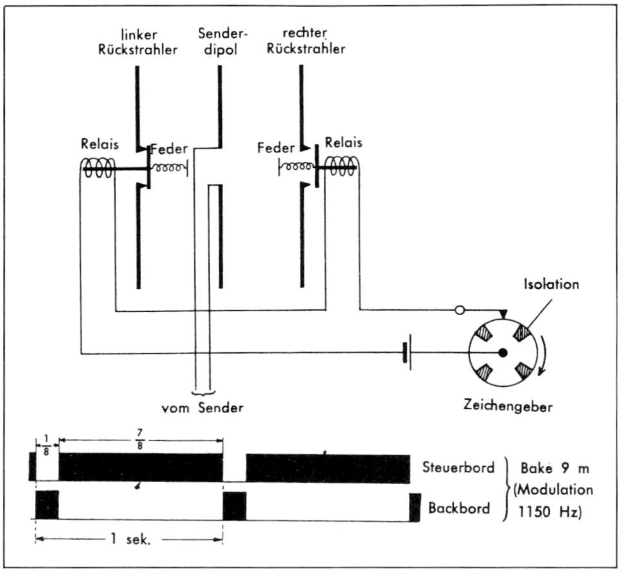

◀ Leitstrahlerzeugung bei der Funklandeanlage: Antenne mit Punkt/Strich-Tastung der Reflektoren.

1150 Hz moduliert. Er speiste einen vertikalen Sendedipol. In 1/4 Wellenlänge Abstand links und rechts davon befand sich je ein Reflektordipol, dessen Mitte durch einen Relaiskontakt unterbrochen und damit wirkungslos gemacht werden konnte. Durch abwechselndes Öffnen bzw. Schließen der Relais im Rhythmus der Morsezeichen E (= Punkt) bzw. T (= Strich) ergaben sich nacheinander zwei Antennendiagramme, die sich teilweise überlappten und so eine vertikale Leitebene bildeten (im Sprachgebrauch damals »Leitstrahl« genannt). Der Flugzeugführer suchte zum Platzanflug in 200 m Höhe über Grund diesen Leitstrahl auf, dessen Öffnungswinkel etwa ± 3° entsprach. Auf diesem hörte er einen Dauerton, bei Abweichungen nach links immer deutlicher eine Punkt-Tastung, nach rechts eine Strich-Tastung. Gleichzeitig erfolgte eine Anzeige auf einem Instrument (als sog. »Zuckanzeige«, s. S. 99). Ein weiterer horizontal angeordneter Zeiger diente zur Anzeige der Feldstärke des Leitstrahlsenders als grobe Anzeige der Entfernung. Bei Überflug des 3 km vor der Landebahn aufgestellten Vor-Einflugzeichensenders (VEZ), der auf 38,0 MHz mit 5 Watt Leistung fächerförmig nach oben strahlte, wurde ein langsam getasteter tiefer Ton (700 Hz) hörbar, wobei auch eine Glimmlampe im Anzeigegerät aufleuchtete. Hier mußte nun der Sinkflug unter Beibehaltung der Feldstärkenanzeige des horizontalen Zeigers eingeleitet werden. Der Überflug des 300 m vor der Landebahnwelle aufgestellten Haupt-Einflugzeichensenders (HEZ, ebenfalls 5 W Leistung auf 38,0 MHz) wurde als schnellgetasteter hoher Ton (1700 Hz) und abermaliges Aufleuchten der Glimmlampe kenntlich gemacht. Eine gewisse Bodensicht

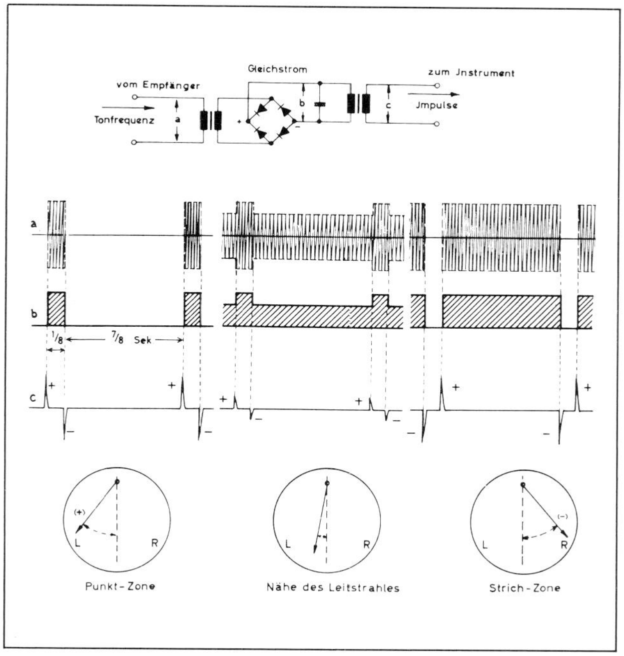

Zielfluganzeige bei den Funklandegeräten: Die tonfrequenten Signale a) werden zuerst in Gleichstromsignale b) und dann in Impulse c) umgewandelt.

war beim Landeanflug trotzdem noch erforderlich, da ja noch keine echte Führung in der Vertikalebene = Gleitweg vorgesehen war.

Bordanlagen

Als zugehörige Bordanlage, ursprünglich »Funk-Blindlandegerät« (= FuBl), später realistischer Funklandegerät genannt, wurde bei der DLH zunächst der Typ *EB 1* von Lorenz *(Dr. E. Kramar, Dr. Johannsen)* eingeführt. Es bestand aus einem Zweikreis-5-Röhrenempfänger für den Leitstrahl mit Stabantenne, einem separaten Audion mit Dipolantenne auf der Rumpfunterseite für den Empfang der beiden Einflugzeichensender, einem Batteriekasten, einem Bediengerät und ein bis zwei Anzeigeinstrumenten. Bereits ein Jahr später wurde diese mit sechs Batterieröhren bestückte Anlage ersetzt durch die Anlage *EB 2,* deren Doppelempfänger BSE g (mit sechs Röhren NF 2, ähnlich der CF 7), von einem Umformer gespeist wurde.

An Bord war die Zielfluganzeige infolge der Punkt/Strich-Tastung einfach zu erzeugen: Die tonfrequente Empfängerausgangsspannung wurde an eine Gleichrichterbrücke geleitet. Auf dem Leitstrahl ergänzten sich die entstehenden Gleichstromzeichen für Punkt (Strom von 1/8 Sekunde Dauer) und für Strich (von 7/8 Sekunden Dauer) zu einem Dauersignal. Überwog bei einer Flugzeugposition seitlich des Leitstrahls die Punkt-Tastung, so stieg der Gleichstrom für 1/8 Sekunde auf einen höheren Wert. Nach Differenzierung in einem Transformator entstand so am Anfang des Morsepunktes ein positiver, am Ende des Punktes ein negativer Impuls. Darauf folgte eine »Pause« von 7/8 Sekunden. Auf der anderen Seite des Leitstrahles war der Strom für den Punkt schwächer als der für den Strich, so daß nach der Differenzierung zuerst ein negativer und dann erst ein positiver Impuls entstand. Das Zielfluginstrument war nun so konstruiert, daß ein positiver Impuls den vertikalen Zeiger kurzzeitig nach links, ein negativer aber nach rechts ausschlagen ließ. Durch besondere Formgebung des Magnetringes wurde erreicht, daß der Zeiger in ausgelenktem Zustand jeweils auf den zweiten, in 1/8 Sekunde Abstand folgenden Impuls nicht ansprach. Man erreichte so eine einwandfreie Zuordnung der »Zuckanzeige« nach links bei Punkt- und nach rechts bei Strich-Tastung, wobei die Ausschläge bei Annäherung an den Leitstrahl immer kleiner wurden.

In den Jahren 1934/35 entwickelte auch die Firma Telefunken GmbH eine Landeleitstrahlanlage nach den gleichen Spezifikationen, desgl. für die Flugzeuge eine Funklandeanlage *119 N = Stat. 278 F.* Der zugehörige Doppelempfänger E 408 N2/36 (bestückt mit 6 Röhren NF 2) wurde mit Umformer betrieben. Diese ebenfalls bei der DLH eingeführte Anlage wurde auch bei der Luftwaffe in kleiner Serie in Wetterflugzeugen Fw 58 als Anlage *FuBl I(T)* eingesetzt. Sie wies gegenüber dem Typ 119 N wieder Kabelschwänze am Gerät auf. Eine Weiterentwicklung mit Wehrmachtsröhren RV 12 P 2000 war der *E 455 F2/41,* der anscheinend nur in Mustern 1941 zur DLH gelangte.

Die Firma C. Lorenz AG entwickelte ab 1937 nach Spezifikationen der Luftwaffe ein Funklandegerät *FuBl I* (später FuBl 1 geschrieben) mit der Werksbezeichnung *EB 3,* das wieder zwei getrennte Empfänger, den EBl 1 (Zweikreiser mit 2 × NF 2 für 2 einstellbare Frequenzen im Bereich 30,0–33,3 MHz der Leitstrahlsender) und den EBl 2 (Audion mit 5 × NF 2 für den Empfang der Einflugzeichensender auf 38,0 MHz und vier Verstärkerstufen für die Anzeige) aufwies. Mit diesem Gerät, das in seiner Bauweise mit Kabelschwänzen zu jener Zeit bereits etwas veraltet war, wurden bis 1941 alle mehrmotorigen Flugzeuge der Luftwaffe ausgerüstet. Für den EBl 1 wurde eine Stabantenne benutzt, die meist im Kunststoffmast für die FuG III- oder FuG 10-Antenne untergebracht war, wobei eine Weiche im Anpaßgerät es ermöglichte, den Stab gleichzeitig als Hilfsantenne für den Peiler PeilG V zu verwenden. Für den EBl 2 war längs unter dem Rumpf eine Dipolantenne vorgesehen, (die jedoch oft durch Steinschlag beim Rollen beschädigt wurde). Das Anzeigegerät AFN 1 war auf FuBl I oder das PeilG V umschaltbar, ebenso der Umformer U 8.

Erstes UKW-Funklandegerät »EB 1« von Lorenz 1933 mit Bakenempfänger, Einflugzeichen-Empfänger und Filter.

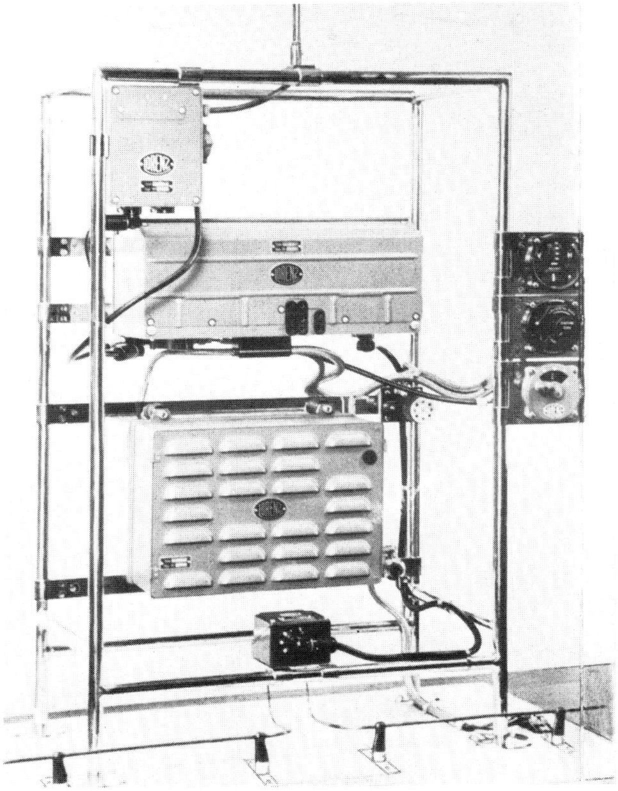

Zweites UKW-Funklandegerät »EB 2« von Lorenz 1935 mit Doppelempfänger. Umformer, Fernbedienung und Antennen (Stab und Dipol).

Doppelempfänger der UKW-Landeanlage »Stat. 119 N = FuBl I/T« von Telefunken 1935.

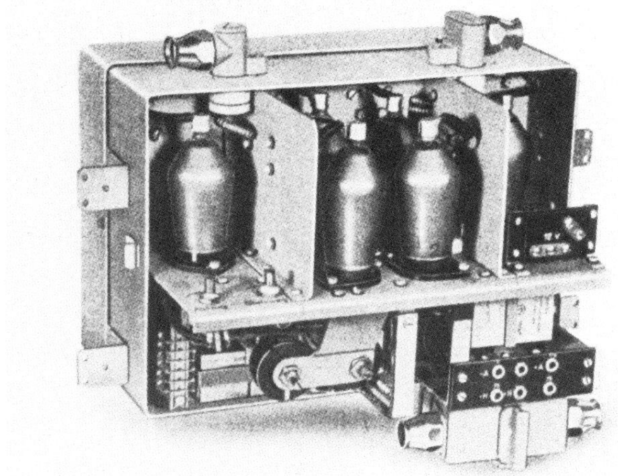

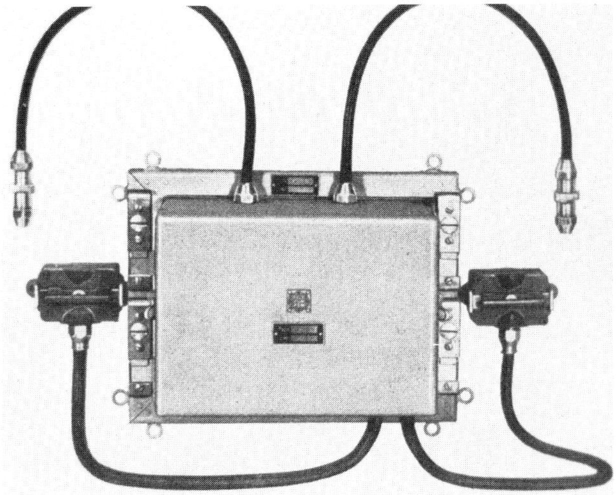

Funklandeanlage »FuBl I« von Lorenz 1938: Bakenempfänger EBl 1 (oben), EFZ-Empfänger mit Auswerteteil EBl 2 (mitte) und Umformer U 8 (rechts). (Links unten EiV-Verstärker = RG 10 des FuG 10, Gerätetafelrückseite in Ju 290).

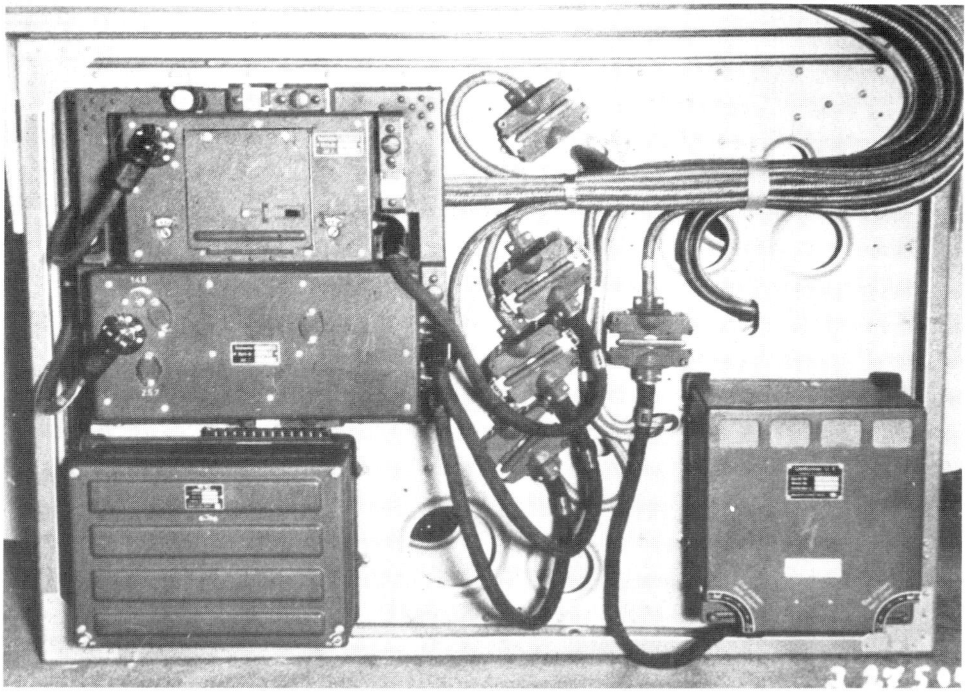

Weitere Bodenanlagen

Die Firma Lorenz griff in den Jahren 1937/38 nochmals die Entwicklung von Gleitwegsendern für die vertikale Führung des Flugzeugs auf. Der erste (patentierte) Vorschlag von *Dr. Kramar* sah zwei übereinander angeordnete Antennen vor, die wechselweise getastet werden sollten. Durch Spiegelung am Erdboden können so zwei Vertikaldiagramme erzeugt werden, deren Schnitt eine unter dem gewünschten Winkel (ca. 3°) ansteigende Leitebene darstellt. Dieser, damals nicht in die Praxis umgesetzte Vorschlag wurde 1940 nochmals in den USA erfunden und eingeführt als Teil des Instrumenten-Landesystems (Instrument Landing System ILS). Der zweite Vorschlag wurde auf dem Flughafen Leipzig erprobt: Es wurde seitlich der Landebahn von einem 100 W-UKW-Sender auf 35,8 MHz ein horizontales Doppeldiagramm abgestrahlt, das in der vertikalen Leitebene einen gradlinigen Gleitweg mit konstanter Feldstärke ergab. Die Arbeiten wurden bei Kriegsbeginn abgebrochen.
Im Jahre 1938 wurde übrigens südlich München ein UKW-Landeleitstrahlsender in Ost-West-Richtung aufgebaut, der als sog. »Alpen-Funkfeuer« mit seiner Punktzone das Flachland, mit der Strichzone die gebirgige Gegend kennzeichnete. In Berlin wurde ein auf 80 W verstärkter Einflugzeichensender mit großer Antenne als »UKW-Wartefunkfeuer« errichtet.

Von der Fa. Lorenz wurden in den Jahren 1937/39 auch auf den wichtigsten Flughäfen des Auslandes UKW-Landeanlagen installiert. Außerdem wurden z.B. in Australien UKW-Landeleitstrahlsender auf hohen Türmen zur Kennzeichnung der Luftstraßen aufgestellt, auf denen das Funklandegerät an Bord etwaige Ablagen sofort angab. An Stellen, wo geknickte Leitstrahlen erforderlich waren, konnte man durch geeignete Phasenverschiebung in den getasteten Reflektoren auch Leitstrahlen vor und hinter der Antenne erzeugen, die einen stumpfen Winkel zueinander bildeten. Der Kriegsausbruch verhinderte eine weitere Verbreitung des deutschen Verfahrens im Ausland.

Nachzutragen bleibt noch, daß die UKW-Landeanlagen, wenn das Gelände es zuließ, den Anflug aus zwei Richtungen (z.B. 90° und 270°) erlaubten, wobei natürlich dann bei einer Richtung die Punkt- und Strichsignale vertauscht waren bzw. am Instrument statt der »Situations-« oder »Ablagefehleranzeige« eine »Kommandoanzeige« (nach links/rechts steuern!) erfolgte. Bei beiderseitiger Nutzung des Leitstrahles mußten auch auf beiden Seiten Vor- und Haupteinflugzeichen aufgestellt werden. Bei einer Strahlungsleistung des Leitstrahlsenders von 500 W war für ein in 200 m Höhe fliegendes Flugzeug eine Reichweite von 30 km zu erwarten.

Automatische Bordanlagen

Im Jahre 1941 entwickelte die Fa. Siemens-LGW *(P. E. Köster)* eine automatische Bordnavigations- und Blindlandeanlage = »*BL-Anlage*«. Sie umfaßte folgende (auch einzeln einsetzbare) Teile:

Dreirudersteuerung DK 12,
Kursteil, bestehend aus
  Peilzusatz zum Peilgerät PeilG V,
  Bakenzusatz zum Funklandegerät FuBl I,
Höhenteil für Funkhöhenmesser FuG 101.

Diese erweiterbare Anlage erlaubte u. a. eine automatische Peilung, Zielflug, automatisches Kreisen um ein Funkfeuer usf. Ein Landebakenanflug geschah auf folgende Weise: Das Flugzeug flog den Platz mit Kursteil, d. h. mit automatischer Seitensteuerung und ausgeschaltetem Höhenteil, in 150 m Höhe an. Bei Überfliegen des Voreinflugzeichens wurde der Höhenteil eingeschaltet, worauf das Flugzeug automatisch auf 50 m Flughöhe ging und diese weiterhin einhielt. Beim Überfliegen des Haupteinflugzeichens nahm der Flugzeugführer das Gas weg. Von da an erfolgte die Landung bis zum Ausrollen selbsttätig. Nach erfolgreicher Erprobung im Sommer 1941 in verschiedenen Flugzeugmustern mußten die Arbeiten »zurückgestellt« werden.

Verbesserte Bordgeräte (FuBl 2, FuG 125)

Ab Mai 1940 waren für die Kampfflugzeuge im Westen zur Kennzeichnung von An- und Rückmarschwegen und zur Markierung des Zieles durch einen kreuzenden Leitstrahl von Telefunken *(Lohmann)* entwickelte UKW-Leitstrahlanlagen »Knickebein« (s. hierzu weiter unten) eingesetzt worden, die im Bereich der Funklandeanlage FuBl I (30,0–33,3 MHz) arbeiteten. Da der EBl 1 als Zweikreiser für die neue Anwendung zu unempfindlich war (Reichweite ca. 200 km in 6500 m Flughöhe) und außerdem nur für 2 Frequenzen voreinstellbar war, die bald vom Gegner gestört wurden, mußte er durch ein empfindlicheres Gerät ersetzt werden. Die Firma Lorenz *(Dr. Kloepfer)* entwickelte daher aus mechanischen Bausteinen des FuG 17 einen Siebenröhren-Überlagerungsempfänger *EBl 3 H* (H = handbedient, mit sieben Röhren RV 12 P 2000). Er konnte auf 34 Frequenzkanäle (im Bereich 30,0–33,4 MHz) abgestimmt werden und erlaubte nun in 6500 m Höhe Reichweiten zwischen 500 und 600 km gegen »Knickebein«-Anlagen. Der neue Empfänger konnte im Rahmen seines Vorgängers eingehängt werden und war zur Erleichterung der Umrüstung noch mit einem Kabelschwanz versehen. Wenn dieser Ort vom Funker nicht direkt erreichbar war, wurde der EBl 3 einfach auf einen FuG 10-Empfänger gesetzt und mit einem Riemen festgeschnallt. Die verbesserte, nun aus EBl 3 und EBl 2 bestehende Anlage bekam die Bezeichnung *FuBl 2 H*. Später entstand noch eine elektrisch fernbediente Version des neuen Empfängers, der EBl 3 F. Er konnte nun an beliebiger Stelle im Flugzeug eingebaut werden. Ein kleines Fernbediengerät erlaubte die Fernwahl von 33 Kanälen durch Betätigung des Schrittschaltwerkes auf der Abstimmungsachse des Empfängers. Eine Rückmeldung zeigte den eingestellten Kanal an. Diese Anlage hieß nun *FuBl 2 F*. Eine Version *FuBl 2 G* besaß eine zusätzliche Feinabstimmung, ging aber anscheinend nicht in Serie.

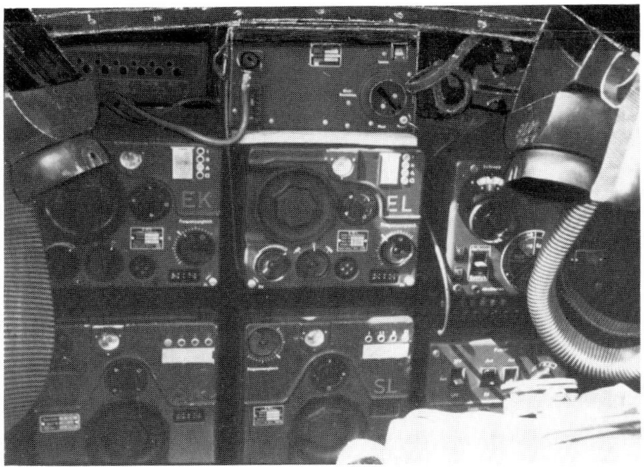

Funkerplatz in Ju 88 mit »FuG 10, PeilG V und FuBl 2 H«, wobei der Empfänger EBl 3 H auf dem Langwellenempfänger mit einer Schlaufe befestigt ist.

Bei neu angelieferten Flugzeugen war die Dipolantenne auf der Rumpfunterseite durch eine eingebaute Rumpfanregungsschleife ersetzt, die kaum mehr durch Steinschlag bei Start und Landung beschädigt werden konnte. Als Zielfluginstrument wurde nun allgemein das kleinere AFN 2 verwendet, das auch auf das Peilgerät und das UKW-Zielfluggerät umschaltbar war.

Die Firma Lorenz entwickelte außerdem noch ein sehr kompaktes Funklandegerät *EB 4* = *FuBl 3* in FuG 10-Technik. Aus nachschubtechnischen Gründen konnte sich jedoch die Luftwaffe nicht zu dessen Einführung entschließen, um die laufende Produktion für FuBl 2 und das nachfolgend genannte Gerät nicht zu stören. Vom Gerät FuBl 3 sind außer Hinweisen in Listen keine Unterlagen oder Geräte erhalten geblieben.

Im Zusammenhang mit der weiter unten besprochenen Entwicklung des UKW-Sprechdrehfunkfeuers »Hermes« entstand bei der Firma Lorenz *(Dr. Kramar)* ein UKW-Funkfeuerempfangsgerät *FuG 125 »Hermine«*. Es bestand aus einem Empfänger EBl 3 F mit Fernbediengerät FBG 2, einem kleinen Verstärker V 3 a (ersatzweise V 3 oder ZV 3) und einem kleinen Lautstärkeregler. Als Antenne wurde einfach die Empfangsantenne des FuG 16 ZY in Parallelschaltung benutzt. Dieses für einsitzige Schlechtwet-

Fernbedienter Empfänger EBl 3 F der Anlage »FuBl 2 F« mit Fernbediengerät FBG 2 für Kanalwahl und Rückmeldung.

terjäger vorgesehene Gerät wurde noch ergänzt durch einen Zuckanzeigezusatz ZuG 125 (als Ersatz für die Ausgangsschaltung des hier fehlenden EBl 2), so daß es auch als »entfeinertes« Funklandegerät benutzbar war. Am 14. Sept. 1944 wurden bei der Staßfurter-Rundfunk-GmbH noch 18 000 Empfänger EBl 3 F für das FuG 125 bestellt. Die Dringlichkeit der übrigen Geräte (V 3 a, ZuG 125 usf.) war jedoch zu niedrig eingestuft, so daß in den letzten Kriegsmonaten kaum viel mehr als ein Dutzend Me 109, Fw190, Ta 152 und Do 335, desgleichen etwa 15 Me 262 mit eingebautem FuG 125 zur Truppe kamen.

Eine Gerätekombination FuG 16 ZY + FuG 125 bot folgende Möglichkeiten:

FuG 16 ZY	Sendung und Empfang im Gegenprechverkehr + E-Messung
38,5–42,3 MHz	Empfang von Drehfunkfeuern im FuG 16-Bereich Instrumentenzielflug auf Bodenstelle oder anderes Flugzeug
FuG 125	Empfang von Drehfunkfeuern im FuBl 2/FuG 125-Bereich Empfang von Reportage- (= Luftlage-)Meldungen
30,0–33,3 MHz	Instrumentenzielflug auf Leitstrahl von UKW-Leitstrahlanlagen Instrumentenzielflug und Landung mit UKW-Landeanlagen

Jäger-Landeverfahren

Im »Jägernotprogramm«, das Ende 1944 aufgestellt wurde, war das FuBl 2 nur noch bei dem Nachtjäger Ju 88 vorgesehen, da bei den übrigen Flugzeugen (Ar 234, Do 335, Me 109, Me 262 und Ta 152) der EBl 3 bei der dort vorgesehenen Funknavigationsanlage FuG 125 enthalten war. Dies bedeutete, daß bei der Mehrzahl der Flugzeuge der EBl 2 zum Empfang der Einflugzeichen fehlen würde. Um trotzdem beim UKW-Landeverfahren wenigstens eine akustische Anzeige beim Überfliegen von Vor- und Haupteinflugzeichen zu haben, wurden diese in ihrer Frequenz von 38,0 MHz auf den Bereich des UKW-Leitstrahlsenders (30,0–33,3 MHz) umgebaut. Sie konnten dann auf der gleichen Frequenz wie der jeweilige Leitstrahlsender ihre Kennung abstrahlen.
Im Verlauf des Überganges zu sog. »Jäger-Landeverfahren« wurde außerdem der Leitstrahlsender (AFF) gegenüber bisher bis zu 40 km entfernt hinter der Landebahn aufgestellt. Außerdem wurden die auf der gleichen Frequenz wie das AFF strahlenden Einflugzeichensender VEZ und HEZ von 3 km auf 20 km und von 750 m auf 3 km vom Platzrand verlegt. Der Pilot konnte so den Platzanflug bei Schlechtwetterbedingungen bereits über den Wolken beginnen und die Wolken in geradem Flug (ohne Blindflugkurve) durchstoßen. Durch die neue Lage der Einflugzeichensender blieb auch mehr Zeit für Höhenkorrekturen. Dies ermöglichte auch jungen, oft nur notdürftig ausgebildeten Jägerpiloten eine weniger riskante Schlechtwetterlandung.

Auswerte- und Aufschaltgeräte

Zusammen mit der Entwicklung der Flugregler entstanden auch verschiedene Verfahren für die Aufschaltung von Funksignalen, insbesondere von Leitstrahlen auf den Flugregler, die somit eine Art Fernlenkung darstellten. Dazu benötigte man an Bord sog. »*Auswertegeräte*« (Beispiele sind *AWG 1* und *2* von Friesecke & Höpfner/Berlin und *AWG 3* und *4* von Siemens-LGW) zur Umsetzung der tonfrequenten Leitstrahlsignale in kontinuierlichen Gleichstrom bestimmter Charakteristik. Zu diesen, teilweise auch als »Bakenwandler« bezeichneten Geräten gehörte noch ein »Aufschaltgerät«, das von dem AWG angesteuert wurde und die Gleichstromsignale in entsprechende Kursänderungen umsetzte. Das von Siemens-LGW entwickelte und als »Kursfunkmischgerät« bezeichnete Aufschaltgerät enthielt einen Magnetverstärker mit Anlaßregler (später Antriebsregler), der über den Kursmotor den Kurskreisel des Flugreglers einstellte. Platzgründe verbieten hier ein Eingehen auf diese interessante Technik. Da Entwicklung und Fertigung der Geräte Schwierigkeiten bereitete, kamen sie kaum noch zum serienmäßigen Einbau. Im Zusammenhang mit AWG 1 und 3 wird in etlichen Listen und Berichten etc. der Begriff »Bakenaufschaltung *FuG 130*« genannt, die ursprünglich zur Ausrüstung von Nachtjägern bestimmt war.

Leitstrahlanlagen für Führungszwecke

»Wotan I«

Im Jahre 1933 hatte die DVL *(Dr. Hans Plendl)* einen Vorschlag für ein UKW-Präzisions-Navigationsverfahren, z.B. für den gezielten Bombenwurf ohne Sicht, gemacht. Im Frühjahr 1934 kam dann der Auftrag, dieses »*X-Verfahren*« zu entwickeln. *Dr. Plendl* wurde zum Leiter der Abteilung RL der DVL-Zweigstelle in Rechlin (später Abteilung F der Erprobungsstelle der Luftwaffe/Rechlin) bestimmt. Das Prinzip des »X-Verfahrens« war: Ein Leitstrahl diente als Marschweg und wurde auf das Ziel gerichtet. Zwei andere Leitstrahlen auf anderen Frequenzen schnitten den Marschleitstrahl annähernd rechtwinklig an zwei bestimmten Punkten vor dem Ziel; sie dienten zur Ermittlung der Geschwindigkeit über Grund (Windeinfluß!) mit Hilfe einer Spezialuhr (»X-Uhr«) und damit zur Festlegung des richtigen Auslösepunktes für den Bombenwurf.
Nach ausgiebigen Versuchen entstanden 1937/38 in der Gruppe von *Dr. W. Kühnhold* die UKW-Leitstrahlanlagen »*Wotan I*« im Frequenzbereich 66–77 MHz. Die Antenne bestand aus zwei Vertikaldipolen, von denen eines dauernd gespeist und das andere 120mal/Minute durch eine rotierende Kapazität ebenfalls an den Sender gelegt wurde. Damit ergab sich ein Leitstrahlfächer mit 14 Leitstrahlen von jeweils nur ± 0,05° Breite mit Punkt-Strich-Tastung, moduliert mit 2000 Hz. (Es gab auch größere Antennen mit 18 Leitstrahlen.) Im Interesse einer extremen Leitstrahlschärfe mußte also mit Leitstrahlfächern gearbeitet werden, die den Benutzer wie auch den Gegner vor die schwierige Aufgabe stellten, die »richtigen« Leitstrahlen aus den drei Fächern herauszufinden. Die Dipole wurden später jeweils durch einen bzw. zwei Reflektoren ergänzt, um die Reichweite in der gewünschten Richtung zu erhöhen. Von diesem, auch als »Vielstrahlbake Rechlin« bezeichneten Typ wurden im Jahre 1938 acht Stationen in Deutschland aufgestellt, bereits aber im folgenden Jahre zum überwiegenden Teil an den Westwall verlegt. Unmittelbar nach der Kapitulation Frankreichs wurden acht von zehn »Wotan I«-Anlagen an die Kanalküste verlegt.

»X-Gerät«

Vom Bordgerät im Flugzeug = »X-Gerät« *(FuG 22?)*, entwickelt bei der E.-Stelle *(H. Hahnel, Dr. Rücklin)*, wurden die beiden Überlagerungsempfänger »Anna« (Frequenzbereich 66–77 MHz) bei Telefunken, die beiden Auswertegeräte (*A*nzeige-*V*erstärker nach *P*lendl =) AVP bei Siemens gefertigt. Die Schaltung der letzteren Geräte lehnte sich an diejenige im EBl 2 an, enthielt jedoch noch eine Gegentaktverstärkerstufe für die differenzierten Impulse; das Anzeigegerät AFN 2 lag zwischen beiden Anoden. Es waren also zwei Gerätesätze (Empfänger + AVP + Anzeigeinstrument) vorgesehen, einer für den Marschleitstrahl, der zweite für die Querstrahlen. Anstelle der geforderten 100 Flugzeuge erhielt die II. Abteilung des Luftnachrichten-Schul- und Versuchsregiments Köthen wenigstens eine 2. Staffel mit He 111 H und eingebautem X-Gerät und auch dies nur gegen den erbitterten Wiederstand einflußreicher Kreise. Dazu kamen noch 75 Satz X-Geräte für Ersatz und Neubestückung. Ende August 1938 wurde die Einheit umbenannt in Ln. Abt. 100, im November 1941 in I./K.G. 100. Bei ihrem Einsatz in Polen (3–10. Sept. 1939) wurden auch andere Verbände auf das gleiche Ziel eingesetzt, so daß eine Trefferzuordnung nicht möglich war. Vom 13. Aug. 1940 bis 16. Juni 1941 erfolgten nun Einsätze nach England von Vannes aus, vom 17. Juni 1941 bis 19. Juli 1941 von Chartres aus.

»X-Verfahren«

Ein Angriff nach X-Verfahren lief in folgender Weise ab: Die Frequenz des Marschleitstrahles A wurde auf dem ersten Empfänger eingestellt, dessen Anzeigegerät beim Flugzeugführer für den Zielflug angebracht war. Der gesuchte Leitstrahl war Nr. 7 aus 14 (bzw. Nr. 9 aus 18) und mußte nun durch Koppelnavigation und schräge Durchquerung des Leitstrahlfächers mit Abzählen der Dauerstrichzonen ermittelt werden. Der Bordfunker bediente den zweiten Empfänger zur Aufnahme der (meist) auf unterschiedlichen Frequenzen abgestrahlten Querleitstrahlen B und C, welche z.B. in 18 und in 6 km vor dem Ziel eine

Eine der drei »X-Baken = Wotan I« bei Calais im Aufbau.

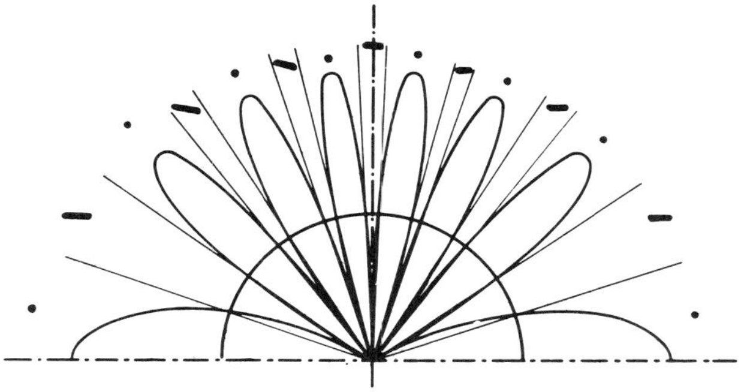

Leitstrahlfächer der Anlage »Wotan I«, entstanden durch Kombination eines Runddiagramms mit einem fingerförmigen Diagramm. Der Hauptleitstrahl befand sich links der Mittelsenkrechten.

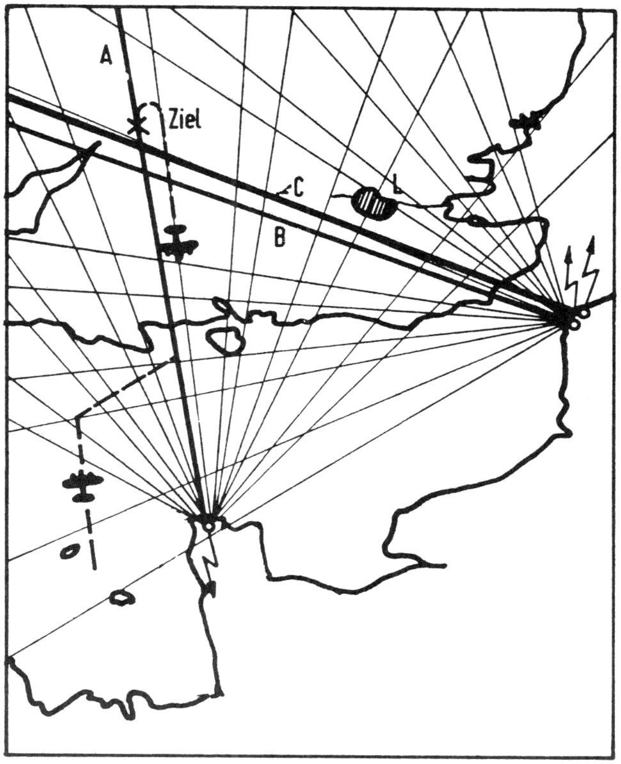

Prinzipskizze des »X-Verfahren«: Drei X-Baken erzeugen den Marschleitstrahl A durch das Ziel und die Querstrahlen B und C für die Geschwindigkeitsmessung. Aus Gründen der Übersichtlichkeit sind nicht alle Leitstrahlen eingezeichnet.

Meßstrecke zur Ermittlung der tatsächlichen Geschwindigkeit über Grund markierten. Als Bombenwurfrechner für die automatische Bombenauslösung diente eine sog. »X-Uhr« (Entwicklung E.-Stelle Rechlin/*Hepper*, Fertigung Hartmann & Braun, später Beuerle & Söhne), die drei Zeiger für die große Skala und zwei kleine Zeiger mit Hilfsskalen aufwies. Zuerst wurde nach Tabellen das Streckenverhältnis (18 km : 6 km = 3 : 1) korrigiert (entsprechend Bombentyp, Flughöhe und Fahrtmesseranzeige) für die »Bombenrückdrift« auf den Betrag von z.B. 2,78 : 1 und an der unteren Hilfsskala eingestellt. Um die ebenfalls aus den Tabellen entnommene Bombenfallzeit von z.B. 34 Sekunden wurde der große schwarze Schleppzeiger nach links zurückgedreht. Außerdem wurde das Uhrwerk aufgezogen, was an der zweiten Subskala angezeigt wurde.
Beim Durchfliegen des Leitstrahls B wurde durch Drücken

He 111 der 2.K.Gr. 100 mit den zwei zusätzlichen Antennen des »X-Gerätes« (daher wurden diese Flugzeuge auch »Dreimaster« genannt).

Links das Gerätebrett des »X-Gerätes« (mit zwei Empfängern 66–77 MHz, zwei Auswertegeräten, einem Schaltfeld und Umformer). Rechts die »X-Uhr« (2. Ausführung).

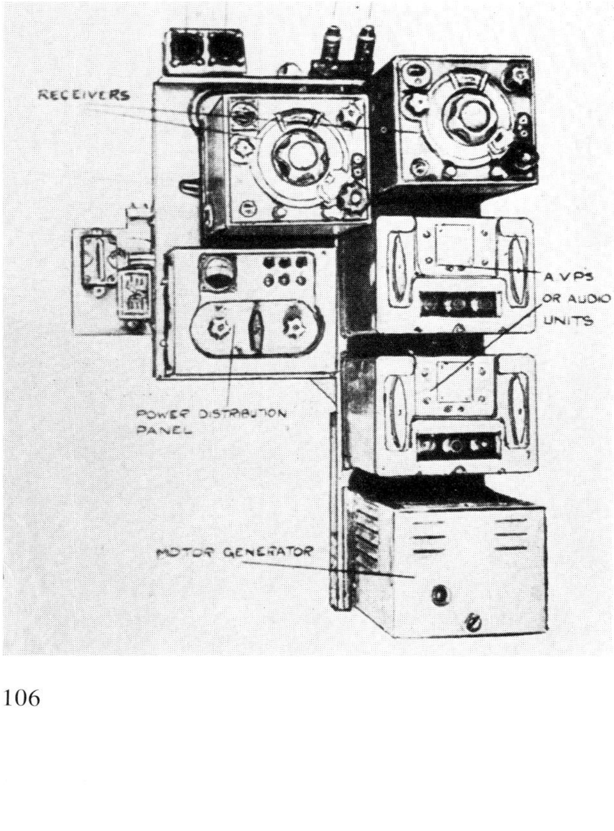

der oben auf der X-Uhr befindlichen Taste ein grüner Zeiger gestartet, der auch den schon erwähnten schwarzen Schleppzeiger mit sich nahm; beide drehten nun mit einer dem Streckenverhältnis (2,78 : 1) entsprechenden verringerten Geschwindigkeit im Uhrzeigersinn. Bei Durchquerung der Dauerstrichzone des Leitstrahls C wurde die Taste der Uhr nochmals gedrückt. Dadurch wurden der grüne und der schwarze Zeiger gestoppt, dafür begann ein roter großer Zeiger mit normaler Geschwindigkeit zu laufen, ebenfalls im Uhrzeigersinn. Sobald der rote mit dem schwarzen Zeiger in Deckung kam, löste ein Kontakt in der Uhr automatisch die Bomben entsprechend ihrer Fallzeit vor dem Ziel aus. (Derartige einfache Geräte wurden übrigens auch in der Nachkriegszeit als sog. »Dual Timer« verwendet.) Mit diesem Verfahren wurde also automatisch die (durch Luftdichte, Wind etc. beeinflußte) Geschwindigkeit, die auf der Strecke B–C angetroffen wurde, auf die Strecke C–Ziel übertragen.

Schulmäßig wurden mit diesem Verfahren 95 Prozent Treffer in einem Kreis von 100 m Durchmesser bei 300 km Entfernung erreicht, wenn die Besatzungen ihre ersten Treffergebnisse an Ort und Stelle besichtigen konnten. In der Praxis lag für 300 km Entfernung zu den Leitstrahlsendern die Querablage bei ± 260 m und die Längsablage bei ca. ± 300 m.

Störverfahren des Gegners waren praktisch erst ab April 1941 erfolgreich. Man erweiterte dann das Verfahren auf sieben Frequenzen, um mehr Ausweichmöglichkeiten zu haben. Vor der Verlegung der Gruppe nach Rußland im Juli 1941 wurden alle X-Geräte ausgebaut. Erst wieder im April/Mai 1942 wurden die X-Geräte mit zwei Empfängern des FuG 17, also im Frequenzbereich 42–48 MHz, kurzzeitig beim Erprobungs- und Lehrkommando 100 von Chartres aus mit Do 217 E-4 und He 111 H-6 zum Einsatz gebracht. Außer der Frequenzumstellung der Boden- und Bordanlagen wurde zur Erschwerung der Entdeckung des Systems auf eine nicht im Hörbereich liegende hohe Modulationsfrequenz von 15 kHz zurückgegriffen (was dem Gegner bereits vor dem ersten Einsatz zu Ohren gekommen war!). Ende des Monats Mai wurden dann die Störungen so wirkungsvoll, daß deutscherseits voll auf das »Y-Verfahren« übergegangen wurde. Die Einsätze des K.G. 100 werden ausführlich in der Geschwaderchronik (U. Balke) behandelt.

Zwischenbetrachtung

Es waren zwei Gründe, daß ursprünglich nur 25 Flugzeuge mit dem X-Gerät ausgerüstet wurden: Der Großteil der fliegenden Besatzungen und ihrer Führung wehrte sich heftig gegen jede »Gängelung« vom Boden aus und wollte nicht »zu Robotern degradiert werden«. Zum anderen erforderte das X-Gerät eine lange Spezialausbildung, für die nur wenige Besatzungen geeignet waren. Nach Kriegsbeginn stellte sich dann aber schnell heraus, daß das einzige allgemein eingeführte Funknavigationssystem für den Streckenflug, die LW-Funkfeuer am Boden und Peilempfänger an Bord, extrem leicht zu stören und oft auch zu täuschen waren. In einem Land, das wie Deutschland bahnbrechend auf dem Gebiet des Gleichwellen-Rundfunks gearbeitet hatte, hätte das die Luftwaffenführung rechtzeitig berücksichtigen müssen. So kam es, daß wir (abgesehen von den 25 X-Flugzeugen) 1939 eigentlich nur eine »Schönwetter-Luftwaffe« hatten, die kein System besaß, um auch bei Schlechtwetter oder Nacht weit entfernte Ziele aufzufinden. Wie schon bemerkt, war auch der gewählte Bereich der KW-Nachrichtengeräte mit 3–6 MHz ungeeignet für Langstreckenflüge.

Behelfsanlage

Analog dazu, im Zeichen der »freien Jagd«, fanden auch Jäger und Zerstörer oft gemeldete Feindverbände nicht, da eine echte Jägerführung noch nicht existierte. So hatte die Funkmeßstellung Wangerooge Ende 1939 mit ihrem »Freya«-Gerät (unter Lt. *Diehl*) über der Nordsee Feindverbände ausgemacht, die aber von den gestarteten Jägern und Zerstörern nicht oder zu spät gefunden wurden. *Diehl* versuchte daher wenigstens den mit Funklandegerät ausgerüsteten Me 110 zu helfen, indem er eine Funklandebake (Leitstrahlsender) drehbar aufstellte und ihren Leitstrahl laufend auf die vom »Freya«-Gerät ermittelte Richtung zum Gegner stellte.

»Karussell«

Als Verbesserung sollte die Landebake durch eine von der Firma Lorenz (*Dr. Goldmann* u.a.) im Jahre 1939 entwikkelte drehbare UKW-Leitstrahlanlage »*Karussell*« ersetzt werden, die ursprünglich als »verfeinertes Landefunkfeuer« vorgesehen war. Die auf einem Schienenkreis von 13 m Durchmesser neben dem Senderhäuschen montierte Antenne bestand wieder aus Dipol und zwei getasteten Reflektoren. Dahinter war jeweils ein fester Reflektor, davor jeweils 2 Direktorstäbe angebracht. Es ergab sich so ein Hauptleitstrahl von ± 2° Breite und zwei um ca. 40° versetzte Nebenleitstrahlen. Drei Anlagen wurden 1940 auf Nordseeinseln installiert.

»Knickebein«

Da bei Schlechtwetter oder Nacht ein Verbandsflug mit Führung durch ein Flugzeug mit X-Gerät mangels eines geeigneten Verbandsfluggerätes (an dem man lange experimentierte) nicht durchführbar war, erhielt die Firma Telefunken *(Lohmann)* den Auftrag für die Entwicklung eines großen Leitstrahlsenders, der in einem vereinfachten Ver-

Große »Knickebein«-Anlage bei Kleve: Höhe 30 m, Breite 90 m. Die Anlage wurde auf dem Schienenkreis elektrisch gedreht.

Kleine »Knickebein«-Anlage in Frankreich: Höhe 16 m, Breite 45 m, breitbandig durch Verwendung von Rohrdipolen.

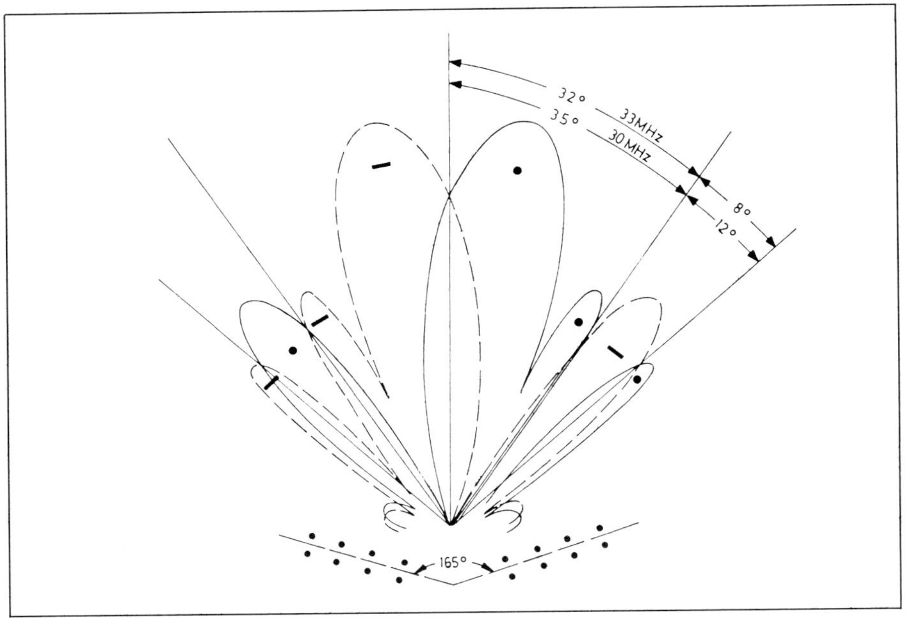

Diagramm einer kleinen »Knickebein«-Anlage in Abhängigkeit von der Betriebsfrequenz.

fahren den Kampfflugzeugen einen Leitstrahlflug mit Hilfe des eingebauten UKW-Funklandegerätes FuBl 1 erlauben sollte. Die daraufhin entstandene UKW-Leitstrahlanlage *»Knickebein« FuSAn 721* besaß einen Rahmen von 30 m Höhe, der auf einem Schienenkreis von 90 m auf Laufrollen mit Elektromotorantrieb in die benötigte Richtung gedreht wurde. Auf der Basis des Rahmens war der 500 W-UKW-Landesender (30,0–33,3 MHz) angeordnet. Zwei aus je acht (Draht-)Dipolen und acht (Draht-)Reflektoren bestehende Antennenhälften waren nebeneinander in einem Winkel von 165° angeordnet. Mit dieser »geknickten« Anordnung wurde ein Leitstrahl von nur ± 0,3° Breite erzeugt, der mit dem FuBl 1 bei 6500 m Flughöhe noch bis zu 500 km Entfernung benutzbar war. Die Tastung und Modulation entsprachen genau derjenigen der Landefunkfeuer.

In Kleve/holländische Grenze, Stollberg/Schleswig-Holstein und in Lörrach waren bis Ende 1939 bereits drei dieser Anlagen aufgebaut. Sie wurden auf den Frequenzen 30,0 bzw. 31,5 MHz von da an laufend eingesetzt im sog. »vereinfachten X-Verfahren«. Dabei war ein Leitstrahl auf das Ziel gerichtet als Marschweg. Zur Kennzeichnung des (Flächen-)Zieles wurde ein Querleitstrahl eines zweiten »Knickebein-«Senders verwendet, wobei im Endanflug dauernd zwischen zwei Frequenzen umgeschaltet werden mußte. Daher wurde später der zweite »Knickebein«-Leitstrahl durch einen solchen der »Elektra«-Anlagen (s. S. 120) ersetzt, der mit dem LW-Empfänger des FuG 10 empfangen wurde. Die Genauigkeit des »Knickebein«-Leitstrahlverfahrens war für Flächenziele ausreichend, d.h. sie betrug ca. ±1000 m in 160 km Entfernung.

Ab 1940 wurden noch 10 kleinere »Knickebein«-Anlagen aufgestellt, davon sechs in Frankreich, zwei in den Niederlanden und eine in Norwegen; eine in Sizilien wurde nicht mehr vor der Landung der Alliierten fertig. Diese Anlagen mit 45 m Breite benötigten nur noch einen Schienenkreis von 30 m Durchmesser. Die Antenne bestand nun aus 2 × 4 in der Mitte gespeisten Halbwellendipolen mit Reflektoren, die ebenfalls, aber phasenverschoben, gespeist waren. Da nun dicke Dipolrohre verwendet wurden, waren die Anlagen breitbandiger und konnten vor den Einsätzen innerhalb der Bereiche 30,0–31,5 bzw. 31,5–33,3 MHz auf neue Frequenzen abgestimmt werden. Die Reichweite dieser Anlagen war in der Praxis fast gleich wie bei den großen Anlagen, die Leitstrahlbreite verdoppelte sich jedoch auf ca. ±0,6°.

An Bord der Flugzeuge wurde als Empfangsgerät das Funklandegerät *FuBl 1* wie vom Landeanflug her gewohnt benutzt. Die »Knickebein«-Anlagen wurden ab Mai 1940 gegen England eingesetzt, ab September 1940 aber zunehmend stärker gestört, so daß sie schließlich über England nicht mehr benutzbar waren. Zur Zielkennzeichnung mußten von da an die mit X-Gerät ausgerüsteten Flugzeuge als »Pfadfinder« eingesetzt werden, eine Einsatzart, die später auch in analoger Weise vom Gegner übernommen wurde. Die »Knickebein«-Leitstrahlen dienten dann außerhalb der Reichweite der englischen Störsender als Anmarschwege über See. Ab September 1941 wurden die Flugzeuge auf das Gerät *FuBl 2* umgerüstet, mit dem in 6000 m Flughöhe Reichweiten bis zu 600 km mit »Knickebein«-Sendern erreicht wurden. Da nun seitens der Engländer 34 Frequenzen laufend zu überwachen und zu stören waren, um Frequenzwechseln während des Angriffes zu begegnen, verlegte man sich jenseits des Kanals mehr und mehr darauf, an Stelle der Leitstrahlen den Boden-Bordverkehr der Flugzeuge auf KW und den Bord-zu-Bord-Verkehr auf UKW zu stören.

»Zyklop«

Eine nur wenig bekannte (und in Rechlin entwickelte?) Abart der »Knickebein«-Anlagen war die UKW-Leitstrahlanlage *»Zyklop« FuSAn 722.* Sie bestand aus einem in einen Peilanhänger eingebauten 120 W-UKW-Landesender AS 3 (Firma Lorenz, 30,0–33,3 MHz) und einer einfachen Antenne, bestehend aus zwei mit 14 m Abstand eingegrabenen Holzmasten mit je einem vertikalen Dipol. Durch abwechselnde gleich- bzw. gegenphasige Speisung im Punkt-Strich-Rhythmus und mit der Modulation 1150 Hz der UKW-Landeanlagen ergaben sich vier Leitstrahlen, von denen einer als Hauptleitstrahl diente. Die Breite der Leitstrahlen lag bei ± 0,3°, die Reichweite betrug ca. 300 km bei 5000 m Flughöhe. Diese Anlagen wurden vornehmlich im Osten für Versorgungsflüge, aber auch am Kanal für Verbände eingesetzt, die bei Nacht Minen in englische Seewege warfen, die durch »Zyklop«-Leitstrahlen gekennzeichnet wurden.

»Wotan II«

Bereits im Jahre 1939 hatte sich die E-Stelle Rechlin Gedanken für einen späteren Nachfolger des X-Verfahrens gemacht. Der Marschleitstrahl sollte beibehalten werden, die Position der Flugzeuge darauf sollte am Boden mit Hilfe eines Entfernungs-(E-)Meßverfahrens ermittelt werden, desgl. sollte das Bombenwurfkommando von dort aus gegeben werden. Durch diese Verlagerung des Hauptaufwandes auf den Boden sollte das sog. *»Y-Verfahren/Kampf«* höhere Genauigkeiten erlauben. Dafür war allerdings die Zahl der gleichzeitig auf dem Leitstrahl geführten Flugzeuge (d.h. die Einsatzdichte) geringer. Die UKW-Vielstrahlbaken »Wotan II« *(Dr. Herzog, Götz)* wurden (ebenso wie die zugehörigen Sender »Berta I/II«) für den Frequenzbereich 42–48 MHz ausgelegt, weil dafür nun serienmäßige Bordgeräte in Form des FuG 17 verfügbar waren. Für die ersten Anlagen »Wotan II« wurde der Aufbau der Vorgänger übernommen. Mit einer Antennen-

Y-Zweistrahlbake »Wotan II« bei Paluel (Station »Cicero«), 1941.

Antennendiagramm und Schema der Leitstrahltastung der Y-Zweistrahlbaken.

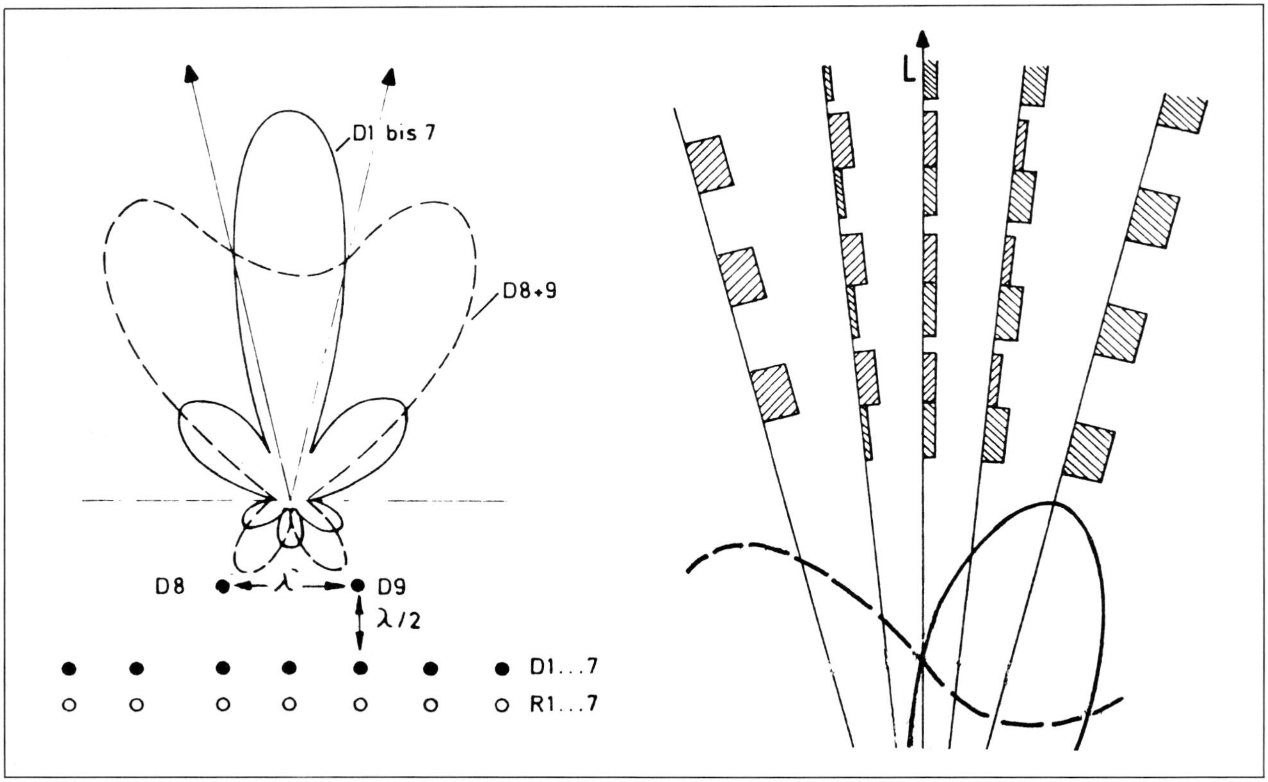

basis von 18 m (entsprechend 2,6 Wellenlängen) ergaben sich zehn Leitstrahlen, wobei nur anfänglich Tastung und Modulation wie bei den Landebaken verwendet wurde.
Bereits im Frühjahr 1940 bekamen die neu gefertigten »Wotan II«-Anlagen eine neue Antenne, die mit sieben Dipolen und ebensovielen Reflektoren ein keulenförmiges Diagramm (mit kleinen Nebenzipfeln) erzeugte. In $^1/_2$ Wellenlänge Abstand vor den Dipolen waren zwei weitere Dipole (mit seitlichem Abstand von einer Wellenlänge) angebracht, die bei gegenphasiger Speisung ein »verwaschenes« Doppelkeulendiagramm = Kardioide erzeugten. Bei Zutastung der zwei Dipole entstanden so zwei Leitstrahlen im Winkel von etwa 20°, wobei der eine davon als Marschleitstrahl, der andere meist für den Rückmarsch verwendet wurde. Die Tastung erfolgte durch einen motorangetriebenen Differentialkondensator (»kapazitive Mühle« nach *Dr. Escherich*) mit Glühlampenlast für die Tastpausen. Es wurde nun 176 mal/Minute die Richtantenne mit einer Keule, dann die zwei Dipole mit der Kardioide und dann die Glühlampenlast an den Sender geschaltet. Es entstand so eine schnelle Strich-Strich-Tastung mit kurzer Sendelücke (im Verhältnis 8 : 8 : 1), die akustisch nicht mehr auswertbar war. Insgesamt wurden 1940 acht »Wotan II«-Stellungen in Frankreich und eine in Norwegen errichtet, die jeweils mehrere Leitstrahlanlagen (darunter auch noch Vielstrahlanlagen) enthielten.
Für die Rückführung der Flugzeuge zu den Einsatzbasen wurden bald anstelle von Vielstrahlbaken u.a. fahrbare Y-Baken »Paulchen« mit drehbarer Antenne eingesetzt. Sie sahen wie UKW-Adcock-Peiler aus, d.h. sie besaßen zwei vertikale Dipole in 0,6 Wellenlänge Abstand, die bei entsprechender Umtastung und Speisung durch einen Sender zwei je 5° breite gekreuzte Leitstrahlen erzeugten, die leichter erfaßbar waren und obendrein in die von einem Peiler ermittelte Richtung des Flugzeuges gedreht werden konnten. Eine ursprünglich als Ersatz für die Zweistrahlbaken vorgesehene Bauform »Paul« *(Dr. Netheler)* kam nicht mehr zum Serienbau.

FuG 28a

Als zugehöriges Bordgerät wurde das ebenfalls bei der E.-Stelle Rechlin *(H. Donn, W. Hepper)* entwickelte und bei Heliowatt in Serie gefertigte UKW-Leitstrahlempfangsgerät *FuG 28a* verwendet. Es bestand aus einem Empfänger E 17 (des FuG 17/42–48 MHz), der mit einem Auswertegerät AG 28a zu einem Geräteblock vereinigt war. Das Auswertegerät enthielt einen Motor, der über einen Nockenscheibensatz 180 Schaltungen/Minute ausführte und damit etwas schneller als die Bakentastfrequenz war. Die Kontakte leiteten die Empfängerausgangsspannung an zwei hintereinandergeschaltete Kondensatoren, die dadurch aufgeladen wurden. Die Differenzspannung beider Kondensatoren steuerte nun zwei Röhren derart an, daß in der nachgeschalteten Brückenschaltung stets dann ein Gleichgewicht herrschte, wenn die Feldstärken der beiden Strich-Strich-Tastungen (Keule/Kardioide) gleich waren, d.h., wenn man sich auf einem der beiden Leitstrahlen befand. Bei Abweichungen nach links oder rechts ergaben sich entgegengesetzte Brückenströme mit entsprechenden Ausschlägen des Anzeigeninstruments. Der Marschleitstrahl war unterscheidbar vom zweiten dadurch, daß bei ihm Linksabweichungen eine Komanndoanzeige nach rechts bewirkte, während auf dem zweiten bei einer Linksabweichung eine Situationsanzeige nach links erfolgte. Die Sendelücke bewirkte ein Abfallen der Magnetkupplung zwischen Motor und Schalter, bis der nächste Sendezyklus einsetzte. Auf diese Weise wurde eine Zwangssynchronisation zwischen der Leitstrahlbake und dem Bordempfänger hergestellt.

Befand sich das Flugzeug in der Nähe des richtigen Leitstrahls, so wurden dessen Signale mit Hilfe des *L*eitstrahl-*K*urssteuerungs-*Z*wischen*g*erätes *LKZG 1*, das ebenfalls bei der E.-Stelle Rechlin *(G. Hahn, K. W. Schröter)* entwickelt worden war, auf den Kursregler aufgeschaltet und das Flugzeug zum bzw. auf dem Leitstrahl gelenkt.
In einer verbesserten Ausführung *LKZG 2* enthielt dieses noch eine Vorrichtung zum selbsttätigen Erfliegen des Luvwinkels bei Seitenwind. Die Teile dieser Vorrichtung, die z.T. als Wunderwerke der Feinwerktechnik zu betrachten waren, spielten in höchst raffinierter Weise so zusammen, daß es möglich wurde, einen Windvorhaltewinkel, der ja eine dauernde Ablage vom Leitstrahl bedeuten würde, langsam einzustellen und so mit einer Veränderung des ursprünglich eingestellten Leitstrahlkurses auf der Mitte des Leitstrahls zu fliegen.

Zum »Y-Gerät« an Bord gehörte neben dem FuG 28a mit LKZG 1 bzw. 2 das weiter unten beschriebene UKW-Relaissende-Empfangsgerät FuG 17 E, das mit der (im gleichen Kapitel behandelten) Entfernungsmeßeinrichtung am Boden zusammenarbeitete. Das Y-Kampf-Verfahren wurde im Kriege vorwiegend in Pfadfinderflugzeugen des III. K.G. 26, der II. K.G. 100 und des I.K.G. 66 eingesetzt.

»Uhu I«-Verfahren

Als im Sommer 1941 fast alle Kampfverbände vom Westen nach Rußland verlegt wurden, begann gleichzeitig eine Verstärkung der gegnerischen Luftangriffe von England aus. Es lag daher der Gedanke nahe, das Y-Leitstrahl-Verfahren (bzw. die ausgebauten Geräte) für die Jägerführung zu verwenden. Man entschied sich für ein Funklenkverfahren *»Uhu«*, bei welchem dem nun im Jagdflugzeug eingebauten Empfangsgerät FuG 28a mit LKZG durch den jetzt an einer Rundstrahlantenne betriebenen Bodensender Signale übermittelt wurden, die bei Bedarf eine Ablage von einem virtuellen Leitstrahl vortäuschten und entsprechende Kursänderungen auslösten. Die Erprobung fand ab Herbst 1941 durch die E.-Stelle Rechlin *(Dr. Schaeder, G. Hahn)*

Pfadfinderflugzeuge Do 217 E-4 (hinten) und Do 217 K-1 (vorne) der I./K.G. 66 mit Y-Gerät (FuG 17 E + FuG 28 a) im Jahre 1943, erkennbar am Antennenmast auf der Kabine und am ausfahrbaren Mast unter dem Rumpf.

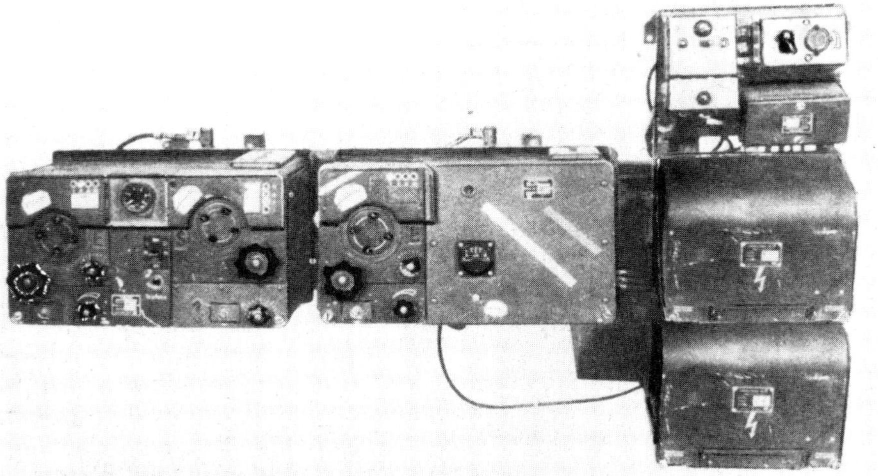

Unten: »Y-Anlage« (Kampf) für Bomberführung, bestehend aus UKW-Sprech- und E-Meßgerät FuG 17 E (links) und UKW-Leitstrahlempfangsgerät FuG 28 a (mitte), rechts die Umformer und Bediengeräte.

Leitstrahl-Kurs-Zusatzgerät LKZG 1 für die Aufschaltung des FuG 28 a auf den Kursregler. ▼

bei den Nachtjägern der II./N.J.G. 2 in Leeuwarden (Niederlande) statt.

Die Y-Leitstrahl nachahmenden Lenksignale bestanden aus einem Strich mit 2 kHz-Modulation bei 50 Prozent Modulationsgrad. Auf diesen folgte ein weiterer gleichlanger Strich mit 2 kHz-Modulation, dessen Modulationsgrad jedoch an einem »Kurspotentiometer« zwischen 10 und 90 Prozent eingestellt werden konnte, das z. B. am Kommandogerät eines Funkmeßgerätes »Freya« angebracht war. Nach der Synchronisierlücke begann der nächste Tastzyklus.
Der Jägerleitoffizier am Funkmeßgerät gab per Sprechfunk (damals noch auf Kurzwelle) zum Jäger einen Bezugskurs durch, der zum Treffen mit dem Gegner führen sollte. Wenn dieser Kurs erreicht war, gab der Leitoffizier den Befehl zur Aufschaltung. Er konnte dann bei Bedarf durch Verstellung des Kurspotentiometers von der Mittelstellung (= 50 Prozent Modulationsgrad) auf einen größeren oder kleineren Wert den Jäger fernlenken, d. h. Kurskorrekturen bis zu ± 30° mit Drehgeschwindigkeit 2°/s vornehmen. Auch eine auf 0 %, 50 % oder 100 % umschaltbare Variante des später mit »Uhu I« bezeichneten Verfahrens wurde nach ausgedehnten Versuchen im Sommer 1942 eingestellt, z. T. wegen taktischer Mängel, besonders wohl aber wegen der instinktiven Abneigung der Flugzeugführer gegen einen Eingriff in die Steuerung

vom Boden aus. Das später entstandene »Uhu II«-Verfahren diente zur Kommandoübertragung und hat mit dem Fernlenkverfahren »Uhu I« nichts zu tun.
Interessant ist, daß das »Uhu«-Lenkverfahren in abgewandelter Form in den Jahren 1966–71 bei der Deutschen Forschungs- und Versuchsanstalt für Luft- und Raumfahrt (DFVLR) in Oberpfaffenhofen erfolgreich erprobt wurde, um Meßflugzeuge genau auf einen vorbestimmten Flug führen zu können. Als Bordgerät diente ein normaler ILS-Empfänger mit Kreuzzeiger. Der Bodensender = Localizer strahlte über eine Rundstrahlantenne die Tonfrequenzen 90 Hz und 150 Hz im Normalfalle mit gleichem, für die Lenkung mit unterschiedlichem Modulationsgrad ab.

»Z«-Verfahren

Beim sog. »*Z-Verfahren*«, das von der E.-Stelle Rechlin 1941/42 zusammen mit der Firma Siemens als Ersatz für das »Y-Verfahren/Kampf« ausgearbeitet worden war, sollte der Leitstrahl, der das Verfahren noch mehr als die später verwendeten Kurz-E-Meßsignale verriet, ersetzt werden durch einen virtuellen Leitstrahl = »Peilstrahl« mit Abweichungsauswertung. An die auf das Ziel ausgerichtete und nun zur Peilung dienenden Antenne einer Y-Zweistrahlbake war ein Auswertegerät AK angeschlossen, das ähnlich den UKW-Zielflugvorsätzen nach dem Dieckmann-Hell-Verfahren arbeitete. Es tastete die Ausgangsspannung des keulenförmigen Diagramms 300mal/Sekunde in der Phase um und verglich sie mit der Phase der vom Kardioidendiagramm gelieferten Spannung. Außerdem wurde in einem Gerät EK in einer Quarzschaltung eine Zeichenverlängerung vorgenommen. Flog ein Flugzeug genau auf der Richtung, in der die Antenne beim Y-Verfahren den Marschleitstrahl erzeugt hatte, so erzeugten seine ausgesandte Kurzsignale von 0,1 Sekunden Dauer im Bodengerät keine Ausgangsspannung. Bei Ablagen des Flugzeuges von dieser Richtung ergaben sich jedoch Signale unterschiedlicher Polarität und Amplitude. Diese wurden dem Flugzeug auf dem Funkwege (vermutlich FuG 17 E) übermittelt und über ein Zusatzgerät »Pia« als Dauersignal auf die Kurssteuerung aufgeschaltet. Diese Geräte waren Anfang 1942 erprobt, gingen aber nicht mehr in Serie. Die Mustergeräte wurden jedoch im Jahre 1943 gelegentlich eingesetzt.

Zu diesem Kapitel über Führungsleitstrahlen würde eigentlich das LW-Fächerfunkfeuer »*Elektra*« zählen, das einen feststehenden Leitstrahlfächer abstrahlte. Da diese Anlagen aber bald zu LW-Drehfunkfeuern »Sonne« umgerüstet wurden, werden die »Elektra«-Anlagen erst im entsprechenden Kapitel zusammen mit den »Sonne«-Anlagen besprochen.

Leitstrahlverfahren nach 1945

Vierkursfunkfeuer (Radio Range)

Unmittelbar nach dem Zweiten Weltkrieg wurden überall LW-Vierkursfunkfeuer (»MF-Radio Ranges«) im Frequenzbereich 200–400 kHz zur Kennzeichnung der Luftstraßen eingerichtet. Da die Abstrahlung der Rahmenantennen älterer Anlagen bei Dämmerung und während der Nacht an der Jonosphäre reflektiert wurde, konnten durch Rückwirkung auf die Bodenwelle Leitstrahlwanderungen und Aufspaltungen vorkommen. Man ging daher bald zu »Adcock«-Antennen über, d. h. die gekreuzten Rahmenantennen wurden durch 2 × 2 Vertikalantennen in gekreuzter Aufstellung (mit Abstand 250 m) ersetzt und getastet (unmoduliert). Eine genau in der Mitte befindliche fünfte Vertikalantenne wurde dauernd mit einer um 1020 Hz höheren Frequenz erregt, wodurch wieder die beiden Doppekreisdiagramme mit den vier Leitstrahlen entstanden und sich im Empfänger ein Überlagerungston der beiden Frequenzen bildete. Diese Anlagen waren praktisch frei vom Dämmerungseffekt und konnten auch (wegen der dauernd strahlenden Mittelantenne) besser mit dem Radiokompaß angeflogen werden. Genau über dem Funkfeuer war keine Abstrahlung. Daher stellte man hier zur Kennzeichnung ein auf 75 MHz arbeitendes Markierungsfunkfeuer (»Z-Marker«) auf, gelegentlich weitere »Fan Marker« auf den Leitstrahlen, die dann z.B. als Navigationspunkt für Warteschleifen etc. verwendet wurden.
Als Bordanlage wurde ein LW-Peilempfänger benötigt, desgleichen für die Markierungsfunkfeuer der »Marker«-Empfänger der Landeanlage.
Die Radio Ranges wurden mit dem Aufkommen der VOR-Drehfunkfeuer mehr und mehr abgebaut. Im Ausland gibt es auch UKW-Vierkursfunkfeuer = »*Visual and Aural Range = VAR*« im Frequenzbereich 108–112 MHz, wobei mit der A/N-Tastung auch der Modulationston von 90 Hz auf 150 Hz umgetastet wird, so daß hier die Zweideutigkeit der Signale (Anflug oder Abflug?) entfällt. Die Reichweite ist bei Langwellen-Funkfeuern (50–150 W Sendeleistung) 200–500 km, bei den UKW-Vierkursfunkfeuern etwa 200 km in 3 km Flughöhe, die Leitstrahlbreite beträgt in beiden Fällen etwa ± 1,5°.

Funklandeanlage (ILS)

Die Bodenanlage

Nach einer Gleitpfad-Versuchsanlage mit Punkt-Strich-Tastung auf 480 MHz, entwickelt im Jahre 1942 in Großbritannien bei Standard Telephones and Cables Ltd., entstand

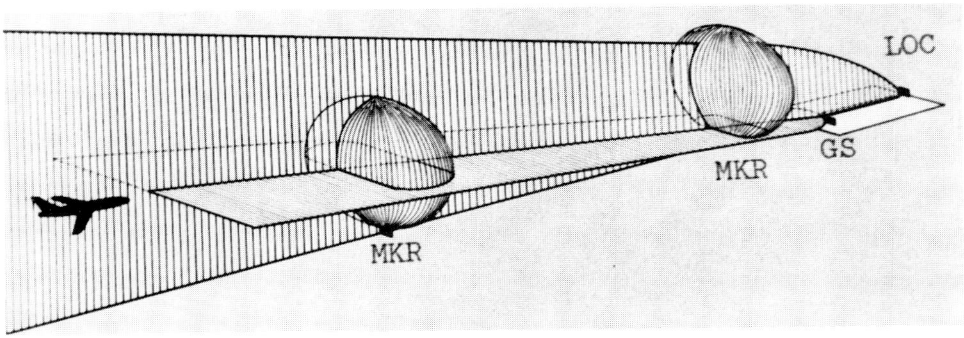

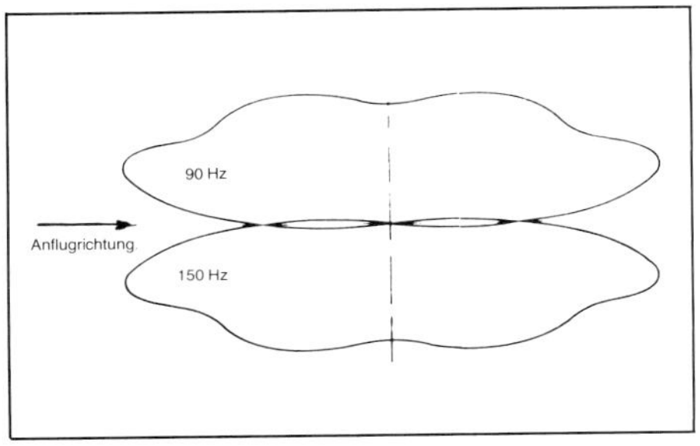

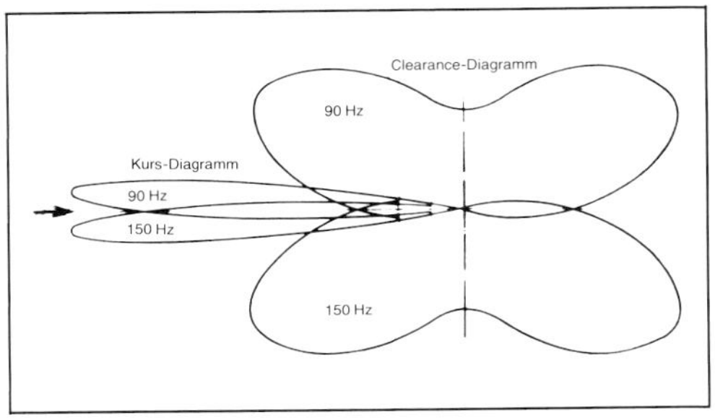

Die Komponenten des Instrumenten-Landesystems ILS: LOC = Localizer = Landekurssender für die Anflugrichtung, GS = Glideslope = Gleitpfadsender für den Erhebungswinkel, MKR = Marker = Markierungsbaken in 7 km und 1 km Abstand zur Landebahn.
Unten links: Modulationsdiagramm des Landekurssenders.
Unten rechts: Modulationsdiagramm moderner Landekurssender mit schmalem Kursdiagramm und zusätzlichem »Clearence«-Diagramm.

in den USA in den Jahren 1943/44 eine Funklandeanlage *S.C.S 51* für militärische Verwendung, die bald auch als sog. Instrument Landing System *ILS* im zivilen Bereich eingeführt wurde. Bei diesen Anlagen werden vom Landekurs-Leitstrahlsender (Localizer) anstelle einer Umtastung eines gleichmäßigen Diagramms dauernd zwei sich überlappende Diagramme abgestrahlt, von denen das eine mit einer Frequenz von 90 Hz, das andere mit 150 Hz moduliert ist. In der Leitstrahlzone von etwa ± 2,5° Breite empfängt man an Bord beide Töne gleichlaut, außerhalb davon überwiegt je ein Ton entsprechend der Ablage. Im Empfänger wird somit anstelle der Differenz zweier HF-Amplituden diejenige des Modulationsgrades (bzw. von NF-Amplituden) gemessen. Die Anzeige erfolgt nur noch rein op-

Antennen der ILS-Bodenanlage (von links) Marker-, Landekurs- und Gleitpfad-Antenne.

tisch an einem Kreuzzeigerinstrument als Zeigerausschlag links/rechts.
Der Gleitweg (Glide Slope GS) wird durch den Gleitwegsender angegeben, der zwei übereinander angeordnete feste Diagramme abstrahlt, die ebenfalls mit 90 bzw. 150 Hz moduliert sind. Der Überlappungsbereich gleichen Modulationsgrades, d.h. die horizontale Leitebene, weist gegenüber dem Boden einen Erhebungswinkel von 2,5° auf und endet an der Landebahnschwelle bzw. dem Aufsetzpunkt. Zur Anzeige dient wieder das Kreuzzeigerinstrument mit der Anzeige hoch/tief des horizontalen Zeigers. Die Instrumentenanzeige ist hier (im Gegensatz zum Lorenz-System) eine Kommandoanzeige (»nach links/rechts bzw. höher/tiefer steuern!«). Durch die gekreuzte Anordnung zweier Leitebenen entsteht hier ein echter Leitstrahl (Leitlinie). Zur Abstandsanzeige von der Landebahnschwelle sind wieder in 7 km das Voreinflugzeichen (Outer Marker OMKR) mit 400 Hz in Strichtastung moduliert und in 1 km das Haupteinflugzeichen (Middle Marker MMKR) mit 1300 Hz in Punkt-Strichtastung vorgesehen, die beide ein fächerförmiges Diagramm nach oben abstrahlen. Eine Punkttastung mit 3000 Hz wurde (nach Wegfall eines Markers 70 m vor der Landeschwelle) sog. Z-Markern zugeteilt, die auf Luftstraßen Meldepunkte und dergleichen kennzeichnen. Die Anzeige der Einflugzeichen erfolgt sowohl akustisch (im Kopfhörer) als auch optisch durch farbige Glühlämpchen (blau/braun/weiß).
Der Landekurssender (Localizer LOC) arbeitet (mit 40 W) im Frequenzbereich 108–112 MHz, der Gleitpfadsender (Glide Slope GS) mit 10 W im Bereich 328–336 MHz und die beiden Einflugzeichensender MKR mit je 1 W auf 75 MHz. Die Anlage ist für eine Reichweite von mindestens 30 km in niedriger Flughöhe ausgelegt. Z-Marker arbeiten ebenfalls auf 75 MHz, jedoch mit 5 W Leistung.

Neuere Landekurssender liefern infolge einer sehr starken Bündelung der Diagramme eine von Reflexionen an Gebäuden oder Geländeerhebungen weitgehend unbeeinflußte Leitebene für den Anflugkurs. Da nun die Abstrahlung hauptsächlich in einem Sektor von ± 10° zur Leitebene konzentriert ist, werden zur Erleichterung des Auffindens der Leitebene für die von der Seite ankommenden Flugzeuge von einem zweiten Sender wenig gebündelte »Clearance«-Diagramme abgestrahlt. Dies erfolgt mit den gleichen Modulationstönen, aber auf einer um 9 kHz gegenüber dem Localizer verschobenen Frequenz, die noch innerhalb der Bandbreite des Bordempfängers liegt und somit für die Richtungsanzeige herangezogen werden kann. Beim Bordempfänger unterdrückt die Regelung beim Einflug in die Leitstrahlebene, die eine vielfach höhere Empfangsenergie liefert als die Clearance-Diagramme, den Empfang der letzteren. Die Leitstrahlbreite kann im System mit Clearance auf ± 1,5° bis ± 3,0° eingestellt werden.

Die ILS-Bodenanlagen in der Bundesrepublik wurden (abgesehen von kurzzeitigen Erstausstattungen mit amerikanischem Gerät) ab 1951 mit Anlagen der Firma C. Lorenz AG = später Standard-Elektrik-Lorenz-AG SEL/Stuttgart, ausgerüstet. Die ab 1969 gelieferten Anlagen des »Systems 3000« waren bereits volltransistorisiert. Das ab 1984 eingeführte »System 4000« weist u.a. eine digitale Aufbereitung der Modulationssignale auf für den wahlweisen Betrieb als Localizer- oder VOR-Sender (mit den entsprechenden Antennen).
Um eine Bewertung installierter Anlagen bei schwierigen Geländeverhältnissen durchführen zu können, hat die ICAO drei Gerätekategorien und drei Betriebsstufen eingeführt: Gerätekategorie I liefert sichere Kursführungsinformationen bis 60 m Höhe über Grund, Kategorie II bis 30 m und III bis zur Landebahn herunter. Die Betriebsstufen geben die Mindest-Entscheidungshöhen für den eventuellen Abbruch der Landung und die Mindestsichtweiten an: I: 60 m Höhe/800 m Sicht, II: 30 m/400 m und III a, b, c: 0 m Höhe mit 200 m, 50 m bzw. 0 m Sicht.

ILS-Bordanlage

Die der ILS-Bodenanlage zugeordnete Bordanlage benötigt drei Antennen und drei Empfänger für den Empfang der Signale für Landekurs (Loc), Gleitpfad (GS) und Einflugzeichen (MKR), ferner ein Kreuzzeigerinstrument und drei Lämpchen. Da alle Bodensender für ILS horizontal polarisiert abstrahlen, werden zur Erzielung einer Rundempfangscharakteristik für LOC und GS gebogene Dipole und für den Empfang der Fächerfunkfeuer eine Anregungsschleife auf der Rumpfunterseite (meist in einer schiffchenförmigen Verkleidung) verwendet. Der Empfänger für den Localizer (im Bereich 108–112 MHz) ist stets auch für den Empfang und die Auswertung von VOR-Drehfunkfeuersignalen (im Bereich 112–118 MHz) ausgelegt, und wird daher allgemein als NAV-Empfänger bezeichnet. Er besitzt eine Frequenzeinstellung von 200 Kanälen mit 50 kHz Abstand im Bereich 108,0–117,950 MHz. Die Umschaltung des Auswerteteils für LOC/VOR erfolgt durch die Frequenzwahlschalter. Diese besitzen Ausgänge für die Frequenzwahl des Gleitpfadempfängers, dessen Frequenzen (40 Kanäle mit 150 kHz-Raster im Bereich 329,15–335,00 MHz) jeweils fest den LOC-Frequenzen zugeordnet sind. Die Auswerteteile für LOC und GS sind verhältnismäßig einfach; sie bestehen jeweils aus zwei parallelgeschalteten aktiven Filtern für 90 Hz und 150 Hz mit nachgeschalteten Dioden, deren Ausgangsgleichspannung nach Verstärkung zum vertikalen Zeiger für Kursabweichung bzw. zum horizontalen Zeiger für die Höhenabweichung geleitet werden. Die Zeiger schlagen je nach Überwiegen der 90 Hz- oder der 150 Hz-Modulation von der Mittellage aus und zeigen dann Betrag und Rich-

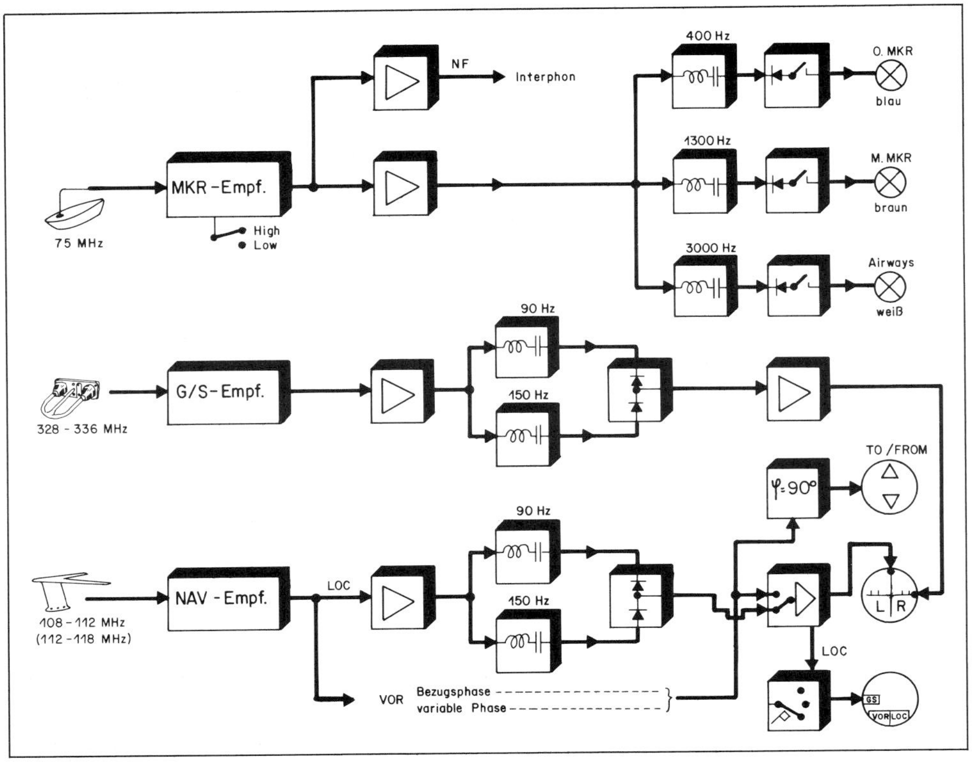

Blockschaltbild der Empfänger und Anzeigen, die an Bord für eine Landung nach dem ILS-Verfahren benötigt werden.

tung an. Für den Einflugzeichenempfänger auf 75 MHz, für den nur eine Empfindlichkeit von 200 μV gefordert wird, verwendet man oft eine Zweikreis-Geradeausschaltung (anstelle der Überlagerungsschaltung) mit nachgeschalteten Filtern für 400 Hz (äußerer Marker), 1300 Hz (mittlerer Marker) und 3000 Hz (für sog. Z-Marker auf Luftstraßen). Über Gleichrichtersperrstufen werden jeweils die zugehörigen Lämpchen (blau/braun/weiß) zum Aufleuchten

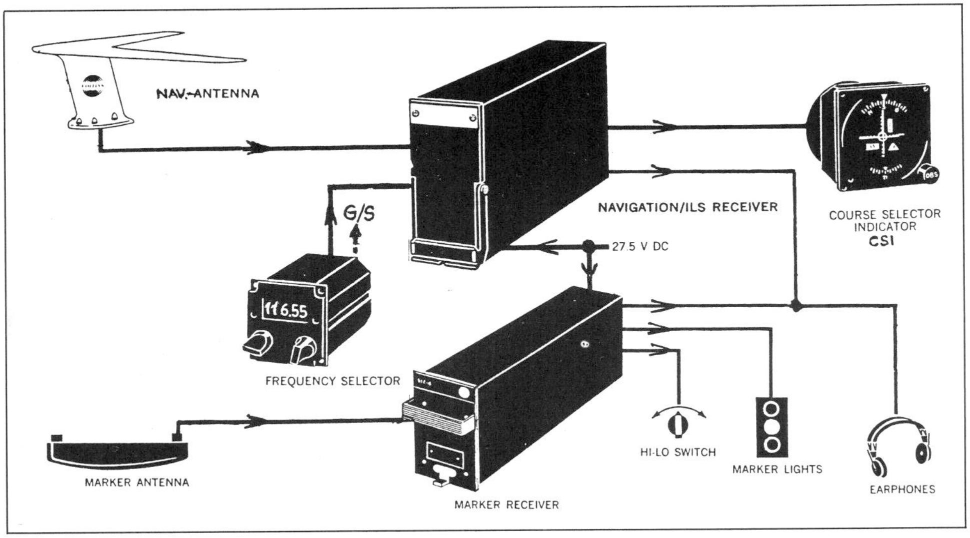

Bord-Navigationsanlage des Rüstzustandes »Manual VOR« für Sportflugzeuge mit NAV-Empfänger (für LOC und VOR) und MKR-Empfänger (für Markierungsfunkfeuer) mit ihren Antennen, dem Bediengerät und dem Anzeigeinstrument (Gleitpfadempfänger mit Antenne nachrüstbar). Collins-Anlage um 1965.

Bord-Navigationsanlage VOR/ILS für »Automatic VOR« mit erweitertem NAV-Empfänger (auch mit GS): Anzeigen = Flight Director Indicator FDI mit GS-Zeiger, Course Deviation Indicator CDI = Horizontal Situation Indicator HSI und Radio Magnetic Indicator. Collins-Anlage um 1965, erweiterbar durch DME-Gerät.

Links unten VHF-NAV-Empfänger Becker NR 200 (VOR, LOC) mit Navigations-Converter-Indicator (Kreuzzeiger mit Kurswahldrehknopf), geeignet zum Anschluß eines Gleitpfadempfängers, Baujahr 1967. (Nachfolgegeräte siehe bei VOR. Links oben 6 W-VHF-Srechgerät AR 400).

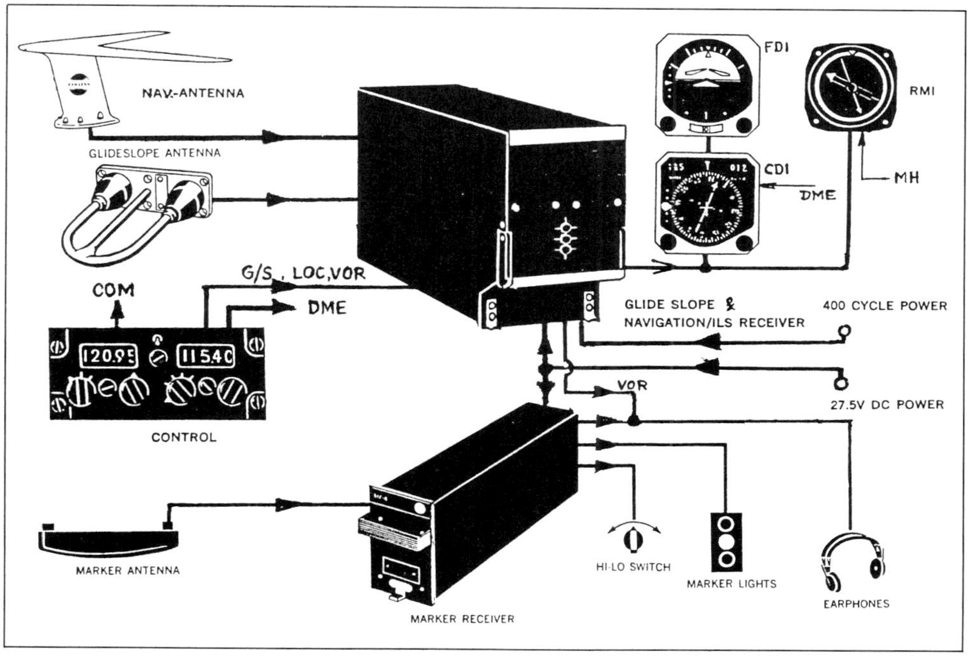

gebracht. Die Modulation der Markersender kann auch über einen Verstärker im Kopfhörer abgehört werden.
Flugzeugbordgeräte für ILS/VOR wurden von deutschen Firmen erst ab 1967 angeboten. Die Firma Becker Flugfunk/Rastatt brachte im genannten Jahr einen VHF-NAV-Empfänger *NR 200* als Einblockgerät im ATR-Bediengeräteformat auf den Markt. Der mit 27 Transistoren bestückte Empfänger erzeugte seine 200 Frequenzkanäle mit je 50 kHz Abstand durch Mischung der Ausgangsfrequenzen dreier Oszillatoren, die durch die drei Frequenzwahlschalter in MHz-, 100 kHz- und 50 kHz-Schritten geschaltet wurden. Durch Mehrfachverwendung bestimmter Quarze kam man in dieser einfachen Frequenzsyntheseschaltung mit insgesamt 19 (anstelle von 30) Quarzen aus. Die Empfindlichkeit lag bei 1 μV, die Masse bei 1,6 kg. Das zugehörige Auswerte- und Anzeigegerät (Navigation Converter Indicator) mit 1,3 kg Masse des Typs NCI 201 besaß nur einen Zeiger für die Kursabweichung, der Typ NCI 202 wies einen Kreuzzeiger für den Anschluß eines Gleitpfadempfängers auf.

Im Jahre 1973 folgte bei Becker die Baureihe NAV 2000. Der Empfänger *NR 2030* wies nun eine digitale Frequenzaufbereitung auf (die bereits im Kapitel VHF-Sprechgeräte behandelt wurde). Die Ausführung *NR 2020/40* enthält zusätzlich noch den Gleitpfadempfänger. Dazu gehört ein Converter-Indicator mit eingebautem Markerempfänger und Anzeigelampen Typ *NI 2030* bzw. *NI 2020* ohne bzw. mit Gleitpfadzeiger. Die gesamte Masse für Empfänger und Anzeigegerät beträgt nur 2,4 kg. Die neueste Baureihe *NAV 3300* verwendet die Empfänger NR 3300-1 bzw. -2 ohne bzw. mit eingebautem Gleitwegbaustein und mit LC-Anzeige der gerade verwendeten und einer vorgewählten Frequenz. Sie weisen Ausgänge für die Anzeigegeräte IN 3300-3 bzw. -4, für ein RMI-Auswertegerät RM 3300, desgl. für die Aufschaltung auf einen Flugregler auf. Ein Bild dieser Geräte ist weiter hinten bei der Besprechung der VOR-Anlagen gezeigt.

Die Firma Walter Dittel/Landsberg hat ebenfalls entsprechende Geräte, aber in den für Sport- und Segelflugzeuge üblichen Formaten, entwickelt. Es sind dies der VOR/LOC-Empfänger-Converter *FNG 20* und die VOR/ILS-Anzeiger *ING 20 A* (mit Kreuzzeiger) bzw. *ING 20 B* (nur mit vertikalem Zeiger). Im Jahre 1979 kamen dazu die 40-Kanal-Gleitwegempfänger *GNG 20* und *GNG 20 M*, letzterer ist kombiniert mit einem Markerempfänger.

Drehfunkfeuer-Verfahren

LW- und KW-Drehfunkfeuer-Anlagen

Versuchsanlagen

Drehfunkfeuer können (fast) jede beliebige Richtung um den Sender kennzeichnen, während Leitstrahl- bzw. Leitstrahlfächerfunkfeuer nur eine bzw. eine bestimmte Anzahl von Richtungen bezeichnen können.

Der »*Kompaß-Sender*« war das erste, bereits 1908 zum Einsatz gekommene Drehfunkfeuer und eine Entwicklung des Seezeichen-Versuchfeldes. Es wies 32 sternförmig angeordnete Antennen auf. Durch schrittweise Anschaltung von jeweils gegenüberliegenden Antennendrähten wurde ein umlaufendes doppelkreisförmiges Diagramm erzeugt, dessen jeweilige Richtung zur Nordrichtung durch die Tastung (Richtungskodierung) gekennzeichnet wurde.

Die Firma Telefunken verbesserte im Jahre 1912 das System durch Einführung einer Nordkennung mit Umstellung auf Zeitmessung: In dem Augenblick, in dem die Minima in Nord-Südrichtung standen, wurde in Rundstrahlung (über alle Antennen des Sternes) eine getastete Nordkennung ausgestrahlt und dann mit Dauerstrich schrittweise ein Antennenpaar nach dem anderen so angeschaltet, daß die beiden Minima in 30 Sekunden um 180° umliefen. Da jeder Sekunde eine Diagrammdrehung um 6° entsprach, konnte die eigene Standlinie zum Sender aus einer Zeitmessung (Nordsignal–Minimumdurchgang) ermittelt werden. Zur Empfangsanlage wurde eine besondere Stoppuhr geliefert, welche die Richtung dieser »*Telefunken-Kompaßanlage*« auf 3° genau abzulesen gestattete. Während des Ersten Weltkrieges führten die Luftschiffe mit den Anlagen in Cleve und Tondern laufend Standortbestimmungen durch. Die Doppeldeutigkeit (Unbestimmtheit um 180°) wurde umgangen durch aufeinanderfolgendes Abhören zweier Stationen oder aber durch den Vergleich zweier Ablesungen nach eigener Ortsveränderung.

Die Firma Lorenz *(Dr. Gerth, Dr. Kramar)* begann 1928 in Anlehnung an das Patent von Scheller in Eberswalde mit dem Bau einer LW-Leitstrahl-Versuchsanlage. Die aus einem großen Kreuzrahmen bestehende Antenne wurde so getastet, daß vier Leitstrahlen mit A/N-Tastung (.–/–.) entstanden. Durch Einfügung eines Goniometers mit Elek-

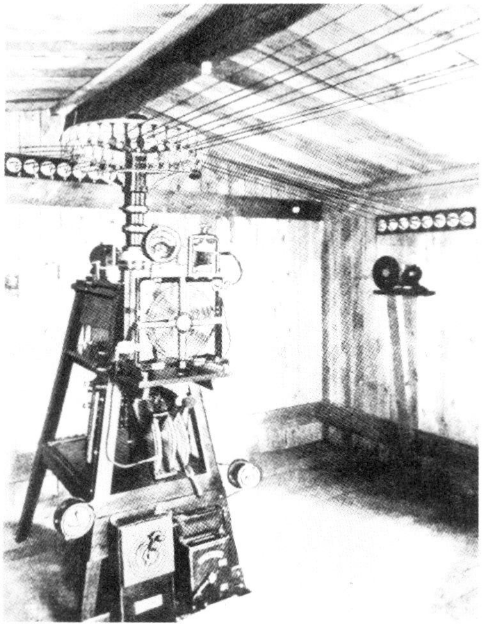

Links Innenansicht der Senderhütte des »Telefunken-Kompaß-Senders« mit Löschfunkensender 0,5 TK und motorangetriebenen Antennenschalter, rechts die »Anzeigeuhr« zur Ermittlung der Richtung (durch Zeitmessung Nordsignal-Minimumdurchgang). Ab 1908.

tromotorantrieb im Jahre 1931 rotierten die Leitstrahlen, so daß nun die *»umlaufende Richtfunkbake Eberswalde«* entstand. Als Empfänger wurde nur ein normales Nachrichtengerät benötigt. Die Anlage funktionierte bei Tag sehr gut, war aber bei Dämmerung und Nacht wegen der dann auftretenden Raumwelle nicht verwendbar. Zur Beseitigung dieses Nachteils hätte man statt des Kreuzrahmens vier vertikale Stabantennen (wie schon von Scheller vorgeschlagen) verwenden müssen. Derartige »Viermast-Adcock-Antennen« standen damals aber erst am Anfang ihrer Entwicklung.

»Elektra«- und »Sonne«-Anlagen

Kurz vor Ausbruch des Zweiten Weltkrieges entwickelte die Firma Lorenz *(Dr. Kramar)* in Zusammenarbeit mit der DVL die LW-Leitstrahlfächerfunkfeuer *»Elektra«* (um 480 kHz) und *»Elektra lang«* um 300 kHz. Sie bestanden jeweils aus einem 1,5 kW-Sender und drei Antennen, die auf einer Linie (Basis) mit je drei Wellenlängen Abstand aufgestellt waren. Bei Speisung der Antennen mit einer bestimmten relativen Phasenlage und Amplitude der Antennenströme ergab sich ein sternförmiges Antennendiagramm, das zwar symmetrisch zur Grundlinie, jedoch unsymmetrisch zur Mittelsenkrechten dazu war. Bei Umtastung der Phase in den beiden Außenantennen wurde ein spiegelbildlich zur Mittelsenkrechten ausgebildetes Diagramm abgestrahlt. Das erstgenannte Diagramm wurde jeweils für 5/6 Sekunden (= Strich), das andere für 1/6 Sekunde (= Punkt) abgestrahlt. Es ergaben sich so beiderseits der Grundlinie Leitstrahlfächer mit je sechs Zonen, in denen nur Striche und weitere sechs Zonen, in denen nur Punkte gehört wurden. Dazwischen lagen jeweils die Dauerstrichzonen = Leitstrahlen. Die Sendefolge war: 60 Sekunden Leitstrahltastung/1 Sekunde Pause/56 Sekunden Dauerstrich mit Kennungstastung/3 Sekunden Sendepause usf. Als Bordempfangsgerät konnte der LW- oder der Peilempfänger verwendet werden, wobei der Telegrafieüberlagerer einzuschalten war (Betriebsart A 1). Zusätzlich zum Zielflug auf einem der Leitstrahlen konnte ein Flug quer durch die Leitstrahlzonen mit Abzählung der Punkt- und Strichzonen zur Groborientierung durchgeführt werden. Lediglich die Zonen in Verlängerung der Antennenbasis waren für die Ortung unbrauchbar. Die »Elektra«-Anlagen wurden ab 1940 im Westen eingesetzt.

Im Jahre 1942 wurden diese Anlagen von der Firma Lorenz *(Dr. Kramar, Dr. Goldmann)* verbessert und zu LW-Leitstrahlfächer-Drehfunkfeuern *»Sonne« FuSAn 700* (mit 1,5 kW Leistung) bzw. *FuSAn 701* (mit größerer Leistung) umgebaut. Bei diesen wurde während der 60 Sekunden Leitstrahltastung kontinuierlich eine langsame Phasendrehung der Außenantennen um 180° vorgenommen. Die Folge war, daß nun die Leitstrahlen symmetrisch zur Grundlinie langsam um einen Leitstrahlabstand wanderten (in Richtung zum Gegner im Uhrzeigersinn, in der Gegenrichtung entgegengesetzt), bis am Ende eines Zyklus die Punkt- und Strichzonen vertauscht waren. Wenn also ein Beobachter an einer Stelle zuerst 35 Punkt zählen konnte bis zum Leitstrahldurchgang und danach noch 25 Striche, so bedeutete das, daß er in einer Punktzone war. Aus einer Spezialkarte konnte er für 35 Punkte/25 Striche das Azimut (seine Lage zur Station) mit einer Genauigkeit von 0,5 bis 1° bei Tage bzw. etwa 2° bei Nacht ermitteln. Die Reichweite betrug bei Tage bis 1 500 km über Land und 3 000 km über See, bei Nacht konnten sichere Messungen nur im Bereich der Bodenwelle bis 300 km oder im Bereich ausschließlicher Raumwelle mit mehr als 1 000 km Entfernung durchgeführt werden, in der Zwischenzone jedoch nicht. Da sich die Meßergebnisse in jeder Leitstrahlzone wiederholten, war die Messung natürlich mehrdeutig; eine grobe Positionsangabe auf ca. 20° genau mußte daher z. B. mit Hilfe des LW-Peilgerätes durch Peilung der »Sonne«-Anlage gewonnen werden. Es wurden zwei Anlagen in Norwegen, zwei in Deutschland, fünf in Frankreich, eine in Holland, zwei in Spanien und eine auf Kreta errichtet. Deutscherseits wurden die Anlagen, oft zusammen mit »Knickebein«-Anlagen, von Luftwaffe und Marine ausgiebig benutzt, sofern sie nicht später vom Gegner zu stark gestört wurden. Die Engländer erkannten Ende 1942 den Umbau in »Sonne«-Anlagen und fertigten für den eigenen Gebrauch für die Stationen Vigo und Brest Navigationskarten an; sie störten daher diese Stationen bei eigenem Gebrauch nicht. Nach dem Kriege wurden die beiden Stationen in Spanien und die in Norwegen wieder in Betrieb genommen unter der bereits vorher verwendeten Deckbezeichnung »Consol«. Norwegen und die UdSSR haben im letzten Jahrzehnt sogar neue Anlagen installiert, so daß von den »Consol«-Anlagen etwa 20 Stationen existieren.

Eine weiter verbesserte Version *»Goldsonne« FuSAn 702/703* von Lorenz *(Dr. Goldmann)* kam nicht mehr zur Ausführung. Das RPZ *(Dr. Vilbig)* unternahm 1942/43 Vorversuche für ein LW-Drehfunkfeuer *»Speyer«*, bei dem zwei Sender in 500 km Abstand auf unterschiedlichen Frequenzen arbeiten sollten, die in bestimmten Intervallen jeweils für zwei Sekunden mit einer leicht unterschiedlichen Tonfrequenz moduliert wurden. Im Empfangsgerät »Speyer-Bord«, bestehend aus zwei Empfängern und einem Auswertegerät mit zwei Zählwerken, wurden niederfrequente Interferenzen zur Auslösung der Zählwerke gewonnen. D. h. es bildeten sich virtuelle rotierende Hyperbelfelder, deren durchlaufende Maxima die Zählwerke betätigten. Registrierungen bei Nacht ergaben große Fehlmessungen, so daß das Verfahren 1943 nach Vernichtung der Bordgeräte durch einen Brand aufgegeben wurde.

Die Arbeiten auf dem Gebiet der *KW-Drehfunkfeuer* begannen praktisch 1939 mit einem Vorschlag des FFO *(Kinder)* für eine solche Anlage (Decknamen nicht genannt) mit rotierendem Doppelkreisdiagramm, erzeugt durch eine

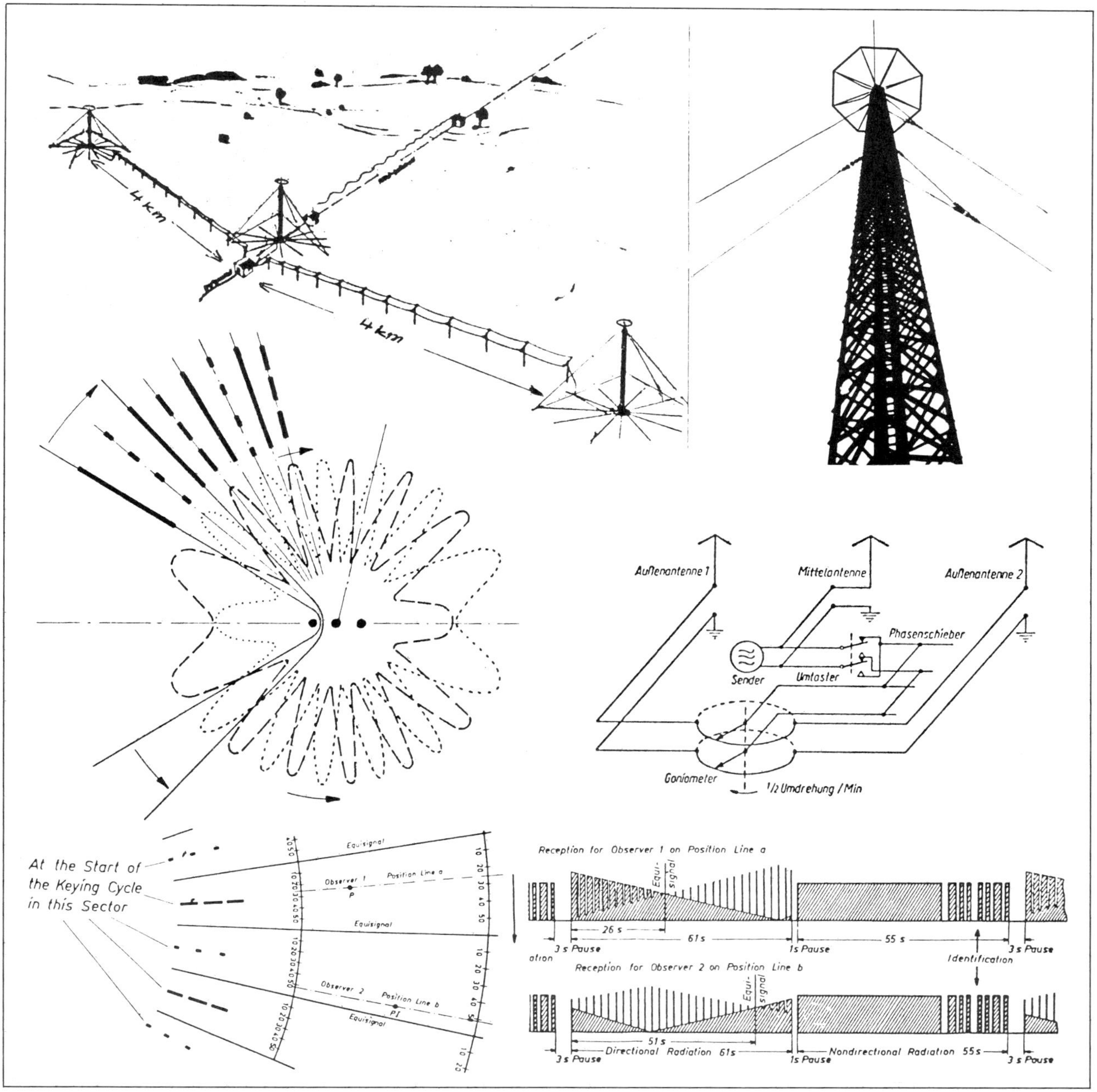

Die LW-Leitstrahlfächeranlagen »Elektra« wiesen feste Leitstrahlen auf, (erzeugt durch den Umtaster (Punkt/Strich). Durch Hinzufügen eines rotierenden Goniometers entstanden die LW-Drehfunkfeuer »Sonne« mit langsamer Rotation der Leitstrahlen, wobei die Standlinie durch Abzählen der gehörten Punkte und Striche ermittelt wurde.

Viermast-Adcockanlage mit vertikalen Strahlern und Speisung der Antennen über ein Goniometer mit Motorantrieb. Bei dem Durchgang des Minimums durch die Nordrichtung sollte ein Nordsignal in Rundstrahlung über eine Mittelantenne abgestrahlt werden. Die Sichtanzeige sollte auf einer Braunschen Röhre mit 360°-Skala und Kreisablenkung er-

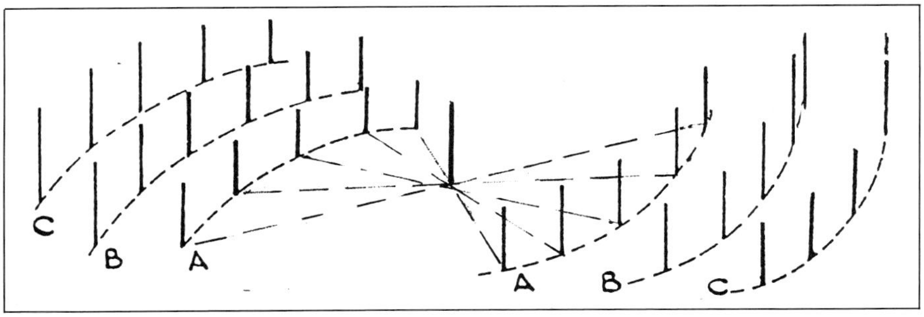

KW-Drehfunkfeuer »Komet«, ursprüngliche Konzeption mit ringförmiger Aufstellung der Außenantennen für drei Wellenlängen um die Mittelantenne.

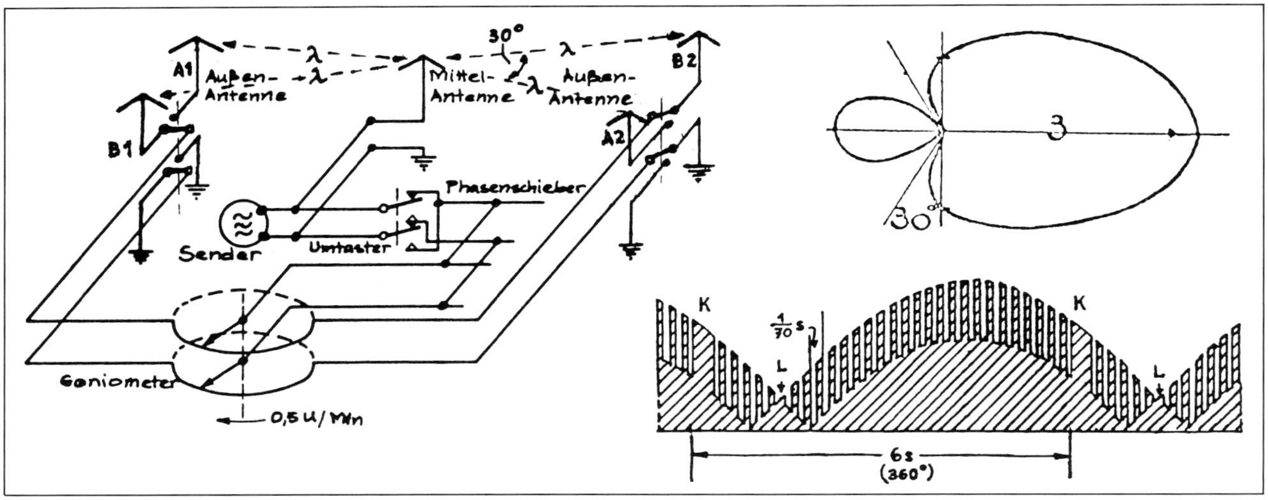

Zweibasis-Anlage »Komet«. Links: Speisung und Umtastung, für je eine Minute ist die Basis A_1-A_2 bzw. B_1-B_2 abwechselnd in Betrieb. Rechts oben das rotierende Antennendiagramm, darunter die Empfangsspannung (NF) mit Kennung (Abschaltung der 70 Hz-Umtastung) K und Leitstrahldurchgang (Verschwinden der 70 Hz) L, Zeitmaßstab extrem verkürzt.

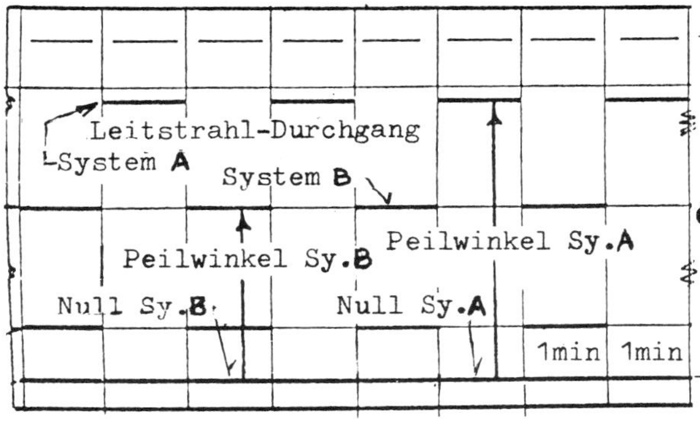

Schreibstreifen: Der Schreibkopf bewegt sich 10 × pro Minute von unten nach oben und schreibt nur bei Abschaltung der Umtastung = Kennung K (1 × bei Basis A, 2 × bei Basis B) und bei Verschwinden der Umtastung = Leitstrahldurchgang L.

folgen, wobei der Abstand zwischen Nordsignal und Minimumsdurchgang das Azimut angab. Die Arbeiten mußten kurz nach Kriegsbeginn eingestellt werden zugunsten anderer Aufgaben.

KW-Versuchsanlagen

Die Firma Telefunken *(Lohmann)* entwickelte ein KW-Drehfunkfeuer *»Haubenlerche«* mit rotierender vertikaler H-Adcockantenne. Das achtförmige (= Doppekreis-)Diagramm wurde in Abhängigkeit von der jeweiligen Richtung kodiert getastet, die Richtung des Senders ergab sich aus der Empfangsunterbrechung beim Nulldurchgang des Diagramms. Registrierungen ergaben nur Genauigkeiten um

± 2°, der Versuch wurde daher eingestellt. Als Bordgerät sollte der normale KW-Empfänger des FuG III oder 10 verwendet werden.

In Zusammenarbeit zwischen der Firma Lorenz und der DVL *(Dr. W. Crone)* wurde (in Weiterverfolgung der Eberswalder Anlage) ein KW-Drehfunkfeuer *»Dora« FuSAn 711* bearbeitet. Als Antenne war ein vertikaler Viermast-Adcock mit Mittelstrahler und motorangetriebenem Goniometer vorgesehen. Durch Umtastung des umlaufenden kardioid-(= herz-)förmigen Diagramms sollten zwei rotierende Leitstrahlen in 180° entstehen, was in der Praxis infolge unerwünschter Diagrammänderungen nicht zufriedenstellend gelang. Die gleichen Bearbeiter erprobten in den Jahren 1939–41 in Alimbsmühle ein KW-Leitstrahldrehfunkfeuer *»Elektra kurz«*, wobei sich aber nur ein kleiner Winkelbereich senkrecht zur Antennenbasis als verwendbar erwies.

Aus diesem Grunde sah die Arbeitsgemeinschaft Lorenz/DVL bei dem 1943 in Entwicklung befindlichen KW-Leitstrahl-Drehfunkfeuer *»Komet« FuSAn 712* (3–25 MHz, Leistung 3 kW, beabsichtigte Reichweite bis 2500 km) 60 auf einem Ring aufgestellte Antennenpaare um die Mittelantenne vor, die nacheinander in Funktion treten sollten. Da im angegebenen Bereich mindestens auf drei verschiedenen Frequenzen (je nach Jahres- und Tageszeit) gearbeitet werden muß, ergaben sich drei konzentrische Antennenkränze um die Mittelantenne. Drei derartige bereits im Bau befindliche Anlagen mußten wieder abgebaut werden, da bereits bei Versuchen mit zehn Basen unüberwindliche gegenseitige Beeinflussungen der Antennen auftraten. Bei Kriegsende war dann in Ismaning bei München eine Anlage mit zwei im Winkel von 30° zueinander angeordneten Basen mit 2 Wellenlängen Antennenabstand einschaltbereit, die abwechselnd für jeweils eine Minute in Betrieb waren. D.h. die Außenantennen wurden über ein langsam rotierendes Goniometer gespeist und außerdem wurde die HF-Phasenlage mit 70 Hz umgetastet (Punkt-Punkt-Tastung). Im Schreibzusatz *»Komet-Bord« FuG 124* zum FuG 10 K 3 sollte nacheinander jeweils der Abstand Kennungssignal–Leitstrahldurchgang von Basis 1 und dann von Basis 2 registriert werden, beide waren erkenntlich am Aussetzen der 70 Hz-Modulation. Es kam nicht einmal mehr zur Vermessung der Anlage.

Auch ein (aus einer weiter unten besprochenen UKW-Anlage abgeleites) KW-Drehfunkfeuer *»Bernhaube« = »Bernard 30« FuSAn 713* von Telefunken *(Lohmann)* und ein (aus der »Sonne« entstandenes) KW-Drehfunkfeuer *»Goldwever«* der Fa. Lorenz *(Dr. Kramar, Dr. Goldmann)* wurden nicht mehr fertig.

UKW- und DMW-Drehfunkfeuer-Anlagen

Versuchsanlagen

Ein aus einem drehbar aufgestellten Landeleitstrahlsender erzeugtes *UKW-Leitstrahl-Drehfunkfeuer* (ohne Decknamen) wurde in den Jahren 1936/37 von der Firma Lorenz *(Dr. Kramar, Eggers)* in Wannsee und später in Rechlin erprobt. Während der ersten Minute, in der sich die Anlage von 180° auf 0° drehte, wurde in Rundstrahlung über die Mittelantenne (bei abgeschalteten Reflektoren) ein mit der Kennung getasteter Dauerton abgestrahlt. In der folgenden Minute drehte die Anlage von 0° auf 180° mit einer Tastfolge von 1 Punkt plus 1 Strich je Sekunde. Das zugehörige Bordgerät bestand aus einem Leitstrahlempfänger und einem Anzeigegerät ähnlich einer elektrischen Uhr. Das Verfahren wurde 1937 zugunsten anderer Entwicklungen eingestellt.

In den Jahren 1937/39 untersuchte die DVL-Abteilung in Rechlin *(Dr. Plendl, Hofner)* ein DMW-Richtstrahldrehfunkfeuer *»Drehbake M«*. Diese strahlte in Abhängigkeit von der Antennenrichtung einen veränderlichen Modulationston (5,3–6,0 kHz im Winkelbereich 270–0–90° bzw. 8,0–10,0 kHz im Bereich 90–180–270°) ab. Um bei einer benötigten Richtkeulenbreite von nur ± 7° noch handhabbare Antennenabmessungen zu erreichen, mußte eine hohe Trägerfrequenz im Bereich 261–268 MHz gewählt werden. Die Antenne war aus 18 vertikalen Dipolen mit ebensovielen Reflektoren aufgebaut und war 4 m breit. Es wurden drei feste Anlagen (Rechlin, Schneeberg und Wendelstein) aufgebaut, es gab zusätzlich auch mobile und transportable Anlagen.
Das zugehörige Drehfunkfeuer-Empfangsgerät *AF 2/3 = »M-Gerät«* enthielt einen Überlagerungsempfänger »Lina« (Telefunken), ein Zusatzgerät und eine Anzeigebrücke mit Peilwertanzeige (beide von Siemens) und eine Rollkarte (DVL/*Hepper*). Eine Aufschaltung auf die Kurssteuerung war möglich. Es wurden Peil- und Zielfluggenauigkeiten von ± 1° und Reichweiten bis zu 500 km erreicht. Da der Aufwand an Bord mit Temperatur- und Pegelregelung recht hoch war und Meßfehler durch Reflexionen an Bergwänden auftraten, wurde das Verfahren 1939 zurückgestellt.
Im Sommer 1935 begann die Firma Telefunken *(Lohmann)* mit der Entwicklung eines DMW-Drehfunkfeuers *»Bernhard (1 m)«* auf einer für damalige Verhältnisse sehr hohen Frequenz von 300 MHz. Die Anlage besaß zwei Sender, von denen der eine die obere Antennenhälfte mit Keulendiagramm zur Übertragung der Richtung, der zweite die untere Antenne mit Doppelkeulendiagramm zur genauen Bezeichnung der Richtung speiste. Nach längerer

Entwicklungszeit wurde eine vollautomatische Empfangsanlage »*Berhardine (1 m)*« verfügbar, mit der gute Ergebnisse (± 0,3° Genauigkeit, Reichweite bis 340 km) erzielt wurden. Um nicht vollkommen neue Bordgeräte einführen zu müssen, wurde das Verfahren 1939 zurückgestellt.

»Bernhard«-Anlage

Als die »Knickebein«-Anlagen infolge von Feindstörungen kaum mehr eingesetzt werden konnten, verlangte die Truppe nach einem störsicheren Ersatz nach Art des »Bernhard (1 m)«. Da in dessen Frequenzbereich noch keine höheren Leistungen als 200 W erreichbar waren und ein schon eingeführter Empfänger mitverwendet werden sollte, wurde eine Umstellung auf den Bereich 30–33,3 MHz des Funklandegeräts beschlossen, d.h. auch in den Bereich des »Knickebein« und dessen Störsender. Im Jahre 1941 entstand so das Richtstrahl-Drehfunkfeuer »*Bernhard*« *FuSAn 724/725* von Telefunken *(Lohmann)* mit 500 W bzw. 5 kW Leistung. Seine großen Richtantennen drehten sich gemeinsam durch Elektroantrieb auf einem Schienenkreis von 22 m Durchmesser. Die obere Antenne (sechs vertikale Dipole mit Reflektornetz) strahlte in Hellschriftmodulation die jeweilige Strahlrichtung ab als »Skala« mit 1°-Strichen und Ziffern alle 10°. Da die Empfangsdauer an Bord des Flugzeugs bei Durchgang des Strahlungsdiagramms (zweimal pro Sekunde) nur jeweils 3–5 Sekunden betrug, sollte der Hellschreiber an Bord nur während dieser Zeit gestartet und danach gestoppt werden. Außerdem mußte zur genauen Bezeichnung der Richtung die genaue Mitte der Richtkeule bezeichnet werden. Man verwendete deshalb für die untere Antenne (2 × 8 Dipole mit Reflektorstäben gegeneinandergeschaltet) ein Doppelkeulendiagramm, dessen Feldstärke aufgezeichnet wurde und dessen Minimum die genaue Gradzahl angab (»Zeiger«). Außerdem sorgte das Zusammenwirken der Feldstärken beider Antennen für die jeweilige Ein- und Ausschaltung (Start/Stop) des Hellschreibers. Die Bodenanlage besaß also zwei Sender, einen für die Skala mit Hellschrift modulierten (durch Abtastung einer gravierten Glasscheibe) und einen zweiten mit Dauerton modulierten für den »Zeiger«. Die Frequenzen beider Sender lagen so nahe beieinander, daß sie von einem Empfänger gleichzeitig empfangen werden konnten. Im Semptember 1941 war die erste Anlage in Trebbin erprobungsbereit, im Mai 1944 waren im Westen sieben Stationen fertig bzw. im Aufbau. Im Januar 1945 waren noch drei Anlagen im Einsatz und vier im Aufbau. Die erzielbare Genauigkeit war zuerst ± 1°, später ± 0,5°, die Dauer der Ortung betrug 3–5 Sekunden zweimal pro Minute, die Reichweite war max. 400 km, abhängig von der Flughöhe. Die Störsicherheit des Systems war erwies sich als recht gut, da das Hellschreibverfahren nur eine richtige oder gar keine Deutung, nicht aber eine falsche zuläßt.

UKW-Drehfunkfeuer »Bernhard« (500 W/5 kW, 30,0–33,3 MHz), Höhe 28 m, Breite 35 m, Masse ca. 120 t.

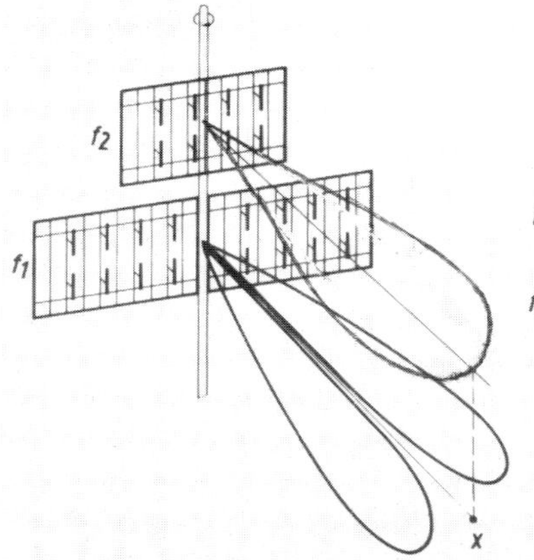

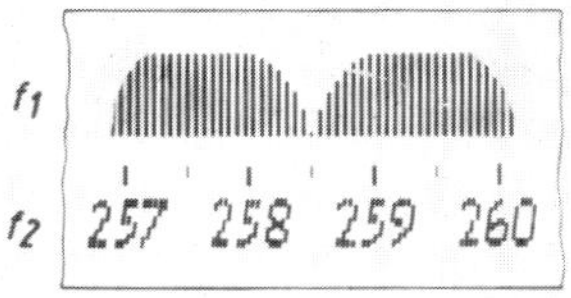

Antennendiagramme: Untere Antenne mit Frequenz f_1 mit Doppelkeule für Start- und Stopp-Signal (auf dem Schreibstreifen oben), obere Antenne strahlt auf f_2 die jeweilige Antennenrichtung als Hellschreibzeichen (im Streifen unten) ab. Rechts der Peilschreiber mit Schreibstreifen.

»Bernhardine«-Gerät

Das Funkfeuer-Empfangszusatzgerät *»Bernhardine« FuG 120* an Bord der Flugzeuge wurde ab 1943 als Zusatz zum Funklandegerät FuBl 2 gefertigt, d.h. der Empfänger EBl 3 wurde während des Streckenfluges zum Empfang der Drehfunkfeuer »Bernhard« verwendet. Die Ausgangsspannung wurde über einen Schreibverstärker und ein Siebgerät zu einem Hellschreiber geleitet. Letzterer wurde bald durch einen wesentlich kleineren Peilschreiber ersetzt, wodurch die Version *FuG 120a* entstand. (Eine andere Version FuG 120b mit Schreiber mit runder Folie bewährte sich nicht und mußte wieder rückgerüstet werden.) Bei entsprechender Einrichtung der Bodenstelle konnten zum Flugzeug für Führungszwecke zusätzlich kurze Buchstaben- oder Zahlengruppen übermittelt werden. Bis Kriegsende wurden etwa 2500 Bordgerätesätze zum Einbau in Ju 88, Do 335 etc. gefertigt, etwa 12000 waren noch in Fertigung. In Entwicklung befand sich noch eine vereinfachte Ausführung *FuG 120 k,* die durch Fortfall des Siebgerätes wesentlich kleiner war und vor allem in einsitzigen Flugzeugen zusammen mit dem FuG 125 verwendet werden sollte. Durch Ineinanderschreiben von »Zeiger« und Skala wurde die Genauigkeit auf ± 4° reduziert, was aber als tragbar erachtet wurde.

»Erika«-Anlage

Aus einer (weiter unten erwähnten) Hyperbelnavigationsanlage »DVL-Erika« entstand 1941–43 das UKW-Fächer-Phasendrehfunkfeuer *»Erika«* der Firma Lorenz *(Dr. Goldmann, von Ottenthal).* Bei einer seiner letzten Ausführungen bestand das Hauptsystem aus zwei Antennen in drei Wellenlängen Abstand, wobei eine Antenne mit einer Frequenz f 1, die zweite mit f 1 + 40 Hz erregt wurde. Das aus Interferenzhyperbeln gebildete Feld rotierte nun (ähnlich wie bei den »Sonne«-Anlagen) symmetrisch zur Antennenbasis von der Antenne mit der höheren Frequenz zu derjenigen mit der niedrigeren Frequenz. D.h. in $^1/_{40}$ Sekunde drehte sich das Feld um den zwischen zwei Hyperbeln liegenden Winkel weiter, der Bordempfänger empfing also pro Sekunde 40 Maxima und Minima und lieferte somit die Meßfrequenz = 40 Hz. Zur Erzeugung einer richtungsunabhängigen Bezugsfrequenz hätte man einen zweiten Sender auf einer anderen Frequenz einen Modulationston von ebenfalls 40 Hz in Rundstrahlung senden lassen können, der dann von einem zweiten Empfänger aufgenommen worden wäre. Um eine höhere Genauigkeit zu erreichen, sollte neben der Grobortung auch eine Feinortung durchführbar sein, so daß man zur Erzeugung der Bezugsfrequenzen ebenfalls rotierende Hyperbelfelder wählte.

Das Bezugssystem für die Grobortung lieferte ein durch zwei Antennen mir zwei Wellenlängen Abstand mit den Frequenzen f 2 und f 2 + 40 Hz erzeugtes Feld. Es rotierte im gleichen Drehsinn und mit gleicher Geschwindigkeit wie das oben genannte Feld des Hauptsystems, war jedoch aus weniger Hyperbeln gebildet. Die Wirkung war die gleiche wie beim Vergleich mit einem Antennensystem von einer Wellenlänge (3 – 2 = 1) mit einer festen Bezugsfrequenz. Die erzielbare Grobortungsgenauigkeit betrug im günstigsten Winkel zur Anlage ca. $^1/_6$°. Für die Feinortung diente das von zwei Antennen mit 27 Wellenlängen Abstand aus den Frquenzen f3 und f3–40 Hz erzeugte und entgegengesetzt rotierende Feld. Zusammen mit dem Bezugssystem ergab sich ein resultierendes Feld, das einer Anlage mit 30

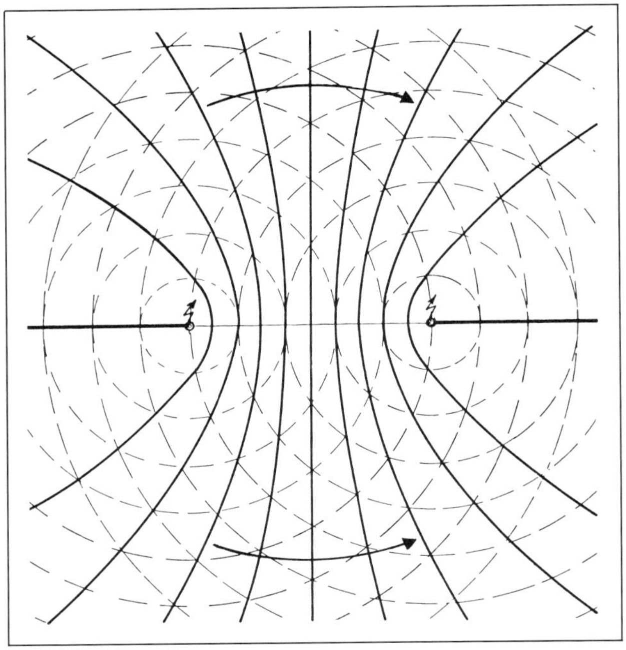

Hyperbelflächer-Drehfunkfeuer »Erika« mit drei Antennensystemen für Grob- und Feinortung (vier Anlagen errichtet).

◀ Entstehung von Interferenzhyperbeln bei größerem Abstand (im Beispiel d = 5 Wellenlängen) der Sendeantennen. Gezeichnet sind nur die Linien gleichphasigen Eintreffens der Wellen. Die entstehenden Hyperbelfächer können durch geeignete Speisung der Antennen in Rotation versetzt werden.

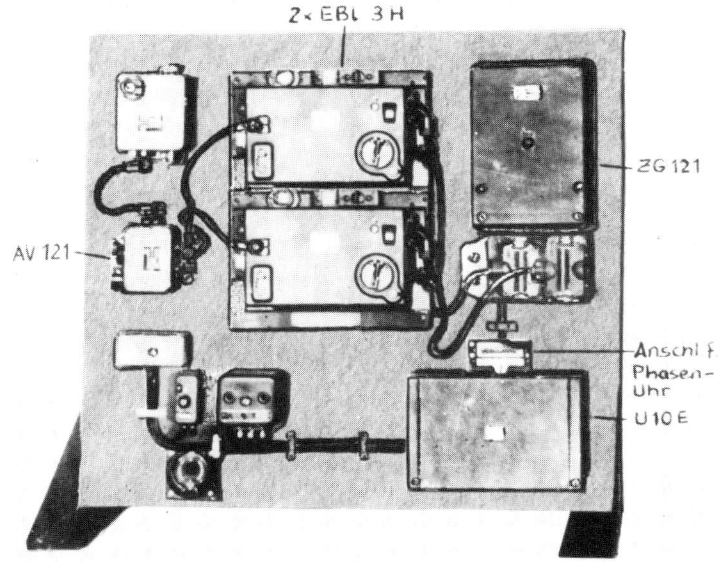

UKW-Drehfunkfeuer-Empfangsanlage FuG 121 »Erika-Bord« mit zwei Empfängern EBl 3 H. Rechts die Phasenuhr. Wenn die Grob-/Feinortung nicht abwechselnd, sondern gleichzeitig erfolgen sollte, mußten zwei Gerätesätze eingebaut werden.

Wellenlängen (3 + 27) Antennenabstand entsprach mit einer Meßgenauigkeit von 1/180°! Neben Versuchssendern in Dabendorf und Neustrelitz wurden zwei Bodenstellen in Frankreich und je eine am Irschenberg (bei München) und am Flachbogen bei Wien errichtet.

Die ab Mai 1943 beginnenden Erprobungen mit jeweils nur einem einzigen Flugzeug litten unter einer Pechsträhne, so daß brauchbare Ergebnisse erst dann verfügbar wurden, als kein Interesse mehr bestand. Die Geräte kamen daher nicht mehr zum Einsatz.

»Erika«-Bordgerät

Die Bordanlage = Funkfeuerempfangsgerät *»Erika« FuG 121* (Frequenzbereich 30,0–33,3 MHz hatte zwei Empfänger EBl 3 H zum Empfang der Frequenzpaare f 1 und f 1 + 40 Hz bzw. f 2 und f 2 + 40 Hz bei der Grobortung. Die Ausgangsspannungen (jeweils 40 Hz) beider Empfänger dienten zum Antrieb einer Phasenuhr mit Zifferblatt, welche eine Skalenteilung 0–150 aufwies. Der Zeiger wurde durch zwei Synchronmotoren über ein Differentialgetriebe gedreht. Für eine gleichzeitig (statt abwechselnd) erfolgende Feinmessung oder für den Empfang eines anderen »Erika«-Systems zur direkten Ermittlung des Standorts (aus dem Kreuzungspunkt von zwei Standlinien) wäre die Bordanlage in doppelter Ausführung benötigt worden. Der Gesamtaufwand war also mit zwei bzw. vier Empfängern recht hoch, dafür ergaben sich an der Grenze der Reichweite (280–350 km bei 4 000 m Flughöhe) mit dem Feinmeßsystem Genauigkeiten von ± 0,01° entsprechend Ablagen von ± 100 m. Das Gerät sollte zusammen mit einem Rechner von Zeiss nur in Sonderflugzeugen für den Blindbombenwurf auf Einzelziele eingesetzt werden.

Projekte »Mond« und »Erich«

Das Prinzip der »Sonne«-Anlagen sollte auch beim UKW-Phasendrehfunkfeuer *»Mond«* der Firma Lorenz *(Dr. Goldmann, von Ottenthal)* angewendet werden, das im Bereich der UKW-Sprechgeräte FuG 16 ZY (38–42 MHz) arbeiten und mit diesen empfangen werden sollte. Die wichtigsten Bauteile waren bereits fertig, als das Projekt zugunsten anderer zurückgestellt werden mußte. Als Genauigkeit war etwa ± 0,2° und als Reichweite ca. 500 km in mittleren Höhen erwartet.

Bei den Phasenfunkfeuern »Elektra«, »Sonne«, »Erika« und »Mond« beziehen sich die Genauigkeitsangaben nur auf Standorte etwa senkrecht zur Antennenbasis (sonst mußten sie mit dem Cosinus des Ablagewinkels multipliziert werden). Die Bereiche in der Verlängerung der Basis waren für Ortungen nicht brauchbar.

Die Firma Lorenz *(H. Eggers)* untersuchte 1943 ein UKW-Phasendrehfunkfeuer *»Erich«*, das auf einem bereits 1940 erteilten Patent beruhte. Als Frequenzbereich wurde wieder derjenige der Landeanlage (30,0–33,3 MHz) gewählt. Die Antenne bestand aus vier vertikalen Dipolen, die in 1/8 Wellenlänge Abstand um den Mittelstrahler angeordnet waren und von einem 500 W-Ansteuerungsfunkfeuersender über ein rotierendes Goniometer gespeist wurden. Es wurde so ein mit 50 Umdrehungen/Sekunde umlaufendes herzförmiges Diagramm erzeugt, das im Empfänger entsprechende Feldstärkenänderungen der Sendefrequenz bewirkte, die sich wie eine 50 Hz-Modulation auswirkte. Am Empfängerausgang stand eine Meßfrequenz zur Verfügung, deren Phasenlage von der jeweiligen Lage des Empfängers zum Senderstandort abhängig war. Um eine Messung mit der Phasenuhr durchführen zu können, wurde noch eine 50 Hz-Vergleichsphase in Frequenzmodulation von einem 10 W-Sender über die Mittelantenne abgestrahlt. Die Zwischenfrequenz des Empfängers enthielt also die richtungsunabhängige Bezugsfrequenz in Frequenzmodulation (FM) und die Meßfrequenz in Amplitudenmodulation (AM), die in entsprechenden Demodulatoren gewonnen und nach Verstärkung der Phasenuhr (ähnlich derjenigen bei »Erika«) zugeleitet wurden. Die nutzbare Reichweite eines derartigen Systems war z. T. begrenzt durch die Tiefe des Strahlungsminimum des Kardioidendiagramms, da am Empfänger eine bestimmte Mindestfeldstärke zur Gewinnung der Betriebsspannungen der Phasenuhr benötigt wurde. Es wurden daher weitere Varianten des Systems in Betracht gezogen, die u. a. dem gleichzeitig und unabhängig davon in USA in Entwicklung befindlichen VOR-(VHF Omnidirectional Range)Funkfeuer (s. weiter unten) ähnelten. Als Bordgerät war ein Gerät »NF-Phasenmesser« = *»Erich-Bord«* vorgesehen, das einen abgeänderten EBl 3 F (30–33,3 MHz), ein Zusatzgerät und eine Phasenuhr mit 360°-Skala (Firma Kimmel) enthalten sollte. Da das Verfahren (wegen Verwendung eines Richtdiagrammes mit nur einem Minimum) nur eine Genauigkeit von ± 1° erwarten ließ, wurden die Arbeiten 1944 zugunsten der nachfolgend besprochenen Anlage eingestellt.

Prinzip des Phasendrehfunkfeuers »Erich«. Der Phasenunterschied zwischen Amplitudenmodulation = Meßphase und Frequenzmodulation = Bezugsphase ergibt die Richtung.

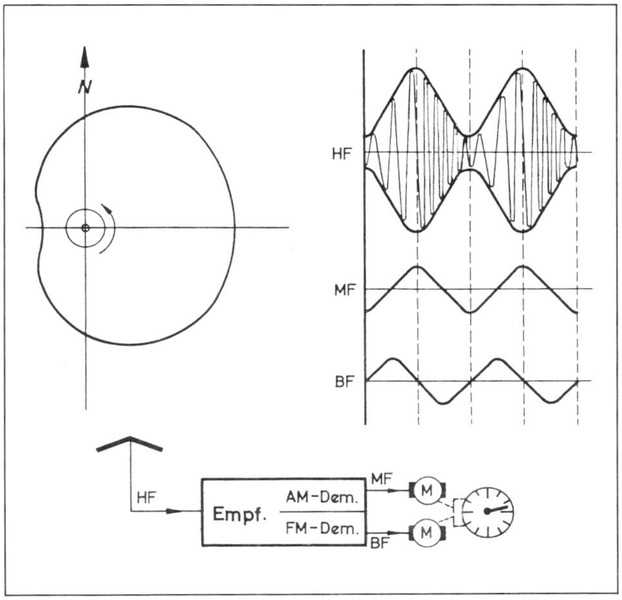

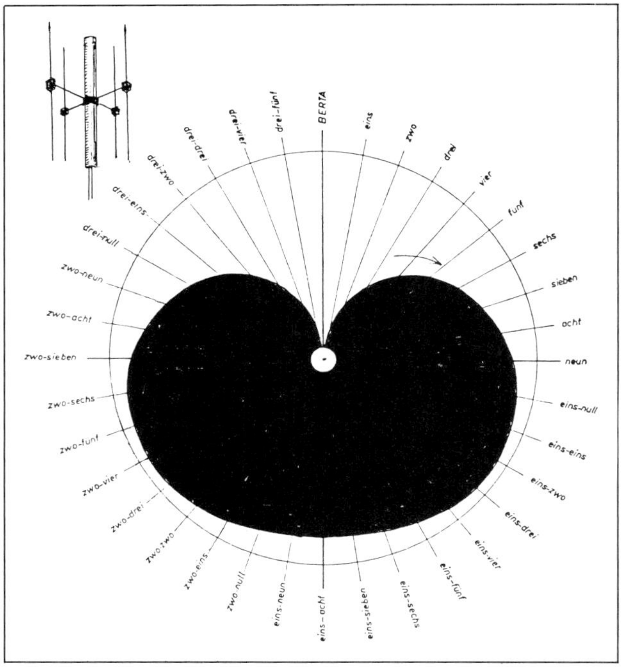

Antennendiagramme des UKW-Sprechfunkfeuers »Hermes« (»Hermine«). Außen die synchron mit der mechanischen Antennendrehung in Rundstrahlung gesendeten Richtungsangaben. Innen das mitlaufende 1150 Hz-Störton-Kardioidendiagramm, dessen Minimum die richtige Richtungsdurchsage angibt. Oben Skizze der Drehantenne.

»Hermes/Hermine«-Anlage

Das in den Jahren 1943/44 ebenfalls bei Lorenz *(Dr. Kramar)* in Entwicklung befindliche UKW-Richtstrahl-Drehfunkfeuer *»Hermes« FuSAn 726* (oft auch als *»Hermine«* bezeichnet) arbeitete mit 120 W Leistung im Bereich 30,0–33,3 MHz (zeitweise war auch der FuG 16-Bereich in Erwägung). Es funktionierte als sog. »Sprechdrehbake«, d.h. mit Hilfe einer endlosen Tonfilmschleife wurde in Rundstrahlung eine Ansage der Kennung und dann der jeweiligen Antennenrichtung von 10° zu 10° durchgegeben, die für die 360° jeweils 60 Sekunden benötigte. Genau synchron damit rotierte eine mit einem Störton (1150 Hz) modulierte Kardioide, so daß die Durchsage nur bei Durchlauf des Minimums des Störtones verständlich war. Ein Beobachter in z.B. 35° hörte die Durchsagen »Drei« und »Vier« (mal 10°) gleich laut mit geringem Störton, so daß er Zwischenwerte bei etwas Übung auf ± 2° genau abschätzen konnte. Die Station war gekennzeichnet durch ihre Betriebsfrequenz und die Decknamendurchsage (z.B. »Berta«) anstelle »Null Grad«. Diese Funkfeuer sollten den Jägerpiloten durch Einhaltung einer bestimmten Durchsage den Zielflug zum Flugplatz ermöglichen. Die Reichweite betrug in 5 km Flughöhe etwa 200–250 km. Die Sendeantenne der Bodenanlage glich derjenigen des »Erich«, die äußeren vier Dipole wurden jedoch über Schleifringe in Drehfeldspeisung erregt. Diese Anordnung wurde zusammen mit der Tonfilmschleife von einem Elektromotor einmal pro Minute um 360° gedreht. Das zugehörige Bordgerät *»Hermine« FuG 125* wurde bereits weiter oben als »entfeinertes Funklandegerät« vorgestellt.

Drehfunkfeuer-Anlagen nach 1945

Bodenanlagen (VOR)

Ein von der International Telephone & Telegraphe Corp. = ITT/USA in den Jahren 1945/46 entwickeltes und ab 1949 von der ICAO standardisiertes UKW-Phasendrehfunkfeuer *»VOR«* (*V*ery High Frequency *O*mnidirectional *R*ange) arbeitet im Bereich 112–118 MHz (einzelne Stationen auch im Bereich 108–112 MHz, soferne dadurch keine ILS-Anlage gestört wird). Das Prinzip entspricht demjenigen der deutschen Entwicklung »Erich« (s. weiter oben), d.h. ein mit $n = 30\ s^{-1}$ rotierendes Kardioidendiagramm erzeugt durch die Feldstärkenschwankungen am Empfangsort eine Amplitudenmodulation der Trägerfrequenz, die am Empfängerausgang als azimutabhängige »Meßphase« 30 Hz zur Verfügung steht. Die Kardioide wird dadurch erzeugt, daß über eine Rundstrahlantenne mit etwa 85 Prozent Leistung ein kreisförmiges und mit etwa 15 Prozent Leistung von einem mit $30\ s^{-1}$ rotierenden Dipol ein achtförmiges Diagramm abgestrahlt wird. In Nordrichtung ist die von beiden Antennen abgestrahlte Schwingung gleichphasig. Die Bezugsschwingung wird über die Rundstrahlantenne als 30 Hz-FM-Schwingung (mit Hub ± 480 Hz) eines 9960 Hz-Hilfsträgers abgestrahlt, der dem HF-Träger in Amplitudenmodulation aufgedrückt ist. Diese azimutunabhängige Bezugsschwingung wird im Empfänger mit einem FM-Demodulator (Discriminator) gewonnen. Die abgestrahlten Signale weisen horizontale Polarisation auf. Da das Diagramm nur ein Minimum hat, liegt die Genauigkeit bei ± 1°. Die Senderleistung beträgt zwischen 25 und 400 W. Die über die Rundstrahlantenne abgestrahlte Trägerwelle ist (zusätzlich zum Hilfsträger) für die Ausstrahlung der Stationskennung (Morsezeichen) mit 1020 Hz tonmoduliert (A 2). Für Notfälle etc. können auch gesprochene Durchsagen (A 3, 300–3000 Hz) durchgegeben werden. Diese in Deutschland von der C. Lorenz AG (ab 1958 Standard Elektrik Lorenz AG) gefertigten Bodenstationen wurden ab 1967 ergänzt durch volltransistorisierte *»VOR-S«-Stationen,* bei denen die drehenden Antennenteile durch ein elektronisches Goniometer und eine Kreuzdipolanordnung ersetzt werden. Das dem Goniome-

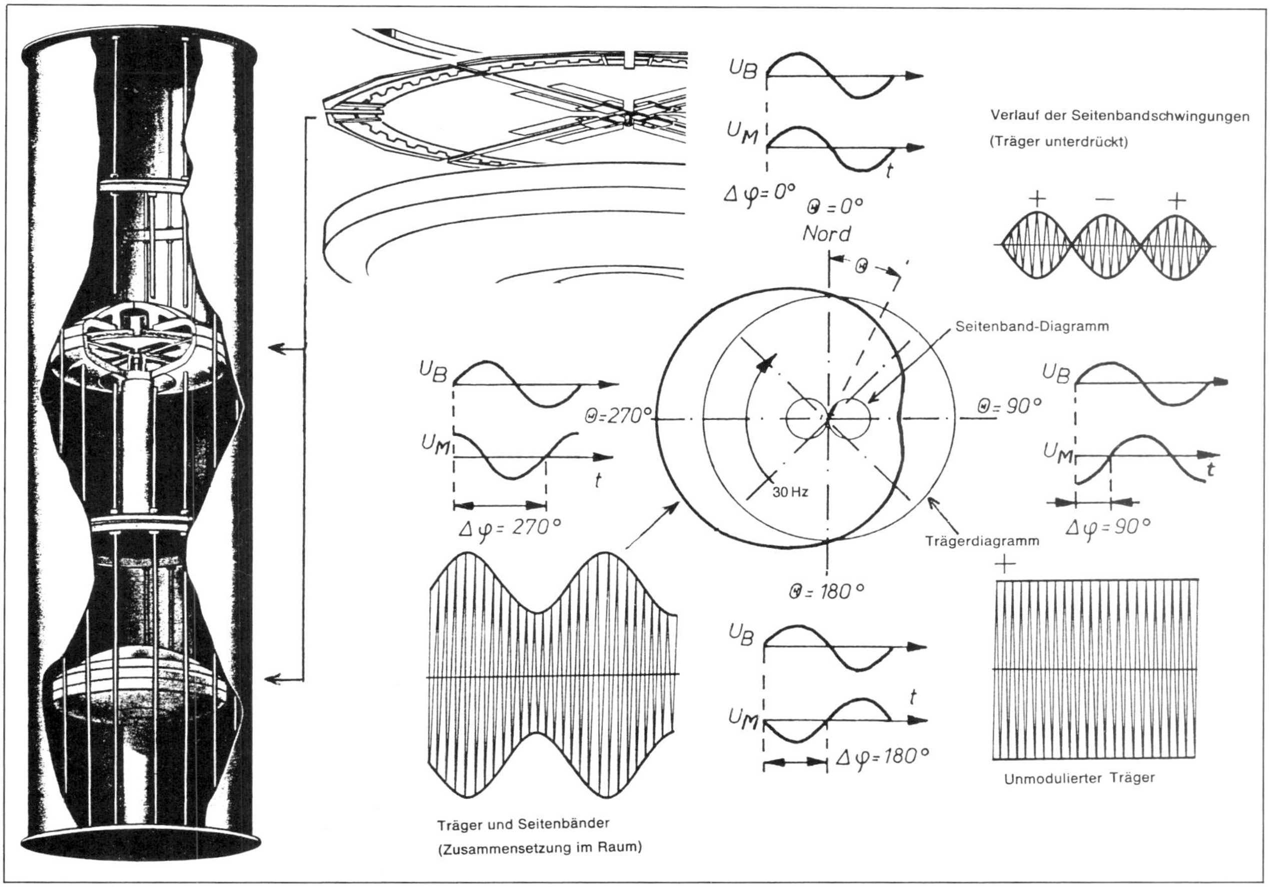

»VOR«-Drehfunkfeuer. Links Schnitt durch die Zweielement-Antenne mit Detailansicht der Leiterplatte (mit vier ringförmig angeordneten Dipolen für die Rundstrahlung und zwei gekreuzten Dipolen, gespeist durch ein elektronisches Goniometer zur Erzeugung des rotierenden Diagramms). Rechts Antennendiagramme und Phasenunterschied Δφ zwischen Meßphasenspannung U_M und Bezugsphasenspannung U_B in Abhängigkeit vom Azimut.

Antennenanlage eines »Doppler-VOR«-Drehfunkfeuers mit 39 Antennen (auf einem Kreis von 13,5 m Durchmesser) und einer Mittelantenne auf einem Gegengewichtsnetz.

ter über einen HF-Phasenschieber zugeführte unmodulierte HF-Signal wird dort in zwei amplitudenmodulierte Schwingungen von 30 Hz mit unterdrücktem Träger umgeformt, die um 90° phasenverschoben sind und zur Speisung der gekreuzten Dipole verwendet werden. Der von der Rundstrahlantenne abgestrahlte HF-Träger und die Seitenbänder überlagern sich im Raum zu der mit 30 Hz amplitudenmodulierten »Meßphase«. Seit 1967 liefert die Firma SEL auch eine neue Bauform des Drehfunkfeuers, die wegen der verwendeten großen Antennenbasis von etwa 5 Wellenlängen auch für extrem schwierige Geländeverhältnisse (mit reflektierenden Bergen etc.) geeignet ist und störende Geländeeinflüsse um den Faktor 10 verringert. Es ist dies das »*DVOR*« (*D*oppler *V*ery High Frequency *O*mnidirectional Radio *R*ange) mit 39 auf einer Kreislinie von 13,5 m Durchmesser aufgestellten Breitbandantennen. Der Sender liefert einen mit Kennungston und mit 30 Hz amplitudenmodulierten Träger als azimutunabhängige Bezugsphase an eine rundstrahlende Mittelantenne. Vom Sender kommen außerdem zwei Seitenbänder, die im Abstand von je 9 960 Hz oberhalb und unterhalb des Trägers erscheinen, und werden über ein elektronisches Antennenschaltgerät jeweils nacheinander zwei im Kreis gegenüberliegenden Antennen so zugeführt, daß eine rotierende Antennenspeisung simuliert wird. Der Dopplereffekt, der durch diese Umlaufbewegung entsteht, läßt die an Bord empfangenen Seitenbandsignale als mit 30 Hz frequenzmoduliert erscheinen, wo sie als azimutabhängige Meßphase ausgewertet werden. Diese Vertauschung von Meß- und Bezugsphase wird vom Empfänger nicht bemerkt. Von den über 2 500 auf der ganzen Welt aufgestellten VOR-Stationen wurde ein beträchtlicher Teil von SEL geliefert. Die Mehrheit der Bodenstationen wurde bereits oder wird noch mit einem Entfernungsmeß-Transponder oder einer TACAN-Bodenstation kombiniert, wie weiter unten besprochen.

Bordgeräte

Wie bereits erwähnt, erfassen die VHF-NAV-Empfänger auch den Frequenzbereich der VOR-Drehfunkfeuer im Bereich 112–118 MHz. Bei der Wahl der VOR-Frequenz werden gleichzeitig auch die korrespondierenden Frequenzen eines (weiter unten besprochenen) DME-Gerätes mitgeschaltet und der VOR-Auswerteteil im NAV-Empfänger eingeschaltet. Der Auswerteteil enthält drei parallelgeschaltete Wege: Der erste gibt bei Stellung »Voice« des Betriebsartenschalters die Sprachmodulation (300–3 000 Hz) über einen Verstärker und ein Filter (das den 1 020 Hz-Kennungston eliminiert) an den Empfängerausgang ab, der mit der Eigenverständigungsanlage verbunden ist. In Stellung »On« des Betriebsartenschalters wird der Kennungston nicht herausgesiebt, damit man die Kennung abhören kann. Der zweite Weg enthält ein Filter für den Hilfsträger (9 960 Hz ± 480 Hz), einen Begrenzer und einen FM-Diskriminator, an dem die 30 Hz-Bezugsschwingung gewonnen wird. Nach Durchgang durch ein 30 Hz-Filter wird sie in einem Verstärker auf den benötigten Pegel gebracht. Daran schließt sich an ein kombiniertes Kreuzzeigerinstrument (Course Indicator CI) mit einem durch den Kurswahlknopf mit Skala (Omnibearing Selector OBS) verdrehbaren Phasenschieber (Resolver). Dieser bewirkt nach Einstellung von Hand, daß bei Anliegen des am OBS gewählten VOR-Radials bzw. Kurses die Bezugsphasenschwingung und die Meßphasenschwingung phasengleich sind. Eine (oft gesondert vom Instrument untergebrachte) Phasenbrücke erhält dann sowohl die phasengedrehte Bezugsschwingung, als auch die 30 Hz-Meßschwingung, die im Auswerteteil im dritten Schaltungsweg über ein 30 Hz-Filter und einen Begrenzerverstärker gewonnen wird. An den Ausgang der Phasenbrücke ist der vertikale Zeiger (»Links/Rechts«) des Kreuzzeigersystems angeschlossen und zeigt entsprechend Abweichungen Links/Rechts vom Sollkurs an.

Dieser mit »Manual VOR« bezeichnete Rüstzustand ist die vorgeschriebene Minimalausrüstung für Sportflugzeuge. Sie erlaubt nach Einstellung des gewünschten Radials bzw. Kurses den An- oder Abflug zu oder von einer VOR-Station.

Anzeige-Instrumente

Für den Rüstzustand »Automatic VOR« ist im NAV-Empfänger ein zusätzlicher Servokreis erforderlich. Er besteht aus einem Resolver, in den die 30 Hz-Bezugsschwingung eingespeist wird, einem Verstärker und einer Phasenbrükke, in die auch die 30 Hz-Meßphase eingeleitet wird. Ein am Ausgang der Phasenbrücke angeschlossener Servomotor verdreht nun den Resolver solange, bis verdrehte Bezugsphase und die Meßphase gleich sind. Die Achsstellung der Servoschaltung zeigt dann das VOR-Radial, ein auf dieser Achse aufgesetzter Synchrogeber gibt eine entsprechende Synchrospannung ab. Der NAV-Empfänger *NR 3300* von Becker enthält keine beweglichen Teile mehr, sondern steuert Rechenverstärker an, die dann eine 3-Phasen-Synchro- (oder eine sin/cos-)Steuerspannung abgeben. Die »Automatic VOR«-Anzeige erfordert zusätzlich zum Kreuzzeigerinstrument einen *R*adio-*M*agnetic-(Heading-)*I*ndicator RMI. Dieses Instrument besteht im Prinzip aus zwei Synchronehmern für einen schmalen Zeiger (1) und einen breiten Zeiger (2) und einer Servoschaltung, die vom Kurskreisel angesteuert wird und eine Kursrose unter einer Marke verdreht. Die Zahl unter der Marke zeigt den mißweisenden Steuerkurs (Magnetic Heading = Richtung der Flugzeuglängsachse, bezogen auf magnetisch Nord) und die beiden Zeigerspitzen die Richtung zu den Sendern an.

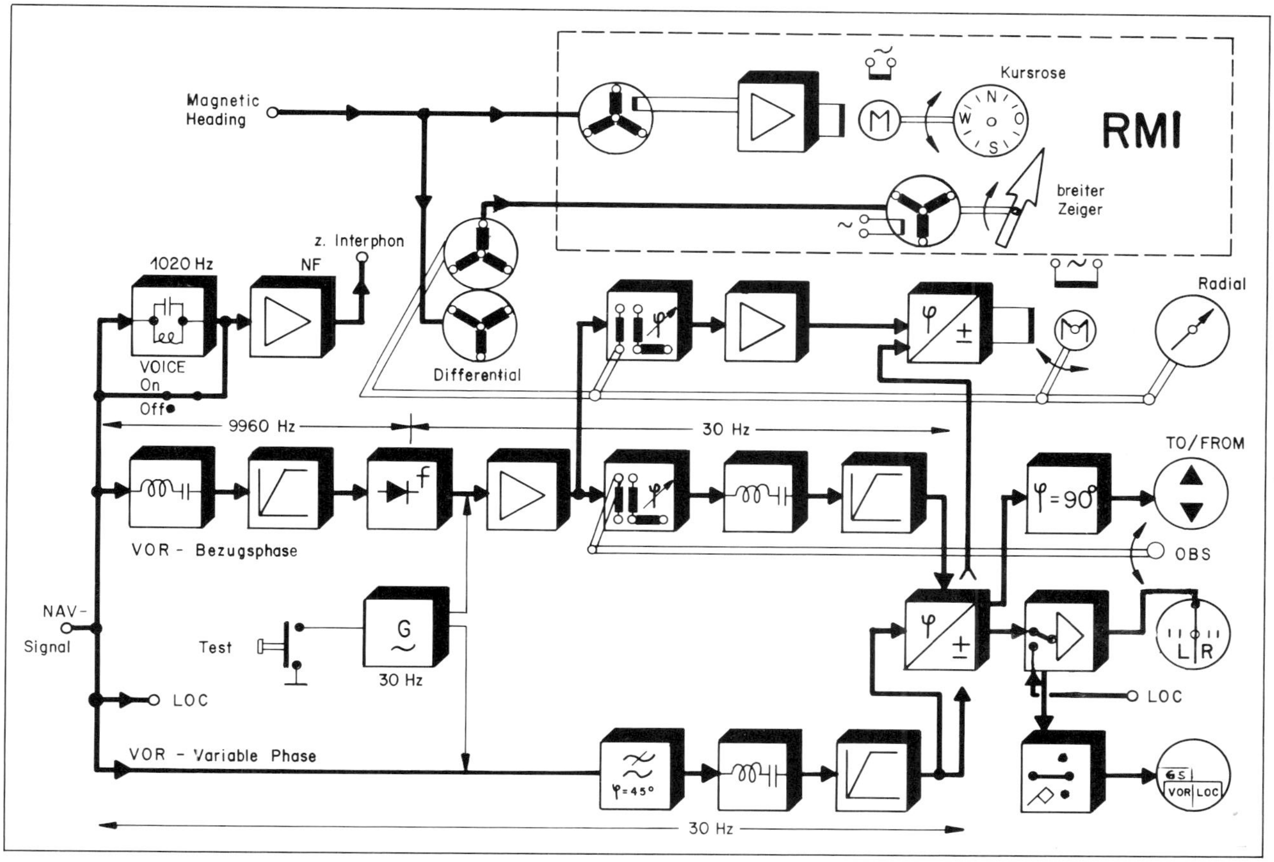

Blockschaltbild des Auswerteteils eines Navigationsempfängers in der Betriebsart VOR mit zugehörigen Instrumenten (Kreuzzeiger, Kurswahl und RMI).

Nun liefert aber ein Peiler (ADF) stets den relativen Peilwinkel (= Goniometerstellung, bezogen auf die Flugzeuglängsachse), ein VOR-Empfänger aber die mißweisende Peilrichtung, in der das Flugzeug zum Sender steht. D.h. der Antrieb des Zeigers (1 = ADF) muß mit seinem Stator fest mit dem RMI-Gehäuse verbunden sein. Wenn man den Stator des Antriebes des Zeigers (2 = VOR) mechanisch nicht mit dem RMI-Gehäuse, sondern mit der drehbaren Kursrose verbindet, dann dreht die Ausgangsspannung des NAV-Empfängers die Zeigerspitze zur Marke so, daß auch dazwischen relative Peilung, an der Kursrose aber die mißweisende Richtung zum Sender abgelesen werden kann. Da die Zeigerspitze der Einheitlichkeit wegen auch beim VOR die Richtung zum Sender (z.B. 90°) angibt, muß das »Radial« (die Richtung in der sich das Flugzeug vom Sender aus gesehen befindet) unter dem anderen Ende (»Feder«) des Zeigers (270°) abgelesen werden.
Nun erfordern manche Anflugverfahren, daß man gleichzeitig die Anzeigen von ADF 1 und 2 oder VOR 1 und 2 auf einem Instrument benötigt. Hier wurden verschiedene Lösungswege beschritten: Man baute z.B. RMI-Anzeiger, bei denen die Statoren beider Zeiger mit dem Instrumentengehäuse fest verbunden sind. In die-

VHF-Navigationsanlage Becker NAV 3300 mit Empfänger NR 3300 (mit eingebautem VOR/LOC-Konverter und Gleitpfadempfänger und einer vorwählbaren Frequenz zur Schnellumschaltung) und mit Kreuzzeigerinstrument IN 3300 (mit Kurswahlknopf und eingebautem MKR-Empfänger mit Anzeigen). Über ein Auswertegerät ist auch ein RMI anschließbar.

Links: Kursanzeiger (Course Indicator) »ID 249« mit Kurswahlknopf, Kurswahlanzeige, Kreuzzeiger, Warnflaggen und Flugrichtungszeiger (der hier angibt, daß das Flugzeug vom gewählten Kurs = 012° und 27° nach rechts abweicht). Weit verbreitetes Gerät der Nachkriegszeit.
Rechts: Radio Magnetic Indicator »RMI« mit Kursanzeige (270° unter der weißen Marke oben), ADF-Peilung eines Funkfeuers in mißweisend 200° (mit »dünnem« Zeiger 1) und VOR-Anzeige = Sender in mißweisend 255° (mit »dickem« Zeiger 2), entsprechend einem VOR-Radial = 75° (abzulesen am anderen Zeigerende).

sem Fall muß auch der VHF-NAV-Empfänger die relative Peilung liefern. Das kann dadurch erreicht werden, daß auf die Servoschleife für Automatic VOR als Ausgang kein Synchrogeber (Transmitter), sondern ein Differentialsynchro (Differential Synchro) gesetzt wird, in dessen Stator vom Kurskreisel her ebenfalls der mißweisende Steuerkurs (Magnetic Heading) eingespeist wird. Durch die Verdrehung ergibt sich dann am Rotor des Differentialsynchros die relative Peilung als Ausgangsspannung. Bei modernen Geräten ist der Differentialsynchro durch eine Multiplizierschaltung ersetzt.

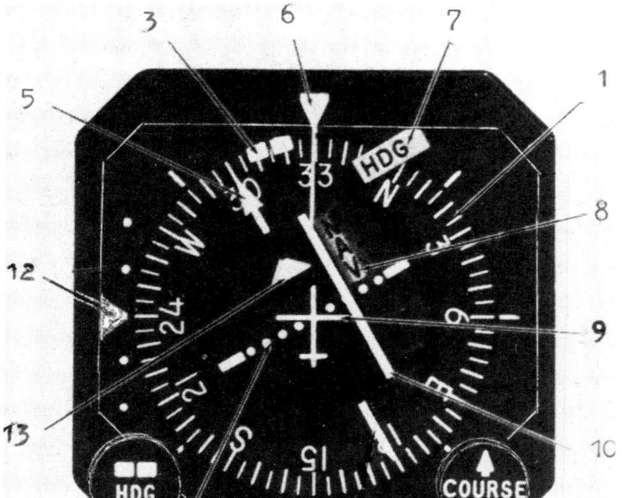

Kursanzeiger CI = Horizontalsituationsanzeiger HSI
1 = Kursrose
2 = Steuerkurs-Einstellung
3 = Steuerkurs-Marke
4 = Kurswahl (VOR/LOC)
5 = Kursanzeige
6 = Marke für Steuerkurs
7 = Kompaß-Warnflagge
8 = NAV-Empf.-Warnflagge
9 = festes Flugzeugsymbol
10 = Seitenabweichungs-Zeiger
11 = Seitenabweichungs-Skala
12 = Gleitweg-Zeiger
13 = An-/Abflug-Zeiger
Moderne Geräte haben links und rechts oben noch je eine Entfernungsanzeige für DME 1 und 2. Dargestellte Situation: Kompaßkurs = 330°. Das eingestellte VOR-Radial = 120° (oder ILS-Landebahnrichtung 300°). Das Flugzeug fliegt von links seitlich darauf zu und kann einschwenken, wenn sich der Zeiger 10 dem Flugzeugsymbol nähert.

Elektronische Fluginstrumenten-Anzeige EFIS (VDO/Thomsen) im Airbus A310. Links der Bildmustergenerator, rechts oben das Primary Flight Display PFD (mit Fluglage-, Fahrt-Anzeigen etc.), darunter das Navigation-Display ND, hier mit HSI-Anzeige. Außen herum Notinstrumentierung und je ein RMI für VOR (1 und 2) und ADF (1 und 2).

Ein Teil der RMI-Geräte hat zusätzlich eine oder zwei Rollenanzeigen für die Entfernung (Distance) zu den Funkfeuern, die mit dem DME-Gerät ermittelt wird. Solche Instrumente werden mit BDHI = »*B*earing-*D*istance-*H*eading-*I*ndicator« bezeichnet. Für den Senderanflug benutzt man gerne anstelle des Kreuzzeigers einen »Horizontal-Situation Indicator HSI«, der sozusagen die Flugsituation im Blick von oben auf eine Karte darstellt. Der tatsächliche mißweisende Kurs des Flugzeugs wird an der drehbaren Kursrose unter einer festen Marke oberhalb des Flugzeugsymbols angezeigt. Mit dem Kursknopf läßt sich die Links-Rechtsanzeige über der Kursrose in die gewünschte Sender-An- oder Abflugrichtung stellen. Eine gegenüber der Marke durch den Knopf »Heading« verschiebbare Doppelmarke erlaubt die Einstellung des Luvwinkels (Vorhaltewinkel gegen den Windeinfluß). Eine seitliche Skala mit Zeigerspitze für den Gleitpfad vervollständigt das Gerät.

Um die nicht zuletzt durch die wachsende Anzahl der Funknavigations- und anderen Anzeigen überladenen Instrumentenbretter übersichtlicher zu gestalten, wurden jetzt elektronische Fluginstrumenten-Systeme (*E*lectronic *F*light-*I*nstrument-*S*ystem) *EFIS* mit Farbbildröhren eingeführt, wobei die Bildröhren von der Firma Thomsen/Frankreich und der zugehörige Bildmustergenerator von VDO/Frankfurt entwickelt und gefertigt werden (ein gleichartiges System wird u.a. auch von Rockwell-Collins angeboten). Die obere Anzeige, das »Primary Flight Display« PFD mit den Lage- und Flugzustandsanzeigen ersetzt u.a. den Fluglageanzeiger ADI des Flight Directors, den Mach/Airspeed-Indicator, den Flight-Mode Annunciator und den Radar-Altimeter-Indicator, wobei je nach der Situation verschiedene Anzeigen gewählt werden können. Am darunterliegenden »Navigation Display« kann eine elektronische HSI-Anzeige oder eine Wetterradaranzeige mit eingeblendetem Flugweg oder auch eine Flugplandarstellung (als Karte) dargestellt werden. Zur Erhöhung der Ausfallsicherheit werden die beiden Systeme von Pilot und Copilot querverbunden und ein dritter Bildmustergenerator eingebaut.

Hyperbel-Navigations-Verfahren

Dauerstrich-Hyperbelanlagen bis 1945

Wie bereits bei den Funkfeuern »Elektra«, »Sonne«, »Erika« usf. dargestellt, bilden sich zwischen zwei mit der gleichen Frequenz erregten Antennen stehende hyperbelförmige Interferenzlinien (Verbindungslinien aller Orte, wo Empfangsmaxima bzw. -Minima auftreten) aus, wenn der Abstand der beiden Antennen größer als ein Vielfaches einer halben Wellenlänge ist. Die Hyperbellinien können ab einer gewissen Entfernung von der Antennenbasis als strahlenförmig davon ausgehende Geraden angesehen werden. Ein im Jahre 1930 veröffentlichtes Patent von *Dr. Harms* sah eine Antenne mit der Frequenz f 1 und für die zweite Antenne eigenartigerweise eine Frequenz f 2 = 2 × f 1 vor. Demgemäß sollten auch zwei Empfänger benutzt werden, wobei in dem einen für f 1 eine Verdopplung der Empfangsfrequenz vorzusehen war, so daß sich die Interferenzhyperbeln nur in virtueller Form in den Geräten bilden und bei einer Ortsbewegung der Empfangsanlage Zählwerke betätigen konnten.
In Zusammenarbeit zwischen der DVL und der Firma Lorenz entstand im Jahre 1934 für Versuche ein UKW-Hyperbelfächerfunkfeuer »*DVL-Erika*«, bei dem zwei in 13 km Abstand aufgestellte Antennen gleichphasig mit einer Frequenz von ca. 43 MHz (entspr. einer Wellenlänge um 7 m) erregt wurden. Dadurch bildeten sich zwischen den Antennen 1850 Interferenzmaxima und ebensoviele Minima. Die Bordanlage »*DVL-Erika-Bord*« bestand aus einem Empfänger mit Zählwerk, das beim Flug quer zum Leitstrahlfächer die Anzahl der durchflogenen Hyperbellinien anzeigte. Der Zähler mußte also vor dem Start entsprechend eingestellt werden, es durfte keine Empfangsunterbrechung unterwegs passieren und es durfte kein mehrfaches Durchfliegen der gleichen Hyperbel vorkommen um Fehlanzeigen zu vermeiden. In dieser Form war also eine praktische Verwendbarkeit noch nicht gegeben. Es wurde daher weiterentwickelt zum Phasendrehfunkfeuer »Erika«.

Impuls-Hyperbel-Anlagen bis 1945

»Ingolstadt«-Versuchsanlage

Die erste GW-Impulshyperbelanlage »*Ingolstadt*« war von der Firma Telefunken *(F. Kruse)* im Sommer 1939 mit je einem Sender auf dem kahlen Asten bei Köln, bei Nienburg/Weser und bei Kiel eingerichtet worden. Sie bestand aus einem sogenannten »Muttersender« (A = Nienburg) und zwei Tochtersendern (B und C), welche zur Synchronisierung jeweils mit einem Empfänger die Impulse des Muttersenders (Impulsfolgefrequenz = 80 Hz) aufnahmen und damit ihren Sender tasteten. Wenn die drei Sender der »Senderkette« gleichzeitig ihre kurzen HF-Impulse abstrahlten, so trafen z.B. die Impulse der Sender A und B bei einem Flug auf der Mittelsenkrechten der Basis A–B stets zur gleichen Zeit ein, da die Entfernungen zu den Sendern und damit die Laufzeiten der Impulse jeweils gleich waren. Befand man sich links der Mittelsenkrechten, so trafen z.B. die Impulse von A eine Mikrosekunde früher ein als diejenigen von B. Die Verbindungslinien der Orte bestimmter Laufzeitdifferenz waren Hyperbeln mit den beiden Sendeantennen in den Brennpunkten. Die Anzeige (z.B. auf einer Braunschen Röhre mit 80 Hz-Ablenkung) war jedoch doppeldeutig, soferne nicht die Impulse von A und B unterscheidbar waren. Bei dieser Versuchsanlage behalf man sich damit, daß die drei Sender auf verschiedenen Frequenzen arbeiteten und so bei Parallelschaltung von drei Bordempfängern die Impulse durch Abschalten eines Empfängers identifiziert wurden. Mit der Bordanlage waren gerade erste Versuche am Boden in einem Fahrzeug durchgeführt worden, als die Bodenanlage kurz nach Kriegsausbruch auf Anweisung des RLM wieder abgebaut werden mußte. Interessant ist, daß diese Anlage im Grenzwellenbereich 1,5–3,0 MHz arbeitete, obwohl etliche namhafte deutsche Fachleute die Brauchbarkeit von Impulsverfahren im GW- und KW-Bereich abstritten, bis Mitte des Krieges die Amerikaner mit ihren LORAN-Verfahren das Gegenteil bewiesen.

»Boden-Truhe«-Anlagen

In Deutschland wurde 1939/40 die Beschäftigung mit Impulsnavigationsverfahren für viel Jahre zurückgestellt, weil dafür besondere breitbandige Empfänger benötigt worden wären, (es sollten ja vorhandene mit benutzbar sein). Erst 1943 wurde das von den Engländern eingesetzte UKW-Impulshyperbelverfahren »GEE« mit Beutegeräten ausführlich vom Ln-Versuchsregiment Köthen erprobt. Danach wurde der Entschluß gefaßt, dieses System durch deutsche Senderketten zu ergänzen und mit deutschen Geräten zu verwenden. Bisherige Störsender »Merkur« von Lorenz wurden zu Bodensendern umgebaut, und die erste Basis in Deetz/Platzfelde und Köthen wurde unter dem Decknamen »*Boden-Truhe*« errichtet.

Um Standortbestimmungen mit sich kreuzenden Hyperbellinien durchführen zu können, verwendete man jeweils drei Sender in einer Kette, wobei die Basis A–B mit derjenigen A–C annähernd einen rechten Winkel bilden sollte. Die Synchronisierung der beiden Tochtersender B und C durch den in der Mitte liegenden Muttersender A erfolgte in besonderer Weise, damit der Impuls von A immer links der Impulse von B und C stand: Zuerst wurde A und dann (nach einer der Strecke A–B entsprechenden Laufzeit) der Sender B getastet, darauf nochmals der Sender A und dann erst (mit einer Laufzeitverzögerung entsprechend der Strecke A–C) der Sender C. Nach einer Sicherheitspause begann dieser Tastzyklus von vorne. Der Muttersender wurde also doppelt sooft getastet (mit 500 Hz) als die Tochtersender B und C (mit 250 Hz). Außerdem wurde nach jedem vierten Impuls des Senders A ein etwas verzögerter Zusatzimpuls zur Kennzeichnung des Muttersenders eingetastet.

»Truhe«-Bordgeräte

Ein Nachbau des englischen Bordgerätes R 1355 (mit deutschen Röhren und in den Abmessungen wesentlich verringert) wurde von der DVG *(Kotthoff)* entworfen und bei Loewe-Opta als »*Truhe I*« *FuG 122* in Kleinserie gefertigt. Der Einsatz der Geräte erfolgte beim F.A.G. 2 und beim K.G. 66.

Von dem vermutlich bei der Firma Siemens *(Dr. Jenß)* entwickelten und ebenfalls bei Loewe-Opta in Fertigung befindlichen Seriengerät »*Truhe II*« *FuG 123* wurden erste Muster Mitte 1944 fertig. Sie bestanden aus einer Stabantenne, einem Empfänger mit austauschbaren HF-Einsätzen für Bereiche zwischen 18 und 100 MHz (wobei zuerst der Teilbereich 46–51 MHz benutzt wurde), einem Sichtgerät und der Stromversorgung mit Umformer und Regelgerät. Auf der Anzeigeröhre des Sichtgerätes konnten wahlweise zwei oder vier horizontale Zeitlinien geschrieben werden. Die benötigten Ablenkspannungen waren von einem Quarz gesteuert, von dem auch über Frequenzteiler Meßimpulse gewonnen wurden. Die zu verschiedenen Zeiten eintreffenden Impulse der Bodensender lenkten die Zeitlinie zakkenförmig nach oben aus. Durch Synchronisierung (»ziehen«) des Quarzes wurden die Impulse auf der Zeitbasis

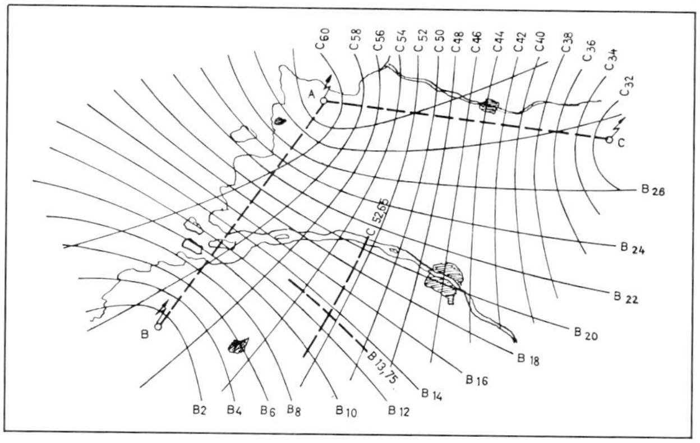

Prinzip der Hyperbelnavigation: A = Muttersender, getastet mit 500 Hz und Zusatzimpuls zur Kennung, B = Tochtersender I und C = Tochtersender II, beide mit 250 Hz getastet (jeweils um einen bestimmten Betrag gegenüber den Impulsen von A verschoben). Die Linien konstanter Laufzeitdifferenz sind Hyperbeln.

zum Stehen gebracht. Eine »elektrische Lupe« erlaubte in zwei Schritten die Darstellung von Teilbereichen der Zeitbasen in der Betriebsart »Empfang« (mit Darstellung der Senderimpulse) oder in der Betriebsart »Messen« (mit Einblendung der Meßmarken). Es konnten so Laufzeiten von der Dauer einer Mikrosekunde entsprechend einer Entfernung von 300 m dargestellt werden.

Der etwas komplizierte Meßvorgang lief nun auf folgende Weise ab:

Bei der Betriebsart »Empfang/grob« wurden 2 Zeilen (»1« und »3«) geschrieben, wobei nach Synchronisierung des Gerätes mit den Senderimpulsen auf der oberen Zeile »1« der gekennzeichnete Impuls des Muttersenders und daneben, entsprechend der Laufzeit versetzt, der Impuls des Tochtersenders B, auf der unteren Zeile »3« derjenige des Tochtersenders C stand. Auf beiden Zeilen befanden sich verschiebbare »Lücken«, in welche die Impulse von B und C mit Hilfe von Phasenschiebern gestellt wurden. Nun wurde das Gerät zur vergrößerten Darstellung der interessierenden Zeilenabschnitte (mit den Impulsen) auf »Empfang/mittel« bzw. »Empfang/fein« umgeschaltet. Es wurden dann 2 Zeilenpaare (»1« und »2«, desgl. »3« und »4«) geschrieben, wobei jetzt auf der oberen Zeile »1« der Impuls des Senders A, auf Zeile »2« darunter versetzt derjenige von B stand, welcher genau unter denjenigen von A geschoben werden mußte. Auf den Zeilen »3« und »4« erschienen analog die Impulse von A und C, wobei letzterer ebenfalls wieder einzustellen war. Anstelle einer direkten Ablesung der Laufzeiten aus den Drehwinkeln der Phasenschieberknöpfe wurde das Gerät nun auf die Betriebsarten »Messen/grob – mittel – fein« umgeschaltet, wobei nun Meßmarken in drei verschiedenen Stufen geschrieben wurden (groß = 0 ...25 Skalenteile, mittel = –0,1 ... + 1,1 Skalenteile, fein = –0,1 ... + 0,25 Skalenteile). Durch Addition der 3 Ablesungen (Hundertstel + Zehntel + Einer) der beiden oberen Zeilen ergab sich eine Zahl, die in eine Spezialkarte eingetragen war = Standlinie B. Analog ergab sich die Standlinie C aus den Ablesungen auf der 3. und 4. Zeile. Der Schnittpunkt beider Standlinien war der Standort.

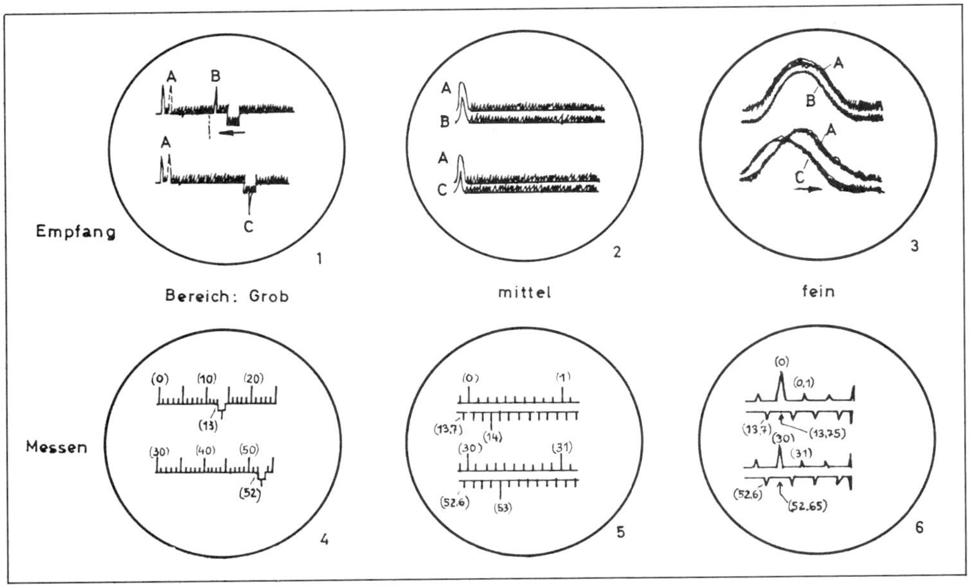

Anzeige am Hyperbelnavigationsgerät »Truhe« = FuG 123 während des Meßvorganges am Kreuzungspunkt der Standlinien B = 13,75 und C = 52,65 (vergl. obige Zeichnung).

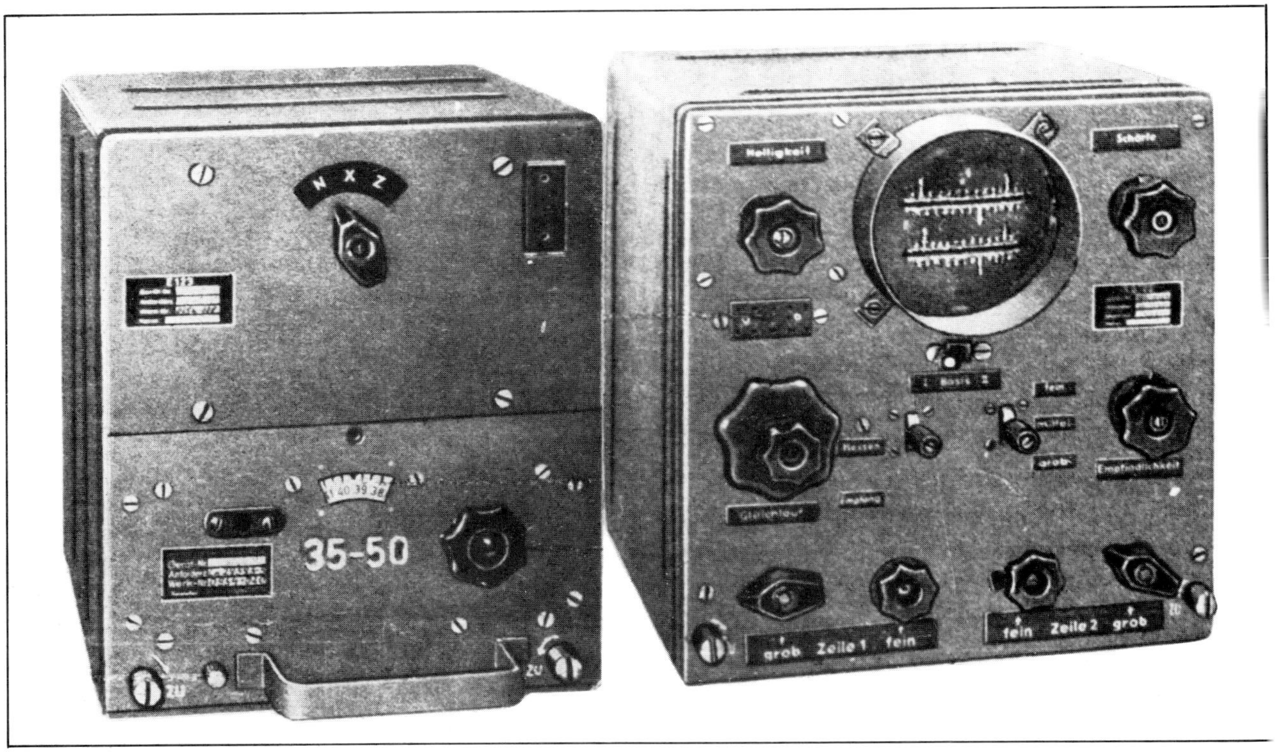

Unten: »Truhe« = FuG 123 Links Empfänger mit auswechselbarem HF-Teil, rechts das Sichtgerät mit Anzeigeröhre (mit 8 cm Durchmesser).

So war es z. B. möglich auf einer solchen Standlinie entlang zu fliegen bis zum Schnittpunkt mit einer anderen voreingestellten Standlinie, die sich am gewünschten Wegpunkt kreuzten. Bei einer Entfernung von etwa 300 km zu einem Senderpaar betrug der Ortungsfehler meist weniger als 0,5–1 km. Die Reichweite betrug beim ersten System in

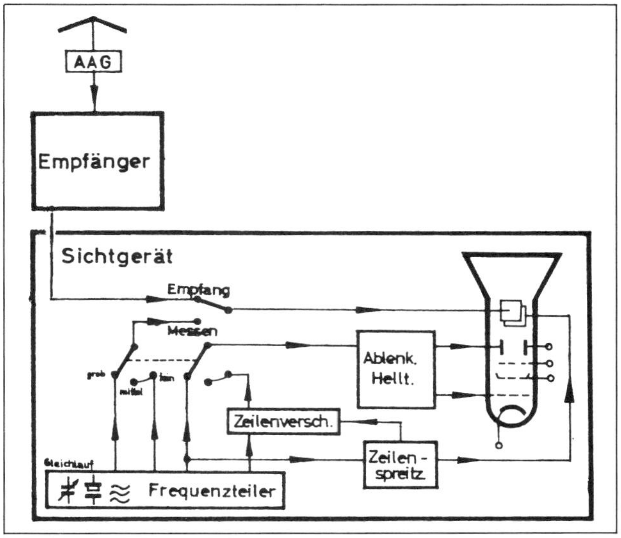

Blockschema des FuG 123.

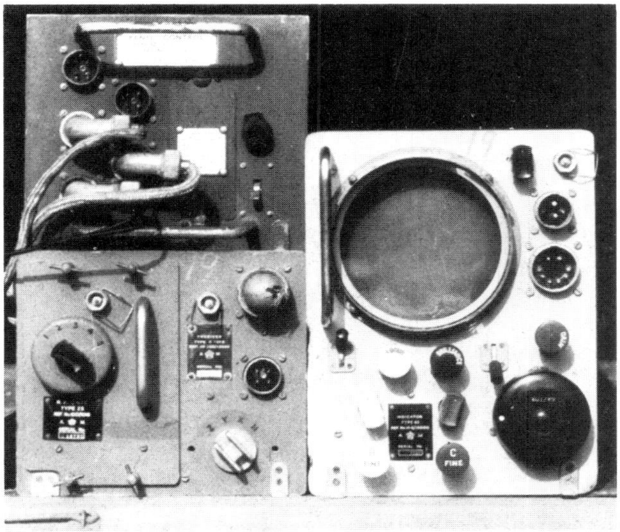

Britisches Hyperbelnavigationsgerät R 1355 »GEE« (mit auswechselbarem HF-Teil und Anzeigeröhre mit 16 cm Durchmesser).

4000 m Flughöhe mit 20 kW-Bodensendern etwa 300 km, später etwa 450 km mit den neuen 300 kW-Bodensendern »Feuerstein« von Telefunken. Bis Kriegsende wurden noch etwa 450 Gerätesätze FuG 123 gefertigt, von denen aber nur noch wenige zum Einsatz kamen. Da die Bedienung der Impulshyperbel-Navigationsgeräte nicht einfach war, wurde Ende 1944 von der Fa. Siemens noch ein Zusatzgerät zum FuG 123 entwickelt, das eine automatische Synchronisierung und eine Beschleunigung der Messung (durch Untereinanderschreiben von Empfangs- und Meßimpulsen und durch Verzicht auf die Feinstufe) ermöglichte. Außerdem war eine Kommandoübertragung durch Zusatzimpulse und der Anschluß eines Koppelrechners mit Kartengerät vorgesehen; weitere Funktionen, z.B. als Landehilfe, waren in Untersuchung. Beim »GEE« überholte also bald die Technologie der Nachbauer diejenige der eigentlichen Erfinder.

Projekt »Lindenberg«

Vom FFO *(A. Mattes)* wurden im Jahre 1943 erste Versuche für eine Impulshyperbelanlage »Lindenberg« großer Reichweite (1000–3000 km) unternommen, die auf Kurzwelle arbeiten sollte und daher nur die Ausnutzung eines Winkelbereiches von etwa ± 30° zur Mittelsenkrechten der Antennenbasis zuließ. Es war also nur an die Verwendung eines schmalen Hyperbelfächers, nicht aber an eine großflächige Navigation mit Hyperbelketten gedacht.
Gegen Kriegsende machte auch das Ferdinand-Braun-Institut *(Dessauer, Dr. Crone)* Vorversuche für eine Impulshyperbelanlage auf Längstwellen (um 30 kHz), die bei Tage mit Senderleistungen um 1000 kW Reichweiten über See von 2000 km und Genauigkeiten um ± 5 km in der Nähe der Mittelsenkrechten zur Senderbasis erwarten ließ. Für dieses Verfahren (noch ohne Decknamen) waren noch Versuche für einfache Funkensender unternommen worden: Die Antennen wurden mit einer hohen Gleichspannung aufgeladen und über eine große Gastriode entladen.

Impuls-Hyperbel-Anlagen nach 1945

»LORAN-A«

In den USA war bereits im Jahre 1941 ein Impuls-Hyperbelverfahren *LORAN* (*Lo*ng-*Ra*nge-*N*avigation) zur Verwendung auf Schiffen und Flugzeugen über Seegebieten entwickelt worden, das deshalb im Grenzwellenbereich um 1,9 MHz und mit Synchronisierung der an der Küste aufgestellten Staionen über die Bodenwelle arbeitete. Zur Beschränkung der Bandbreite mußten Impulse von 45 μs Breite benutzt werden; die Mehrzahl der Sender arbeitete auf der gleichen Frequenz, jedoch zusammengehörige Senderpaare benutzten jeweils die gleiche Impulsfolgefrequenz. Auf der Anzeige konnte jeweils nur ein Senderpaar dargestellt werden (wobei die Impulse der anderen Senderpaare nach links und rechts in der Anzeige durchliefen);

somit konnte jeweils auch nur eine Hyperbellinie festgestellt werden, die Ermittlung der zweiten mußte in einem weiteren Meßvorgang mit einem anderen Senderpaar erfolgen. Die Genauigkeit dieses »*Standard-LORAN*«-Verfahrens lag bei Entfernungen um 1600 km über See zwischen ± 0,4 und ± 4 km. Die Ausbreitungsbedingungen über Land waren sehr ungünstig. Man hatte aber beobachtet, daß von der E-Schicht der Ionosphäre reflektierte Impulse verwendbar waren. Man richtete daher zur Verwendung über Deutschland ein über Raumwellen synchronisiertes (*S*ky-Wave *S*ynchronized) »*SS-LORAN*« ein, das bei Genauigkeiten zwischen ± 1 und ± 6 km allerdings nur nachts verwendbar war, da tagsüber keine Raumwelle auftrat. Trotzdem wurden in den letzten Kriegsmonaten über 22000 Einsätze damit geflogen.

Nach dem Kriege wurde das nun als »*LORAN-A*« bezeichnete System weiterbetrieben und hat sich in der ersten Nachkriegszeit auch in der Luftfahrt für Ozeanüberquerungen etc. sehr bewährt. Nachteilig war die sehr komplizierte Bedienung, die praktisch laufend erfolgen mußte und die nicht einfache Interpretation der Anzeigen bei Ausnutzung der Raumwelle. Für »LORAN A« waren etwa 1000 Bordgeräte mit Kathodenstrahlanzeige (ähnlich »Truhe«) im Betrieb, die 25 Senderketten werden nach und nach stillgelegt.

»LORAN-C, D«

Erfahrungen mit den weiter unten besprochenen CW-Hyperbelverfahren führten zu dem Gedanken, die Genauigkeit von Impulsverfahren durch Kombination der Laufzeitdifferenzmessung mit der Phasenwinkeldifferenzmessung zu kombinieren. Das so entstandene neue System »*LORAN-C*« arbeitet auf der Frequenz 100,0 kHz. Die nur aus 27 HF-Schwinungen bestehenden Impulse besitzen eine Breite von 270 µs, so daß das von diesem System beanspruchte Frequenzband von 90–110 kHz reicht. Die einzelnen Bodenstellen sind nun gekennzeichnet durch die Impulsfolgefrequenz bzw. durch den Impulsabstand und durch eine Phasencodierung, statt Einzelimpulsen werden Gruppen von neun bzw. acht Impulsen verwendet. Die Auswertung der von Haupt- und Nebenstation empfangenen Impulse erfolgt auf dreifache Weise: Durch Laufzeitdifferenzmessung an den Impulsvorderflanken, durch Laufzeitdifferenzmessung der ersten Ableitung (Maximumsdurchgang) des Impulses und durch Phasendifferenzmessung zwischen den Schwingungen von Haupt- und Nebenstation. Die dadurch erzielte Genauigkeit entspricht bei nutzbaren Reichweiten um 2500 km einem Fehlerkreis von 300–500 m. Eine von den USA für militärische Zwecke eingesetzte Version »*LORAN-D*« für kürzere Reichweiten arbeitet mit 16 phasencodierten Impulsen innerhalb jeder Impulsgruppe.

Die Bordgeräte für »LORAN-C« sind teilweise auch für den Empfang von »LORAN-D« eingerichtet und enthalten in ihren neueren Ausführungen Mikroprozessoren für vollautomatischen Betrieb. Das Gerät sucht dann nach Eintastung der Sendergruppenkennung innerhalb von zwei bis vier Minuten die der Position entsprechenden Standlinien aus und zeigt sie auf dem Display in Mikrosekunden, oder nach Tastendruck wahlweise auch als Position in Längen- und Breitengraden an. Der Navigationsrechner ermittelt bei Eingabe der Start- und der Zielposition den optimalen Großkreiskurs mit acht Wegpunkten auf der Strecke, die benötigte Flugzeit bis zum nächsten Wegpunkt und ev. Kursabweichungen links/rechts des optimalen Kurses. Es sind zwar derzeit ebenfalls etwa 1000 Bordgeräte für »LORAN-C« weltweit im Einsatz, ihr bisher noch sehr hoher Preis verhinderte eine zu große Ausbreitung. Die jüngste Gerätegeneration (z.B. von Texas Instruments) mit ihren erschwinglichen Preisen eröffnet aber neue Möglichkeiten.

Dauerstrich-Hyperbel-Anlagen nach 1945

»Decca-Navigator-System«

Ein typischer Vertreter dieser Geräteart ist das bereits während des Krieges entwickelte »DECCA-Navigator-System« der Firma DECCA Company/Großbritannien. Es wurde damals für Präzisionsnavigationszwecke an der holländischen und deutschen Küste eingesetzt. Eine DECCA-Senderkette besteht aus drei Stationspaaren, wobei die Nebensender jeweils sternförmig in 100–200 km Abstand um den gemeinsamen Muttersender angeordnet sind. Die Sender arbeiten jeweils nach einem festliegenden Schema auf verschiedenen Vielfachen einer bestimmten Grundfrequenz f_0, wobei diese Vielfachen im Bereich von 70 bis 130 kHz liegen. Die recht komplizierte Bordanlage benötigt vier phasenstarre HF-Verstärker (= »Empfänger«) mit insgesamt sechs Frequenzvervielfachern und drei Phasenvergleichsstufen mit nachgeschalteten Anzeigegeräten (Deccometern) »violett/grün/rot« mit Grob-/Feinanzeige für »Streifen« und »Zone«. Die Sender strahlen jeweils 58,5 s lang eine Feinortungsfrequenz und 0,5 s eine Grobortungsfrequenz ab. Platzmangel verbietet weitere Erläuterungen. Der Bordanlage war entsprechend den hauptsächlichsten Einsatzzwecken Erkundung, Vermessung etc. meist ein Flugwegschreiber zugeordnet, der den Flugweg auf einer eingespannten Spezialkarte direkt einzeichnete. Bei einer Reichweite von etwa 500 km lagen die Fehlerkreise bei 0,1–0,3 km.

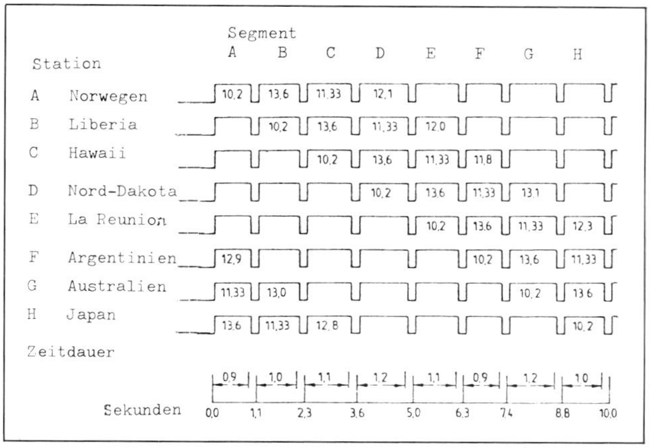

Tast- und Frequenzschema der »Omega«-Senderkette.

VLF-»Omega«-Anlagen

Wesentlich größere Verbreitung erfuhr das amerikanische VLF- bzw. »Omega«-System, das ab 1974 zuerst die neun zwischen 10,2 und 24,0 kHz mit Cäsium-Atomuhren auf 10^{-12} frequenzstabilisierten Nachrichten-Großstationen der US Navy verwendete. Hierzu entstanden für zivile Zwecke die ersten Bordgeräte der Firma Global Navigation/Irvine California. Da die Frequenzumtastung (F 1) des Nachrichtenverkehrs den Frequenzsuchlauf der Abstimmvorrichtung praktisch nicht beeinträchtigte, wurden sehr gute Ergebnisse erzielt. Hier ist zu beachten, daß die VLF- und die nachfolgend besprochenen und speziell für Navigationszwecke errichteten Omega-Sender keine Senderketten bilden, sondern daß z.B. aus den phasenstarr sendenden und über die ganze Welt verteilten acht Omega-Sendern je nach individueller Empfangslage 28 Senderpaare gebildet werden können. Die von den Omega-Sendern abgestrahlten Signale sind zu ihrer Kennzeichnung (und zur Vermeidung von Gleichkanalstörungen) zeit- und frequenzverschoben; d.h., zuerst wird die Grundfrequenz 10,2 kHz, dann die Nebenfrequenzen 13.6 kHz und 11,33 kHz abgestrahlt und darauf folgt noch eine für jeden Sender spezifische Kennfrequenz, wobei die Sendedauer innerhalb des dargestellten Musters zwischen 0,9 und 1,2 Sekunden beträgt. Da für die Omega-Navigation eine Frequenz ausreichend ist, nutzen einfachere Bordgeräte nur die Grundfrequenz von 10,2 kHz aus. Durch Differenzbildung (z.B. 13,6 Hz – 10,2 kHz = 3,4 kHz) wird die Streifenbreite zwischen zwei Hyperbellinien von 7,9 Seemeilen (sm) auf 23,7 sm verbreitert, wodurch die Mehrdeutigkeit verringert wird und damit auch die Möglichkeit kleiner wird, daß bei einer groben Ungenauigkeit der Standorteingabe am Start oder nach längeren Empfangsunterbrechungen mit einer falschen Hyperbel gerechnet wird.

Bedien- und Anzeigegerät des »VLF-Omega«-Empfangsgerätes GNS 500 A von Global Systems. Links der Wahlschalter für die Anzeigen (Uhrzeit + Datum / Position / Wegpunkt / Peilung + Mißweisung / Abstand und Restflugzeit / Driftwinkel + Geschwindigkeit über Grund / Flugweg + Zielentfernung / Seitenabweichung / Windrichtung und Stärke / Signalqualität + Fluggeschwindigkeit in der Luft), rechts das Tastenfeld für die Eingaben, oben die Anzeigen (hier Peilwinkel = 304° zu Wegpunkt 01, Mißweisung 12°W). Über dem Gerät ein Abweichungsanzeiger, umschaltbar (große/kleine Empfindlichkeit). Eine wesentlich erweiterte Version ist S. 248 abgebildet.

VLF-»Omega«-Bordgeräte

Derzeit sind hauptsächlich VLF + Omega-Navigationsgeräte von Global Navigation Inc. (jetzt Global Systems) und reine Omega-Navigationsgeräte von Bendix, Canadian Marconi, Garrett Ai Research, Honeywell, Litton, Rockwell-Collins Inc. (sämtliche in den USA bzw. Canada) und Badin-Crouzet/Frankreich in Verwendung. Die Geräte werten alle zur Verfügung stehenden Frequenzen aus, wählen automatisch die günstigsten Senderpaare, synchronisieren auf den Sender mit der größten Feldstärke und zeigen direkt die Position nach Länge und Breite an. Selbst wenn der Empfang längere Zeit gestört sein sollte, koppelt die Anlage aufgrund eingespeister Werte für Kurs und Fahrt weiter, so daß bei Wiedereinsetzen des Empfangs keine zu großen Korrekturen notwendig werden bzw. daß in der empfangslosen Zeit wenigstens einigermaßen aktuelle Werte zur Verfügung stehen. Außerdem können Kursablagen von eingegebenen Wegstrecken, die Flugzeit bis zum nächsten Wegpunkt usf. als Zahlenwerte dargestellt werden. Die »Series 3-Ausführung« des GNS-500 A-Gerätes von Global Systems enthält ein achtzeiliges Display, wo z.B. Startort und -zeit, Zielort und -zeit, Distanz, Flugzeit, derzeitige Richtung zum Flugzeug und Großkreiskurs oder die magnetische Mißweisung, auch die derzeit empfangenen Frequenzen mit ihrer Empfangsqualität dargestellt werden können; zusammen mit dem VOR- und dem DME-Gerät ist eine Flächennavigation mit beliebig versetzten virtuellen Bodenstellen möglich, außerdem auch eine Kraftstoffberechnung mit Hilfe eingegebene Parameter. Die Anlage kann auch ihre Daten in andere Systeme einspeisen wie das EFIS (Electronic Flight Instrument Display) z.B. für die HSI-Darstellung am Navigation Display. Global Systems verwendet das VLF/Omega-System als Bestandteil eines Flight Management Systems *GNS 1000*. Dieses besteht also aus Schwert- oder Rahmenantenne, VLF/Omega-Empfangs-Auswerteeinheit und Bedien- und Anzeigegerät CDU des GNS 500 A. Dazu kommen eine Navigations-Datenbank NDB-2 mit auswechselbarem Speicher und Flight Management Computer FMC.

In der Datenbank können bis zu 25 000 Navigationsdaten des Jeppesen-Handbuchs für Flughäfen, Navigationsfunkfeuer etc. gespeichert werden. Der Flight Management Computer empfängt alle Daten der Sensoren (neben VLF/Omega z.B. Trägheitsplattform, VOR/DME, LORAN-C-Empfänger usf.), kombiniert und bewertet sie und ermittelt jeweils die bestmöglichen Positionsdaten. Ferner sorgt er für einen automatischen Frequenzwechsel der beteiligten Funkgeräte, er berechnet den Kraftstoffverbrauch für verschiedene Wege und anderes mehr.

Prinzip der ersten »Entfernungsmeßanlagen« von DVL/Telefunken 1937/38: Die vom Bordsender abgestrahlten Impulse wurden von der Bodenstelle empfangen und auf einer anderen Frequenz zurückgesandt (Transponderbetrieb), dann an Bord empfangen und mit dem Sendeimpuls auf einer Sichtröhre verglichen, wobei die Laufzeit der Entfernung Bord-Boden-Bord entsprach.

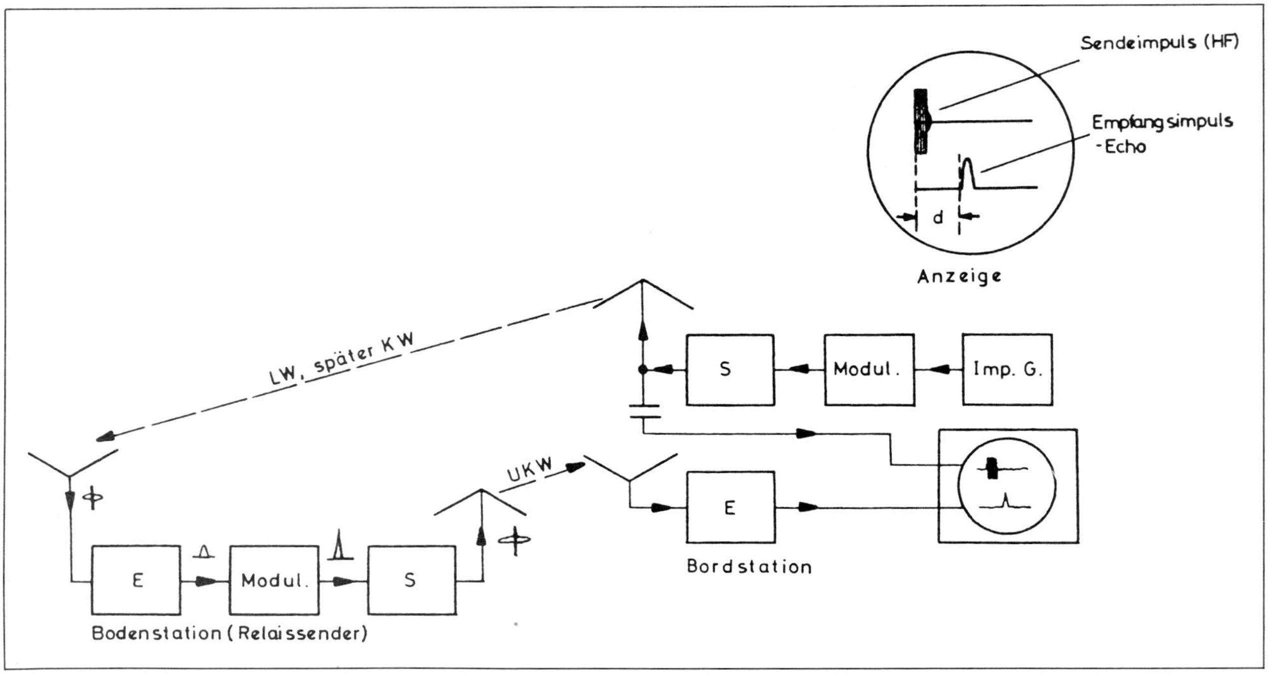

Entfernungsmeß-Verfahren

Versuchsgeräte

Bereits im Jahre 1914 entwickelte M. Dieckmann ein sogenanntes »*Abstandsschätzgerät*«. Es arbeitete nach dem Energievergleichsverfahren, d.h. es wurde die Empfangsenergie des Bodensenders mit der Ausgangsleistung eines im Empfangsgerät eingebauten Hilfsoszillators (durch Parallelschaltung eines einstellbaren Widerstandes) verglichen. Man mußte allerdings die Leistung des Bodensenders grob wissen, um aus der Empfangsenergie auf den Senderabstand schließen zu können. (Der deutsche kleine Kreuzer »Emden«, der ein ähnliches Gerät benutzte, schätzte den Abstand zum australischen schweren Kreuzer »Sidney« zu groß, als dieser mit verminderter Leistung sendete. Dies führte am 9. November 1914 zur Versenkung der »Emden« in ostindischen Gewässern.)
Die Entwicklung von Geräten, die eine Messung der Distanz zu bestimmten Bodenstellen erlauben, geht in Deutschland auf die Jahre vor dem Zweiten Weltkrieg zurück. Diese Entfernungs-(E-)Meßgeräte (heute DME = Distance Measurung Equipment genannt) sind Abkömmlinge der Ionosphärenmeßgeräte, welche aus der Laufzeit von Impulsen zu reflektierenden Schichten und zurück (= direkte Reflexion) die Höhe dieser Schichten über dem Erdboden bestimmten. Funkmeß-(bzw. Radar-)Geräte verwenden ebenfalls dieses Prinzip der Entfernungsmessung, allerdings zusammen mit einer Peilung mit Hilfe von Richtantennen. Reine Entfernungsmeßgeräte hingegen verwenden anstelle der direkten eine »indirekte Reflexion« mit Hilfe von Rückstrahlverstärkern, d.h. Relaisstationen, die die Impulse des E-Meßgerätes empfangen und auf der gleichen oder besser auf einer anderen Frequenz wieder zurücksenden. Sowohl der E-Meß- bzw. Abfrage-Sendeempfänger (Interrogator), als auch die Relaisstation = Impulswiederholer (Transponder) verwenden Rundstrahlantennen.

Die DVL *(Gloeckner, Messerschmidt)* führte in den Jahren 1937/38 bei den damals eingeführten regelmäßigen Atlantikflügen Versuche für eine KW-Fernnavigation mit Hilfe eines *Abstandsmeßverfahrens* durch. An Bord wurden von einem auf Impulsbetrieb umgebauten FuG III bei Bedarf kurze Impulse ausgesendet, deren Breite zwischen 30 und 300 Mikrosekunden (μs) lag. Die Relaisstellen waren u.a. auf dem Flugsicherungsschiff »Friesenland« installiert. Sie empfingen die abgestrahlten Impulse und sendeten sie als »Echos« auf einer anderen Frequenz wieder zum abfragenden Flugzeug zurück. Dieses nahm sie mit einem Großstationsempfänger Spez. 1236 Gr (Telefunken) auf und leitete sie an die vertikale Ablenkung einer Braunschen Röhre, deren Horizontalablenkung durch die Senderimpulse ausgelöst wurde. Die Zeitachse (Horizontalablenkung) dieser Anzeige (»Elektronenuhr«) konnte direkt mit einer Entfernungsskala, geeicht in km, versehen werden, da sowohl die Ablenkgeschwindigkeit der Anzeige, als auch die Geschwindigkeit der elektromagnetischen Wellen bekannt war. Die erste Auslenkung bei der 0 km-Marke war der Sendeimpuls (bzw. »Nullzacken«), die zweite, weiter rechts stehende war der zurückgesendete Impuls (= »Echo«), der den Weg zweimal durchlaufen hatte (hin und zurück). Dies war bei der Entfernungsskala ebenso berücksichtigt wie eine kleine (gleichbleibende) Verzögerung innerhalb der Geräte. Für die Abfrage (Bord–Boden) wurden Frequenzen im LW- und KW-Bereich, für die Antwort (Boden–Bord) Frequenzen im KW- und im UKW-Bereich (35 MHz) erprobt. Die LW- und KW-Verbindungswege erzielten mit Raumwellenausbreitung große Reichweiten, aber nur geringe Genauigkeiten (± 5 Prozent der Entfernung), für UKW galt genau das Umgekehrte. Parallel dazu sollen damals auch von der Firma Telefunken unter dem Decknamen »*Landshut*« ähnliche Versuche unternommen worden sein für Zwecke der Landesvermessung.
Das FFO *(Richter/Nefzger)* führte im Frühjahr 1939 die Versuche weiter. Durch geringe Abänderung zweier Vormuster für den elektrischen Impulshöhenmesser FuG 102 (s. S. 163) schufen die Bearbeiter ein *UKW-Abstandsmeßgerät* für Flugzeuge und einen zugehörigen Impulswiederholer (Transponder) am Boden. Die Abfrage (Bord–Boden) erfolgte auf 44 MHz, die Rücksendung (Boden–Bord) auf 40 MHz. Die Sendeleistung betrug 200 W (Impuls). Die erreichte Genauigkeit lag bei ± 200 m, die Reichweite betrug bei 3000 m Flughöhe ca. 80 km. Zu jener Zeit hatte man bereits erkannt, daß Senderöhren beim Impulsbetrieb (wo ja die Tastpausen mehr als das Tausendfache der Impulsdauer betragen) ohne thermische Überlastung mit mehr als dem Zwanzigfachen des im Dauerstrichbetrieb zulässigen Anodenstroms und mit wesentlich erhöhter Anodenspannung betrieben werden können, wenn die Kathodenoberfläche entsprechend ausgebildet wird und die benötigte Spannungsfestigkeit gewährleistet ist. Obwohl bereits stärkere Impulssender verfügbar wurden, mußten die Arbeiten auch an diesem Vorhaben kurz nach Kriegsausbruch laut Anweisung des RLM eingestellt werden.

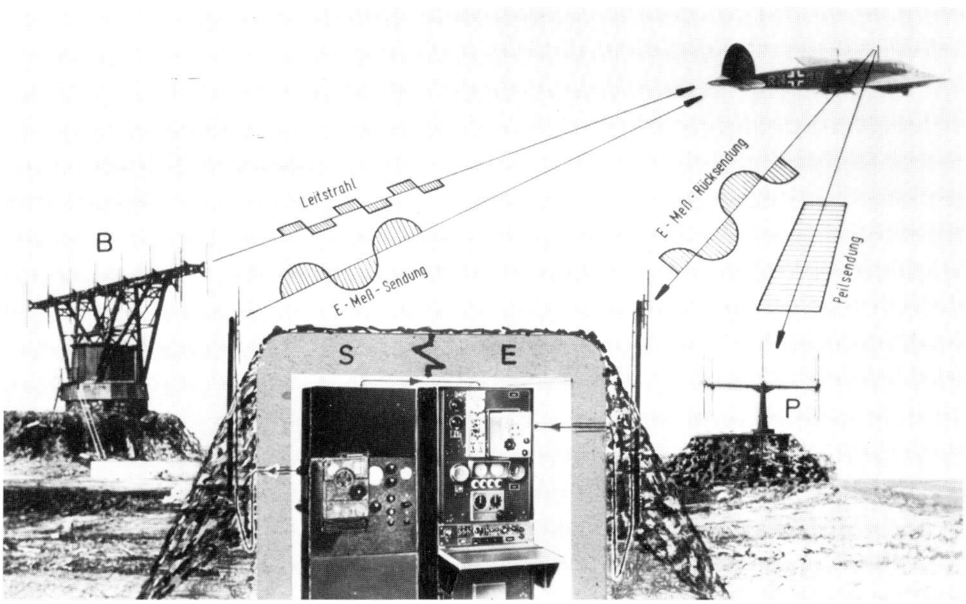

Darstellung des »Y-Verfahrens (Kampf)«: Unten = Y-Anlage »Wotan II« mit Zweistrahlbake (B), E-Meßsender (S), Kommandozentrale mit E-Meßempfangsgestell (E) und Kontrollpeiler (P). Oben Pfadfinderflugzeug mit Y-Gerät (FuG 28a und FuG 17E).

Dauerstrich-Entfernungsmeß-Verfahren

Y-E-Meßanlagen

Das Y-Verfahren benutzte anstelle der Laufzeit-(= Phasen-)Messung von Impulsen die Messung der Phasendifferenz zwischen einer vom Boden abgestrahlten Tonmodulation (A 2) und der vom Flugzeug empfangenen und auf einer anderen Frequenz wieder zurückgesendeten Modulation. Das an Bord als Relaissendegerät eingesetzte UKW-Sprechgerät FuG 17 der Firma Lorenz *(Dr. Kloepfer)* war vorher bei der E.-Stelle Rechlin *(Hofner, Dr. Schmittmann)* zum UKW-Relaissendegerät *FuG 17 E* umgebaut worden. Der Empfängerausgang wurde über ein Filter, das nur die Entfernungsmeßfrequenzen durchließ, mit dem Modulatoreingang des Senders verbunden, desgleichen bekamen Sender und Empfänger getrennte Antennen und wurden auf unterschiedlichen Frequenzen betrieben, da ja sonst eine Selbsterregung des Gerätes bzw. ein »Zustopfen« des Empfängers auftreten würde. Es konnten so die von der Bodenstelle abgestrahlten E-Meßsignale gleichzeitig zum Empfang direkt wieder zurückgesendet werden; außerdem war nun anstelle des üblichen Wechselverkehrs ein Gegensprechverkehr möglich, der hier (um das Verfahren nicht unnötig zu verraten) möglichst eingeschränkt wurde.

Es gab versuchsweise sogar ein »Y-Relais«- bzw. »Rückortungs«-Verfahren, wobei zur Reichweitenvergrößerung über die optische Sicht hinaus z.B. auf der Strecke Stavanger–Orkney Inseln zwei (mit einem zweiten FuG 17 E ausgerüstete) hochfliegende Flugzeuge als Relaisstationen zur Übermittlung der E-Meßsignale eines Pfadfinders über zwei Wege dienten.

Durch die Verlagerung der Meßtätigkeit an Bord beim X-Verfahren zur Messung am Boden konnte ein höherer Aufwand getrieben und somit auch die Genauigkeit erhöht werden. Am weitesten verbreitet war die »Y-E-Messung/mechanisch«, entwickelt von der E.-Stelle Rechlin *(Dr. Schmittmann)* und der Firma Siemens *(Dr. Jenß)*. Bei

»Y-Relaisverfahren« für extreme Reichweiten: Zwei Relaisflugzeuge fliegen an den Endpunkten der zwei Leitstrahlen einer Y-Bake auf und ab, ihre Entfernungen zur Bodenstelle ist d1 bzw. d2. Der geführte Pfadfinder wird in seiner Entfernung abwechselnd über die Relaisflugzeuge gemessen mit den Entfernungswerten d3 bzw. d4. Die drei Flugzeugstandorte sind so leicht zu berechnen, desgl. benötigte Korrekturen.

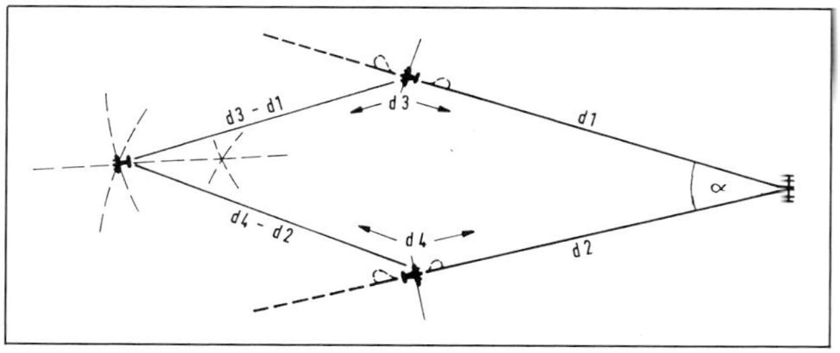

Blockschema der »Y-E-Messung/elektrisch«: Die Modulationsfrequenz des Senders wird auch zur Kreisablenkung der Anzeige verwendet, wobei ein Umlauf 50 km Entfernung entspricht. Aus der mit Verzögerung vom Flugzeug zurückgesendeten Modulationsphase wird ein Impuls zur Helltastung der Anzeige gebildet. Vielfache von 50 km werden durch Springen der Anzeige bei Erhöhung der Modulationsfrequenz um 10% erkannt. Rechts ein Peiler »Heinrich« für die Messung der Richtung zum Flugzeug.

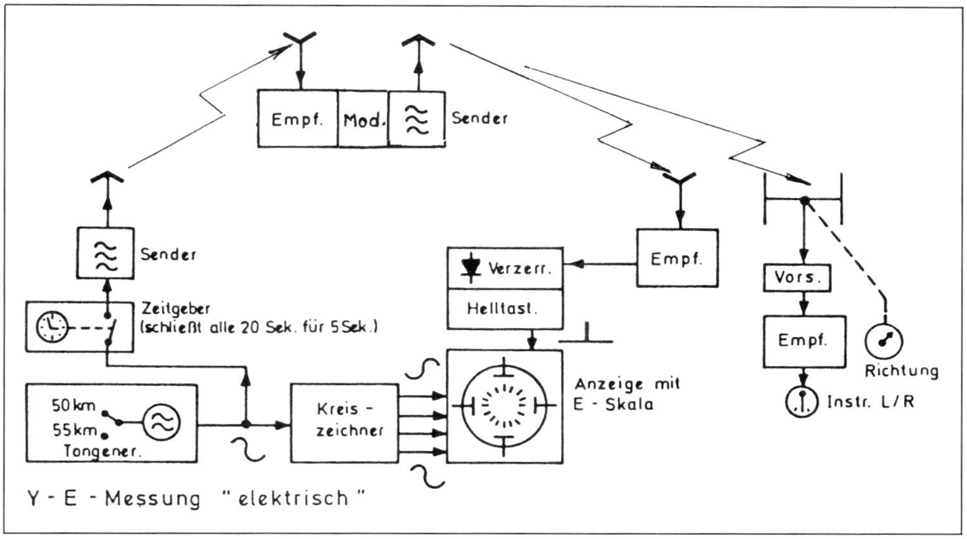

diesem Verfahren wurden bei Bedarf abwechselnd zwei Tonfrequenzen gesendet (300 Hz entsprechend 500 km Meßbereich = Grobmessung und 3000 Hz entsprechend n · 50 km = Feinmessung, mehrdeutig). Über einen an die Sendeantenne gekoppelten Gleichrichter wurden die beiden Meßfrequenzen über getrennte Filter und verstellbare Phasenschieber an zwei kleine Braunsche Röhren geleitet, denen gleichzeitig die vom Empfänger aufgenommenen Tonfrequenzen über Trennfilter zugeleitet wurden. Die Phasenschieber wurden bei der Messung nun so verdreht, bis sich auf den Anzeigeröhren schräge Striche (d.h. Phasendifferenz = Null) ergaben. Die Entfernung war nach dem Nullabgleich an den Phasenschiebern direkt ablesbar. Links von diesem (mit 80 Stück bei der Firma Siemens gefertigten) E-Meßgestell D 2002 war ein weiterer Rahmen mit fünf Einschüben angebracht, die als »elektrisches Notizbuch« zur Festhaltung der zuletzt gemessenen Entfernung für fünf gleichzeitig geführte Flugzeuge diente.

Aus einem Zusatz entstand Ende 1942 ein Verfahren »Y-E-Messung/elektrisch«, entwickelt von der E.-Stelle Rechlin *(Dr. Becker)* und gefertigt bei der Firma Graetz. Es arbeitete mit einem Modulationston von 3000 Hz, entsprechend einem Meßbereich von 0–50 km. Bei einer Anzeige von z.B. »20 km« konnten dies aber ebensogut 70 oder 120 km sein. Durch Umschaltung auf eine um 10 Prozent höher liegende Meßfrequenz sprang die Anzeige von 20 km auf z.B. 32 km, wobei die Differenz jeweils 10 Prozent der tatsächlichen Entfernung entsprach. Die wahre Entfernung war also 10 · 12 km = 120 km. Eine spätere Ausführung arbeitete mit den Frequenzen 5000 Hz und 500 Hz entsprechend den Meßbereichen 30 km (fein) und 300 km (grob).

Y-Verfahren/Kampf

Nach der Besprechung der Y-Boden- und -Bordanlagen muß auf die verschiedenen Y-Verfahren eingegangen werden: Jedes beteiligte Flugzeug flog mit Koppelnavigation (s. weiter unten) einen vorgegebenen Wegpunkt an. Dabei wurde von Zeit zu Zeit die Entfernung des Flugzeuges von der neben dem Y-Leitstrahlsender gelegenen »Y-Linie« (E-Meßanlage) gemessen und seine Annäherung an den Wegpunkt durch Peilung der E-Meßrücksendung mit einem ebenfalls in Rechlin *(Dr. Netheler)* entwickelten UKW-Adcockpeiler »Heinrich« kontrolliert. Dies geschah gelegentlich auch durch rechtwinklig zum Marschweg von anderen Stationen aus durchgeführten E-Messungen. Erst dann, wenn das erste Flugzeug den Wegpunkt erreichte, wurde der durch den Wegpunkt gehende Leitstrahl eingeschaltet. Das Flugzeug schwenkte mit dem FuG 28a auf den Leitstrahl ein, erflog den vom Wind abhängigen Luv-(Vorhalte-)Winkel und schaltete die Leitstrahlsignale auf den Kursregler auf. Die früher beim X-Verfahren vorgesehenen Querstrahlen B und C waren ersetzt durch E-Messungen vom Boden aus an bestimmten Punkten auf dem Leitstrahl, wobei nun die X-Uhr am Boden am E-Meßgestell angebracht war und dort betätigt wurde. Vor Erreichen des Abwurfpunktes gab die Uhr über den Bodensender eine Morsesignalfolge »vb« (... - - - ...), bei deren letztem Punkt die Bomben ausgelöst wurde.
Das Y-Verfahren/Kampf wurde noch mehrmals abgewandelt. Bei der sog. »Y-Boden-Störbefreiung« wurden nur noch extrem kurze E-Meßsignale von 0,1 Sekunden Dauer verwendet, die zur Auswertung am Boden nach Empfang durch ein Gerät EK mit Speicherschaltung (Anstoßen eines Quarzes) auf einige Sekunden verlängert wurde.

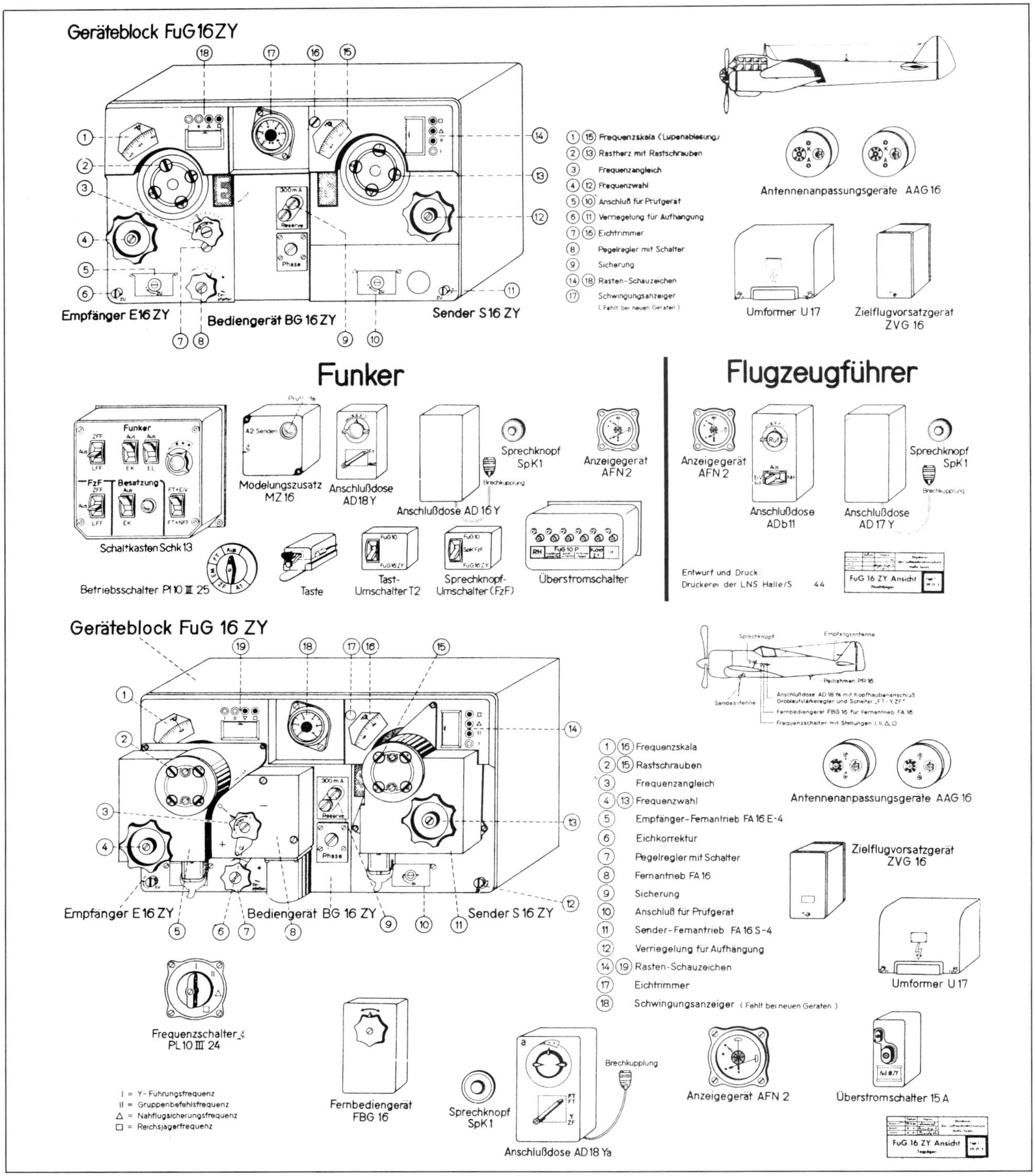

Oben: Einbau des »FuG 16 ZY« in Nachtjäger. Unten: Einbau in Tagjäger.

Y-Verfahren/Jagd

Im Oktober 1941 fragte die Fliegertruppe (Gen. Lt. Kammhuber) bei der E-Stelle (Staatsrat *Dr. Plendl*) an, ob nicht unter Benützung des in Einführung befindlichen UKW-Sprech- und Zielfluggerätes FuG 16 Z ein »Y-Verfahren/Jagd« wenigstens für Tagjäger darstellbar sei. Dieser Vorschlag wurde von der E.-Stelle *(Hofner, Dr. Schaeder)* sofort in die Tat umgesetzt und zwar (parallel zu dem bereits geschilderten) Lenkverfahren »Uhu« als Verfahren mit Entfernungsmessung und Peilung (das man heute als »Dauerstrich-Sekundärradarverfahren« definieren würde). Beim Umbau des FuG 16 stellten sich gegenüber dem Schwestergerät FuG 17 doch eine Reihe von Schwierigkeiten heraus; z.B. feldstärkenabhängige E-Meßfehler und Unverträglichkeit mit dem Zielflug. Auf Truppenversuche mit dem so entstandenen *FuG 16 ZE* in Jever (II./J.G. 2) im Februar 1942 erfolgte ein Vergleich mit dem »Erstling«-Verfahren (s. S. 198) und dem »Peilruf-Verfahren«, bei dem der Jägerstandort durch Triangulation (Peilung mit drei Bodenpeilern) der Peilzeichen des Führerflugzeugs ermittelt wurde. Eine Entscheidung erfolgte zugunsten des Y-Jagd-Verfahrens. Seine Weiterentwicklung brachte schon bald von der Firma Lorenz *(Dr. Kloepfer)* eine wieder zielflugfähige Version des Bordgerätes, das *FuG 16 ZY*. In Tagjägern (einsitzig), wurde dieses Gerät mit 4-Rasten-Frequenzfernwahl alleine verwendet, wobei die T-Antenne zwischen Leitwerk und Führersitzverkleidung zum Empfang und eine Stabantenne (»Schwert«-Antenne) unter dem Flügel für die Sendung diente. Später wurde das FuG 16 ZY auch in Nachtjäger eingebaut und dort mit dem FuG 10 P zusammengeschaltet. Außerdem wurde es mit einem Modelungszusatz für Tastverkehr Telegrafie tönend (A 2) ausgerüstet, der bei Störungen oder an der Grenze der Reichweite besser durchdrang.

Eine Y-Bodenstelle »Wotan III« für die Tagjagd setzte sich zusammen aus mindestens einer »Y-Linie« (E-Meßgestell von Siemens oder Graetz mit Sender und Empfänger) und mindestens einem UKW-Adcockpeiler »Heinrich« oder »Tornado«. Die Verbandsführung erfolgte durch gleichzeitige E-Messung und Peilung des Führerflugzeuges durch von der Bodenstelle regelmäßig ausgestrahlte E-Meßtöne von drei Sekunden Dauer. Der Sprechverkehr wurde dadurch nicht behindert, da die E-Meßtöne ausgefiltert wurden. Die Positionsdaten der Jäger wurden an den Auswertetisch der Funkmeßstellung geleitet. Der Sprechverkehr innerhalb des Tagjagdverbandes wurde wegen der E-Messung auf zwei verschiedenen Frequenzen im Gegensprechverkehr abgewickelt. Jedes Flugzeug war umschaltbar, um die Rolle des Führerflugzeugs zu übernehmen. Die Bodenstelle konnte alle Flugzeuge direkt ansprechen, hörte deren Bord-zu Bord-Verkehr aber nur über das Meßflugzeug (= Rottenflieger des Verbandsführers/nach Altrogge).
Für die Nachtjagd war noch das sog. »Seeburg-Lichtenstein«-Verfahren in Verwendung. In der Funkmeßstellung befanden sich zwei »Freya«-Funkmeßgeräte (davon mindestens eines mit Feinpeilung) als Weitwinkelsuchgeräte zur Einweisung der zwei »Würzburg-Riese«-Geräte, die den Gegner nach Seite und auch Höhe verfolgen konnten. Dazu gehörte noch der sogenannte »Seeburg«-Tisch, auf dem Gegner und Jäger gleichzeitig durch Leuchtpunkte auf einer Karte dargestellt wurden, und von dem aus der Jägerleitoffizier (Ilo) seine Anweisungen per Sprechfunkt zu den Jägern durchgab. Hatten diese mit ihrem »Lichtenstein«-Nachtjagdgerät den Gegner erfaßt, so wurden sie aus der Führung entlassen.

Ab Anfang 1943 wurde das genannte Verfahren mit dem Y-Verfahren kombiniert und so auch »nachtjagdfähig« gemacht. Um wenigstens zwei Nachtjäger gleichzeitig führen zu können, wurden die Funkmeßstellungen durch je zwei »Y-Linien« (E-Meßgestelle mit Sendern) und zwei Y-Peiler »Heinrich« ergänzt, so daß sich sogenannte »Himmelbett«-Stellungen ergaben. Je nach Anzahl der Y-Linien konnten zwei (oder auch mehr) Nachtjäger gleichzeitig vom Warteraum abgerufen und an den Feind geführt werden. So erfolgreich das Y-Jägerführungsverfahren war, so ist doch zu bedenken, daß pro Nachtjäger 140 Mann Bodenpersonal zur Führung benötigt wurden.

Impuls-Entfernungsmeß-Verfahren vor 1945

»Baldur«-Anlage

Im Jahre 1943 gab das RLM einen Auftrag für ein Eigenortungs-E-Meßverfahren, das mit Impulsen arbeitete und bei der Firma Telefunken *(Kruse)* unter dem Decknamen *»Baldur« FuG 126* bearbeitet wurde. Sein Vormuster war bereits (dem damaligen Sprachgebrauch entsprechend) als UKW-Flächennavigationsgerät ausgelegt, das durch gleichzeitige E-Messung zu drei Bodenstellen laufend den Standort (aus dem Kreuzungspunkt der drei Kreisstandlinien um die Bodenstellen) angibt. Es bestand aus einem Sender und drei Empfängern des Nachtjagdgerätes FuG 220 »Lichtenstein SN 2«, einer dreistufigen Phasenschieberanordnung (grob/mittel/fein), einem Sichtgerät und zwei Umformern. Die zugehörigen Impulswiederholer *»Baldur« FuSAn 729* entstanden ebenfalls aus Bauteilen des FuG 220. Die vom Bordsender über eine Rundstrahlantenne auf 66 MHz abgestrahlten Impulse wurden von den Bodenempfängern aufgenommen, verstärkt und zur Identifizierung auf unterschiedlichen Frequenzen (z.B. 60/73/78 MHz) zurückgestrahlt. Die Ausgänge der drei Bordempfänger wurden

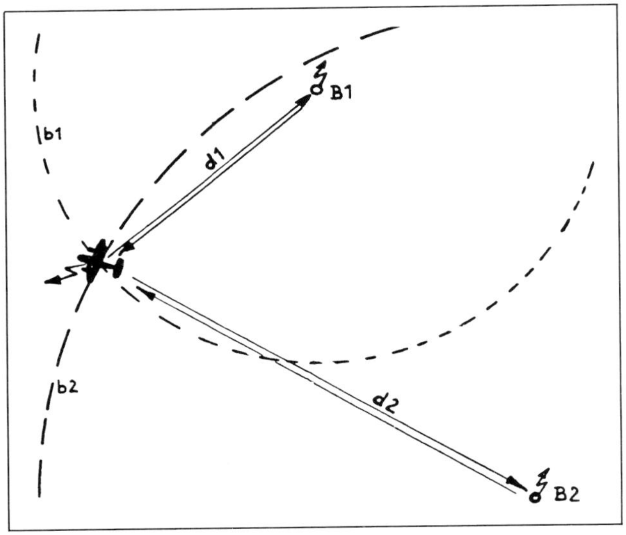

»Baldur«-E-Meßverfahren: Die Standlinien mit konstantem Abstand um die Bodenstellen A bzw. B sind jeweils Kreise.

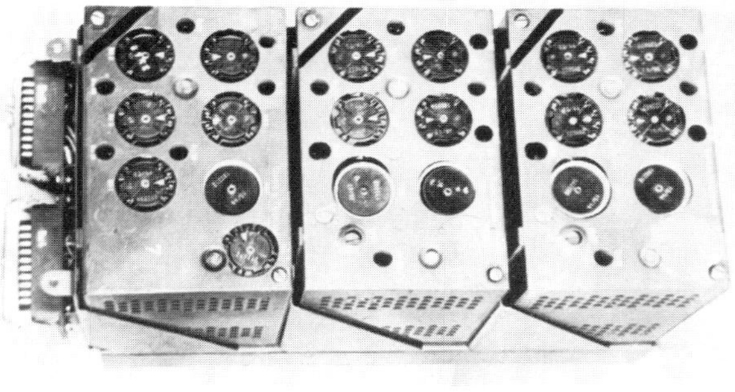

▶ Einige Bausteine des E-Meß-Navigationsgerätes »Baldur« FuG 126: oben das Sichtgerät, darunter der Phasenschieber, unten das Tastgerät.

Blockschema des »FuG 126« mit zwei Bodenstellen (Transpondern). TG = Tastgerät, PS = Phasenschieber, E = Empfänger, S = Sender.

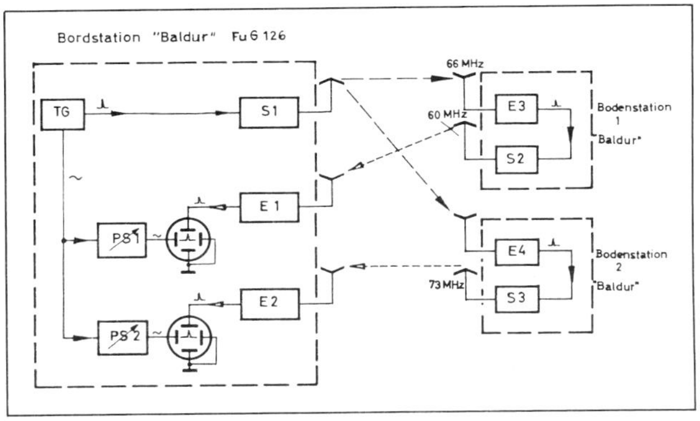

nacheinander an den Bildschirm zur senkrechten Auslenkung der Zeitlinie gegeben. Mit dem Phasenschieber wurde nun das Echo jeweils auf eine Marke in Bildschirmmitte verschoben und dann am Phasenschieber die Entfernung der gerade empfangenen Bodenstelle abgelesen. Aus drei solchen Messungen ergab sich der Standort. Die bei der Erprobung erzielte Genauigkeit wurde mit ± 50...100 m in 400 km Entfernung von den Bodenstellen geschätzt. Die Serienausführung bekam dann nur noch zwei Empfänger, dafür aber ein Sichtgerät mit zwei Anzeigeröhren und zwei Phasenschiebern. Damit konnte man nun z.B. für den Blindbombenwurf ohne Umschaltung auf einer Standlinie um den Sender A entlangfliegen und gleichzeitig das Einwandern der zweiten Standlinie auf den voreingestellten

Wert beobachten. Kraftstoffmangel verhinderte bereits im Sommer 1944 eine Flugerprobung. Etwa Oktober 1944 mußten dann die Arbeiten zugunsten des »Jägernotprogramms« eingestellt werden.
Das »Baldur«-Verfahren entstand vermutlich unabhängig vom ähnlichen britischen System »GH«, bei uns »Diskus« genannt, das ab Frühjahr 1944 in improvisierter Form für Blindbombenwurf und nächtliche photographische Punktaufklärung eingesetzt wurde. Wesentlich ausgefeilter waren die unter der Bezeichnung »Micro-H« laufenden Geräte AN/APS-15 und AN/APQ-13, die einerseits als Bodenbetrachtungsgeräte (Navigationsradars) »Reflexionskarten« des überflogenen Geländes zeichnen, als auch eine laufende Entfernungsmessung zu zwei Bodentranspondern auf 3 cm Wellenlänge vornehmen konnten.

Entfernungsmeß-Verfahren nach 1945

Impuls-E-Meßanlage DME

Unter verschiedenen Lösungen für Entfernungsmeßgeräte wurde im Jahre 1959 von der ICAO das sogenannte »DME« (Distance Measurement Equipment) standardisiert. Dazu gehört an Bord ein DME-Gerät (= Abfragegerät = Interrogator) bestehend aus Abfragesender, Antwortempfänger, Auswertegerät und Anzeigegerät, während die Bodenstation (= Antwortgerät = Transponder) aus Abfrageempfänger, Antwortsender und einem Verzögerungsglied (50 µs) besteht. Prinzipiell werden Doppelimpulse (mit 12 oder 30 oder 36 µs Abstand) verwendet, wodurch eine hohe Sicherheit gegen Einzelimpulse (z.B. von Radargeräten) erreicht wird. Zu Beginn der E-Messung arbeitet das Abfragegerät im Zustand »Suchen«, die Impulsfolgefrequenz liegt bei 300 oder 150 Hz. Sobald die erste Entfernungsmessung (Bord–Boden–Bord) beendet ist, geht das Bordgerät zur Betriebsart »Nachlauf« über mit 30 Hz Impulsfolge. Das Bodengerät kann so ohne Überlastung bis zu 100 abfragende Flugzeuge bedienen; sollte diese Zahl überschritten werden, so vermindert sich automatisch die Empfindlichkeit des Bodenempfängers so, daß nur noch 100 mit großer Feldstärke einfallende Abfragen beantwortet werden. Alle 37 Sekunden sendet die Bodenstation für drei Sekunden ihre Kennung aus. Diese besteht aus einer Impulsfolge von 1350 Hz, die durch drei Buchstaben im Morsecode getastet ist. Das DME-System arbeitet im Frequenzbereich 960–1215 MHz. Die Abfrage- und Antwortfrequenzen sind paarweise zugeordnet mit einem Abstand von je 1 MHz, wobei ein sog. »X-Raster« und ein »Y-Raster« mit je 126 Kanälen von der ICAO festgelegt wurde.

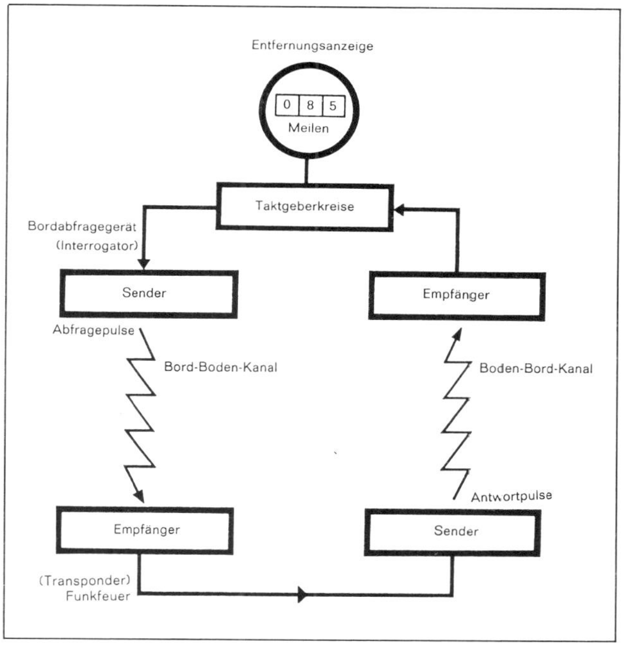

Prinzip des »DME«-Verfahrens: Oben das Bordgerät mit Taktgeber, Sender, Empfänger und Anzeige. Unten die Bodenstelle (Transponder) mit Empfänger und Antwortsender.

Collins »DME-451«-Bediengerät mit Betriebsarten- und Anzeigenwahlschalter und Anzeigefeldern. Anzeige: NAV-System 1, Entfernung 85,8 NM und bisherige Flugzeit 39 Minuten 23 Sekunden.

Bei ersterem werden die Abfragen (Doppelimpulse mit 12 µs Abstand) in den Bereichen 1025–1150 MHz außerhalb davon, d.h. in den Teilbereichen 962–1024 bzw. 1151–1213 MHz beantwortet, beim Y-Raster (mit 30 bzw. 36 µs Abstand) jedoch im gleichen Bereich wie die Abfrage. Bei beiden Rastern beträgt der Unterschied zwischen Abfrage- und Antwortfrequenz jeweils 63 MHz. Die Reichweite ist abhängig von Flughöhe und Senderleistung der Bodenstation, d.h. sie liegt bei 350 km Entfernung für 15 km Flughöhe und 15 kW Leistung der Bodenstation. Der Entfernungsmeßfehler liegt bei ± 450 m oder ± 0,25 Prozent der gemessenen (Schräg-)Entfernung.
Rein technisch gesehen ist das DME-Gerät eine zivile Version des militärischen TACAN-Gerätes (s. S. 153–156), bei dem die für die Richtungsanzeige dienenden Teile entfernt wurden.

DME-Bordgeräte

Da bisher kein deutscher Hersteller für DME-Bordgeräte bekannt ist, soll hier die weitverbreitete neueste Version »*DME-451*« der Firma Rockwell-Collins/USA besprochen werden. Während frühere Muster nur die Entfernung zur Bodenstelle anzeigen konnten, kamen bald einfache Rechenoperationen dazu, wie die Ermittlung der Geschwindigkeit über Grund (Ground Speed) aus der Entfernungsänderungsgeschwindigkeit oder die Berechnung der Restflugzeit zur Station. Das im Instrumentenformat (3 Zoll/ATI) ausgelegte Bediengerät weist oben eine Leuchtanzeige mit Glühfäden (Incandescent Display) auf, die stets die (Schräg-)Entfernung zur Station in NM angibt. Die zweite Zeile ist in ihrem linken Teil dem darunter befindlichen Betriebsschalter für die Frequenzwahl durch andere Geräte, im rechten Teil dem ebenfalls darunter befindlichen Anzeigewahlschalter zugeordnet. Dieser gestattet die Berechnung bzw. Anzeige folgender Daten:

ET = Stoppuhr (Elapsed Time Indicator), betätigt durch Druckknopf
TTS = Noch zu fliegende Zeit (Time to Station)
GS = Geschwindigkeit über Grund (Ground Speed)
GMT = Welt-Zeit = Zulu-Zeit (Greenwich Mean Time)
ETA = berechnete Ankunftszeit (Estimated Time of Arrival).

Zu dem Bediengerät gehört noch der Sende-Empfänger und eine kleine Antenne, das Gesamtsystem wiegt nur 2,9 kg. Der Entfernungsmeßbereich beträgt 200 sm, die Meßgenauigkeit ± 0,1 sm bzw. ± 1 Prozent, die Empfängerempfindlichkeit beträgt –80 dBm.

CW-E-Meß-Versuchsanlagen

Interessant ist, daß auch das Y-Entfernungsmeßverfahren nach dem Kriege wieder mehrfach aufgegriffen wurde, und zwar sowohl in den USA als auch in Deutschland, so z.B. in einer vom DVL-Institut für Flugfunk und Mikrowellen *(Dr. G. Ulbricht, Th. Feger)* durchgeführten Auftragsarbeit über »Kenndatenübertragung und Entfernungsmessung bei Flugzeugen«. Diese zur Entlastung und teilweisen Automatisierung des VHF-Flugsicherungsverkehrs gedachten Arbeiten scheiterten wohl daran, daß bei der internationalen Luftfahrt neue Verfahren entweder weltweit oder gar nicht eingeführt werden können.

Rho-Theta-Navigations-Verfahren

Erste Vorläufer (Koppelrechner)

Vor 1945 bezeichnete man als »Flächennavigation« alle Navigationsarten, die (auch außerhalb von Leitstrahlen oder Luftstraßen) eine beliebige Wahl des Weges mit laufender Positionsbestimmung zuließen, wie z.B. die Hyperbelnavigation mit gekreuzten Hyperbelfeldern.
Analogrechner für Navigationszwecke waren jedoch bereits Mitte des Krieges als sogenannte »Koppelrechner« (Dead Reckoning Computer) in gegnerischen Bombern eingesetzt. Diese Rechner ermittelten aus eingegebenen Positionsdaten die Geschwindigkeit über Grund, und mit dem vom Kurskreisel gelieferten Kurs, dem gemessenen Driftwinkel und der (höhenkorrigierten) Eigengeschwindigkeit die aktuelle Windrichtung und Windstärke. Bei Ausfall der Funknavigationsgeräte konnte so längere Zeit mit den letzten ermittelten Werten weitergerechnet werden, bis eine neue Korrektur (Updating) der Standortermittlung z.B. nach Sicht möglich war. Diese Koppelrechner waren für deutsche Flugzeuge erheblich zu groß und zu schwer.
Es wurde daher eine nach Kriegsbeginn eingestellte Entwicklung nach einer Ausschreibung des RLM im Jahre 1943 erneut aufgegriffen. Der bei der Firma Siemens/LGW entwickelte »automatische Kurskoppler« bestand aus einem an den Kurskreisel angeschlossenen Kurswähler, einem Geber für die höhenkorrigierte Eigengeschwindigkeit (Geschwindigkeit gegenüber der Luft) und einem kleinen Bediengerät in Instrumentengröße, auf welchem die Temperatur in Flughöhe, die Windgeschwindigkeit und die Windeinfallsrichtung (nach Vorhersage) eingestellt wurden. Dazu kamen noch zwei Anzeigeinstrumente, davon eines für die Querablage (links/rechts) in km vom Sollkurs und das andere für die zurückgelegte Entfernung (Meßbe-

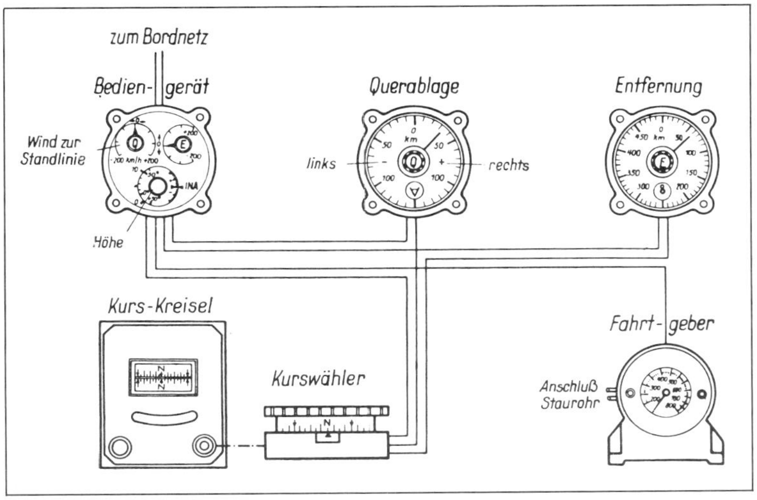

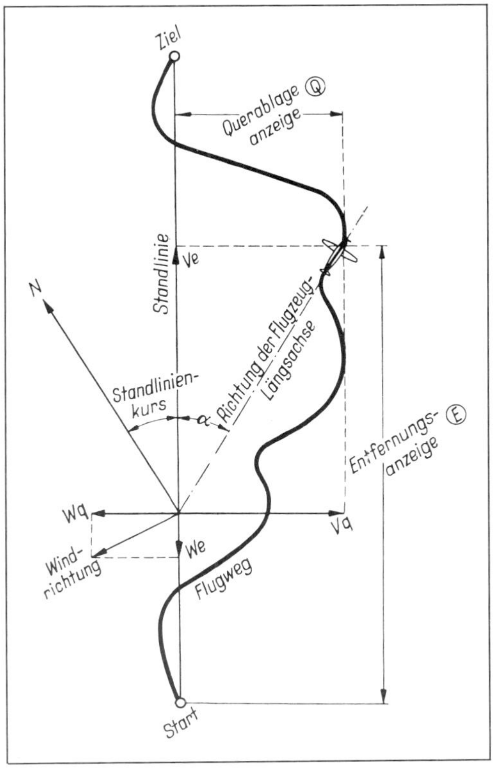

»Siemens-LGW-Kurskoppler«. Oben der Gerätesatz, bestehend aus Bediengerät (zur Einstellung von Höhe und Wind), Kurswähler (zur Standlinienwahl), höhenkompensiertem Fahrtgeber und Anzeigegeräten für Entfernung (längs der Standlinie) und Querablage (zur Standlinie). Rechts das Prinzip des Kurskoppelverfahrens.

reich 0–500 km). Die Anlage arbeitete als elektrischer Zähler, bei dem die Drehzahl von zwei Zählmotoren in Abhängigkeit von den Geschwindigkeitskomponenten in Längs- und Querrichtung (über Reibradgetriebe ?) verändert wurde.

Mit diesem u.a. bei der Sondereinheit K.G. 66 im Westen eingesetzten Gerätesatz konnten bei schwierigen Missionen mit laufenden Kurs- und Geschwindigkeitsänderungen wesentlich höhere Genauigkeiten erzielt werden, als sie mit der üblichen Koppelnavigationsmethode (mit Beobachtung und laufender Berechnung durch ein Besatzungsmitglied) möglich gewesen wäre. Über den in Konkurrenz dazu bei DeTeWe entstandenen Koppelrechner *3040* fehlen nähere Angaben. Zu beiden Rechnern waren übrigens automatische Rollkartengeräte, u.a. auch eine Kleinausführung für einsitzige Jäger, entwickelt worden. Diese Koppelrechner nahmen also selbsttätig die Auswertung der Geschwindigkeit, der Kursanzeige und der Windversetzung bezogen auf eine Standlinie vor. Mit anderen Mitteln gewonnene Korrekturen konnten natürlich jederzeit eingespeist werden.

Die Idee zu einem Flächennavigationsverfahren, das mit Hilfe einer Bodenstelle die Wahl und Einhaltung beliebiger Flugwege nach dem Polarkoordinatensystem, d.h. nach Richtung und Entfernung, zum nächsten Wegpunkt ermöglichen sollte, lag damals nach Einführung der Hyperbelnavigationsverfahren in der Luft. So sollen Ende 1944 noch in Deutschland Untersuchungen angelaufen sein, um aus einer Kombination vorhandener Geräte ein automatisch anzeigendes kombiniertes Richtungs- und Entfernungsmeßgerät, heute »Rho-Theta«-Navigationsgerät genannt, zu schaffen.

VOR-DME-System mit Varianten

Als zivile Variante des mit kombinierter Richtungs- und Entfernungsmessung arbeitenden TACAN-Systems wurde ab 1956 zuerst die Kombination vorhandener VOR-Bodenstationen mit DME-Bodenstationen unter der Bezeichnung »*VOR-DME*« eingeführt. Diese Kombination bedeutet an Bord und am Boden jeweils zwei voneinander unabhängig benutzbare Geräte, bot aber den Vorteil der Nachrüstbarkeit des vorhandenen VOR-Verfahrens. Mit der Einführung der verbesserten Doppler-VOR-Anlagen (DVOR) für geländemäßig ungünstige Aufstellungsorte ergaben sich bei der Kombination mit einer DME-Bodenstelle sogenannte *DVOR-DME*- bzw. »*VORDAC*«-Stationen (*V*HF-*O*mnidirectional *R*ange/*D*istance for *A*rea *C*overage). Um bestimmte Bodenstellen sowohl zivilen, als auch militärischen Flugzeugen benutzbar zu machen, stellte man Kombinationen aus VOR- (bzw. DVOR-) und TACAN-Bodenstationen auf = »*VORTAC*«. Zivile und militärische Flugzeuge verwenden für die Entfernungsmessung den E-Meßteil der TACAN-Bodenstation; für die Richtungsbestimmung benutzen aber die zivilen Flugzeuge die VOR-Station, die militärischen den Drehfunkfeuerteil der TACAN-Bodenstelle. Die Bordausrüstung der zivilen Flugzeuge besteht aus den schon beschriebenen VOR/ILS-Navigationsempfänger und einem DME-Abfragegerät. Da die Zuordnung von VOR-, DME-Abfrage- und DME-Antwortfrequenz genau vorgeschrieben ist, werden mit Einstellung der VOR-Frequenz auch automatisch die zugehörigen zwei DME-Frequenzen über entsprechende Schaltebenen bzw. Register geschaltet. Weltweit sind derzeit etwa 1500 VOR-DME- bzw. VORDAC-Bodenstellen und etwa 30000 Bordanlagen VOR + DME in Benutzung.

Die Gerätekombination VOR + DME erlaubt eine präzise Navigation auf einem VOR-Radial zum Radial der nächsten Bodenstation, wobei als Entfernung jeweils diejenige vom Flugzeug zur eingestellten Bodenstelle gemessen wird. Es läßt sich zwar jeder beliebige Ort innerhalb der Reichweite von VOR-DME- bzw. TACAN-Bodenstellen nach Azimut (Θ) und Entfernung (ϱ) zur Bodenstelle definieren = »Rho-Theta«-Verfahren, aber in der Praxis nur auf der Azimutstandlinie anfliegen, wenn nicht ein »Flächennavigationsrechner« (Area Navigation Computer RNAV) eingebaut ist.

Flächennavigationsrechner (RNAV)

Mit dessen Hilfe läßt sich die Bodenstelle scheinbar auf den gewünschten Wegpunkt versetzen, so daß dann auf den Instrumenten alle Anzeigen wie Entfernung, Richtung, Seitenablage, Restflugzeit usf., ja sogar eine Rollkartendarstellung, auf diesen Punkt bezogen sind. Es können 20 oder mehr Wegpunkte gespeichert werden, so daß auch lange Flugstrecken komplizierter Natur vor dem Flug eingegeben (und bei Bedarf auch während des Fluges geändert) werden können.

Aus der Vielzahl der heute zum VOR/DME-System (in wesentlich geringerer Stückzahl auch zum Doppler- oder zum Wetterradar oder auch zum VLF/Omega-System– angebotenen Flächennavigationsrechnern (Area Navigation Computer) sei hier als Beispiel das rein digital arbeitende System *ANS-31 C* der Firma Rockwell-Collins/USA besprochen. Das Bediengerät ist in einem Instrumentengehäuse (3 ATI) untergebracht. Dazu gehört noch eine Processor-Einheit (B × H × T = 120 mm × 123 mm × 218 mm) und ein kleiner RMI-Converter (D/A-Wandler) zur Ansteuerung von Analoginstrumenten; die gesamte

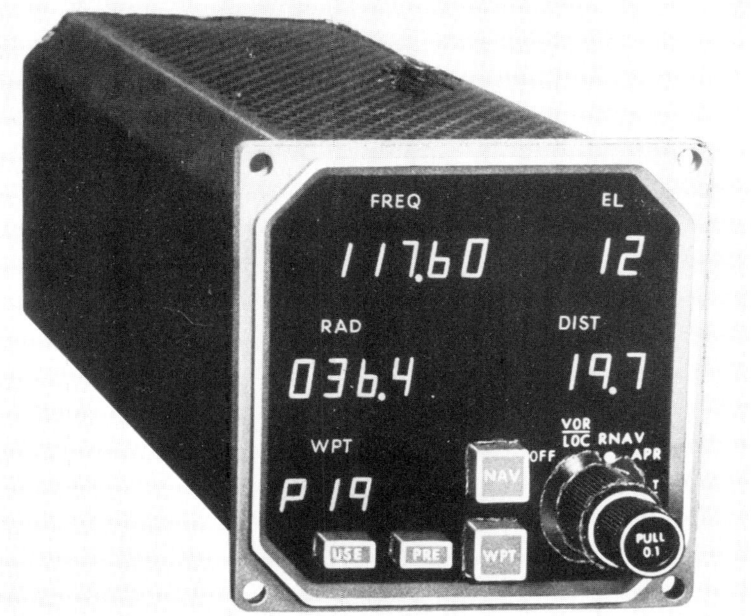

Eingabe und Anzeigeeinheit des Flächennavigationsrechners »ANS 31-C« von Collins. Angezeigt wird hier die Navigation mit Hilfe eines VOR/DME-Senders (= Wegpunkt 19 mit Frequenz 117,60 MHz und Aufstellungshöhe 1200 Fuß über NN: Das Flugzeug befindet sich auf dem Radial 036,4° in einem Abstand von 19,7 NM vom Sender. Alternativ dazu kann die Flugzeit in Minuten, die Geschwindigkeit über Grund in kt usf. angezeigt werden. Die Schrägentfernungswerte des DME werden hier als Kartenentfernungswerte umgerechnet (mit Hilfe der Flughöhe und der Aufstellungshöhe der Station).

Bearing-Distance-Heading-Indicator BDHI (= RMI mit Entfernungsanzeige) für die Navigation mit VOR/DME- bzw. TACAN-Geräten.

Masse beläuft sich auf 3,4 kg. Bei der älteren Bauform des Bediengerätes (Control Display Unit CDU) sind auf der Frontplatte 2 × 2 Ziffernanzeigefelder, vier Betriebsmodetasten und zehn Zifferneingabetasten vorgesehen. Bei der Version ANS-31 C sind die Zifferntasten durch einen Betriebsartenschalter und einen konzentrisch dazu angeordneten Drehknopf für die Ziffernanzeige ersetzt. Letzterer läßt je nach Drehrichtung und Drehgeschwindigkeit die Ziffernfolgen langsam oder schneller durchlaufen, für die Stellen hinter dem Komma ist der Knopf zu ziehen. Die Betriebsarten des Gerätes sind:

»VOR/LOC«: Hier werden der Navigationsempfänger und das DME direkt an die Bordanzeigen bzw. Verbraucher durchgeschaltet. Es können jedoch bei gedrückter Taste »PRE« (Preset) die VOR-Frequenz, die Höhe (Elevation) der VOR/DME-Station und die Wegpunktdaten (Radial und Entfernung zum VOR/DME) eingegeben werden.

»RNAV«: Auch hier können noch Frequenzen und Wegpunkte eingegeben werden. Um gespeicherte Daten aufzurufen, muß die Taste »WPT« (Waypoint) gedrückt werden und der Eingabeknopf solange gedreht werden, bis der gewünschte Wegpunkt auf der Anzeige erscheint. Durch Drücken der Taste »USE« werden die gerade angezeigten Daten aktiviert. Am HSI-Instrument entspricht hier ein Punkt Ablage einer Abweichung (Linear Crosstrack Deviation) von 5 sm unabhängig von der Entfernung zur Station. Nach Drücken der Taste »NAV« werden statt der Frequenz-/Höhen-/Radial- und Entfernungsanzeige nun die tatsächliche Entfernung zum Wegpunkt, die Zeit zum Wegpunkt und die Geschwindigkeit über Grund (unter den Abkürzungen NM/TTW und GS) angezeigt. Wird die »NAV«-Taste weiterhin gedrückt, so kann statt der Geschwindigkeit über Grund die Peilrichtung zum Wegpunkt angezeigt werden.

»APR«: Für den Platzanflug (Approach) wird die Anzeigeempfindlichkeit des HSI um den Faktor 5 erhöht, d.h. ein Punkt auf dem Instrument entspricht nun 1 sm Ablage.

»TEST«: In diesen beiden Stellungen (eine normale und eine federbelastete) wird nach jedem Antippen der Federstellung jeweils die nächste der acht Testzyklen veranlaßt.

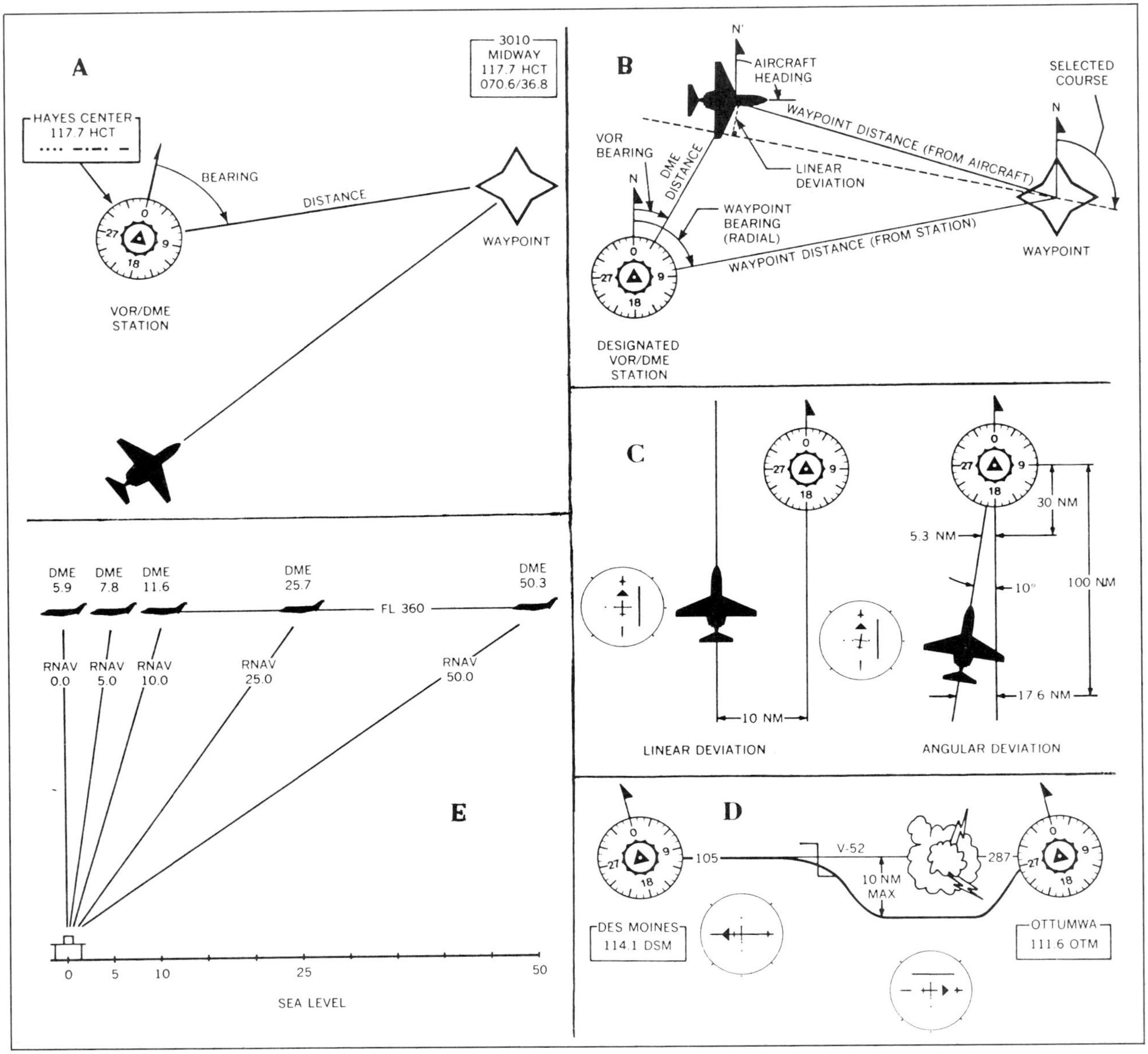

Anwendung des Flächennavigationsrechners ANS-31C: (A) Ein Wegpunkt ist definierbar durch Richtung (70,6°) und Entfernung (36,8 NM) zu einer VOE/DME-Station; (B) zeigt den gewählten Kurs, den Abstand zum Wegpunkt und die Seitenabweichung vom gewählten Kurs; (C) der Rechner erlaubt die Einhaltung eines Paralellkurses = lineare Abweichung (im Gegensatz zur konstanten Winkelabweichung beim Zielflug auf einen Sender); (D) Anwendung der linearen Abweichung zum Umfliegen eines Gewitters; (E) der Unterschied zwischen der mit dem DME-Gerät gemessenen Schrägentfernung und der vom RNAV-Gerät berechneten Kartenentfernung ist beim Stationsüberflug gleich der Flughöhe über Grund.

Im Flächennavigationsrechner ANS-31 können bis zu 20 Wegpunkte samt zugeordneten VOR-/ILS- und DME-Daten gespeichert werden, wobei das Gerät vor Gebrauch ausgeschaltet werden bzw. das Bordnetz ausfallen kann, ohne daß die Daten gelöscht werden. Wenn der NAV- und der DME-Empfänger entsprechend eingerichtet sind, erfolgt ihre Frequenzwahl automatisch bei der Wahl eines Wegpunktes vom ANS-Bediengerät aus. Zur Erhöhung der Navigationsgenauigkeit errechnet der Processor aus der mit dem DME-Gerät ermittelten Schrägentfernung die Kartenentfernung mit Hilfe der Höhenlage (Elevation) und der barometrischen Flughöhe (aus dem Luftdatensystem): Bei Entfernungen unter 25 sm kann nämlich der Fehler recht groß werden, denn über der DME-Station mißt das DME-Bordgerät immer noch die relative Höhe (Flughöhe – Elevation) als »Entfernung«, obwohl hier die Kartenentfernung bereits Null ist.

Die Ausgangsspannung des Flächennavigationsrechners für den Flugregler ist kursstabilisiert durch Verwendung dauernd wiederholter Flugrichtung/Kurs-Rechnungen. Wenn ein VOR- oder DME-Signal ausfällt, schaltet die Anlage nach neun Sekunden auf Koppelnavigation (Dead Reckoning) mit den letzten Werten von Kurs und Geschwindigkeit über Grund um. Eine Windrechnung erfolgt in diesem Rechner nicht, da auch keine Fluggeschwindigkeit (TAS) vom Luftdatenrechner eingespeist wird.

TACAN-System mit Varianten

TACAN

Das um 1954 in den USA eingeführte militärische Polarkoordinaten-Ortungssystem »*TACAN*« (*Tac*tical *A*ir *N*avigation) arbeitet genau wie das bereits vorgestellte DME-Verfahren auf den gleichen Frequenzkanälen. Die von dem Bodensender abgestrahlten Doppelimpulse, die beim DME zusammen mit den Füllimpulsen stets 3000 Doppelimpulse/Sekunde ergeben, sind beim TACAN ergänzt um Bezugsimpulse für die Richtungsmessung. Wie beim VOR wird auch hier das Azimut aus der Phasenwinkeldifferenz einer vom Azimut abhängigen Schwingung und einer Bezugsschwingung ermittelt, wobei neben dieser eindeutigen Grobmessung noch eine (mehrdeutige) Feinmessung mit höheren Frequenzen erfolgt. Die Rundstrahlantenne der DME-Bodenstation ist ersetzt durch eine vertikale Stabantenne, um die mit 15 U/s ein Reflektorstab auf einem Zylinder mit Motorantrieb umläuft und so eine mit 15 Hz umlaufende Kardioide (mit einem Maximum) erzeugt. Ein zweiter rotierender äußerer Zylinder ist mit neun Reflektorstäben besetzt und fiedert die Kardioide auf, so daß sie nun statt einem neun Maxima aufweist. (Neuere Antennen enthalten keine drehenden Teile mehr.)

Im Empfänger erzeugt nun diese mit 15 U/s umlaufende Charakteristik mit der Grundform der Kardioide eine mit 15 Hz modulierte Eingangsspannung, der durch die Auf-

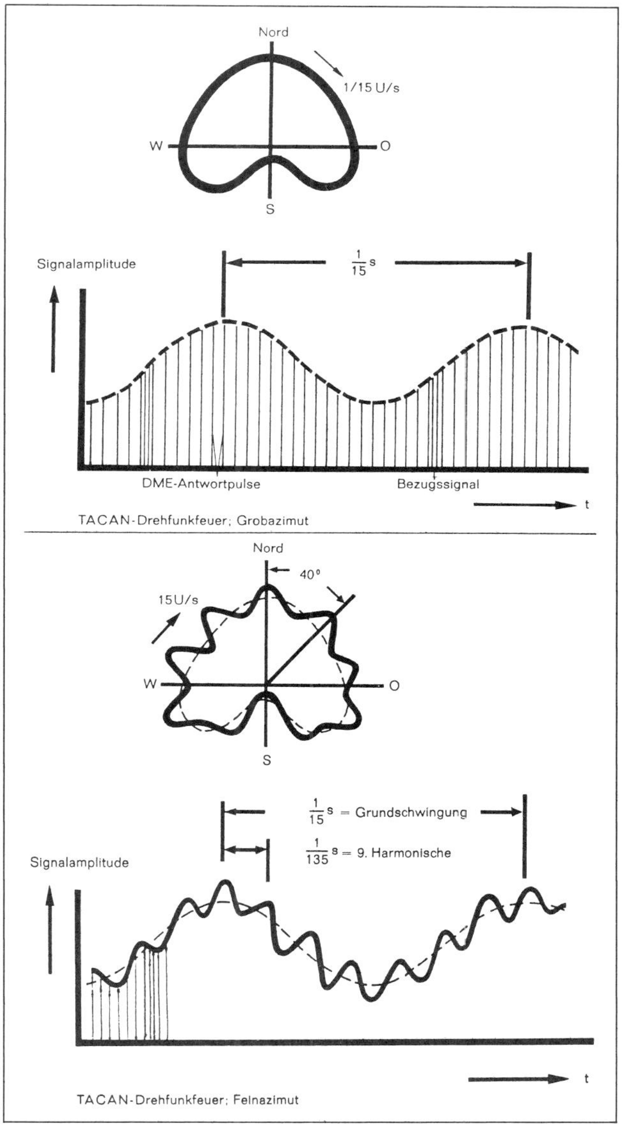

Die rotierenden Diagramme des »TACAN«-Bodensenders für Grob- und Feinmessung, darunter jeweils die entsprechende Empfängerausgangsspannung des Bordgerätes.

fiederung eine Frequenz von 9 × 15 Hz = 135Hz überlagert ist. Am Demodulator des Empfängers steht so eine 15 Hz-Schwingung = »Meßphase« für die Azimut-Grobmessung und eine 135 Hz-Schwingung für die Feinmessung zur Verfügung. Die zu den Messungen grob/fein noch benötigten »Bezugsphasen« von 15 Hz und 135 Hz werden vom Bodensender als »Hauptbezugsimpulse« bei Nulldurchgang der 15 Hz-Schwingung durch die Nordrichtung

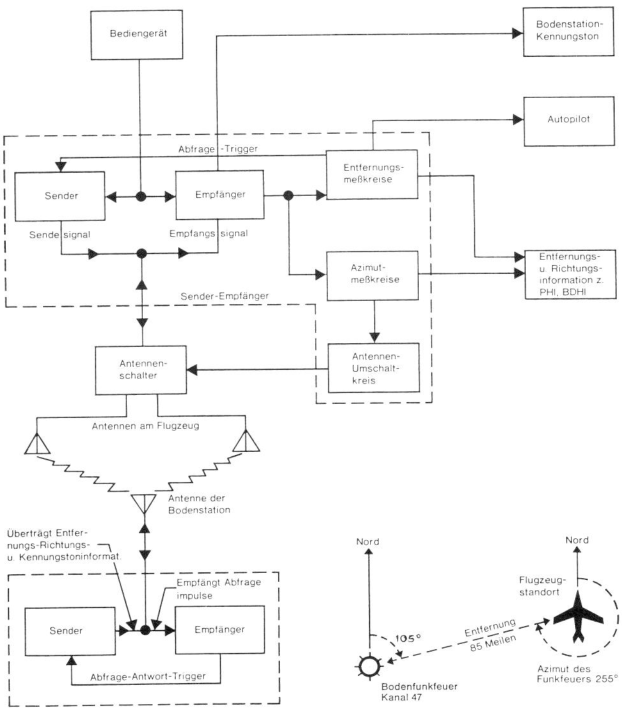

Blockschema für »TACAN«-Bord- und Bodenstation und deren Zusammenwirken.

und als »Nebenbezugsimpulse« bei Nulldurchgang der 135 Hz-Schwingung abgestrahlt. Der Unterschied der Azimutmessung gegenüber dem VOR besteht darin, daß dort eine amplitudenmodulierte und eine frequenzmodulierte kontinuierliche (CW-)Trägerschwingung zu demodulieren sind, während beim TACAN amplitudenmodulierte Impulse zu verarbeiten sind für die Grob- und die hier zusätzliche Feinmessung. Die 15mal/Sekunde auftretenden Hauptbezugsimpulse bestehen jeweils aus 12 Doppelimpulsen im Abstand von je 30 μs und bilden gleichzeitig die Nebenbezugsimpulse für eines der neun Nebenmaxima. Für die restlichen acht Nebenmaxima werden als Nebenbezugsimpulse jeweils sechs Doppelimpulse im Abstand von 24 μS abgestrahlt. Die Arbeitsweise für die Entfernungsmessung wurde bereits beim DME-Gerät beschrieben.

Eine TACAN-Bodenstelle (Transponder) besteht daher aus der Antenne mit drehender Richtcharakteristik, Weiche, Abfrageempfänger (mit Entschlüßler und Auswerter), Verzögerungsglied, Bezugsimpulsgeber, Kennungsgeber, Verschlüßler, Modulator und Antwortsender. Wie auch die DME-Bodenstation nimmt auch diese alle 37,5 Sekunden eine Morsetastung der ausgesendeten Impulse vor, die im Bordgerät als tönende Telegrafiezeichen = Stationskennung wiedergegeben werden. In den westlichen Staaten gibt es derzeit mehr als 4000 TACAN-Boden-(bzw. Schiffs-)Stationen.

Das TACAN-Bordgerät besteht entsprechend aus Rundstrahlantenne mit Weiche, Abfragesender (mit 30 Hz/150 Hz-Generator und Verschlüßler), Antwortempfänger (mit Entschlüßler), Entfernungsmeßteil, Azimutmeßteil und gegf. einem Antennenumschaltteil, der bei Vorhandensein von zwei Antennen jeweils die mit der günstigeren Feldstärke auswählt. Im Entfernungsmeßteil werden die Doppelimpulse nach Prüfung auf den richtigen Impulsabstand (12 μs bzw. 30 μs zwischen dem vorderen und dem hinteren Impuls) verglichen in ihrer zeitlichen Versetzung (Laufzeit) gegenüber den Abfrage-Doppelimpulsen; daraus wird (nach Abzug der festen Laufzeitverzögerung von 50 μs in der Bodenstelle) die Entfernungsanzeige gewonnen. Im Azimutmeßteil werden aus den Haupt- und aus den Nebenbezugsimpulsen jeweils Einzelimpulse gebildet, die zwei Impulsvergleichsstufen (grob bzw. fein) zugeführt werden. Die 15 Hz-Schwingung und die 135 Hz-Schwingung werden über getrennte Phasenschieber geführt, in Impulse umgewandelt und ebenfalls den beiden Impulsvergleichsstufen zugeleitet. Diese steuern einen Servomotor, auf dessen Achse ein Azimutanzeiger, der Phasenschieber »grob« und mit Übersetzung 1 : 9 der Phasenschieber »fein« sitzen, so, daß entsprechend der Phasenverschiebung der Bezugs- und der Meßimpulse direkt das Azimut angezeigt wird.

Das TACAN-System ist eine Entwicklung der ITT/USA. Die erste, in großen Stückzahlen in Deutschland von der C. Lorenz AG seit 1957 in Lizenz gefertige, Version war das AN/ARN-21 B mit nur 126 Kanälen, einer Senderleistung von 1 kW und einer Reichweite von etwa 200 Seemeilen. Das Sendeempfangsgerät wog 30 kg bei einem Volumen von 37 Litern und war noch vollständig mit Röhren bestückt. Die zweite, ab dem Jahre 1962 nun bei der Standard Elektrik Lorenz AG als *AN/ARN-52 (F-104 G)* in »Gascan«-Gehäuse für den »Starfighter« und als *AN/ARN-52 (V) D* für die »Transall« etc. in normalem ATR-Format gefertigte Gerätegeneration wies 126 Frequenzkanäle, etwa 1,5 kW Sendeleistung und eine Reichweite von nunmehr 300 Seemeilen auf. Sie bestand in beiden Konfigurationen des Gehäuses aus etwa 15 steckbaren Modulbausteinen, die infolge der bereits teilweise durchgeführten Transistorisierung dem Sendeempfänger eine auf 21 kg verringerte Masse bei einem auf die Hälfte reduzierten Volumen von 17,8 Litern ermöglichten. Die Geräte waren nachrüstbar mit Antennenumschaltteil für den Betrieb an zwei Antennen, desgl. mit einem Bord/Bord-Modul zur Messung der Entfernung zwischen zwei Flugzeugen (z.B. Tankerflugzeug und zu betankendes Flugzeug). In dieser Betriebsart arbeitet das TACAN wahlweise als DME-Transponder oder auch als Abfragegerät. Die Transponder-Antworten

Vergleich der Größen und Massen der drei wichtigsten »TACAN«-Versionen/SEL (1957–65).

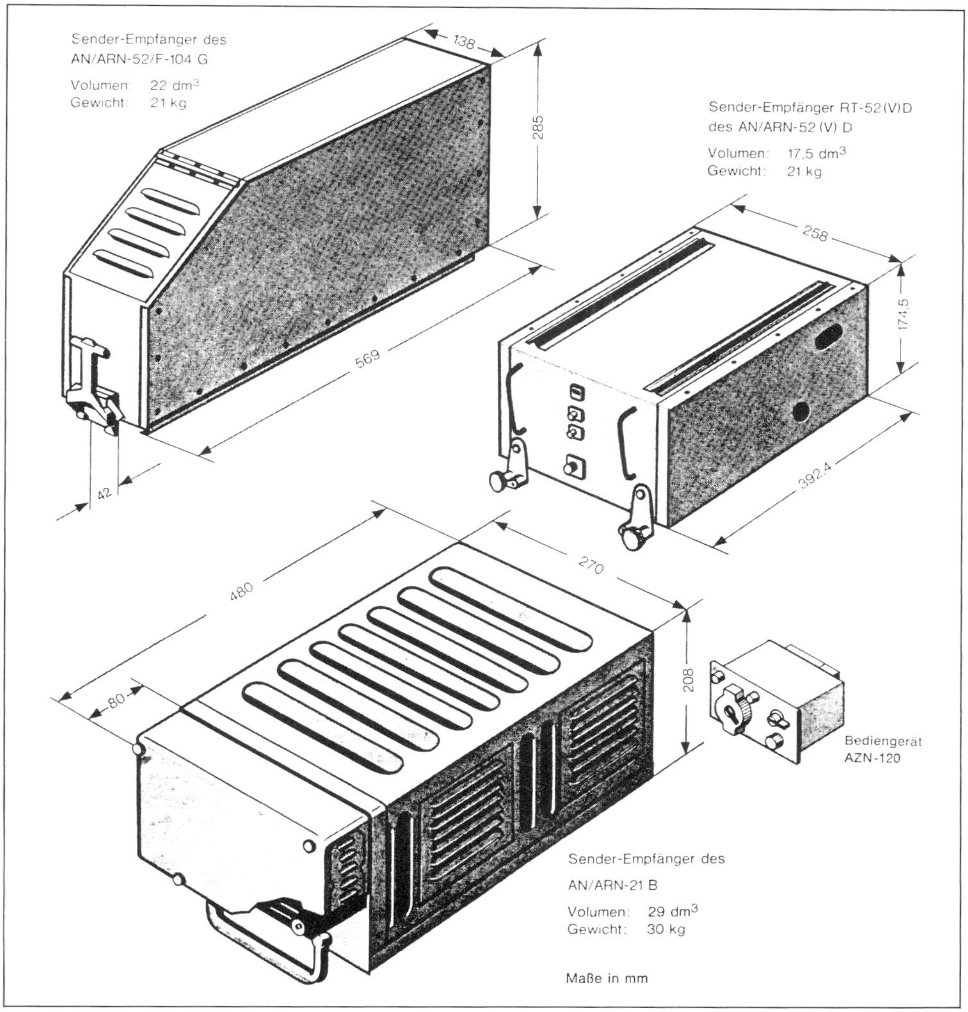

»TACAN«-Gerät AN/ARN-52(V)D geöffnet: 1–3 Azimutmodule, 4 Raum für Bord-zu-Bord-Modul, 5 Azimutentschlüssler, 6 Entfernungsentschlüssler, 7–9 Entfernungsmodule, 10 Stromversorgung.

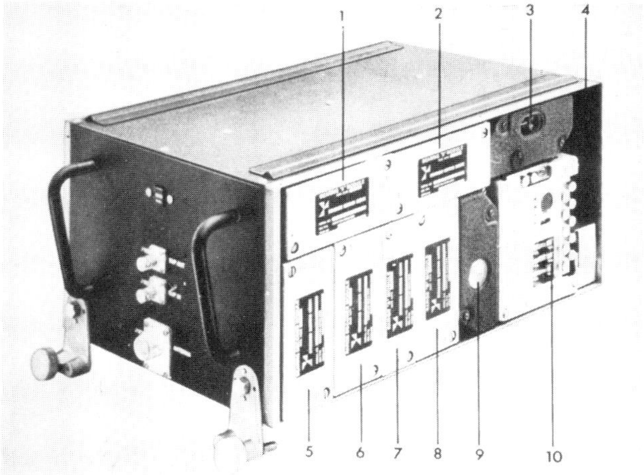

sind in diesem Falle Einzelimpulse anstelle von Impulspaaren, wobei jeder Transponder bis zu fünf abfragende Geräte versorgen kann. Eine dritte voltransistorisierte Generation mit noch einigen beweglichen Teilen für die Abstimmorgane und die Servoschleifen wurde übersprungen.

Mikro-TACAN = MITAC

Das Ende der 60er Jahre konzipierte »Mikro-TACAN« = »MITAC« zeigt bei verdoppelter Kanalzahl (entsprechende dem DME) eine weitere Gewichtsreduzierung bei

Geräteblock »MITAC-M-D/A« von SEL (mit SETAC-Zusatz), unten das gemeinsame Bediengerät für MITAC und SETAC.

konsequenter Anwendung digitaler Technik. Es gibt keine mechanisch bewegten Teile mehr, im Sender sind nur noch zwei Röhren zu finden. Eine Selbstprüfeinrichtung und ein besonderer Teststecker an der Frontplatte ermöglichen eine schnelle Prüfung und eine kleine Reparaturzeit durch Auswechseln der Steckkarten bzw. Steckbausteine, die keinerlei mechanische Abgleichelemente mehr enthalten. Das Baukastensystem ermöglicht den Einsatz der Geräte auf Land- und Seefahrzeugen, desgl. die Anpassung an unterschiedliche Aufgaben:

Das Grundgerät »*MITAC D*« besteht aus dem Senderempfänger, einem normalen oder auch dem speziellen MITAC-Bediengerät und einem digitalen BDHI-Instrument und stellt so die Grundausrüstung für Mittelstreckennavigation einschließlich Bord–Bord–Betrieb dar. Falls in Flugzeugen mit Analoginstrumentierung ein MITAC verwendet werden soll (Beispiel HFB 320 »Hansa Jet«), so eignet sich die Konfiguration »*MITAC D/A*« (Grundgerät mit angeschraubtem Digital/Analogwandler) dafür, die auch analoge Instrumente und Verbraucher ansteuern kann. Die Konfiguration »*MITAC M-D*« besteht aus Grundgerät mit SETAC-Zusatz und einem kombinierten MITAC/SETAC-Bediengerät. Über den mit digitalen Signalen angesteuerten (Flächen-)Navigationsrechner können dann die gewünschten Anzeigen auf dem elektronischen Display (mit Kathodenstrahlröhre) zur Darstellung gebracht werden. Die häufigste Verwendung findet die Konfiguration »*MITAC M-D/A*« (wie sie z.B. im »Alpha-Jet«, »Tornado« oder im SAR-Hubschrauber »Sea-King« eingebaut ist). Sie besteht aus Grundgerät mit D/A-Wandler und SETAC-Zusatz, kombinierten Bediengeräten und zwei kleinen Phasendiskriminatoren mit Umschaltern zur Ansteuerung von CDI's (Kreuzzeigerinstrumenten mit Kurswahl). Der D/A-Wandler dient hier zur Ansteuerung einer zusätzlichen analogen Notinstrumentierung (BDHI und ev. HSI). Als typische Daten für diese Gerätefamilie sind zu nennen: Sendeleistung 1,5 kW, Entfernungsmeßgenauigkeit ± 80 m, Azimutgenauigkeit ± 0,5° und Reichweite 300 Seemeilen. Die Firma C. Lorenz AG bzw. SEL AG hat bisher über 4000 TACAN-Bordgeräte (von AN/ARN-21 bis MITAC) geliefert.

Sektor-TACAN = SETAC

Das *Se*ktor-*TA*CAN = »*SETAC*« ist eine mobile Anflug- und Landehilfe. Es liefert dem anfliegenden Luftfahrzeug seine Positionsdaten mit den drei Koordinaten Azimut (Θ), Elevationswinkel (φ) und Schrägentfernung (ϱ) als eine präzise Sektor-Winkelinformation nebst einer Rundum-Azimutinformation symmetrisch zur Landebahn. Die Elevationsinformation steht im Landesektor zur Verfügung. Dem Piloten ist eine freie Wahl des Anflugkurses und des Gleitwinkels möglich. Ein Präzisionsentfernungsmeßverfahren gibt die genaue Schrägentfernung. Obendrein ist noch eine Datenübertragung Boden-Bord, eine Kennung und (auf Wunsch) auch eine Hinderniswarnung möglich.
Die SETAC-Bodenstation besteht aus folgenden Funktionsgruppen: Das SETAC-A liefert innerhalb eines Azimutsektors von ± 18° eine präzise Azimutinformation mit ± 0,1°, das SETAC-E im gleichen Sektor eine präzise Elevationsinformation (Anflugwinkel) im Gleitwinkel von 2...23° mit ebenfalls ± 0,1°. Ein PDME (*P*räzisions-*DME*) gibt die genaue Schrägentfernung des Luftfahrzeugs mit ± 20 m Genauigkeit. Die Gruppe SROB (Kurzstreckendrehbake) liefert zusätzlich zur Sektorwinkelinformation eine 360°-Azimutinformation. An der SETAC-A-Station befindet sich ein Eingabegerät für Datenübertragung mit einer Übertragungskapazität von 2 kbit/s. Alle Informationen werden im Zeitmultiplex auf dem TACAN-Kanal übertragen.
Das Azimutdiagramm im Sektor hat 10fach höhere Auflösung wie das 360°-Diagramm und wird erzeugt durch eine Antenne, die die Trägerfrequenz fo abstrahlt, durch eine

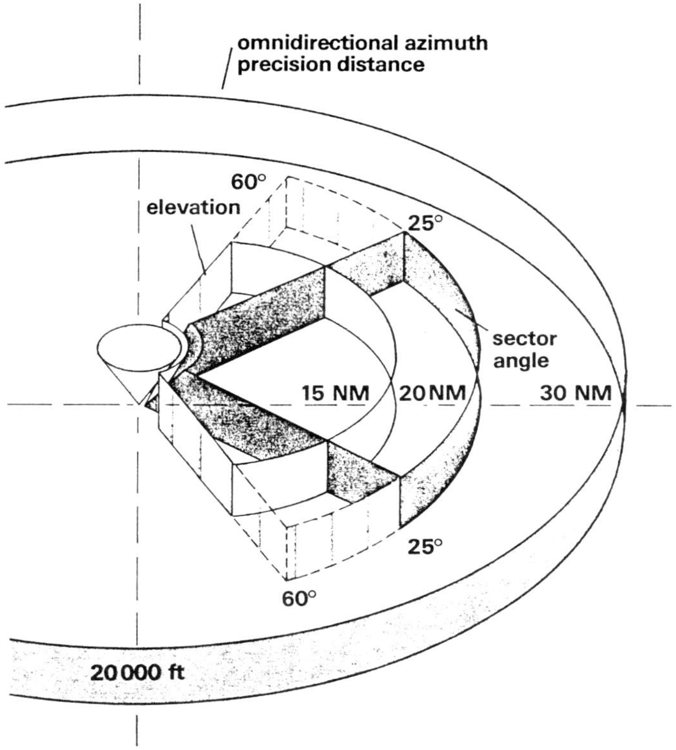

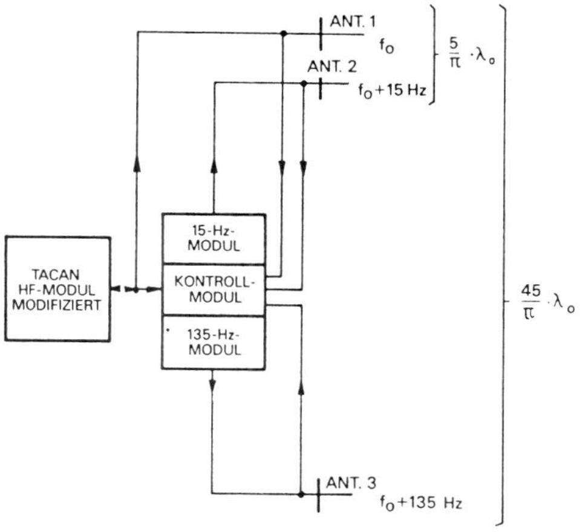

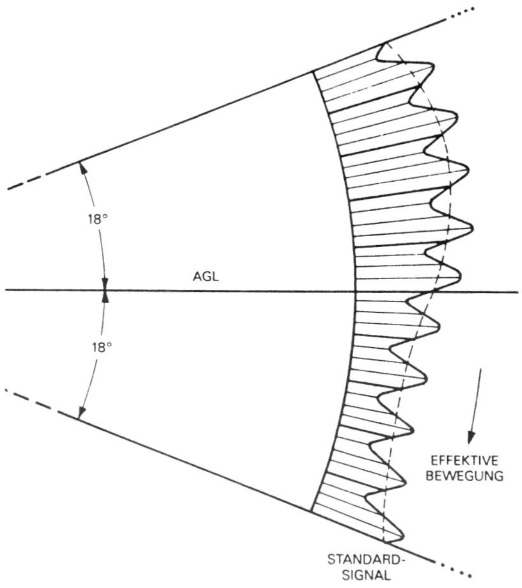

Links oben: »SETAC« Bodenstation: Darstellung der benutzbaren Winkelbereiche für Azimut, Elevation und Rundum-Entfernungsmessung.

Rechts oben: »SETAC-A«-Aufbauschema für die Erzeugung des Azimutdiagramms.

Rechts unten: »SETAC-A«-Azimutdiagramm.

zweite Antenne in kurzem Abstand, die eine zweite Frequenz = fo + 15 Hz abstrahlt, und durch eine dritte Antenne mit der Frequenz fo + 135 Hz in 9mal größerem Abstand. (Die Erzeugung rotierender Diagramme im Zweifrequenzverfahren wurde bereits bei »Elektra«, »Sonne« etc. angewendet.) Das Bordgerät kann diese Signale nicht von normalen TACAN-Signalen unterscheiden. Das SROB erzeugt ohne mechanisch bewegte Teile eine rotierende Kardioide für das Rundum-Azimut mit 15 Hz (nur Grobmessung) und löst damit die Mehrdeutigkeit des Sektorwinkels, außerdem ermöglicht es die gleichzeitige Abstrahlung von DME-, Daten- und Kennungsinformation.

Die Messung des Erhebungswinkels (Gleitwinkels) mit SETAC-E beruht auf der Messung von Laufzeitdifferenzen zwischen mindestens zwei senkrecht über der Erdoberfläche angebrachten Strahlern und der Bordantenne am Flugzeug. Die Reichweite des SETAC ist absichtlich begrenzt auf 20 bis 30 nm. Das SETAC ist auch zu verwenden z. B. bei der Marine zur Kennzeichnung von Seewegen innerhalb von Minengürteln etc.

Bodenanlage SEL SETAC. Links SETAC A, rechts SETAC E.

Weitere Varianten

Es gibt kaum ein Funknavigationssystem, das derartig vielseitig abgewandelt werden kann wie das TACAN-Verfahren. So wurde in den USA ein sog. »inverser TACAN-Betrieb« erfolgreich erprobt. Bei diesem wird ein DME-Transponder mit Rundstrahlung als Bodenstelle verwendet. An Bord werden die mit einer kleinen rotierenden Antenne empfangenen Antwortimpulse genauso impltudenmoduliert, wie es bei einer normalen TACAN-Bodenstelle erfolgt, die Bezugsrichtung ist jetzt jedoch die Längsrichtung des Flugzeugs.
Erwähnt werden muß hier auch das bei SEL/Stuttgart bearbeitete *O*rtungsverfahren im *TAC*AN-Band mit *M*onopulsverfahren = »*ORTAC-M*«, das gegenüber dem normalen TACAN-Verfahren u.a. die Vorteile einer höheren Azimutgenauigkeit bei ungünstigen Geländeverhältnissen, eines Gleichwellenbetriebes zur Lösung von Kanalverteilungsproblemen, eine Datenübertragung Boden/Bord bietet und außerdem mit der Bodenstelle nur auf Anfrage antwortet, sonst aber Funkstille hält: Vom Flugzeug abgestrahlte TACAN- oder DME-Abfrageimpulse werden in sehr kurzer Zeit von der Bodenstation gepeilt und das Ergebnis wird zum Flugzeug übertragen, wobei das Azimut auf ± 0,1° und die Entfernung auf ± 30 m genau ermittelt sind. Als Anwendungen sind zu nennen: Taktische Navigationshilfe, Navigation von RPV's = »Drohnen« (= ferngelenkte Kleinstflugzeuge), Datenkorrektur von Trägheits- oder Doppler-Navigationssystemen, Gefechtsfeldortung und Streckennavigation.

Deutscher Beitrag zum Mikrowellen-Landesystem

Weiterhin sollte auch der deutsche Beitrag zum von der ICAO im Jahre 1968 ausgeschriebenen Mikrowellen-Lande-System MLS (als Ersatz für das ILS) genannt werden. Es war dies das *D*ME-gestützte *L*ande*s*ystem »*DLS*«, das von SEL und der Firma Siemens AG als Unterauftragnehmer entwickelt wurde. Die Bodenstelle bestand aus einem Teil DLS-A zur Azimut- und Entfernungsmessung und einem Teil DLS-E zur Messung des Elevations- bzw. Gleitwinkels. Sie ermittelten die Einfallsrichtung der vom DME-Bordgerät abgestrahlten Impulse nach Azimut und Elevation und übertrug die gemessenen Werte zurück zum Flugzeug. Die Entfernung Bord–Boden wurde wie üblich mit DME gemessen. Der benötigte Bordzusatz war mit dem normalen DME-Bordgerät voll kompatibel, erlaubte aber höhere Genauigkeit. Nach harten Prüfungen und Debatten empfahl die ICAO-Kommission im Jahre 1978 aber ein auf 5 GHz arbeitendes Verfahren mit »Zeitbezugs-Abtaststrahlen« (Time Reference Scanning Beam = TRSB). Dabei wird ein fächerförmiger Abtaststrahl horizontal im Winkelbereich von ± 60° zur Anfluggrundlinie geschwenkt, der die Kennung und die jeweilige Strahlrichtung an das Flugzeug ermittelt. Dieses empfängt den Strahl bei Hin- und Rücklauf in Landebahnrichtung alle sieben Millisekunden. Ist die Zeit kürzer, so befindet es sich links davon, bei längeren Zeiten entsprechend rechts der Anfluggrundlinie. Der Bordrechner setzt die Strahldurchgänge direkt in einen Winkel gegenüber der Landebahn um. In ähnlicher Weise schwenkt ein fächerförmiger Strahl vertikal im Winkelbereich zwischen 0 und 20° auf und ab. Die laufende Entfernung zum Aufsetzpunkt soll durch ein Präzisions-DME (PDME) ermittelt werden. Das MLS-System soll ab 1. Januar 1995 das ILS-System voll ersetzen. Die amerikanische Luftfahrtbehörde will bis Ende 1986 1250 Bodenanlagen in Auftrag geben. Derzeit sind aber als Bordgeräte nur je eines von Bendix und von Sperry (letzteres in Lizenz von Hazeltine) für die Ermittlung des Azimut- und des Elevationswinkels im Handel.

Die ICAO hat der Bundesrepublik Deutschland empfohlen, zwei Bestandteile des von ihr vorgeschlagenen DLS für das MLS-System weiterzuentwickeln. Es sind dies das »Präzisions-DME« und ein »DME-gestütztes Azimut-System DAS«.

VORTAC-Bodenstelle mit VOR-Antenne (unten) und TACAN-Antenne (oben).

Funkhöhenmeß-Verfahren

Vorgeschichte

Die in den folgenden Kapiteln behandelten Geräte (Funkhöhenmesser, Impulsradargeräte und Dopplerradargeräte) benötigen am Boden keine Funkhilfen wie Navigationssender etc., das heißt, es handelt sich um sog. bordautonome Navigationsgeräte. Der barometrische Höhenmesser ist z.B. für Flüge über Hochgebirge oder bei Landungen unter schlechten Sichtverhältnissen oft zu ungenau (auch wenn der Luftdruck am Boden bekannt ist und zur Korrektur verwendet wird). Bereits ab 1925 begannen daher die Firmen Behm, Siemens & Halske und Elektroakustic (ELAC) mit dem Bau von akustischen Höhenmessern nach dem Echolotprinzip, wobei die Laufzeit eines Knalles vom Flugzeug zum Boden und wieder zurück gemessen und gleich als Flughöhe über Grund angezeigt wird. Das letzte Seriengerät dieser Art war das 1940 von der Firma Atlas AG entwickelte *FuG 27*, das auch in Minensuch-Flugzeugen eingesetzt wurde. Da die Messung des Schalles im Flugzeug wegen des Motorenlärmes sehr problematisch ist, wurde auch eine Reihe weiterer Verfahren mit stehenden Funkwellen, mit Kapazitätsänderung u.a.m. untersucht. Letztendlich konnten sich Anfang der 40er Jahre nur die frequenzmodulierten (FM-)Höhenmesser für niedrige Höhen und die Impulshöhenmesser für größere Höhen durchsetzen.

FM-Höhenmesser FuG 101/101a

Diese Geräteart arbeitet im Dauerstrichverfahren, wobei ein Drehkondensator mit Motorantrieb im Senderschwingkreis bewirkt, daß die Sendefrequenz periodisch zwischen zwei Endwerten gewobbelt (d.h. hin und her verändert) wird. Da die in Richtung Erdboden abgestrahlte und dort wieder reflektierte Momentanfrequenz f1 einen längeren Weg zur Empfangsantenne zurücklegen muß, als die direkt von der Sende- zur Empfangsantenne gelangende Momentanfrequenz f2, ergibt sich im Empfängereingang eine Differenzfrequenz f1 – f2, welche proportional der Höhe ist. Mit Hilfe eines Frequenzzählers und eines Drehspulinstrumentes kann die Höhe direkt angezeigt werden. Ein derartiger FM-Höhenmesser eignet sich besonders gut für genaue Messungen in niedrigen Höhen über der (flachen) Landebahn; beim Überfliegen von Bäumen, Häusern etc. wird jedoch in Abhängigkeit von der Antennenbündelung ein Mittelwert aus den erfaßten senkrechten und schrägen Entfernungen gebildet. Nach Voruntersuchungen bei der DVL und den Firmen AEG, Siemens und Telefunken begann im Jahre 1936 das Zentrallabor der Firma Siemens *(Sammer, Schönfeld)* mit der Entwicklung eines derartigen Gerätes. Aus Versuchsaufbauten entstand dann 1939/40 der sog. »Mittelhöhenmesser *MHS*«, der dann mit geringen Änderungen als elektrischer Höhenmesser *FuG 101* ein Jahr später im Luftfahrtgerätewerk Hakenfelde = LGW zum Großserienbau gelangte und ab 1942 in alle größeren Flugzeuge eingebaut wurde.

Die Sendeleistung des FuG 101 betrug 1,5 W. Die Sendefrequenz = 375 MHz wurde für den Meßbereich 0–150 m periodisch um ± 19 MHz und für den Meßbereich 0–1500 m um ± 1,9 MHz gewobbelt. Als Senderöhre wurde eine LD 2 verwendet, eine Röhre RV 12 P 2001 diente nur während der Eichung (s. unten) als Modulationsverstärker. Der Empfänger war mit sechs Röhren RV 12 P 2001 (mit Regelcharakteristik) bestückt im Gegentaktaudion, Verstärker mit höhenabhängigem Verstärkungsfaktor und Frequenzzähler; eine LV 5 diente als Begrenzer. Sender wie Empfänger waren jeweils mit ihrer Dipolantenne direkt zusammengebaut und als ganzes in Einbaugehäuse eingesetzt, die meist auf der linken Flügelunterseite in 1,5 m Abstand eingebaut waren. Die Anzeige erfolgte auf einem Drehspulinstrument AFN 101, dessen Zahlen je nach dem eingeschalteten Meßbereich in entsprechenden Fenstern sichtbar wurden. Wurde der maximale Meßbereich von 1 500 m überschritten, so »kippte« der Zeiger auf einen falschen Wert, bei Unterschreitung sprang die Anzeige wieder zurück auf den richtigen Wert. Für Eichzwecke, auch jederzeit während des Fluges, diente eine Selbstprüfeinrichtung (Built-in Self-Test); zu dessen Betätigung mußte am Instrument ein Eichknopf gezogen werden. In diesem Falle erzeugte ein auf die Wobbelmotorachse aufgesetztes Tonrad eine Frequenz, welche der Differenzfrequenz bei 60 m Höhe entsprach und über den Modulationsverstärker den Sender modulierte. Durch Drehen des gezogenen Eichknopfes konnte der Zeigerausschlag genau auf die Eichmarke gebracht werden.

Eine verbesserte Ausführung des Höhenmessers, das *FuG 101 a* wies die Meßbereiche 0–150 m und 0–750 m auf, wobei in letzterem Bereich der Wobbelhub auf ± 4 MHz ermäßigt wurde. Von beiden Arten wurden zusammen weit über 30 000 Stück hergestellt. Seine Meßgenauigkeit betrug ± 10% der jeweiligen Flughöhe. Im Feinmeß-

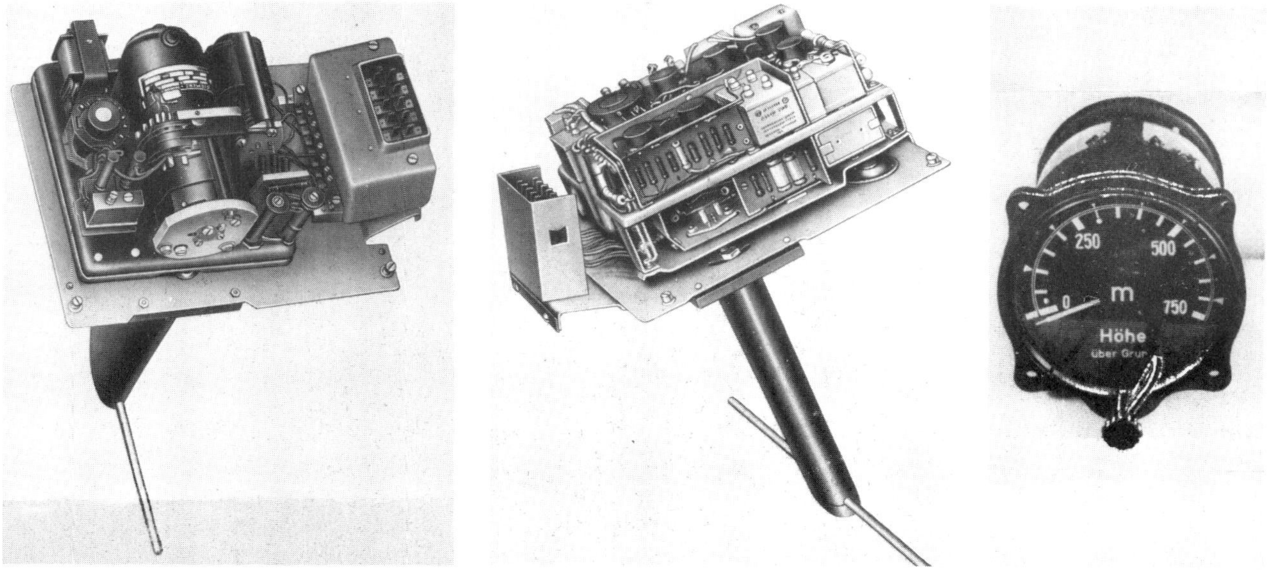

FM-Höhenmesser »FuG 101 a« von Siemens-LGW. Von links nach rechts: Sender mit Wobbelmotor und Modulatorröhre, 7-Röhrenempfänger mit Frequenzzähler, Anzeigeinstrument mit Bereichsschalter und Prüfknopf.

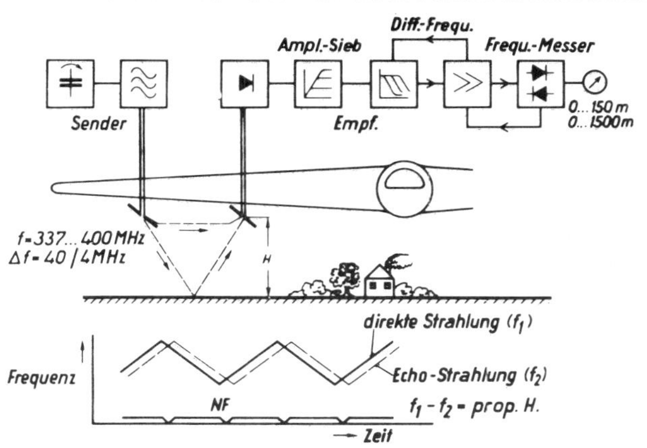

Prinzipschema des FuG 101 mit den Meßbereichen 0–150/0–1500 m.

bereich waren 0 m und 3 m Höhe noch klar zu unterscheiden, so daß es besonders als Landehöhenmesser, aber auch für Tiefflug (z.B. bei der Unterfliegung der Diagramme englischer Radarketten an der Kanalküste) geeignet war. Nach dem Kriege wurde das FuG 101 a in Frankreich von der Firma Société Française Radioélectrique S.F.R. in verschiedenen Varianten (u.a. mit einer LD 2 im Sender und mit 4 US-Miniaturröhren im Empfänger) mit der Bezeichnung »Aviasol A.M.210« etc. serienmäßig nachgebaut.

Links: Ju 290 A-5 mit FuG 101 a bei der Prüfung: Am Sendedipol hängt der Prüfdipol mit Lämpchen, der Empfänger ist gerade aus seinem Gehäuse herausgeklappt.

Impuls-Höhenmesser FuG 102/102a

Ab Herbst 1933 begann die Siemens Apparate und Maschinenbau GmbH = SAM (Schuchmann) zusammen mit der DVL *(Krüger, Crone)* an einem »elektrischen Echolot« = Höhenmesser für große Höhen, das auf einer Frequenz von 30 MHz mit kurzen Hochfrequenzimpulsen arbeitete. Die Arbeiten an diesem Gerät wurden dann eingestellt, als eine 1935 zuerst bei der DVG und dann beim Flugfunkforschungsinstitut Oberpfaffenhofen = FFO *(Altmann)* begonnene Entwicklung eines »elektrischen Großhöhenmessers« schnelle Fortschritte machte. Mit zwei verbesserten Mustern wurden bereits im Frühjahr 1939 die weiter oben erwähnten Versuche für Transponder-Entfernungsmeßverfahren durchgeführt.

In den Jahren 1938/39 wurde das Gerät von Altmann vollkommen neu durchkonstruiert und die Sendefrequenz von 43 auf 182 MHz erhöht. Die Sendeleistung von 80 W (Impulsspitze) genügte für Höhen von 12 bis zu 15 km. Die Impulsfolgefrequenz betrug 30 kHz, die Impulsbreite 0,3 µs (!). Der Empfänger (12-Röhrensuper mit RV 12 P 2000) konnte direkt mit dem Sichtgerät zu einer Einheit von nur 162 mm × 162 mm × 200 mm Größe zusammengebaut werden, was für die damalige Zeit eine einmalige Leistung darstellte. Das Gerät ging dann als Großhöhenmesser *FuG 102* bei der Firma Philips/Eindhoven in Serie. Die Anzeige erfolgte auf einer Kathodenstrahlröhre Löwe K7/Pc mit kreisförmiger Skala 0–5000 m (Durchmesser 7,5 cm). Der Sender enthielt vier Röhren RV 12 P 2000 für die Erzeugung der Impulsfolgefrequenz (und Ablenkfrequenz für die Anzeige) und für die Verstärkung der gewonnenen Impulse zur Gittertastung der Gegentaktsendestufe (mit zwei Röhren LD 2 bestückt). Bei Abstrahlung eines Impulses von der Sendeantenne begann die kreisförmige Ablenkung des Kathodenstrahls der Anzeigeröhre. Ein z. B. aus 4 km eintreffendes Echo tastete den Kathodenstrahl dunkel, so daß eine »Lücke« im Kreis bei der 4 km-Marke zu sehen war, ebenso wie bei Abgang des Impulses bei der 0 km-Marke. Bei Überschreitung einer Höhe von 5 km bzw. 10 km über Grund (was der Besatzung auch vom barometrischen Höhenmesser grob in Form der »Druckhöhe« angezeigt wurde) mußten zur FuG 102-Anzeige im 2. bzw. 3. Durchgang jeweils 5 km bzw. 10 km dazugezählt werden. Die Antennen waren entweder unter dem Rumpf (auf der Unterseite) oder in mit Plexiglas abgedeckten Kästen in der Flügelunterseite eingebaut. Die kleinste ablesbare Flughöhe betrug ca. 200 m, als maximaler Meßfehler wurde ein Wert von 100 m ermittelt.

Eine in kleinen Details (besonders im Umformer) verbesserte Version *FuG 102a* wurde noch 1944 ebenfalls bei

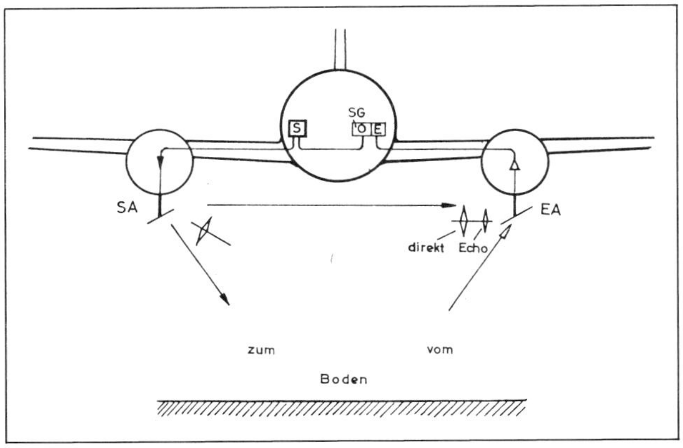

Vereinfachtes Schema des Impulshöhenmessers »FuG 102« von FFO/Philips. Der Sender (S) strahlt über die Sendeantenne (SA) einen Impuls ab und gibt gleichzeitig eine Spannung zur Zeichnung des Zeitkreises an das Sichtgerät (SG). An der Empfangsantenne (EA) trifft zuerst der direkte Senderimpuls und etwas später das Echo vom Boden ein. Beide werden im Empfangsteil (E) verstärkt und tasten den Zeitkreis unter der Skala an den entsprechenden Stellen dunkel.

Philips in Serie gefertigt. Beide Versionen dienten vornehmlich zur Bestimmung der Flughöhe über Grund für den Bombenwurf und waren daher in einigen Baureihen der Fw 200, Ju 188 und He 177 zu finden. Ein aus 4 Röhren (zwei Trennstufen für Sende- bzw. Empfangsimpuls und einem Multivibrator) aufgebauter Anzeigezusatz für Anzeige auf einem Drehspulinstrument konnte sich damals nicht durchsetzen, weil schwierige Meßbedingungen (z. B. Flug nahe einer Steilwand in einem Tal) durch die Meßunruhe und Mehrfachechos am Kathodenstrahlrohr gut zu erkennen waren, während eine Instrumentenanzeige mittelt und sogar Fehlmessungen möglich macht.
Eine weitere Entwicklung eines Großhöhenmessers (besonders für Sturzkampfflugzeuge) war das Gerät »Lichtenstein B« von Telefunken, das mit anderen Antennen als Nachtjagdgerät »Lichtenstein B/C« zum Einsatz kam.
Es gab auch noch zwei Weiterentwicklungen des FuG 102 den Großhöhenmesser *FuG 103/103 A* auf 340 MHz von Zeiss/Jena aus dem Jahre 1944, der aufwandmäßig noch günstiger lag (insgesamt nur 9 Röhren einschließlich Anzeige) und auch daraus eine Weiterentwicklung *FuG 104 »Jena«* auf 430 MHz, ebenfalls von Zeiss. Die Fertigung dieser Geräte wurde vermutlich zusammen mit der Bomberproduktion gestoppt. Die Funktion der Großhöhenmesser wurde sowieso ab 1943 mehr und mehr von den Bordfunkmeßgeräten (für Schiffsuche, Rückwärtswarnung, Nachtjagd oder Navigation) übernommen, da dort die (dort unerwünschten und störenden) Bodenechos ebenfalls direkt die Flughöhe angaben.

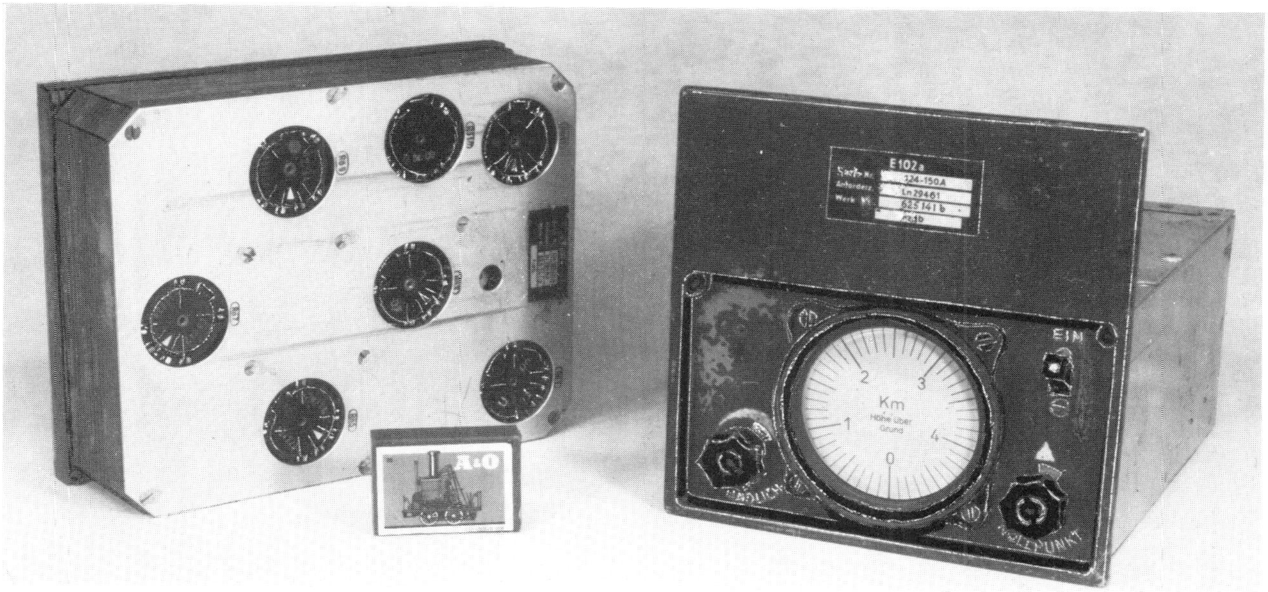

Impulshöhenmesser »FuG 102 A«. Links oben: Eine der zwei Antennen unter dem Rumpf einer Ju 188. Rechts oben: Der Sender (80 W) mit Modulator (Größe 196 mm × 136 mm × 119 mm). Unten der 12-Röhren-Empfänger (Größe 155 mm × 194 mm × 61 mm), enthalten im Sichtgerät (rechts).

Als Vorteile des FM-Höhenmessers sind die hohe Auflösung und die Fähigkeit der Messung ab 0 m zu nennen, für die Messung großer Höhen verlangte die damalige Technologie zur Vermeidung von Mehrdeutigkeit extrem große Frequenzhübe, die bei 400 MHz Trägerfrequenz Schwierigkeiten bereiteten. Der Impulshöhenmesser hingegen konnte (mit konstanter Impulsbreite arbeitend) nur bis etwa 100 m herunter messen, war also als Landeshöhenmesser nicht verwendbar, dafür war seine Oszillografenanzeige bei schwierigen Meßverhältnissen (in Gebirgstälern etc.) besser zu deuten als eine Instrumentenanzeige mit schwankendem Zeiger.

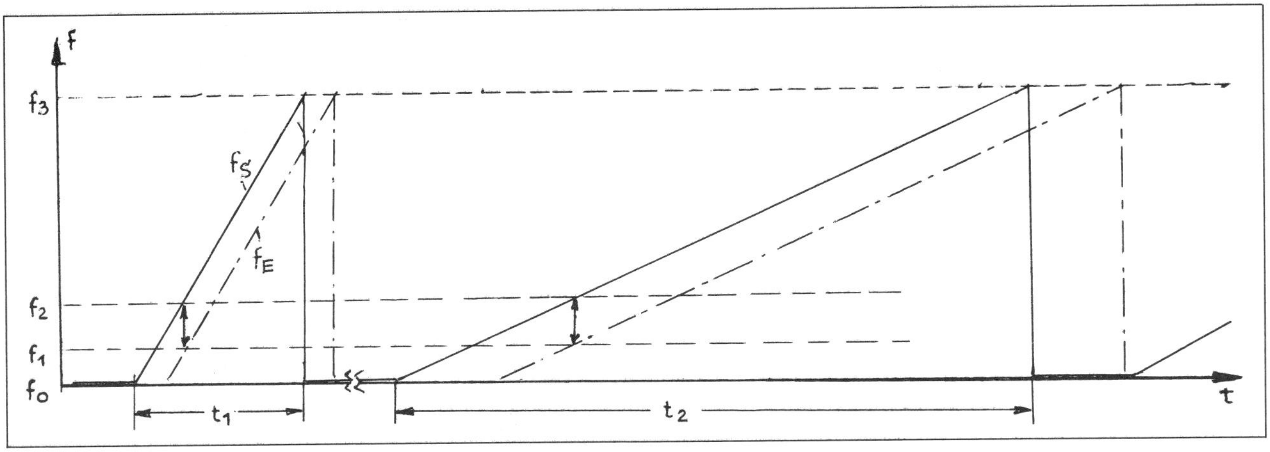

Arbeitsweise moderner FM-Höhenmesser: Der Frequenzunterschied zwischen Sendefrequenz f_S und Empfangsfrequenz f_E wird durch eine Servoschleife konstant gehalten. Die Flughöhe ist dann proportional der Sägezahndauer t_1, t_2 usf.

Die Meßleistungen der etwa gleichaltrigen amerikanischen FM- und Impulshöhenmesser von Western Electric »Typ 1A« und R.C.A. »AN/ARN-1« bzw. R.C.A. »SCR-718« entsprachen grob derjenigen der deutschen; Sender und Empfänger nahmen jedoch etwa den vierfachen Raum ein und wiesen auch eine entsprechend größere Masse auf.

Moderne Funkhöhenmesser

Die ersten Nachkriegsgeräte im Ausland brachten zuerst außer einer Volumen- und Masseabnahme durch Verwendung von Miniaturröhren keine technischen Fortschritte. Versuche, den Lande- und den Großhöhenmesser für Höhenaufklärer (U 2 etc.) zu kombinieren, führten zu sehr schweren und komplizierten Geräten, die je nach Höhenbereich selbsttätig ihre Daten für Impulsbreite oder Hub etc. änderten (»Multimode«-Betrieb).

Die Einführung digitaler Servoschleifen ermöglichte jedoch seit etwa 15 Jahren derartige Verbesserungen des FM-CW-Höhenmessers, daß er heute praktisch die meist angewendete Form ist. Die Firma Télécommunications Radioélectriques et Téléphoniques TRT/Paris spezialisierte sich auf FM-CW-Funkhöhenmesser. So wurde der Typ *AHV-3* mit einem Meßbereich von 2500 Fuß in die ersten »Caravelle« eingebaut und ist in der vierten verbesserten Version noch heute in der Verkehrsluftfahrt im Einsatz. Der voll transistorisierte *AHV-5* ist bei der »Concorde« und auch in Militärflugzeugen in Verwendung. Eine wesentlich verkleinerte Version ist der *AHV-6* mit einem Meßbereich von 5000 Fuß, der z.B. in Hubschraubern oder in der Version *AHV 6-18* im »Alpha-Jet« eingebaut ist. *AHV-9* ist eine Variante mit einem Meßbereich bis 15000 (30000) Fuß und z.B. im meteorologischen Meßflugzeug »Falcon 20« der DFVLR in Verwendung. Die neuesten rein digital arbeitenden FM-CW-Höhenmesser sind das *AHV 530 A* mit einem Meßbereich bis 2500 Fuß, als Nachfolger des *AHV-5* für Airliner (Cat. II/CAT. III) mit den höchsten Anforderungen (Genauigkeit ± 0,5 Fuß + 2 Prozent der Höhe). Das Gerät *AHV-12* für militärische Flugzeuge hat einen Meßbereich bis 70000 Fuß, eine Genauigkeit von ± 1 Fuß + 1 Prozent der Höhe und eine mit der Höhe geregelte Ausgangsleistung zwischen 50 und 800 mW. Für die allgemeine Luftfahrt (vom Hubschrauber bis zum Commuter-Jet) ist das *AHV-16* in besonders kleiner Ausführung mit einem Meßbereich von 5000 Fuß bestimmt (Genauigkeit ± 0,5 Fuß + 2 Prozent der Höhe). Sieben verschiedene derzeit angebotene Höhenmesser amerikanischer Fertigung weisen hingegen bei Höhenbereichen zwischen 1000 und 2500 Fuß nur Genauigkeiten zwischen ± 2 und 5 Fuß bzw. zwischen 3 und 7 Prozent der Flughöhe auf.

Nun zum neuen Meßprinzip: Das FuG 101 verwendete eine symmetrische Sägezahnspannung konstanter Steilheit zur Modulation, der Frequenzhub war (in jedem der beiden Meßbereiche) jeweils konstant, aber die gebildete Differenzfrequenz (= Zwischenfrequenz) zwischen momentaner Sende- und Empfangsfrequenz war variabel. Bei den neuen Geräten ist die Sägezahnspannung unsymmetrisch (mit kurzem Rücklauf), die Sägezahnfrequenz (und damit die Anstiegssteilheit) ist variabel, der Frequenzhub ist konstant und die Differenzfrequenz wird konstant gehalten. D.h., daß eine Servoschleife rein elektrisch die Sägezahnfrequenz und damit die Änderungsgeschwindigkeit der

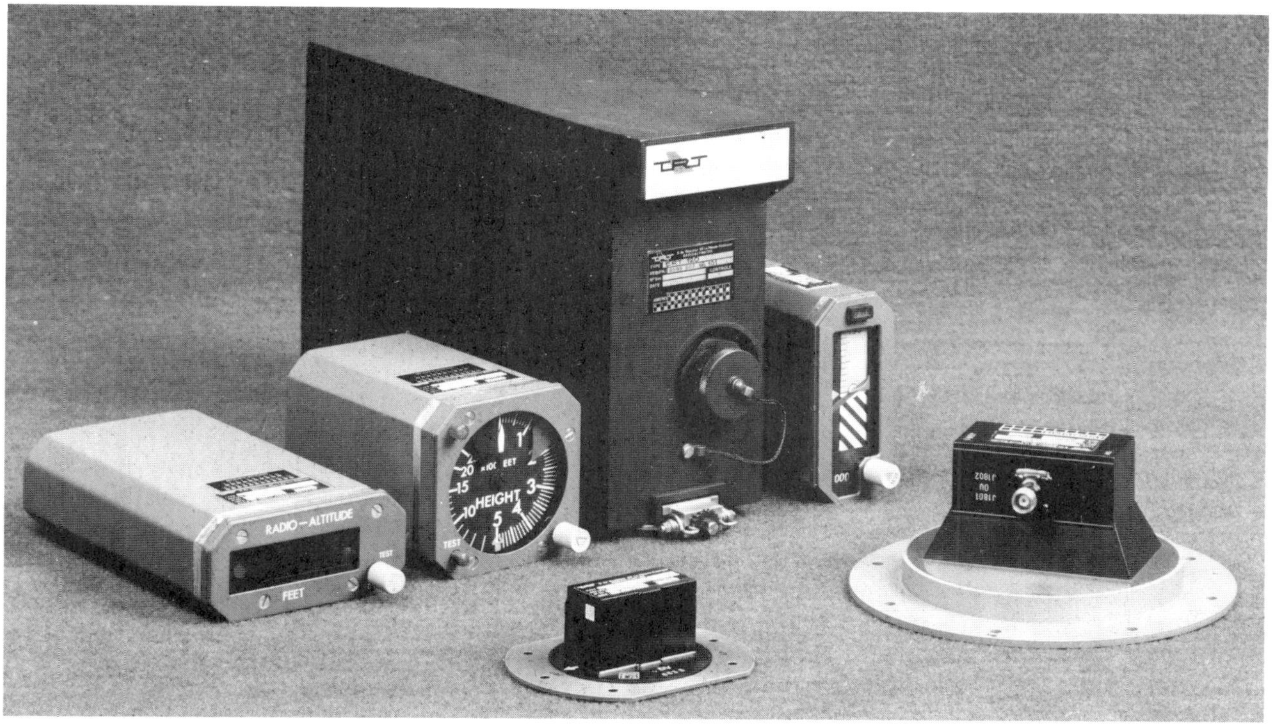

Digitaler FM-Höhenmesser »AHV-12« von TRT mit einem Meßbereich von 0–70000 Fuß. Links die LED-Ziffernanzeige für große Höhen, daneben Analoganzeige für niedrige Höhen. Rechts vom Sender-Empfänger ein Vertikalanzeiger, davor zwei verschiedene Antennentypen.

Digitaler FM-Höhenmesser »AHV-16« von TRT mit einem Meßbereich von 0–2500 Fuß für kleinere Flugzeuge und Hubschrauber. Es ist hier nur eine der beiden Antennen gezeigt, daneben der Sender-Empfänger und das analoge Anzeigegerät.

Sendefrequenz in Abhängigkeit von der Höhe so verändert, daß immer die gleiche Differenzfrequenz entsteht. Als Maß für die Höhe dient also hier nicht die Differenzfrequenz, sondern die Periodendauer der Sägezahnspannung = Modulationsfrequenz.

Es sei hier noch stark vereinfacht die Funktion des AHV-9 besprochen (der AHV-6 unterscheidet sich nur im Meßbereich, im Hub und in der Differenzfrequenz): Als Senderoszillator dient ein Transsistor, der auf etwa 537 MHz schwingt. Die Modulation der Frequenz mit der Dreieckspannung erfolgt mittels einer Varicupdiode. Die modulierte Hochfrequenz wird in drei Verstärkerstufen auf etwa 5 W Leistung gebracht und zur Verachtfachung der Frequenz an eine Varactordiode mit nachfolgendem Bandpaßfilter geleitet. Die so gewonnene Ausgangsfrequenz (ca 4300 ± 61,5 MHz) hat eine Leistung von 500 mW und wird über einen Richtkoppler und ein Ausgangsfilter zur Sendeantenne geführt und dort abgestrahlt. Die Sendefrequenz f_s wird am Boden reflektiert und mit der Empfangsantenne als Empfangsfrequenz f_E aufgenommen und gelangt über ein Hochpaßfilter an den Gegentaktmischer, in den vom Richtkoppler ein genau definierter Wert der momentanen Sendefrequenz f_S als Oszillatorspannung eingekoppelt wird. Die resultierende Differenz- oder Zwischenfrequenz $f_z = f_S - f_E$ wird einem ZF-Verstärker mit einer Mittenfrequenz von z. B. 100 kHz zugeführt, verstärkt und auf eine konstante Amplitude begrenzt. Die Verstärkung und auch die Bandbreite wird übrigens durch variable Bedämpfung der ZF-Spulen in Abhängigkeit von der Höhe verändert (letztere zwischen ± 20 und ± 13 kHz), desgleichen wird der Verstärker während des kurzen Sägezahnrücklaufes jedesmal kurzzeitig gesperrt. Die ZF wird einer Diskriminator-Folgeschaltung (Discriminator Tracker) zugeleitet, der bei Ablage der ZF von der Mittenfrequenz positive oder negative Fehlerspannungen abgibt. Parallel dazu überprüft ein Kontrolldiskriminator, daß das ZF-Signal genau in der Mitte der ZF-Bandbreite liegt. Beide Diskriminatoren steuern eine Such/Nachlauf-Logic (Search/Track Logic) an. Diese veranlaßt bei Nichtvorhandensein eines ZF-Signals den maximal 1 Sekunde dauernden Suchbetrieb des Sägezahngenerators und veranlaßt ihn mit der tiefsten Sägezahnfrequenz (bzw. mit der geringsten Sägezahnsteilheit) zu beginnen. Bei Erscheinen eines ZF-Signals steuert die Logic (über einen Integrator und eine Regelstufe für die Verstärkung der Servoschleife) den Sägezahngenerator so, daß die ZF auch bei Höhenänderungen stets auf 100 kHz gehalten wird. Die Logic liefert auch z. B. die lineare Gleichstrom-Ausgangsspannung für den Meßbereich 0 bis 2500 Fuß und eine halblogarithmische für den Bereich 0 bis 5000 Fuß für analoge Drehspulinstrumente, desgl. ein digitales Signal mit dem Meßbereich 0 bis 15000 (30000) Fuß für eine digitale Ziffernanzeige, ferner Kontakte für einstellbare Höhen etc., je nach Bestellung.

Doppler-Verfahren

Doppler-Effekt

Entsprechend dem bekanntesten Beispiel des Dopplereffektes, nämlich der Tonhöhenänderung der Signalpfeife eines vorbeifahrenden Eisenbahnzuges, kann man das gezeigte Bild so auffassen, daß A, B und C drei Geleise sind, die in unterschiedlichen Entfernungen zum Beobachter Z liegen. In der unteren Bildhälfte ist der Verlauf der Tonhöhe beim Vorbeifahren für die drei Fälle aufgezeigt, wobei f die tatsächlich von der Signalpfeife abgestrahlte (stets gleichbleibende) Tonfrequenz ist. Der Beobachter hört also bei Annäherung eines Zuges einen höheren Ton, der im Moment des Vorbeifahrens je nach Abstand zum Zug mehr oder weniger schnell über den tatsächlichen Signalton auf einen entsprechend tieferen Ton umspringt.

Das Bild gilt ebenso für Flugkörper, die in drei verschiedenen Abständen an einem Ziel Z vorbeifliegen und die mit einem automatischen Zünder (s. weiter unten) ausgerüstet sind, der nach dem Dopplerprinzip arbeitet. Da hier der Empfänger im Flugkörper sitzt und die Strecke Flugkörper–Ziel auch wieder zurück (also zweimal) durchlaufen werden muß, ist hier der Dopplereffekt doppelt so groß, wie wenn der Empfänger in Z untergebracht wäre. Es gilt der gleiche Effekt, wenn vor einem Flugzeug ein Sender mit Richtantenne schräg nach vorne strahlt und die Reflexion am Erdboden im Flugzeug wieder empfangen wird. Die Differenz Δf zwischen der ausgesendeten und der empfangenden Frequenz = Dopplerfrequenz oder Dopplerverschiebung f_D (in Hz) ergibt sich aus der Geschwindigkeit des Flugzeuges v (in m/s, über Grund), aus der Sendewellenlänge λ (in m) und dem Cosinus des Abstrahlwinkels γ gegenüber der Horizontalen gemäß der Gleichung $f_D = 2 \frac{v}{\lambda} \cdot \cos \gamma$. Für den Fall, daß eine Dopplerfrequenz von 5 kHz = 5000 Hz bei einer Sendewellenlänge von 3 cm = 0,03 m und bei einem Abstrahlwinkel $\gamma = 60°$ (also $\cos \gamma = 0{,}5$) gemessen wird, ergibt sich eine Fluggeschwindigkeit (über Grund) = 150 m/s = 540 km/h.

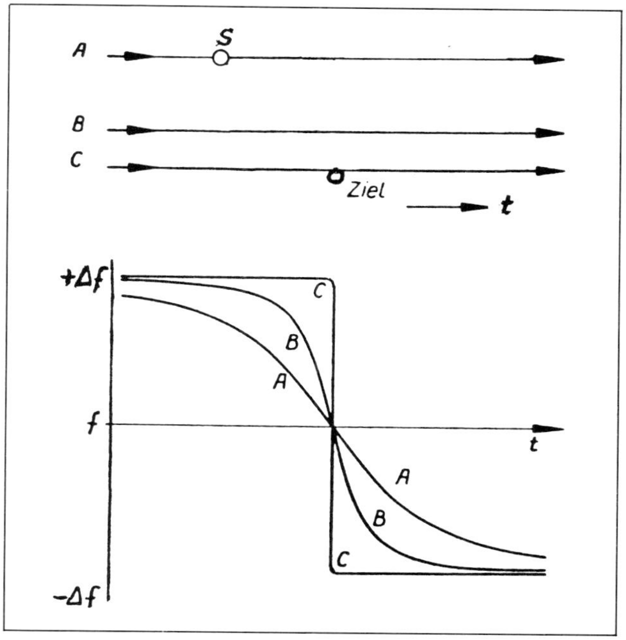

Darstellung des Dopplereffektes: Ein Sender S bewegt sich auf drei verschiedenen Bahnen A, B, C am Ziel vorbei. Das untere Bild zeigt das Umspringen der Dopplerschwebung f (= f_D) für die drei Fälle.

Die Frequenzpeilanlage

Die DVL *(Kaule)* baute in den Jahren 1935/36 eine kombinierte Richtungs-, Entfernungs- und Geschwindigkeits-Meßanlage, die er als »Frequenzpeiler« bezeichnete. Dies war die erste flugfähige Dopplernavigationsanlage, die jedoch nicht mit direkter Reflexion, sondern mit Frequenzumsetzern (Transpondern) am Boden arbeitete. Die vom quarzgesteuerten Flugzeugsender (umgebaut aus FuG III) als Dauerstrich (AO) abgestrahlte Frequenz f_1 (um 3,1 MHz) wurde vom Empfänger der Bodenstelle aufgenommen, am Ende des HF-Teiles zu einem Frequenzvervielfacher ($f_1 \times 16$) geführt, verstärkt und über eine 10 W-UKW-Endstufe als f_{16} (= 49,6 MHz) wieder zum Flugzeug zurückgestrahlt. An Bord gelangte sowohl die Rücksendefrequenz ($f_{16} \pm f_D$), als auch die in einem Vervielfacher an Bord versechzehnfachte Sendefrequenz $f_1 \times 16$ als Bezugsfrequenz f_B in den Empfänger. Die Dopplerfrequenz $f_D = (f_{16} \pm f_D) - f_B$ ergibt sich je nach Kurs und Geschwindigkeit und wurde nur dann zu Null, wenn ein Kreis mit konstantem Abstand um die Bodenstelle geflogen wurde, da hier die Annäherungsgeschwindigkeit gleich Null war, bzw. im kurzen Moment des Überflugs über den Sen-

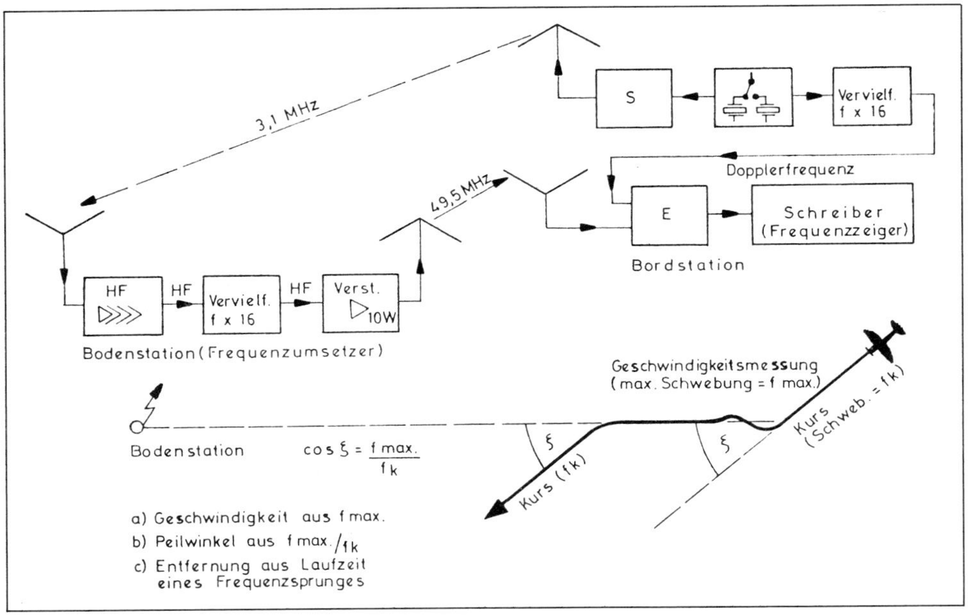

»Frequenzpeilanlage« = erste Doppler-Navigationsanlage. Sie ermöglichte die Messung der Geschwindigkeit über Grund, des Kurswinkels und der Entfernung zur Bodenstation (Kaule/DVL 1936/37).

der. Flog das Flugzeug jedoch genau auf den Bodensender zu (oder von ihm ab), so ergab sich der Maximalwert der Dopplerfrequenz f_{Dmax}, die abgehört werden konnte und auf einem Papierstreifen mit Sekundenmaßstab registriert wurde. Bei Auszählung der Dopplerfrequenz (d.h. der Zahl der Schwingungen/Sekunde) ergab sich nach der gebrachten Gleichung (s. weiter oben) direkt die Geschwindigkeit über Grund, wobei jeder Einzelschwingung (unabhängig von der Geschwindigkeit) eine bestimmte über dem Boden zurückgelegte Strecke zugeordnet werden konnte. Bei jedem anderen Kurs schräg zur Bodenstelle (bzw. von ihr weg) wurde nicht der Maximalwert f_{Dmax}, sondern ein kleinerer Wert f_D erreicht, der eine Cosinusfunktion des Winkels γ zwischen Kurs und Richtung zur Bodenstelle (horizontal und auch vertikal) war. So konnte in Verbindung mit dem Kompaß der Kurs über Grund und die Peilrichtung zur Bodenstelle ermittelt werden. Durch kurzzeitiges Umschalten auf einen zweiten Senderquarz, dessen Frequenz noch innerhalb der Bandbreite der Empfänger und Sender lag, ergab sich auf dem Schreibstreifen eine Übergangsstrecke, bis wieder die gleiche Dopplerfrequenz erreicht war. Eine Vermessung dieser Übergangsstrecke ergab die Entfernung zur Bodenstelle. Ein Überflug über die Bodenstelle war durch den Nulldurchgang und Vorzeichenwechsel der Dopplerfrequenz gekennzeichnet.

Die unternommenen Flugversuche bestätigten auf Anhieb die Funktionsfähigkeit eines derartigen Systems, es wurde jedoch wegen seiner umständlichen Handhabung (Abzählen der Schwingungen etc.) zurückgestellt und nicht mehr weiter verfolgt.

Die Methode der Geschwindigkeitsmessung mittels des Dopplereffekts wurde übrigens ab 1939 von der TH Dresden (Prof. *Barkhausen, Stäblein und Wolmann*) bei der Fernrakete »A 4« (Propagandabezeichnung später »V 2«) für die Reichweitensteuerung angewendet. Bei dieser Anlage »Campania« war die Meßanlage am Boden, der Frequenzumsetzer (= Frequenzverdoppler »Ortler«) hingegen in der Rakete untergebracht. Bei Erreichen der gewünschten »Brennschlußgeschwindigkeit«, d.h. eines bestimmten Betrages der Dopplerschwebung (zwischen der Frequenz des Bodensenders und der zurückgesendeten Frequenz), wurde das Triebwerk durch Funkkommando abgeschaltet. Später wurde die Doppleranlage in erweiterter Form »Toscana« mit mehreren Bodenempfängern nur noch zur Flugbahnvermessung verwendet, für die Geschwindigkeitsmessung an Bord wurden integrierende Beschleunigungsmesser für direkte Triebwerkabschaltung entwickelt und eingesetzt.

Doppler-Radar nach 1945

Die Verwirklichung flugtauglicher Doppler-Radars mit direkter Reflexion am Boden in den USA Anfang der 50er Jahre bedurfte aus vielerlei Gründen einer langjährigen Entwicklungszeit:

a) Bei Verwendung eines Primär-Radargerätes mit direkter Reflexion müssen Sender und Empfänger auf der gleichen Frequenz arbeiten. Dies bedeutet, daß bei Verwendung eines dauernd strahlenden (Dauerstrich-) Radargerätes die Sende- und die Empfangsantenne extrem gut entkoppelt sein müssen, da sonst der Sender den Empfänger gänzlich »zustopft«.

b) Bei Verwendung eines Impulsradars kann man für Sender und Empfänger zwar eine gemeinsame Antenne (über eine Weiche) verwenden, der Sendeimpuls muß jedoch im Radar durch eine geeignete Schaltung so »verlängert« werden, daß seine Frequenz mit derjenigen des später eintreffenden Echos Dopplerschwebungen bilden kann.

c) Der Winkel, mit dem die Radarstrahlung auf den Boden auftrifft, muß auch im Steig- oder Sinkflug etc. stets gleich bleiben, da dieser die Dopplerfrequenz beeinflußt (eine senkrechte Abstrahlung nach unten würde z.B. eine Dopplerschwebung = Null ergeben). Man muß daher zwei Diagramme im gleichen Winkel nach vorne und nach hinten abstrahlen bzw. empfangen und diese (»Janus«-)Antenne durch eine Servoschaltung selbsttätig so um eine Querachse schwenken, daß die gebildeten Dopplerfrequenzen vom vorderen und vom hinteren Diagramm stets gleich bleiben.

d) Bei Seitenwind »schiebt« das Flugzeug, das Meßergebnis wird dadurch verfälscht. Man muß daher die beiden genannten Diagramme schräg geneigt nach rechts-vorne und rechts-hinten abstrahlen und ein drittes Diagramm im gleichen Winkel schräg nach links-vorne vorsehen. Hier muß nun durch eine weitere Servoschaltung die Antenne so um eine senkrechte Achse geschwenkt werden, bis die drei gebildeten Dopplerfrequenzen gleich sind. Die Antennenrichtung gibt dann die Flugrichtung über Grund, die Flugzeuglängsachse zusammen mit dem Kurskreisel den Steuerkurs und der Winkel zwischen beiden den »Driftwinkel« an.

e) Die in der Praxis verwirklichbare Bündelung der Antennendiagramme bedingt, daß am Boden nicht drei kleine Punkte, sondern ovale Flächen angestrahlt werden, die mit steigender Flughöhe größer werden und obendrein über Land Unebenheiten (Häuser, Hügel etc.) enthalten können. An jedem Punkt der angestrahlten Flächen treffen aber die Funkwellen mit leicht unterschiedlichen Winkeln auf. D.h. die drei Diagramme liefern keine einzelnen Dopplerfrequenzen, sondern drei Frequenzspektren, aus denen jeweils Mittelwerte zu bilden sind.

f) Zu beachten ist auch, daß (im Gegensatz zu elektrischen Höhenmessern) der Boden schräg angestrahlt wird. Bei extrem glatten Wasseroberflächen bedeutet das, daß nur ein sehr kleiner Teil der Strahlung reflektiert und der Großteil weggespiegelt wird, was neben einer Veränderung des Dopplerspektrums außerdem bei großen Flughöhen zu einem zeitweisen Ausfall der Messungen führen kann. Um angeschlossene Rechner weiterarbeiten zu lassen, muß eine »Memory«-(Speicher-)Schaltung die letzten Meßwerte festhalten, bis neue Messungen möglich sind.

g) Anstelle der weiter oben beschriebenen Stabilisierung einer beweglichen Antenne um zwei Achsen müßte eigentlich eine solche um drei Achsen, (also auch um die Rollachse) verlangt werden. Dies rentierte sich jedoch meist nur bei militärischen Flugzeugen, die ihr Ziel im Tiefflug in Anpassung an das Gelände anfliegen müssen. Moderne Doppler-Radar-Geräte arbeiten mit fest eingebauten (= »datenstabilisierten«) Antennen; die durch den Einfluß von Längs-, Quer- und Vertikalkomponenten veränderten Dopplerfrequenzen müssen dann mit den aus einer Kreiselplattform (= Kombination von Kurskreisel mit Vertikalkreisel) gelieferten Kurs-, Roll- und Nickwinkelwerten verrechnet werden.

Es gibt vier Arten von Doppler-Radargeräten:
Das »unmodulierte Dauerstrich-Doppler-Radar« (CW-Doppler Radar) benötigt getrennte (aneinander befestigte) Antennen für Sender und Empfänger, die jeweils beide auf die benötigten Strahlrichtungen umgeschaltet werden. Die wieder eintreffenden Echos werden mit einem genau definierten Anteil der Sendefrequenz gemischt und so hinter der Mischstufe direkt die einzelnen niederfrequenten Dopplerfrequenzen der Strahlrichtungen gewonnen. Als Vorteile sind zu nennen: Die Messung ist ab 0 m Höhe möglich, es treten keine Höhenlöcher (s. w. unten) auf. Als Nachteile sind aufzuführen: Die Entkopplung zwischen Sende- und Empfangsantenne muß extrem groß sein (und es dürfen keine Reflexionen an rotierenden Propellerblättern etc. zurück zur Empfangsantenne auftreten). Die Frequenzstabilität des Senders muß extrem hoch sein, da sonst eine falsche Dopplerfrequenz zwischen Echo und Sendefrequenz entsteht. Großes Gewicht der Antennenanordnung.
Bei dem »frequenzmodulierten Dauerstrich-Doppler-Radar« (FM-CW-Doppler Radar) gilt für die Antennen und ihre Umtastung das gleiche wie oben. Der Sender wird hier mit einer Frequenz f_m moduliert. In der Mischstufe treten dann neben der Sendefrequenz, der Modulationsfrequenz und den in den Echofrequenzen enthaltenen Dopplerfrequenzen viele Mischprodukte auf, von denen eines (z.B. $3 f_m \pm f_d$) als Zwischenfrequenz verwendet und dem Demodulator zugeführt wird. Dadurch wird das Rauschen (der ZF-Stufen, der vibrierenden Antennenbauteile etc.) verringert und das Signal/Rausch-Verhältnis wird besser. Als Nachteile sind zu werten das Auftreten von »Höhenlöchern«, d.h. in Höhen, bei denen die Signallaufzeit ein ganzzahliges Vielfaches der Modulationsperiode ist, treten Empfangsauslöschungen auf; obendrein ist bei einigen Typen die Messung erst ab bestimmten Höhen möglich. Auch hier ist das Antennengewicht groß (getrennte Sende- und Empfangsantenne). Die benötigte Sendeleistung ist etwas

höher wie beim reinen CW-Radar, die benötigte Entkopplung der Antennen ist weniger kritisch. Durch einen Kunstgriff läßt sich das FM-CW-Doppler-Radar auch (ähnlich dem FM-CW-Höhenmeßradar) zur Messung der Flughöhe über Grund ausnutzen.
Das »nicht kohärente Impuls-Doppler-Radar« (Pulsed Incoherent Janus Doppler Radar) kann für Sender und Empfänger mit einer gemeinsamen Antenne (und Weiche) arbeiten, aber es wird jeweils auf zwei Strahlen nach vorwärts und rückwärts (Strahl eins und vier abwechselnd mit zwei und drei) gleichzeitig gesendet (Janus-Betrieb). Die Impulstastung des Senders benötigt höhere Sendeleistungen und einen eigenen Modulator. Die für die Auswertung der Signale benötigte Kohärenz (Phasenstarrheit zwischen Sendeimpuls und Echo) ist durch das (nahezu) gleichzeitige Vorhandensein zweier vom gleichen Impuls abstammenden Echos gegeben. Als Dopplerfrequenz ergibt sich jeweils direkt die Summe der einzelnen Dopplerfrequenzen des vorderen und des hinteren Strahles. Als Vorteile ergeben sich kleine Antennen, es entfällt ein besonderer Referenzoszillator. Als Nachteile sind anzuführen das Auftreten von Höhenlöchern, desgl. daß die Quergeschwindigkeitskomponenten nur indirekt über Rechner und die Vertikalgeschwindigkeit gar nicht verfügbar sind. Außerdem ist das Gerät erst bei Höhen über 15 m (bei einigen älteren Typen erst über 100 m) über Grund meßbereit, was der »Nahauflösung« bei Impulsradars entspricht.

Bei dem »kohärenten Impuls-Doppler-Radar« (Pulsed Coherent Doppler Radar) genügt wieder eine für Sender und Empfänger gemeinsame Antenne mit Weiche, die Abtastung der einzelnen Strahlen erfolgt jedoch einzeln (je einer) nacheinander. Die Impulstastung erfolgt wie beim normalen Radar, ein gesonderter Referenz-Oszillator synchronisiert die getastete Senderstufe. Die nacheinander eintreffenden Echos werden jeweils mit der Frequenz des Referenzoszillators gemischt (= Herstellung der Kohärenz) und so der jeweilige Betrag der Dopplerfrequenz für jeden Strahl gewonnen. Vorteile sind die kleine Antenne, desgleichen ist der Referenzoszillator einfacher zu stabilisieren als der Senderoszillator der CW- bzw. FM-CW-Geräte. Als Nachteile sind zu nennen das Auftreten von Höhenlöchern, die jedoch durch zusätzliche Wobbelung der Impulsfolgefrequenz weitgehend eliminiert werden können. Auch hier ist in Abhängigkeit von der Impulsbreite eine Messung erst ab 15 m (bis zu 100 m je nach Typ und Fabrikat) über Grund möglich.
Für Doppler-Radargeräte werden Betriebsfrequenzen um 8,8 GHz oder 9,8 GHz oder 13,3 GHz bevorzugt. Unmodulierte CW-Systeme weisen meist eine Sendeleistung um 0,2 W, FM-CW-Systeme um 2 W und Impuls-Dopplergeräte um 2 kW auf. Als Eingangssignale benötigten die Doppler-Radargeräte der ersten Generationen von Kurs- und Vertikalkreisel (oder Kreiselplattform) den Kurs, den Nick- und den Rollwinkel als 400 Hz-Synchronsignale zur Stabilisierung der Antenne. Aus dem Steuerkurssignal und der Verdrehung der Antenne gegenüber der Flugzeuglängsachse (= Driftwinkel) wurde in einem Differentialsynchro der Kurs über Grund gewonnen. Gleichzeitig wurde das Signal für die Geschwindigkeit über Grund (die aus der Dopplerfrequenz abgeleitet wurde) in einem weiteren Synchroresolver an der Antenne in die Geschwindigkeitskomponenten längs und quer zum Kurs (oder bezogen auf Nord/Süd- bzw. Ost/West-Richtung) umgewandelt. An einem Instrument wurden Driftwinkel und Geschwindigkeit über Grund (gegf. auch die Vertikalgeschwindigkeit) angezeigt. Obwohl das Doppler-Radar in dieser Form bereits eine bordautonome Navigation unter Benutzung einer Rechenscheibe (Nachfolger des »Knemeyer«) ermöglichte, wurde es fast immer mit einem Flugwegrechner kombiniert, wodurch eine Doppler-Navigationsanlage entstand. Da die älteren Doppler-Radargeräte nur Analogsignale abgaben, waren auch die Flugwegrechner der ersten Generation als Analogrechner ausgebildet. Sie bestanden aus einem Bediengerät und einer Recheneinheit. Am Bediengerät wurden nach Einstellung des gewünschten Kurses die auf dem Kurs zurückgelegten (oder bis zum Wegpunkt noch zurückzulegenden) nautischen Meilen bzw. die Querablage (Cross Track Error) in nautischen Meilen (±) angezeigt. Auf der Achse des letztgenannten Synchroempfängers saß auch ein Potentiometer für die Erzeugung eines Gleichstromsignals für die Ablageanzeige auf einem Kreuzzeigerinstrument. Am Bediengerät waren die genannten Einstellknöpfe mit Rollenanzeige jeweils zweimal vorhanden, so daß während des Fluges bereits eine weitere Wegstrecke mit Kurs vorgewählt werden konnte. Die schwache Stelle dieser Analogrechner waren die mechanischen Integratoren (Reibradgetriebe) mit ihrer oft unzureichenden Genauigkeit und Konstanz. Eine derartige Anlage bestand aus Antenne, Sende-Empfänger, Dopplerrechner, Bediengerät und Anzeige, ferner aus Flugwegrechner mit Bedien- und Anzeigegerät; die gesamte Masse lag anfänglich bei 130 kg, im Jahre 1965 bei 40 kg.

Hier noch ein Hinweis: Bei der bodengestützten Funknavigation bleibt der Fehler konstant mit der Zeit, wächst jedoch mit der Entfernung. Bei der Dopplernavigation steigt der Fehler linear mit der Zeit (bedingt durch eine Integration) und entsprechend mit der Strecke. Bei der auf Beschleunigungsmessungen basierenden Trägheitsnavigation finden zwei Integrationen aufeinanderfolgend statt, so daß der Fehler etwa quadratisch mit der Zeit (bzw. der zurückgelegten Strecke) steigt.

Als Beispiel einer modernen Doppler-Navigationsanlage für Hubschrauber aller Art sei hier das System *LDNS* genannt, das bei Singer Kearfott/USA als *AN/ASN-128* entwickelt wurde und in der Bundesrepublik in einer verbes-

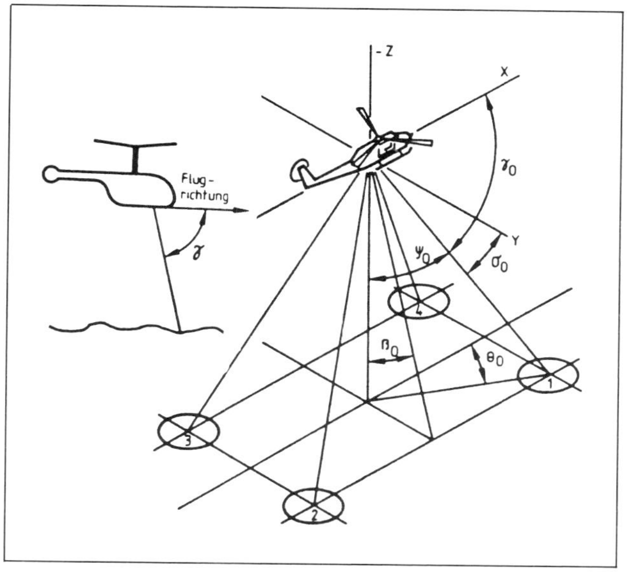

Doppler-Geschwindigkeitsmessung mit vier schräg zum Boden gerichteten Antennendiagrammen.

Anzeigegerät älterer Doppleranlagen für Driftwinkel und Geschwindigkeit über Grund.

Doppler-Navigationssystem »LDNS = AN/ASN-128« von SEL für Hubschrauber. Auf dem Bild die Bedien-Rechnereinheit CDU (links) und die Antenne mit Sender-Empfänger; nicht gezeigt die Signal-Datenwandlereinheit SDC und der Steuer-Schwebefluganzeiger SHIU (ähnelt einem Kreuzzeiger und gibt Links-/Rechts- und Vorwärts-/Rückwärtsabweichung an).

serten Ausführung von der Firma SEL/Stuttgart in Lizenz gefertigt wird. Die Anlage besteht aus einer Antenneneinheit und einem Signal/Datenwandler, die zusammen den Doppler-Geschwindigkeits-Fühler (Doppler Radar Velocity Sensor DVRS) bilden; dazu kommt ein Steuer- und Schwebefluganzeiger (Steering-Hovering Indicator Unit

SHIU) und die kombinierte Rechner-Anzeigeeinheit (Computer Display Unit CDU). Die gesamte Masse beträgt 15,2 kg. Die Anlage arbeitet als FM-CW-Doppler-Radar. Die in der Antenneneinheit von einem Gunn-Oszillator erzeugte Hochfrequenz (13,325 GHz, Leistung 50 mW) wird mit Hilfe einer Varactordiode mit einer sinusförmigen 30 kHz-Spannung frequenzmoduliert und über einen Richtkoppler und einen Duplexer (zur Entkopplung von Sender und Empfänger) einem Antennenschalter zugeführt. Dieser schaltet mit 7,5 Hz zyklisch je einen der vier Eingänge eines Hohlleiters durch. Nach dem Austritt aus dem geschlitzten Hohlleiter wird die Mikrowelle an einer Metallfläche reflektiert und über ein gedrucktes Strahlungsgitter ausgekoppelt. Dadurch werden an der »Planar Array«-Antenne nacheinander vier Strahlen schräg nach unten gebildet. Aus dem Richtkoppler werden einige Milliwatt der Sendeenergie zur Synchronisierung dem ersten Oszillator des Empfangsteiles zugeführt, der dadurch mit der Sendefrequenz kohärent ist. In der Mischstufe wird die Oszillatorfrequenz mit den vier vom Erdboden reflektierten und die Dopplerinformation enthaltenden Frequenzen gemischt und als Zwischenfrequenz an den Empfänger im Signal/Datenwandler angegeben. Das Sende-Empfangsmodul ist übrigens als integrierte Mikrowellenschaltung ausgeführt.

Im Signal/Datenwandler werden die vier durch Dopplerverschiebung erzeugten Empfangssignale mit ihren Seitenbändern bei 30 kHz (und Oberwellen davon) einem Filter zugeführt, das die Reste der Trägerfrequenz in einem Mischverfahren eliminiert und nur den Frequenzbereich von 23 bis 37 kHz um das erste Seitenband durchläßt. In einer Frequenzfolgeschaltung (Frequency Tracker) wird selbsttätig die jeweilige Mittenfrequenz des Dopplerspektrums gesucht und daraus werden Impulsfolgen erzeugt, deren Frequenzen proportional zu den Dopplerverschiebungen der vier Abtaststrahlen sind. Die Schaltung arbeitet auch mit nur drei Strahlen. Wenn aber zwei oder mehr ausfallen, wird durch geeignete Schaltglieder (und etwas verzögert) die Anzeige »Memory« am Bediengerät ausgelöst, die anzeigt, daß das Dopplersignal verloren ist und bis zum Wiedereintreffen mit den letzten Werten weitergerechnet wird (= Dead Reconning = Back-up). Die Rechner-Anzeige- und Bedieneinheit enthält neben einem Tasten- und Anzeigefeld einen Digitalrechner (für »Eingeweihte«: CPU in Bit-slice-Technik mit einem ROM-Speicher mit 8 K-Worten und einen RAM-Speicher mit 256 Worten mit Pufferbatterie, sowie I/O-Karten, Display- und Datenkarten; durch Verwendung von LSI- und MSI-Schaltungen wird eine hohe Packungsdichte erreicht). Der Rechner wandelt die aus den vier Abtaststrahlen gewonnenen Dopplerfrequenzen zusammen mit Eichkonstanten der Antenne in drei orthogonale Komponenten Vx, Vy und Vz der Flugzeuggeschwindigkeit, d.h. in flugzeugfeste Koordinaten, um. Durch Verrechnung mit Nick- und Rollwinkel ergeben sich erdfeste Koordinaten mit den horizontalen, diagonalen und vertikalen Komponenten V_H, V_D und V_V und durch Einbeziehung des Kurssignals die auf Nord/Süd- bzw. Ost/West-Richtung bezogenen Geschwindigkeitskomponenten. Diese werden nach Integration und nach Eingabe der Startkoordinaten im Tastenfeld in die gegenwärtige Position nach Länge/Breite bzw. UTM-Gitternetzkoordinaten umgerechnet und angezeigt. Eine Selbstprüfeinrichtung (BITE) erlaubt auch während des Fluges die Überprüfung aller wichtigen Teile und Funktionen. Der Rechner kann bei Eingabe der Eigengeschwindigkeitsdaten (True Airspeed TAS) aus einem Luftdatenrechner auch Windstärke und Windrichtung berechnen (Winddreieck mit Ground Speed, Drift Angle, True Airspeed und Windspeed), desgleichen können bis zu zehn Wegpunktkoordinaten eingegeben werden.

Der Steuer-/Schwebefluganzeiger SHIU zeigt in Betriebsart Navigation die Geschwindigkeit über Grund, die Querablage vom Zielkurs und die Entfernung zum Wegpunkt an. In Betriebsart Schwebeflug zeigt das Gerät die drei Geschwindigkeitskomponenten längs, quer und vertikal an, so daß der Pilot den Hubschrauber auch ohne Bodensicht zum Stillstand in der Luft bringen kann. Der Meßbereich des LDNS beträgt bei der Horizontalgeschwindigkeit – 93 bis + 650 km/h, die Driftgeschwindigkeit ± 185 km/h, die vertikale Steig/Sinkgeschwindigkeit ± 1500 m/min. Die typische Genauigkeit ist besser als 0,3 %, mit üblichen Lagereferenzen ist die Genauigkeit des zurückgelegten Weges besser als 1,3 %. Die Gesamtmasse ist 15,2 kg. Die Anlage ist derzeit eingesetzt u.a. bei leichten Beobachtungshubschraubern VBH und Panzerabwehrhubschraubern PAH 1 der Bundeswehr.

Eine ähnliche Anlage ist das LITEF-Doppler-Navigationssystem *LDN* der Litton Technischen Werke/Freiburg, wie es im »Alpha-Jet« eingebaut ist. Es besteht aus einem Doppler-Geschwindigkeitsfühler, bei dem Antenne, Sender, Empfänger und Frequenzfolgeschaltung in einer Einheit zusammengebaut sind. Dazu kommt ein digitaler Hochgeschwindigkeitsrechner (LR-1416), der u.a. bei der Positionsberechnung automatisch aus seinem Speicher die jeweilige magnetische Mißweisung berücksichtigt und auch bei Abschaltung die gespeicherten Werte nicht löscht, und als drittes Gerät die Eingabe- und Anzeigeeinheit (Control and Display Unit CDU). Auf letzterem können neben dem Startplatz neun Wegpunkte, fünf Ausweichziele und vier TACAN- oder VOR/DME-Stationen eingegeben und abgerufen werden. Zu den Betriebsarten gehören auch die Anzeigen von Geschwindigkeit über Grund und Driftwinkel, Windrichtung und Windstärke, Richtung und Entfernung zu Wegpunkten und Navigationshilfen, benötigte Flugzeit zu diesen Punkten, Positionsdatenkorrektur nach TACAN- oder VOR/DME-Daten und eine Selbstprüfung zur Fehlerlokalisierung beim Dopplerfühler, Navigations-

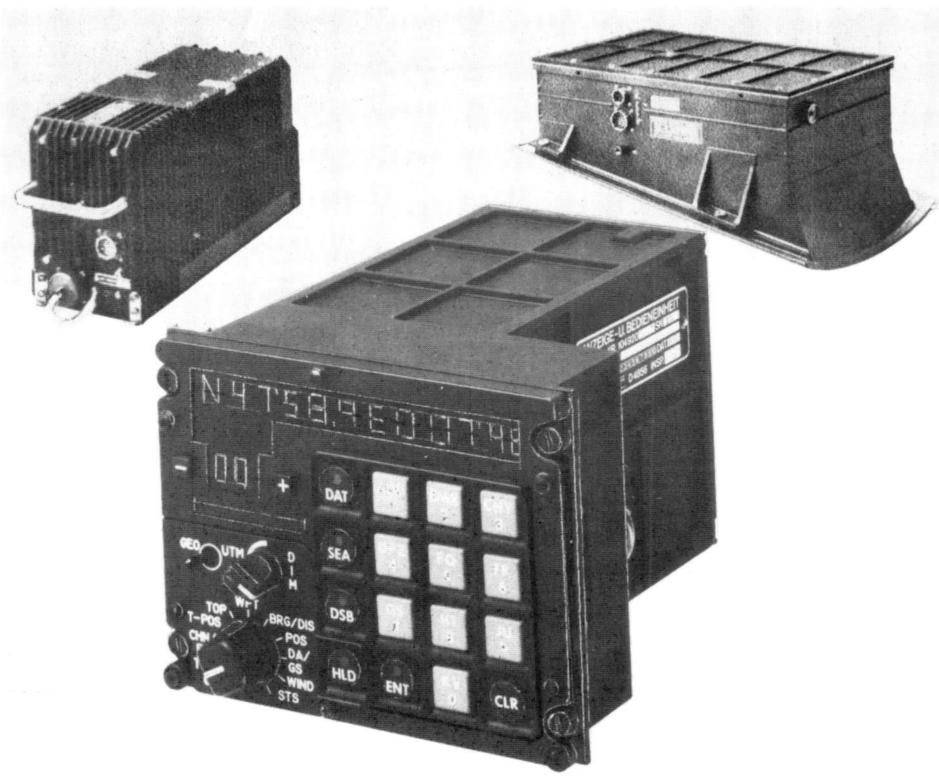

Doppler-System »LDN« von LITEF mit Bedien- und Anzeigeeinheit CDU, Navigationsrechner NC und Doppler-Geschwindigkeitssensor DVS (= Antenneneinheit), hier in der Bauform für den »Alpha-Jet«.

rechner, Luftdatenrechner für TAS oder TACAN bzw. VOR/DME. Die Eingabe der Position kann nach Länge und Breite oder nach UTM-Gitternetzkoordinaten erfolgen.
Der Doppler-Geschwindigkeitsfühler arbeitet auch hier auf 13,3 GHz mit vier Richtkeulen, deren Daten für die momentane Lage der festen Antenne zur Horizontalen durch Einspeisung von Nick- und Rollwinkelsignalen entsprechend korrigiert werden. Ebenso (wie beim vorher genannten Gerät für Hubschrauber) entfällt auch hier der früher benötigte Umschalter »Land/See« durch besondere Gestaltung der Richtkeulen. Die Einheit kann anstelle der konusförmigen Ausbildung der Antennenabdeckung (Radome) für den Einbau im Heck des »Alpha-Jet« auch als rechteckige Einheit mit flachem Radom geliefert werden. Der Geschwindigkeitsbereich geht von 40 bis 600 knots (für Hubschrauber – 50 bis + 350 knots), die berechnete Genauigkeit (CEP) ist besser als ± 0,5% der zurückgelegten Strecke. Die gesamte Masse der Anlage beläuft sich auf 21 kg. Die Anlage liefert auch Werte an weitere Verbraucher, u.a. Grundgeschwindigkeit, Entfernung, benötigte Zeit und einen Navigations- und einen Drift-Index für das Head-Up-Display.

Die Firma LITEF bietet auch ein Inertial-Doppler-Navigationssystem *LHN-85* für Hubschrauber an. Durch die Verwendung von zwei zweiachsigen abgestimmten Kreiseln und drei Beschleunigungsmessern in »Strapdown«-Technik (d.h. ohne Plattform, fest an das Luftfahrzeug montiert,) und einer magnetischen Erdfeldsonde für den Inertial-Sensor versorgt das System den Flugregler sofort (ohne Wartezeiten) mit den erforderlichen Eingangssignalen und bildet durch die Kombination mit einem Doppler-Radar-Geschwindigkeitsfühler (unter Verwendung moderner Filterverfahren) ein hochgenaues bordautonomes Navigationssystem.

Bord-Radar-(Funkmeß-)Verfahren

Übersicht

Unter dem Begriff »Funkmeßgerät«, heute Radargerät (von *Ra*dio *D*etecting *a*nd *R*anging), versteht man (neben den schon besprochenen einfachen Formen der reinen Entfernungs- bzw. Höhenmeßgeräte) vor allem jene Arten, die eine kombinierte Abstandsmessung *und* Peilung bzw. Richtungsbestimmung erlauben. Sie können einerseits eingeteilt werden in folgende Arten:

»Passive Radargeräte« arbeiten ohne Sender und zeigen die Einfallsrichtung anderer Radarsender an, können aber bestenfalls nur grobe Entfernungswerte liefern, erzielen aber dafür hohe Reichweiten;
»aktive (Primär-)Radargeräte« strahlen mit ihrem Sender ein Ziel an und bestimmen Richtung und Entfernung aus der direkten Reflexion bzw. Rückstrahlung (an der Oberfläche des Zieles);
»aktive Sekundär-Radargeräte« hingegen verwenden für Sendung und Empfang verschiedene Frequenzen, benötigen daher als Gegenstation an Bord des Flugzeugs einen Transponder (Rückstrahlverstärker), sind frei von störenden Echos an Gebäuden etc. und ergeben bei kleiner Leistung hohe Reichweiten für Richtungsbestimmung und Entfernungsmessung;
»halbaktive (= bistatische) Radargeräte« benützen die direkte Rückstrahlung von Zielen, die von einem abgesetzt (z.B. am Boden) aufgestellten Radarsender angestrahlt (»beleuchtet«) werden, wobei die Einfallsrichtung der Echos direkt angezeigt wird, die Entfernung aber aus Ellipsen-Standlinien ermittelt werden muß; dieses Verfahren ist besonders interessant für die Zielsuchlenkung von Flugkörpern (wofür keine Entfernungsmessung an Bord des Körpers benötigt wird).

Funkmeßgeräte im UKW- und DMW-Bereich

Erste Bordgeräte

Im Februar 1940 erfolgte die erste Anfrage des RLM bei Firmen und Forschungsinstituten nach der Darstellbarkeit von Funkmeßgeräten an Bord von Flugzeugen, verbot jedoch gleichzeitig jede Antenne außerhalb des Flugzeugs. Nachdem so keine brauchbare Reichweite erzielbar war, wurden dann doch ab Frühsommer 1941 Außenantennen genehmigt! Diese mehr als 15 verlorenen Monate brachten es mit sich, daß in Deutschland erst im Herbst 1941 die ersten Geräte an die Erprobungsstellen geliefert werden konnten. (In England dagegen gelangten die ersten Seriengeräte ASV Mk.I im Januar 1940 zur Truppe.)
Im Laufe der Entwicklung ergaben sich dann die im Bild gezeigten Antennendiagramme: Ein festes Diagramm verwendete neben dem Funkhöhenmesser das Rückwärtswarngerät (das besonders in der Nacht Kampfflugzeuge vor von rückwärts angreifenden Jägern warnen sollte), und auch das (nicht mehr zum Einsatz gekommene) Tagjagdgerät mit Nachlaufgerät für automatische Schußauslösung. Das Schiffsuchgerät tastete abwechselnd den Raum links und rechts vor dem Flugzeug ab, während das Nachtjagdgerät zusätzlich eine Messung hoch/tief erlauben mußte. Während die bisher angesprochenen Diagramme der UKW/DMW-Geräte annähernd Keulenform aufwiesen, verwendeten die auf Zentimeterwellen arbeitenden Rundsuchgeräte (»Panoramageräte«) ein fächerförmiges Diagramm, das beim Navigations- oder Bodenbetrachtungsfunkmeßgerät den Halbraum unterhalb vom Flugzeug zum Zeichnen einer »Reflexionskarte« abtastete. Ein entsprechendes Luftraumübersichtsgerät, das die Halbkugel oberhalb des Flugzeugs abtastete, blieb nur Versuch. Spätere Nachtjagdgeräte (ebenfalls auf Zentimeterwelle) verwendeten konusförmig oder spiralförmig rotierende »Bleistift«-Diagramme. Der für dieses Buch zur Verfügung stehende Raum erlaubt nur das Eingehen auf die allerwichtigsten Geräte. Im Jahre 1941/42 waren in Deutschland die ersten Bordfunkmeßgeräte im Versuch (*»Atlas«, »Neptun«, »Prof. Scherzer«, »Wendelstein«, »Rostock«* und *»Lichtenstein BC«*). Sie wiesen Impulsleistungen um 1,5–2 kW auf und erzielten daher auf Frequenzen zwischen 91 und 490 MHz nur Reichweiten bis zu 5 km gegen Flugzeuge und etwa 15 km gegen große Schiffe. Erbeutete englische ASV-Geräte wiesen 9 kW Impulsleistung auf 170 MHz auf und erzielten Reichweiten um 20–30 km gegen Schiffe, dafür waren sie allerdings wesentlich schwerer und größer.

Schiffssuchgeräte

In Konkurrenz zum »Lichtenstein S«-Gerät (91 MHz/2,5 kW) von Telefunken und zum »Rostock«-Gerät (125 MHz/1,5 kW) der GEMA konnte sich das

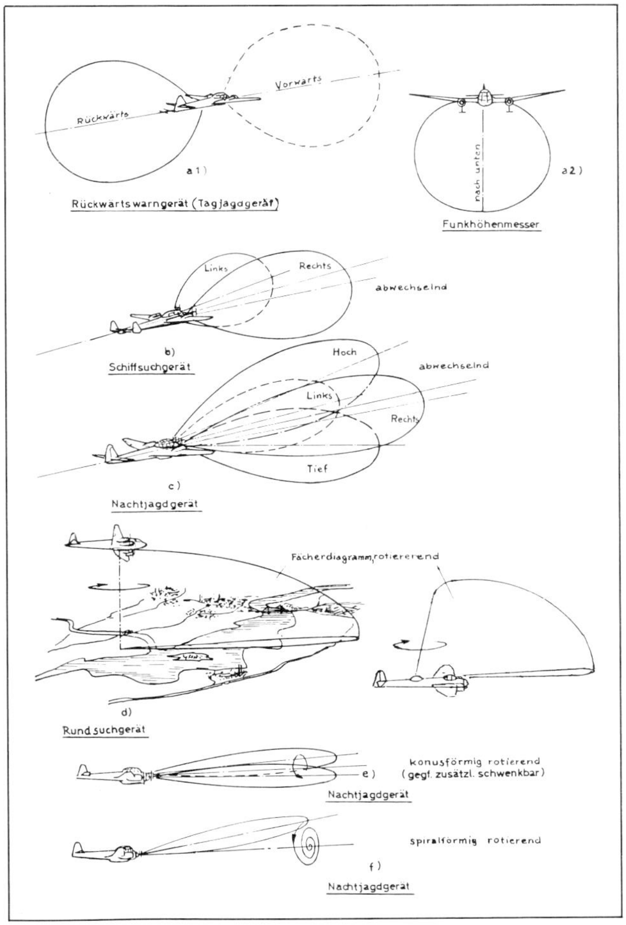

Die wichtigsten Formen der Antennendiagramme für Bordfunkmeßgeräte (bis 1945).

Schiffssuchgerät »*Hohentwiel*« *FuG 200* der Firma Lorenz *(Dr. K. Christ, Dr. G. Müller, Dr. Bosse und Böhmländer)* durchsetzen. Es wies durch Verwendung von Bausteinen eines vorhandenen Flak-Funkmeßgerätes bereits einen hohen Reifegrad und eine wesentlich höhere Leistung von 30 kW auf einer Betriebsfrequenz von 550 MHz auf.

Zur Tastung des Senders diente ein einstufiges Hochleistungskippgerät, bestückt mit einem Thyratron S1/3iII und einer LG 12 für die Gittervorspannungserzeugung der Gastriode. Deren Entladung lieferte über einen Transformator Hochspannungsimpulse an die Anoden der Gegentaktsendestufe, die mit zwei Trioden RD 12 Tf bestückt war und eine Impulsspitzenleistung von 30 kW abgab. Die Impulsfolge betrug nur 50 Hz (um Stromverbrauch und Gewicht des Tastteils klein zu halten), die Impulsbreite lag bei 1,5 µs. Zur Überwachung der Sendefrequenz, die bei der ersten Serie bei 550 MHz lag, diente ein im Sendergehäuse eingebauter kleiner Wellenmesser mit einer Diode LG 1 und eine Glimmlampe zur Anzeige. Der Empfänger war als Doppelüberlagerungsgerät ausgelegt mit einer 1. ZF = 8,4 MHz und einer 2. ZF = 6,3 MHz. Die Röhrenbestückung war 1 × LD 1 (1. Oszillator), 1 × LG 7 (Mischdiode), 7 × LV 1 (ZF), 3 × LG 1 (Gegentakt-ZF-Gleichrichter und Ausgangsbegrenzer), und 1 × LG 12 (Stromversorgung). Die Bandbreite betrug 0,7 MHz, später 1,2 MHz, die Empfindlichkeit lag bei 40 kTo. An die 1. ZF-Stufe lose angekoppelt war ein auf einen Glas-Laufzeitstab aufgekitteter Quarz als sog. »künstliches Ziel«. Es wurde vom direkten Sendeimpuls erregt und setzte die ZF-Schwingungen in Ultraschallschwingungen um, die an den Enden des Stabes mehrfach reflektiert wurden und so in der ZF eine Reihe von künstlichen Echos erzeugten.

Das Sichtgerät wies in der ersten Serie einen Meßbereich von 0–100 km auf, die Nahauflösung lag ursprünglich bei 1,7 km, später bei 800 m. Neben einer Braunschen Röhre des Typs LB 1 enthielt es noch eine Ablenkstufe und eine Helltaststufe, jeweils mit 1 × LV 1 bestückt, desgleichen ein Netzteil mit 1 × LG 3. Spätere Serien des Sichtgeräts waren umschaltbar in den Bereichen 0–10 / 0–100 km bzw. 0–15 / 0–150 km. Bei Einschaltung des künstlichen Zieles erschienen auf der Entfernungsskala in Abständen von je 3 km 8 bis 12 künstliche Echos, mit deren Hilfe die Skaleneichung und die Abstimmung des Empfängers kontrolliert werden konnten. Neben dem Sichtgerät war ein kleiner Schaltkasten angebracht für die Ein- und Ausschaltung des Senders, zur Fernabstimmung des Empfängeroszillators und zur Leistungsreduzierung des Senders für Flughöhen über 3 km (zur Vermeidung von Hochspannungsüberschlägen). Die Stromversorgung erfolgte aus einem Gleichstrom/Wechselstromumformer mit Ausgang 3 × 36 V/500 Hz. Jedes Einzelgerät enthielt also sein eigenes Netzteil, so daß der Umformer von Konzeptänderungen nicht betroffen wurde. Die Sendeantenne bestand aus Dipolgruppen mit je acht horizontalen spannungsgespeisten Halbwellendipolen mit Reflektoren und war genau in Flugrichtung ausgerichtet. Die Empfangsantennen für die Vergleichspeilung links/rechts waren gleichartig aufgebaut, aber um 30° schräg nach vorne links bzw. vorne rechts gerichtet. Es waren zwar Sendeempfangsweichen entwikkelt, so daß die Sendeantenne hätte eingespart werden können; die benötigtem Schaltdioden (»Nulloden«) konnten jedoch von Telefunken nicht geliefert werden. Ein Motorschalter am Empfänger legte abwechselnd die linke bzw. die rechte Empfangsantenne an den Eingang, eine zweite Ebene schaltete synchron dazu den Empfängerausgang an die linke bzw. rechte Ablenkplatte der Sichtanzeigeröhre. Die vom Senderimpuls ausgelöste Zeitablenkung wurde unter einer eingravierten Skala von unten nach oben geschrieben, an den Empfangsantennen eintreffende Signale

Seeaufklärer Ju 188 D-2 mit Schiffssuchgerät FuG 200 »Hohentwiel«. Oben = die drei Antennen, links unten das Sichtgerät, rechts unten der Heckraum mit Sender und Empfänger des FuG 200 und Teilen von FuG 10P, FuG 25a und FuG 16 (gegenüberliegend).

(Senderimpuls und Echos) lenkten die Zeitlinie je nach Amplitude der Signale nach links oder rechts aus. Es entstand so bei der 0 km-Marke das »Nullzeichen« des eigenen Senders, gefolgt von Reflexionen an der Wasseroberfläche (»Seeschlange«). War ein eintreffendes Echo z.B links größer als rechts, so mußte das Flugzeug für den Zielflug nach links drehen, bis beide Auslenkungen (links unc rechts) gleichgroß waren (= Amplitudenvergleichspei

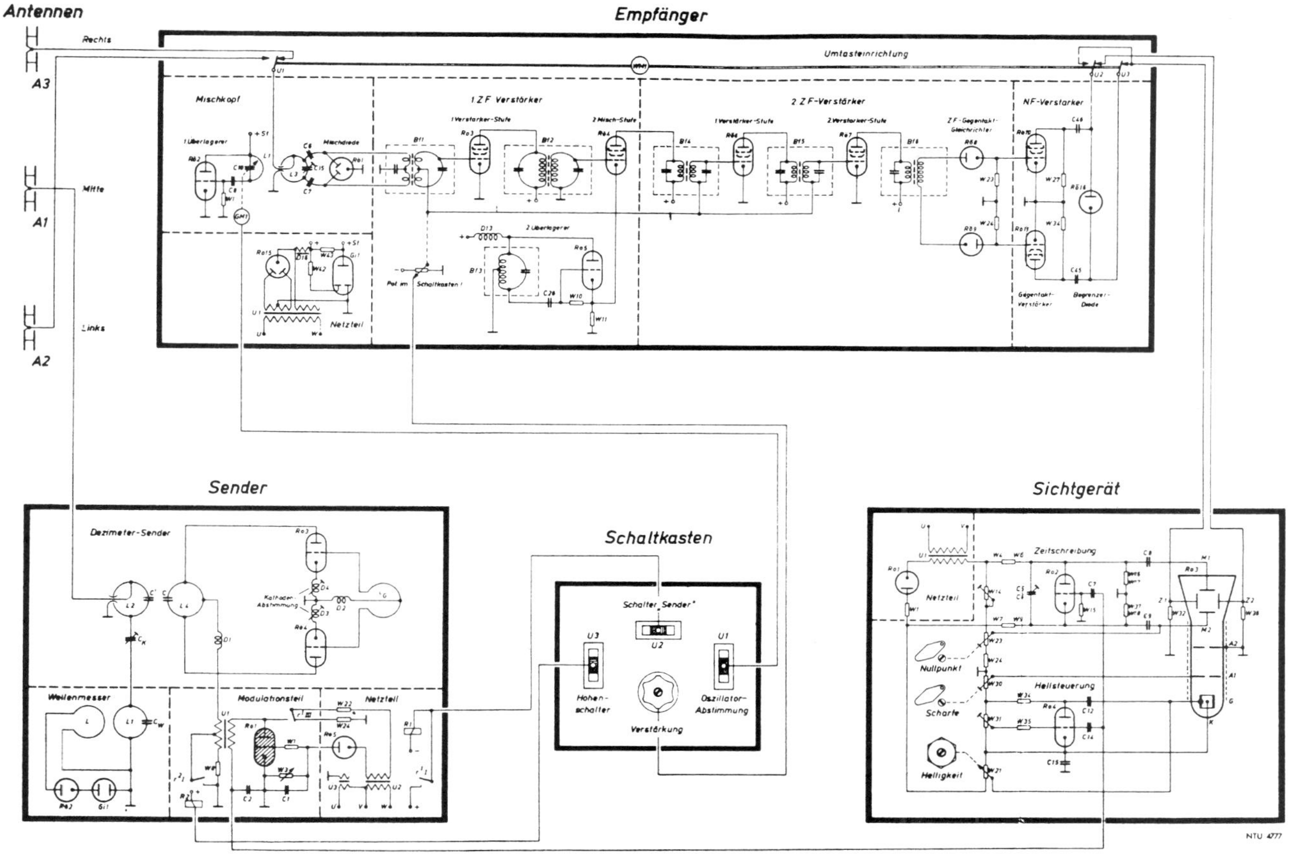

Vereinfachter Stromlaufplan »FuG 200«.

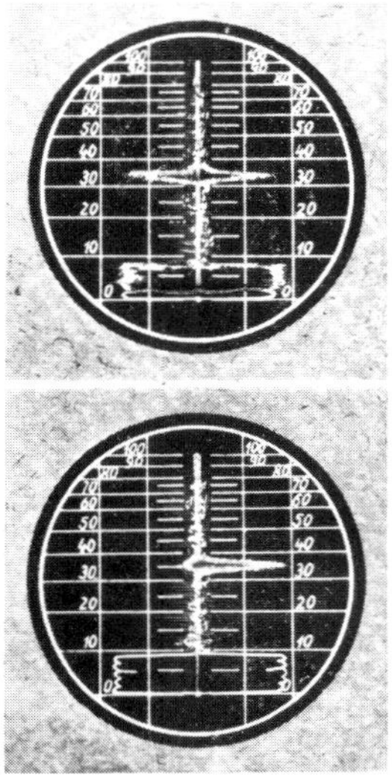

Verkleinerte Breitbandantenne »Zaunkönig« für FuG 200. Rechts: Anzeige beim FuG 200. Unten: Ziel rechts in 35 km, darüber: Ziel genau voraus.

lung). Bei Annäherung an das »Ziel« wanderte das angezeigte Echo auf der Zeitlinie nach unten zu kleineren Entfernungswerten. Die erzielte Reichweite war natürlich abhängig von der Flughöhe (quasioptische Ausbreitung) und von der Größe des Zieles. Ein Schiff mittlerer Größe (ca. 5000 t) wurde bis 80 km, ein aufgetauchtes U-Boot bis 40 km, Flugzeuge in 10–20 km und das Sehrohr eines getauchten U-Bootes noch bis 6 km erfaßt. Die Meßgenauigkeit betrug im Nahbereich (10 bzw. 15 km) ± 50 m, im Fernbereich etwa ± 1000 m. Die Zielfluggenauigkeit betrug ca. ± 1°, die Nahauflösung 1500 m, später 1000 m.

Bei Einbau in Großflugboote BV 222 wurden an der Steuer- und der Backbordseite zusätzliche Antennen mit seitlicher Blickrichtung angebracht, so daß auch ein breiter Streifen links und rechts des Flugzeugs überwacht oder z. B. parallell zu einer Küstenlinie geflogen werden konnte. Wegen eines erwarteten Auftretens feindlicher Störsender wurden die Geräte ab 1944 auf verschiedenen Frequenzen (»Streuwellen«) in sog. »Inselwellenbereichen« betrieben, die zwischen 508 und 568 MHz lagen. Bei den ersten Geräten konnte vor dem Start, bei den nachfolgenden auch während des Fluges, zwischen zwei Frequenzen umgeschaltet werden. Ende 1944 gab es auch sog. »Vollwismar«-Geräte, die während des Fluges elektrisch im Bereich 525–575 MHz durchstimmbar waren. Dazu gehörte auch eine in ihren Abmessungen wesentlich verkleinerte Breitbandantenne »Zaunkönig«.

Vom FuG 200 wurden mehrere 1000 Stück für die Luftwaffe gefertigt und in Fernaufklärer der Typen Fw 200, He 177, Ju 290, BV 138, He 111, He 115, Ju 88, Ju 188 und Ju 388 eingebaut. Gegen Kriegsende erhielten auch etliche Kampf- und Transportflugzeuge »Hohentwiel«-Geräte zum Auffinden und Versorgen eingeschlossener Truppenteile durch Abwurflasten. Die Bodeneinheiten hatten dazu einfache Funkmeßbaken = Impulswiederholer erhalten. Dies waren mit Senderöhren bestückte Pendelaudionschaltungen, welche die empfangenen Impulse in aufgeschaukeltem Zustand direkt (unverzögert und auf der gleichen Frequenz) über die Antenne wieder abstrahlten und so auf dem Bildschirm als starkes »Echo« (zwischen anderen Bodenechos) erschienen. Auf die weiteren Varianten des FuG 200, die bei der Luftwaffe am Boden und vor allem bei der Marine auf Schiffen und an Land eingesetzt wurden (teilweise schon mit HF-Verstärkerstufen im Empfänger und mit Antennenweiche für Simultanbetrieb = Sendung und Empfang über die gleiche Antenne) kann hier nicht weiter eingegangen werden.

Nachtjagdgeräte

Die Firma Telefunken *(Dr. Runge, Muth)* hatte bereits im Sommer 1939 einen elektrischen Höhenmesser »*Lichtenstein A*« entwickelt, der bei Stukas ein automatisches Abfangen im Sturzflug einleiten sollte. Er bestand aus einer Grundplatte mit aufgeschraubten Gerätebausteinen, einem Sichtgerät und einem Senderumformer des FuG 10. Auf die bereits erwähnte Anfrage des RLM vom Februar 1940 entstand (nach den anfänglichen Verbot von äußeren Antennen) daraus ein Nachtjagdgerät »*Lichtenstein BC*« *FuG 202* mit 1,5 kW Impulsleistung auf 490 MHz. Der Gegentaktsender (2 × RS 394) wurde getastet durch ein sechsstufiges Impulstastgerät (mit 2 × RV 12 P 2000, × LV 1 und 6 × LD 2), da damals die Frequenzteilung und die Erzeugung kurzer Impulse größtenteils noch Neuland war. Der Empfänger war noch als Pendelaudion mit gesondertem vierstufigem Pendelfrequenzgenerator, Gegentaktgleichrichter und einem sechsstufigen Breitbandverstärker ausgelegt. Das Sichtgerät enthielt eine Entfernungsanzeigeröhre mit kreisförmiger Entfernungsskala (mit Ablenkung nach außen), eine Höhenpeilröhre mit horizontaler Ablenkung und Vergleichspeilung hoch/tief (bzw. Ablenkung nach oben und unten) und eine Seitenpeilröhre mit Amplitudenvergleich links/rechts. Alle Anzeigeröhren wiesen einen Durchmesser von je 8 cm auf, die benötigten Ablenk- und Helltastspannungen wurden in weiteren acht Röhren erzeugt. Jede der vier in einem Quadrat angeordneten Einzelantennen bestand aus vier spannungsgespeisten Dipolen mit Reflektorstäben dahinter. Senderausgang und Empfängereingang waren ohne eigentliche Weiche direkt parallelgeschaltet und über einen kapazitiven Drehverteiler mit Motorantrieb verbunden, an dessen vier Ausgängen die Antennen angeschlossen waren.

Der Drehverteiler bewirkte, daß abwechselnd die beiden oberen Antennen, dann die beiden rechten, dann die unteren und darauffolgend die linken Antennen usf. den anderen Antennen in der Phase voreilten, so daß sich periodisch nacheinander schräg nach oben, rechts, unten bzw. links gerichtete Antennendiagramme ergaben. Der Drehverteiler schaltete auch entsprechend den Empfängerausgang an die Ablenkplatten der Höhen- und der Seitenanzeigeröhre. Die Entfernungsskala ging zwar bis 8 km, in der Praxis wurde gegen Flugzeuge eine Reichweite von 4 km erzielt. Die beiden Peilröhren zeigten zur besseren Auflösung nur einen verschiebbaren Teilbereich von 1,5 km Breite (= elektrische Lupe). Das Gerät wurde im September/Oktober 1941 in einer Do 215 B-5 *(Oblt. Becker)* erfolgreich (mit sechs Abschüssen) erprobt, fiel aber dann aus. Die ersten Seriengeräte kamen erst ab Februar 1942 zum Einbau. Da die Antennen einen Fahrtverlust von 30–40 km verursachten und viele Besatzungen dem »neumodischen Gerät« noch sehr skeptisch gegenüberstanden, kam es oft vor, daß in den »Luftschleusen« mühevoll eingebaute und justierte Anlagen bei der Truppe wieder ausgebaut wurden! Das lag ganz in der Linie des Generalluftzeugmeisters Udet, der bei der Vorführung eines Flakfunkmeßgerätes 1939 äußerte: »Um Gottes Willen, da wissen die ja am Bo-

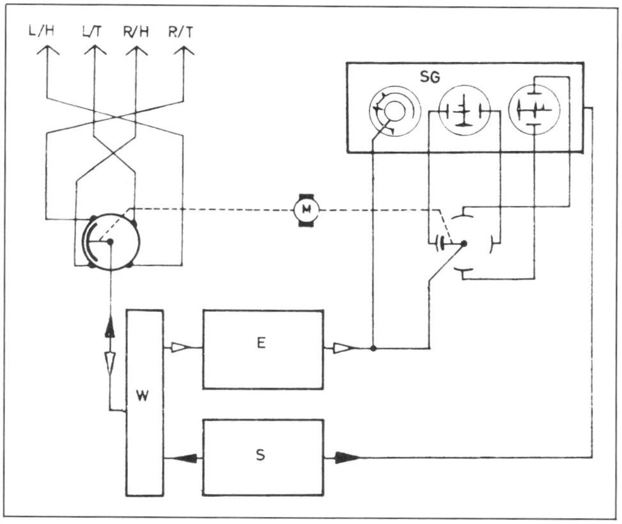

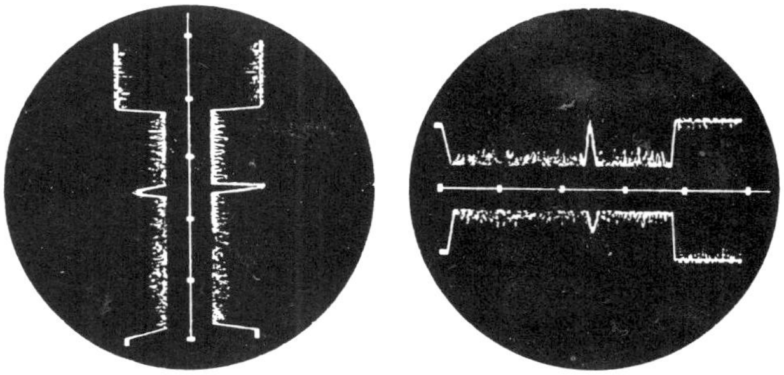

Anzeigeschirmbilder auf der Seitenpeilröhre (links) und der Höhenpeilröhre (rechts): Entfernungsmarken alle 2 km, daher Ziel rechts hoch liegend in 5 km Entfernung, Bodenechos = Flughöhe in 7,5 km. Zwischen Nullzeichen und Bodenecho »weißes« Empfängerrauschen.

Links: Blockschema der Nachtjagdgeräte »FuG 202« und »212«.

Antenne des FuG 202 »Lichtenstein B/C« an Me 110.

Sichtgerät des FuG 212 »Lichtenstein C« in einem Nachtjäger Ju 86.

den immer wo ich bin, da macht die ganze Fliegerei keinen Spaß mehr.« Etwas später hatte Göring bei einer Besprechung über Nachtjagdgeräte und ihre Möglichkeiten gesagt: »Ich will keine solchen »Kintopp« im Flugzeug!«.
Vom FuG 202 entstanden verschiedene Versuchsversionen wie *»Lichtenstein BC/T«* (nur Seitenpeilung bzw. Entfernungsmessung für den Torpedowurf), *»Lichtenstein O«* (für das Blindschießen mit »schräger Musik« nach oben), *»Lichtenstein U«* (für den Bombenwurf in unterhalb fliegende gegnerische Bomberpulks) und das in Kleinserie gebaute Rückwärtswarngerät *»Lichtenstein BC/R« FuG 214* (260 bzw. 333 MHz), das zugunsten des »Neptun R« FuG 216 eingestellt wurde.

Das FuG 202 wurde mechanisch vollkommen neu durchkonstruiert und ging als *»Lichtenstein C1« FuG 212* in Serie, die Antennen blieben gleich (bis auf eine runde Abdekkung der Speisepunkte), desgl. die Auslegung der Schaltung, so daß die Leistungen auch nicht besser wurden. Die erste Erprobung war Mai 1942, der Serienanlauf war Ende Juni 1943, der Produktionsauslauf Mai 1944. Neben Versuchen mit einer Weitwinkelantenne (Reichweite nur

2 km) wurde dann u.a. auch eine Version *»Lichtenstein C2«* gebaut, bei der ein Überlagerungsempfänger verwendet wurde. desgl. waren Sender und Empfänger im Bereich 420–480 MHz abstimmbar, der allerdings damals schon stark gestört wurde.
Parallel dazu entstand bei Telefunken *(Muth)* als Laborausführung ein Schiffsuchgerät *»Lichtenstein S« FuG 213* das mit 2,5 kW Leistung gegenüber dem »Hohentwiel« (s. weiter oben) nicht mithalten konnte. Man erwog dann eine Kombination »Lichtenstein SN1« FuG 212/213, bei dem das nur mit Seitenpeilung, aber größerer Reichweite ausgestattete FuG 213 zum Suchen verwendet werden sollte. Aufgefundene Ziele sollten dann weiter mit dem FuG 212 nach Seite und Höhe angeflogen werden. Diese Kombination wurde anscheinend nur in einem Mustereinbau erprobt.
Im Frühsommer 1943 entstand dann aus dem FuG 213 das *»Lichtenstein SN2« FuG 220*, das Sender, Empfänger und Zweirohr-Sichtgerät übernahm, aber mit 2 kW Leistung auf 91 MHz arbeitete. Von den zuerst verwendeten Antennen (2 × 2 Dipole mit Reflektoren) am linken und rechten Flügel ging man bald auf eine Anordnung im Viereck vor der Kanzel über, wobei die Diagrammschwenkung je nach Stellung eines Handschalters »Seiten-/Höhenpeilung« nur nach links/rechts oder nur nach oben/unten erfolgte. Am Empfängereingang war ein Transformationsglied mit Glimmlampe (»Nullode« LG 75) vorgesehen, die im Moment der Sendertastung zündete und den Empfängereingang schützte. Das Sichtgerät wies zwei Anzeigeröhren auf, eine für die Seitenpeilung und eine für die Höhenpeilung. Der Meßbereich war beidesmal 10 km mit eingeblendeten Punkten als 2 km-Marken, später waren die Meßbereiche umschaltbar 4 km/10 km.
Der mit 2 × LD 15 bestückte Gegentaktsender wurde an den Anoden mit Impulsen (Impulsbreite 1 μs) getastet, die im sechsstufigen Tastgerät aus einer Sinusspannung von 937 Hz abgeleitet waren. Die Röhrenbestückung der Stufen war: 1 × LV 1 / 1 × RV 12 P 2000 / 1 × LV 1 / 1 × LD 2 / 2 × LD 2 parallel / 2 × LV 13 parallel. Der Überlagerungsempfänger wies zwei HF-Stufen vor der Pentodenmischstufe auf und war bestückt mit 8 × RV 12 P 2000, 1 × LG 1 und 2 × LV 1 parallel, später wurden vier der RV 12 P 2000 durch EF 14 ersetzt. Die Empfindlichkeit lag dann bei 10 kTo. Der Oszillator war über ein Drehfeldsystem (wie beim FuG 10) abstimmbar. Das Sichtgerät enthielt 2 × LB 8 als Sichtröhren, dazu noch 2 × LD 2 und 3 × RV 12 P 2000 für die Erzeugung der Ablenkspannungen, der Helltastung der Röhren im gewünschten Zeitraum und zur Erzeugung der 2 km-Meßmarken, alles abgeleitet aus der Sinusfrequenz des Tastgerätes. Die Antennendiagrammschwenkung wurde, um bei den gegenüber FuG 212 niedrigeren Frequenzen auf handliche Abmessungen zu kommen, durch einen rotierenden Drehkondensator mit zwei gegenüberliegenden Belegen und eine Umwegleitung (λ/2) so vorgenommen, daß z.B. bei Seitenpeilung die beiden linken und auch die beiden rechten Antennen jeweils direkt parallelgeschaltet, die beiden Paare jedoch über die Umwegleitung miteinander verbunden waren. Der mit 25 Hz rotierende Drehkondensator legte so den Sender bzw. Empfänger kapazitiv an das eine und dann an das andere Ende der Umwegleitung, so daß das Antennendiagramm infolge der Phasenverschiebung nach links bzw. nach rechts »schielte«. Analog war die Höhenpeilung mit Parallelschaltung der oberen bzw. der unteren beiden Dipole.
Die Geräte wurden ab Oktober 1943 in großer Stückzahl (über 2 000) eingesetzt. Da nun die gegnerischen Nachtangriffe auch bei sehr schlechtem Wetter erfolgten, machte sich die ungünstige Nahauflösung von 1 200 m (näher liegende Ziele waren durch das »Nullzeichen« verdeckt) unangenehm bemerkbar. In den Nachrüstschleusen beließ man daher die ursprünglich eingebauten FuG 202 oder 212 im Flugzeug und gab den Geräten die kleinere (aus vier Dipolen bestehende) Weitwinkelantenne, so daß also zu dieser Zeit zwei Nachtjagdgeräte gleichzeitig eingebaut waren: Das FuG 220 für bis zu 8 km abliegende Ziele und das FuG 202 oder 212 für nahe Ziele bis zu 150 m. Die deutschen Nachtjäger erzielten in der Nacht vom 30. auf den 31. März 1944 ihren größten Erfolg mit 95 Abschüssen aus 795 anfliegenden Bombern. Bereits ab Frühjahr 1944 standen dann in der Nahauflösung verbesserte Versionen zur Verfügung, so daß die zusätzlichen FuG 202 bzw. 212 entfallen konnten. Außerdem wurden nun Ausführungen auf bis zu sieben verschiedenen Streuwellen zwischen 64 und 116 MHz geliefert, um den englischen Störsendern die Arbeit zu erschweren. Da nun die Dipole bei niedrigeren Frequenzen zu lang wurden und sich gegenseitig berührt hätten, wurden sie an den Speisepunkten durch Spulen künstlich verlängert und auch schräg gestellt (wodurch die Diagramme nicht gerade verbessert wurden). Die Ausweichfrequenzen wurden aber absichtlich zu tieferen Frequenzen verschoben, weil man annahm, daß sich längere Störfolien (Silberpapierstreifen von $^1/_2$ Wellenlänge = »Düppel«) schlechter handhaben und verteilen ließen, die von gegnerischen Bombern zur Störung von Funkmessgeräten abgeworfen wurden. Es wurden auch von der E.-Stelle Werneuchen *(Behrens)* sog. »Morgenstern«-Antennen entwickelt, die aus zwei gekreuzten Dipolen und ebensovielen Direktoren und Reflektoren zusammengesetzt waren und teilweise in der hölzernen Bugverkleidung verschwanden, so daß der Luftwiderstand auf etwa 30% zurückging.
Im Morgengrauen des 13. Juli 1944 landete übrigens infolge eines Navigationsfehlers eine mit FuG 220, FuG 227 und FuG 350 Z (die beiden letztgenannten Geräte werden weiter unten noch besprochen) ausgerüstete Ju 88 G (4R + UR des 7./N.J.G.2) in Woodbridge/Essex, so daß die neuesten deutschen Geräte voll funktionsfähig dem damaligen

Verschiedene Formen des Nachtjagdgerätes »Lichtenstein SN 2« FuG 220. Links oben Ju 88 C-6 mit FuG 212 und FuG 220 (Versuch), daneben FuG 212 mit Weitwinkelantenne, links unten He 219 mit letzter Ausführung des FuG 220. Rechts unten Sichtgerät und Bediengerät für FuG 220.

Gegner in die Hände fielen. Eine der Folgen war die schnelle Herstellung (innerhalb von zehn Tagen) von langen Düppeln zur Störung der neueren deutschen Geräte. Im Laufe der Entwicklung entstanden verschiedene Baureihen: FuG 220/0 = Vorserie, FuG 220/A mit Flächenantennen, FuG 220/B mit Kanzelantenne, verbesserter Nahauflösung und Skalenumschaltung 4 km/10 km, FuG 220/C (nicht definiert), FuG 220/D mit zusätzlicher Antenne nach rückwärts (Betrieb als Rückwärtswarngerät, nur Abstandsmessung ohne Seiten oder Höhenpeilung). Dazu kamen noch Versuche mit zusätzlichen nach oben und nach unten gerichteten Antennen (Einbau in C9 + AA von *Major Schoenert*). Ein projektiertes Nachfolgegerät »*Lichtenstein SN3*« *FuG 228* (mit 20 kW Impulsleistung und zehn im Flug wählbaren Rastfrequenzen im Bereich 100–125 MHz) kam nur in einem Muster zum Einbau, die vorbereitete Serie wurde gestoppt zugunsten des FuG 218 (s. weiter unten).

Das FFO *(H. Heine, Dr. P. Maurer)* hatte im Jahre 1940 mit der Entwicklung eines Bordfunkmeßgerätes »*Neptun*« *FuG 216* begonnen, das möglichst klein und leicht gehalten werden sollte. Es arbeitete mit 1 kW Leistung auf einer

Einmotoriger Nachtjäger Fw 190 mit FuG 217 »Neptun J 1« mit Stachelantennen.

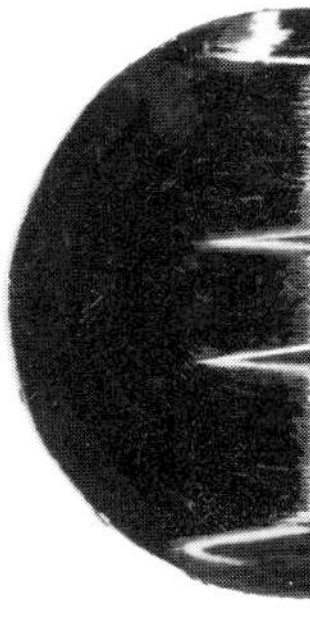

Sichtanzeige des »Neptun J-Gerätes mit fünf 1 km-Entfernungsmarken, Ziele in 1,3 km (voraus) und 2,2 km (links abliegend), Flughöhe 4,1 km. Die Höhenanzeige war um 90° gedreht.

Sichtgerät des »Neptun J 1«-Gerätes in Fw 190.

Dipolantennen an den Flügeln, hier für FuG 218 V 1 (oben für Seitenpeilung, unten für Höhenpeilung).

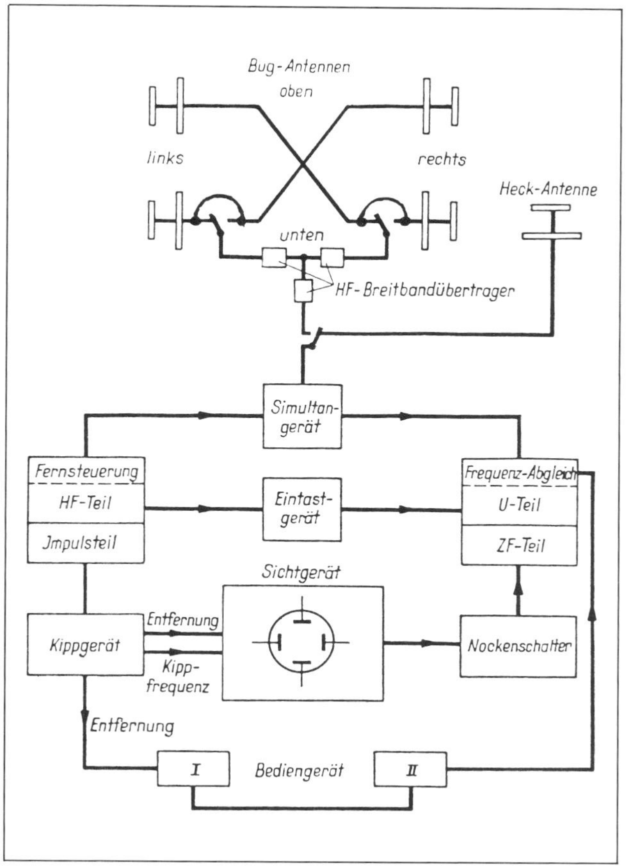

Blockschaltbild des Nachtjagdgerätes »Neptun V/R« FuG 218 V/R.

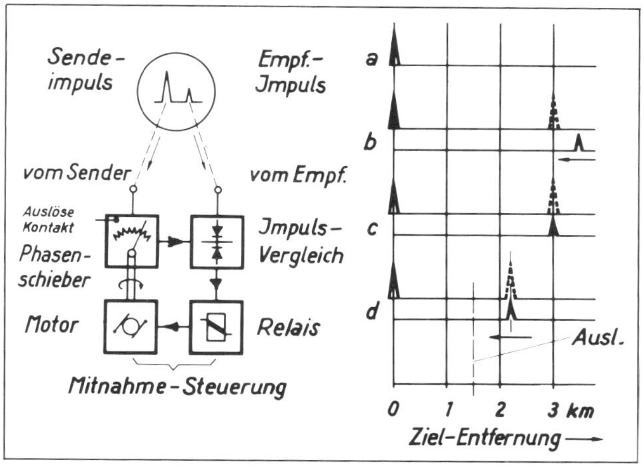

Automatisches Waffenauslösegerät EG 3 »Elfe 3«, Schema und Bild.

Nachtjäger Me 262 B (links) und Ju 88 G (rechts) mit FuG 218 V.

Frequenz von 182 MHz. Nach Erprobungsflügen als Schiffsuchgerät »Neptun S« im Oktober/November 1941, die eine Reichweite von 15 km ergaben, wurde es weiterentwickelt und ab September 1942 als Rückwärtswarngerät »Neptun R« FuG 216 R (mit 1,2 kW auf 167 MHz) in Werneuchen erprobt. Danach wurden zusätzlich zu den zehn Vorseriengeräten 100 Stück bei der Firma Seibt in Auftrag gegeben. Mit je einer horizontal polarisierten

Yagi-Antenne auf (bzw. mit je einer vertikal polarisierten »Stachel«-Antenne unter) dem linken und rechten Flügel für Sendung und Empfang wurden Reichweiten gegen feindliche Nachtjäger um 3,5 km erzielt. Der Einsatz erfolgte bei den über Großbritannien eingesetzten Kampfverbänden. Das FFO hatte inzwischen das Gerät neu durchkonstruiert. Es wurde ab Herbst 1943 bei Seibt (in mindestens 200 Stück) als Rückwärtswarngerät *»Neptun II« FuG 217* gefertigt und wies einen Sender mit 2 kW Leistung auf mit zwei während des Fluges wählbaren Rastfrequenzen im Bereich 158–178 MHz. Es wurde anfänglich bei Kampfflugzeugen (z.B. des K.G.66), später vornehmlich in Nachjäger eingebaut, wobei die vertikalen Stachelantennen bevorzugt wurden. In Zusammenarbeit mit der Fa. Siemens entstand unter Verwendung von FuG 216-Geräten ein Nachtjagdgerät *»Neptun V«* für einsitzige Jäger mit vier Horizontaldipolen und Reflektoren. Daraus abgeleitet wurde das Nachtjagdgerät *»Neptun II J« FuG 217 J1* mit drei Antennenstäben für den Sender vor dem Führersitz, drei Stäben vor dem Leitwerk für Empfang »oben«, drei unter dem Flügel für Empfang »unten«, desgl. noch je vier Stäbe auf dem linken und dem rechten Flügel für den Empfang »links« und »rechts«. Die Sichtröhre war aus dem ohnehin schon kleinen Sichtgerät herausgelöst und wurde oberhalb des Instrumentenbrettes montiert. Sie war umschaltbar Seiten-/Höhenpeilung mit eingeblendeten 2 km-Marken. Die E-Meßgenauigkeit betrug ± 200 m bei Einstellung eines Meßbereiches von 10 km, die Nahauflösung betrug 300 m, die Reichweite über 3,5 km. Das Gerät kam in etlichen Fw 190 des J.G. 300 zum Einbau; diese Flugzeuge bekamen bald von der Truppe den Spitznamen »Stachelschwein«.
Es entstanden noch in Zusammenarbeit des FFO mit dem Kommando »Charlotte« *(R. Mandler)* entfeinerte Versionen, so ein Gerät *»Neptun-Liliput«*, bei dem das Tastgerät nur aus einer Gastriode und der Sender aus zwei Trioden (LD 15 im Gegentakt) bestand. Der Empfänger war ein normaler E 217 (mit 5 × RV 12 P 2000, 2 × LD 1, 6 × LV 1, und 1 × LG 1). Für die Sichtanzeige wurde nur 1 × LB 8 benötigt, zur Stromversorgung genügte der kleine Empfängerumformer des FuG 10.

Das FFO *(Braun)* entwickelte auch ein automatisches Waffenauslösegerät *»Elfe 1..3« =EG 1..3*, das vor allem für die Me 262 vorgesehen war, deren Pilot wegen des hohen Fahrtüberschusses nur etwa drei Sekunden Zeit zum Auslösen der großkalibrigen Bordwaffen hatte. Die bei Siemens gefertigte Serie wurde durch einen Luftangriff vernichtet. (Ähnlich erging es einer Parallelentwicklung »Pauke« bei Telefunken.)
Eine von der Firma Siemens *(Brandau, Hagenaus?)* in Leistung (2 kW), Nahauflösung (120 m), Reichweite (gegen Flugzeuge 5 km) und durch eine Sendeempfangsweiche (für Simultanbetrieb) weiter verbesserte Serie waren die Nachtjagdgeräte *»Neptun III V1, V2« FuG 218 V1* für Einsitzer (wahlweise mit vertikalen Stachel- oder horizontalen Dipolantennen) und *FuG 218 V2* für Mehrsitzer. Letzteres wurde vorzugsweise in Me 262 und auch in Ju 88 mit einer quadratischen Anordnung der vertikalen Dipolantennen (ähnlich, aber kleiner wie die Li.-SN 2-Antennen) verwendet. Bis Kriegsende dürften noch etwa 500 Geräte geliefert worden sein.

Funkmeßgeräte im CMW-Bereich

Vorgeschichte

An dieser Stelle müssen noch einige Ereignisse erwähnt werden, durch welche die Entwicklung von Zentimeterwellengeräten um Jahre zurückgeworfen wurde. Am 3. Februar 1940 bat Göring den Reichswirtschaftsminister um Überprüfung aller Vorhaben, damit nur noch solche gefördert werden, »die im Jahre 1940 bzw. bis zum Frühjahr 41 zur Auswirkung kommen«. Die Folge davon war unter anderem die Einstellung vieler in Arbeit befindlicher Navigationsverfahren und der Grundlagenforschung im CMW-Bereich. Die deutschen Funkmeßgeräte arbeiteten 1940 auf drei Festfrequenzen: Luftwaffe/Flak 560 MHz, Flum (Flugmelde) 125 MHz und Marine »Seetakt« 368 MHz, um die Einführung von Kenngeräten zu erleichtern, dafür waren sie leichter zu stören. Die britischen Geräte arbeiteten um diese Zeit auf niedrigeren Frequenzen (22–28 MHz Küstenkette, 42 MHz Turmanlagen, 80 MHz Flakgeräte), die neueren Anlagen für Schiffe und Flugzeuge wurden jedoch bereits im Bereich 176–230 MHz gestreut. Auf beiden Seiten ging der Trend zu kürzeren Wellenlängen, um bereits mit kleineren Antennen eine gute Bündelung zu erreichen. Bei Wellenlängen unter etwa 50 cm (entsprechend 600 MHz) wird aber die Verstärkung und Erzeugung von Schwingungen immer schwieriger, da sozusagen der Schwingkreis räumlich mit in die Röhre hineingebaut werden muß. Dadurch wird aber die Röhre nur mehr für einen schmalen Frequenzbereich brauchbar und damit gebaute Geräte werden leichter störbar, da sie Störsendern nicht mehr in ihrer Frequenz ausweichen können. Die deutsche Führung forderte daher die Entwicklung von Zentimeterwellenröhren mit großem Durchstimmbereich. Die von Telefunken entwickelten Scheibenröhren erfüllten zwar diese Forderung bis zu Frequenzen von 1200 MHz (entspr. 25 cm Wellenlänge), alle anderen Röhrenbauarten für höhere Frequenzen (wie Magnetrons etc.) waren nur für den Betrieb auf Festfrequenzen geeignet. Auf einer Besprechung bei der Firma Telefunken am 27. November 1942 wurde einerseits die (falsche) Theorie unterstützt, Wellen-

Beispiele deutscher Röhrenentwicklung 1936–45, von links nach rechts: Behördenröhre MC 2, Wehrmachtröhre RV 2,4 P 700, Luftfahrtröhre LV 1, Luftfahrtröhre LG 2 mit Preßglasboden, Empfangsmagnetron RD 4 Ma, Sendemagnetron LMS 10 (für 3300 MHz) und keramische Sendetriode LD 6 (30 kW Impulsleistung auf 1000 MHz).

längen unter 15 cm würden »nicht mehr reflektiert, sondern weggespiegelt« und seien daher für Funkmeßgeräte unbrauchbar, was u.a. von Professor Esau bestritten wurde; andererseits wurde die Meinung geäußert, daß bei Magnetrons »der Engländer auch nicht weiter vorangekommen sein könne wie wir«. Daraufhin mußte das DMW/CMW-Entwicklungslabor *(Illberg)* bei Telefunken auf Anweisung des RLM aufgelöst werden.

Die Überraschung war daher groß, als nur wenige Wochen später am 3. Februar 1943 bei Rotterdam in einem abgestürzten britischen Bomber ein auf 9 cm Wellenlänge arbeitendes Navigationsradar (Typ H2S) gefunden wurde, dessen Funktion als Bodenbetrachtungsgerät erst viele Monate später voll verstanden wurde. Deutscherseits hielt u.a. der Leiter *(Dr. L. Brandt)* einer sofort eingesetzten Arbeitsgemeinschaft »Rotterdam« = AGR praktisch das ganze Jahr

Navigationsradar H 2 S (»Rotterdam«-Gerät) mit Bediengerät und Bombenwurfzusatz. (Man beachte die vielen Kabelanschlüsse zur Verbindung der elf Einzelgeräte.)

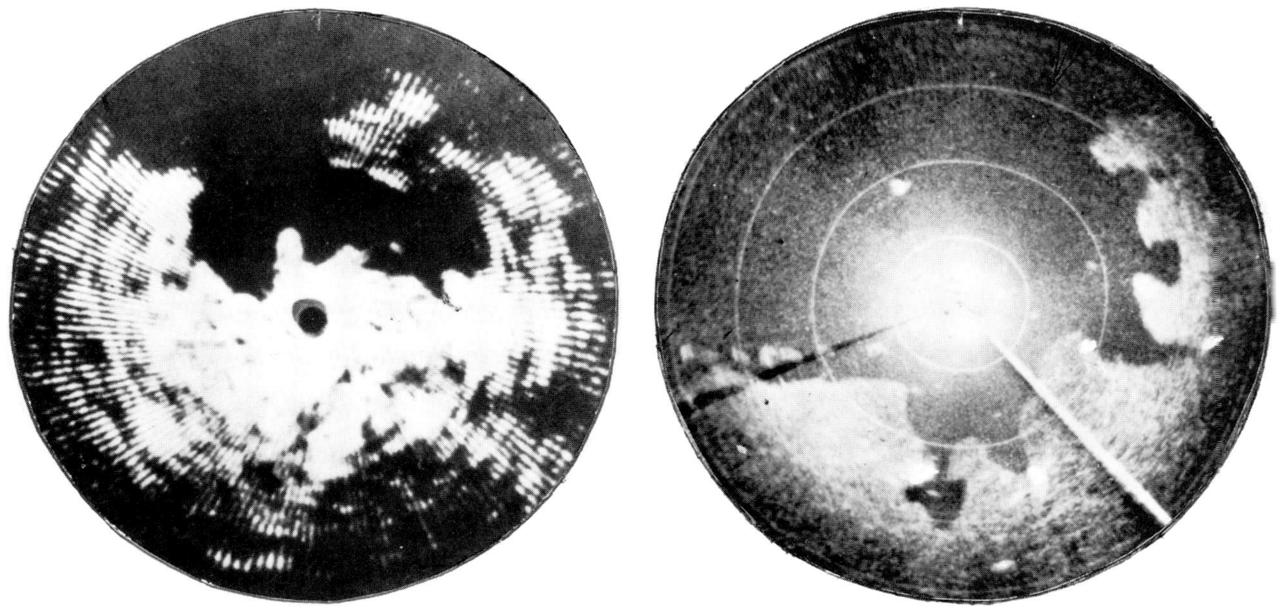

Schirmbilder für Bodenbetrachtung: Links Wismarer Bucht im »Rotterdam«-Gerät (9 cm Wellenlänge), rechts die deutsche Bucht im »Meddo«-Gerät (auf 3 cm) mit hoher Auflösung (eingeblendet Flugrichtung und drei Entfernungskreise).

1943 noch daran fest, daß Zentimeterwelllen zwar für Navigationszwecke = »Bodenbetrachtungsgeräte«, nicht jedoch für Suchgeräte brauchbar seien. Daran änderte sich auch nichts, als im Frühsommer 1943 das erste englische CMW-Nachtjagdgerät »Mark VIII« (deutscher Deckname »Grille«) aus einer im Kanal abgestürzten »Mosquito« geborgen wurde. Man beschränkte sich auf einen Nachbau des »Rotterdam«-Gerätes als »Berlin A« FuG 224, auf die Schaffung von Warnempfängern »Naxos« (mit verkehrter Polarisation der Antenne) für U-Boote und Flugzeuge und auf einen »mit der linken Hand« durchgeführten Versuch mit einem Flakfunkmeßgerät »Mannheim«, der falsche Ergebnisse zeitigen mußte. Erst Weihnachten 1943 bewies dann ein neuer Bearbeiter *(Slevogt,* zusammen mit *Hoffmann-Heyden*), welche guten Ergebnisse die CMW-Technik ermöglicht. In den Protokollen der AGR erschien darüber kein Wort. Im Dezember 1943 wurde schließlich auch das erste auf 3 cm Wellenlänge arbeitende amerikanische Navigationsradar AN/APS-15, bei uns »Meddo«-Gerät genannt, erbeutet, das eine wesentlich bessere Auflösung aufwies. Erst am 8. Februar 1944 wurde dann der Beschluß gefaßt, alle deutschen Funkmeßgeräte auf Zentimeterwellen umzustellen.

Das Navigationsfunkmeßgerät »Berlin A«

Gegenüber den für Erprobungszwecke restaurierten »Rotterdam«-Geräten wurde bei der Entwicklung des Bodenbetrachtungsgerätes *»Berlin A« FuG 224* bei Telefunken *(Maas, Vesper)* von vornherein darauf gesehen, ein aus weniger Einzelgeräten bestehendes und im Platzbedarf auf 50% und im Gewicht auf 40% reduziertes Gerät zu schaffen. So wurde die auf der Flugzeugunterseite anzubringende große Parabolantenne ersetzt durch einen flachen Drehteller mit vier Stielstrahlerantennen (nach *Mallach*). Diese Antenne wies bei gleicher Strahlbündelung weniger Luftwiderstand und Masse auf und konnte daher mit 6,6 U/s (gegenüber 1,5 U/s) gedreht werden, so daß man auf Nachleuchtröhren in der Anzeige verzichten konnte bzw. eine Betrachtung des Schirmbildes auch im nicht abgedunkelten Raum möglich war. Die Zündstufe mit Magnetronsender, die Sendeempfangsweiche und die Kristalldiodenmischstufe und 1.ZF-Stufe des Empfängers waren mit einer eigenen Stromversorgung in einem quadratischen Kasten = »Feld II«, die Impulszentrale und die ZF- und NF-Stufen des Empfängers waren in einem ähnlichen »Feld I« untergebracht (um für Frequenzänderungen nur das Feld II austauschen zu müssen). Im Sichtgerät angeordnet wurden die beiden Anzeigeröhren samt den zugehörigen Ablenkstufen, desgleichen auch der direkt in seiner Frequenz nachstimmbare Magnetronoszillator des Empfängers. Auf einer Bildröhre mit horizontaler Ablenkung wurde wie üblich das Nullzeichen des Senders und das Bodenecho zur Bestimmung der Flughöhe (über einen Meßzusatz) dargestellt. Auf der zweiten größeren Sichtröhre (ca. 16 cm Durchmesser) wurde ein Panoramabild bzw.

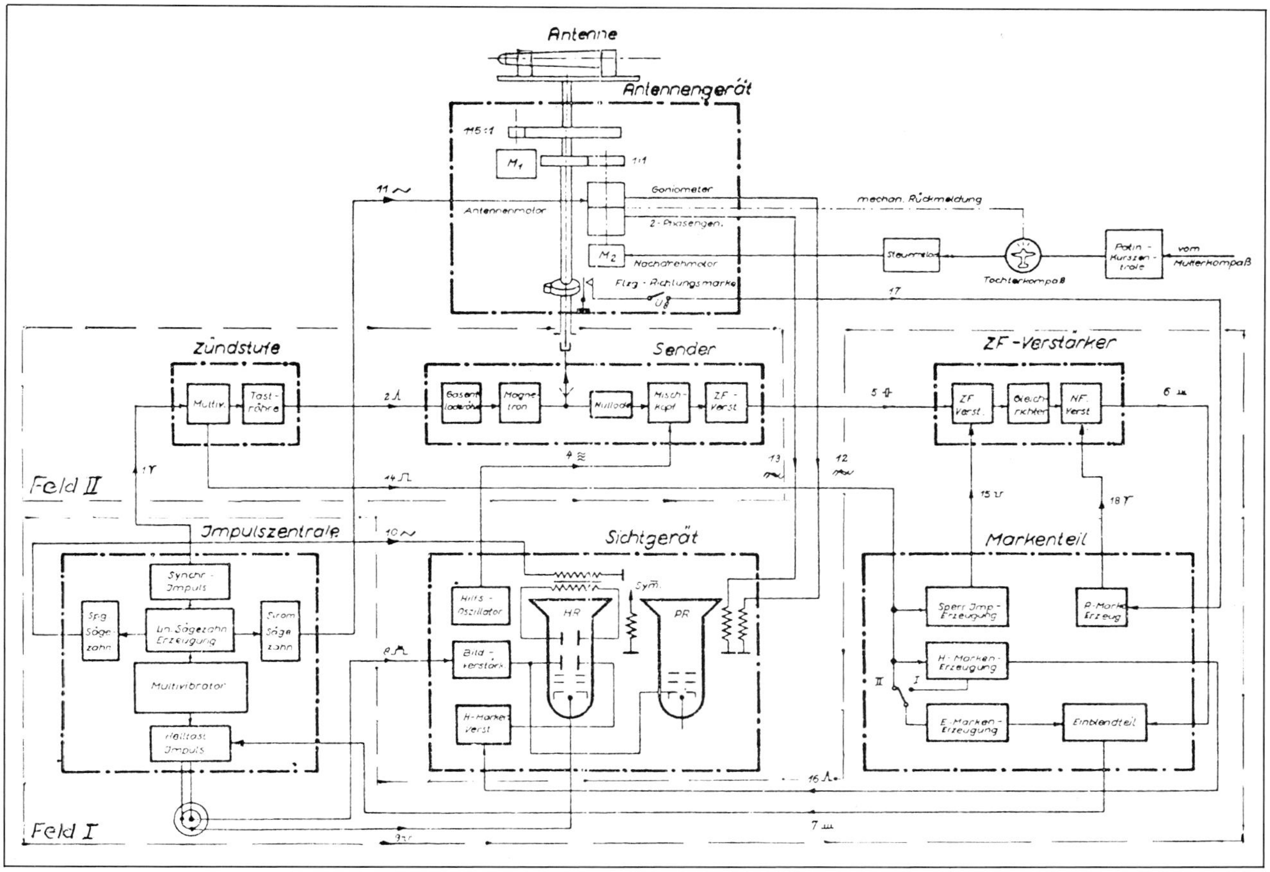

Blockschema des Navigationsfunkmeßgerätes FuG 224 »Berlin A«.

eine »Reflexionskarte« des überflogenen Geländes gezeichnet. Durch Verbindung mit dem Kurskreisel wurde das Bild bei Bedarf so gedreht, daß Norden nach oben zeigte, der Flugzeugkurs wurde als leuchtender Radius eingetastet.

Wie wurde nun dieses Bild gewonnen? Die Antenne wies ein fächerförmiges Diagramm (von der Senkrechten nach außen gehend) auf und wurde durch einen Motor mit 400 Umdrehungen/Minute gedreht, wobei die jeweilige Strahlrichtung über einen Zweiphasengenerator zu den Ablenkspulen der großen Sichtröhre übermittelt wurde. Bei jedem Sendeimpuls (= 1 500 mal pro Sekunde) wurde der Elektronenstrahl der Sichtröhre von der Mitte in der Antennenrichtung nach außen abgelenkt. Der abgehende Sendeimpuls und jedes zurückkommende Echo tasteten den sonst gesperrten Elektronenstrahl hell, die später eintreffenden Echos entsprechend später zum Bildrand zu. Beim nächsten Impuls war die Antenne bereits um 1,6° weitergedreht, so daß auch der Elektronenstrahl entsprechend verdreht geführt wurde (= »Sternschreiber« oder »Plane Position Indicator« PPI). Da glatte Wasserflächen die Impulse wegspiegelten, Uferböschungen, Häuser, Wälder, Schiffe oder Flugzeuge jedoch Echos zurückwarfen, wurde so ein Panoramabild gezeichnet, das von 18 km Radius (um den Standort) auf 60 km Radius umschaltbar war. Durch Verstellen eines Knopfes konnte eine eingeblendete Entfernungsmarke (als Kreis um den Bildmittelpunkt) so eingestellt werden, daß sie durch das Ziel lief. Die Entfernung war dann an einer Skala am Drehknopf abzulesen. In Verbindung mit einem einfachen Meßzusatz (Zeiss Ikon), einer eingebauten Stoppuhr (zur Ermittlung der Geschwindigkeit über Grund) und auflegbarer transparenter Strichplatten auf die Panoramaanzeige konnte das Gerät (wie sein Vorbild) auch zum Bombenwurf verwendet werden. Für Aufklärer war auch ein eigenes Rollkartengerät als Zusatz zum FuG 224 entwickelt worden.

Da Bombenabwürfe unsererseits um diese Zeit kaum mehr möglich waren, wurde das Gerät im Februar 1943 nur in

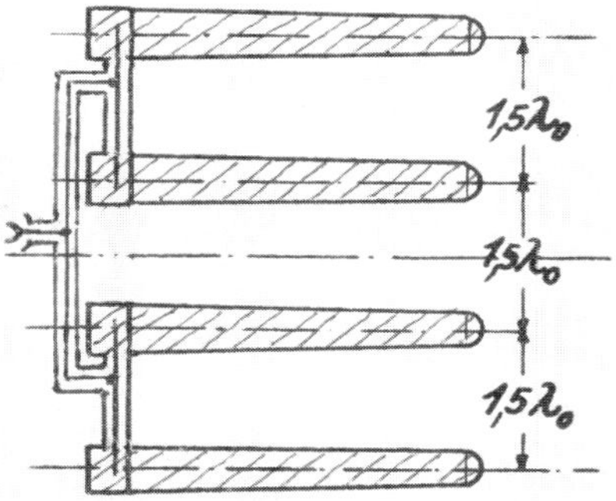

»Berlin A« FuG 224: Links das Bediengerät und Sichtgerät (mit Höhenmeßröhre, Spezialstoppuhr zur Messung der Geschwindigkeit über Grund und großer Bildröhre für die Bodenbetrachtung). Rechts oben: Vierfach-Stielstrahlerantenne (rotierend mit 400 U/Minute) mit Plexiglashaube auf der Rumpfunterseite, darunter: Aufbauschema der Antenne.

eine Fw 200 und eine Ju 188 zur Mustererprobung eingebaut. Bei Erprobung als Schiffsuchgerät ergab es eine Reichweite von etwa 45 km gegen 5000 t-Schiffe. Die Geräte der anlaufenden Serie wurden meist für Schiffsgeräte der Marine und für Versuchsgeräte verwendet. Die den »Berlin«-Geräten gemeinsamen Daten waren: Sendefrequenz um 3300 MHz, Sendeleistung 15–20 kW, Impulsfrequenz 1500 Hz, Impulsbreite 1 μs, Empfängerempfindlichkeit 400–600 kTo, Bandbreite des Empfängers 5,6 MHz. Die Röhrenbestückung war in Feld I: Magnetron LMS 10 (Nachbau), LG 76, LG 201 und mehrere Stahlröhren; Feld II: meist mit Stahlröhren (EF 14 etc.), im Sichtgerät LB 1, LB 9, RD 2 Md (Oszillator) und acht weitere, meist Stahlröhren.

Das CMW-Nachtjagdgerät »Berlin N1«

Das von Telefunken *(Vesper, Rehder)* entwickelte Nachtjagdgerät *»Berlin N1« FuG 240/1* verwendete Sender und Empfänger des »Berlin A«. Das Sichtgerät mit Seiten- und Höhenpeilanzeige war vom »Lichtenstein SN 2« übernommen, die Impulszentrale war neu entwickelt und die Antenne bestand aus einem Parabolspiegel von 70 cm Durchmesser, in dem ein Dipol etwas versetzt um die Spiegelachse rotierte. Dadurch ergab sich ein schmales, auf einem Kegelmantel rotierendes Diagramm, bei dessen Stellungen oben/rechts/unten/links die Empfängerausgangsspannung entsprechend an die Ablenkplatten der Anzeigeröhren geleitet wurde. Da wegen des wesentlich schmaleren Diagramms ein Ziel schwerer erfaßt und bei Abwehrbewegungen leichter verloren worden wäre, konnte der Spiegel

Links: Prinzipschema der Nachtjagdgeräte FuG 240/1 »Berlin N 1a« bzw. FuG 244 »Bremen O«. Der Spiegel mit dem rotierenden Keulendiagramm konnte mit Hilfe des Richtgebers RG mit Visieranzeige AZ nach allen Richtungen um ± 60° geschwenkt werden.

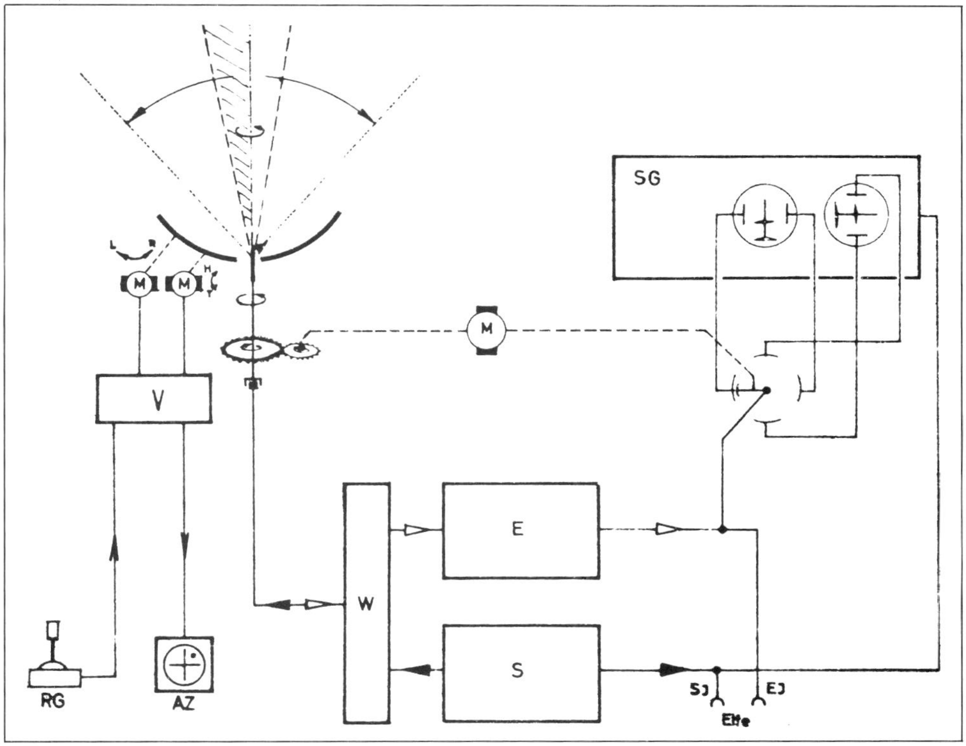

Unten links: Schwenkbarer Antennenspiegel mit Antrieb und »Feld II« (mit Zündstufe, Sender und Empfängereingangsstufen) des FuG 240/1.

Unten rechts: Sichtgerät und Richtgeber des FuG 240/1 (links daneben Rahmen für ein Rückwärtswarn-Sichtgerät FuG 217/218).

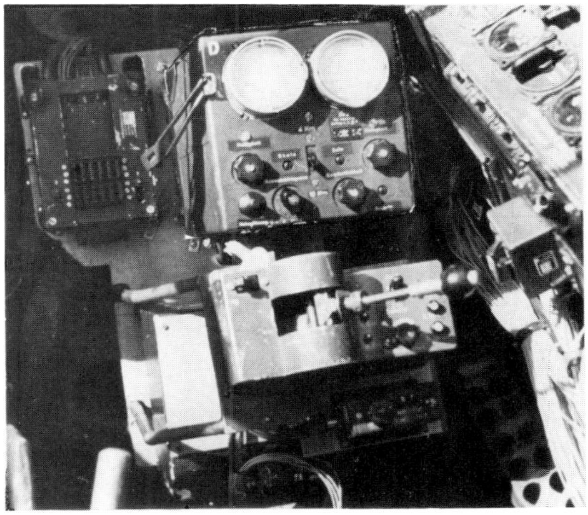

elektrisch über einen Knüppel vom Beobachter seitlich um ± 60°, nach der Höhe zwischen + 70 und − 30° gegenüber der Flugzeuglängsachse geschwenkt werden, wobei die Antennenstellung auf einem Lichtmarkeninstrument mit Fadenkreuz (»Visier«) angezeigt wurde. Der Spiegel war am Bug unter einer Sperrholzverkleidung (heute »Radome« genannt) untergebracht. Die Reichweite des Gerätes betrug 4–5 km gegen Flugzeuge, die Nahauflösung lag bei 350 m. Von den im Sommer 1944 bestellten 100 Geräten waren im Frühjahr 1945 noch 25 geliefert und etwa zehn beim N.J.G.1 in Gütersloh eingebaut worden, wobei vermutlich noch zehn Abschüsse erzielt wurden.

Im Vergleich zu den anglo-amerikanischen Seriengeräten, die ja etwa zwei Jahre früher entworfen worden waren, bot

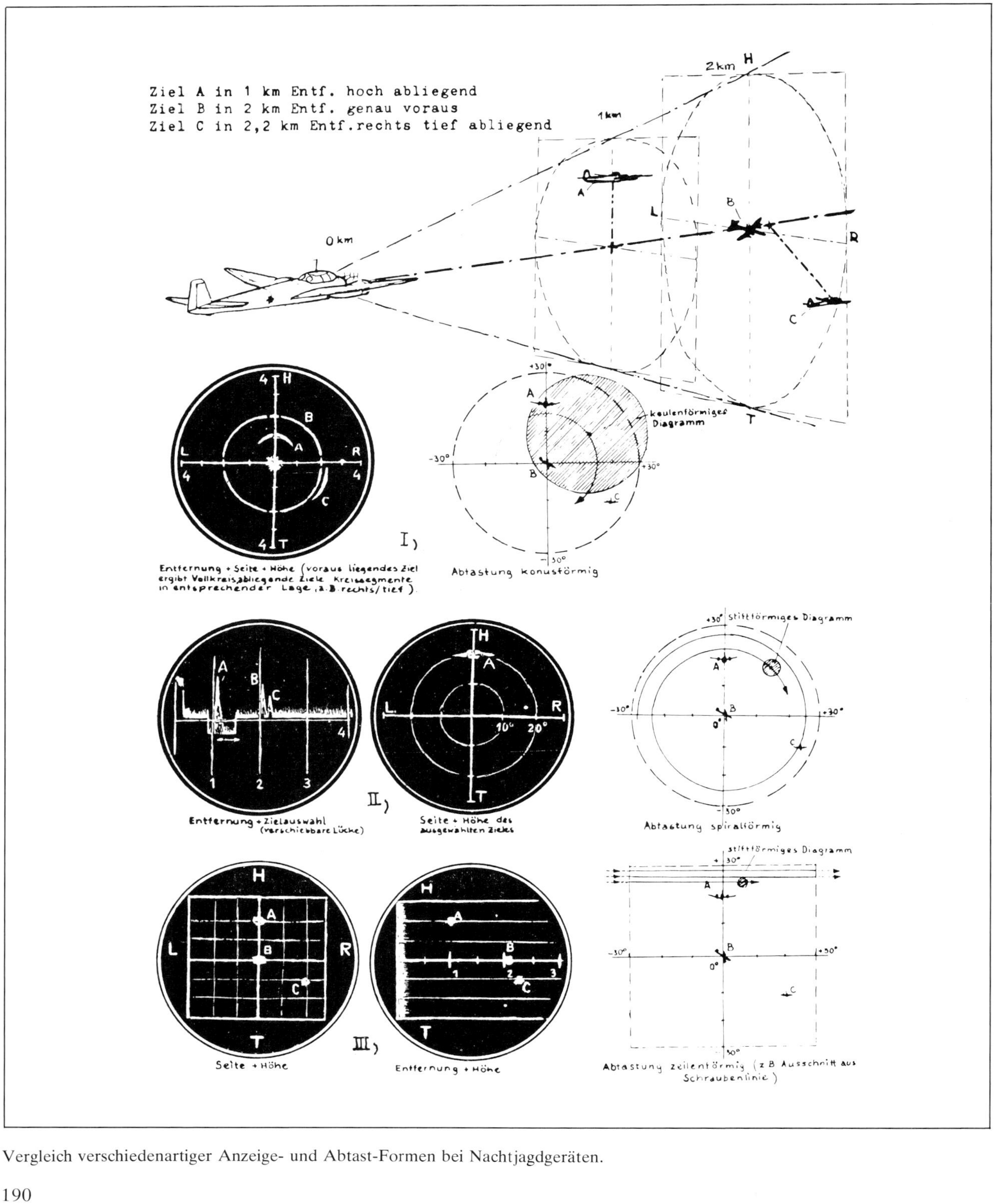

Vergleich verschiedenartiger Anzeige- und Abtast-Formen bei Nachtjagdgeräten.

das *»Berlin N1«* nicht viel Aufregendes. Im Versuch waren jedoch viele Dinge: Ein Mustergerät *»Berlin N2«* mit drehbarem Parabolspiegel unter der Bughaube sollte eine Sektorpanoramaanzeige (± 50° zur Flugzeuglängsachse, wie heute beim Wetterradar üblich, mit stufig wählbaren Winkeln zur Horizontalen) erzeugen. Bei einem weiteren Muster wurde für die Höhenpeilung eine Stielstrahlerantenne um eine horizontale Achse rotierend eingebaut. Als Vorläufer der heutigen AWACS-Flugzeuge wurde auch der Einbau der Stielstrahlerantenne auf der Flugzeugoberseite erprobt, wo dieses Gerät *»Berlin N4«* alle im oberen Halbkugelraum befindlichen Flugzeuge als Luftlageübersichtsbild für Fühlungshalter abbilden sollte. Da auch eine auf sechs Stielstrahler vergrößerte Drehantenne noch Abschattungen durch Kabine und Leitwerk aufwies, sollte die Antenne (Decknamen »Obertasse«?) auf einer stromlinienförmigen Strebe oberhalb des Rumpfes bzw. auf der Leitwerksoberkante angebracht werden.

Außerdem im Versuch waren u.a. die Nachtjagdgeräte *»Bremen O« FuG 244* (Kleinserie), *»Bremen« FuG 245* mit 60 bzw. 100 kW Leistung und verschiedene Geräte auf 3 cm Wellenlänge wie *»Berlin D« FuG 241*, *»Bremerhaven« FuG 247* mit Spiralabtastung und mit neuen Anzeigeformen, schließlich ein E-Meßgerät *»Eule« FuG 248* auf einer Wellenlänge von 1,6 cm für Jagdeinsitzer. Diese durchaus nicht vollständige Aufzählung zeigt, daß die neuesten Entwicklungen in Röhrenentwicklung, Abtast- und Anzeigeverfahren den gegnerischen Geräten im April 1945 bereits dicht auf den Fersen waren. Weil aber zuviele Projekte von zu wenigen Leuten in zu kurzer Zeit unter widrigsten Umständen (laufende Luftangriffe, Verlagerungen etc.) zu bearbeiten waren, blieb es bei Einzelstücken hoher Technologie, die dann zum Schluß von ihren Bearbeitern vergraben oder versenkt wurden.

Passive Funkmeßgeräte

Passive und halbaktive Funkmeßgeräte entsprechen in ihrem Aufbau vollkommen den aktiven Geräten, es entfallen lediglich der Sender und sein Tastgerät. Es waren also »halbe« Funkmeßgeräte, daher auch in verschiedenen Decknamen das Wort »...-Halbe«. Diese Geräte konnten als Nachtjagdgeräte Zielflug auf Flugzeugbordsender aller Art (Radar-, Rückwärtswarn-, Störsender usf.) durchführen, die im Frequenzbereich des passiven Gerätes arbeiteten. Auch neuere aktive Funkmeßgeräte konnten einen »Halbe-Betrieb« durchführen, d.h. ihren Sender abschalten, um z.B. Zielflug auf gegnerische Störsender durchzuführen, die den aktiven Suchbetrieb behinderten. Die passive Zielsuche hatte den Vorteil, daß man sich nicht selbst verriet, andererseits war natürlich keine Entfernungsmessung, sondern bestenfalls eine grobe Entfernungsschätzung möglich.

Das erste passive Zielsuchgerät *»Freya-Halbe« FuG 221* besaß oberhalb und unterhalb von beiden Flügeln je eine vertikale Stabantenne mit Reflektor, den Empfänger des ausgesonderten Gerätes »Rostock« und ein kleines Sichtgerät mit Amplitudenanzeige. Dieses Gerät war nach Vorarbeiten in Köthen (Ln-Versuchsregiment), und beim FFO von der Firma Siemens als Auftraggeber in Kleinfirmen gefertigt worden. Sein Zweck war der Zielflug auf gegnerische Flugzeuge mit Störsendern, die auf Frequenzen um 125 MHz die deutschen Flugmelde-(Flum-)Geräte »Freya« und die Frühwarngeräte »Wassermann« etc. störten. Ein Gerät wurde im Frühjahr 1943 in Werneuchen mit Erfolg in einer Ju 88 erprobt. Die gefertigten 25 Geräte wurden jedoch auf Betreiben von Gen. Kammhuber eingelagert, da er fürchtete, daß Nachtjäger bei Verfolgung eines mit diesem Gerät erfaßten Gegners ihren Einsatzraum verlassen könnten! Als dann Ende 1943 ihre Freigabe für den Einsatz erreicht wurde, mußte man feststellen, daß die Geräte inzwischen für die Reparatur anderer Geräte ausgeschlachtet waren.

In der Zwischenzeit war bei Rosendaal/Holland in einem abgeschossenen englischen Bomber ein Rückwärtswarngerät »Monica« (bei uns »Rosendaal-Gerät«) erbeutet worden, das wie die Mehrzahl der britischen Bordradargeräte im 200 MHz-Bereich arbeitete. Die Firma Siemens entwikkelte daraufhin ein passives Zielsuchgerät *»Rosendaal-Halbe« FuG 221 a* (190–220 MHz), das die (ergonomisch ungünstige) Anzeige des FuG 221 übernahm. Die Antenne bestand jedoch aus zwei U-förmigen Trägern mit je einem Dipol mit Reflektor oben bzw. unten. Die Antennenumschaltung erfolgte wie beim FuG 218. Bei der Erprobung im Einsatz ergaben sich Reichweiten bis zu 100 km! Beim Anflug auf das Ziel versagte jedoch plötzlich die Peilung, wenn der Zielabstand unter etwa 4 km gesunken war. Da diese Erscheinung bei Verwendung von Prüfsendern nicht auftrat, blieb sie zunächst unerklärlich, bis es zu den Entwicklern durchdrang, daß die Antennen des »Monica«-Gerätes vertikal polarisiert waren! Da eine Verdrehung der FuG 221 a-Antenne nicht möglich war (aus mechanischen Gründen), wurde eine Neuentwicklung nötig.

Das ebenfalls von Siemens entwickelte und unter seiner Regie gefertigte passive Zielsuchgerät *»ASV-Halbe«* = *»Flensburg« FuG 227* bekam für die Höhenpeilung je einen Horizontaldipol oberhalb und unterhalb des rechten Flügels und je einen Horizontaldipol mit Reflektor vor dem linken und dem rechten Flügel für die Seitenpeilung. Um auch englische Schiffssuchgeräte ASV anfliegen zu können, wurde der Frequenzbereich erweitert auf 170–220 MHz, wobei als Empfänger eine Entwicklung (FuMB-Empfänger) des RPZ *(Dohmeyer)* verwendet wurde. Dieses Gerät kam zum Großeinsatz und war sehr erfolgreich, bis die weiter oben erwähnte Ju 88 mit FuG 220, FuG 227 und

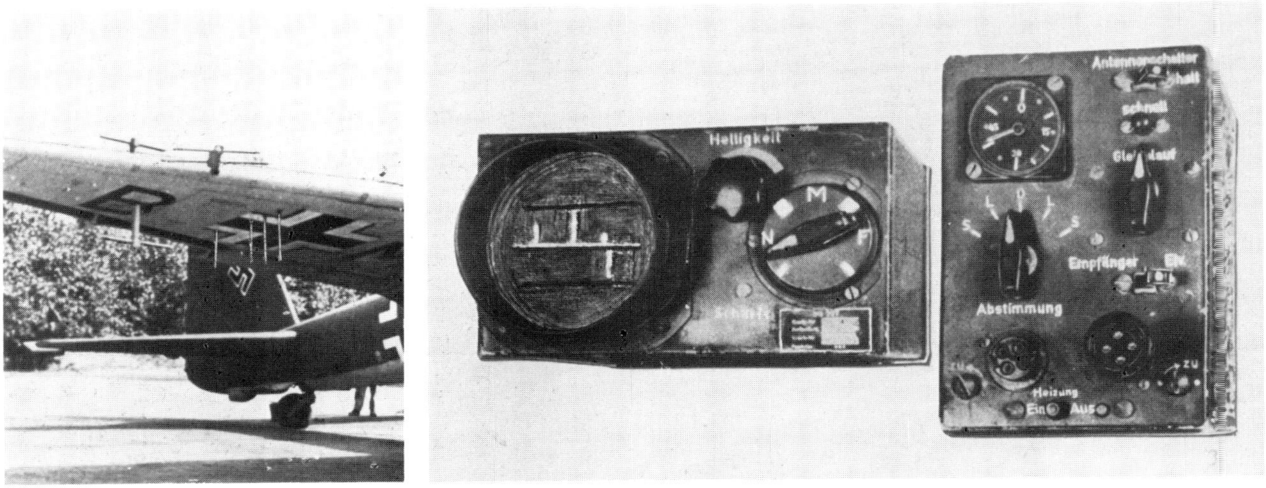

Passives Nachtjagdgerät »Flensburg« FuG 227; links: die drei Dipolantennen am rechten Flügel (dahinter Stachelantennen des FuG 217), Mitte: Sichtgerät (Anzeige rechts/tief), rechts das Bediengerät.

Passives Zielsuchgerät »Naxos Z« FuG 350 Z, links die rotierende Stielstrahlerantenne, mit Antrieb und »Hochpaß« mit Detektor, rechts das Sichtgerät und die (spätere) Anzeige (Ziel rechts voraus).

FuG 350 Z erbeutet war (13. Juli 1944). Daraufhin wurde sofort der Ausbau aller »Monica«-Geräte angeordnet, nur eine Spezialeinheit, die 100 (SD) Group, behielt sie als Köder für deutsche Nachtjäger, desgl. einige Jagdeinheiten.

Wenn man von der unbeabsichtigten Warnwirkung der Glimmlampe im Bediengerät des Kenngerätes FuG 25 a (s. weiter unten) absieht, die bei starker Anstrahlung des Flugzeugs durch Funkmeßgeräte aufleuchtete, gab es nur kurzzeitig im Frühjahr 1943 einen Warnempfänger *»Naxos I« FuG 350* der Firma Telefunken (Eichhorn), der mit einer vertikal polarisierten »Finger«-Antenne vor Flugzeugen mit dem (horizontal polarisierten) »Rotterdam«-Gerät bzw. dem Nachtjagdgerät »Grille« (A.I.Mk VIII) warnen sollte. Es bestand aus Antenne, Hochpaß mit Kristalldetektor und sechsstufigem NF-Verstärker V 350, der samt Netzteil aus den Gußchassis der (mehr als 10 000 hergestellten, aber nicht eingeführten) Kenngeräte FuG 25 »Zwilling« (s. weiter unten) gefertigt war. Da die Antenne falsch polarisiert war, ergab sich statt der erwarteten 8 km nur etwa 1 km Reichweite. Etwas besser war eine Variante *»Naxos Ia« FuG 350a* mit drei zueinander schräg gestellten Fingerantennen, bei denen es auch weniger ausmachte, wenn einer der noch empfindlichen Detektoren ausfiel.
Durch Ersatz der »Finger«-Antenne durch eine stark verkleinerte Ausführung der »Berlin A«-Antenne mit nur zwei Stielstrahlern und Zugabe eines (aus dem Sichtgerät des FuG 218 mechanisch abgeleiteten) Sichtgerätes entstand bei Telefunken *(Eichhorn)* das passive Zielsuchgerät *»Naxos Z« FuG 350Z* (2 500 – 3 750 MHz). Der (wie beim »Berlin A«-Gerät) mit dem Antennendrehmotor gekoppelte Zweiphasengenerator bewirkte eine kreisförmige Zeitlinie, wobei der Elektronenstrahl genau synchron mit der Antenne unter der 360°-Skala drehte. Bei Eintreffen eines Signals wurde der sonst gesperrte Elektronenstrahl hellgetastet, so daß die Einfallsrichtung des Signals direkt ablesbar war. Die fehlende Höhenpeilung wurde dadurch ersetzt, daß das Flugzeug stieg, bis das Zielzeichen verschwand. Dies bedeutete, daß das Flugzeug und das Ziel gleichhoch waren, da das FuG 350 nur die Halbkugel oberhalb des Flugzeugs erfaßte, tiefer liegende Ziele jedoch nicht. Nachdem man herausgefunden hatte, daß die »Naxos«-Antenne etwa 20 mal schneller drehen mußte als die Antenne des Gegners, war eine befriedigende (durch den stroboskopischen Effekt manchmal etwas aufgespaltene) Anzeige erreicht. Die Geräte ergaben überraschenderweise Reichweiten bis zu 50 km gegen »Rotterdam«-Geräte. Die nachfolgenden beiden Serien *»Naxos Za« FuG 350 Za* bis *»Naxos Zc« FuG 350 Zc* verwendeten anstelle der Helltastung eine Auslenkung nach außen des stets sichtbaren Kreises, da so schwache Signale besser zu erkennen waren. Diese vier Versionen wurden für die Luftwaffe mit mindestens insgesamt 600 Stück gefertigt, die meist in Nachtjäger Ju 88, aber auch für die sog. »helle Nachtjagd« bei zwei Staffeln in Me 109 G eingebaut wurden, die allerdings für Nachtlandungen wenig geeignet waren.

Von den »Naxos«-Geräten wurden für Luftwaffe und Marine über 24 verschiedene Versionen bekannt. Dazu gehörten auch welche mit zusätzlichen Antennen für den Bereich 7 500 – 12 000 MHz gegen die neuen mit 3 cm Wellenlänge arbeitenden Geräte. Wieviele von den noch etwa 100 gefertigten *»Naxos ZD« FuG 350 ZD* noch zum Einsatz kamen, ist fraglich. Zu jener Zeit konnten ja bereits aus Kraftstoffmangel nie mehr als 50 Nachtjäger gleichzeitig eingesetzt werden.

Spezielle Horch- und Störgeräte

Vorgeschichte

Die Kriegführung mit Mitteln der Funktechnik ist bereits im Ersten Weltkrieg mit Horch-, Peil- und Störstellen (am Boden) nachweisbar. Schon vor dem Zweiten Weltkrieg hat vor allem der Chef der Luftnachrichtentruppe, *General Martini,* von Anfang an geeignete Funkaufklärungsgeräte, vor allem auf dem DMW- und CMW-Gebiet, gefordert, um vor eventuellen Überraschungen sicher zu sein. Wie bereits dargestellt, erhielt er die Entwicklungsfreigabe für die geforderten Geräte erst nach der Erbeutung des »Rotterdam«-Gerätes. Die technikfeindliche alleroberste Führung erkannte auch dann noch nicht die Zeichen der Zeit, da sie nur die Verlustraten der gegnerischen Bomber betrachtete.

Erst nach dem verheerenden (99.) Luftangriff auf Hamburg in der Nacht vom 24. auf 25. Juli 1943 kam zögernd die Einsicht. Bei dieser Unternehmung hatten 791 feindliche Bomber teilgenommen; neben Brand- und Sprengbomben und den gewohnten Störsendern gegen die »Freya«-Geräte hatten sie auch 40 t Stanniolstreifen (= 92 000 000 Stück!) an Bord, die jeweils der halben Wellenlänge des »Würzburg«- bzw. »Würzburg-Riese«-Gerätes (am Boden) und der »Lichtenstein BC«- bzw. »Lichtenstein C«-Geräte (an Bord der Nachtjäger) entsprachen, und die sie nach genauem Zeitplan abwarfen. Die so entstehenden Wolken aus Dipolstreifen (Deckbezeichnung bei uns »Düppel«, beim Gegner »Window« oder »Chaff«) lieferten über dem gesamten Gebiet von Hamburg so starke Echos über die ganze Skala, daß auf den Anzeigen der deutschen Funkmeßgeräte am Boden und in der Luft gegnerische Bomber höchstens hin und wieder für wenige Sekunden erfaßt, aber dann nicht mehr weiter verfolgt werden konnten. Die deutsche Abwehr war so ihrer »Augen« beraubt und konnte nur noch blind Sperrfeuer mit der Flak schießen, ohne das Unheil irgendwie beeinflussen zu können.

Einzelne Dipole hatte man schon von Beginn an zu Prüfzwecken verwendet, z.B. als künstliche Ziele. Es lag also der Gedanke nicht ferne, Dipole auch für Tarn- und Täuschungszwecke zu verwenden. Entsprechende Versuche 1942 der E.-Stelle Rechlin (*Dr. Schulze* u.a.) mit Blechstreifen und später mit Aluminiumfolien, »Düppel« genannt, zeigten die hohe Wirksamkeit solcher Streifen für Störzwecke und daß praktisch kein Gegenmittel bekannt war. Ein Einsatz deutscherseits schien angesichts der bereits verlorenen Luftüberlegenheit nicht vertretbar. Göring ordnete daraufhin sofort strengste Geheimhaltung auch gegenüber der eigenen Truppe an, um dem Gegner keine Hinweise zukommen zu lassen. Die angedrohten schweren Strafen verhinderten auch jegliche Arbeiten in Forschungsinstituten an Gegenmitteln dafür.

Vom »Krieg im Äther« waren ab 1939 alle Arten von Funksignalen betroffen; alles was Funkmeß-, Navigations- und Funklenkverfahren betraf, fiel in die Zuständigkeit des »Funkmeßbeobachtungsdienstes« (abgekürzt FuMB-Dienst). Letzterem zugeteilt war der »Funkmeßstör-(FuMS-)dienst« und Maßnahmen zur Funkmeßtäuschung (FuMT).

Die Funkaufklärung muß laufend und systematisch durchgeführt werden, da Einzelbeobachtungen oft zu falschen Schlüssen führen; außerdem sollten die Erkenntnisse möglichst unbemerkt vom Gegner durch passive Mittel (Empfang und Peilung) beschafft werden. Daß das nicht immer einfach ist, bewiesen zwei Fahrten des Luftschiffes LZ 130 »Graf Zeppelin II« im Mai und im August 1939, auf denen auf Veranlassung von General Martini außerhalb der Sichtweite der englischen Küste der englische Funkverkehr beobachtet und besonders eventuell vorhandene Funkmeßsender ausgemacht werden sollten. Da anscheinend die Gegenseite die Absicht jedesmal rechtzeitig erkannt hatte, schwiegen die Sender; die Unternehmen blieben jedenfalls ohne Erfolg.
Bei der Funkaufklärung erzielte Ergebnisse führen dann nach Auswertung zu »Gegenmaßnahmen« wie Täuschung des Gegners, die er möglichst nicht bemerken soll, oder Störung des Gegners, um seine Ortungen oder Funkverbindungen zu unterbinden, und zu Schutzmaßnahmen, um z.B. eigene Geräte für gegnerische Störungen immun zu machen. Dadurch wendet der Gegner seine Waffen an falscher Stelle oder auch gar nicht an, oder ihr Einsatz bleibt ohne Wirkung. Es muß also stets ein Kompromiß zwischen Risiko und Wirkung gefunden werden; denn zu frühe Störmaßnahmen verhindern eine weitere Informationsgewinnung und führen zur Anwendung neuer Verfahren, die erst wieder mühselig erkannt, analysiert und ausgewertet werden müssen.
Obwohl hoch fliegende Flugzeuge zum Beobachten gegnerischer Funknavigations- und Radarverfahren besonders geeignet waren (wegen der quasioptischen Ausbreitung der verwendeten Frequenzen), wurden deutscherseits erst relativ spät und auch dann nur wenige Sonderkommandos für die Funkaufklärung und Störung gebildet, weil der Generalluftzeugmeister für derartige »Spielereien« nur sehr ungern fronttaugliche Flugzeuge abgab.

Flugzeug-Aufklärungsempfänger

In Funkaufklärungsflugzeugen (meist He 111, Ju 188 und Do 217) wurden hauptsächlich folgende Geräte eingesetzt:

Funkhorchempfänger FuHE d, e, f 25–60/60–150/150–300 MHz
»Dohmeyer«-Empfänger FuMB c (RPZ) 170–220 MHz
»Samos« FuMB 4 (Rohde & Schwarz) 80–480 MHz
»Fanö« FuMB 5 (Rohde & Schwarz) 400–800 MHz
»Korfu 812« FuG 351 e = FuMB 11 (Blaupunkt) 2500–3750 MHz
»Korfu 274« FuG 351 d = FuMB 15 (Blaupunkt) 7500–11100 MHz

Der letztgenannte kam erst im letzten Kriegsjahr dazu. Als Antennen wurden meist drehbare Horizontaldipole mit Peilskala und vertikale Stabantennen, für die beiden letztgenannten Geräte drehbare Yagi- oder Hornantennen eingesetzt. Da das ständige Absuchen der Abstimmbereiche von Hand sehr ermüdend war, wurde der Antrieb oft mit einem abschaltbaren Elektromotor gekuppelt, wodurch ein sogenannter »automatischer Durchdrehempfänger« entstand. Um nähere Aussagen über die genaue Modulations-

Spektrumsanalysator »Wessling« des FFO für den Bereich 125–600 MHz.

frequenz bzw. der Art der Modulation etc. machen zu können, wurden an den Ausgang der Empfänger kleine Oszillografen (Philips, AEG oder Loewe-Opta) und auch Tonfrequenzgeneratoren angeschlossen, die zusammen auch eine Signalanalyse, z.B. nach Impulsbreite, Impulsfolgefrequenz etc. erlaubten. Die Geräte wurden an Bord mit 110 V/333 Hz (anstelle der sonst üblichen 220 V/50 Hz) aus FuG 10-Empfängerumformern betrieben.
Es gab auch speziell für Flugzeuge entwickelte »Wellenanzeiger« oder »Sprektrumsanalysatoren«. Dies waren Durchdrehempfänger mit einer Braunschen Röhre, deren horizontale Ablenkungsspannung von einem Potentiometer auf der Abstimmachse gewonnen wurde. Es entsprach so jeder Abstimmfrequenz eine bestimmte Stellung des Elektronenstrahls, so daß die Zeitlinie direkt in Frequenzen geeicht werden konnte. Die Empfängerausgangsspannung erzeugte eine entsprechende Vertikalablenkung. Das erste Gerät dieser Art (Deckname unbekannt) wurde beim FFO *(Dr. Stützer)* entwickelt. Es erfaßte einen Bereich von 125–600 MHz und wurde im Februar 1942 in einer Fw 200 des K.G.40 über dem Atlantik eingesetzt. Sein Nachfolger »*Wessling*« kam zwei Jahre später bei der gleichen Stelle zum Einsatz, er wies jedoch gegenüber seinem Vorgänger für den gleichen Bereich einen fernsteuerbaren Horizontaldipol auf. Das »Sonderkommando Rastedter« verwendete u.a. den Wellenanzeiger *W.Anz.g2 = FuMB 9*, (146–256 MHz) der Firma Hagenuck *(Dr. Kroebel)*, den es offensichtlich von der Marine erhalten hatte.

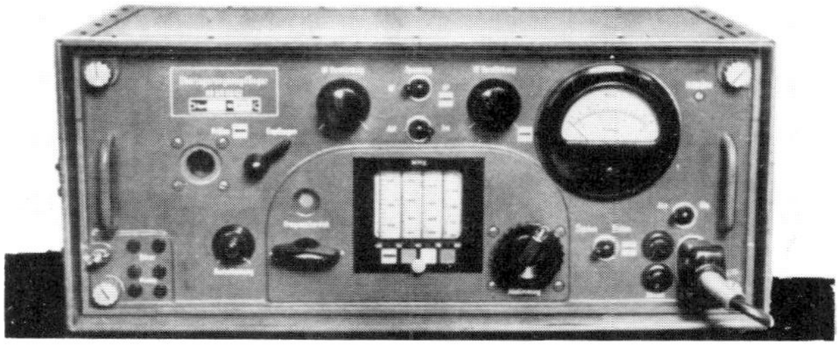

Peil- und Rundempfangsantennen für FuMB-Empfänger, darunter Empfänger »Samos« von R & S (80–470 MHz), äußerlich gleich »Fanö« (400–800 MHz).

Oszillator- und Mischstufe des Empfängers »Samos« mit Spulenrevolver, Drehkondensator (direkt unter den napfförmigen Röhren RD 12 Ta und RD 12 Ga) und Nachstimmkondensator für den Eingangskreis.

Flugzeug-Bordstörsender

Bordstörsender wurden vorwiegend über dem Feindgebiet eingesetzt. Sie sollten eine Radarortung erschweren bzw. den Jägerleitverkehr des Gegners lahmlegen und wurden deshalb in schnelle Kampfflugzeuge eingebaut, in denen dafür nur noch im Bombenraum Platz zu finden war. Der Einsatz erfolgte auf Verdacht hin, da ja im Besatzungsraum kein Horchempfänger mehr unterzubringen war. Damit entfiel eine wirkungsvolle »Punktstörung« auf der Gegnerfrequenz, sondern der Störsender mußte über einen Bereich gewobbelt (periodisch in seiner Frequenz geändert) werden, um alle verdächtigen Frequenzen zu erfassen. Da der Wirkungsgrad dieser »Bandstörung« wesentlich schlechter war, mußten dann nach Möglichkeit mehrere Störsender mit kleineren Wobbelbereichen eingesetzt werden. Neben den Problemen des Gewichtes und der Stromversorgung kam noch dasjenige, für die Vielzahl von Antennen günstige Plätze zu finden, die eine günstige Abstrahlung aufwiesen, bei geringstmöglichem Luftwiderstand und ohne Behinderung der Abwehrwaffen.
Je nachdem, ob der Entwickler mit der Konstruktion von Bordgeräten vertraut war oder nicht, fielen die Geräte sehr groß und schwer aus, wie die Geräte des RPZ, die wesentlich überdimensionierte Netzteile und 50 Hz-Transformatoren in den Netzteilen verwendeten. Sie konnten demgemäß nur in Ju 52 eingebaut werden, was gerade noch im Mittelmeer im Einsatz gegen Malta vertreten werden konnte. Demgegenüber war z.B. der Störsender »*Kettenhund*« der Firma Telefunken *(Rehder)* in einem kleinen Gehäuse (des Empfängerumformers des FuG 10) untergebracht und

Tabelle der wichtigsten Bordstörsender:

»Caruso«	(RPZ)	100–120 MHz	30 W	gegen Jägersprechfunk
»Heinrich B«	(RPZ)	170–215 MHz	? W	Radar Boden, Bord
»Kettenhund«	(Telefunken)	20–100 MHz	500 W	Radar, Navigation
»Kobold 1..3«	(RPZ)	170–215 MHz	60/120 W	Radar
»Starnberg I«	(FFO)	180–220 MHz	20 W	Bordradar
»Starnberg II«	(FFO)	98–156 MHz	20 W	Jägersprechfunk
»Störnebler«	(Phys. Lab.)	180–220 MHz	25 W	Radar
»Wolke«	(AEG)	180–220 MHz	20 W	Radar

mit einer Röhre RD 12 Tf bestückt, deren Schwingkreis durch das Lüfterrad des Ventilators um etwa ± 9 MHz um die voreingestellte Frequenz gewobbelt wurde. Zur Abdekkung des Bereiches 166–250 MHz der englischen Radargeräte wurden also mindestens fünf Sender benötigt. Die Modulation erfolgte durch den Betrieb der Senderöhre als Sperrschwinger (»Tröpfelsender«) mit hoher Impulsfolge bei etwa 60 W Leistung. Die Reichweite lag bei 50 km. Die Sender waren auf einer Reflektorplatte für die Sendedipole angebracht, die im geöffneten Bombenraum einer Do 217 in horizontaler Lage (parallel zur Mittellinie des Flugzeuges) eingebaut wurden. Sie wurden durch Plexiglasplatten abgedeckt. Im April 1944 waren 24 Anlagen fertig, 250 waren bestellt.

Bereits im Jahre 1941 hatten die mit Radar (A.I.Mk.IV) ausgerüsteten britischen Nachtjäger bei unseren Kampfflugzeugen über England sehr hohe Verluste verursacht. Nach längerer Diskussion wählte man richtigerweise als Gegenmaßnahme keinen Störsender gegen das Radar, der zwar die genaue Entfernungsmessung verhindern, das Auffinden und Anfliegen des Störflugzeugs aber wesentlich erleichtern würde. Man ließ vielmehr innerhalb von acht Wochen einen Störsender »Caruso« gegen den Jägerleitverkehr entwickeln, um so eine Heranführung zu verhindern.

Es erscheinen hier keine Bordstörsender im CMW-Bereich (9 bzw. 3 cm); es waren zwar einige Typen in Entwicklung, ihre Anwendung wäre wegen der hohen Bündelung der CMW jedoch problematisch geworden.

Platzgründe verbieten auch hier ein Eingehen auf interessante Details (s. hierzu die angegebene Literatur), zur Modulation der Störsender seien hier jedoch noch einige Gesichtspunkte erwähnt: Zur Störung von Sprachmodulation (Rundfunksendung, Jägerleitverkehr etc.) eignet sich z. B. eine Modulation mit durcheinanderlaufenden Heultönen

Zur Störung von Impulssendungen, die auf Sichtgeräten mit dem Auge ausgewertet werden, sind andere Verfahren anzuwenden: Z. B. ein Gemisch aus drei Impulsfolgen, wobei mindestens eine davon sprunghaft oder periodisch geändert wird. Neben einer sog. »Rauschmodulation« mit statistisch verteilten Nadelimpulsen (»weißes Rauschen«) bewährte sich die sog. »HF-Modulation«, bei der sinusförmige Frequenzen zwischen 50 kHz und bis zu 2 MHz verwendet wurden, wobei durch absichtliche Übersteuerung der Sender zusätzliche Oberwellen entstanden.

Zu erwähnen ist auch noch ein Bord-Tarnsender »Hummel« (PTR), der auf 560 MHz mit einer Impulsfrequenz von 3 750 Hz getastet wurde und gegnerischen Flugzeugen die Erfassung durch ein »Würzburg«-Funkmeßgerät vortäuschen sollte.

Ju 52 mit Störsendereinbauten, vermutlich vom Kommando Koch (Griechenland). Darunter: Zwei Störsender »Kettenhund« von Telefunken (Frequenzbereich 166–250 MHz) mit ihren Antennen, fertig zum Einbau in den Bombenschacht einer Do 217 unter einer Plexiglasverkleidung.

Kombinierte Geräte für Störung und Täuschung

Während die Mehrzahl der obengenannten Störsender nur für eine »blinde« Störung von vorher genau erkundeten Frequenzen oder Frequenzbändern geeignet waren, bestanden die nachfolgend genannten Geräte von vorneherein aus Empfänger und Sender. Aus einem bereits im Jahre 1940 vom RPZ *(Dr. Scholz)* erfolgreich versuchten Täuschungsverfahren gegen die englische Bodenradarkette (Chain Home) entstand eine sog. »Ball-Störanlage« *»Garmisch-Partenkirchen«* der Firma Hagenuk *(Dr. Kroebel)* mit einem Frequenzbereich 15–70 MHz. Mit diesem Gerät wurden an Bord die englischen Funkmeßimpulse empfangen, auf eine Laufzeitkette gegeben und an fünf Stellen abgegriffen. Mit diesen Impulsgruppen wurde der Sendeteil des Gerätes auf der gleichen Frequenz getastet. Auf dem gegnerischen Sichtgerät erschienen dann neben dem echten Flugzeugecho fünf weitere (falsche) Echos, wodurch ein Flugzeug- oder auch Schiffsverband vorgetäuscht werden konnte. Diese Methode mußte, weil sich die Erfassungsbereiche der Bodenradars überlappten, jeweils gleichzeitig auf den Frequenzen mehrerer Bodenstationen durchgeführt werden, damit sich deren Meldungen nicht widersprachen. An Bord von zwei He 111 waren je fünf solcher Gerätesätze montiert, die angeblich jeweils 750 kg schwer waren und 400 Röhren enthielten. Sie wurden erstmalig bei einem Tiefangriff eines Ju 88-Verbandes auf Flugplätze bei Plymouth am 11. Februar 1942 und einen Tag später beim Durchbruch der Schlachtschiffe »Scharnhorst« und »Gneisenau« und des schweren Kreuzers »Prinz Eugen« durch den Kanal eingesetzt, wobei sie die Küstenkette an falscher Stelle beschäftigen und so vom eigentlichen Geschehen ablenken sollten.

Zur Störung von UKW-Sprechverbindungen waren mit Störsendern gekoppelte Wellenanzeiger in Entwicklung. Das ursprünglich bei der Firma Graetz bearbeitete Gerät *»Nervtöter« FuG 40* bestand aus einem Überlagerungsempfänger (mit 7 × RV 12 P 2000 und 1 × RL 12 T 1) und einer Anzeigeröhre (DG 7) als Wellenanzeiger. Das Gerät soll jedoch bis Kriegsende keine Serienreife erreicht haben. Das lag mindestens zum Teil auch daran, daß solche Projekte meist nur geringe Dringlichkeit zugeteilt erhielten. So blieben hier die deutschen Entwicklungen weit hinter den anglo-amerikanischen zurück.

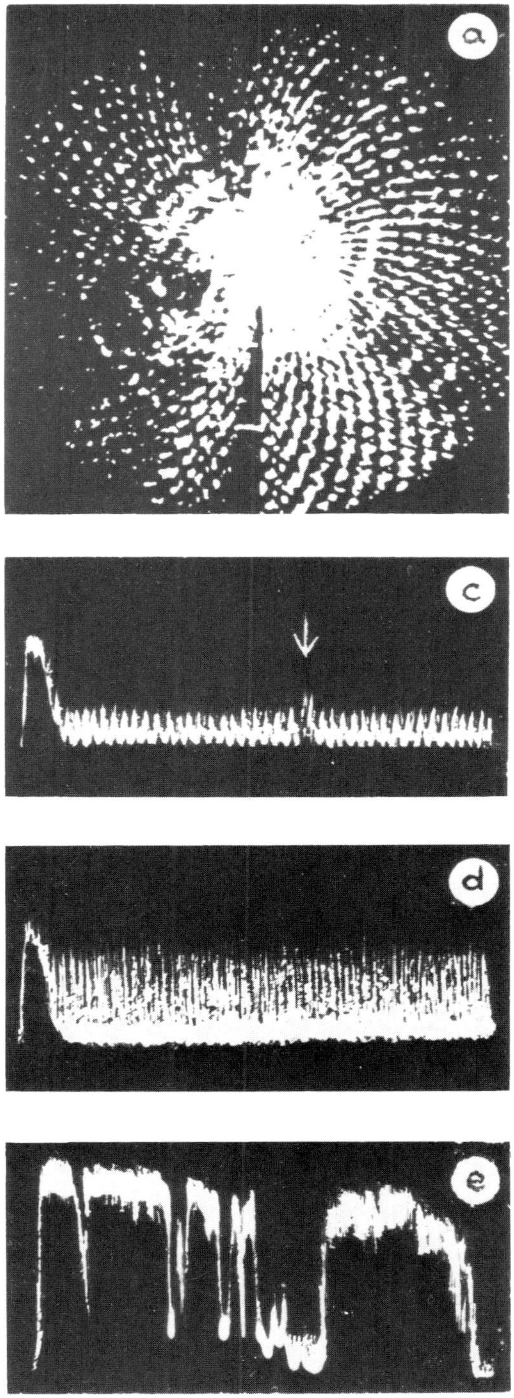

Störbilder auf Radaranzeigen: (a) gestörte Bodenbetrachtungsanzeige durch Störsender in 2 km Entfernung; (c) Störimpulse 30 kHz, Echo (Pfeil) fast verdeckt; (d) starke Störung durch rauschmodulierten Sender; (e) starke Störung durch »Düppel«-Wolken.

Kenngeräte (Bord-Transponder)

»Zwilling« = FuG 25 und »Erstling« = FuG 25a

Hier muß zuerst noch auf Impuls-Funkmeßverfahren mit Relaisgerät an Bord (heute Sekundärradarverfahren mit Transponder an Bord genannt) eingegangen werden. Bereits etwa 1938 begann man mit der Entwicklung von sogenannten »Kenngeräten« (heute IFF- bzw. ATC-Transponder genannt, wobei IFF = Identification Friend-Foe und ATC = Air Traffic Control bedeuten). Sie sollen auf der Anzeige des Radargerätes eigene oder zur Kennungsgabe aufgeforderte Flugzeuge durch ihre Kennung unterscheidbar machen.

Die erste, von Telefunken entwickelte Version war das *FuG 25 »Zwilling«*. Es bestand aus zwei gleichgroßen Bausteinen, der erste einen Diodenempfänger mit NF-Verstärker und einen tonmodulierten 1 W-Sender enthaltend, der zweite beinhaltete den Umformer mit Tastschalter. Für die Abfrage dieses Gerätes mußte das (ebenfalls von Telefunken entwickelte) Funkmeßgerät »Würzburg« FuSE 62 der Flak, das auf 560 MHz arbeitete, in seiner Impulsfolgefrequenz von 3,75 auf 5,0 kHz umgeschaltet werden. Das angestrahlte FuG 25 schaltete nun automatisch seinen mit einer Tonfrequenz von 800 Hz modulierten Sender auf 160 MHz ein, der mit einer von zwei wählbaren Morsekennungen getastet wurde (= A2-Betrieb). Dies erfolgte in einem vom Umformer angetriebenen Nockenschalter, in den zwei Steckschlüssel mit zehn Ausbrechnocken zur Erzeugung von Morsepunkten und -Strichen eingesteckt waren. Ein kleines Bediengerät enthielt eine Glimmlampe zur Anzeige, daß das Gerät vom Boden abgefragt wurde, einen Wahlschalter für Schlüssel eins oder zwei und eine Prüftaste, die den Sender auch ohne Abfrage einschaltete. Die Funktionstüchtigkeit des Gerätes wurde dann durch die im gewählten Kennungsrhythmus aufleuchtende Glimmlampe angezeigt. Das am »Würzburg«-Gerät über einen besonderen Empfänger »Steinziege« aufgenommene Kennungssignal konnte zwar im Kopfhörer abgehört, aber keinem bestimmten Flugzeug zugeordnet werden, wenn sich mehrere in etwa der gleichen Richtung befanden, zumal ja während der Abfrage die Anzeige abgeschaltet war. Das in Großserie (10000 Stück) gebaute Gerät kam daher praktisch nicht zum Einsatz.

So mußte eine Neuentwicklung *»Erstling« FuG 25a* veranlaßt werden, die weitgehend den Einbausatz und den Umformer mit Nockenschalter des Vorgängers übernehmen sollte. Da jetzt die Abfrage durch »Freya«- und »Wassermann«-Geräte der Flugmeldeorganisation auf einer Betriebsfrequenz 125 ± 1,8 MHz erfolgen sollte, bekam auch die Entwicklungsfirma dieser Funkmeßgeräte, die GEMA (Gesellschaft für elektromechanische Apparate) / Berlin *(Brinker, Preischkat)* den Auftrag für die Entwicklung und Fertigung des neuen Kenngerätes. Wenn dieses auf einer Frequenz um 125 MHz mit Impulsen angestrahlt wurde, so tasteten diese über den Nockenschalter den 300 W-Impulssender auf seiner Frequenz von 156 MHz. Hierbei wurden die zurückgestrahlten Impulse im Rhythmus der gewählten Morsekennung getastet (Betriebsart P1). Die Glimmlampe am Bediengerät zeigte wieder an, daß das Gerät abgefragt wurde und mit welcher Kennung geantwortet wurde. Das FuG 25a hatte folgende Röhrenbestückung: 7 × RV 12 P 2000, 2 × LD 1, 1 × LS 50 und 1 × RG 12 D 60. Die Bodenanlagen »Freya« etc. benötigten, solange sie im normalen Frequenzband um 125 MHz arbeiteten, nur einen Kennungsempfänger »Gemse« für die Kennungsfrequenz 156 MHz, sonst wie die Flak-Funkmeßgeräte »Würzburg«, »Würzburg-Riese« usf. auch einen Abfragesender »Kuh« auf 125 MHz. Die vom FuG 25a abgestrahlte Kennung erzeugte auf der Sichtanzeige der Bodengeräte ein starkes und durch seine (direkt ablesbare) Kennungstastung auch ein sehr auffälliges Echo, das dem normalen (Reflexions-)Echo direkt zugeordnet werden konnte. Das FuG 25a ist von 1942 bis Kriegsende bei der GEMA in Großserie (mehr als 8000 Geräte) gebaut worden. Darunter waren auch sogenannte »rote« und »grüne Erstlinge« mit leicht geänderten Frequenzen und mit einer verbesserten Prüfeinrichtung mit Prüfoszillator.
Auch der Gegner verwendete Kenngeräte, die meist als Pendelaudions arbeiteten, d.h. sehr einfach aufgebaut waren und wenig Betriebssicherheit aufwiesen. Modernere Geräte waren erst gegen Ende des Krieges in Entwicklung.

EGON-Verfahren/Kampf

Als Folge der mit dem Kenngerät FuG 25a »Erstling« erzielbaren großen Reichweite (über 200 km) schlug die E.-Stelle Rechlin *(v. Hauteville)* bereits im Jahre 1942 ein einfaches *»Erstling«-Verfahren* zur Jägerführung vor. Aus diesem Versuch entstand 1943 das »EGON-Verfahren/Kampf« (*E*rstling-*G*emse-*O*ffensiv-*N*avigation) zur Führung von Beleuchter-, Pfadfinder- und Schlachtflugzeugen. Als Bodenstelle wurde ein »Freya-LZ« oder ein »Wassermann M«-Gerät, jeweils mit Kennungsempfänger »Gemse« und Kennungsantenne ausgerüstet, verwendet im sogenannten »Einstand-Verfahren«, d.h. mit Positionsfeststellung des geführten Flugzeugs durch E-Messung und Peilung von einem Gerät aus. Da die Peilung im Einstandverfahren bei Entfernungen über 60 km mit ± 0,5° zu ungenau wurde, ging man daher zu einer E-Meßbasis von ca. 100 km mit zwei Geräten, d.h. zum »EGON-Zweistand-Verfahren« über, denn die E-Meßgenauigkeit (± 300 m) war unabhängig von der Entfernung. Die erzielbaren Reichweiten lagen je nach Flughöhe bei bis zu 250 km. Das Einstand- wie das Zweistandverfahren wurden für viele

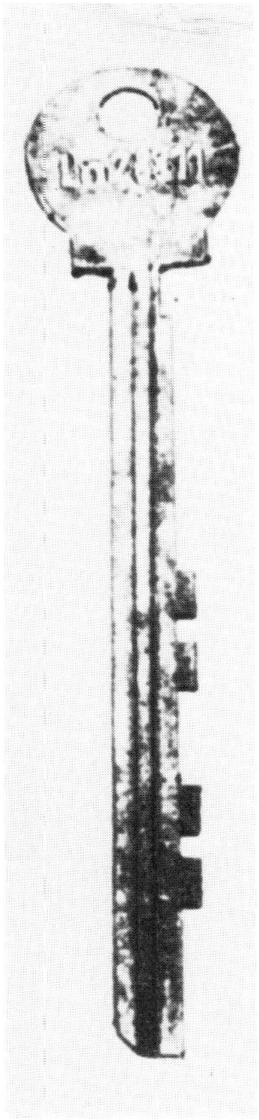

Das Kenngerät FuG 25a »Erstling« ohne Haube: K = Kennungsgeber für zwei Steckschlüssel, N = Netzteil, S = Sender, M = Modulator, E = Empfänger, U = Umformer, BG = Bediengerät. Rechts: Bild eines Steckschlüssels mit ausbrechbaren Zähnen.

Funktion eines Bodenfunkmeßgerätes (Primärradar) zur Flugzeugortung, kombiniert mit Abfragegerät (Sekundärradar) zur Abfrage eines Kenngerätes (ATC-Transponder) und Kennungsanzeige. Bei den auf 125 MHz arbeitenden »Freya«-Geräten konnte der Abfragesender entfallen. Zeichenerklärung: W = Weiche, FS = Funkmeßsender, FE = Funkmeßempfänger, SG = Sichtgerät, AS = Abfragesender, AE = Abfrageempfänger, KT = Kennungstastung, KS = Kennungssender, KE = Kennungsempfänger.

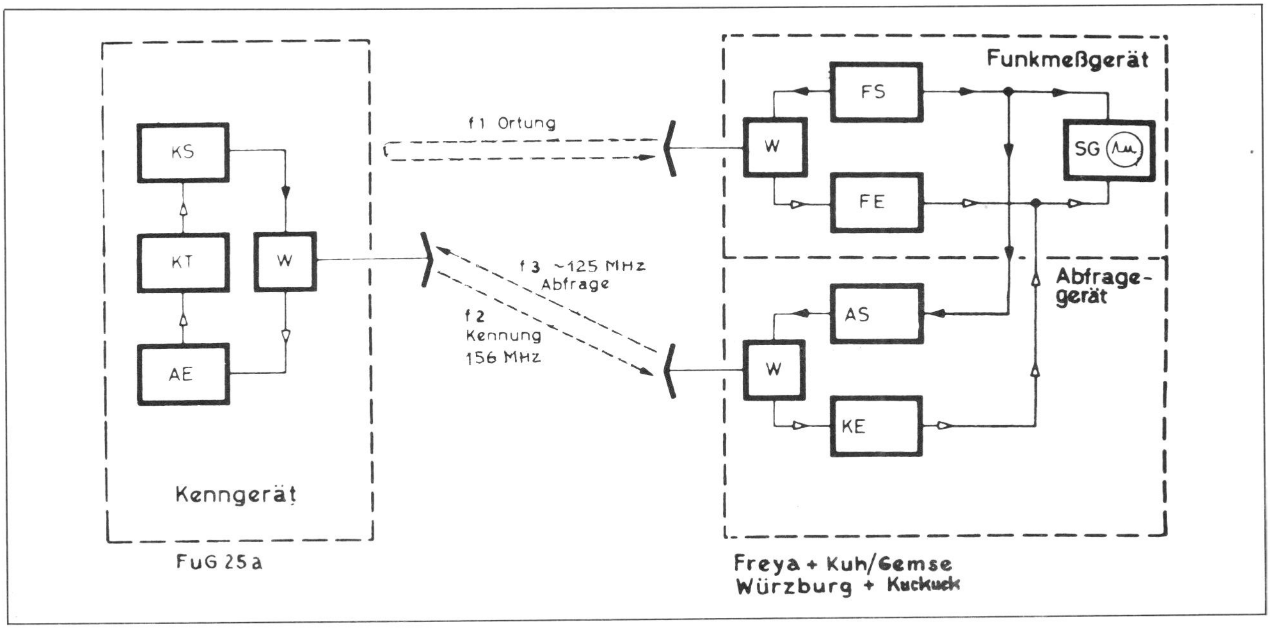

Spezialaufgaben (z.B. das Minenlegen in abgewinkelten Gewässern) bis März 1945 mit großem Erfolg eingesetzt, wobei an Bord nur das schon für Kennungszwecke benötigte FuG 25a und ein UKW-Sprechgerät FuG 16 Z (ZY) oder FuG 16 ZS etc. benötigt wurde.

EGON-Verfahren/Jagd

Das »EGON-Weitführungsverfahren« für Jäger wurde von Rechlin Anfang 1944 zur Ablösung des aufwendigen Y-Verfahrens vorgeschlagen. Das als reines Sekundärradargerät (auf getrennter Sende- und Empfangsfrequenz) arbeitende Bodengerät »Weitling« FuSAn 730 entstand aus einem »Freya-LZ«-Gerät FuMG 401 durch Entfernung des 125 MHz-Empfängers mit Empfangsantennenfeld und durch Einbau einer Peilantenne für den Kennungsempfänger »Gemse« auf 156 MHz. Da bei diesem reinen Zweifrequenzbetrieb störende Bodenechos wegfielen (allerdings auch keine Gegnerflugzeuge mehr erfaßt werden konnten), konnten die »Weitling«-Geräte zur Reichweitenvergrößerung erhöht auf Hügeln etc. aufgestellt werden und erzielten so Verbindungen bis zu 300 km. Die E-Meßgenauigkeit lag bei ± 300 m, die Peilgenauigkeit bei ± 0,35° (durchaus ausreichend für Jägerführung). Bis zum Frühjahr 1945 kamen noch über 150 EGON-Jagd-Stellungen zum Einsatz.

Interessant ist, daß die Briten Anfang 1945 ein kombiniertes Kennungsabfrage- und Zielfluggerät »Perfectos« entwickelt hatten, um die Kennung von Me 262 schon auf große Entfernung abzufragen und Zielflug darauf durchführen zu können. Die Amerikaner untersuchten dieses Gerät, wollten aber eine Reichweite bis zu 160 km und stellten aus Teilen eigener Radargeräte eine amerikanische Version des »Perfectos« her. Aber erst das zweite Muster, eingebaut in ein zweisitziges Führungsflugzeug P-47 für (einsitzige) P-47-Verbände kam noch einige Male in den letzten Kriegstagen zum Einsatz.

Weitere Entwicklungen

Eine Weiterentwicklung des FuG 25a war ein kombiniertes Kenn- und Abfragegerät *»Neuling« FuG 226* mit 2 × 6 Frequenzkanälen, das im Flugzeug neben der Kennungsgabe auch eine Bord-zu-Bord Kennungsabfrage mit Anzeige auf dem Bordfunkmeßgerät ermöglichte. Es wurde von der Firma Lorenz *(Dr. Kloepfer)* entwickelt; bis Kriegsende konnten jedoch nur wenige Mustergeräte geliefert werden.
Nur sehr kleine Stückzahlen erreichten Impulswiederholer mit den Decknamen »Biene«, »Wespe« etc., die bereits beim Gerät »Hohentwiel« besprochen wurden. Sie wurden meist am Boden zur Kennzeichnung von Navigationspunkten zum Anflug mit dem Bordfunkmeßgerät eingesetzt.

Radargeräte nach 1945

Wetter-Radar

Der nach dem Kriege wieder eingerichtete Luftverkehr wurde zuerst mit ehemaligen Transportern, bald auch mit neu entwickelten Verkehrsflugzeugen durchgeführt. Da die Wettermeldungen nicht ausreichten, um Flugzeugen eine Umgehungsroute von Wetterfronten empfehlen zu können, eine Überfliegung mangels ausreichender Gipfelhöhe noch nicht möglich war und eine Durchfliegung zu schweren Unfällen geführt hatte, trat bald der Wunsch nach einem Gerät auf, das vor dem Flugzeug liegende dichte Wolken und Gewitterzonen mit starken Turbulenzen in ihrer Lage zum Flugzeug darstellen konnte. Nur dann war es möglich gefährliche Wetterzentren zu umgehen. Schon während des Krieges war bei der Verwendung von Nachtjagd-(Airborne Interception-)Radargeräten, die im S-Band (um 9 cm Wellenlänge) oder im X-Band (um 3 cm Wellenlänge) arbeiteten und das vor dem Flugzeug liegende Gebiet als »Sektorpanorama« abbildeten, aufgefallen, daß auch dicke Wolkenbänke und Gewitter aufgezeichnet wurden. Auf diese Weise entstand das Wetterradargerät (Weather Radar). Es konnte mit seiner horizontal hin und her schwenkenden Antenne wahlweise das vor dem Flugzeug liegende Gebiet absuchen, durch vertikale Verstellung der Antenne Wolkenober- und Untergrenzen annähernd ermitteln und außerdem als Navigationsradar = Bodenbetrachtungsgerät eine »Reflexionskarte« des vor dem Flugzeug liegenden Bodens mit Küstenlinien, Flüssen, Städten etc. abbilden. Es fand schnell große Verbreitung und ermöglicht so auch einen Flugverkehr bei schlechtem Wetter. Eine Schwierigkeit stellte der Wunsch dar, wenigstens zwei oder drei verschiedene Wolkendichten unterscheiden zu können, da die von der Einstellung des Empfindlichkeitsreglers abhängige Helligkeitssteuerung der Bildröhre einen geringen Gradationsumfang hat. Man führte daher das sog. »Iso-Echo«-Verfahren ein, bei dem die starken Echos der Wolkenkerne, wenn ihre Amplitude einen einstellbaren Schwellwert übersteigt, als schwarze Löcher in den Wolken erscheinen.

Es bleibt die Frage, ob man damit bereits die optimale Methode gefunden hat, um starke Turbulenzen, Windscherungen, Hagel- und Gewitterstürme umgehen zu können. Konvektive Luftströmungen in der Atmosphäre verursachen durch Reibung eine Trennung von positiver und negativer Ladung. Wenn genügend hohe Potentialunterschiede erreicht sind, treten elektrische Entladungen auf, von denen aber nur ein kleiner Teil optisch als Blitze wahrgenommen werden kann. Für Gewitter sind hohe Wolkentürme typisch, die oben oft Amboßform annehmen. Der höchste Wassergehalt (Nebeltröpfchen, Regentropfen oder Hagelkörner) ist dabei meist im oberen Drittel konzentriert, wobei im Inneren der Wolkentürme Wassermassen entsprechend dem Gewicht mehrerer Güterzüge mit Vertikalgeschwindigkeiten zwischen 60 und 100 km/h nach oben transportiert werden! Der oben austretende Wind sinkt als ungleichmäßig dicker »Mantel« außerhalb der Wolke wieder mit hoher Geschwindigkeit nach unten, um dort erneut in den »Aufwindschlauch« einzutreten. Besonders bei Regen- oder Hagelbildung können auch innerhalb der Wolke »Abwindschläuche« auftreten, ev. sogar in mehreren »Stockwerken« übereinander. Die Struktur hoher Haufenwolken ist in stetigem Wandel begriffen. Beim Durchfliegen solcher Wolkengebilde werden also vertikale Windscherungszonen (Abwind / Aufwind / Abwind usf.) durchquert, in denen Flugzeuge zerbrechen können, wenn Ab- und Aufwindzonen zu nahe beieinander liegen. Ähnlich gefährliche Scherungen (Clair Air Turbulences = CAT) können auch in »Luftwalzen« vor Wetterfronten in klarer Luft auftreten, besonders aber in den Randzonen der sich über viele 1 000 km erstreckenden sogenannten »Strahlströme« (Jet-Streams).

Da hoher Wassergehalt und Turbulenzzonen nicht immer zusammenfallen, andererseits aber Windscherungen stets Entladungen herbeiführen, entwickelte die Firma Ryan/3 M (USA) einen automatischen Gewitterpeiler = »*Stormscope*«. Elektrische Entladungen (Atmospherics) stören den Funkempfang bis weit in den Kurzwellenbereich hinein, ihre höchsten Feldstärken erreichen sie im VLF-Bereich. Wenn man diese hochfrequenten Impulse gleichzeitig mit Kreuzrahmen und Hilfsantenne empfängt, können aus der Phasenbeziehung zwischen den beiden HF-Ausgangsspannungen die Entladungsquellen der Richtung nach eindeutig bestimmt werden. Die Erfahrung zeigt ferner, daß das Spektrum des Entladungsgeräusches umso weniger steile Flanken und Spitzen (d.h. hohe Frequenzen) aufweist, je größer die zurückgelegte Entfernung ist. Die im Empfänger eintreffenden Signale werden daher auf ihre spektrale Zusammensetzung analysiert und je nach berechneter Entfernung und der Einfallsrichtung in einem digitalen Speicher mit 128 Plätzen abgelegt. Je nach dem (am Bediengerät) eingestellten Entfernungsbereich (40/100/200 NM) werden die zu weit abliegenden Signale unterdrückt, so daß z.B. die volle Speicherkapazität dem Nahbereich zur Verfügung steht, wenn er gewählt wird. Die gespeicherten Signale werden auf einer Bildröhre mit 360°-Einteilung als helle Punkte nach Einfallsrichtung und Entfernung angezeigt, wobei der äußere Ring der eingestellten Entfernung entspricht. Signale, die älter als fünf Minuten sind, werden automatisch gelöscht. Neu eintreffende Signale löschen jeweils die ältesten im Speicher, so daß z.B. an einem Tag mit Gewittern die gesamte Anzeige innerhalb von etwa 25 Sekunden erneuert wird. Beim Kurvenflug kann die Anzeige durch Knopfdruck gelöscht werden, wenn die natürliche Erneuerungsrate zu lange dauern würde. Das »Stormscope« hat sich in der Praxis gut bewährt, ist kleiner und billiger als ein Wetterradar und erlaubt schon am Boden stehend eine Wetterübersicht zu gewinnen, kann aber natürlich während des Fluges kein Bodenbetrachtungsbild für Navigationszwecke liefern.

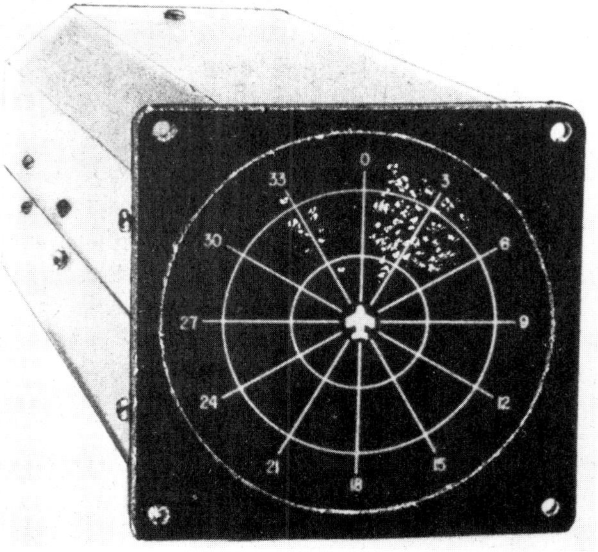

Ryan-»Stormskope« mit Anzeige elektrischer Entladungen nach Richtung und Entfernung (Bereichsumschaltung 40/100/200 NM).

In der Zwischenzeit war das Wetterradar durch fast vollständige Anwendung der Halbleitertechnik und integrierter Schaltkreise wesentlich verbessert und kleiner und leichter geworden. Da der hin- und herschwenkende Radarstrahl nur jeweils eine schmale hellgezeichnete Zone hinter sich läßt und das Auge auf die Dauer so ermüdet, daß neu auftretende Echos übersehen werden, wurden mit Einführung der Digitaltechnik Bildspeicher eingebaut. In diesen werden die Echos gespeichert und erst von dort auf den Bildschirm übertragen, dessen Helligkeit nun nahezu konstant bleibt. Da die Zahl der Speicherstellen anfänglich nicht zu hoch war, bekam das Schirmbild ein gerastertes (= aus kleinsten Vierecken zusammengesetztes) Aussehen, das die Bildschärfe der ersten Muster beeinträchtigte. Mit dem Fortschreiten der Technik konnte diese sogenannte »Blokkiness« beseitigt werden. Ein weiterer wesentlicher Schritt nach vorne war die Einführung der Farbbildröhre. Hier werden z.B. in der Betriebsart »Normal« die Entfernungslinien blau gezeichnet, reflexionsfreie Zonen werden schwarz, leichter Regen bzw. Niederschlag wird grün, mäßiger Wassergehalt gelb und Wolkenkerne (Sturmzentren) rot dargestellt. In der Betriebsart »Wetterradar« wechselt die Anzeige der Kerne dauernd zwischen rot und schwarz. Außerdem ist eine Warnung vorgesehen, wenn voraus au-

ßerhalb des eingestellten Bereiches Sturmzentren auftreten. Das Bild kann auch durch Knopfdruck »eingefroren« werden. Wenn dann nach einigen Minuten der Knopf erneut gedrückt wird, so wird mit dem aktuellen Bild die relative Bewegung der Sturmzonen zum Flugzeug sichtbar (als Sprung). In der Betriebsart »Navigation« (Bodenbetrachtung/Kartenzeichnen) sind die Entfernungslinien grün und die logarithmische Echointensität von Gelände bzw. Wasserflächen wird ebenfalls in eine Farbskala umgesetzt (blau/gelb/violett für schwach/mittel/stark reflektierend). Turbulenzzonen sind (mit Erfahrung) bereits an der Form (Finger- oder Hakenform) und andererseits daran erkennbar, daß die Zwischenzonen zwischen stärkstem und keinem Wassergehalt sehr schmal sind.
Sturmzellen wurden jedoch bis zu 20 NM entfernt von Niederschlagskern von Wolken angetroffen. Die Firma Sperry (GB und USA) hat daher in Zusammenarbeit mit Ryan/3 M ein Kombinationsgerät (Interface) für Wetterradar und Stormscope entwickelt, so daß nun auf dem Farbbildschirm des Wetterradars die Niederschlagszonen in üblicher Weise in den Farben grün, gelb und rot, die Turbulenzzonen mit ihren elektrischen Entladungen als Ansammlungen blauer Punkte dargestellt werden.
Einen anderen Weg beschritt die Firma Rockwell-Collins mit einer »Modified Pulsepair« genannten Methode. Dabei wird der Dopplereffekt ausgenutzt um zu unterscheiden zwischen Tropfen, die durch Luftturbulenzen in verschiedene Richtungen bewegt werden und somit etwas unterschiedliche Dopplerfrequenz erzeugen. Mit dieser Methode werden die Windscherungszonen nicht durch elektrische Entladungen, sondern durch die Geschwindigkeitsdifferenz von Wassertropfen, sofern vorhanden, dargestellt.
Typische Daten für die Wetterradargeräte »*WXR 220/ WXR 270*« bzw. »*WXR 300*« der Firma Rockwell-Collins

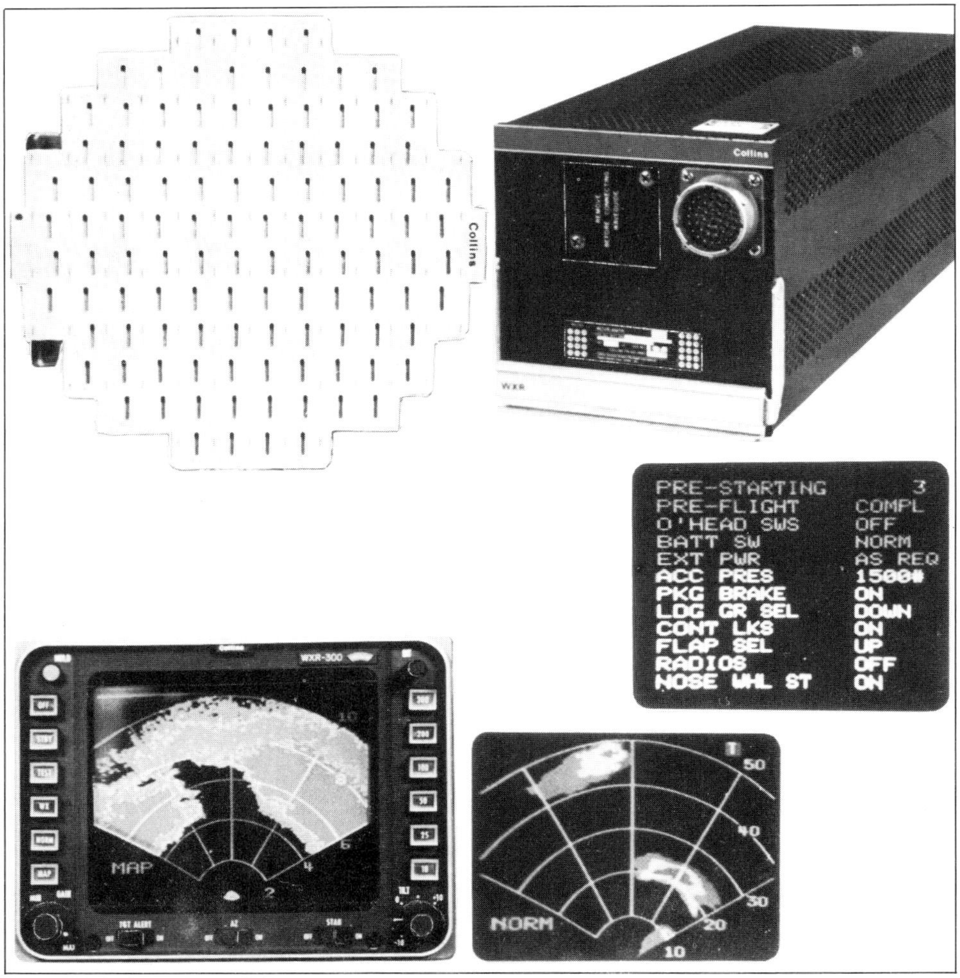

Wetterradar Collins WXR-300 mit Antenne, Sender-Empfänger und Sichtgerät. Die Anzeige links ist bei Bodenbetrachtung (MAP) (mit den Farben blau/gelb/magenta), in der Mitte Wolkendarstellung (NORM) mit den Farben grün/gelb/rot. Die Anzeige rechts ist möglich mit Zusatzgeräten für Prüflisten-, Flugplan-Anzeige usf.

sind: Reichweite 200 NM/250 NM bzw. 300 NM, Sendeleistung 5 kW auf 9345 MHz (X-Band), Impulsbreite 1 μs (Nahbereich) bzw. 5,5 μs (für größere Meßbereiche), Antennendurchmesser 26 cm/31 cm bzw. 46 cm, Anzeigegerät (H × B × T) 12 cm × 16 cm × 32 cm, Masse 7,3/12,6/12,8 kg. Der Selftest zeigt Prüfbild und Prüfliste, die Antennen sind bereits moderne in Nick- und Rollwinkel stabilisierte »Flat Plate Antennas« = flache Scheibe mit Schlitzen, die als Dipole wirken und durch entsprechende Speisung das gewünschte feste Diagramm erzeugen; dieses wird mechanisch durch Antennendrehung etwa 15mal in der Minute hin- und hergeschwenkt. Die genannten Geräte können ergänzt werden zum Radarnavigationssystem durch eine schmale Recheneinheit »RNS 300 A« unterhalb des Sichtgerätes, wodurch in das Bild der Sichtröhre auch Kurslinien, VOR-Radials, Wegpunkte u.a. mehr eingeblendet werden können. In weiterer Kombination mit einem Flugbetriebssystem (Flight Management System) »FMS 90« des gleichen Herstellers sind auf dem Bildschirm zusätzlich darstellbar neun »Seiten« zu je zwölf geschriebenen Zeilen mit Navigationsdaten, ferner Daten von 5900 gespeicherten Wegpunkten und 17 vom Piloten vorprogrammierte Seiten für Notverfahren, Leistungsdaten und sonstige Betriebshinweise.

Militärische Radargeräte

Gerade hier haben sich die Fortschritte der Funktechnik besonders stark ausgewirkt (Halbleitertechnik, Modulbauweise, Vervollkommnung neuer, erst gegen Kriegsende entwickelter Abtast- und Anzeigeverfahren usf.). Ein wesentlicher Schritt in der Radartechnik war die Einführung des sogenannten »Monopuls«-Verfahrens. Während die Entfernung aus jedem Puls bzw. Echo hervorgeht, ist die Position des Zieles zur Antennenmittelachse normalerweise erst durch den aufeinanderfolgenden Vergleich umgetasteter Antennendiagramme ermittelbar. Die Monopuls-Technik liefert jedoch bereits bei jedem Puls Abstand und Ablagewinkel und -richtung von der Antennenachse:

Es müssen allerdings drei Empfangskanäle vorgesehen werden; der Erreger der Parabolantenne besteht aus vier Hohlleitern $\left(\begin{array}{c|c} A & B \\ \hline C & D \end{array}\right)$, deren Diagramme (wegen ihrer Lage zur Symmetrielinie des Spiegels) jeweils leicht nach außen zeigen. Die vier Hohlleiter sind mit einem ringförmigen Gebilde (ähnlich »Magic T's«) verbunden, das auch drei Ausgänge hat. Am ersten tritt die Summe der Empfangsspannungen (A + B) + (C + D) auf, die einem Diagramm in der Symmetrielinie entspricht. Dort wird ein Empfangskanal und über eine Weiche auch der Sender angeschlossen. An den beiden anderen Ausgängen tritt eine Spannung (A + B) − (C + D) auf, die vom Elevationswinkel des Zieles beeinflußt wird, und eine Spannung (A + C) − (B + D), die vom Azimut des Zieles beeinflußt wird. Wenn man dort einen 2. und 3. Empfangskanal anschließt und vergleicht mit dem 1. Kanal, so erhält man direkt die Beträge von Azimut und Elevation des Zieles.

F 104 »Starfighter« mit abgenommenem Radom (Radarantennenverkleidung). Man sieht den Spiegel und die vorderen Baugruppen des Monopulsradargerätes NASARR, das von AEG-Telefunken in Lizenz von Texas Instruments nachgebaut und verbessert wurde.

Eines der ersten serienmäßigen Monopuls-Radars war das Mehrzweck-Radargerät Typ NASARR F-15 (*N*ATO *A*irborne *S*earch and *R*anging *R*adar) der Firma Autonetics/USA in der F 104 G »Starfighter«, das in Lizenz bei AEG-Telefunken/Ulm nachgebaut und in einigen Punkten verbessert wurde. Seine Betriebsarten können hier nur stark vereinfacht dargestellt werden. Der Betriebsartenschalter hat folgende Stellungen:

SBY »Vorheizen« (Standby): Vorheizen des Sendermagnetrons für drei Minuten vor Anlegen der Hochspannung

A/A »Luftzielsuche« (Air-to-Air Search): Die Antenne sucht voraus in rechteckigen Bewegungen einen Azimutbereich von ± 45° und einen Hohenbereich von ± 5° zur Flugzeuglängsachse ab. Der Elektronenstrahl auf der Sichtanzeige schwenkt mit der Antenne hin und her, wobei das Bild (wie bei Panoramadarstellung = Plane Position Indicator PPI) nach dem Strahldurchgang blasser wird. Erscheint innerhalb des gewählten Entfernungsbereichs (20/40/80 NM) ein Ziel, so kann der Pilot beim Durchgang des Strahles durch das Ziel auf einen Knopf am Steuerknüppel drücken, wonach die

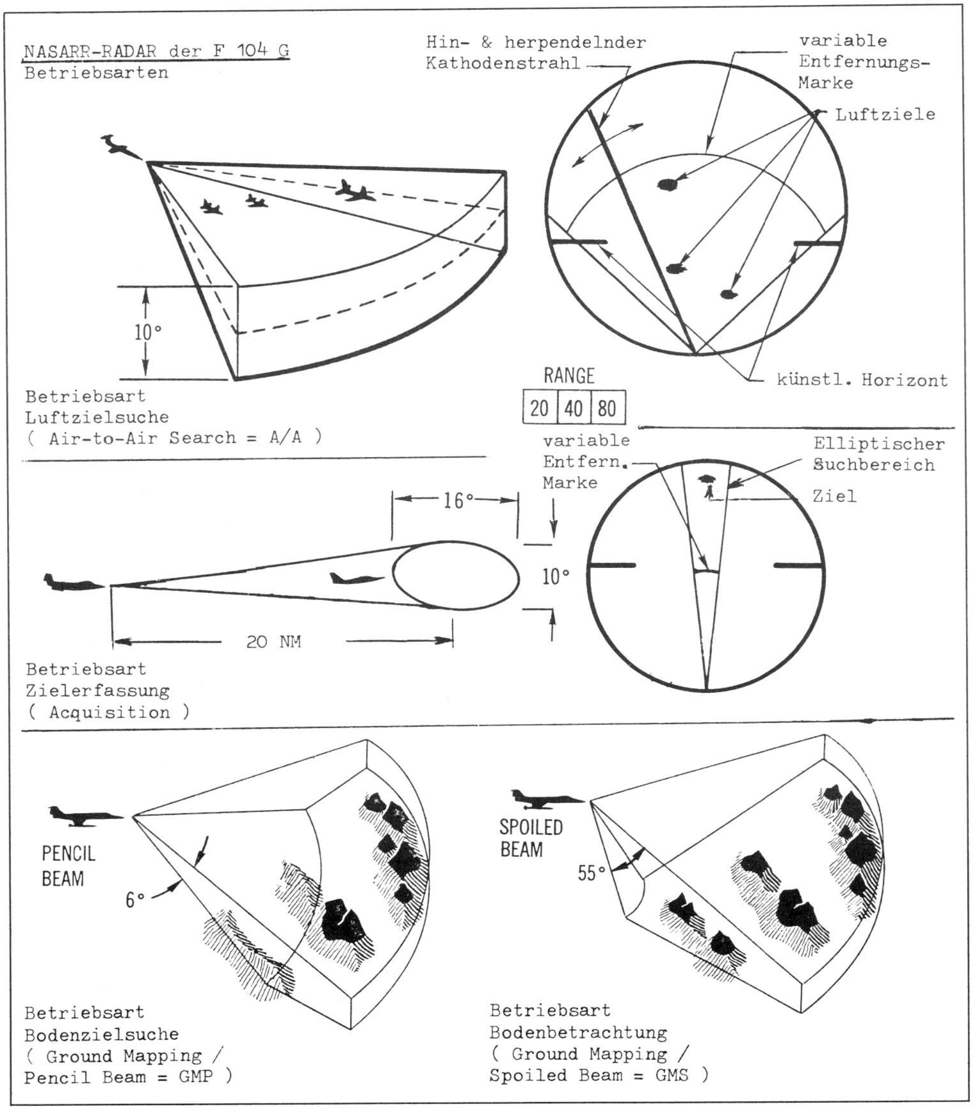

(A/A) Suchbewegung nur noch einen engen elliptischen Suchkegel in Flugrichtung erfaßt = »Zielerfassung« (Acquisition). Nach Verringerung der Zielentfernung unter 20 NM verstellt der Pilot eine als Kreisausschnitt dargestellte bewegliche Entfernungsmarke so, daß sie durch das Ziel geht und drückt den schon erwähnten Druckknopf nochmals. Von da an verfolgt das Radar das Ziel selbsttätig und gibt laufend Entfernungs- und Ablagesignale an den Waffenrechner weiter = »Zielverfolgung« (Tracking). Ein nun in Bildmitte eingeblendeter kleiner Kreis muß vom Piloten durch ent-

(A/A) sprechende Steuerbewegungen um das Ziel gelegt bleiben. Ein zweiter wesentlich größerer Kreis gibt einen Anhalt über die Zieldistanz und schrumpft immer mehr zusammen, je näher das Ziel kommt. Neben diesem Blindzielverfahren kann auch ein Zielverfahren nach Sicht treten. Hier steuert der Pilot das Flugzeug so, daß das Luftziel (optisch) im vor der Frontscheibe des Cockpits angebrachten Visier mit dem Fadenkreuz in Deckung kommt. Beim Knopfdruck schwenkt hier die Radarantenne auf die Basislinie der Bordwaffen ein. Bei Verwendung von Lenkwaffen (z.B. »Sidewinder«) ertönt

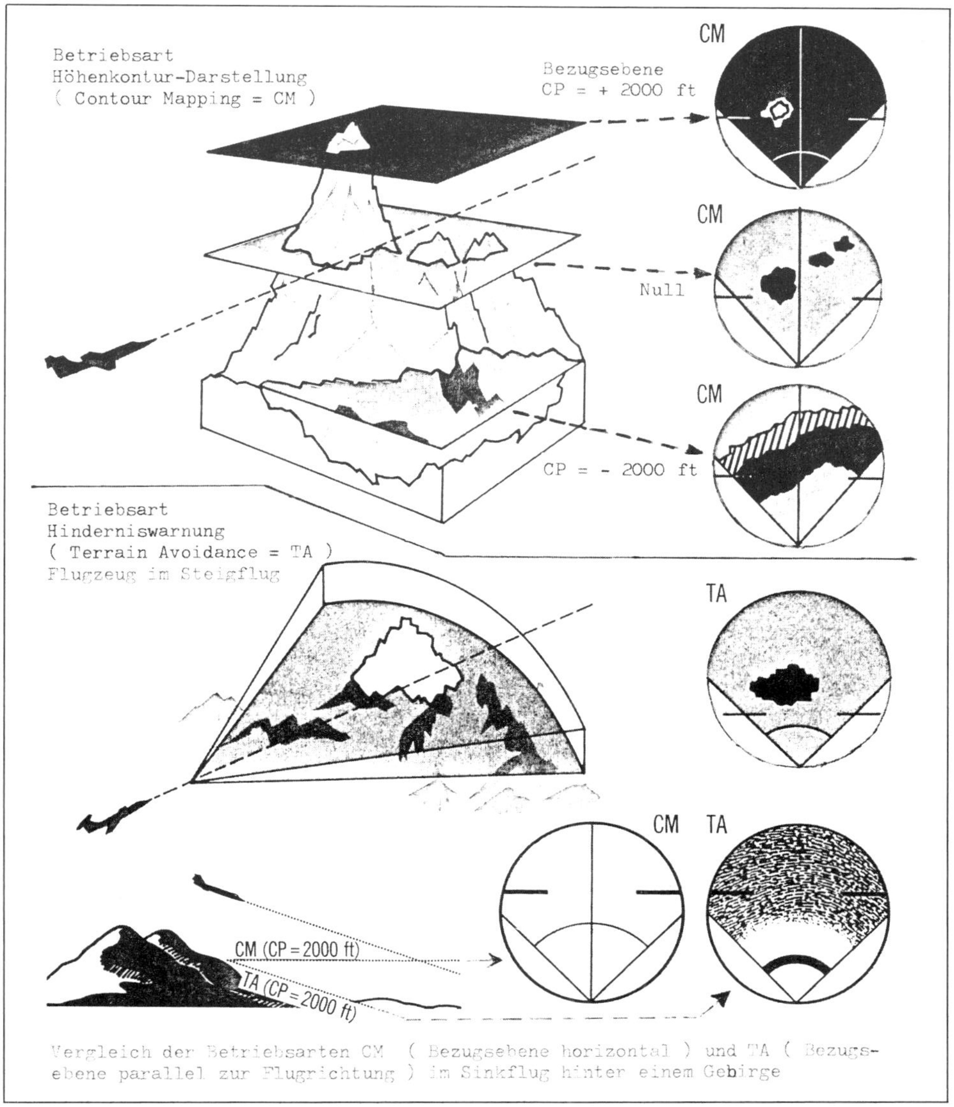

dann im Kopfhörer des Piloten ein Summton, wenn der Suchknopf der Lenkwaffe das Ziel erfaßt hat. Bis zum Abschuß des Flugkörpers werden Zielentfernung und Entfernungsänderung laufend vom Waffenleitrechner an einen besonderen Lenkwaffenstartrechner abgegeben. Sowohl das Radar, als auch das Visier, sind für die Anzeige von Signalen für eine Jägerführung vom Boden aus (Ground Controlled Interception = GCI) eingerichtet, die über eine besondere Funkverbindung (Data Link) empfangen werden.

GMP »Bodenzielsuche« (Ground Mapping with Pencil Beam): Hier wird mittels einer schmalen Keule im 20 NM-Bereich ein Azimutbereich von ± 45° und eine Höhenbereich von ± 3° schräg voraus am Boden abgetastet, wobei besonders in niedrigen Flughöhen eine hohe Auflösung zum Erkennen von Geländehilfspunkten gegeben ist.

GMS »Bodenbetrachtung« (Ground Mapping with Spoiled Beam): Hier wird ebenfalls ein Azimutbereich von ± 45°, aber (wie bei Navigationsradars) ein Höhenwinkelbereich von 55° erfaßt, so daß eine »Reflexionskarte« des voraus liegenden Gebietes bis zu Entfernungen von 40 NM (bei größeren Flughöhen) gezeichnet wird.

CM »Höhenkonturdarstellung« (Contour Mapping); Bei dieser Betriebsart kann der Pilot eine Warnebene (Clearence Plane CP) zur Darstellung bringen, die er in Flughöhe oder bis zu 2000 m ober- oder unterhalb davon wählen kann, und die unabhängig von der Flugzeuglängsachse (Steig- oder Sinkflug) stets waagrecht bleibt. Diese Fläche wird in einem Analogrechner aus den Radar- und den Lagesignalen der Trägheitsplattform erzeugt.

TA »Hinderniswarnung« (Terrain Avoidance): Bei dieser Betriebsart kann die Warnebene ebenfalls in gleicher Höhe oder ober- oder unterhalb davon gewählt werden, sie bleibt aber nun stets parallel zur Flugzeuglängsachse.

A/G »Bodenzielabstandsmessung« (Air/Ground Ranging): In diesem Falle ermittelt das Radar die Schrägentfernung zum Boden und gibt das Signal an einen Bombenwurfrechner, eine Radaranzeige erfolgt hierbei nicht, sondern es muß das Bodenziel im optischen Visier erfaßt werden.

Seit der Entwicklung dieses besprochenen Radargerätes (aus der Zeit der 50er Jahre) sind natürlich ganz erhebliche Fortschritte erzielt worden, die hier aus verschiedenen Gründen nur sehr kurz behandelt werden können. Wie in der übrigen Funktechnik wurden systematisch anstelle der Röhren in Empfänger und Impulszentrale nun Transistoren und integrierte Schaltkreise verwendet, die digitale Technik mit Mikroprozessoren ersetzte schwere mechanische Filter durch schnelle Rechenprozesse. Die von Natur aus nicht sehr frequenzstabilen Magnetrons in den Sendern und die Klystrons in Empfängern weichen nun mehrstufigen Anordnungen mit Frequenzvervielfachern, die eine hohe Stabilität aufweisen und auch ein laufendes Umspringen von Sende- und Empfangsfrequenz nach einem festliegenden Schema innerhalb eines gewissen Frequenzbereiches ermöglichen. Diese »Frequenzagilität« erschwert die Entdeckung, noch mehr aber eine Störung des Radars.
Bereits gegen Ende des Krieges waren hauptsächlich bei den Bodenfunkmeßgeräten »Entstörmaßnahmen« (»Laus« etc.) zur Unterscheidung von Flugzeugen und »Düppel«-Wolken bzw. eine sogenannte »Festzielunterdrückung« (Moving Target Indication MTI) eingeführt worden, die beide eine Ausnützung des bei bewegten Zielen auftretenden Dopplereffektes ermöglichten. Bei der »Laus« wurde ein Hilfsozillator, dessen Frequenz sehr nahe der Sende- bzw. Empfangsfrequenz lag, in den Sender und die Empfängermischstufe eingekoppelt. Die Folge war, daß eine Phasenregulierung der (bisher ungeregelt anschwingenden) Senderimpulse erfolgte und bei Anstrahlung eines festen Zieles zwischen den Echos und der Hilfsoszillatorfrequenz eine impulssynchrone Schwebung auftrat (sichtbar als konstante Verformung des Echos). Bei bewegten Zielen hingegen änderte sich die Schwebungsfrequenz durch den Dopplereffekt und es trat eine periodische Phasenänderung des Schwebungsbildes entsprechend der Radialgeschwindigkeit ein (sichtbar als »Laus«).
Bei einem Verfahren zur Festzeichenunterdrückung (MTI) werden über eine Verzögerungsleitung jeweils zwei aufeinanderfolgende Echos in ihrer Amplitude miteinander verglichen und nur die Differenz zur Anzeige gebracht; Echos konstanter Amplitude (von Festzielen) löschen sich daher aus. Aus den Echos von bewegten Zielen lassen sich die Relativgeschwindigkeiten und der Richtungssinn ableiten, so daß moderne militärische Bordradars auch von oben tieffliegende Flugzeuge über dem (sich ja auch gegenüber dem Flugzeug bewegenden) Erdboden entdecken und verfolgen können. Feste Impulsfolgen führen zu Entfernungsmehrdeutigkeiten (Range Ambiguity, wenn das Echo noch nicht zurück ist, bevor der nächste Sendeimpuls abgeht). Außerdem können sogenannte »Blindgeschwindigkeiten« (Doppler Blind Speeds) auftreten. Beide können z.B. beseitigt werden durch intermittierende Änderungen der Impulsfolgefrequenz. Die Auswertung der Dopplerfrequenz erlaubt auch die Erfassung schnell entgegenkommender Ziele schon in großen Entfernungen (= Velocity Search). Eng beieinanderfliegende Flugzeuge werden meist als ein einziges Echo dargestellt. Mit der Dopplertechnik können kleine relative Geschwindigkeitsänderungen untereinander erfaßt und die Ziele einzeln dargestellt werden (= Raid Assessment).

Anstelle von Parabolantennen werden mehr und mehr diagrammgesteuerte Antennen (Phased Array Antenna) eingesetzt. Dies sind meist flache Scheiben mit Schlitzen, wie sie bereits beim Wetterradar besprochen wurden. Die Abtastung des Raumes kann dabei rein elektrisch oder mechanisch oder in Kombination erfolgen (z.B. Azimutabtastung 20°/60°/120° und Höhenabtastung in ein bis vier Ebenen entspr. Öffnungswinkeln zwischen fünf und 22°). Eine schnelle Polarisationsumschaltung erlaubt die Unterscheidung von Wolken- und Bodenechos. Da bei der Bodenbetrachtung (Ground Mapping) die Azimutauflösung von der Strahlbreite, die Entfernungsauflösung aber von der Impulsbreite abhängt, wird zur Diagrammschärfung eine besondere Dopplertechnik (Electronic Doppler Beam Sharpening DBS) angewendet. Damit kann zum Zweck einer Zielerkennung aus dem Bodenbild ein Ausschnitt vergrößert dargestellt werden (Zoom), wobei eine Auflösung um 25 m erreicht wird. Ergänzend dazu muß die Entfernungsauflösung durch »Impulskompression« (Pulse Compression) verbessert werden. Die Tastimpulse werden vor der Abstrahlung in der Frequenz moduliert und in dispersiven Verzögerungsleitungen auf ein Vielfaches ihrer ursprünglichen Dauer gestreckt und dabei in der Frequenz moduliert. Das empfangene Echo wird im Empfänger in

analoger Weise in einer Verzögerungsleitung komprimiert. Zum Aufzeichnen von langen streifenförmigen Reflexionskarten für Aufklärungszwecke verwendet man das einfache *Seitensicht-Radar* (*S*ide-*L*ooking *A*irborne *R*adar SLAR). Eine Antenne strahlt hier quer zur Flugrichtung ein schmales fächerförmiges Diagramm ab, die zeitlich aufeinanderfolgenden Echos werden auf Film und/oder Magnetband registriert, wobei im Gegensatz zur PPI-Darstellung der Elektronenstrahl bei Filmregistrierung bei jedem Impuls stets von links nach rechts läuft. Wird nun quer dazu, d.h. von oben nach unten, ein lichtempfindlicher Film bewegt, so wird dort eine streifenförmige Reflexionskarte aufgezeichnet.
Wesentlich höhere Auflösungen von bis zu 5 m auf Reflexionskarten kann man mit einem *Seitensichtradar mit synthetischer Apertur* (*S*ynthetic *A*perture *R*adar = SAR) erzielen, bei dem durch Speicherung der Amplitude und Phase der Empfangsspannung mit der vorhandenen Antenne eine Auflösung erzielt wird, wie sie nur eine um ein Vielfaches größere Antenne liefern könnte. Auch hier blickt die Antenne fest auf eine Seite und strahlt quer zur Flugrichtung einen breiten Fächer ab. Das Seitensichtradar liefert unabhängig von der Witterung oder Tageszeit hervorragend lesbare Radarkarten und wird deshalb für großflächige Aufklärung eingesetzt.
Zuletzt soll noch auf die Möglichkeit moderner Bordradargeräte hingewiesen werden, Zielverfolgung und Zielsuche intermittierend bzw. gleichzeitig zueinander (Track while Scan) durchzuführen, wobei auf dem Übersichtsbild z.B. bis zu zehn Ziele gleichzeitig nach Priorität (Abstand und Annäherungsgeschwindigkeit) sortiert dargestellt werden. Außerdem können z.B. bei der Bodenbetrachtung die Reflexionskarten und eine Spezialkarte »übereinandergelegt« auf einer Farbbildröhre zur Darstellung gebracht werden. Ein Beispiel dafür sind die Radaranzeigegeräte (Combined Radar and Projected Map Display = CRPMD) bei Pilot und Navigator im »Tornado«.

Geländebild eines Seitensichtradargerätes (SLAR im 3-cm-Band, Versuchsgerät mit hoher Antennenbündelung). Flugweg entlang des linken Bildrandes nach oben. DFVLR-Institut für HF-Technik/Oberpfaffenhofen. Freigeg. Reg. von Oberbayern Nr. GS 300/123/85.

Geräte für die elektronische Kampfführung

Eine Sonderstellung nehmen die Geräte für die »elektronische Kampfführung« (EloKa, englisch EW) ein. Trotz dieser sehr martialischen Bezeichnung sei hier erlaubt darauf hinzuweisen, daß (von wenigen Ausnahmen abgesehen) fast alle aufgezählten Maßnahmen zum Schutze der Besatzung und des Flugzeuges dienen; so zeigte eine amerikanische Studie, daß im Vietnam-Krieg Flugzeuge mit Warn- und Störanlagen bei den Einsätzen eine um 80 Prozent gesteigerte Lebenserwartung gegenüber solchen ohne diese Ausrüstung hatten. Entsprechend der in den letzten 40 Jahren gewonnenen Erkenntnisse und Erfahrungen unterscheidet man bei den Geräten vier Hauptgruppen:

- Nahezu in allen modernen Kampfflugzeugen sind im Rahmen der »elektronischen Unterstützungsmaßnahmen« (EloUM, englisch ESM) passive Geräte eingebaut zur Warnung vor gegnerischen Radargeräten = Radar-Warngerät (Radar Warning Receiver RWR). Sie stellen nicht nur die Einfallsrichtung der empfangenen Signale (bezogen auf die Flugzeuglängsachse) dar, sondern analysieren und identifizieren sie und geben auf der Anzeige auch den empfangenen Gerätetyp an. Sie können auch mit Auswahl- und Steuermöglichkeiten für Laser-Warngeräte, Störsender usf. versehen sein.

- ☐ Von Spezialflugzeugen (-Schiffen etc.) wird »Fernmelde- und elektronische Aufklärung« (FmEloAufkl, englisch SIGINT) betrieben, die aus den Teilen »Fernmelde-Aufklärung« (FmAufkl, englisch COMINT) für Nachrichten-, Daten-, Bildsendungen usf. und der »elektronischen Aufklärung« (EloAufkl, englisch ELINT) für Radar-, Funklenk-, Navigationssignale usf. besteht, beide jeweils unter Einschluß der Analyse und Auswertung an Bord.
- ☐ »Elektronische Gegenmaßnahmen« (EloGM, englisch ECM) sind günstigerweise kombiniert mit Geräten der bereits genannten Arten und enthalten Empfangs- und Sendegeräte zur elektronischen Störung und Täuschung gegnerischer Ortungsanlagen etc., desgleichen abwerfbare Düppel, Täuschungskörper u.a.m.
- ☐ »Elektronische Schutzmaßnahmen« (EloSM, englisch ECCM) dienen zum Schutz (Immunisierung) der eigenen Geräte (z.B. durch störfeste Schaltungsauslegung) und umfassen auch Tarnmaßnahmen (z.B. passiv durch Radarstrahlung absorbierende Schichten, aktiv durch Tarnsender, die ein bestimmtes Gerät vortäuschen).

Es kann hier nicht einzeln auf die in der Nachkriegszeit auf dem Gebiete der Zentimeter- und Millimeterwellen erzielten technologischen Fortschritte eingegangen werden. Es seien jedoch kurz einige typische Konzepte vorgestellt:
Der »unabgestimmte Breitbandempfänger« (Wide-open-Receiver), bestehend aus Antenne, Kristalldetektor, Breitband-Video-Verstärker und Anzeige (vergl. »Naxos«) wird zur Erfassung schwacher Signale ergänzt durch einen rauscharmen HF-Verstärker mit Galliumarsenid-Halbleitern, wobei der Detektor eine quadratische Gleichrichterkurve und der Videoverstärker eine logarithmische Verstärkung aufweist. In dieser Form wird der Empfänger zur Messung schmaler Impulsbreiten (< 30 Nanosekunden) verwendet. Mit einem Impulsexpander kann die Impulsamplitude genau gemessen werden. Diese Art von Empfänger erlaubt eine gute Empfindlichkeit, wird aber bei Vorhandensein vieler Signale schnell »zugestopft«.
Um eine Information über die Frequenz eintreffender Signale zu haben, werden sogenannte »Instantaneous Frequency-Measurement-(IFM-)Receivers« (»Verzugslose Frequenzmeßempfänger«) verwendet. Diese spalten sich hinter dem Breitband-HF-Verstärker mit Begrenzerwirkung in zwei Zweige auf, von denen einer direkt und der andere über einen Filter und ein Verzögerungsglied an einen Phasendetektor angeschlossen ist, dessen Ausgangsspannung dann zu einer Funktion der Frequenz wird. Eine andere Möglichkeit verwendet in einem Zweig einen Tiefpaß, im anderen einen Hochpaß und führt die Ausgangsspannungen nach Gleichrichtung und Videoverstärkung dem horizontalen bzw. dem vertikalen Ablenksystem einer Braunschen Röhre zu, an der dann aus der Richtung der radialen Auslenkung des Signals die Frequenz hervorgeht. Mit diesen IFM-Empfängern lassen sich auch in der Frequenz springende und mit Frequenzkompression arbeitende Signale (»Chirped Signals«) mit sehr hohen Empfindlichkeiten erfassen.
Sogenannte »Mehrkanalempfänger« (Channelised Receivers) enthalten eine Parallelschaltung von Filtern unterschiedlicher Frequenz, die aus akustischen Oberflächenwellenleitern (Surface-Akoustic-Wave Devices) mit nachgeschalteten Gleichrichtern und Videoverstärkern bestehen. Durch Multiplexerschaltungen an den Ein- und Ausgängen der Kanäle lassen sich digitale Frequenzinformationen gewinnen und simultan Signale in verschiedenen Kanälen gleichzeitig auswerten.
Sogenannte »Wobbel-Überlagerungsempfänger« (Swept Superheterodyne Receivers) verwenden als Abstimmittel einen »YIG-Tuner«; dieser enthält als resonanzfähiges System eine Kugel aus Yttrium-Eisen-Granat in einer Magnetspule im Inneren eines Wellenleiters, abstimmbar in einem Bereich größer 1:2 durch Veränderung des Magnetstromes. Dazu kommen ein ebenfalls elektrisch und synchron mit dem YIG-Filter gewobbelter variabler Oszillator und ein Breitband-ZF-Verstärker (z.B. 1 GHz ± 250 MHz) mit Gleichrichter und Videoverstärker. Solche Empfänger besitzen eine extrem hohe Empfindlichkeit, aber können praktisch Einzelimpulse und in der Frequenz springende Impulsfolgen nicht erfassen und sind leicht störbar. Weitere neue Bauformen mit Impulskompression und mit akusto-optischen Bragg-Zellen sind im Entstehen.

Als Beispiel soll hier das in Hubschraubern eingesetzte Radarwarnsystem *AN/APR-39 (V)1* der Firma E-Systems/USA, in der Bundesrepublik in Lizenz gefertigt von der Firma SEL/Stuttgart, vorgestellt werden. Das Gerät erfaßt zwei Frequenzbereiche von 0,5 bis 2,0 und von 2,0 bis 20 GHz (entsprechend einer Wellenlänge zwischen 1,5 und 60 cm) in einem Rundumbereich von 360°. Es zeigt Richtung und relative Entfernung von Radarbedrohungen auf einer Kathodenstrahlröhre von 8 cm Durchmesser an und analysiert die Betriebsart der Radargeräte (wie »Suchen, Verfolgen, Feuerleitung« etc.). Das Gerät kann breitbandig oder selektiv arbeiten. Bedrohungskriterien werden zuerst akustisch über die Bordverständigungsanlage wiedergegeben und zwar als Signal entsprechend der Impulsfolgefrequenz mit zusätzlichem Warnton. Es lassen sich auch Warnsignale eines Laser-Warngerätes direkt anzeigen bzw.

Radar-Warnsystem AN/APR-39 (V) 1 von SEL/E-Systems mit vier Spiralantennen, zwei Empfängern, einer Schwertantenne, Komparator, Bedien- und Anzeigegerät.

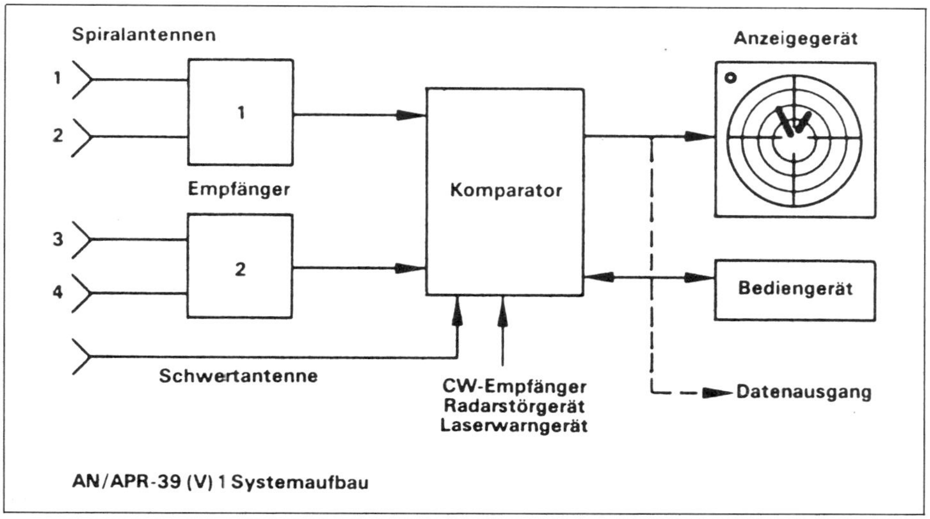

Blockschema für Radarwarnsysteme.

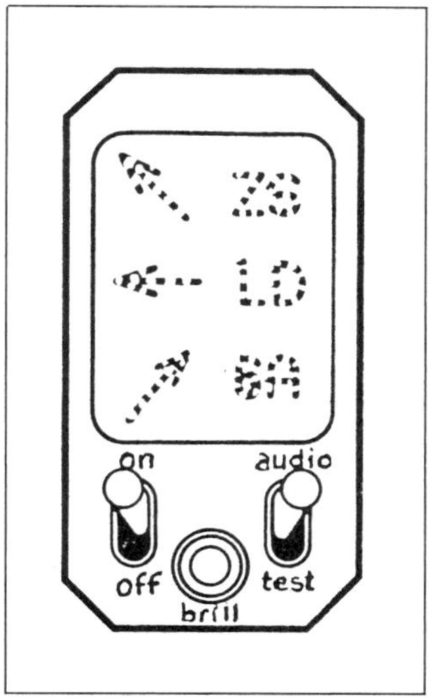

Anzeige des Radarwarnsystems RACAL »Prophet«.

einblenden. Nach einer Identifizierung einer Bedrohung können Düppel- oder Fackelwerfer (Chaff-, Flare-Dispenser) für die Ablenkung von Zielsuchköpfen ausgelöst werden. Das Gerät besteht aus einer Schwertantenne, vier Spiralantennen, zwei Video-Empfängern, einem Komparator, einer Anzeige und einem Bediengerät, die gesamte Masse (ohne Verkabelung) beträgt nur 3,7 kg.

Eine etwas anders geartete Anzeige verwendet z.B. das Warnsystem »*Prophet*« der Firma RACAL/England, das je nach Wahl die verschiedenartigsten Frequenzbereiche erfassen kann und bei einer Masse von 7 kg ebenfalls vier Richtantennen, zwei Empfangseinheiten, eine Prozessoreinheit und ein Anzeigegerät enthält. Letzteres enthält im Sichtfeld drei Zeilen, in denen je ein Richtungspfeil (Grobangabe mit acht Richtungen) und drei Buchstaben oder Zahlen zur Identifizierung der Bedrohung aufleuchten. Bei mehr als drei Fremdsignalen wählt der Prozessor jeweils die drei wichtigsten aus und bringt sie zur Anzeige. Auch hier erfolgt eine akustische Anzeige, desgl. sind entsprechende Verbindungen zu Düppel- oder Fackelwerfern etc. vorgesehen.

Kenngeräte (IFF-/ATC-Transponder) heute

Sekundärradar

Nach dem Zweiten Weltkrieg entstand neben dem militärischen Kennungssystem IFF (*I*dentification *F*ried-*F*oe) auch auf dem zivilen Sektor (auf Veranlassung der ICAO) ein entsprechendes ATC-(*A*ir *T*raffic *C*ontrol-)Transpondersystem. Dazu wurden die Flughafen-Rundsicht-Radargeräte (auch Airport Surveillance Radar = ASR genannt) als Primärradargeräte (Leistung ca. 1 000 kW) ergänzt durch ein Sekundärradar (auch als Secondary Surveillance Radar = SSR bezeichnet). Dieses besteht aus einem Abfragesender, einer Antenne mit Weiche und einem Kennungsempfänger, dessen Ausgangssignale in die Anzeige des Primärradars eingespeist werden. Da an Bord ein »Rückstrahlverstärker« in Form eines Transponders verwendet wird, genügt als Leistung des Sekundärradarsenders für etwa 370 km Reichweite eine solche von 1,5 kW (bei einer Sendeleistung des Transponders um 0,5 kW).

Abfrage und Kennung

Man übernahm im Prinzip das militärische System (Mark X-SIF) und auch dessen zwei Frequenzen für Abfrage (1 030 MHz) und Kennungsgabe (1 090 MHz), so daß (auch hier keine störenden Festzeichen an Gebäuden, Gebirgen etc. entstehen können) und obendrein das zivile und das militärische System zum Teil kompatibel sind. Die Abfrage kann in sechs verschiedenen »Abfragemodi« erfolgen, bei denen die Wiederholungsfrequenz von ca. 450/Sekunde gleichbleibt und jeder Modus aus einem Doppelimpuls und einem dritten Impuls mit variablem Abstand besteht:

Modus	Abstand (Impuls 1–3)	Verwendung
1	3 µs	militärisch (Flugz./Einheit)
2	5 µs	militärisch (Flugz./Einheit)
3/A	8 µs	milit./zivile Flugsicherung
B	17 µs	zivil, bes. Kennzeichen
C	21 µs	milit./zivil Höhenabfrage
D	25 µs	zivil, noch unbenutzt

Hierbei können z.B. Kennung und Höhe jeweils abwechselnd nacheinander (A-C-A-C-...) abgefragt werden. Der zusätzliche Impuls P 2 wird über eine gesonderte Rundstrahlantenne mit etwas verringerter Leistung abgestrahlt. Der Bordempfänger nimmt den Abfrageimpuls P 3 nur dann auf, wenn er mit höherer Amplitude als P 2 eintrifft, also von der Hauptkeule der Richtantenne stammt. Abfragen durch »Nebenkeulen« der Richtantenne, die falsche Richtungswerte ergeben würden, werden so unterdrückt = »Nebenzipfelunterdrückung« (*S*ide *L*obe *S*uppression = SLS).

Im Gegensatz zu den Abfragemodi, die festgelegt sind, sind für die Antwortcodes nur Rahmenbedingungen festgelegt. Eine Antwort = Impulstelegramm besteht aus zwei Rahmenimpulsen mit 20,3 µs Abstand und kann im dazwischenliegenden 1,45 µs-Zeitraster bis zu zwölf Informationsimpulse enthalten, (lediglich die Position 10,15 µs bleibt immer frei). Bei der (binär-oktalen) Verschlüsselung werden die Informationsimpulse in vier Dreiergruppen (A...D) eingeteilt, innerhalb jeder Dreiergruppe hat jede Stelle einen bestimmten Zahlenwert (z.B. $A_1 = 1$, $A_2 = 2$ und $A_4 = 4$). Der Code ist dann eine vierstellige Zahl, in der die Ziffern acht und neun nicht vorkommen. Es lassen sich aus den 12 Informationsimpulsen $2^{12} = 4096$ Antwortcodes bilden (Beispiele: 3 300 = VFR-Flug unter FL 33 / 7 700 = Notruf / 7 600 = Funkausfall etc.). Auf besondere Anforderung vom Boden kann jedem Codewort beim Drücken der Mikrofontaste des VHF- oder UHF-Sprechgerätes ein (4,35 µs auf den zweiten Rahmenimpuls folgender) weiterer Impuls (SPI = Special Position Identification genannt) beigefügt werden, wobei auf der Anzeige das Echo dieses Flugzeugs, mit dem der Sprechverkehr besteht, besonders gekennzeichnet wird.

Bei der Flugsicherung wird der Verkehrsablauf in verschiedenen Höhenschichten (Flight-Levels) abgewickelt. Dazu muß man die Flughöhe der Flugzeuge auf etwa 30 m genau messen. (Für ein Ziel in 100 km Entfernung müßte dann ein Radargerät zur Höhenmessung eine Auflösung des Elevationswinkels von etwa einer Bogenminute besitzen, was nicht praktikabel ist.) Man nutzt daher den barometrischen Höhenmesser bzw. den Luftdatenrechner (Air Data Computer = ADC) aus, mit dem die Flugzeuge auf Strecke fliegen. Die angezeigte »Druckhöhe« (Pressure Altitude PA, bezogen auf den Normluftdruck von 1013,25 mb = 1 013,25 kPa in Seehöhe) entspricht wegen des Einflusses von Hoch- und Tiefdruckgebieten zwar kaum der wahren Höhe über Normal-Null. Alle Flugzeuge im gleichen Gebiet unterliegen jedoch den gleichen Druckänderungen, somit können auch Flugzeuge mit unterschiedlicher Druckhöhenanzeige nicht zusammenstoßen. Da die Höhenmesser (bzw. Teile des ADC) laut Vorschrift eine mit dem Transponder verbundene Codiereinrichtung aufweisen, erfolgt auf einen Abfragemodus C vom Transponder eine automa-

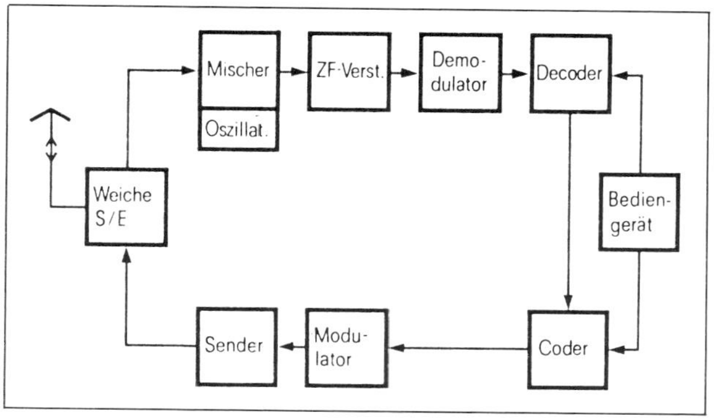

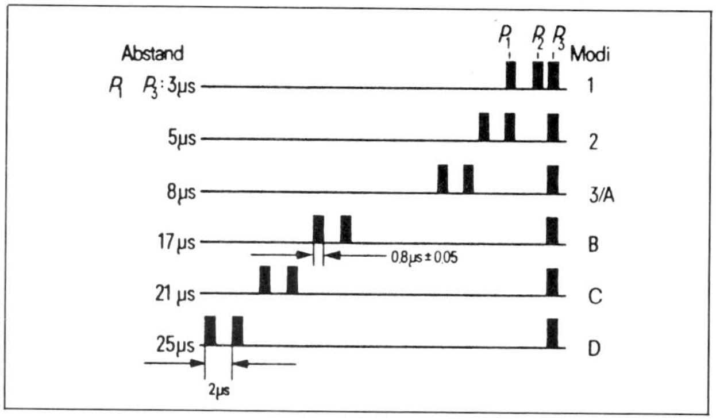

Antwortgerät (Transponder) für Sekundärradar, Blockschaltbild.

Oben rechts: Verschlüsselung der Abfrage durch die Abfragemodi.

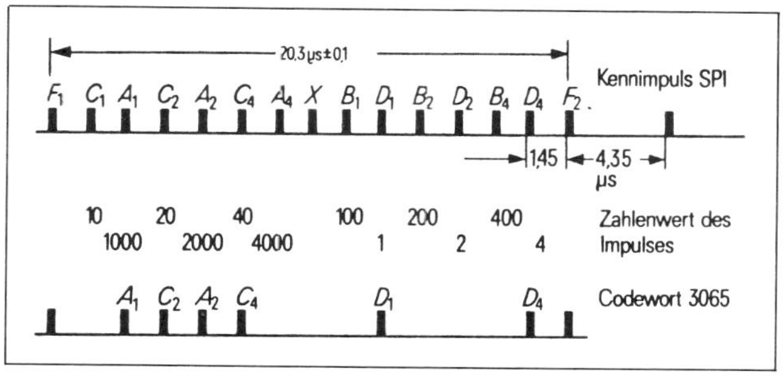

Verschlüsselung der Antwort.

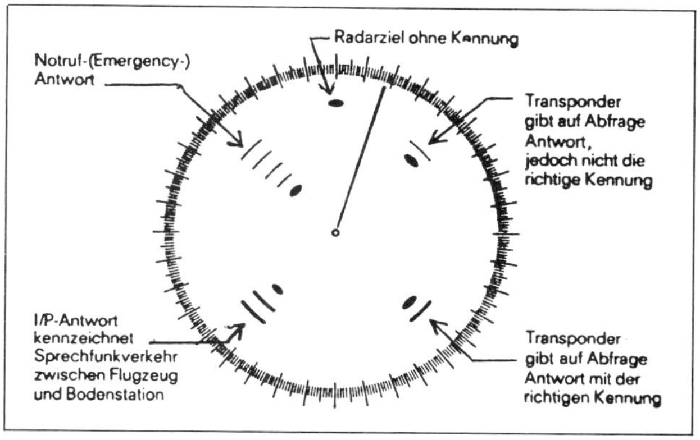

Passive Decodierung: Kennzeichnung von Zielen auf dem Radarbildschirm aufgrund ihrer Sekundärradar-Antwort.

tische Durchgabe der Flughöhe (»Alticode«) zur Bodenstelle. Dort muß die Kennungsinformation am Sichtgerät des Primärradars in geeigneter Form ausgewertet werden. Zur Feststellung des gesuchten Flugzeugs erfolgt eine »passive Decodierung«, wie sie im Bild dargestellt ist. Es lassen sich unterscheiden: Ziele ohne Antwort / Ziele mit falscher Antwort / Ziele mit richtiger Kennung / das Flugzeug, zu dem Sprechverkehr besteht (und schließlich) / eine Antwort mit Notruf. Die Darstellung geschieht (zeitlich nach = räumlich »hinter« dem Primärradarecho) in Form von kurzen Kreisausschnitten. Außerdem erfolgt eine »aktive Decodierung« der Antwort des mittels einer elektronischen Markierungseinrichtung beliebig auf dem Bildschirm ausgewählten Echos bzw. Flugzeugs als numerische Anzeige der abgefragten Codenummer oder der Druckhöhe (je nach Schalterstellung am Bediengerät des Sekundärradars). Für die elektronische Datenverarbeitung werden neben den Daten des ASR auch diejenigen des SSR automatisch decodiert, damit sie in die Rechner eingespeist werden können.

IFF-Transponder

Das IFF-Kenngerät und der ATC-Transponder unterscheiden sich im Prinzip dadurch, daß die militärische Version die Abfragemodi 1 ... 3/A und die automatische Höhencodierung = Mode C, die zivile Version nur die Abfragemodi 3/A und C empfangen kann und darauf antwortet. Die Bordanlage besteht u.a. aus Rundstrahlantenne, Weiche, Überlagerungsempfänger und Decoder. Letzterer entschlüsselt den empfangenen Abfragemodus und veranlaßt im Coder die Bildung der Antwort, die dem Abfragemodus und der Codeeinstellung (vierstellige Zahl, die das Flugzeug kennzeichnet) entspricht. Der Antwortcode wird dem Sender als Impulstelegramm aufmoduliert und über die Weiche und die Antenne abgestrahlt. Neuere militärische Transponder arbeiten mit Antennendiversity-Betrieb, da bei ihnen häufiger extreme Flugmanöver und somit Abschattungen der Antenne und außerdem nicht nur Abfragen vom Boden, sondern auch von oben her (z.B. von Tankerflugzeugen mit Abfragegerät) auftreten können. Würde man nun außer der unter dem Rumpf angeordneten Antenne eine zweite auf der Rumpfoberseite anbringen und abwechselnd benutzen, würde zwar eine Verbesserung erzielt. Da automatische Decodiereinrichtungen einen möglichst ununterbrochenen Informationsfluß benötigen, erhöht man die Betriebssicherheit dadurch, daß man den Transponder mit zwei Empfängern und zwei Antennen mit Weichen ausstattet. Eine Vergleichsstufe (Komparator) an den Empfängerausgängen prüft, bei welchem der Empfangskanäle die Abfrage mit höherer Amplitude eingetroffen ist, schaltet diesen auf Decoder, Coder und Modulator auf und den Senderausgang über einen Antennenumschalter auf die Weiche des durchgeschalteten Empfangskanales. Somit wird auch über die Antenne mit dem besten Empfang wieder abgestrahlt. Eine eingebaute Prüf- und Überwachungseinrichtung nebst Testbuchse an der Frontseite sind selbstverständlich.

Im Jahre 1958 entwickelte die Firma Hazeltine Corp./USA, die auch schon während des Krieges Kenngeräte u.a. gebaut hatte, einen militärischen Transponder *AN/APX-46,* der in den westlichen Staaten weite Verbreitung gefunden hat, in verschiedenen Gehäusekonfigurationen angeboten wurde und als eines der ersten Bordgeräte bis auf ganz wenige Stufen aus volltransistorisierten Steckbausteinen aufgebaut war. Das Gerät wurde in der BRD von der Firma Siemens AG, die inzwischen eine große Abteilung für kommerzielle Sender und Empfänger aufgebaut hatte, für die Bundeswehr in vier verschiedenen Bauformen, so z.B. für den »Starfighter« der Bundesluftwaffe in der sogenannten »Gascan«-Ausführung, in Lizenz gefertigt und geliefert. Dazu fertigte die Firma auch das Sekundärradar-Abfragegerät Typ 1990 der Fa. Hazeltine in Lizenz. Bereits im Jahre 1970 entwickelte dann die Firma Siemens AG einen neuen IFF-Transponder *STR 700* nach den neuesten Erkenntnissen. Er weist BITE, Antennendiversity, für die Decodierung digitale Schieberegister (anstelle analoger Verzögerungsleitungen) auf, ist fast ausschließlich mit integrierten Schaltkreisen bestückt und ist konstruktiv wandlungsfähig ausgelegt, um trotz unterschiedlicher Platzverhältnisse in verschiedenen Flugzeugen die Vorteile der Großserientechnik ausnützen zu können. Das Gerät wird meist in zwei Einheiten aufgeteilt: Das eigentliche Transpondergerät enthält die beiden Empfänger, die Auswerteeinheit, den Sender und die Stromversorgung, im Be-

IFF-Transponder Siemens »STR 700«, links der eigentliche Transponder mit Sender, zwei Empfängern (für Diversitybetrieb) und Netzteil, rechts das Bediengerät mit eingebautem Coder/Decoder. Die beiden unteren Bilder zeigen die Geräterückseiten mit den Steckanschlüssen; beim Transponder befindet sich die Gegenbuchse im Schwingrahmen (hier ohne Federelemente).

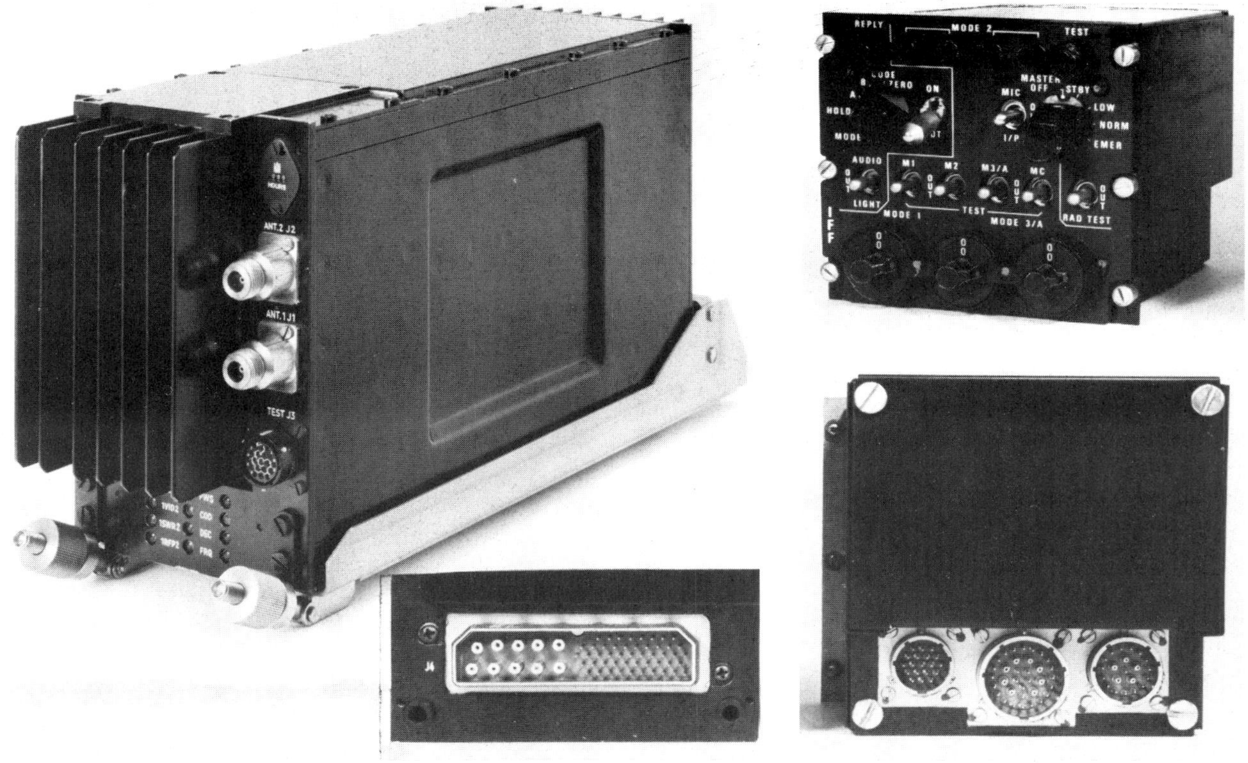

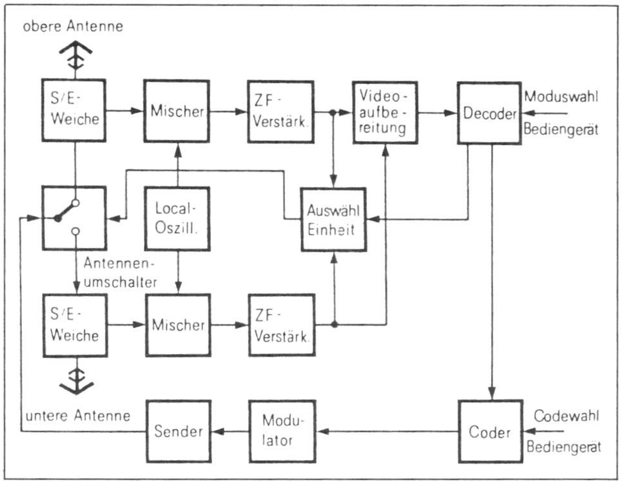

ATC-Transponder Becker »ATC 2000«. Dieses Gerät mit 250 W Impulsleistung wiegt nur 1,2 kg. Aufbau als Einblockgerät im ATR-Bediengeräteformat.

Blockschaltbild SSR-Transponder mit Zweikanalempfänger und Einrichtungen zum Diversitybetrieb.

diengerät hingegen sind Coder und Decoder mit eingebaut, wodurch eine Vielzahl von Verbindungsleitungen zwischen Codeeinstellungsschalter und Transponder eingespart werden können. Bei einer Gesamtmasse von 13 kg beträgt die Sendeimpulsleistung 500 W, die Empfängerempfindlichkeit liegt bei –75 dBm.
Da das System »Mark X-SIF« keine fälschungssichere Freundidentifizierung mehr erlaubt, wurde mit dem Modus 4 im Kennsystem »Mark XII« eine zusätzliche Verschlüsselung eingeführt. Wie der Tagespresse zu entnehmen ist, laufen in der Bundesrepublik bei der Firma Siemens Neuentwicklungen für ein weiter verbessertes Kennungssystem der NATO in einem höheren Frequenzbereich (2–4 GHz), während in den USA Firmen an Geräten im bisherigen Bereich arbeiten, der in Europa bereits überlastet ist.
Zur Verbesserung des zivilen Kennsystems besteht in den USA die Absicht das mit dem bisherigen System kompatiblen »Mode S«-System einzuführen, das u.a. auch selective Einzelabfragen von ausgewählten Flugzeugen und eine zusätzliche Datenübertragung Boden–Bord und Bord–Boden erlaubt.

ATC-Transponder

Für den zivilen Einsatz entwickelte in Deutschland zuerst die Firma Walter Dittel/Landsberg im Jahre 1976 einen ATC-Transponder *TRP 74* als Einblockgerät für den Einbau in das Instrumentenbrett (Abmessungen B × H × T = 156 mm × 45 mm × 200 mm). Das Gerät ist mit Ausnahme der Senderöhre volltransistorisiert. Drei Jahre später erhielt auch die Firma Becker Flugfunk/Rastatt die Zulassung für ihren ATC-Transponder *ATC 2000* als Einblockgerät im ARINC-Bediengeräteformat (Abmessungen 146 mm × 47,5 mm × 213 mm). Die Impulssendeleistung beider Geräte liegt bei 300 W, die Empfängerempfindlichkeit bei –74 dB und ihre Masse bei 1,2 kg. Nach Einstellung der Codenummer auf der Frontplatte antwortet der Transponder auf Bodenanfragen im Mode A, was durch das Aufleuchten einer kleinen Lampe (»Reply«) angezeigt wird. Durch den vorgeschriebenen Anschluß an einen Höhencodierer ist auch ein Betrieb im Mode C möglich. Eine »SPI«-Taste erlaubt auf besondere Bodenanfrage die Aussendung des speziellen Kennimpulses (Special Pulse Identification). Eine Selbsttestvorrichtung simuliert eine Bodenabfrage und löst eine Antwort aus, die am »Reply«-Lämpchen angezeigt wird.
Alle IFF- und ATC-Transponder müssen übrigens mit den an Bord vorhandenen und im gleichen Frequenzbereich arbeitenden DME- und TACAN-Geräten durch eine Leitung verbunden werden, damit jeweils das sendende Gerät die Empfänger für die Dauer des Impulses sperren kann. Dadurch kann zwar der Empfang einer einzelnen Antwort verstümmelt werden, was aber bei der hohen Wiederholungsfrequenz bei Impulsbetrieb nichts ausmacht.

Funklenk-Verfahren

Definitionen

Bei den Lenkverfahren muß man unterscheiden zwischen:

a) Steuerung:
Die Steuerung ist allgemein die Auslösung oder Beeinflussung eines Vorganges an einem Gerät, die entweder vom gleichen oder von einem fernen Ort aus (= Fernsteuerung) erfolgt. Hierzu wird eine Nachrichtenverbindung (ev. mit Rückmeldung) benötigt.

b) Führung:
Wenn die Bewegung eines Fahrzeugs (oder Flugkörpers etc.) beeinflußt werden soll, so spricht man von Führung, wenn die übermittelten Befehle bzw. Kommandos von der Fahrzeugbesatzung in entsprechende Fahrzeugbewegungen umgesetzt werden.

c) Lenkung:
Bei der Lenkung hingegen werden die Kommandos direkt (d.h. ohne Mitwirkung einer Besatzung) auf die Lenkorgane (z.B. Ruder) durchgeschaltet, um das Lenkobjekt vom gegenwärtigen Standort zum Ziel zu bringen. Hierbei sind drei Gruppen zu unterscheiden:

c1) Selbstlenkung:
Bei der Selbstlenkung erfolgt die Kommandobildung innerhalb des Lenkobjekts. Dieses bedarf dabei meist einer Stabilisierung seiner Bahn (z.B. mit Hilfe eines Flugreglers) und in jedem Falle der Vorgabe eines Festwertes oder einer Programmierung durch einen Programmgeber; dieser wird vor dem Start des Lenkobjektes entsprechend eingestellt und verändert dann während des Fluges einen Sollwert in Abhängigkeit von der Zeit in vorbestimmter Weise. Dabei dürfen die Genauigkeitsforderungen nicht zu hoch sein. Andernfalls, besonders aber, wenn das Ziel beweglich ist, muß mit Hilfe eines Zielsuchgerätes eine »Zielsuchlenkung« durchgeführt werden. Bei der »aktiven Zielsuchlenkung« wird z.B. das Ziel mittels einen mitgeführten Radarsenders angestrahlt. Die Lenkkommandos werden dann aus den Intensitätsunterschieden der von links, rechts, oben und unten (bezogen auf die Lenkobjektachse) eintreffenden Radarechos gebildet. Strahlt das Ziel selbst, z.B. mit einem Sender (z.B. Warnradar), so kann auch eine »passive Zielsuchlenkung« (ohne Sender im Lenkobjekt) angewendet werden. Die Empfangsanordnung und die Kommandobildung bleiben bei den zwei Fällen im Prinzip unverändert.

c2) Fernlenkung:
Um den Aufwand im Lenkobjekt, das ja meist ein Verlustgerät ist, klein zu halten, wird eine Fernlenkung angewendet, bei der der Hauptaufwand zum »Lenkstand« (auf einer Bodenstelle oder an Bord eines Beobachtungsflugzeuges) verlegt ist. Dort muß dann das Lenkobjekt laufend geortet werden (= »Objektortung«). Ist das Ziel beweglich, so muß auch dieses laufend verfolgt werden (= »Zielortung«). Die Kommandobildung erfolgt am Lenkstand aus der jeweils ermittelten Ablage zwischen Lenkobjekt und Ziel im sogenannten »Deckungsverfahren«, wobei das Lenkobjekt möglichst auf einer Linie zwischen dem Auge des Lenkschützen und dem Ziel bleiben soll.
Die Ortungsgenauigkeit einer Lenkstelle verschlechtert sich mit zunehmendem Abstand zum Ziel, diejenige eines Lenkobjekts mit eingebautem Zielsuchkopf verbessert sich hingegen bei Annäherung an das Ziel. Man baut deshalb gelegentlich in ferngelenkte Flugkörper Fernsehkameras mit Sender ein, die zur Lenkstelle ein Bild des vor dem Körper liegenden Raumes übermitteln. Man nennt dies dann Kommandofernlenkung mit »Zielweisung«.

c3) Kombinierte Lenkung:
Bei diesen Verfahren erfolgt die Ziel- (und die Objekt-)Ortung im Lenkstand, die Kommandobildung jedoch im Lenkobjekt. Bei der »halbaktiven« Zielsuchlenkung wird das Ziel vom Lenkstand aus angestrahlt. Das Lenkobjekt steuert dann (mit der beim passiven Zielsuchverfahren beschriebenen Ausrüstung) das Ziel selbsttätig an.
Bei der sogenannten »Leitstrahllenkung« hingegen wird vom Lenkstand laufend ein Leitstrahl auf das von einem Zielortungsgerät verfolgte Ziel gerichtet, wobei ggf. eine direkte Benutzung der Radarstrahlung des Zielortungsgerätes als Leitstrahl möglich ist. Die Kommandobildung erfolgt auch hier an Bord des Lenkobjektes durch Auswertung der Leitstrahlsignale für links/rechts/hoch/tief.
Es gibt auch weitere kombinierte Verfahren, bei welchen z.B. im ersten Teil des Fluges eine Programm- oder Fernlenkung, bei Annäherung an das Ziel jedoch eine Zielsuchlenkung angewendet wird. Der Gesamtaufwand erhöht sich hier jedoch beträchtlich.

d) Regelung:
Während bei einer Steuerung der Wirkungsablauf »offen« ist, also die Kommandos unabhängig von der beeinflußten Größe gebildet werden, verläuft bei der »Regelung« der Wirkungsablauf in einem geschlossenen Regelkreis. Wird

also ein geregelter Wert z.B. durch eine Störgröße von außen verändert, so wird laufend die Abweichung vom Sollwert gemessen und daraus die benötigte Korrektur für den Istwert abgeleitet bis die Korrektur zu Null wird. Ein typisches Beispiel ist der Flugregler, bei dem die Sollwerte durch Kreisel vorgegeben werden.

e) Arten der Kommandos:

Man unterscheidet grob zwei Gruppen, die sogenannte »Schwarz/Weiß«-Steuerung mit Einzelkommando (für einmalige Auslösung), mit »Ja/Nein«-Steuerung oder »Plus/Null/Minus«-Steuerung für Mehrfachkommandos (mit Übertragung verschiedener Einzelkommandos nacheinander) und ferner die sogenannte »Buntsteuerung« als Dauerkommando mit stufenweiser oder stetiger Amplitudenänderung »Plus/Minus«. So sind z.B. stufenweise verlaufende Vorgänge (wie »Aus/Langsam/Mittel/Schnell«) erreichbar durch entsprechende Belegung verschiedener Kommandos (sofern deren Zahl ausreicht), oder auch z.B. durch Beeinflußung der Dauer eines einzigen Kommandos, wenn genügend Zeit zur Verfügung steht. Bei höheren Anforderungen an Genauigkeit und Einstellgeschwindigkeit muß man daher zu Dauerkommandos übergehen. So kann man z.B. die gleichzeitige Beeinflussung von Querruder und Höhenruder eines Flugkörpers dadurch lösen, daß man den Stellungen »Linkskurven/Rechtskurven« die Frequenzen f1/f2, den Stellungen »Hoch/Tief« die Frequenzen f3/f4 zuweist und ihre Amplitude je nach gewünschtem Ruderausschlag (0–90°) ändert. Einzelne und gestufte Kommandos werden durch Tast-, Kipp- oder Drehschalter ausgelöst, während eine stetige Buntsteuerung durch fest einstellbare Potentiometer betätigt wird. Dabei lassen sich z.B. die Potentiometer für die Steuerung eines Körpers um zwei Achsen in geeigneter Weise durch einen gemeinsamen Steuerknüppel einstellen. Hierbei kann je nach Erfordernis eine Knüppelauslenkung nach zwei Richtungen (»kartesisches« Koordinatensystem) oder nach Größe und Winkel gegenüber einer Nullrichtung (»polares« Koordinatensystem) gewählt werden.

Die Fernübertragung von Kommandos kann über Draht durch Gleichstrom verschiedener Einschaltdauer, Amplitude und/oder Polarität oder durch Wechselstrom unterschiedlicher Einschaltdauer, Amplitude, Phase oder Frequenz oder durch vielerlei Kombinationen davon erfolgen. Bei Übertragung auf dem Funkwege wird eine entsprechende Modulation der Trägerfrequenz durch tonfrequente (Wechselstrom-)Signale unterschiedlicher Einschaltdauer, Amplitude, Phase oder Frequenz benutzt. Der Phantasie sind da (besonders zur Erschwerung beabsichtigter Störungen durch zusätzliche Tarnmodulationen ohne Kommandoinhalt etc.) kaum Grenzen gesetzt.

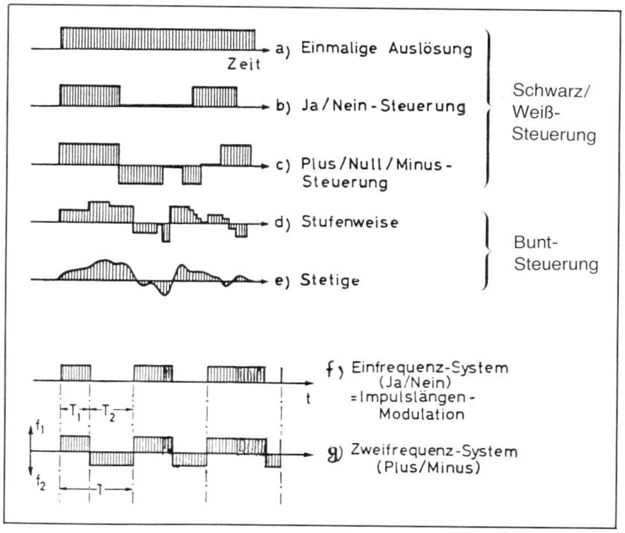

»Schwarz/Weiß«- und »Buntsteuerung« sowie Möglichkeiten der Zeitmodulation.

f) Arten der Flugbahnen:

Die Bahn eines ferngelenkten Objekts hängt von vielerlei Faktoren, z.B. von der jeweiligen Lage, Bewegungsrichtung und -geschwindigkeit von Lenkstand, Flugkörper und Ziel zueinander ab. Wichtig ist auch, daß am Ende der Lenkbahn der zulässige Krümmungsradius der Flugkörper-

---

Anmerkung: Definitionen nach F. Müller (s. S. 258)

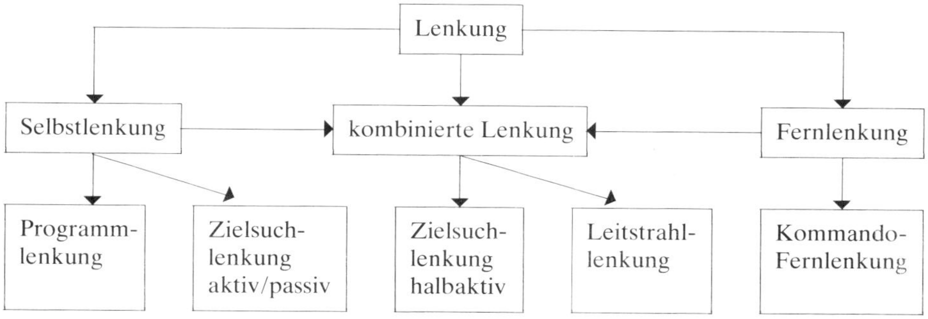

Die wichtigsten Lenkverfahren

bahn nicht überschritten wird. Grundsätzlich kann man drei Flugbahnen unterscheiden:
Die »Deckungsbahn« entsteht beim Deckungsverfahren. Hierbei wird der Lenkkörper jeweils auf einer geraden Linie zwischen dem Auge des Lenkschützen und dem Ziel gehalten (wobei ggf. das Ziel durch den Lenkkörper oder seine Abgase verdeckt wird).
Die »Zielsuchbahn = Verfolgungsbahn« entsteht bei Zielsuch- und bei Zielweisungsverfahren. Dabei zeigt jeweils die Längsachse des Flugkörpers (die im einfachsten Falle der Bahntangente bzw. der Bewegungsrichtung entspricht) auf das Ziel. Es ergibt sich so eine »Hundekurve«, die Flugbahn ist länger als die Deckungsbahn, die Krümmungsradien sind kleiner (die Querbeschleunigung aber größer!), außerdem wird das Ziel von hinten getroffen.
Die »Kollisionsbahn« = »Hundevorhaltkurve« entsteht aus der Zielsuchbahn dadurch, daß zwischen der Körperlängsachse und der »Blickrichtung« des Zielsuch- oder Zielweisungsgerätes ein »Schielwinkel« eingestellt wird. Bei Berücksichtigung des Verhältnisses Zielgeschwindigkeit/Körpergeschwindigkeit lassen sich sogar gerade Bahnen erzielen. Es sind auch weitere Varianten möglich, z. B. durch Kommandobildung aus der Änderungsgeschwindigkeit des Ablagewinkels (statt aus dessen Betrag).

Lenkverfahren vor und nach dem Ersten Weltkrieg

Schon bei den ersten Anfängen der Funktechnik dachte man an weitere, über die Nachrichtenübermittlung hinausgehende, Verwendungsmöglichkeiten nach. So erhielt *Christian Hülsmeyer*/Düsseldorf, bekannt durch sein »Telemobiloskop« (erstes Funkmeßgerät) aus dem Jahre 1906, bereits vier Jahre vorher ein Patent für eine »Vorrichtung zur Auslösung bestimmter Mechanismen mittels elektrischer Wellen«. Ab 1911 arbeiteten bereits mehrere Firmen (Siemens/Berlin und Röver/Hausneindorf), desgl. einige Privatleute an der Funkfernlenkung von Torpedos und Motorbooten.
Im Herbst 1914 wurden die Geräte von Röver in ein unbemanntes Flugzeug eingebaut, das eine zwischen zwei jeweils 3 m hohen Masten verspannte Antenne trug. Als Lenksender diente ein 200 W-Löschfunkensender mit einer Sendefrequenz von 1500 kHz. Im Flugzeug waren ein Detektorempfänger mit zweistufigem NF-Verstärker (für die Löschfunkenfrequenz = 1000 Hz) mit Brownschem Mikrofonrelais, ferner Zwischenrelais und Elektromagnetventile für die Betätigung der pneumatischen Stellantriebe (Preßluftmotoren) und Preßluftflaschen untergebracht. Die Versuche fanden in Zusammenarbeit zwischen der Firma Röver und der für solche Versuche zuständigen »Verkehrstechnischen Prüfungskommission« unter Prof. *Max Wien*/Jena statt. Das Flugzeug war zwar am Boden auch bei voller Drehzahl des Motors zu lenken, aber kurz nach dem Abheben machte sich die geringe Reichweite (2–3 km) der Anordnung (im Zusammenwirken mit den Antennendiagrammen ?) dadurch bemerkbar, daß die Zündfunkenstörungen stärker als die Fernlenksignale waren. Aus »flugtechnischen« Gründen gab man dann die Versuche auf und wandte sich weniger gefährlichen Versuchen mit Fernlenk-(»FL«-)Booten zu.
Es entstand so eine Kabelfernsteuerung eines Fernlenkbootes von einer Landstelle aus, die über Funk von einem über dem Boot kreisenden Flugzeug Fernlenkbefehle erhielt. Ab 1916 konnte das zu einem Sprengboot mit 700 kg TNT-Sprengladung weiterentwickelte Fernlenkboot direkt vom Flugzeug aus über Funk ferngelenkt werden. Die Beseitigung der auftretenden Schwierigkeiten dauerte jedoch bis Herbst 1918, so daß die »FL«-Boote nicht mehr zum Einsatz kamen.
Wilhelm von Siemens (ein Sohn von *Werner von Siemens*) hatte bereits ab 1910 mit Vorarbeiten zur Drahtfernlenkung geflügelter Gleitbomben und Torpedos von Ballonen und Luftschiffen aus begonnen. Die Versuche mit Torpedogleitern von zuerst 300 kg, später bis zu 1000 kg Gewicht von Luftschiffen aus mit Lenkdrähten bis zu 8 km Länge verliefen zwar erfolgreich, die Luftschiffe erwiesen sich aber als zu stark gefährdet durch Schiffs-Flak. Um die Gleiter unter die im Bau befindlichen 6-motorigen Riesenflugzeuge verwendbar zu machen, bekamen sie eine kleinere Bauhöhe, desgl. sollte die Steuerung nach dem Austoß des Torpedos aus dem Gleiter auf den Torpedo übergehen. Es kam nicht mehr zu Einsätzen, da die Flugzeuge nicht mehr fertig wurden.
Die Firma Junkers unternahm noch im Jahre 1917 Versuche für eine Fernlenkung von Flugzeugen, brach sie jedoch beim Auftreten zu vieler Schwierigkeiten ab. Die »Funktechnische Versuchsabteilung« (FTVA) in Döberitz (Ltn. Niemann) begann um diese Zeit aber in Zusammenarbeit mit Prof. *Schmidt*/Halle und Direktor *Forßmann* (Mannesmannwerke) mit der Entwicklung eines Fernlenkflugzeuges »Fledermaus«. Dieses war ein bewaffneter Zweisitzer (C-Flugzeug), das mit Hilfe einer entsprechend der Windrichtung verlegten Seilbahn startete. Für die Kommandoübertragung zum Flugzeug und für die Rückmeldung zum Boden wurden Funkgeräte der Firma Siemens verwendet. Der Höhenmesser tastete mit Hilfe elektrischer Kontakte den Bordsender so ab, daß man am Boden jeweils die genaue Flughöhe wußte. Zur Standortermittlung des Flugzeuges wurden zwei Peilstationen am Boden verwendet, die die Zeichen des Bordsenders anpeilten. Die Flugregelung erfolgte automatisch durch ein »Selbststeuergerät«, das Ing. Ltn. *Drexler* entwickelt hatte. Drahtlose Kommandos bewirkten Kurskorrekturen, die Auslösung von Bomben oder der Bordkamera und die Rückkehr zum

DVG-Funklenkempfangsanlage für ein ferngelenktes Flugzeug (1929). Gerätetafel mit Zweikreis-Dreiröhrenempfänger (unten rechts), Gleichrichter für die Steuerung, Umschaltgerät und Zusatzgerät für die selbsttätige Rückführung; auf der Rückseite Verstärker und Generator für 80 Hz.

Startplatz. Dort wurde das Flugzeug durch entsprechende Kommandos auf den Kopf gestellt und im Heck ein großer Fallschirm ausgelöst, mit dem es verhältnismäßig weich landen sollte. Bei Kriegsende sollen nach einer Quelle zwei Flugzeuge fertiggeworden sein, nach anderer Quelle sollen bereits fünf geflogen sein. Im Jahre 1918 befaßte sich übrigens auch die Flugzeugfirma »Mercur«/Berlin-Neukölln mit einem Fernlenkflugzeug, das aber bis Kriegsende nicht mehr zur Erprobung kam.

Im Jahre 1926 vergab das Heereswaffenamt (Abt. Wa Prüf) Entwicklungsaufträge für Flugregler und für Fernlenkanlagen für Flugzeuge an die »Drahtlos-Luftelektrische Versuchsanstalt Gräfelfing« (DVG) unter Professor Dr. *M. Dieckmann*. Hierbei sollten auch die vielfältigen Ideen des Ingenieurs *Drexel* auf ihre Anwendbarkeit untersucht werden. Es entstand eine komplexe Funklenkanlage für Flugzeuge, deren Einzelkomponenten aber in Motorbooten untersucht wurden. Die Geräte waren manchmal recht »eigenwillig«, bekamen daher den Spitznamen »*Dakkelgerät*« und wurden offensichtlich im Flugzeug nicht mehr erprobt.

Ab 1927 kamen die Fernlenkgeräte der Firma Siemens, deren Kommandogebung und -entschlüsselung von der Fernschreibtechnik abgeleitet war, in wesentlich erweiterter und modernerer Form als Produkte der »Gesellschaft für elektrische Apparate« (Gelap)/Berlin, (eine Tochterfirma von Siemens) bei der Ausrüstung der ferngelenkten Zielschiffe »Zähringen« und »Hessen« zum Einsatz.

Lenkverfahren im Zweiten Weltkrieg

Die Funklenkgeräte »Kehl«/»Straßburg« (FuG 203/FuG 230)

Bei der Deutschen Versuchsanstalt für Luftfahrt = DVL wurde im Jahre 1938 unter Dr. *Max Kramer* mit der Entwicklung selbst- und ferngelenkter Flugkörper der »X«-Serie mit Kreuzflügeln begonnen, wozu auch die nachgesteuerte Fallbombe »SD 1 400 X« (»Fritz X«) zählte. Ein Jahr später begann man auch bei den Henschel-Flugzeugwerken unter Prof. Herbert Wagner mit ferngelenkten Gleitbomben, deren bekannteste die »Hs 293« war. Gleichzeitig veranlaßte das RLM unter strengster Geheimhaltung bei der DVL, der DVG und bei den Firmen Telefunken, Lorenz, Loewe-Opta, Staßfurter Rundfunk GmbH = StaRu und Siemens die Entwicklung von Funkfernlenkanlagen. Die beteiligten Stellen erhielten aus Sicherheitsgründen nur jeweils genau definierte Teilaufgaben zugewiesen, aus denen Art und Umfang des Gesamtprojektes nicht ersichtlich waren. Interessant ist, daß die Firma Telefunken (Dr. *H. Schäfer*) neben dem weiter unten besprochenen UKW-Lenksender auch eine Leitstrahl-Funklenkanlage mit 10 cm Wellenlänge unter der Bezeichnung »H & V«-Verfahren (für *H*orizontal- und *V*ertikal-Lenkung) entwickelt hatte, das dann unter das Entwicklungsverbot für längerfristige Vorhaben fiel.

Die bei den einzelnen Firmen begonnenen Vorentwicklungen für ein UKW-Kommandofernlenksystem wurden vom Technischen Amt des Generalluftzeugmeisters in Zusammenarbeit mit der Luftwaffen-Erprobungsstelle Peenemünde-West etwa Ende Januar 1940 im »Kehl/Straßburg«-Programm zusammengefaßt, wobei unter anderem sämtliche Schnittstellen und Steckerbelegungen festgelegt wurden. Die Funklenk-Sendeanlage *»Kehl« FuG 203* besaß einen dreistufigen Sender S 203 (Röhren 4 × LS 50) mit einer Leistung von 50 Watt auf zehn quarzgesteuerten Frequenzkanälen im Bereich 48,2–49,9 MHz. Der (von Telefunken entwickelte) Sender wurde über einen Kommandogeber Ge 203 (DVL/Henschel-Flugzeugbau) je nach Stellung eines kleinen Steuerknüppels mit 2 × 2 Tonfrequenzen amplitudenmoduliert, die im Modulationsteil MT 203 (von Loewe-Opta) durch vier Tongeneratoren (4 × RV 12 P 2000) erzeugt wurden. Die mit den 2 × 2 (jeweils mit verschiedener Zeitdauer umgetasteten) Tonfrequenzen 1 und 1,5 kHz bzw. 8 und 12 kHz modulierte Sendefrequenz wurde über eine Dipolantenne (mit Anpaßungsgerät) abgestrahlt, deren Drähte vom Heck beiderseits des Rumpfes zu den Enden des Höhenleitwerks verspannt waren. Der Schaltkasten SchK 203 der Bordanlage diente zur Inbetriebsetzung des Empfängers im Lenkkörper und zur zeitlich gestaffelten Durchführung der Vorgänge beim Abwurf. Die Verbindung zwischen Flugzeug und Lenkkörper wurde durch einen 14-poligen Abreißstecker (Fa. Jatow) hergestellt.

Die Funklenk-Empfangsanlage *»Straßburg« FuG 230* (der Firma StaRu) bestand aus der Empfangsantenne mit Anpaßgerät, dem Überlagerungsempfänger E 230 (mit zehn Röhren RV 12 P 2000 bzw. 2001 und 2 × RG 12 D 2 bestückt)*, einem Aufschaltgerät, einem Kreiselgerät, einem Umformer, einem Sammler und Rudermagneten (Unterbrecher-Stellwerke). Die Funklenksignale wurden von der Antenne des Flugkörpers aufgenommen und zum Überlagerungsempfänger mit 18 gerasteten Frequenzkanälen in je 100 kHz Abstand geleitet, der auch mit automatischer Scharfabstimmung ausgerüstet war. Im NF-Teil wurden die Frequenzpaare für die beiden Achsen der Lenkung getrennt. Die Einzelfrequenzen wurden gleichgerichtet und zu den Spulen zweier polarisierter Relais geleitet. Die Lenkorgane waren teils als Ruder, teils als Störkanten (Spoiler) gestaltet und führten dauernd Flatterbewegungen aus. Die Dauer des Ausschlages nach der einen oder anderen Seite wurde von dem Tastverhältnis der Einzelfrequenzen eines Paares bestimmt, was wieder abhängig von der Stellung des Lenkknüppels war, so daß sich bei ungleichmäßiger Dauer eine entsprechende Ruderwirkung ergab. Zur Stabilisierung des Flugkörpers um die Längsachse (Rollbewegung) war ein Kreiselgerät vorgesehen, das bei Bedarf Querruder oder Störkanten entsprechend gegensinnig beeinflußte.
Infolge der unterschiedlichen Eigenschaften der antriebslosen Fallbombe »Fritz X« und der Gleitbombe Hs 293 mit Raketenantrieb entstanden im Laufe der Entwicklung folgende Varianten der Lenkanlagen (FuG 203 a bis e und FuG 230 a, b, desgleichen die Anlagen FuG 203 h und FuG 230 h mit zusätzlichem Zündkommando).
Für den Fall eines Einsatzes feindlicher Störsender wurden bei der Truppe Umrüstsätze *FuG 203-1/FuG 230-1* mit Kanälen um 60 MHz und *FuG 203-2/FuG 230-2* mit Frequenzen um 27 MHz bereitgehalten (letztere Form nur im Mittelmeergebiet), brauchten jedoch nicht eingesetzt zu werden, desgl. die mit Frequenzmodulation arbeitenden *FuG 205 »Greifswald«* von Lorenz und *FuG 235 »Kolberg«* von StaRu. Ebenso war es mit einem entwickelten Tarnsender, der in einem falschen Frequenzbereich ebenso falsche Lenksignale abstrahlen konnte. Auch nach Beginn der Serienfertigung wurden die Geräte laufend weiterentwickelt, hauptsächlich bei der Firma StaRu (Obering. *Th. Sturm*). Die Kommandogeber hatten unterschiedliche Tastdauern der Frequenzen f1/f2 für die eine Achse und f3/f4 für eine zweite Achse zu erzeugen. Dafür wurden bei den ersten Ausführungen zwei Kontaktanordnungen durch den Lenkknüppel längs rotierender Kontaktwalzen verschoben, die durch einen drehzahlgeregelten Gleichstrommotor angetrieben wurden. Durch Änderung der Kontaktbahnen ließen sich verschiedene Zuordnungen zwischen Knüppelstellung und Kommandowert erreichen, so beim Geber Ge 203 a (für »Fritz X«, n = 300 U/min) kartesische Koordinaten (Links/Rechts und Vorn/Hinten) bzw. beim Geber Ge 203 b (zu Hs 293, n = 600 U/min) Polarkoordinaten (Linksneigung/Rechtsneigung bzw. Ziehen/Drücken). Spätere Geberformen benutzten anstelle der Kontaktwalzen aus Telegrafenrelais gebildete Multivibratoren, die durch Potentiometerabgriffe des Lenkknüppels gesteuert wurden. Damit ließen sich auch die Abmessungen des Gebers stark reduzieren (z.B. für die Verwendung im Jagdeinsitzer).

---

* Die Vormuster hießen E 30

Seite 255 oben: Funklenkanlage FuG 203 b »Kehl III« in He 111. Links oben: Der Lenkschütze mit Kommandogeber und Schaltkasten. Rechts oben: Der Sender, darunter das Modulationsteil. Rechts unten: Das Temperaturprüfgerät (zur Überwachung der Lenkkörpertemperatur und zur Leuchtsatzumschaltung Tag/Nacht). Links unten: Linke Hälfte der Sende-Dipolantenne.

Seite 255 unten: Prinzip der Lenkanlage »Kehl-Straßburg«: Die Modulationsfrequenzen f_1/f_2 bzw. f_3/f_4 werden nur abwechselnd mit (meist) unterschiedlicher Zeitdauer gesendet. Die Relaiskontakte im Empfänger werden synchron dazu umgeschaltet.

Ge 203 b
SchK 203

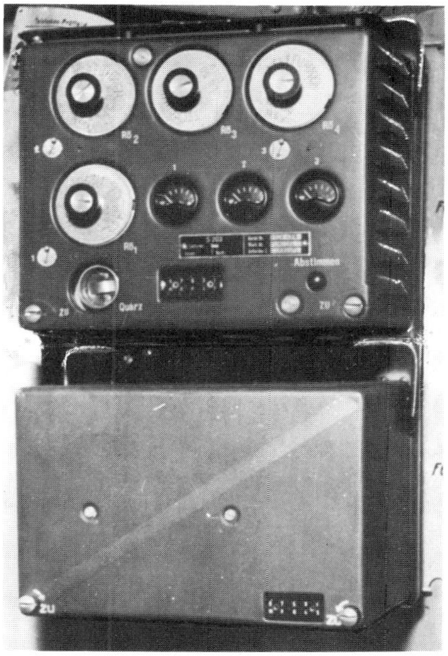
Abstimmen
Quarz

SP

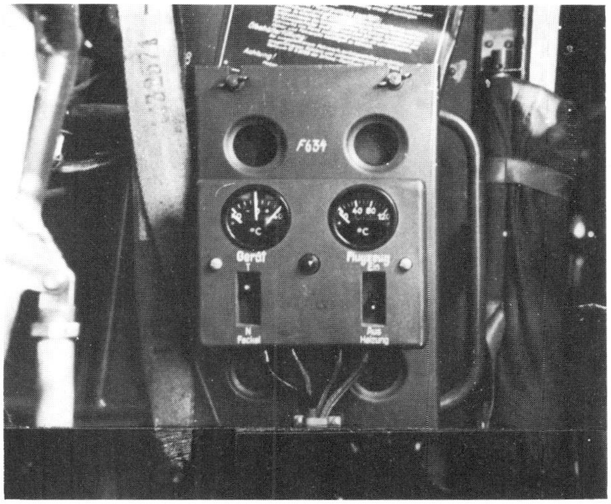
F634

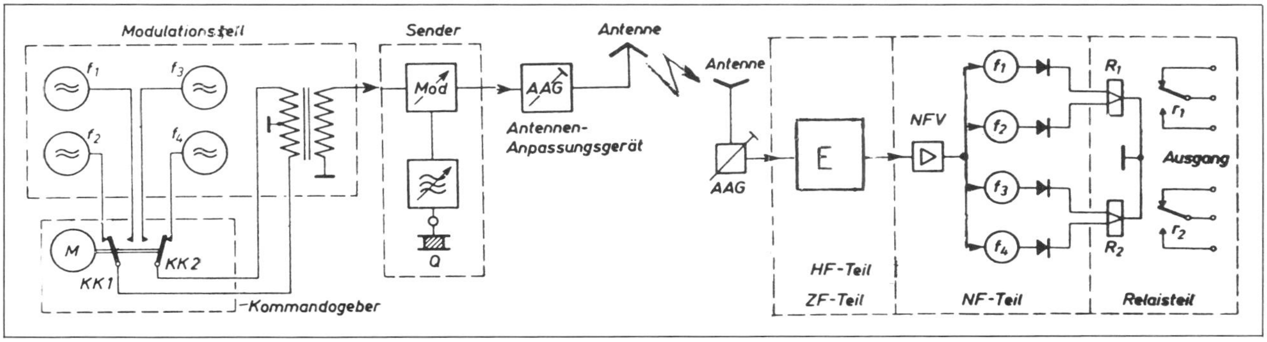
Modulationsteil
Sender
Antenne
Antenne
f_1
f_2
f_3
f_4
Mod
AAG
Antennen-
Anpassungsgerät
AAG
Q
M
KK1
KK2
Kommandogeber
E
NFV
R_1
r_1
R_2
r_2
Ausgang
HF-Teil
ZF-Teil
NF-Teil
Relaisteil

Lenkkörper Luft-Boden

Die Fallbombe *SD 1400 X* = »*Fritz X*« war bei der DVL (Dr. M. Kramer) aus einer panzerbrechenden Sprengbombe SD 1400 (mit 1400 kg Gewicht) durch Hinzufügung von Kreuzflügeln (± 28°) und einem Heckteil mit ringförmigem Leitwerk entwickelt worden und wies dann eine Spannweite von 1,40 m und eine Länge von 3,26 m auf. Weil sie Panzerdecks bis zu 12 cm Dicke durchschlagen konnte, sollte sie hauptsächlich gegen schwere Kreuzer und Schlachtschiffe eingesetzt werden. Ihr Abwurf erfolgte im normalen Zielanflug mit dem Lotfernrohr-Zielgerät (Lotfe 7 D) aus 4000 bis 7000 m Höhe im sogenannten Zieldeckungsverfahren, wobei die Bombe stets auf der Geraden zwischen dem Auge des Lenkschützen und dem Ziel gehalten werden mußte. Da die Bombe sofort nach dem Abwurf in das Sichtfeld des in der Bugkanzel liegenden Lenkschützen kommen mußte, mußte der Flugzeugführer die Fahrt durch Ausfahren der Landeklappen und durch kurzzeitigen Übergang auf Steigflug vermindern und durfte dann weiterhin für die Dauer der Lenkung auch bei heftigstem Flakbeschuß keine Abwehrbewegung machen. Vom Lenkschützen aus gesehen sollte die Bombe nach 14–16 Sekunden über dem Ziel stehen, sie mußte dann in dieser Lage gehalten werden, bis in etwa 12–16 weiteren Sekunden der Aufschlag erfolgte. Verschiedenfarbige Leuchtsätze am Bombenheck sollten Verwechslungen gleichzeitig geworfener Körper verhindern. Da eine Abweichung von z.B. 20 m von der Sollbahn am Anfang des Wurfes als großer, gegen Ende der Flugbahn aber als kleiner Abweichungswinkel erschien, wobei aber die nötigte Korrektur gleichgroß blieb, war also viel Übung am Bombenwurf-Simulator und viel Praxis nötig, um die erzielbare Genauigkeit auch zu erreichen; diese betrug 50% aller Bomben in Kreis von 7 m Radius bzw. 100% in Kreis mit 13 m Radius.

Die Lenkung der »Fritz X« arbeitete mit dem Geber Ge 203 a, d.h. mit kartesischen Koordinaten (Links/Rechts und Vorne/Hinten). Die Ausgänge des Lenkempfängers waren entsprechend der kurzen Flugbahn direkt auf die Lenkorgane aufgeschaltet, die in den Flossen des Leitwerks in Form von Störkanten (= »Unterbrecher« oder Spoiler) angebracht waren. Sie vollführten je nach Kommando mit Hilfe von Elektromagneten symmetrische bzw. unsymmetrische Flatterbewegungen mit 5 Hz Umschlagfrequenz aus. Außer den paarweise angeordneten »Lenkunterbrechern« L/R und V/H waren in den waagerechten Flossen noch gegenläufig arbeitende Unterbrecher l/r untergebracht, die (von einem Kreisel gesteuert) die Stabilisierung um die Längsachse bewirkten. Zur Begrenzung der Geschwindigkeit auf etwa 280 m/s waren Teile des Leitwerkringes rohrförmig (zur Erhöhung des Luftwiderstandes) ausgeführt und außerdem elektrisch isoliert eingesetzt, um so als Empfangsantenne zu dienen. Der Empfänger E 230 a war im

Nachgelenkte Fallbombe »Fritz X« mit Lenkempfänger E 230 a beim Bodentest an der Prüftafel PT 203/230.

Fallbombe SD 1400X »Fritz X« mit Ringleitwerk, das auch die Empfangsantenne enthält.

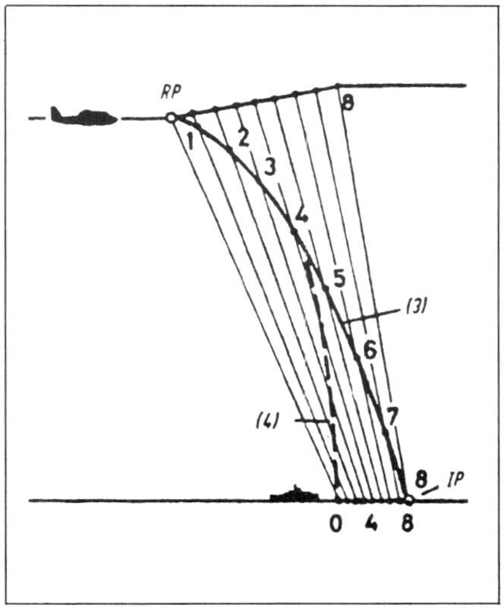

Seitenansicht des Abwurfes der »Fritz X«: (3) = Bahn im freien Fall, (4) = Bahn mit Fernlenkung.

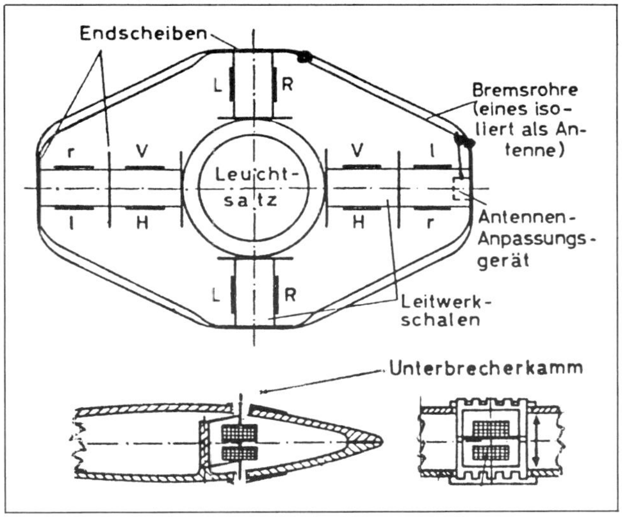

Ringleitwerk der »Fritz X« mit Anordnung der Unterbrecher Links/Rechts, Vorne/Hinten und Linksrollen/Rechtsrollen. Unten: Querschnitte durch das Leitwerk, vergrößert.

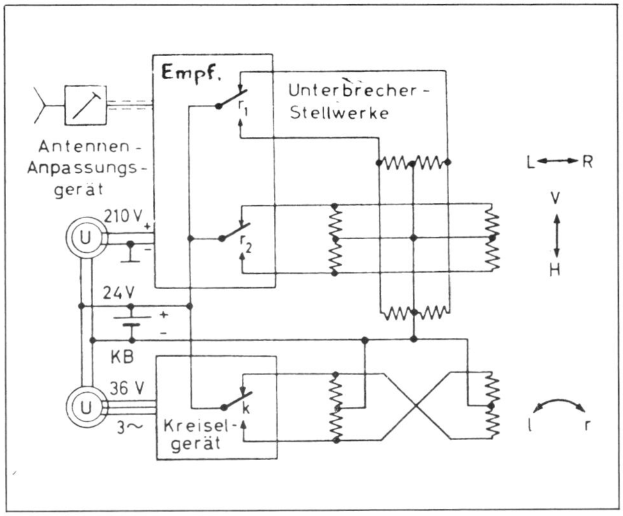

Zusammenwirken von Lenkempfänger und Kreiselgerät in der »Fritz X« (FuG 230a).

Heckteil vor dem Leitwerk untergebracht und durch eine Klappe gut zugänglich.

Die SD 1400 X war ab Frühjahr 1943 einsatzbereit. Ihr bekanntester Erfolg war am 9. September 1943 die Versenkung des italienischen Schlachtschiffes »Roma« auf seiner Flucht zum Gegner durch zwei »Fritz X« aus 6400 m Höhe. Vermutlich ihr vorletzter Einsatz war am 30. April 1944 bei einem Angriff der III./K.G.100 auf einen im Hafen von Plymouth liegenden Flottenverband, der bei sechs eigenen Verlusten wegen zu starker Jagdabwehr ohne Erfolg blieb. Der letzte Einsatz soll Anfang August 1944 in Frankreich gegen eine Brücke bei Pontaubault erfolgt sein.

Die Minengleitbombe *Hs 293* der Henschel-Flugzeugwer-

He 177 A-5 des K.G. 40 in Bordeaux-Merignac mit untergehängten Hs 293.

Rückansicht der ferngelenkten Gleitbombe Hs 293 mit Triebwerk unter dem Rumpf, Leitwerk mit Antenne und Leuchtsatz (»Fackel«) am Heck.

ke/Berlin-Schönefeld (Prof. H. A. Wagner) hatte die Wirkung einer SC 500-Bombe (Gewicht 500 kg), wies eine Spannweite von 2,9 m, eine Länge von 3,4 m und eine Masse von 791 kg auf. Sie war vorgesehen für den Einsatz gegen schwach oder gar nicht gepanzerte Schiffe und erhielt, um bei der Lenkung von Flakgeschützen den nötigen Abstand halten zu können, einen Raketenantrieb, der unterhalb des Körpers montiert war und seine Geschwindigkeit für etwa zehn Sekunden auf etwa 0,8 Mach erhöhte. Um bei den (gegenüber der »Fritz X«) verhältnismäßig flachen Flugbahnen der Hs 293 Korrekturen ohne große Schiebevorgänge vornehmen zu können, mußte hier mit Quer- und Höhen-Lenkorganen (zuerst Ruder, bei Hs 293 A-2 = Spoiler) gesteuert werden. Der Lenkgeber Ge 203 b war daher für Polarkoordinatensteuerung (Linksneigung/Rechtsneigung und Ziehen/Drücken) ausgelegt. Bei 400 m Abwurfhöhe betrug die Reichweite 3,5–5 km, bei 8000 m Höhe bis zu 16 km, so daß das Ziel nicht mehr direkt überflogen werden mußte. Entsprechend der längeren Flugbahn mit Eigenantrieb des Körpers genügte es, wenn der Körper jeweils ober- oder unterhalb der Verbindungslinie vom Lenkschützenauge zum Ziel blieb, wobei kein Zielgerät benötigt wurde. Das Flugverhalten der Hs 293 mußte demjenigen eines Flugzeuges angepaßt werden. Zusätzlich zur Verwendung der Polarkoordinatensteuerung wurde daher zwischen den Lenkempfänger E 203 b und die Lenkorgane ein Aufschaltgerät ASG 230 geschaltet. Die Querruder wurden durch Elektromagnete zum Vollausschlag gebracht und durch Federn zurückgeholt. Die Dauer des oberen bzw. unteren Vollausschlages wurde bestimmt durch die Kombination von Querruderkommando + Rollwinkelsignal, das von einem Lotkreisel in das Aufschaltgerät eingespeist wurde. Das Höhenruderkommando wurde durch eine Staudruckplatte im Luftstrom bei höheren Geschwindigkeiten (= höherer Ruderwirksamkeit) entsprechend verringert, außerdem wurde ein der jeweiligen Höhenruderstellung entsprechendes Rückmeldesignal eingespeist. Der so gebildete neue Kommandowert für den Höhenrudermotor ging bei Ausführung des Kommandos stetig auf Null zurück, d.h. das Höhenruder blieb in der erreichten Stellung stehen. Die Querruder hingegen klapperten symmetrisch mit 10 Hz, wenn die richtige Querneigung (Querachse senkrecht zur kommandierten Beschleunigung) lag. Bei der Hs 293 waren übrigens Treffergenauigkeiten von 5 m × 5 m erreichbar.

Die Antenne war vom Rumpf schräg zu Isolierstäben an den Enden der Höhenruder-Stabilisierungsfläche gespannt. Die für die Fernlenkung benötigten Teile (Empfänger, Aufschaltgerät, Kreisel, Sammler, Umformer etc.) waren im Mittelteil des Körpers beiderseits eines Gerätebrettes angebracht, über das dann das Heckteil geschoben wurde. Am Heck waren vier Leuchtpatronen befestigt, die eine Brenndauer von über 100 Sekunden und verschiedene Farben hatten, um eine Verwechselung mit von anderen Rottenflugzeugen abgeworfenen Flügelbomben zu vermeiden. Spätere Versionen der Hs 293 erhielten zusätzlich an den Tragflächenenden sogenannte »Störkörper« = Widerstandskörper zur Geschwindigkeitsbegrenzung. Diese Körper konnten bei Drahtlenkung durch Drahtspulen ersetzt werden.

Ab 1943 wurden 140 Do 217, ca. 20 Fw 200 und 40 He 177 für den Abwurf von Fernlenkwaffen mit FuG 203 »Kehl« ausgerüstet. Der Einsatz der Fernlenkwaffen Hs 293 begann am 21. Juli 1943 durch Do 217 K der III./K.G.100 (noch ohne Erfolg), die letzten Einsätze erfolgten gegen Kriegsende beim K.G.200. Die erwarteten Erfolge stellten sich nur in geringem Maße ein, einerseits, weil zu dieser Zeit bereits die gegnerische Luftüberlegen-

Hs 293 mit abgezogenem Heckteil. Man sieht das Aufschaltgerät, den Empfängerumformer und den Lenkempfänger E 230 b (unten das Gerät geöffnet).

Rückseite des Gerätebretts der Hs 293 mit Kreiselgerät, Sammelgerät, Kreiselumformer und Bordbatterie.

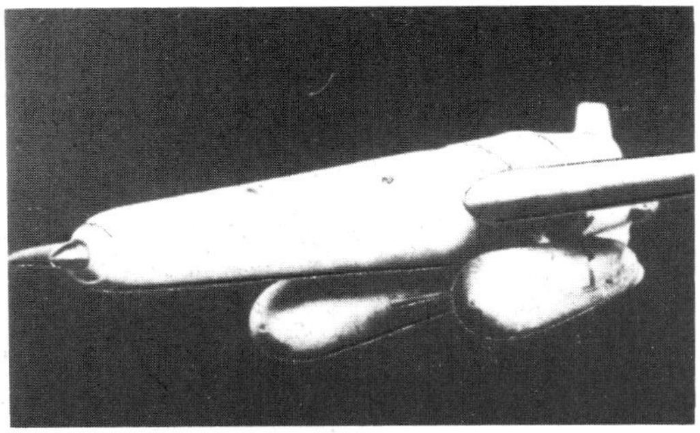

Fernlenk-Torpedobombe Hs 294 (Masse 2170 kg, Triebwerke 2 × 650 kp).

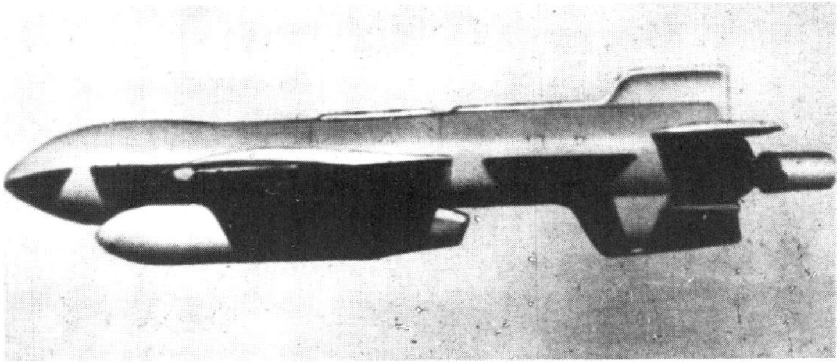

Fernlenk-Gleitbombe Hs 295/296 (Masse 2084 bzw. 2270 kg, Triebwerke 2 × 650 kp).

heit sowohl über dem Mittelmeer als auch über dem Atlantik zu groß war (wobei die abwerfenden Flugzeuge vom Schiffsverband abgedrängt und so »beschäftigt« wurden, daß keine Lenkung abgeworfener Körper mehr möglich war); andererseits waren z.B. beim K.G.40 von 279 angelieferten Körpern 270 reparaturbedürftig (!). Obwohl bereits – was deutscherseits unbekannt blieb – am 27. September 1943 in Foggia von der achten brit. Armee komplette Gerätesätze »Kehl« und »Straßburg« in ihren Transportkisten samt kompletten Lenkkörpern »Fritz X« und Hs 293 erbeutet wurden, konnte erst bei Angriffen am 16. Februar 1944 die Tätigkeit von gegnerischen Störsendern nachgewiesen werden. Bei der Invasion in der Normandie konnten trotz riesiger Schiffsansammlungen wegen der totalen Luftherrschaft der Gegenseite bei rückhaltlosem Einsatz nur noch eine englische Fregatte, ein britischer und ein US-Zerstörer, zwei Geleitschiffe und einige Frachter versenkt werden. Insgesamt wurden mit »Fritz X« und Hs 293 35 Schiffe versenkt und mindestens 34 beschädigt. Wenige Monate später wurden alle Flugkörper-Verbände aufgelöst und die Körper größtenteils verschrottet, bis ab März 1945 das K.G.200 die Erlaubnis zur Verwendung der Hs 293 gegen den russischen Vormarsch, d.h. zur Zerstörung der Oderbrücken bekam. In Eile wurden neue Flugzeuge mit »Kehl«-Geräten ausgerüstet. Trotz vollen Einsatzes waren die Erfolge nur klein, da die Gleitbomben das Brückengerüst oft durchstießen und so wenig Schaden anrichteten.

Von den Gleitbomben gab es eine Reihe von Varianten, so z.B. die Gleit-Eintauch-(Torpedo-)Bombe Hs 294, die das

Draufsicht von oben auf die Fernlenkung eines Flugkörpers (3) nach dem Deckungsverfahren vom Flugzeug (1) gegen ein Schiff (2).

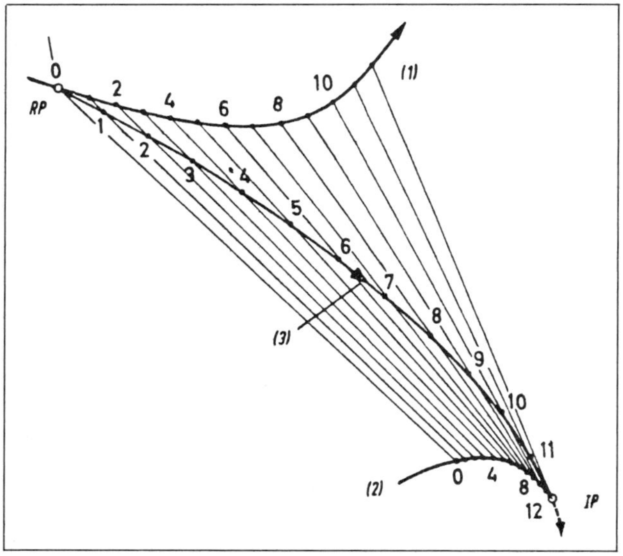

Vergleich der Flugbahnen von Lenkkörpern beim Deckungsverfahren (D) und beim Zielweisungs- bzw. Zielsuchverfahren (Z).

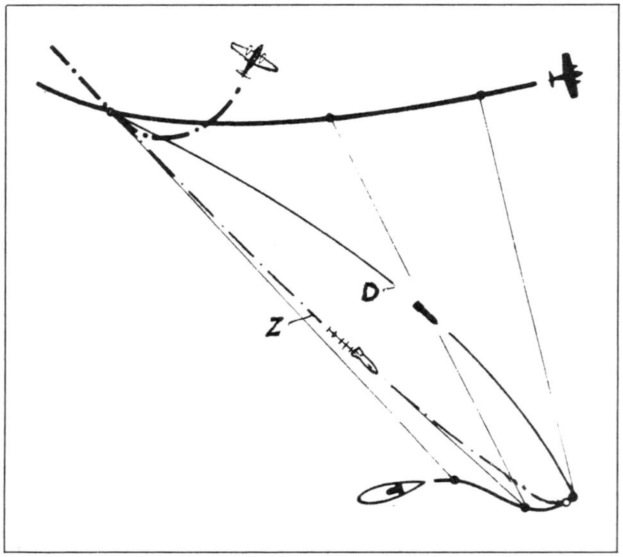

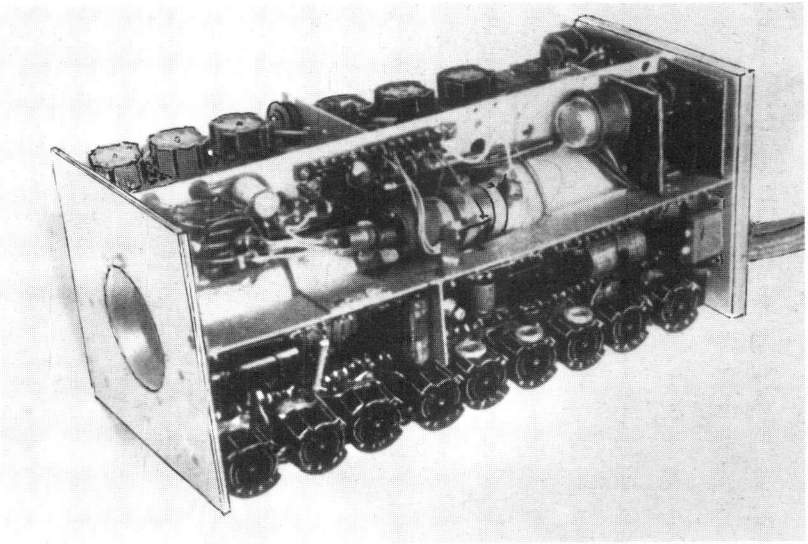

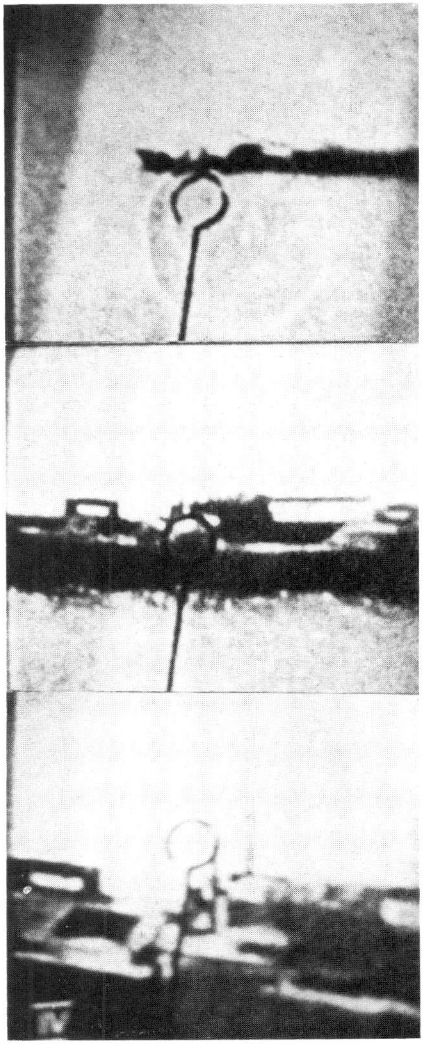

Rechts: Bildfolge auf einem Zielweisungs-Fernsehempfänger »Seedorf« beim Angriff auf ein Zielschiff.

Links von oben: Hs 293D mit Fernsehkamera »Tonne« (Zeichnung), Ansicht der Fernsehkamera (ohne Gehäuse) und Ansicht des Fernsehempfängers »Seedorf« (ohne HF-Teil).

Ziel unter Wasser treffen sollte (größere Wirkung als bei Treffern oberhalb der Wasserlinie), die 1300 kg-Minengleitbombe Hs 295 und die kombinierte Sturz-Gleitbombe Hs 296, die alle nur in Versuchsmustern bereitgestellt wurden.

Fernlenkung mit Zielweisungs-Fernsehgeräten

Um die Trefferaussichten mit der Hs 293 bzw. deren Nachfolgern auch im Falle starker Abwehr, bei Ausweichbewegungen des fernlenkenden Flugzeugs und bei großen Entfernungen zum Ziel zu verbessern, wurden bereits seit Kriegsbeginn bei der Fernseh-GmbH einfache mechanische Fernsehbildabtaster mit 50 Zeilen entwickelt. Erprobungen zeigten jedoch, daß die Erkennbarkeit von Zielen bei dem groben Raster nicht ausreichte. Anfang 1940 ging ein Auftrag für die Entwicklung von Fernseh-Zielweisungsgeräten an die Forschungsanstalt der Reichspost (RPF/*Dr. Weiß*), welche zunächst Fernseh-Kleinkameras und entsprechende Sende- und Empfangsanlagen im Bereich um 150 MHz entwickelte und für die Kamera die Fernseh-GmbH *(Dr. Möller)* mit einschaltete. Im Jahre 1942 erhielt dann das RPF einen Auftrag für 20 Kameras und die Fernseh-GmbH für die Entwicklung des zugehörigen Senders und Empfängers mit Schirmbild. Das so entstandene Zielweisungssendegerät »*Tonne A*« bestand aus einer im Kopf des Lenkkörpers untergebrachten FS-Kamera mit Sender. Dieser strahlte das von der Kamera mit 441 Zeilen und 25 Bildern/Sekunde aufgenommene Bild auf einer Frequenz um 400 MHz mit 10–20 W Leistung über eine am Heck des Lenkkörpers angebrachte Yagi-Antenne nach rückwärts ab. Von der bis dahin üblichen Positiv-Modulation mit Lückensynchronisierung war man zur Erhöhung der Störunempfindlichkeit übergegangen zu der (noch heute verwendeten) Negativ-Modulation mit positiven Synchronisierimpulsen. Desgleichen wurde eine Mitnahmesynchronisation der Zeilenfrequenz 11200 Hz verwendet und die Bildkippfrequenz 25 Hz durch Teilung der Zeilenfrequenz gewonnen. Die FS-Kamera wies eine Größe von 17 cm × 17 cm × 40 cm auf, obwohl neben der Bildspeicherröhre (Superikonoskop IS 9 der Fernseh-GmbH) auch alle Hilfsstufen wie Taktgeber, Kippgeräte und Videoverstärker (mit insgesamt 29 Röhren RV 12 P 2000 und 1 × RL 12 T 1) untergebracht waren. Der FS-Sender verwendete eine selbsterregte Spezialtriode (TU 50), die über eine Diode (DU 10) in kombinierter Last- und Gitterspannungsmodulation zu etwa 60 Prozent moduliert wurde.

Im Lenkflugzeug war zusätzlich ein Zielweisungsempfangsgerät »*Seedorf*« eingebaut, das aus einer Empfangsantenne und einem speziellen FS-Empfänger mit einer Bildgröße von 8 cm × 9 cm bestand und dem Lenkschützen ein Bild des vor dem Lenkkörper liegenden Zielraumes übermittelte. Durch das obengenannte Synchronisierverfahren kam man mit einem einzigen Regler für die Sychronisierung aus. Der Überlagerungsempfänger (Gesamtgröße mit Bildröhre 17 cm × 22 cm × 40 cm) war mit Diodenmischer (LG 1) und dreistufigem ZF-Verstärker (jeweils LV 1) bestückt; die ZF war 8,4 MHz, die Bandbreite betrug ± 2,5 MHz, für ein gut sichtbares Bild wurde eine Eingangsspannung von 100 μV an der Antenne benötigt. Bei großen Flughöhen von Lenkflugzeug und Flugkörper wurden in Versuchen Reichweiten bis zu 150 km erzielt! Das Zielflugzeug konnte nach Erfassung des Zieles in der FS-Kamera abdrehen, wobei ggf. die Empfangsrichtantenne nachgedreht werden mußte. Zu Einsätzen der Zielweisungsgeräte kam es nicht mehr, weil der Übergang vom Versuch zu einem feldmäßigen Einsatz bei der Truppe in der Kürze der Zeit nicht mehr zu schaffen war.

Weitere Entwicklungen auf dem Gebiete der Zielweisungsgeräte zielten auf eine weitere Verkleinerung der Geräte und auf eine Vereinfachung der Verfahren bei gleichzeitiger Erhöhung der Störsicherheit; hierbei waren beteiligt die Firmen Loewe-Opta mit Geräten »*Adler*« – »*Falke*«, desgl. Telefunken und das RPF mit dem Gerät »*Sprotte*« (in Parallelentwicklung).

Drahtlenk- und Umrüstungsanlagen

Die Lenkgeräte FuG 203/FuG 230 wurden später verbessert dadurch, daß im Sender statt vier (bzw. fünf) Tongeneratoren (mit Sprengkommando) nur zwei verwendet wurden, deren Frequenzen vom Kommandogeber aus durch Parallelschaltung einer Induktivität über wechselweise entsperrte Dioden verändert wurde. Dadurch konnte die (durch die Phasensprünge beim Umschalten bedingte) Unruhe der Lenkung vermieden werden. Im zugehörigen neuen Lenkempfänger des *FuG 231* »*Marburg*« wurden die vier NF-Filter zur Trennung der Tonfrequenzen durch zwei NF-Diskriminatoren ersetzt. Beide Geräte sollten hauptsächlich in den (hier nicht behandelten) Lenkanlagen für Flugabwehrraketen zur Anwendung kommen.

Spätere Ausführungen der Lenksende- und Empfangsgeräte waren so gestaltet, daß im Falle einer Störung der Funklenkgeräte (einschließlich der bereitgehaltenen Geräte mit anderen Frequenzen) ohne großen Aufwand auf Lenkung über Draht übergegangen werden konnte, wobei die tonfrequenten Lenksignale über zwei dünne Drähte übermittelt wurden. Das schwierige Problem eines einwandfreien Abspulens der beiden nur 0,2 mm starken Stahldrähte mit gleichzeitiger Abwicklung aus je zwei Spulen am Flugzeug und am Lenkkörper war befriedigend gelöst. Die bei der Firma StaRu *(T. Sturm)* entwickelte Drahtlenksendeanlage *FuG 207* »*Dortmund*« verwendete zwei Tongeneratoren, umtastbar auf die Frequenzen 422/473 Hz bzw. 665/735 Hz. In der ebenfalls bei StaRu entwickelten Drahtlenkempfangsanlage *FuG 237* »*Duisburg*« wurden dementsprechend zwei NF-Frequenzdiskriminatoren verwendet. Als Drahtlänge waren flugzeugseitig 12 km, körperseitig je 18 km vorgesehen, die gesamte Drahtlänge betrug somit 2 × 30 km. Die Drahtspulen wurden übrigens bei der Firma Henschel entwickelt und gebaut. Das Verfahren der schnellen Abwicklung von mit »Vordrall« gewickelten Spulen war bereits 1940 für die Verlegung von Kabeln vom Flugzeug Fieseler-»Storch« aus entwickelt worden.

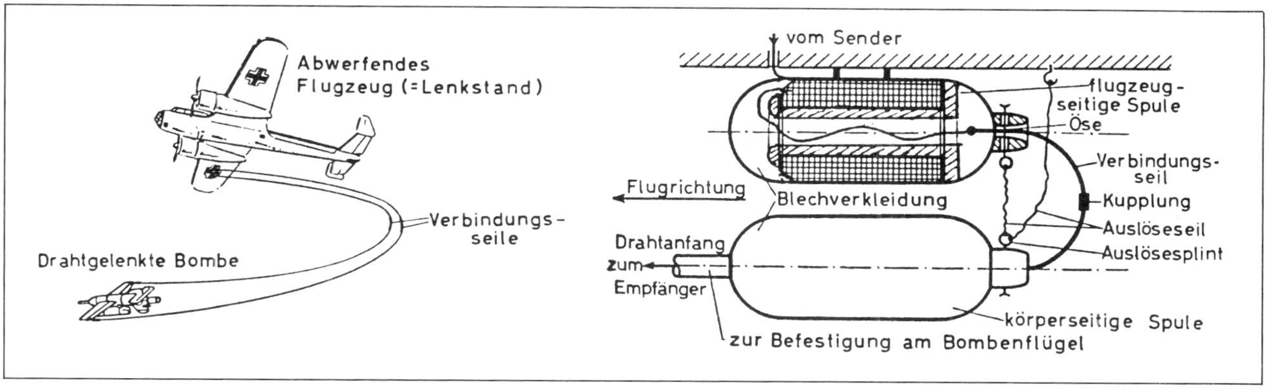

Drahtverlauf nach dem Abwurf einer Hs 293 mit Drahtlenkung und Spulenanordnung für »Dortmund-Duisburg«.

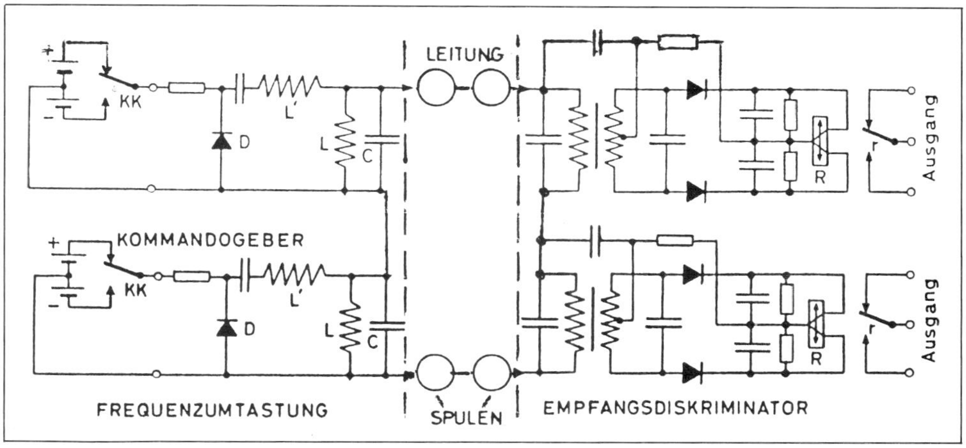

Links: Prinzip der NF-Umtastung bei »Dortmund/Duisburg« FuG 207/237 von StaRu.

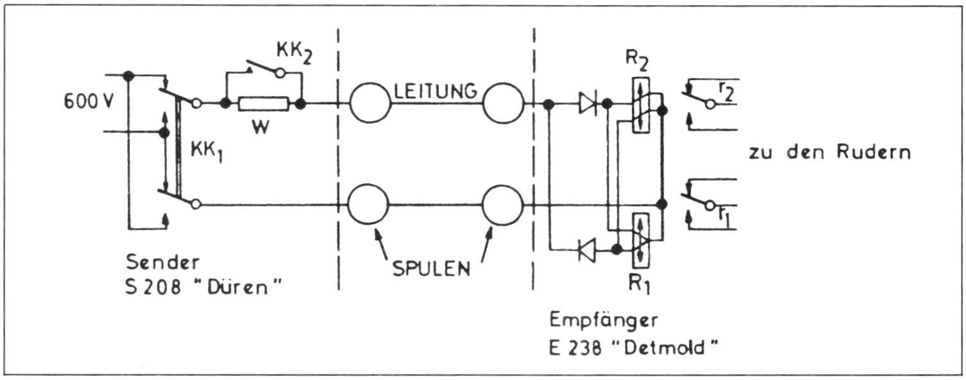

Prinzip der mit Gleichstrom arbeitenden Anlagen FuG 208 »Düren«/FuG 238 »Detmold« von Telefunken/StaRu mit Umschaltung der Polarität (+/−) und große/kleine Spannung.

Erprobungen dieser Drahtlenkanlage zusammen mit der »Fritz X«, die ja mit 8 km Drahtlänge auskam, zeigten, daß hier eine wesentlich einfachere Anlage mit Gleichstromsignalen anwendbar sei. Das Lenksendegerät *FuG 208 »Düren«* von Telefunken *(Leyn)* und das zugehörige Empfangsgerät *FuG 238 »Detmold«* der Firma StaRu *(T. Sturm)* verwendeten für eine Steuerebene die Umschaltung der Polarität (+/−), für die andere die Umschaltung der Stromstärke in periodischer Folge, wobei unterschiedliche Zeitdauern den entsprechenden Steuerkommandos entsprachen. Die Umschaltkontakte für die Umschaltung der Polarität und für die Stromänderung (durch Kurzschluß eines Vorwiderstandes) arbeiteten im 5 Hz-Takt. Die Sendeanlage bestand also nur aus Umformer (für 600 V Gleichspannung) und einem Geber mit zwei Kontakten und einem Vorwiderstand, die Empfangsanlage aus zwei Gleichrichtern und zwei polarisierten (T-)Relais. Später gab es übrigens Flugzeugbordanlagen (und auch Prüftafeln dafür), welche wahlweise für FuG 203, FuG 207 oder FuG 208 verwendbar waren (Erprobung im Herbst 1943).

FuG 208/238 kam zwar noch zur Erprobung, aber nicht mehr zum Einsatz, da vorher der Verschrottungsbefehl für die »Fritz X« wirksam wurde.

Lenkkörper Luft-Luft

Anfang 1943 entwickelte Prof. Dr. *H. Wagner* von den Henschelwerken in der Flugkörperreihe *Hs 293* usf. einen kleineren Flugkörper Luft-Luft *Hs 298* mit einer Sprengstoffladung von 25 kg bei einer Gesamtmasse von 295 kg. Die Spannweite betrug 1,29 m, die Länge 2,03 m. Als Antrieb hatte er einen Feststoffraketenmotor (Schmidding) mit 150 kp Schub, der den Flugkörper auf etwa 680 km/h beschleunigte. Zur Einsparung einer Bordbatterie war vor

Auswerteteil des Funklenkempfängers E 232 »Colmar« von F. & H. für den Einbau in Lenkkörper Hs 117 und Hs 298, zylindrischer Aufbau in zwei Teilen.

Unten links: Luft-Luft-Lenkkörper Hs 117 H nach dem Abwurf von einer He 111.

Unten rechts: Luft-Luft-Lenkkörper Hs 298 unter dem Flügel einer Do 217.

Drahtgelenkte Jägerrakete X-4 (8–344), untergehängt bei einer Fw 190.

Rechts unten: Geber der Drahtlenksendeanlage FuG 520 »Düsseldorf« im Führersitz der Fw 190.

der Rakete ein Windschraubengenerator untergebracht. An der Spitze des Rumpfes sollte ein automatischer Zünder (vornehmlich das DMW-Gerät »Kakadu«) eingebaut werden. Die erste Hs 298 wurde im Mai 1944 erprobt, die Fertigung von Versuchsserien überstieg 300 Stück. Der Angriffsbereich lag zwischen 0,5 und 2,5 km, der Abwurf sollte von Ju 88 G-1, Ju 388 und von Fw 190 aus vorgenommen werden. Trotz ursprünglich vorgesehener Massenproduktion wurden die Arbeiten Ende 1944 eingestellt.

Ende 1943 verlangte das RLM auch einen größeren Lenkkörper für Luft-Luft-Verwendung mit einer Sprengladung um 40 kg und einer Reichweite bis zu 10 km, der auch von Nachtjägern wie Ju 188 und 388 abgeworfen werden konnte. Die Firma Henschel schlug dafür eine Abwandlung *Hs 117 H* der Fla-Rakete Hs 117 »Schmetterling« (aus einem Projekt Hs 297 entstanden) vor. Diese Hs 117 H hatte bei 100 kg Sprengstoff eine Gesamtmasse von 325 kg, eine Spannweite von 2,0 m und eine Länge von 3,96 m. Ein Feststofftriebwerk von BMW mit 72 kg Schub verlieh dem Flugkörper eine Marschgeschwindigkeit von 900 km/h, bei Abschußentfernungen von 5–7 km konnten Startüberhöhungen von 5 km erreicht werden. Zur Stromversorgung diente auch hier ein seitlich der Bugspitze bzw. des automatischen Zünders angebrachter Windschraubengenerator. Die Erprobung von 28 Musterraketen begann im Mai 1944, im Januar 1945 wurde das erste Seriengerät geliefert, im Februar wurde die Fertigung gestoppt, so daß die Hs 117 H vermutlich nicht mehr zum Einsatz kam.
Für die Fernlenkung der Flugkörper Hs 298 und Hs 117 H wurden im lenkenden Flugzeug die Sendeanlage *FuG 206*

»*Kehl* ...« (Telefunken), die uns bereits vom »Mistel« Gespann her (als Variante mit besonders kleinem Knüppel für den Einbau in Jagdflugzeuge) bekannt ist, im Lenkkörper hingegen die Empfangsanlage *FuG 232 »Colmar«* der Firma Friesecke & Höpfner/Berlin verwendet. Entgegen einigen Literaturangaben (»Pendelfrequenzempfänger«) war der E 232 ein Überlagerungsgerät mit zehn Röhren (8 × RV 12 P 2000, 1 × RL 12 T 1 und 1 × RG 12 D 3), zwei NF-Diskriminatoren und war untergebracht in einem zylindrischen Gehäuse. Er wies ebenfalls recht hohe Ausfallquoten auf.

Im Jahre 1943 entwickelte *Dr. M. Kramer* von der DVL in Zusammenarbeit mit der Firma Ruhrstahl AG eine kleine Jägerrakete *»X 4« (8–344)*. Sie besaß Kreuzflügel von 58 cm Spannweite, eine Länge von 2,0 m und ein kreuzförmiges Heckleitwerk mit vibrierenden Störkanten. Die Stabilisierung der Längsachse erfolgte durch leichte Anstellung der Flügel, so daß der Körper mit einer Umdrehung/Sekunde rotierte. Das Triebwerk war von BMW speziell für diesen Flugkörper mit Flüssigtreibstoff und 8,5 kp Schub ausgelegt. Da die »X 4« von Düsenjägern Me 262 aus eingesetzt werden sollten, lag die maximal erlaubte Geschwindigkeit bei 1 140 km/h. Bei 20 kg Sprengstoff betrug die gesamte Masse um 60 kg. Hinter der Verkleidung der Bugspitze war ein akustischer Abstandszünder »Meise« eingebaut. Zwischen April und August 1944 wurden etwa 225 Erprobungsmuster gefertigt, der erste Versuch an einer Fw 190 fand am 11. August 1944 statt, allerdings noch mit einem provisorisch eingebauten Feststofftriebwerk von Schmidding. Bis Dezember 1944 wurden einige tausend Flugkörper gefertigt, die Triebwerksfertigung bei BMW in Stargard wurde jedoch durch einen Bombenangriff derartig zerbombt, daß angesichts der Kriegslage an einen Neuaufbau der Produktion nicht mehr gedacht werden konnte. Da das Schmidding-Triebwerk für den Einsatz eine viel zu kurze Brenndauer hatte und ein anderer Ersatz nicht in Sicht war, war damit (außer einige Probewürfen in Karlshagen) die Geschichte der vielversprechenden »X 4« zu Ende.

Die um ihre Längsachse mit einer Umdrehung/Sekunde rotierende Jägerrakete »X 4« (8–344) wurde von einer Drahtlenksendeanlage *FuG 520 »Düsseldorf«* (Donag/Wien u.a.) durch Gleichstromsignale gelenkt, wobei sich die Schaltung der Sende- und der Empfangsanlage (ohne eigenen Decknamen bzw. »Detmold 2« ??) eng an diejenige des FuG 208/238 für die »Fritz X« anlehnte. Da die »X 4« jedoch rotierte, die Ruderkommandos also zyklisch vertauscht wurden, war ein mit einem Lagekreisel gekoppelter Kommandoverteiler vorgesehen, welcher die Kommandos synchron mit der Umdrehung jeweils an die richtigen Ruder leitete. Die hier verwendete Drahtlänge war 2 × 5 500 m, die nur von zwei Spulen an zwei der vier Lenkkörperflügel abgespult wurden.

Eine weitere Entwicklung der DVL *(Dr. Kramer)* war die ebenfalls ab 1943 in Bearbeitung befindliche *»X 7«* »Rotkäppchen«, die sich für eine Verwendung vom Flugzeug aus als zu unstabil erwies.

Die Firma Telefunken *(L. Brandt)* begann im Jahre 1944 noch ein Entwicklungsprogramm *»Kogge«* mit einer Reihe möglichst universell einsetzbarer Funklenkgeräte, die auch den Einbausatz der »Kehl«/»Straßburg«-Geräte verwenden sollten. Außerdem sollten Richtantennen möglichst

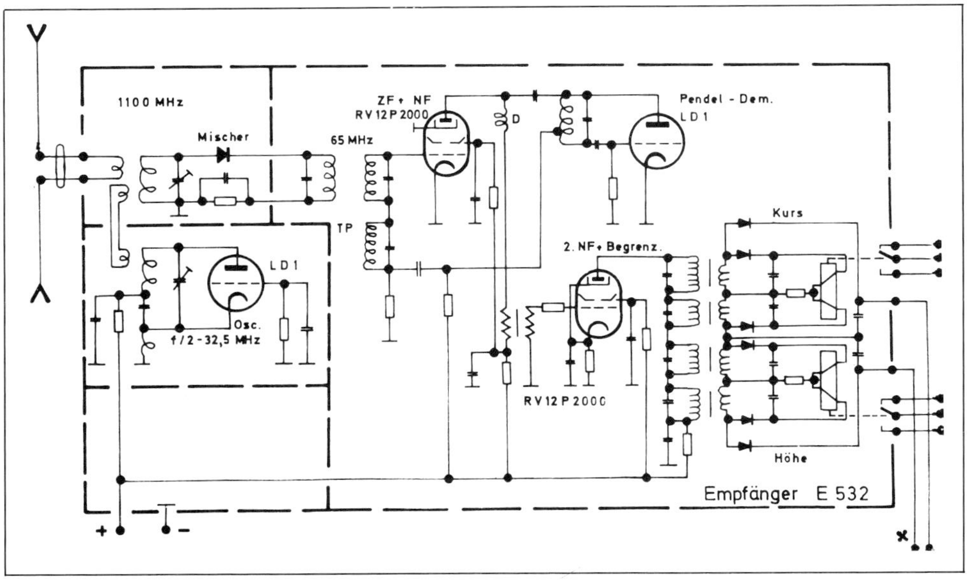

Schaltung des Funklenkempfängers E 532 von Telefunken.

kleiner Abmessungen, d.h. die elektrische Stielstrahler nach *Mallach* (wie bei »Berlin N2« und »Naxos Z« bereits behandelt), verwendet werden. Man wählte daher einen Frequenzbereich von 1190–1310 MHz mit 18 wählbaren Kanälen mit je 6 MHz Abstand. Der Sender war dreistufig mit Scheibenröhren LD 9 in Verdoppler- und Endstufe aufgebaut und mit automatischem Frequenznachlauf versehen. Die erste Bauform *»Kai« FuG 510* wurde bald durch eine verbesserte Version *»Kran« FuG 513* ersetzt. Der Modulationsteil *»Kuno«* enthielt zwei Tongeneratoren für die Frequenzpaare 6/9 kHz bzw. 13/16 kHz. Durch Umschaltung der Umtastfrequenzen von 5 bzw. 10 Hz auf 200 Hz war ein Zündkommando darstellbar. Der Geber »Klapper« war wesentlich vereinfacht.

Vom Lenkempfänger *»Brigg«* wurden anscheinend verschiedene Varianten *FuG 530–532* entwickelt, das Seriengerät war ein Überlagerungsempfänger mit nur fünf Röhren (Oszillator = LD 1, Kristalldiodenmischer, ZF- und Pendeldemodulator = RV 12 P 2000 und LD 1 in Reflexschaltung als erste NF-Stufe, zweite NF-Stufe und Begrenzer = RV 12 P 2000 und zwei NF-Diskriminatoren mit polarisierten Relais). Eine spezielle Bauform dieses Empfängers = *»Walzenbrigg«* war für die Verwendung in Luft-Luft-Raketen »X 4« in einem Gehäuse von der Größe einer Drahtspule untergebracht, die im Falle einer Funklenkung durch diesen Empfänger ersetzt wurde. Für größere Reichweiten wurde noch ein Überlagerungsempfänger *»Fregatte«* entwickelt. Bei Sendern wie Empfängern liefen die Oszillatoren auf der halben Endfrequenz.
Die Zuordnung der obengenannten Decknamen zu den verschiedentlich genannten FuG-Nummern ist in den Dokumenten uneinheitlich. Mustergeräte wurden noch erprobt, zu einer Serienfertigung kam es nicht mehr.

Zielsuchgeräte für Flugkörper

Da die Zielsuchlenkung gegenüber der Fernlenkung bei Annäherung des Flugkörpers an das Ziel kleiner werdende Absolutfehler aufweist, wurde bereits Anfang September 1943 der Gedanke der Selbstlenkung im RLM, im RPF und bei der Fernseh-GmbH in Besprechungen behandelt. Bei der letztgenannten Firma wurden dann unter anderem optische Zielsuchgeräte bearbeitet, z.B. für Selbstlenkbomben, die nachts gegen Flakscheinwerfer eingesetzt werden sollten bzw. die bei Tageslicht auf die Beleuchtungsunterschiede zwischen einem Schiff und der umgebenden See ansprechen sollten (sogenannte »Kontraststeuerung«).
Mit Hochfrequenz arbeitende Zielsuchgeräte wurden erst ab 1943 entwickelt, das erste davon war das bei der RPF *(Dr. Kleinwächter)* entwickelte passive Zielsuchgerät *»Radieschen«* (abgeleitet von den verwendeten Antennen = *R*ahmen und *D*ipol), das ursprünglich für die Fallbombe »Fritz X« zur Ausschaltung gegnerischer Navigationssender LORAN (ggf. auch »GEE«) vorgesehen war. Da für den Frequenzbereich des LORAN (= um 2 MHz) normale Richtantennen wegen ihrer Abmessungen nicht anwendbar waren, nutzte man die Tatsache aus, daß die magnetischen und die elektrischen Vektoren eines Strahlungsfeldes beide senkrecht zur Richtung auf den Sender stehen. Das im Heck der »Fritz X« eingebaute Gerät enthielt daher eine längs zur Flugrichtung angebrachte (verkürzte) Dipolantenne und quer dazu einen Peilrahmen. Auf einer motorangetriebenen Achse war eine Dipolverlängerung und eine Taumelscheibe (beide schräg zur Achse) angebracht, durch deren Rotation die Empfangsminima nicht mehr in der Lenkkörper-Längsachse lagen, sondern sich auf einem kegelförmigen Mantel um diese drehten. Dadurch trat am Ausgang des Empfängers eine Wechselspannung auf, deren (Frequenz der Drehzahl der Taumelscheibe und deren) Amplitude der jeweiligen Stellung des Antennendiagramms zur Richtung zum Sender entsprach. Daraus wurden durch Gleichrichtung Gleichstrom-Steuersignale gewonnen, die durch einen mitrotierenden Kommutator jeweils lagerichtig zu den flatternden und beim Einbau in die »Fritz X« nur abwechselnd eingeschalteten Spoilern bzw. Unterbrechern (Links/Rechts bzw. Vorne/Hinten) geleitet wurden. Der erste Abwurf einer »Fritz X« mit »Radieschen« fand am 23. August 1944 statt aus einer in 7000 m Höhe fliegenden He 111 auf einen bei Leba aufgestellten 500 W-Sender, der auf 5 MHz strahlte. Auch bei einem zweiten Abwurf trat eine Zielablage »zu kurz« (um 35 m) auf. Eine Untersuchung ergab, daß die Ursache darin lag, daß der Zielsuchkopf bereits im horizontalen Teil der Flugbahn wirksam war.
Da wegen der wachsenden Luftüberlegenheit des Gegners nicht mehr daran zu denken war, eine »Fritz X« über England abzuwerfen, baute man weitere 10 »Radieschen« in den Bug von Gleitbomben BV 246 ein, die man bereits in rund 100 km Entfernung von der Küste hätte abwerfen können (Prinzip der »Stand-off«-Bombe). Die zehn Mustereinbauten wurden dann gegen einen Zielsender auf dem Artillerieschießplatz Uterlüß erprobt, bei 10 km Abwurfhöhe wurden dabei Reichweiten um 200 km erreicht. Nur zwei erreichten ihr Ziel mit nur wenigen Metern Abstand, einerseits, weil der Kurskreisel noch nicht die nötige Stabilität hatte und andererseits, weil durch den festen Einbau der Antenne in der Richtung der Flugkörperlängsachse bei der geflogenen »Hundekurve« am Ende der Flugbahn zu große, d.h. nicht mehr aussteuerbare Ablagen entstanden.
Die Firma Blaupunkt entwickelte Ende 1944 je ein passives und ein aktives Zielsuchgerät für Flugkörper. Das passive Gerät *»Max P«* sollte zum Zielflug von Flugkörpern auf in Gegnerflugzeugen eingebaute Radarnavigationsgeräte im 3 cm-Bereich (»Meddo« usf.) verwendet werden. Dazu waren auf einer um zwei Achsen beweglichen Grundplatte vier jeweils schräg nach außen gerichtete Stiel-

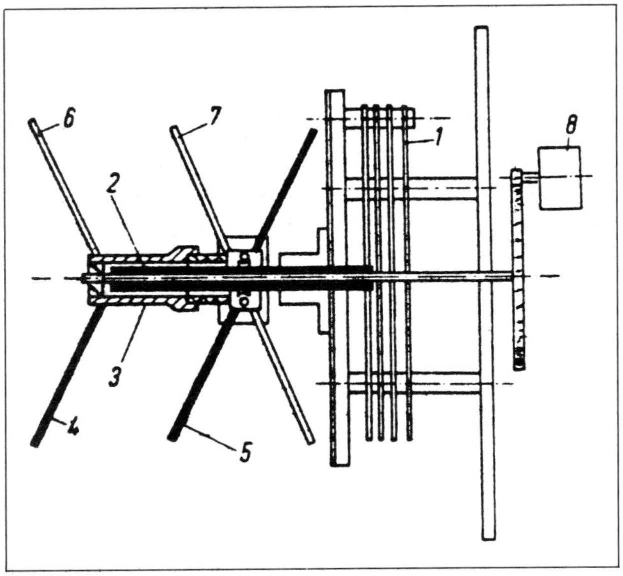

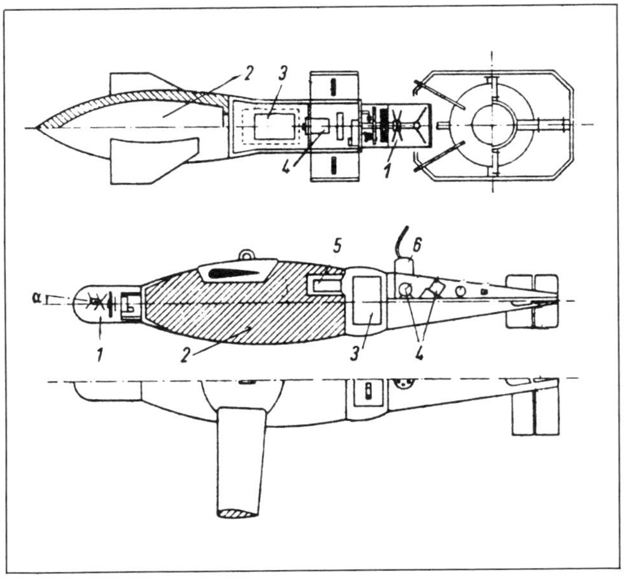

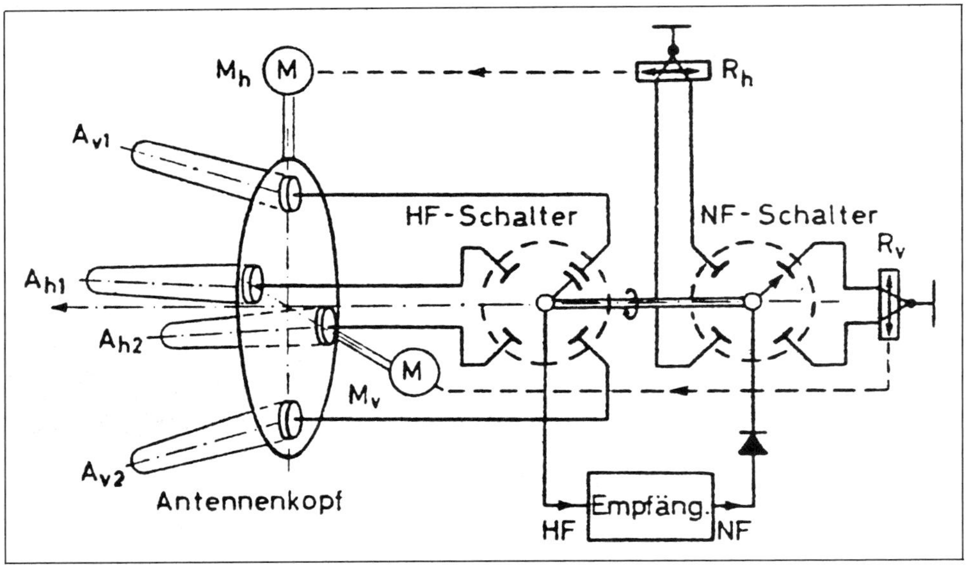

Links oben: Antennenanordnung des passiven Zielsuchgerätes »Radieschen« der RPF: 1 = Rahmenantenne, 2 = fester Dipol, 3 = Hülse, 4 = beweglicher Dipol, 5 = Taumelscheibe, 6, 7 = Gegengewichte, 8 = Elektromotor.

Rechts oben: Fallbombe »Fritz X« (oben) und Gleitbombe BV 246 (unten) mit Zielsuchkopf »Radieschen« (1), Ladung (2), Lenkempfänger (3), Lagekreisel (4), Zünder (5) und Stecker (6).

◀ Passives Zielsuchgerät »Max P« von Blaupunkt für Flugkörper.

strahler angebracht, die durch einen rotierenden Umschalter zur Amplitudenvergleichspeilung nacheinander an den Empfänger gelegt wurden. Dieser war als sogenannter »Fremdpendler« mit einem Klystron LG 20 und einem gesonderten Pendelfrequenzgenerator (10 MHz), einem Breitband-NF-Verstärker (mit 2 × EF 14) und einem zweiten Demodulator (EZ 11) ausgeführt und wies eine Empfindlichkeit von 200 kTo auf. Die Ausgangsgleichspannung des Empfängers wurde über eine zweite Umschalterebene synchron an zwei polarisierte Relais geleitet. Diese steuerten die zwei Antriebsmotoren der beweglichen Antennenplatte so, daß sie stets auf das gegnerische Radar ausgerichtet blieb. An zwei durch den Antennenkopf gesteuerten Potentiometern wurden die Steuerspannungen für die Lenkorgane des Flugkörpers abgegriffen. Dadurch wurde die Körperlängsachse auf das Ziel gerichtet, wobei der Antennenteller in seine Nullstellung einlief. Da es sich bei den erfaßten Radargeräten um solche mit rotierenden Antennen handelte, wären also jeweils nur alle 2–3 Sekunden kurze Signale zu empfangen gewesen. Bei größeren

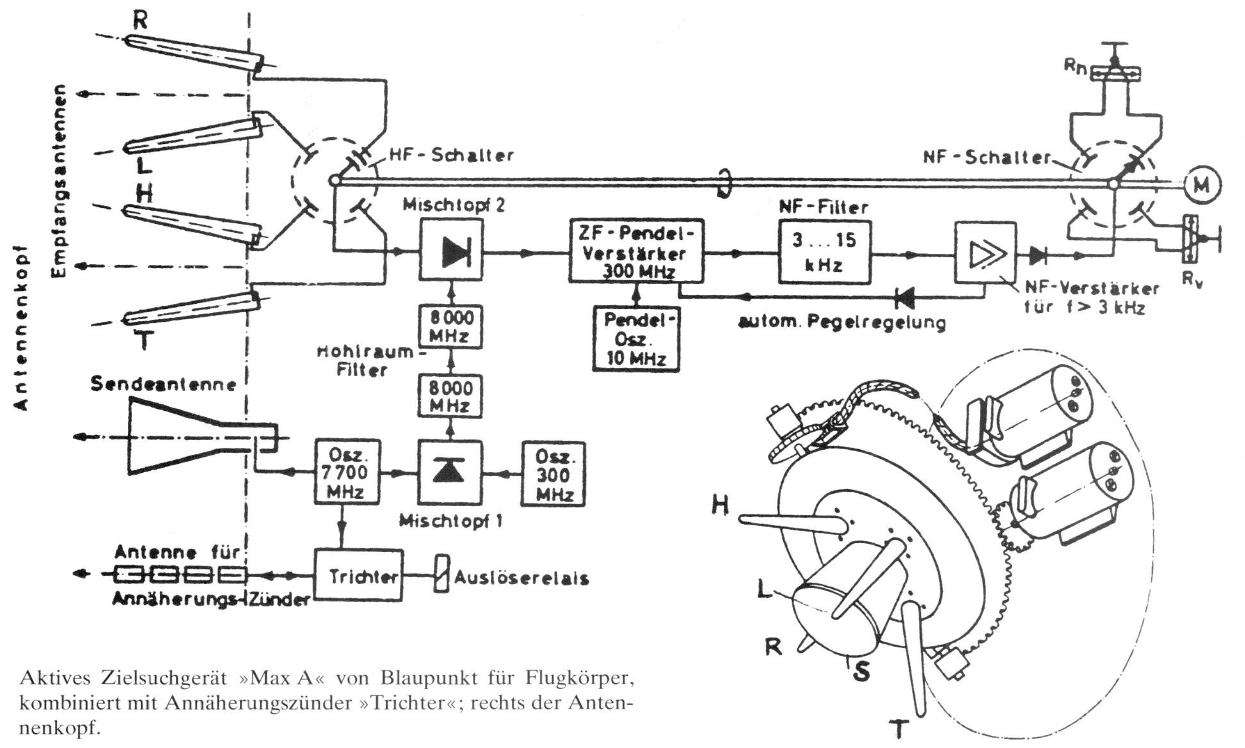

Aktives Zielsuchgerät »Max A« von Blaupunkt für Flugkörper, kombiniert mit Annäherungszünder »Trichter«; rechts der Antennenkopf.

Entfernungen zu Bomberpulks wären dabei verschiedene Geräte abwechselnd erfaßt worden, wobei aber der Winkelunterschied noch klein gewesen wäre. Bei Annäherung aber wären dann auch die Nebenzipfel des Antennendiagramms des gerade erfaßten Gerätes erfaßt worden, so daß ein ungestörter Zielflug möglich gewesen wäre. Versuche ergaben Reichweiten bis zu 200 km. Obwohl die Fertigung noch angelaufen war, kam das Gerät jedoch nicht mehr zum Einsatz. Eine weiter verbesserte Version »*Maximilian*« blieb reine Planung.

Die aktive Version »*Max A*« enthielt einen Sender, der eine Dauerstrichleistung von etwa 5 W über eine Trichterantenne abstrahlte, die in der Mitte der vier Stielstrahler angeordnet war. Das verwendete 8-Schlitz-Magnetron LMS 86 arbeitete auf einer Frequenz von 7 700 MHz (entspr. 3,9 cm Wellenlänge). Der dazugehörige Empfänger wurde zur Erzielung einer höheren Empfindlichkeit (ca. 100 kTo) als Überlagerungsempfänger mit Zwischenfrequenz-(ZF-)Pendler ausgelegt. Die in den Eingangsmischkreis (bestückt mit einer Kristalldiode aus Silicium) eingespeiste Überlagerungsfrequenz war durch Mischung der Sendefrequenz mit derjenigen eines stabilen 300 MHz-Oszillators und durch Aussiebung der Summenfrequenz (8 000 MHz) gewonnen. Die durch dieses Doppelmischverfahren gewonnene ZF von 300 MHz war so unabhängig von etwaigen ungewollten Frequenzänderungen des Senders, da diese herauskompensiert wurden. Der Empfängerausgang war für einen Frequenzbereich von 3–15 kHz ausgelegt, da am Empfängereingang neben der vom Ziel reflektierten Frequenz auch eine Einstreuung der Senderfrequenz vorlag, die ja um den (von der Annäherungsgeschwindigkeit abhängigen) Betrag der Dopplerfrequenz niedriger lag, als die vom Ziel reflektierte Frequenz. Die auf diese Weise gebildete ZF war also mit der Dopplerfrequenz moduliert. Diese wurde im erste Demodulator demoduliert und im zweiten Demodulator in Gleichstromsignale für die Steuerung umgewandelt. Man erwartete eine Einstellgeschwindigkeit von ± 30°/s und eine Reichweite von 1–2 km.

Die Geräte »Max A« und »Max P« waren vor allem für die Fla-Raketen »Schmetterling« und »Wasserfall« vorgesehen. Die Gewinnung der Steuersignale aus den Bewegungen des Antennenkopfes hätten einen sogenannten »Kollisionskurs« ergeben. Beim Einbau in Jägerraketen des Typs Hs 298 wäre günstigerweise der Antennenkopf fest montiert und die Empfängerausgangssignale direkt zu den Steuerorganen geleitet worden, womit sich ein für Jägerra-

keten günstigerer »Verfolgungskurs« ergeben hätte. Um auf einfache Weise beim Gerät »Max A« zu einer automatischen Zündung zu kommen, sollte ein Teil der Senderleistung einer weiteren Antenne mit Richtcharakteristik zugeführt werden, die zum Richtungszünder »Trichter« (s. weiter unten) gehörte.
Neben den mit Hochfrequenz arbeitenden Geräten lief auch die Entwicklung von Geräten, die mit Licht- und mit Wärme-(Infrarot-) oder mit Schall-Wellen arbeiteten, für die auf die Literaturangaben verwiesen werden muß.

Automatische Zünder

Bei den Fernlenkverfahren für Flugkörper kann keines eine 100%ige Sicherheit für einen direkten Treffer bieten, besonders wenn sich das Ziel bewegt. Man verwendet dann einen sogenannten automatischen Zünder, der selbsttätig im geeigneten Moment die Zündung der Sprengladung auslöst. Es gibt drei Arten von automatischen Zündern:
Ein »Abstandszünder« löst aus, wenn ein bestimmter Abstand zum Ziel erreicht ist. D.h. es wird auch bei möglichen direkten Treffern vorher ausgelöst.
Ein »Richtungszünder« löst aus, wenn sich das Ziel in einer bestimmten Richtung (z.B. seitlich) befindet. Direkte Treffer sind hier möglich.
Ein »Annäherungszünder« löst hingegen jeweils beim geringsten Abstand der gegenwärtigen Flugbahnen aus, verhindert also keine direkten Treffer und ist meist die günstigste der drei Arten.
Für die technische Konzeption von automatischen Zündern gibt es sehr viele Möglichkeiten, da sich bei Annäherung eines Flugkörpers an ein Ziel Änderungen des elektromagnetischen, des elektrostatischen, des magnetischen und des Schall-Feldes, desgleichen des optischen Sichtwinkels und der Intensität der Infrarotstrahlung usf. ergeben, die alle ausgenutzt werden können. Weitere Möglichkeiten sind die Rückstrahlortung (Radar) und die Ausnutzung des Dopplereffektes. Da diese Änderungen meist sehr groß sind, können die automatischen Zünder relativ einfach aufgebaut sein. Hier können aus der großen Anzahl (etwa 20) der Entwicklungen nur einige genannt werden:
Der Annäherungszünder »*Kakadu*« der Firma Donauländischer Apparatebau GmbH = Donag/Wien war das einzige Gerät, dessen Serienbau bei Kriegsende bereits angelaufen war. Sein Sender strahlte eine Frequenz um 600 MHz ab, der Empfänger nahm über eine (gegenüber der Senderantenne hinreichend entkoppelte) Empfangsantenne die Rückstrahlung am Ziel auf. Durch die Annäherungsgeschwindigkeit des Flugkörpers entstand eine Dopplerschwebung zwischen der abgehenden Sendefrequenz

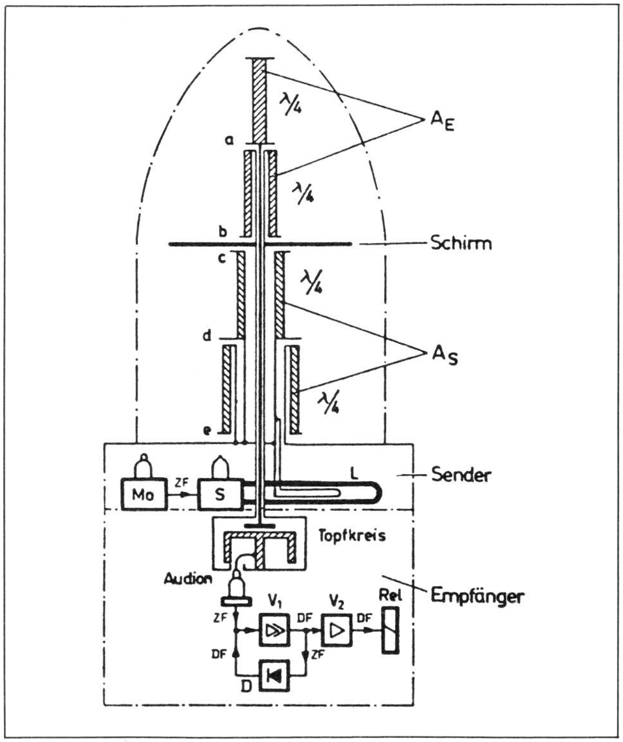

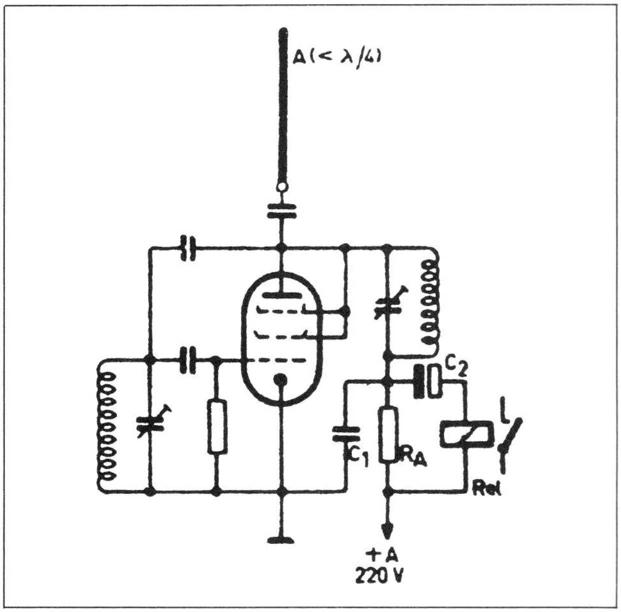

Abstandszünder »Wiesel« des E.O.I. (Schaltung).

Annäherungszünder »Kakadu« von Donag (Aufbau).

Hochintegriertes Kleinstradarsystem von AEG-Telefunken, untergebracht auf zwei Module mit jeweils 16 mm Durchmesser, bestehend aus zwei linearen und zwei digitalen integrierten Schaltkreisen mit jeweils ca. 4000 Transistoren. In Verbindung mit einem Sendetransistor, einer Antenne und einer Empfangsdiode arbeitet das Gerät als Abstandszünder mit dem Dopplereffekt (1981).

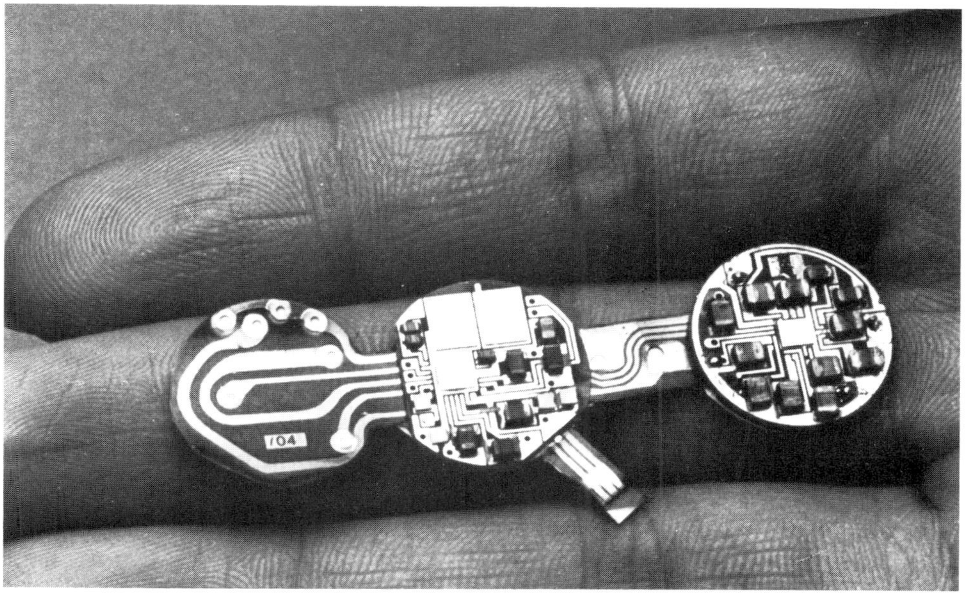

und der vom Ziel reflektierten, bei deren Nulldurchgang im Moment des Vorbeifluges ein Relais das Zündkommando auslöste. Ebenso als Doppler-Geschwindigkeitsmeßradar arbeitete der bereits beim Zielsuchgerät »Max A« genannte Richtungszünder »*Trichter*«. Beim Ernst-Orlich-Institut/Danzig = EOI *(Dr. F. von Rautenfeld)* entstanden die ebenso mit Dopplereffekt arbeitenden Geräte »*Pinscher A...E*« und auch das nur mit einer Röhre bestückte Gerät »*Wiesel*«, das mit der Rückwirkung des Zieles auf die Antenne eines kleinen Senders arbeitete, wobei die resultierende Änderung des Anodenstroms das Zündrelais auslöste. Ebenso mit Antennenrückwirkung, aber auf eine Pendelfrequenzstufe sollte ein Gerät *FuG 380* arbeiten (Entwickler nicht bekannt). Die Firma Siemens leitete aus ihrem FM-Höhenmesser FuG 101 einen Abstandszünder »*Marabu*« ab.

Der akustische Zünder »*Meise*« der Firma Neumann & Born bzw. Ruhrstahl AG (?) verwendete einen Peitschenkontakt, der durch Propellerschall zu Resonanzschwingungen angeregt wurde und so einen Kontakt schloß.

Fernlenkung von Flugzeugen

Die Fernlenkung einzelner Flugzeuge von einem anderen Flugzeug und/oder einer Bodenstelle aus war bereits 1939 in Zusammenarbeit zwischen dem Siemens-Zentrallabor und dem Luftfahrtgerätewerk LGW *(Herr Schlupp)* verwirklicht. Dafür waren zum KW-Teil des FuG 10 bzw. zum UKW-Gerät FuG 17 Fernlenkzusätze entwickelt worden. Die Kombination fernlenkendes Flugzeug und ferngelenktes Flugzeug hieß »*Siemens-Gespann*«, die Methode wurde als »Verfahren FZ 10«) bezeichnet. Der Lenksendezusatz (»91 Kpl.1«) arbeitete auf zwei NF-Kanälen, wobei der eine für die Flugprogrammsteuerung (Start-Stop-System), der zweite jedoch nur für Dauerkommandos für die Höhenruder bei Start und Landung verwendet wurde. Der Lenkempfangszusatz (»91 Kpl.2«) im ferngelenkten Flugzeug war u.a. verbunden mit einer Betätigungsvorrichtung für die Gashebel des Flugzeugs, einem speziellen Autopiloten, einem Landeklappenantrieb und einer Radbremsenbetätigung. Als lenkendes und als gelenktes Flugzeug diente jeweils eine Ju 52. Nach vielen Erprobungsflügen, bei denen das gelenkte Flugzeug vorsichtshalber stets bemannt war, fand am 19. Mai 1940 eine Vorführung in Peenemünde-West vor Herren des RLM statt, diesmal mit Lenkung einer unbemannten Ju 52, sowohl von einem anderen Flugzeug, als auch von einer Bodenstelle aus. Alles funktionierte hervorragend vom Start bis zur Landung und die vorsichtshalber in die Luft geschickte Me 109 mit scharfer Munition brauchte nicht in Aktion zu treten. (Sie sollte erforderlichenfalls bei Ausfall der Empfangsanlage das gelenkte Flugzeug über See abschießen.) Eine Weiterarbeit wurde wegen des Materialaufwandes »vorerst zurückgestellt«.

Mistel

Die Deutsche Forschungsanstalt für Segelflug DFS hatte schon am Anfang des Krieges erfolgreiche Starrschleppversuche durchgeführt, bei denen z.B. eine Me 109 auf einen

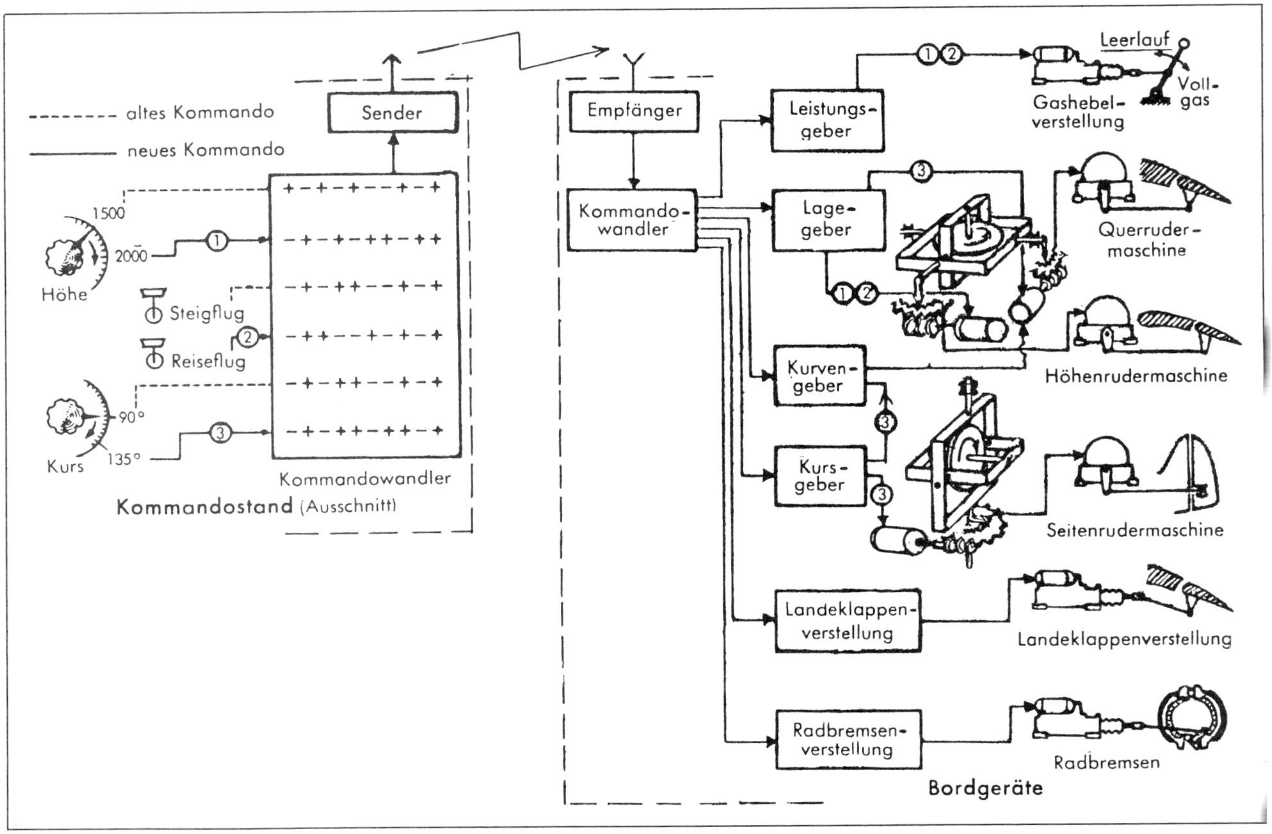

Blockschaltbild des Fernlenkverfahrens »FZ 10« für die Fernlenkung eines Flugzeugs von einem anderen Flugzeug und/oder einer Bedenstelle aus: Siemens LGW 1939/41.

Lastensegler DFS 230 gesetzt wurde, so daß das Gespann allein mit der Motorkraft der Me 109 startete, flog und wieder landete. Dies führte zu dem Gedanken, das untere der zwei Flugzeuge voll Sprengstoff zu laden, es während des Fluges vom oberen Flugzeug zu lösen und dann durch Funklenkung vom oberen Flugzeug aus auf ein taktisch besonders wertvolles Ziel (Hydrierwerk, Schiffsansammlung oder Bomberverband) zu lenken. Zu diesem Zwecke baute man Anfang 1944 aus verschrottungsreifen Ju 88 alle entbehrlichen Teile aus und ersetzte die Kanzel durch eine Hohlladung von 3,5 t Gewicht mit rüsselartig vorstehendem Aufschlagzünder. Auf den Rücken wurde ein Jäger Me 109 oder Fw 190 gesetzt, der mit einem Funklenksendegerät *FuG 206* und einer Fernbedienung für die Motoren der Ju 88 ausgerüstet war. In der Ju 88 war das Funklenkempfangsgerät *FuG 230h* eingebaut, das später durch Zielsuchgeräte und Annäherungszünder ergänzt werden sollte. Diese Kombination lief unter den Decknamen *»Huckepack«*, *»Vater und Sohn«* oder *»Mistel AB 500«* und war im April 1944 fertig entwickelt. Die Kombination startete mit drei Motoren (einer im Jäger, zwei in der Ju 88). Zur Erhöhung der Reichweite bezog der Jäger während des Anmarsches sein Benzin aus dem Sprengflugzeug. Bei Annäherung an das Ziel sollte sich der Jäger abkoppeln, das Sprengflugzeug über Funk im Deckungsverfahren ins Ziel lenken und ggf. ein Sprengkommando geben.

Das Funklenk-Sendegerät *FuG 206* war eine Variante des FuG 203h mit besonders kleinem Knüppel für die beschränkten Platzverhältnisse in einsitzigen Jägern, das Funklenk-Empfangsgerät *FuG 230h* war (wie das FuG 206) mit zusätzlichem Sprengkommando ausgerüstet, lieferte aber pulsierende Ausgangssignale (wie sie Lenkkörper benötigten). Sie mußten daher in Auswertegeräten durch integrierende Verstärker in Gleichströme variabler Amplitude und Polarität umgewandelt werden, um eine Aufschaltung auf das Kursfunkmischgerät des Autopiloten zu ermöglichen.

Der Einsatz der »Mistel«-Gespanne bei der Invasion war

Mistel-Gespanne.

vom Pech verfolgt, weil nur ein als künstliche Hafenmole absichtlich bereits auf Grund gesetztes ehemaliges französisches Schlachtschiff »Courbet« getroffen wurde, weitere Angriffe aber infolge der gegnerischen Luftüberlegenheit mißlangen. Von August 1944 bis März 1945 wurden etwa 100 Gespanne bei fünf Kampfgeschwadern bzw. später beim K.G.200 bereitgestellt für ein spektakuläres Unternehmen »Eisenhammer«. Die Sprengflugzeuge sollten zusammenarbeiten mit Pfadfindern und Beleuchterflugzeugen alle Großkraftwerke und damit die gesamte Industrie in Westrußland lahmlegen. Andauerndes ungünstiges Wetter verzögerte den Einsatzbefehl solange, bis die Front bereits sich der Oder näherte und somit die Reichweite der Flugzeuge nicht mehr ausreichte. Der Einsatz gegen bereits eroberte Oderbrücken zeigte wie bei den Hs 293 wenig Wirkung, da die Sprengflugzeuge die Gitterkonstruktionen der Brücke durchschlugen und unbrauchbar gewordene Brücken durch schnell errichtete Pontonbrücken ersetzt wurden. Die Mehrzahl der »Mistel«-Gespanne wurde dann am Boden durch Luftangriffe oder beim Start durch Überschlag in notdürftig zugeschütteten Bombenlöchern vernichtet.

Auch der Gegner verwendete ferngelenkte Flugzeuge »Aphrodite«, d.h. ausgediente B 17-Bomber, die mit 12 t Sprengstoff gefüllt waren. Sie wurden von zwei Mann an Bord gestartet, die dann nach Einstellung des Kurses, Aufschaltung der Fernlenkung und Scharfmachen der Zündung das offene Cockpit mit Fallschirm verließen. Die Lenksendeanlage war in einer B 34 »Ventura« untergebracht, beide Flugzeuge wurden geschützt von einer P 38 »Lightning«. Die ersten vier »Drohnen« starteten am 4. August 1944 gegen große V 2-Abschußbunker in der Nähe der Kanalküste, richteten aber nur geringen Schaden an. Auch die Angriffe mit zwei weiteren »Drohnen« zwei Tage später war nicht viel erfolgreicher. Ein Anfang 1945 gegen Helgoland gestartetes Sprengflugzeug verfehlte sein Ziel ohne zu explodieren. Die geborgene Lenkanlage verwendete zwölf Tonfrequenzen, die entsprechend abgestimmte mechanische Resonatoren erregten. Deutscherseits begann man mit der Entwicklung entsprechender Störsender, die jedoch bis Kriegsende nicht mehr fertig wurden.

Anmerkung

Sowohl die Aufschaltung eines Funklandegerätes, als auch die Aufschaltung eines Y-Leitstrahls oder das »Uhu I«-Verfahren stellten auch eine Art der Fernlenkung dar, die allerdings oft nur eine Feinkorrektur einer einmalig festgelegten Richtung bedeuteten. Diese Verfahren wurden daher bereits bei den Leitstrahlverfahren behandelt.

Gesamt-Funkausrüstung

Die Funkausrüstung 1915–1925

Die Funkausrüstung jener Zeit bestand anfänglich noch aus einem Funksender und einem Detektorempfänger mit Röhrenverstärker, ab 1917/18 wurden diese Geräte abgelöst durch Röhrensender und Audionempfänger mit eingebautem Niederfrequenzverstärker.

Die Ausrüstung der DLH bis 1945

Zu den ab 1925 eingeführten Geräten mit 80–100 W Sendeleistung in größeren Flugzeugen, die auch die ersten Peilgeräte erhielten, gesellten sich in den Jahren 1929/30 die 20 W-DLH-Kleinstationen für kleinere Flugzeuge. Gleichzeitig entstanden für Langstreckenflüge die ersten Versuchsstationen auf Kurzwelle. Zu Beginn des Jahres 1933 besaßen die Flugzeuge der DLH die folgende Funkausrüstung (Tab. 1).

Dazu kamen dann bei größeren Landflugzeugen noch UKW-Funklandegeräte EB 1, EB 2 oder 119 N. Die DLH-Kleinstationen wurden durch die neueren Versionen Stat. 285 F bzw. SEZ 26248 a ergänzt. Auf den Überseestrecken kam die 20 W-KW-Transozeanstation SEZ 07535 a und ab 1938 die neue Form VP 245 dazu, die 80–100 W-LW-Stationen wurden ersetzt durch die Stat. 1006 aF bzw. VP 257 = LS 170 mit 150 bzw. 170 W Leistung.
Die Ausrüstung 1939 zeigt Tabelle 2.

Tabelle 1: DLH-Ausrüstung 1933

Einsatz / Typ	20 W-DLH-Station SER Fl 230 oder Spez. 378 F	LW-Peilgerät Spez. 173 N oder 128 N	70/100 W-LW-Station Stat. 205 F/257 F oder SERF 01 V 28
Tagesstrecken	x	–	–
Nachtstrecken Ost-/Nordsee	x	x	–
Langstrecken Land	–	x	x
Ostasien Land, Südamerika See	x	x	x

Tabelle 2: DLH-Ausrüstung 1939

Stationstyp / Einsatz und Flugzeugtyp	150/170 W-LW-Station VP 257 = LS 170 oder Stat. 1006 aF	20 W-DLH-Kleinstation SEZ 26248 oder Stat. 285 F	LW-Peil-Gerät 128 N	UKW-Lande-Gerät EB 1 oder 2 oder 119 N	20 W-To-Station VP 245
Europa-Verkehr:					
Ju 52	–	x	x	x	–
Ju 90, Fw 200	x	x	x	x	–
Ostasien-Verkehr: Ju 52, Ju 90	x	x	x	x	x
Atlantik-Verkehr: Do 18, Do 26, Ha 139	x	x	x	–	x

Die für die Lufthansa in den Jahren 1939/40 in Entwicklung befindlichen Flugzeugtypen BV 222, Do 216, Fw 260 usf. sollten die gleiche Funkausrüstung erhalten, wie sie bei Ju 90 bzw. Do 26 vorgesehen waren. Ab dem Jahre 1941 sollte der veraltete LW-Peiler 128 N durch eine neue Anlage mit dem Empfänger E 490 F von Telefunken ersetzt werden, die eine handbediente Version des PeilG 6 (ohne Automatischen Peilzusatz, aber mit Steckanschlüssen auf der Geräteunterseite,) darstellte. Auch die veralteten UKW-Landeanlagen EB 2 bzw. 119 N sollten durch eine neue Anlage von Telefunken mit dem Empfänger E 455 F ersetzt werden, der ebenfalls mit RV 12 P 2000 bestückt war. Von beiden Typen sollen jedoch jeweils nur etwa sechs Stück geliefert worden sein. Dazu kam noch der Funkhöhenmesser FuG 101 a, mit dem alle größeren DLH-Flugzeuge nachgerüstet wurden. In dieser Form (und mit LS 170 und E 20 als LW-Station) sollte 1944 das Transportflugzeug BV 144 ausgerüstet werden, dessen V-Muster bei der französischen Firma Breguet im Werk Anglet bei Biarritz fertiggestellt wurde. Da die Funkgeräte infolge der Frontlage (Invasion) nicht mehr herbeigeschafft werden konnten, wurden vom Verfasser Ende Juli/Anfang August 1944 die Geräte einer notgelandeten Ju 88 eingebaut (FuG 10 P/FuG 16/FuBl 2/FuG 25 a und FuG 101 a). Es müßten eigentlich bereits vor diesem Zeitpunkt bei DLH-Flugzeugen UKW-Geräte FuG 16 eingebaut worden sein, da sonst ja keine UKW-Flugsicherung mit »Tornado«-Peilern und kein »Würzburg«-Landeverfahren hätte durchgeführt werden können. Ab Herbst 1944 erhielt die DLH mehrere ältere Flugzeuge der Luftwaffe, u.a. vier Fw 200, zwei Ju 290 und sogar zwei Ju 88, so daß dann auch militärische Gerätetypen bei der DLH in Verwendung waren.

Die Ausrüstung bei der Luftwaffe von 1934–1945

Unmittelbar nach Enttarnung der Luftwaffe und nach Festlegung der ersten FuG-Nummern wurde noch unterschieden in FuG.. als Gerätesatz (mit Sender, Empfänger) und in FuE.. als Einbausatz (mit fester Bordverkabelung, Verteilerdosen, Umformern etc.). Die ersten Bordfunkanlagen bekamen neben einer Fl-Nummer (für die Stückliste) auch eine Bezeichnung, die auch die Einsatzart des Flugzeugs kennzeichnete, wobei nicht immer eine nachträgliche Deutung möglich ist:

Beispiele:

*Na*haufklärer He 46	*Anlage Na 1* (= FuG I + FuE I)
*Fa*rnaufklärer He 45	*Anlage Fa 1* (= FuG II + FuE II)
*Na*haufklärer/*S*ee He 60	*Anlage Nas 1* (= FuG Va + FuE Va)
*J*äger, *l*eicht Ar 65 etc.	*Anlage Jl 2* (= FuG IV + FuE IV)

Kombinierte Anlagen waren ebenfalls vorgesehen, z. B. für

Kampfflugzeuge He 111	*Anlage Mb 5* (= FuG III aU + PeilG V + E 20 + TV 1a + FuE's)
*W*etterflugzeuge FW 58	*Anlage W 1* (= FuG III aU + PeilGV + FuB1 I + TV 1a + FuE's).

Die von 1939–1945 eintretenden Veränderungen der Ausrüstung und die Zunahme ihrer Komplexität läßt sich aus dem Folgenden ersehen:

Zeichenerklärung: (...) = Ersatztyp
[...] = nur teilweise eingebaut

Rüstzustände 1939:

Einmotorige Jäger:
FuG VII a

Nahaufklärer:
a) Hs 126: FuG 17
b) Fw 189: FuG 17 + PeilG 4

Sturzkampfflugzeuge:
FuG VII a + PeilG 4

Pfadfinder:
FuG 10 + PeilG V + FuBl I + X-Gerät

Kampfflugzeuge + Zerstörer: + Transporter + Fernaufklärer
FuG III a U (FuG 10) + PeilG V + FuBl I

Rüstzustände 1943:

Einmotorige Jäger:
FuG 16 Z + [FuG 25 a]

Nahaufklärer:
wie 1939, [ev. zusätzlich FuG 25 a]

Pfadfinder:
FuG 10 P + FuG 17 E + FuG 28 a + FuBl 2 + FuG 25 a + FuG 101

Kampfflugzeuge + Zerstörer: + Transporter:
FuG 10 P + FuG 16 Z + FuBl 2 + [FuG 25 a] + FuG 216 R (FuG 217 R) + FuG 101

Nachtjäger:
FuG 10 P + FuG 16 ZY + FuBl 2 + [FuG 25 a] + FuG 202 (FuG 212) + FuG 101

Fernaufklärer:
FuG 10 K1 (K2) + FuG 17 Z (FuG 16 Z) + PeilG 6 + FuBl 2 + FuG 25 a + FuG 217 R + FuG 200 + FuG 101

Rüstzustände 1944:

Einmotorige Jäger:
FuG 16 ZY + [FuG 25 a]

Schlachtflugzeuge:
FuG 16 ZS + [FuG 25 a]

Schlechtwetterjäger:
FuG 16 ZY + FuG 25 a + FuG 125 + [FuG 350 Z (FuG 217 J)] + [FuG 101 a]

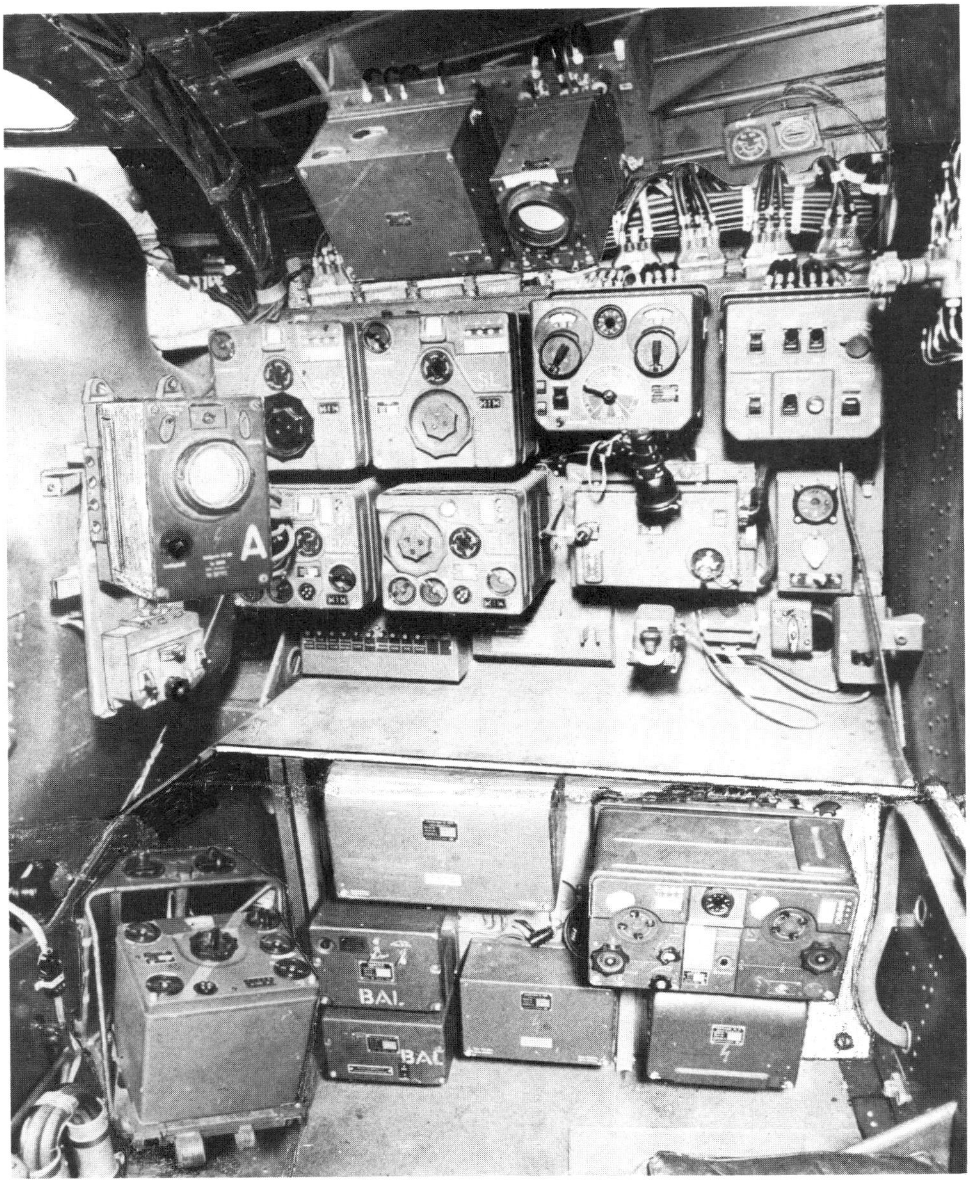

Ju 290 A-7/Funkerplatz: Oben Rückwärtswarngerät »Neptun IIR« FuG 217 R, darunter Schiffssuch-Sichtgerät des FuG 200, LW/KW-Nachrichtenstation FuG 10 K 2 und Empfänger Ebl 3 H der Funklandeanlage FuBl 2. Unter dem Tisch Zielflugempfänger EZ 6 des PeilG 6, Tast- und Sendeempfangsgerät des Kenngerätes FuG 25 (ersetzt durch FuG 25 a), Geräteblock des UKW-Sprechgerätes FuG 16 und Umformer (FuG 10 und 16).

Nahaufklärer:
FuG 17 oder FuG 17 Z, [bei FW 189 zusätzlich PeilG 4] + FuG 25 a

Pfadfinder:
FuG 10 P + FuG 17 E + FuG 28 a + FuG 120 (FuG 123) + FuBl 2 + FuG 25 a + FuG 101 a

Kampfflugzeuge + Zerstörer + Transporter:
FuG 10 P + FuG 16 Z + FuBl 2 + [FuG 25 a] + FuG 101 a + [FuG 217 R]

Nachtjäger:
FuG 10 P + FuG 16 ZY + FuBl 2 + FuG 25 a + FuG 101 a + FuG 220 + [FuG 227] + FuG 350 Z

Fernaufklärer: wie 1943

Anmerkung: Der jeweilige Rüstzustand hing u.a. von Flugzeugtyp, Baureihe des Typs, Einsatzart und Einsatzraum, Vorratslage usf. ab. Daneben gab es noch Nachrüstaktionen (FuBl I – → FuBl 2, FuG 16 Z – → ZE – → ZY usf.). In geräumigeren Flugzeugen wie Do 217, Ju 288 etc. kam statt dem FuG 10 P die Kombination FuG 10 + PeilG 6 zum Einbau. Der Einbausatz FuG 25a befand sich in allen Flugzeugen, der Gerätesatz war im östlichen Kriegsschauplatz nur in Ausnahmefällen, im Westen ab 1943/44 fast in allen Flugzeugen eingesetzt; eine Ausnahme bildeten nur Tagjäger und teilweise auch Schlachtflugzeuge mit etwa 40%. Bei Seeflugzeugen entfiel die Funklandeanlage FuBl I bzw. 2.

Für die militärischen und auch die zivilen Kunden der Funkgerätehersteller wurden bereits Anfang der 30er Jahre u.a. Prüftafeln, Prüfnetzgeräte usf. geliefert. Nachdem die DLH Prüfbuchsen an der Frontplatte der Geräte gefordert hatte, ging die Luftwaffe 1938 noch weiter und forderte bei ihren Prüfbuchsen ein einheitliches Beschaltungsschema mit gleichen Ausgangsspannungen für alle Geräte, so daß der Zeiger eines für alle Geräte verwendbaren Prüfvoltmeters (z.B. PV 10) in allen Schalterstellungen (Heiz-, Gitter-, Schirmgitter- Anodenspannung usf.) im grünen Bereich blieb, wenn alles in Ordnung war. An diese zehnpolige Prüfbuchse konnten auch weitere Prüfgeräte wie Prüf-Quarzkontroller (z.B. PQK 10, 16 usf.) angeschlossen werden, die auf diese Weise ihre Betriebsspannungen erhielten und ihre Ausgangsspannung in das zu prüfende Gerät einkoppelten.
Bei einigen Geräten ging man noch weiter und baute z.B. Prüfoszillatoren ein, mit denen die ordnungsgemäße Funktion eines Gerätes auch im Flug kontrolliert (bzw. auch eine Nacheichung vorgenommen) werden konnte.

Die Funkausrüstung von 1945 bis heute

Die nach dem Zweiten Weltkrieg in Kraft getretenen Bauvorschriften, Lufttüchtigkeitsforderungen, ARINC-Empfehlungen usf. wurden bereits ausführlich im Kapitel über die Nachrichtengeräte ab 1945 behandelt. Die Funkausrüstung, die die verschiedenen Flugzeuge je nach Größe und Verwendung aufweisen müssen, sind für die Bundesrepublik in der »Ersten Durchführungsverordnung zur Verordnung über die Flugsicherungsausrüstung der Luftfahrzeuge in der Fassung vom 16. Juli 1976« aufgeführt, die jeweils ergänzt wird.
Demnach müssen Luftfahrzeuge für Flüge nach Sichtflugregeln = VFR (von Ausnahmen abgesehen) mindestens mit einem VHF-Sender-Empfänger ausgerüstet sein, für kontrollierte Flüge nach Sichtflugregeln = CVFR kommt dazu ein VOR-Navigationsempfänger mit Anzeige oder ein automatisches Peilgerät = ADF. Für Flüge nach Instrumentenregeln (IFR) müssen die Luftfahrzeuge ausgerüstet sein mit:

Flugzeugantennen: Schleifenantenne für FuG 10 an Do 17 (Versuch), versenkt in die Leitwerksvorderkante eingebaute Schleifenantennen für FuG 16 und Rumpfanregungsschleife für den Einflugzeichenempfänger des FuBl 2. Vergleiche hierzu auch die Zeichnungen vor der Titelseite des Buches.

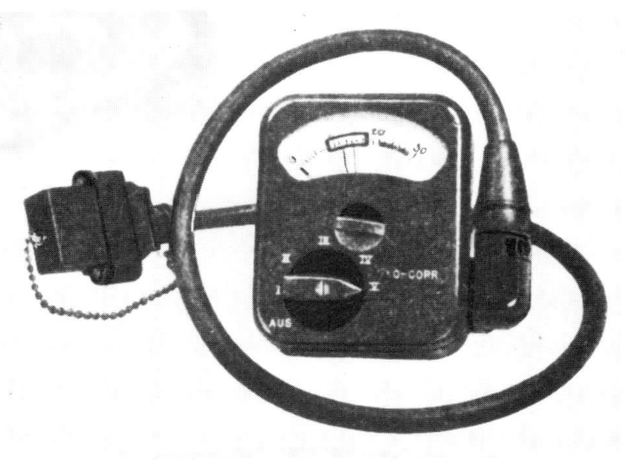

Typische Prüfgeräte: Prüfvoltmeter PV 10, rechts daneben Prüfquarzkontroller PQK 10 und Einbausatzprüfgerät EPrG 4, das anstelle des Peilempfängers des PeilG 4 eingesetzt werden konnte.

2 VHF-Sende-Empfangsgeräte,
2 VOR-Empfangsgeräte
1 ADF-Empfänger
1 ATC-Transponder
1 DME-Interrogator
1 LOC-Empfangsgerät (ev. identisch mit VOR-Empfangsgerät)
1 Gleitpfadempfangsgerät
1 Marker-Empfänger.
Dazu kommen dann noch bei Flügen über See oder einsame Gegenden
1 HF-Einseitenband-Sende-Empfänger, und z.B.
1 Notmarkierungsbake ELT und anderes mehr.
Vor dem Einsatz der Trägheitsplattformen waren in Langstreckenflugzeugen Dopplerradargeräte weit verbreitet, die heute z.B. mehr in allwettertauglichen Hubschraubern zu finden sind.

Eine Vernetzung der NF-Ausgänge der Empfänger mit den Kopfhörern bzw. den Lautsprechern der Besatzung und die Verbindung der Mikrofone mit der Eigenverständigung bzw. den gewünschten Sendern wird durch die Aufschaltanlage (Interphone) vorgenommen. Es erschienen die ersten Navigationsrechner, die noch analog arbeiteten und dementsprechend (z.B. durch Verwendung mechanischer Integratoren = Reibradgetriebe und ähnliches) schwer und ungenau waren. Sie waren meist bei den Dopplerradargeräten untergebracht. Der Funker wandelte sich zum Navigator. So mußte Anfang der 60er Jahre z.B. beim Hyperbelnavigationsgerät LORAN die oszillografische Anzeige der Laufzeitdifferenzen laufend nachgestellt werden und die reichlich komplizierte Ablesung in entsprechende Kartenwerte umgedeutet werden; erst dann konnte zu einer Berechnung der Entfernung und der Flugzeit zum nächsten Wegpunkt übergegangen werden.
Da manche Flugplätze als Folge ihrer Ausrüstung mit Bodenhilfen und der gegebenen örtlichen Verhältnisse besondere An- und Abflugverfahren erfordern, bei denen gleichzeitig zwei VOR- (oder DME-) oder ADF-Anzeigen benötigt werden (sofern nicht die Möglichkeiten eines Flächennavigationsrechners genutzt werden), wurde die Anzahl der benötigten Navigationsinstrumente wie RMI und HSI immer größer und der Platz am Instrumentenbrett immer kostbarer. Andererseits stieg auch die Anzahl der »schwarzen Kästen« (Black Boxes) d.h. der Funk- und Funknavigationsgeräte, des Autopiloten usf. so an, daß bei Langstreckenflugzeugen das Cockpit von der Kabine durch zwei offene Gerätegestelle (Racks) abgetrennt wurde. Auf deren Rückseite war der Platz des Navigators mit LORAN-Gerät, zwei ADF-Geräten, den Bediengeräten für die beiden VOR-/ILS-Anlagen und die wichtigsten Navigations-Anzeigegeräte usf. angeordnet. Beim Piloten und Copiloten war auf dem (mit Fluglage-, Höhen-, Fahr-, Steiggeschwindigkeitsanzeigern und den vielen Instrumenten für vier Triebwerke, Kraftstoff usf.) vollgestopften Instrumentenbrett gerade noch Platz für Kreuzzeiger, RMI

und HSI. Irgendwo waren auch die Kanalwähler für die VHF-Sprechgeräte zu finden.
Bei den Flugzeugen mit Propellerantrieb waren noch die Hilfsantennen für den ADF, desgl. die Antenne für das HF-(Kurzwellen-)Sprechgerät als Drahtantennen ausgeführt. Die horizontal polarisierte Dipolantenne für VOR/ILS saß als »Geweih« oben auf dem Rumpf, die VHF-Sprechgeräteantennen waren meist noch als biegsame Stahldrähte ausgebildet. Als eine der ersten Antennen ausländischer Herkunft wurde die Markerantenne (auf 75 MHz) als Rumpfanregungsschleife ausgeführt und in einem schiffchenförmigen Gehäuse versteckt. Mit dem Auftreten der ersten Verkehrsflugzeuge mit Strahlantrieb und der wesentlich höheren Geschwindigkeiten mußte auch die Antennenentwicklung vorangetrieben werden. Die Antenne des HF-Gerätes wurde isoliert oben auf dem Seitenleitwerk wie ein horizontaler Speer (oder ein Staurohr) befestigt, die Stabantennen wandelten sich zu Schwertantennen, die ADF-Hilfsantennen (vorübergehend in Form eines »Geländers« am Flugzeug befestigt) wichen kürzeren Einbautypen, so daß der Nichtfachmann kaum mehr Antennen finden konnte.
Bei den zivilen Bordanlagen der 60er Jahre waren abgesehen von den NF-Ausgängen noch viele Navigationsanlagen voneinander isoliert. D.h. ihre Ausgangswerte mußten abgelesen werden und konnten dann ggf. in einen Navigationsrechner von Hand eingegeben werden. Einen Schritt weiter waren zu dieser Zeit militärische Bordanlagen, wie das folgende Beispiel zeigt.

Bordanlage der F 104 G »Starfighter«

Als Beispiel der Anlage eines Kampfflugzeugs sei hier diejenige der F 104 G behandelt, wobei auch die wichtigsten Teile der gesamten Avionik aufgenommen sind, um die gegenseitigen Verbindungen für Luftdaten, Fluglage- und Positionsdaten, Kursdaten und Navigationsdaten (als Stations-Richtung und -Entfernung) aufzuzeigen. Auf der linken Seite der Darstellung* sind die auf das Flugzeug einwirkenden Strahlungen und Kräfte dargestellt, die von den Sensoren aufgenommen und in den »schwarzen Kästen« weiterverarbeitet werden. Durch die vielfältigen Querverbindungen zwischen den einzelnen Systemen entstehen erst die gewünschten bzw. benötigten Daten, die dann an den Bediengeräten gewählt und an den Anzeigen abgelesen werden können. Nun noch einige Anmerkungen zu den Einzelsystemen (von oben nach unten):

Das UHF-Sprechgerät AN/ARC-552 der Firma Collins of Canada hat eine Leistung von 20 W im Frequenzbereich 225–400 MHz und kann aus den 3 500 Kanälen (mit 50 kHz Abstand) 26 Kanäle plus einen Notkanal vorwählen. Das Gerät hat je eine Antenne auf Ober- und Unterseite des Rumpfes.

Das Kenngerät AN/APX-46 (Entwicklung Firma Hazeltine/USA, Fertigung Siemens/München) besitzt ebenfalls je eine Antenne oben und unten (die über Filter gemeinsam mit der TACAN-Anlage verwendet werden). Das Gerät

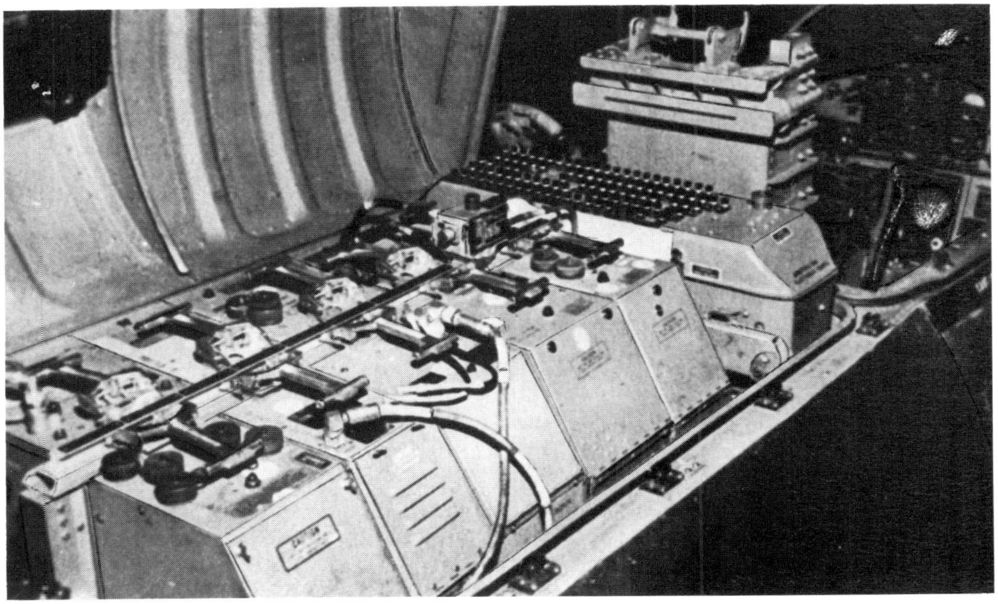

Geöffneter Elektronikraum der F 104 »Starfighter«. Hinter dem Cockpit mit Schleudersitz die Sicherungsautomaten und der ⊥-förmige gefederte Geräterahmen mit von oben eingeschobenen Geräten im sog. »Gascan«-Format.

* Siehe hinterer Vorsatz (vorletzte Seite)

empfängt auf 1030 MHz die Abfrage des Bodengerätes und antwortet auf 1090 MHz in Mode eins, zwei oder drei.

Das Funknavigationsgerät TACAN AN/ARN-52 (F 104 G) (Entwicklung ITT/USA, Fertigung SEL/Stuttgart) erlaubte die Entfernungsmessung zur Bodenstation, wobei die Abfrage an Bereich 125–1125 MHz, die Antwort zusammen mit der Drehfunkfeuer-Richtungsinformation im Bereich 962–1213 MHz erfolgt.

Die ursprünglich vorgesehene Datenübertragungsanlage für Jägerleitzwecke etc. wurde nicht verwirklicht, (wobei auch eine Datenübertragung über das UHF-Sprech- oder über das TACAN-Gerät zur Diskussion standen).

Das optische Visier dient auch zur Anzeige von Entfernungsdaten des Radargerätes und ist auch zusammengeschaltet mit dem Infrarotvisier, desgleichen mit dem Lenkwaffen-Schußbereichsrechner D-18 A, der einen speziellen Beschleunigungsfühler hat und dem Bombenabwurfrechner, dessen ursprünglich vorgesehener Typ M-2 durch einen einfacheren »Dual-Timer« (nach Art der X-Uhr) ersetzt wurde.

Das Radargerät NASARR F 15 A der Firma Autonetics/USA, gefertigt und verbessert bei AEG-Telefunken, arbeitet auf 9375 MHz (= 3 cm Wellenlänge) und erlaubt Luftzielsuche, Bodenzielsuche und Hinderniswarnung. Seine Funktionen sind im Kapitel Radargeräte genauer beschrieben; dort ist auch ein Bild der Anordnung der schwarzen Kästen (in Form der »Gascans«) im Elektronikraum gezeigt, die zur Entnahme nach oben herausgezogen werden. Dies bedingt eine horizontale Anordnung der Stecker, auf denen hineinfallender Schmutz und Späne liegen bleiben und dann beim Wiedereinschieben der Geräte Störungen verursachen. Diese Anordnung wurde daher nicht mehr bei anderen Flugzeugen angewendet.

Der Luftdatenrechner der Firma Garrett AiResearch/USA mißt mit seinen Fühlern den Gesamtdruck, den statischen Druck, die Gesamttemperatur und den Anstellwinkel des Flugzeugs gegenüber der Luftströmung. Aus den beiden Drücken wird die Druckhöhe (PA) und die Fahrt (IAS) und daraus die Machzahl ermittelt. Aus der Machzahl und der Gesamttemperatur (TAT) wird die statische Lufttemperatur (SAT) und aus Machzahl und SAT wieder die »wahre« Fluggeschwindigkeit (TAS) berechnet. Diese Ergebnisse werden dann in Abhängigkeit von der Machzahl und dem Anstellwinkel in Iterationsrechnungen für die in Flugmessungen ermittelten Fehler korrigiert. Dieser kompliziert aufgebaute elektromechanische Rechner liefert insgesamt 20 Daten an acht Verbraucher, wobei der wichtigste Wert die TAS (= Fluggeschwindigkeit gegenüber der umgebenden Luft) ist. Mit ihrer Hilfe und der von der Trägheitsplattform gelieferten Geschwindigkeit über Grund und dem Kurs wird die Windgeschwindigkeit und Windrichtung für die Navigation berechnet.

Die Trägheitsnavigationsanlage LN-3 der Firma Litton/USA und Freiburg enthält eine Kreiselplattform, die stets parallel zur Erdoberfläche gehalten wird. Auf der Plattform sind drei Beschleunigungsgeber (in den Richtungen x, y und z) angebracht. Die Beschleunigungswerte der x- und der y-Achse werden laufend über der Zeit integriert und ergeben so die Geschwindigkeitskomponenten (über Grund) in X- und Y-Richtung. Durch eine zweite Integration über der Zeit ergeben sich die Komponenten des zurückgelegten Weges. Nach Eingabe der Startkoordinaten zeigt dann das Bediengerät laufend die gegenwärtige Position an. Die damals noch sehr junge Technik der Inertialnavigation steckte noch in den Kinderschuhen und bedurfte langjähriger Nacharbeit, bis sie zufriedenstellend arbeitete.

Der Kurskreisel C-2 G der Firma Sperry/USA, Fertigung Apparatewerk/Gauting mit magnetischer Erdfeldsonde wurde zum Einordnen der Plattform beim Einschalten benötigt und diente sonst als Notgerät (bei Ausfall der Plattform).

Der automatische Fluglagenregler MH-97 der Firma Honeywell/USA und Frankfurt bestand aus dem eigentlichen Autopiloten (mit Aufschaltung von Kurs-, Geschwindigkeits-, Höhen- und Funknavigationssignalen) und einem Aufbäumregler (APC), der ein Überziehen des Flugzeugs verhindert (durch Messung der Anströmwinkel links und rechts des Rumpfes).

Der Standort- und Zielflugrechner (Position-Homing-Indicator) PHI-4 der Firma Canadian Marconi, Lizenzbau bei der Firma Teldix/Heidelberg, besteht aus einem Rechner, einem Anzeigegerät und einem Bediengerät mit Windeinstellung und austauschbarer Steckeinheit für die Zielauswahl. Letzteres ist zusammen mit dem TACAN- und dem Plattform-Bediengerät in der rechten Bedienbank untergebracht; somit stellt die PHI-Anlage eine integrierte Navigationsanlage dar. Auf der PHI-Anzeige im Instrumentenbrett werden sowohl die Werte des Koppelrechners (Betriebsart: Dead Reckoning = DR), als auch die des TACAN (Betriebsart: TCN) oder der Plattform (Betriebsart IN = Inertial) angezeigt, es gleicht etwa einem BDHI-Instrument mit zusätzlichem Betriebsartenschalter. In den Stellungen DR-SET bzw. IN-SET können die Koppelrechner- bzw. die Plattformdaten nach Entfernung und Richtung korrigiert werden (sog. Updating).

Der Sprung von der Ausrüstung einer Me 110 zur Avionik des »Starfighters« stellte zur Zeit der Einführung dieses Systems (Ende der 50er Jahre) wohl einen zu großen Schritt für die noch junge Luftwaffe der Nachkriegszeit dar, und es dauerte Jahre, bis die nötigen Prüfgeräte und -verfahren und auch das nötige »know-how« beschafft bzw. erworben werden konnten, um die geforderte Betriebssicherheit erfüllen zu können.

Moderne Kampfflugzeuge weisen noch viel mehr Einzelsysteme auf, die jedoch nun digitale Signale abgeben. Alle

Geräte sind aus Sicherheitsgründen in zwei Gruppen (A und B) aufgeteilt und jeweils über ein sogenanntes »Terminal« an eine Datenleitung (»Bus A« bzw. »Bus B«) angeschlossen. Die Steuerung des Busses, d.h. die zeitlich nacheinander erfolgende Abfrage der Einzelgeräte durch adressierte Signale erfolgt mit einer Abfragefrequenz von z.B. 1 MHz durch einen sogenannten »Bus Controller«, der oft integraler Bestandteil des doppelt vorhandenen digitalen Missionsrechners A bzw. B ist und auch die Sortierung der eintreffenden Antworten vornimmt. Die beiden Missionsrechner sind untereinander durch einen Bus C verbunden, so daß bei Ausfall eines Rechners die Arbeit vom anderen mitübernommen wird. Erforderlichenfalls kann zur Erhöhung der Redundanz noch ein weiterer vorhandener Rechner mit eingeschaltet werden. Bei Rechnerausfällen muß natürlich die vorhandene Abtastrate auf mehr Daten aufgeteilt werden, was entsprechend im Programm berücksichtigt werden muß. Der weitere Trend wird in Richtung noch leistungsfähigerer Rechner und der Verwendung von Lichtleitern (wegen der höheren Beschußsicherheit) gehen.

Bordanlage des Airbus A 310

Die Folge der Entwicklung der Funkgeräte in den letzten Jahrzehnten war die Tatsache, daß das in der Nachkriegszeit von Funker zum Navigator gewandelte Besatzungsmitglied (ebenso wie etwas später der Bordingenieur) eingespart werden konnte. Dies wurde nur ermöglicht durch die Automatisierung der modernen Geräte. Um beim weiter oben genannten Beispiel des LORAN-Gerätes zu bleiben: Es erfordert keine laufende Bedienung mehr, sondern arbeitet selbstständig, zeigt direkt die Position an und speist die Daten in den Navigationsrechner ein. Dieser kann in kleineren Flugzeugen heutzutage meist beim VOR/DME-Gerät, aber auch z.B. beim Wetterradar oder VLF/Omega-Gerät angeordnet sein.

Die Anordnung der Racks in größeren Flugzeugen ist geblieben, sie sind jedoch schmaler geworden, mit Zierplatten verkleidet und nun mit kleineren und stromsparenderen Geräten bestückt. Bei den allerneuesten Flugzeugtypen wurde die Automatisierung noch weiter getrieben, als Beispiel dient hier der »Airbus« A 310. Die Plätze für den Bordingenieur auf der Vorderseite des Racks und der Platz für den Navigator auf der Rückseite sind verschwunden, da nun alles von Pilot und Copilot bedient werden kann. Dies bedingte natürlich gewisse Änderungen im Aufbau des Cockpits. Aus Gründen der Redundanz sind alle wichtigen Systeme verdoppelt (teilweise dreifach) vorhanden, ihre Bedien- und Anzeigeelemente sind sowohl vom Piloten als auch vom Copiloten erreichbar bzw. einsehbar. Zur Vermeidung von zuviel Anzeigen, die periodisch mit den Augen abgesucht werden müssen, sind elektronische kombinierte Farbsichtröhren eingebaut.

Das sogenannte »Overhead Panel« an der Cockpitdecke enthält die Bedienfelder für die Steuerflächen, Hydraulik, Elektrik, Treibstoff, Enteisung, Klimaanlage, Feuerlöschanlage und weiteres (wie Kabinendruck, Landescheinwerfer etc.), in seinem untersten abgewinkelten Teil sind auch einige Instrumente für die genannten Systeme untergebracht.

Unterhalb der Frontscheiben befindet sich ein horizontales Armaturenbrett, das (das Instrumentenbrett vor Sonneneinfall schützt und) in seiner Vorderkante ein Bedienfeld für die Autopiloten und die »elektronischen Fluginstrumenten-Systeme (EFIS)« von VDO/Thomsen enthält. Sie bestehen jeweils aus zwei beim Piloten und Copiloten untereinander angeordneten Farbbildröhren, dem Primary Flight Display PFD (oben) für die Lage- und Flugzustandsanzeigen und dem Navigation Display ND (unten). Dadurch werden mehrere Instrumente und Anzeigeröhren (wie künstlicher Horizont, Mach-/Fahrtmesser, HSI, Wetterradar etc.) ersetzt, so daß (abgesehen von einigen Notinstrumenten) nur ein barometrischer Höhenmesser, ein Variometer, ein BDHI und eine Uhr zu finden sind und obendrein noch Reserveplätze vorhanden sind. Im Mittelfeld fallen neben den Triebwerksanzeigen zwei weitere große Farbbildröhren auf; sie bilden zusammen den sogenannten »Electronic Centralized Aircraft Monitor ECAM«, d.h. ein elektronisches Überwachungssystem, wobei das linke als elektronisches Handbuch (»Memo«) dient und das rechte die Routine-Informationen (vom Zustand der einzelnen Türen des Flugzeugs bis zum Zustand der drei Hydrauliksysteme usf.) darstellt.

Auf der Mittelkonsole ist zwischen zwei noch zu besprechenden Feldern für das »Flight Management System FMS« ein Feld mit Warnlampen; es folgen die Bediengeräte für VOR- und ILS-Empfänger, die Trimmräder und die Gas- und Landeklappenhebel. Daran schließen sich an die Bediengeräte für VHF- und HF-Sprechfunk, das Bedien-Codiergerät des ATC-Transponders, der ADF und weitere Geräte. Das Flight Management Control System ist zweifach vorhanden, die Bedien-Anzeigegeräte enthalten unten ein Tastenfeld, darüber das Anzeigefeld. Dazu gehört der aufwendigste Rechner, der A 310, der 385000 Wörter zu je 16 bit speichern kann. Er erhält laufend über 35 Datenstränge von den Einzelsystemen Informationen, verarbeitet den Datenstrom mit 700000 Rechenoperationen pro Sekunde und verteilt das Ergebnis über neun Leitungen an die Verbraucher. Im System sind neben den Flugleistungsdaten des Flugzeugs der Karteninhalt für das Einsatzgebiet (Europa, Nordafrika–Naher Osten) samt den Informationen über Flughäfen, Luftstraßen, Wegpunkte, Radionavigationshilfen, An- und Abflugverfahren usf. gespeichert. Die laufend auftretenden Änderungen werden

Cockpit des Airbus A 310 mit Overhead-Panel, Instrumentenbrett und Mittelkonsole. 1 = Electronic Centralized Aircraft Monitor ECAM, 2 = Electronic Flight Instrument System EFIS (2 ×), 3 = Flight Management System FMS (2 ×).

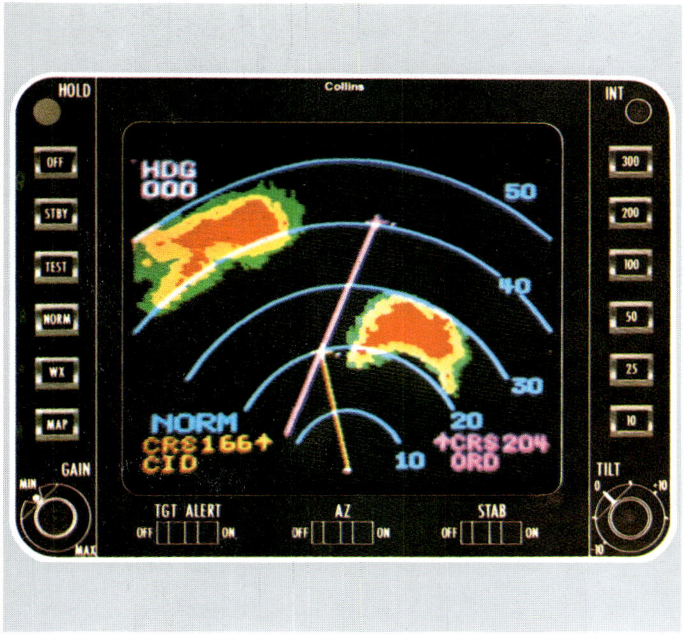

Die Abbildungen von links oben nach rechts unten: Die Anzeigen bei einem Wetterradar von Rockwell-Collins, die Bedieneinheit und zwei Anzeigemöglichkeiten auf dem Navigation Display der elektronischen Fluginstrumentenanzeige EFIS von VDO/Thomson.

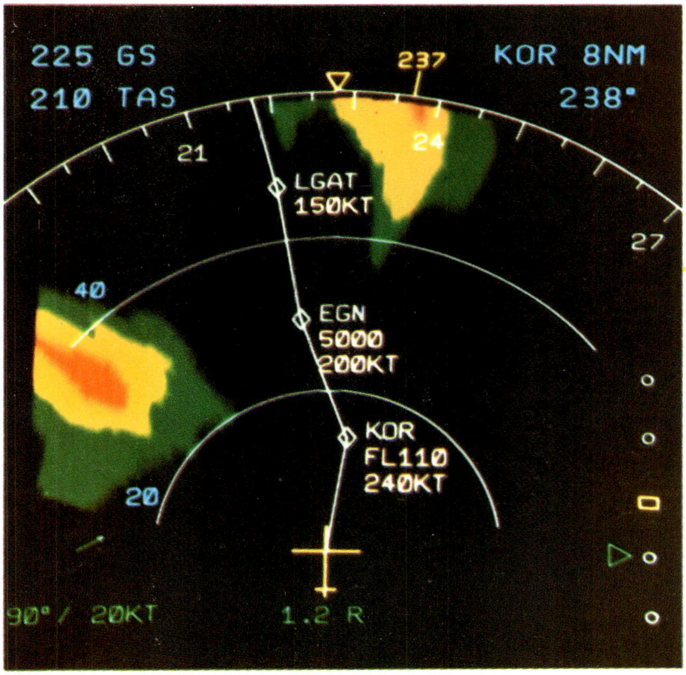

alle 28 Tage korrigiert. Der Pilot gibt zur Aufstellung eines kompletten Flugplanes nur die Ausgangswerte wie Streckenführung, Wetter und Abfluggewicht ein. Das FMS baut dann aus seinem Vorrat die Strecke aus einzelnen Wegpunkten auf und schlägt jeweils eine optimale Reiseflughöhe mit den günstigsten Steig-, Reise- bzw. Sinkgeschwindigkeiten vor. Außerdem wird z.B. der voraussichtliche Treibstoffverbrauch und die notwendige Reserve für einen Flug zu einem Ausweichflughafen (Alternate) berechnet. Für die Positonsberechnung unterwegs holt sich der Rechner von den einzelnen Navigationsgeräten die notwendigen Informationen, d.h. er wählt selbstständig die entsprechende Geräte (VOR, DME, ADF etc.) aus, stellt deren Frequenzen ein, bewertet das Ergebnis und benützt es auch zur Korrektur (Updating) der Angaben der Trägheitsnavigationsanlagen. Der Flugplan wird alphanumerisch oder als Karte auf dem Sichtfeld angezeigt, notwendige Flugplanänderungen können jederzeit eingegeben werden. Mit diesen kurzen Andeutungen sei die (für sich alleine schon ein ganzes Buch füllende) Darstellung der Funktion der Geräte im Airbus abgeschlossen.

Typisch für einen modernen Airliner ist, daß die Funkausrüstung nicht nach speziellen Fabrikaten der Geräte spezifiziert ist, sondern nach der vorgesehenen Verkabelung gemäß den ARINC-Spezifikationen, in die der Kunde dann Geräte seiner Wahl einsetzen lassen kann. Für den Airbus A 310 lautet dies wie folgt:

Automatic Flight Control System (AFCS)	2 ×,	ARINC-Spec. 701
Flight Management System (FMS)	2 ×	702
Thrust Control Computer (TCC)	1 ×	703
Inertial Reference System (IRS)	2(3) ×	704
Attitude Heading Reference System (AHRS)	3 ×	705
Radio Altimeter (RA)	2 ×	707
Weather Radar (WR)	1 ×	708
Distance Measurement System (DME)	2 ×	709
Instrument Landing System (ILS)	2 ×	710
Visual Omni Range (VOR)	2 ×	711
Automatic Direction Finder (ADF)	1(2) ×	712
Selective Call (SELCAL)	2 ×	714
Passenger Address System (PAS)	1 ×	715
VHF-Transceiver (VHF)	2(3) ×	716
ATC-Transponder (ATC)	2 ×	718
HF-SSB-Transceiver (HF)	2 ×	719

Anm.: In dieser Auflistung bedeutet »2(3) ×«, daß zwei Geräte auf jeden Fall beschafft werden, die Verkabelung für ein drittes aber bereits vorgesehen ist.

Weit schneller als bei den zivilen Flugzeugen war die Zunahme der Komplexität bei den militärischen, wo die Kosten auch mit anderen Maßstäben gemessen werden. Außerdem treten dort teilweise andersartige Anforderungen auf. Naheliegende Gründe verbieten hier ein Eingehen auf weitere Details.

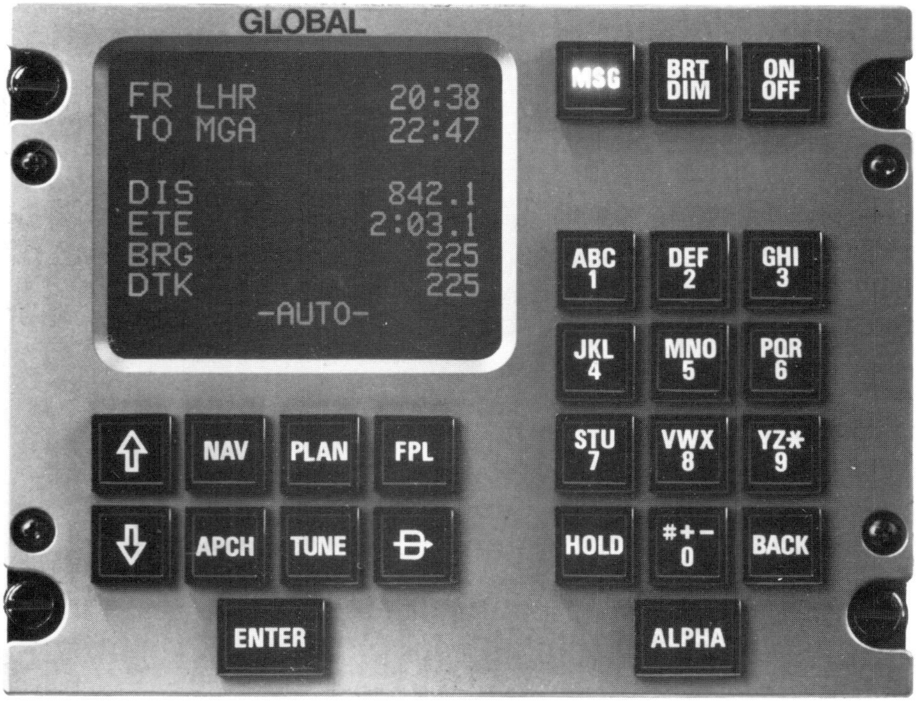

Bedien- und Anzeigeeinheit der VLF/Omega-Navigationsanlage GNS 500 A/Series 3 von Global Systems mit Anzeige eines Flugplanes.

Nachwort

Dieses Buch zeigt zwar nur einen kleinen, dafür aber entwicklungsgeschichtlich äußerst interessanten Teilbereich aus der Vielzahl der in Deutschland für die verschiedenartigsten Verbraucher zwischen 1898 und heute entwickelten »kommerziellen« Funkgeräte (= ohne Rundfunk und Fernsehen), deren Zahl wohl bei über 3000 Typen liegen dürfte. An der Tatsache, daß allgemein staatliche Geldmittel leichter für militärische als für zivile Neuentwicklungen bereitgestellt werden und daß die Wissenschaftler und Techniker jeweils nur fest umrissene Aufträge erhalten ohne jegliche Möglichkeit einer Einflußnahme auf deren spätere Verwendung, hat sich bis heute nichts geändert. »Wer zahlt, schafft an!« Die Wissenschaft offenbart ihre Möglichkeiten in neutraler Form. Es liegt an den Politikern und Wirtschaftlern, welchen Zielen die gegebenen Möglichkeiten nutzbar gemacht werden. Man sollte hier vielleicht daran denken, daß auch militärische Flugzeug-Nachrichtengeräte, ja sogar Störsender, ebenso wie die Navigationsgeräte zum überwiegenden Teil dem Schutze der Besatzungen dienten.

Auf dem betrachteten Gebiet konnte die deutsche Industrie bis in die letzten Kriegsmonate hinein Funkgeräte liefern, die besonders in Hinsicht auf Betriebssicherheit, mechanische Konstruktion und leichte Bedien- und Wartbarkeit ausländischen Fabrikaten meist überlegen waren. Es ist etwas verwunderlich, daß die Blütezeit der Bordfunkgerätetechnik (1935–1945) in einen Zeitraum fiel, in welchem die nachfolgend genannten Umstände sich sehr »bremsend« ausgewirkt haben:

a) Die Forschungsfeindlichkeit und unaufgeschlossene Haltung der obersten Machthaber.
b) Die Einstellung von Arbeiten, die länger als ein Jahr benötigen würden (u.a. 1939 Navigationsverfahren und Ende 1942 die Zentimeterwellenforschung).
c) Die erst sehr spät koordinierten Sonderwünsche der drei Wehrmachtsteile, verbunden mit teilweise überspitzten Forderungen an die Perfektion, unnötigen Parallelentwicklungen und Typenwirrwar.
d) Übertriebene Geheimhaltungsvorschriften, so daß z.B. die Existenz vieler Geräte anderen möglichen Anwendern verborgen blieb und daß oft neue Erkenntnisse einer Firma anderen Entwicklungsstellen nicht zugänglich waren.
e) Übertragung der Entscheidung über rein technische Probleme an hochverdiente Frontoffiziere, die damit oft restlos überfordert waren.

Um so mehr ist die Leistung von Forschung und Industrie zu bewundern, die trotz manchmal chaotisch erscheinender Anordnungen, Materialengpässen, Arbeitszeitausfall durch laufende Luftalarme und trotz Übermüdung, schlechter Ernährung und oft nicht mehr heizbarer Arbeitsräume noch um die Jahreswende 1944/45 bei bestimmten Geräten Rekordzahlen für den monatlichen Geräteausstoß erreichten. Trotz eines (dem Ausland gegenüber) sehr geringen Forschungspotentials konnte obendrein die durch Entwicklungsverbote entstandene Technologielücke auf dem CMW-Gebiet nahezu wieder geschlossen werden, die zugehörige Produktion allerdings erstickte im Bombenhagel. Nach Kriegsende verursachten die Kontrollratsgesetze mit Entwicklungs- und Veröffentlichungsverbot und die Verfrachtung deutscher Erkenntnisse und Wissenschaftler ins Ausland einen Verlust von Erkenntnissen, die meist erst viele Jahre später durch (re)importiertes Wissen und nur notdürftig ersetzt werden konnten. Hier hätte die Kenntnis dessen, was schon einmal erfunden war, durch Kombination »alter« Gedanken mit neuer Technologie neue Wege und Möglichkeiten aufzeigen können. Beispiele dafür sind z.B. die »Wiedererfindung« der Prüfanschlüsse, der eingebauten Selbstprüfvorrichtungen, der gedrängten Bauweise von Bordgeräten, der rückwärtigen Geräteanschlüsse etc., die ihren Niederschlag in verschiedenen international gültigen Normvorschriften (z.B. ARINC/ATR-Norm) gefunden haben.

Anhang

Boden-Navigationssende-Anlagen 1939–45

	Bodenanlage	Entwickelt	Bordanlage
LW-Anlagen =			
	Kompaß-Sender	1908/12	LW-Empfänger + Anzeigeuhr
	Umlauf. Richtfunkbake Ebersw.	1934	LW-Empfänger
	Elektra/Elektra Lang	1939/40	LW-Empfänger od. Peiler
FuS An 700/701	Sonne (kleine/große Leistung)	1940/43	LW-Empfänger od. Peiler
	Speyer	1942/43	Speyer/Bord
FuS An 702/703	Goldsonne (kleine/große Leistung)	1944/45	?
	Längstwellenhyperbelanlage	1944/45	?
KW-Anlagen =			
	Frequenzpeilanlage	1936/37	FuG III, geändert
	Abstandsmeßanlage (LW) KW/KW (UKW)	1937/38	verschiedene
	Ingolstadt	1939	Ingolstadt/Bord
	KW-Drehfunkfeuer	1939	KW-Empf. FuG X + Zusatz
	Haubenlerche	1940	KW-Empf. FuG X + Zusatz
FuS An 711	Dora	1938/40/41	KW-Empf. FuG X
	Elektra-Kurz	1939/41	KW-Empf. FuG X
FuS An 712	Komet	1942/44–45	KW-Empf. FuG X + FuG 124
FuS An 713	Bernhard 30 = Bernhaube	1943/44	KW-Empf. FuG X + FuG 120
	Lindenberg	1944/45	Lindenberg/Bord
UKW-Anlagen =			
	UKW-Landeanlagen	1931	EB 1, EB 2, FuBl 1, 2
	DVL-Erika	1934	Erika/Bord-Vorl.
	Wotan I	1934–38	X-Gerät (= FuG 22 ??)
	Bernhard / 1 m	1935–40	Bernhard/Bord
	UKW-Drehbake	1936/37	FuBl 1 + Uhr
	Gleitweganlagen	1937	Gleitweg-Empf.
	Drehbake M	1938/40	M-Gerät = AF 2/3
	Wotan II (Y-Kampf)	1938/39	Y-Gerät = FuG 28a + FuG 17 E
	Entfernungsmeßanlage UKW/UKW	1939	FuG 102-Vorläufer
	Karussell	1939/40	FuBl 1, 2
	Wotan II – Weiterentwicklung	1939/40	Y-Gerät = FuG 28a + FuG 17 E
FuS An 721	Knickebein (große Leistung)	1939/42	FuBl 1, 2
FuS An 722	Zyklopfeuer	1940/41	FuBl 1, 2
FuS An 723	Wotan-Jagd-Anlage	1941	FuG 28a = Uhu 1
FuS An 724/725	Bernhard (kleine/große Leistung)	1941–45	FuBl 2 + FuG 120 = Bernhardine
	Erika	1941/43	FuBl 2 + FuG 121 = Erika/Bord
	Mond	1943	FuG 16 ZY
	Erich	1943/44	FuBl 2 + Erich/Bord
FuS An 726	Hermine	1943/44	FuG 125 oder FuBl 2
FuS An 727/728	Boden-Truhe (kleine/große Leistung)	1944/45	FuG 122, 123 = Truhe/Bord 1, 2
FuS An 729	Baldur	1944	FuG 126 = Baldur/Bord
FuS An 730	Egon 1 (Ein-Stand)	1941/43	FuG 25a (gegf. Zusätze)
FuS An 731	Egon 2 (Zwei-Stand)	1944	FuG 25a (gegf. Zusätze)
FuS — 732	Jagd-Feuer (?)	1944/45	FuG 218 oder 228, mit Zusatz
FuS An 733	Y-Bodenstelle	1943–45	FuG 16 ZY (gegf. Zusatz)
	Korfu-Leitsender	1944/45	FuG 352 Z (mit Zusatz ?)
	Impuls-Anflugbaken	1942–45	FuG 218, FuG 200, FuG 224 etc.

Zeittafel

1888 Heinrich Hertz erzeugt und empfängt definierte Hochfrequenzschwingungen im Dezimeterwellenbereich unter Ausnutzung der Antennenresonanz

1890 E. Branly führt Kohärerer (Fritter) als HF-Gleichrichter vor

1895/96 A. S. Popow entwickelt brauchbaren Empfänger mit Klingel

1896 G. Marconi führt Erde als Gegengewicht und Schreibempfang ein

1898 A. K. H. Slaby und G. Graf von Arco gründen funkentelegrafische Abteilung der AEG

1898 F. Braun untersucht gekoppelte Schwingkreise, gründet mit Siemens & Halske eine »Telegraphie GmbH«

1899 Slaby und v. Arco überbrücken mit der Kaiserlichen Marine 48 km drahtlos

1901 A. Koepsel erfindet den Platten-Drehkondensator als Abstimmittel

1903 F. Braun entdeckt den geschlossenen Schwingkreis

1903 Die Telefunken GmbH wird gegründet als Tochter von AEG und Siemens

1903 Erste HF-Meßgeräte (Wellenmesser)

1904 Patentierung und Vorführung des »Telemobiloskops« (Vorläufer des Radar) von Ch. Hülsmeyer

1904 S. W. Schloemilch erhält Patent für seine Detektor-Zelle, Einführung des Hörempfangs, der den Schreibempfang weitgehend ablöst

1905 Bei der C. Lorenz AG Abteilung für drahtlose Telegrafie eingerichtet

1905 Auf deutschen Handelsschiffen wird die Funkentelegrafie eingeführt

1906 R. von Lieben erhält Patent für Verstärkerröhre mit Steuergitter

1906 Telefunken führt Kristalldetektor nach Braun ein

1906 Bei Lorenz Telefoniesendung mit ungedämpften Wellen mit Lichtbogensendern, Lizenzbau dieser Sender und von Tikker-Empfängern nach Poulsen-Patenten

1906 Branly führt in Frankreich Funkfernsteuerung eines Torpedobootes vor

1907 O. Scheller/Lorenz erhält Patent für Richtsendeverfahren für Funknavigation

1908 Telefunken führt Löschfunkensender nach M. Wien ein

1908 Das Seezeichen-Versuchsfeld errichtet Kompaß-Sender für Navigation

1908 Braun untersucht Rahmenantennen für Peilanlagen

1910 Lorenz führt Vieltonsender nach O. Scheller und H. Rein

1910 Erste Luftschiff-Funkenstation von M. Dieckmann eingebaut

1911 O. von Bronk/Telefunken erhält Patent für HF-Verstärker

1911 Telefunken errichtet verbesserten Kompaß-Sender für Funknavigation

1912 Erste Flugzeug-Bordfunkstationen von Telefunken/Huth/Lorenz/Signalgesellschaft

1912 252 Handels- u. Kriegsschiffe, 66 Landstationen und 72 bewegliche Funkstationen (Heer) mit deutschen Geräten ausgerüstet

1913 A. Meißner/Telefunken erhält Patent für Röhrensender

1915 Frühjahr: Einseitiger Funkverkehr Bord–Boden für Artillerieleitung von Flugzeugen aus

1915 Herbst: Erster Wechselverkehr Bord–Bord und Bord–Boden

1916 Beginn Großserienfertigung von Verstärkerröhren für NF-Verstärker

1917 Erste Röhrenempfänger (Audion) und Röhrensender in den Flugzeugen

1917 Erste Bordpeiler für Riesenflugzeuge und Luftschiffe

1920 E. H. Armstrong entwickelt Superhetprinzip für Empfänger

1920 A. W. Hull erfindet das Magnetron

1923 Erste Flughafen-Funkanlage für die Verkehrsfliegerei/Deutsche Luftreederei (AEG-Tochter)

1923 Radio-Amateure realisieren Funkverkehr USA–Europa auf Kurzwelle mit kleinsten Sendeleistungen

1925 A. Esau telegrafiert auf UKW (100 MHz) 40 km weit

1925 Erste LW-Bordpeilgeräte für Flugzeuge

1927/28 Erste Empfänger mit Mehrgitterröhren (Schirmgitterröhren, Pentoden)

1928 Einführung der indirekt geheizten Röhren für Empfänger mit Netzanschluß

1928 LW-Navigationssender Eberswalde von D. Gesth und E. Kramar/Lorenz

1930 Erste Versuche für UKW-Rundfunk und UKW-Fernsehen

1929 Erste Flugzeugbordstationen auf Kurzwellen für Langstreckenflüge

1933 E. Kramar/Lorenz entwickelt UKW-Landesystem für Flugzeuge

1933 W. T. Runge/Telefunken entwickelt kombinierte LW/KW-Bordgeräte (FuG III etc.)

1935 Entwicklung von Funkhöhenmeßgeräten bei Siemens, Telefunken, DVG etc.

1936 E. Kramar/Lorenz entwickelt Drehfunkfeuer LW/KW/UKW

1938 Erste Stahlröhren und Wehrmachtsröhren von Telefunken

1938 Entwicklung der FuG 10-Bauweise bei Lorenz durch H. Rochow, H. R. Fischer, H. Wangerin, für UKW (FuG 17) W. Kloepfer, Konstruktion K. L. Vrany

1942 Entwicklung von Bordfunkmeßgeräten bei Telefunken, Lorenz, Gema, FFO

1945 Veröffentlichungs-, Entwicklungs- und Bauverbot für Funksender und alle Geräte für Funk-Ortung und -Navigation

1949 Lockerung des Verbotes, Aufnahme der Entwicklung und Fertigung bei Telefunken, Lorenz → SEL, Siemens, Rohde & Schwarz, Hagenuk

1951 Fertigungsbeginn von ILS-Bodenanlagen

1954 Entwicklung von Flugsicherungsbodenanlagen Sendung, Empfang, Peilung bei Rohde & Schwarz

Entwicklung von Bodenradargeräten bei Telefunken und bei Siemens

Entwicklung von VOR-Drehfunkfeuern bei SEL (früher Lorenz)

1954	Erster Silizium-Transistor
1954	Erste Segelflugzeug-Bordfunkgeräte von Rohde & Schwarz
1957	Erstes Bordfunkgerät von Becker-Flugfunk zugelassen
1957	Entwicklung von TACAN-Bord- und Bodenanlagen bei SEL
1958	Erster Integrierter Schaltkreis (IC)
1959	Erstes Bordfunkgerät von Walter Dittel GmbH zugelassen
1961	Volltransistorisierte (Solid State) Bordgeräte
1969	Entwicklung und Fertigung von SETAC-Bord- und Bodenanlagen bei SEL
1970	Entwicklung von UHF-Sendeempfangsgeräten bei R. & S.
1970	Erste Mikroprozessoren (µP)
1970	Entwicklung von Sekundärradar-Abfrage- und -Kenngeräte bei Siemens
1970	Entwicklung der MITAC-Anlagen bei SEL
1982	Allgemeine Verwendung von Mikroprozessoren und LCD-Anzeigen

KONTROLLRAT

GESETZ Nr. 25

Gesetz zur Regelung und Überwachung der naturwissenschaftlichen Forschung

Um naturwissenschaftliche Forschung für militärische Zwecke und ihre praktische Anwendung für solche Zwecke zu verhindern, und um sie auf anderen Gebieten, wo sie ein Kriegspotential schaffen könnten, zu überwachen und sie in friedliche Bahnen zu lenken, hat der Kontrollrat das folgende Gesetz beschlossen:

ARTIKEL I

Alle technischen militärischen Organisationen werden hiermit aufgelöst und verboten. Gebäude und Ausrüstungen rein militärischen Charakters sind zu zerstören oder zu beseitigen. Gebäude und Ausrüstungen, deren friedensmäßige Verwendung möglich ist, dürfen mit Genehmigung der Militärregierung für solche Zwecke nutzbar gemacht werden.

ARTIKEL II

1. Angewandte naturwissenschaftliche Forschung ist untersagt auf Gebieten, welche
   a) rein oder wesentlich militärischer Natur sind,
   b) in dem beigefügten Verzeichnis »A« besonders aufgeführt sind.
2. Angewandte naturwissenschaftliche Forschung auf irgend einem der in dem beigefügten Verzeichnis »B« besonders aufgeführten Gebieten ist nur mit vorheriger schriftlicher Genehmigung des Zonenbefehlshabers, in dessen Zone das Forschungsinstitut liegt, zulässig.

ARTIKEL III

1. Grundlegende naturwissenschaftliche Forschung, rein oder wesentlich militärischer Natur, ist verboten.

Ausgefertigt in Berlin, den 29. April 1946.

(Die in den drei offiziellen Sprachen abgefaßten Originaltexte dieses Gesetzes sind von Sokolovsky, Armeekorpsgeneral, Joseph T. McNarney, General, Montgomery, Feldmarschall, und P. Koenig, Armeekorpsgeneral, unterzeichnet).

Verzeichnis »A«

Unter das Verbot fallende angewandte naturwissenschaftliche Forschung

1. Angewandte Kernphysik.
2. Angewandte Aerodynamik, Bauplanung für Luftfahrt und Antriebmaschinen von Luftfahrzeugen.
3. Raketenantrieb; Düsenantrieb und Gasturbinen.
4. Angewandte Hydrodynamik, insbesondere Unterwasserakustik und Antrieb von Wasserfahrzeugen.
5. Schiffsbau und das Verhalten von Schiffen.
6. Elektromagnetische, infrarote und akustische Strahlung, die bezweckt:
   a) das Auffinden von Gegenständen und Hindernissen; oder
   b) die Standortbestimmung von Fahrzeugen, Luftfahrzeugen, Schiffen, Unterseebooten oder Geschossen; oder
   c) selbsttätige Steuerung und Fernsteuerung von Fahrzeugen, Luftfahrzeugen, Schiffen, Unterseebooten oder Geschossen; oder
   d) die Vernichtung von lebendem Versuchsmaterial; Untersuchungen zu rein medizinischen Zwecken oder zur Sicherung der allgemeinen Gesundheit bleiben hiervon unberührt.
7. Verschlüsselung und die Vervollkommnung der Abhörsicherheit von Ferngesprächen mit Hilfe von Elektronen.

Verzeichnis »B«

Angewandte naturwissenschaftliche Forschung die vorherige Genehmigung erfordert

1. Elektromagnetische, infrarote und akustische Strahlung, die bezweckt:
   a) Nachrichtenübermittlung auf telephonischem oder telegraphischem Wege; oder
   b) Errichtung von öffentlichen Rundfunk- oder Fernsehdienst-Anlagen; oder
   c) Ermittlung ortsfester Sender durch Anpeilen; oder
   d) andere Anwendungen, die nicht gemäß Verzeichnis »A« unzulässig sind.
2. Röhren oder andere Elektronen aussendende Vorrichtungen sowohl thermionische Emission als auch mit Hilfe von kalten Elektroden.

Abkürzungen

ADC	Air Data Computer (Luftdatenrechner)
ADF	Automatic Direction Finder (Automat. Peiler)
AEG	Allgemeine Elektrizitäts-Gesellschaft
AF	Audio Frequency = NF
AFF	Ansteuerungsfunkfeuer = LOC
AFO	Ausschuß für Funkortung, jetzt DGON
AFS	Automatic Flight System (Flugregler)
AGR	Arbeitsgruppe Rotterdam
AI	Airborne Interception (Nachtjagdradar)
AIDS	Automatic Integrated Data System (Automatisches Datenübertragungssystem)
APZ	Automatischer Peilzusatz
ARINC	Aeronautical Radio Incorporated (–)
ASV	Airborne to Surface Vessel (Schiffssuchgerät)
ATC	Air Traffic Control (Flugsicherung)
ATR	Air Transport Rack (Bordgeräte-Norm)
ATS	Automatic Test System (Autom. Prüfsystem)
AWG	Auswertegerät
BA/MA	Bundesarchiv/Militärgeschichtliches Archiv
BITE	Built-In Test Equipment (eingebaute Prüfschaltung)
BzB	Bord-zu-Bord-Verkehr
BzE	Boden-Bord-Verkehr (Bord-zu-Erde)
CAT	Clear-Air-Turbulence (Klarluftturbulenz)
CDI	Course Deviation Indicator (Kreuzzeigerinstrument)
CDU	Control & Display Unit (Bedien- & Anzeigegerät)
CEP	Circular Error Pattern (Fehlerkreis)
CIOS	Canadian Intelligence Objectives Sub-Committee
COMINT	Communication Intelligence (= FmAufkl)
COMM	Communication (Nachrichtenverkehr)
CW	Continous Waves (Dauerstrichsendung)
dB	Maßeinheit für Pegel- und Empfindlichkeitsmessungen
DAL	Deutsche Akademie für Luftfahrtforschung
DeTeWe	Deutsche Telefon-Werke/Berlin
DFL	Deutsche Forschungsanstalt für Luftfahrt
DFS	Deutsche Forschungsanstalt für Segelflug
DFVLR	Deutsche Forsch.- und Vers.-Anstalt f. Luft- und Raumfahrt
DME	Distance Measuring Equipment (E-Meßgerät)
Donag	Donauländische Apparatebau GmbH/Wien
DVG	Drahtlos-Luftelektrische Versuchsanstalt/Gräfelfing
DVL	Deutsche Versuchsanstalt für Luftfahrt
DVOR	Doppler VHF-Omnidirectional Range (Doppler-VOR)
ECM	Electronic Counter-Measures (Elektron. Gegenmaßnahmen)
ECCM	Electronic Counter-Counter-Measures (Elektron. Schutzmaßnahmen)
EGON	Erstling-Gemse-Offensiv-Navigation
EFIS	Electronic Flight Instrument System (Elektronisches Fluginstrumentensystem)
EFZ	Einflugzeichensender
EiV	Eigenverständigung (Bordtelefon)
EL	Elevation (Stationshöhe über NN)
ELAC	Elektro-Acustic-GmbH
ELINT	Electronic Signal Intelligence (= EloAufkl)
EloAufkl	Electronische Aufklärung (= ELINT)
EloGM	Elektronische Gegenmaßnahmen (= ECM)
EloKa	Elektronische Kampfführung (= EW)
EloSM	Elektronische Schutzmaßnahmen (= ECCM)
EloUm	Elektronische Unterstützungsmaßnahmen (= ESM)
E-Meß...	Entfernungsmeß...
EPROM	Erasable Programmable Read-Only Memory (programmierbarer Festwertspeicher)
ESM	Electronic Support Measures (= EloUM)
E.-Stelle	Erprobungsstelle
EW	Electronic Warfare (= EloKa)
EW	Elektromechanische Werke/Peenemünde
FB	Forschungsbericht der ZWB
FD	Flight Director (Flugleitanlage)
FFM	Flugfunkforschung/München
FFO	Flugfunkforschung/Oberpfaffenhofen
FIAT	Field Information Agencies Technical
FmAufkl	Fernmeldeaufklärung (= COMINT)
FmEloAufkl	Fernmelde- & elektronische Aufklärung (= SIGINT)
FMCS	Flight Management Control System (Flugbetriebssystem)
ft	Fuß (Höhenmaß) = 0,3048 m
FuBl	Funkblindlandegerät
FuE	Funk-Empfänger (vorher -Einbausatz)
FuG	Funkgerät
FuMB	Funkmeßbeobachtungsgerät
FuMG	Funkmeßgerät
FuMS	Funkmeßstörsender
FuMT	Funkmeßtäuschungsgerät
FuNG	Funknavigationsgerät
FuSAn	Funksendeanlage
FuS	Funksender
FuSE	Funksendeempfangsgerät
FTU	Funktechnischer Untersuchungsausschuß
F & H	Friesecke und Höpfner/Berlin
GCA	Ground Controlled Approach (Radar-Landesystem)
GCI	Ground Controlled Interception (Jägerleitung vom Boden aus)
GEA	Gesellschaft für Elektrische Anlagen/Berlin
GEE	Deckbezeichnung für brit. Hyperbelnavigationssystem
GEMA	Gesellschaft für Elektromechanische Apparate/Berlin
GELAP	Gesellschaft für Elektrische Apparate (Siemens-Tochter) Berlin
Getewent	Gesellschaft für Technisch-Wirtschaftliche Entwicklung/Reichenau

g. KdoS	geheime Kommandosache
GS	Ground Speed (Geschwindigkeit über Grund)
HAP	Heeres Artillerie-Park (Tarnbezeichnung für Peenemünde)
HEZ	Haupteinflugzeichen
HF	Hochfrequenz
HFW	Henschel Flugzeugwerke/Berlin
HSI	Horizontal Situation Indicator (Horizontalsituationsanzeiger)
Hz	Maßeinheit, Schwingungen pro Sekunde
ICAO	International Civil Aviation Organisation
IF	Intermediate Frequency = ZF
IFF	Identification Friend-Foe (Kennung)
IFR	Instrument Flight Rule (Instrumentenflug-Regeln)
ILS	Instrument Landing System (Instrumenten-Landesystem)
ISA	International Standard Atmosphere
kHz	Schwingungen × 1000 pro Sekunde
km/h	Kilometer pro Stunde
kn	Knoten = Seemeilen pro Stunde
kTo	Empfängerempfindlichkeitsmaß
LAT	Latitude (geografische Breite)
LCD	Liquid Crystal Display (Flüssigkristallanzeige)
LED	Light Emitting Diode Display (Leuchtdiodenanzeige)
LFA	Luftfahrtforschungsanstalt »Hermann Göring«/Berlin u. a.
LGW	Luftfahrtgerätewerk/Hakenfelde (Siemens-Tochter)
LORAN	Long Range Navigation-System
LOC	Localizer = AFF
LON	Longitude (geografische Länge)
MGFA	Militärgeschichtliches Forschungsamt
MH	Magnetic Heading (Mißweisender Kurs)
MITAC	Mikro-TACAN (–)
MKR	Marker = EFZ
MLS	Microwave Landing System (Mikrowellen-Landesystem)
μP	Mikroprocessor
μV/dB	Empfängerempfindlichkeitsmaß (Beispiel: 1 μV Eingangsnutzsignal ergibt am Ausgang 10 dB für (Nutzsignal + Rauschen)/Rauschen)
NAV	Navigation
NDB	Non Directional Radio Beacon (rundstrahlendes Funkfeuer)
NF	Niederfrequenz = AF
NM	Nautical Mile = sm = 1852 m
NVA	Nachrichten-Versuchsabteilung
NVK	Nachrichten-Versuchskommando
OBS	Omni Bearing Selector (Kurswähler)
OKL	Oberkommando der Luftwaffe
Opta	Loewe-Opta Radio AG/Leipzig, später Leipziger Funkgeräte GmbH
PDME	Precision-DME (Präzisions-DME)
PeilG	Peilgerät
PAR	Precision Approach Radar (Anflugradar)
PFD	Primary Flight Display (Primär-Fluganzeige)
PPI	Plane Position Indicator (Sternschreiber = (Sektor-) Panoramaanzeige)
PRF	Pulse Repetition Frequency (Impulsfrequenz)
PROM	Programmable Read-Only Memory (Programmierbarer Festwertspeicher)
RA	Radio Altimter (Radiohöhenmesser)
RDDMI	Radio Distance Distance Magnetic (Heading) Indicator (RMI mit 2 Entfernungsanzeigen)
RhB	Rheinmetall-Borsig/Berlin
RLM	Reichsluftfahrtministerium
RMI	Radio Magnetic Heading Indicator
RNAV	Area Navigation (Flächennavigation)
RPF	Reichspost-Forschung
RPZ	Reichspost-Zentralamt
ROM	fest programmierter Lesespeicher
R & S	Rohde & Schwarz/München
RWR	Radar Warning Receiver (Radarwarnempfänger)
SAR	Search and Rescue (Seenot- & Rettungsdienst)
SAR	Synthetic Aperture Radar (Radar mit synthetischer Apertur)
SAT	Static Air Temperature (Statische Lufttemperatur)
SEL	Standard Elektrik Lorenz AG/Stuttgart
Selcal	Selective Call (Selektiv-Ruf)
SIGINT	Signal Intelligence (= FmEloAufkl)
SLAR	Side-Looking Airborne Radar (Seitensichtradar)
SLS	Side-Lobe Suppression (Nebenkeulenunterdrückung)
sm	Seemeile = 1852 m = NM
S & H	Siemens & Halske/Berlin
SSR	Secondary Surveillance Radar (Sekundär-Überwachungsradar)
StaRU	Staßfurter Rundfunk GmbH/Staßfurt
STTE	Special Type Test Equipment (gerätebezogenes Prüfgerät)
TACAN	Tactical Air Navigation System (–)
TAS	True Air Speed (wahre Fluggeschwindigkeit in der Luft)
TFR	Terrain-Following Radar (Terrainfolgeradar)
TSO	Technical Standard Order (–)
UM	Untersuchungen und Mitteilungen (der ZWB)
VAR	Visual Aural Radio Range (–)
VDF	VHF-Direction Finder (VHF-Peiler)
VEZ	Voreinflugzeichen
VF	Video-Frequency (Bildfrequenz)
VFR	Visual Flight Rule (Sichtflug-Regeln)
VFO	Variable Frequency Oscillator (abstimmbarer Oszillator)
VOR	VHF Omnidirectional Radio Range (–)
VORDAC	VHF Omnidirectional Range Distance = DME + DVOR (–)
VORTAC	Kombination VOR + TACAN (–)

WGL	Wissenschaftliche Gesellschaft für Luftfahrt
WR	Weather Radar
X-Verfahren	Tarnbezeichnung
Y-Verfahren	Tarnbezeichnung
Z-Verfahren	Tarnbezeichnung
ZF	Zwischenfrequenz = IF
ZF	Zielflug
ZHF	Zentralstelle für Hochfrequenzforschung/ Berlin → Ulm-Dornstadt
ZWB	Zentrale für wissenschaftliches Berichtswesen

Anmerkung:
(–) keine deutsche Übersetzung üblich
Abkürzungen für Frequenz- bzw. Wellenbereiche siehe Tabelle 1

Literatur

In den mit * gekennzeichneten Werken finden sich ausführliche Literaturangaben.

Übergreifende Literatur

Aisberg, E.: Wer hat die drahtlose Telegrafie erfunden?, in: Funkschau, Heft 21/1970.

Bekker, C.: RADAR-Duell im Dunkel, G. Stalling Verlag, Oldenburg/Hamburg 1958.

Fassbender, H.: Die Hochfrequenztechnik in der Luftfahrt, Verlag J. Springer, Berlin 1932.

Goubau, G. / Zenneck, J.: Elektronenemission, Elektronenbewegung und Hochfrequenztechnik, Dieterich'sche Verlagsbuchhandlung, Wiesbaden 1948 (Naturforschung und Medizin in Deutschland 1939–1946, Bd. 15/16).

* Kramar, E.: Funksysteme für Ortung und Navigation, Berliner Union, Stuttgart 1973.

Kramar, E. / Goldmann (u. a.), Zusammenstellung der Entwicklungsaufgaben der Fa. C. Lorenz A.G. Berlin in den Jahren 1939–1945, Combined Intelligence Objectives Sub-Committee, CIOS, No. I-1, HMSO, London 1945.

Mansfeld, W.: Funkanlagen für Ortung und Navigation, Transpress, Berlin 1983.

Neumann, G. P.: Die deutschen Luftstreitkräfte im Weltkriege, E. S. Mittler & Sohn, Berlin 1920.

N. N.: Reichsflugsicherung, Sonderdruck, Elektrotechnische Zeitschrift ETZ, Heft 33/1937.

N. N.: 50 Jahre C. Lorenz A.G. 1880–1930, Festschrift der C. Lorenz A.G., Berlin 1930.

N. N.: 75 Jahre C. Lorenz A.G. (1880–1955), Festzeitschrift der C. Lorenz A.G., Stuttgart 1955.

N. N.: Festzeitschrift zum 50jährigen Jubiläum der Telefunken Gesellschaft für drahtlose Telegraphie m.b.H., Telefunken-Zeitung, Nr. 100/26/1953.

N. N.: Forschungsberichte über ultrarotempfindliche Strahlungsempfänger, AFO/DGON, Düsseldorf ca. 1955 (Sonderbücherei der Funkortung, Nr. 1016).

N. N.: Untersuchung über die Verwendbarkeit von ultraroter und ultravioletter Strahlung für Signal- und Ortungszwecke, AFO/DGON, Düsseldorf ca. 1956 (Sonderbücherei der Funkortung, Nr. 1023).

N. N.: Flugsicherungsfunkwesen, Arbeitsunterlagen Flus-S XIIa, Luftnachrichtenschule Halle, November 1942.

Price, A.: Instruments of Darkness. The History of Electronic Warfare, Macdonald & Jane's, 2. Auflage, London 1977.

* Rössger, E.: Entwicklung und Stand der Verkehrsflugsicherung, Technische und Volkswirtschaftliche Berichte des Wirtschafts- und Verkehrsministeriums Nordrhein-Westfalen, Nr. 14/1952.

* Rössger, E.: Entwicklung und Stand der Luftnavigation, Technische und Volkswirtschaftliche Berichte des Wirtschaft- und Verkehrsministeriums Nordrhein-Westfalen, Nr. 25/1954.

Johnson, B.: The Secret War, BBC, London 1978.

Jones, R. V.: Most Secret War, Hamish Hamilton, London 1978 (USA: The Wizard War, Coward, McCann & Geoghegan, New York 1978).

Stanner, W.: Leitfaden der Funkortung, Elektron-Verlag, Garmisch-Partenkirchen 1952 (Lehrbücherei der Funkortung, Bd. 1).

Trenkle, F.: Die deutschen Ortungs- und Navigationsanlagen (Land und See) 1935–1945, AFO/DGON, Düsseldorf 1961 (Best.Nr. 1038).

Trenkle, F.: Die Bordfunkgeräte der deutschen Luftwaffe 1939–1945, AFO/DGON, Düsseldorf 1958 (Best.Nr. 1031).

* Trenkle, F.: Die deutschen Funk-Navigations- und Funk-Führungsverfahren bis 1945, Motorbuch-Verlag, Stuttgart 1979.

* Trenkle, F.: Die deutschen Funkpeil- und -horchverfahren bis 1945, AEG-Telefunken, Dr. Alfred Hüthig Verlag, Heidelberg 1982.

Zetzmann, H. J.: Die Beiträge der Firma Siemens zur Flugsicherungstechnik, in: Frequenz, Heft 9–10/1955.

* Zetzmann, H. J.: Die Flugfunkforschung im Raume München 1908–1962, Flugfunkforschungsinstitut Oberpfaffenhofen 1962.

Spezielle Literatur

Nachrichtenverkehr

Dieckmann, M.: Leitfaden der drahtlosen Telegraphie für die Luftfahrt, Verlag R. Oldenbourg, München/Berlin 1913.

Gruner: Entwicklung der Flugzeug-Funkentelegraphie während des Weltkriegs, in: Telefunken-Zeitung, Nr. 16/Juli 1919.

* Hoffmann, K. O.: Ln – Die Geschichte der Luftnachrichtentruppe, 2 Bde., Kurt Vowinckel Verlag, Neckargemünd 1965–1973.

Kloepfer, W.: Zusammenstellung der wesentlichen Daten der von der C. Lorenz A.G. von 1934–1945 entwickelten Bordfunkgeräte, Interner Bericht für die Standard Elektrik Lorenz A.G., 1975.

Möbius / Garczyk: Flugfunkwesen, Teil II, Verlag Volckmann Nachf. E. Wette, Berlin-Charlottenburg, Ausgaben 1930/40 (Flugzeugbau und Luftfahrt, Heft 26a).

Niemann, O.: Funkentelegraphie für Flugzeuge, Verlag R. C. Schmidt & Co., Berlin 1921 (Handbuch der Flugzeugkunde, Band IX).

N. N.: Der moderne Flugzeugsender Type ARS 80a, in: Telefunken-Zeitung Nr. 16/1919.

Völker, K. H.: Dokumente und Dokumentarfotos zur Geschichte der deutschen Luftwaffe, Deutsche Verlags-Anstalt, Stuttgart 1968 (Beiträge zur Militär- und Kriegsgeschichte, Bd. 9).

Funknavigation

Berndorfer, F.: Der Zielflugempfänger C 107/35 = EZ 3a der DVG/Funkpeil-Kurssteueranlage EZ 3a der DVG, DVG-Berichte 108 und 112 = ZWB/TB 1, 1936.

Hahnemann, W. / Kramar, E.: Die Lorenz-Ultrakurzwellenbake und die Möglichkeiten ihrer Anwendung, Lorenz-Berichte, Nr. 1–2/1938.

Jenss: Zusammenstellung der Navigationssendeverfahren der Firma Siemens & Halske, Berlin 1945 (nicht veröffentlichter Bericht).
Kaule: Grundsätzliche Untersuchungen zur Frage der Frequenzpeilung, ZWB, Forschungsbericht FB 749/1937.
Kramar, E.: Richtfunkfeuer und Drehfunkfeuer, RLM-Ringbuch der Luftfahrttechnik, VC 3/1938.
Kramar, E.: Zum Thema: Gleitweglandung, Lorenz-Berichte, Nr. 3–4/1939.
Kramar, E.: Vom Drehfunkfeuer zur Consol-Anlage, in: Elektrotechnische Zeitschrift ETZ-B, Heft 7/1954.
Kramar, E.: Hyperbelnavigation. Geschichte und neue Wege, in: INTERAVIA, Heft 2/1969.
Kramar, E.: Wie unsere Navigationsabteilung entstand, Interner Bericht für die Standard Elektrik Lorenz A.G., 1978.
Kruse, F.: Rückblick auf die deutschen Entwicklungen »Ingolstadt« und »Baldur«, Ausschuß für Funkortung, Sonderb., Beitr. z. Flugfunkort., 1952/53.
Leib, A.: Die Funknavigation der Luftfahrt, Sonderdruck aus den Telefunken-Hausmitteilungen, 20. Jahrgang, Nr. 82/1939.
Mattes, A.: Unterlagen zur Schaffung eines Vorsatzgerätes für Zielflug auf Ultrakurzwellen, FFO-Bericht, Nr. 34/1940.
Mayer: Beschreibung der Siemens-LGW-Blindlandeanlagen (BL-Anlage), Interner Bericht, Siemens, 1942.
Möltgen / Pfister: Beschreibung der Versuchsapparatur für die Untersuchungen über die Genauigkeit der Wellenausbreitung bezüglich der Laufzeit, Ferd.-Braun-Institut, Bericht-Nr. 34 = Labor-Bericht 1–12/1945.
N. N.: Institutes of »Bevollmaechtigter fuer die Hochfrequenzforschung«, Combined Intelligence Objectives Sub-Committee, CIOS, No. XXXI-37, HMSO, London 1945.
Ottenthal, R. v.: UKW-Markierungszeichen als Funkhilfe für die Flugnavigation, Lorenz-Berichte, Nr. 3–4/1939.
Plendl, H.: Impuls-Peilung, in: Luftfahrtforschung, Nr. 10/1936.
Roessler, Hyperbel-Navigation in Deutschland, in: Elektrotechnische Zeitschrift, Heft 19/1951.
versch. Verfasser: Beiträge zur Theorie und Technik der Funknavigation, Teil I: Navigation mit Raumwellen, Teil II: Navigation mit Bodenwellen, UM 802/1 und 2, Zentrale für wissenschaftliches Berichtswesen, ZWB, 1944.
Wittemann: Die Navigation im Luftschiff, RLM-Ringbuch der Luftfahrttechnik, VB 1/1937.

Radar

Aders, G.: Geschichte der deutschen Nachtjagd 1917–1945, Motorbuch-Verlag, Stuttgart 1977.
Balcke: Radarstrahlung – Radartarnung, Wilhelm Knopp Verlag, Düsseldorf 1958 (Taschenbücher für Strahlungstechnik, Bd. 1).
Bärner: Elektrische Höhenmesser durch Lotung, Landefühler, RLM-Ringbuch der Luftfahrttechnik, VC 6/1939.
Brandt, L.: Deutschen Funkmeßtechnik 1944, Bücherei der Funkortung, Sonderheft AFO/DGON, Düsseldorf 1956.
Brandt, L.: Zur Geschichte der Radartechnik in Deutschland und Großbritannien, AFO/DGON, Düsseldorf 1967 (Ortung & Navigation, Best.-Nr. 1030 IV).
Dahl, A.: Radartechnik seit mehr als 60 Jahren, DGON, Düsseldorf 1964 (Ortung & Navigation, Heft II).
Engel, A.: Berechnung der Charakteristik von Richtantennen, RLM-Ringbuch der Luftfahrttechnik, VC 4/1939.
Fischer: Radartechnik, Fachbuchverlag, Leipzig 1956.
Ganter, K. / Wollschläger, J.: Elektronische Kampfführung/Luftwaffe, in: Truppenpraxis, Heft 10/1974.
Hoffmann-Heyden, A.-E.: Die Funkmeßgeräte der deutschen Flakartillerie (1938–45), Verkehrs- & Wirtschafts-Verlag, Dortmund ca. 1957 (Bücherei der Funkortung, Band 3).
* Honold, P.: Sekundär-Radar, Siemens-Fachbücherei, München 1971.
Mallach, P.: Dielektrische Richtstrahler, in: FTZ, Heft 2/1949 und Heft 9/1950.
Messerschmidt, W.: Charakteristiken von Spiegelreflektoren, RLM-Ringbuch der Luftfahrttechnik, VC 5/1939.
* Messerschmidt, W.: Grundlagen und Gerätefragen der Funkmeßtechnik, in: ATM/Archiv für Technisches Messen, V 1122-1 und 2/1952.
* Messerschmidt, W.: Die Messung von Winkeln mit Hilfe der Funkmeßtechnik, in: ATM/Archiv für Technisches Messen, V 1113-1/1952.
Müller, G.: Die Funkmeßgeräte-Entwicklung bei der Lorenz A.G., Interner Bericht für die Standard Elektrik Lorenz A.G., 1978.
N. N.: IEE Proceedings F, Special Issue on Electronic Warfare, Vol. 129, No. 3, June 1982 (The Institution of Electrical Engineers, Stevenage, Herts/England).
* N. N.: Ergebnis des Preisausschreibens der Lilienthal-Gesellschaft 1937/38 für Vorschläge zur Abstandsbestimmung und Rückstrahlpeilung ..., in: Luftfahrtforschung, Bd. 16/1939, S. 326.
* Rautenfeld, F. v.: Impulsfreie Rückstrahlverfahren, Deutscher RADAR-Verlag, Garmisch-Partenkirchen 1957 (Lehrbücherei der Funkortung, Band V).
* Reuter, F.: Funkmeß. Die Entwicklung und der Einsatz des RADAR-Verfahrens in Deutschland bis Ende des Zweiten Weltkrieges, Westdeutscher Verlag, Opladen 1971 (Wissenschaftliche Abhandlungen der Arbeitsgemeinschaft für Forschung des Landes Nordrhein-Westfalen, Bd. 42).
Schönfeld: Die elektrischen Höhenmesser für Flugzeuge, Mitteilungen der Akademie für Luftfahrtforschung, 5006/43 g/1943.
Streetly, M.: Confound and Destroy. 100 Group and the Bomber Campaign, Macdonald & Jane's, London 1978.
* Trenkle, F.: Die deutschen Funkmeßverfahren bis 1945, Motorbuch-Verlag, Stuttgart 1979.
* Trenkle, F.: Die deutschen Funkstörverfahren bis 1945, AEG-Telefunken, Dr. Alfred Hüthig Verlag, Heidelberg 1982.
Zetzmann, H. J.: Elektrische Höhenmesser, in: ATM/Archiv für Technisches Messen, V 1123-16 und 17/1960.

Funklenkung

Benecke, Th. / Quick, A. W.: History of German Guided Missiles Development, in: AGARDograph, No. 20, Verlag E. Appelhans & Co., Braunschweig 1957.
Bähring, H. (u. a.): Über die Entwicklung der Fernsehtechnik bei der Fernseh-GmbH 1939–1945, in: FTZ (Fernmeldetechnische Zeitschrift), Heft 8/1950.
Fischel, E.: Die vollautomatische Flugzeugsteuerung, RLM-Ringbuch der Luftfahrttechnik, Blatt VE 4/1940.
Gievers, J. G.: Erinnerungen an Kreiselgeräte, in: Jahrbuch der DGLR, 1971.
Golling, O.: X 7. Eine elektrisch ferngelenkte Panzerfaust, in: Das Elektron, Heft 6/1950.

Hahn, G.: Der Anteil Rechlins an der Entwicklung von Flugreglern und Kreiselgeräten der Luftfahrt, in: Rechliner Brief, Nr. 3/1978.

Klein, G. / Stieler, B.: Contributions of Late Dr. Johannes Gievers to Intertial Technology. Some Aspects on the History of Intertial Navigation, in: Ortung & Navigation, Heft 3/1979.

Kloepfer, W.: A Radio-Controlled Aeroplane Model, in: AGAR-Dograph, No. 20, Verlag E. Appelhans & Co., Braunschweig 1957.

Heilbron, H. / Klein, G.: Ein Rückblick auf die Entstehung der Trägheitsnavigation, in: Ortung & Navigation, Heft 1/1980.

* Müller, F.: Leitfaden der Fernlenkung, Deutsche RADAR-Verlagsges. m.b.H., Garmisch-Partenkirchen 1955 (Lehrbücherei der Funkortung, Bd. II).

N. N.: Anwendung von hochgetasteten Impulsgruppen zur Fernsteuerung von Bomben und Geschossen, DFS-Hausbericht (7S), ca. 1944.

Kracheel, K.: Geschichte der Flugreglerentwicklung in Deutschland, Manuskript (1982).

Krüger, E.: Fernlenkwaffen-Entwicklung im Ersten Weltkrieg, in: Flugkörper, Heft 2/1959.

Oppel, W.: Über die Entwicklung der Flugregler in Deutschland, in: Luftfahrt International, Heft 1–2/1982.

Rudert, F.: 50 Jahre »Fernsehen« 1929–1979, in: Bosch Technische Berichte, Heft 5–6/1979.

Thiry, J. N.: Übersicht über derzeitige und projektierte Lenksysteme, Bericht, 17. 8. 1944.

* Trenkle, F.: Die deutschen Funklenkverfahren bis 1945, AEG-Telefunken, Dr. Alfred Hüthig Verlag, Heidelberg 1982.

Personenregister

Stichwortverzeichnis

Der Autor

Fritz Trenkle, Jahrgang 1920, wurde 1940 nach Abitur und Praktikum bei der Firma Rohde & Schwarz zur Luftwaffe eingezogen. Nach Ausbildung zum Funker und Funktechniker wurde er Leiter einer Instandsetzungswerkstätte für Bordfunkgeräte. Im Herbst 1944 wurde er zum Flugfunkforschungsinstitut Oberpfaffenhofen als Entwickler für Funkmeß- und Funknavigationsgeräte versetzt, dort Teilnahme an Ingenieur-Lehrgängen. Nach Kriegsgefangenschaft von 1949 bis 1961 Tätigkeit in der Senderentwicklung der Firma Rohde & Schwarz als Ingenieur und als Leiter der Beschreibungsabteilung. Seit 1962 wissenschaftlicher Mitarbeiter bei der Forschung (DFVLR), als Gruppenleiter verantwortlich für die Ausrüstung und Spezialinstrumentierung von Forschungsflugzeugen.
Seit 1980 Mitglied des Fachbeirates für Luft- und Raumfahrt im Deutschen Museum, seit 1983 im Ruhestand.
Bisher neben vielen internen Berichten unter anderem sieben Veröffentlichungen auf dem funkhistorischen Gebiet.

In gleicher Ausstattung sind bereits erschienen:

Wagner, Wolfgang

Kurt Tank – Konstrukteur und Testpilot bei Focke-Wulf

Das Lebenswerk eines der großen deutschen Flugzeugkonstrukteure mit Bildern, Tabellen, Zeichnungen und eigenen Berichten über die Flugerprobung seiner Flugzeuge.

Die deutsche Luftfahrt
Band 1

1980. 272 Seiten, 130 Bilder, 56 Tabellen, 76 Zeichnungen, geb.
ISBN 3-7637-5271-4

Gersdorff, Kyrill von
Grasmann, Kurt

Flugmotoren und Strahltriebwerke

Entwicklungsgeschichte der deutschen Luftfahrtantriebe von den Anfängen bis zu den europäischen Gemeinschaftsentwicklungen.

Unter Mitarbeit von Karl Prestel und Helmut Schubert

Die deutsche Luftfahrt
Band 2

2., ergänzte und erweiterte Auflage
1985. 360 Seiten und 12 Farbtafeln, 450 Fotos u. Zeichnungen, 20 Farbbilder, 37 Tabellen, geb.
ISBN 3-7637-5283-8

Gersdorff, Kyrill von
Knobling, Kurt

Hubschrauber und Tragschrauber

Entwicklungsgeschichte der deutschen Drehflügler von den Anfängen bis zu den internationalen Gemeinschaftsentwicklungen.

Unter Mitarbeit von Carl Bode, Friedrich von Doblhoff, August Stepan und Rainar Wetter

Die deutsche Luftfahrt
Band 3

2., ergänzte und erweiterte Auflage
1985. 277 Seiten und 16 Farbtafeln, 443 Fotos und Zeichnungen, 19 Tabellen, geb.
ISBN 3-7637-5290-0

Kosin, Rüdiger

Die Entwicklung der deutschen Jagdflugzeuge

Die deutsche Luftfahrt
Band 4

1983. 227 Seiten und 16 Farbtafeln, 315 Fotos und Zeichnungen, zahlreiche Tabellen und graph. Darstellungen, geb.
ISBN 3-7637-5275-7

Köhler, H. Dieter

Ernst Heinkel – Pionier der Schnellflugzeuge

Eine Biographie

Die deutsche Luftfahrt
Band 5

1983. 303 Seiten, 258 Fotos, 62 Zeichnungen und 3 Faksimile, geb.
ISBN 3-7637-5281-1

Pabst, Otto E.

Kurzstarter und Senkrechtstarter

Die deutsche Luftfahrt
Band 6

1984. 269 Seiten, 235 Fotos, 109 Zeichnungen, 10 Faksimile. 31 Tabellen, 16 Farbtafeln, geb.
ISBN 3-7637-5277-3

Schwipps, Werner

Schwerer als Luft

Die Frühzeit der Flugtechnik in Deutschland

Die deutsche Luftfahrt
Band 8

1984. 259 Seiten mit 222 Fotos, 25 Skizzen/Zeichnungen, 34 Tabellen und XXIV Farbtafeln, geb.
ISBN 3-7637-5280-3

Bernard & Graefe Verlag

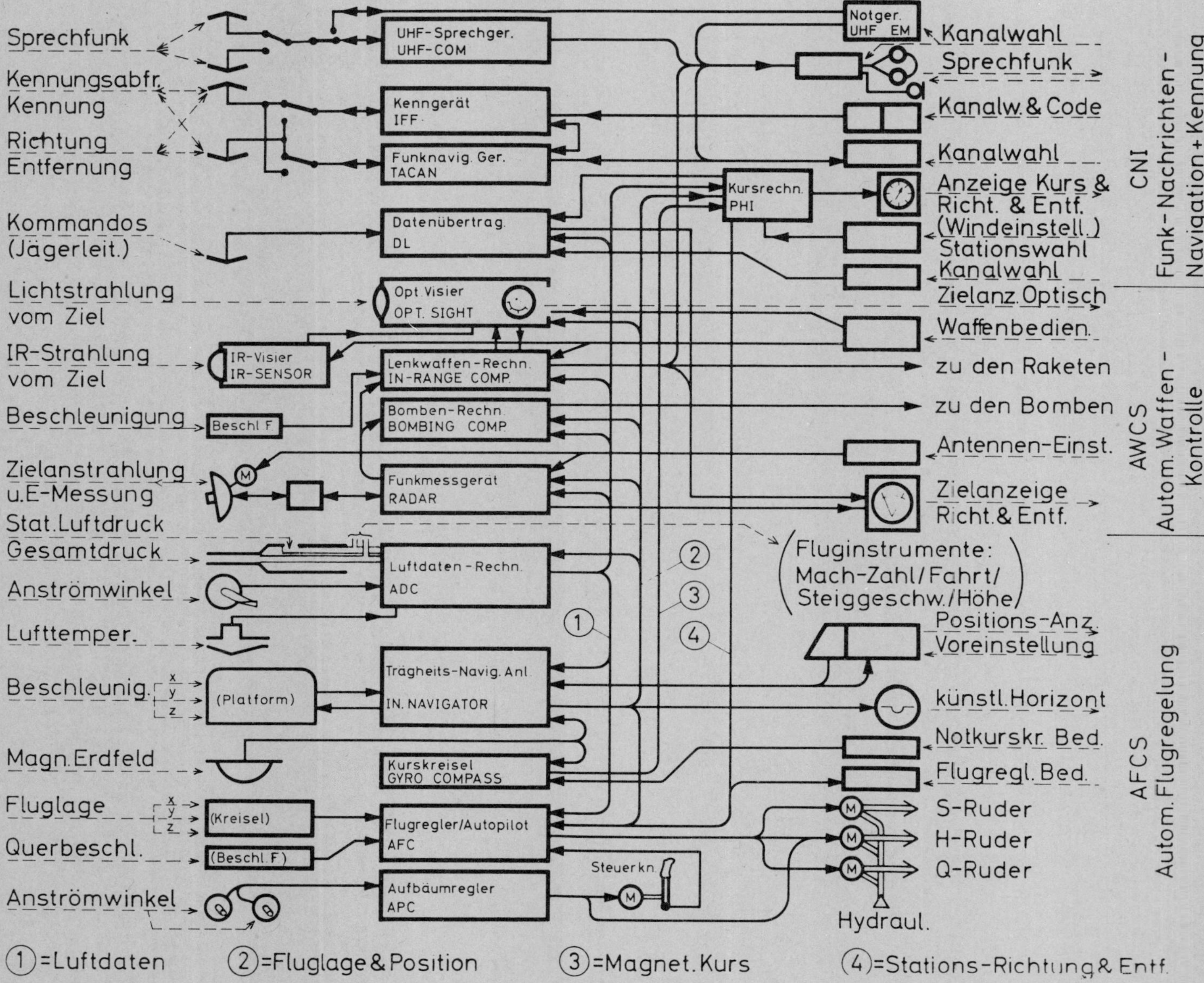

Blockschema der Avionik vom F 104 »Starfighter«